가공법에 기초한
기계공작법

홍준희 지음

GS인터비전

머리말

기계공작 또는 기계가공은 설계된 제품이 완성될 수 있도록 기계를 이용하여 작업하는 과정이다. 우리가 일상에서 사용하는 기계나 장치는 기계공작을 사용하지 않고 만들 수 있는 것이 없다. 기계를 만드는 부품으로부터 병원, 공장, 사무실 및 집에서 사용하는 거의 모든 제품들은 기계공작에 의해 만들어진 것들이다. 그래서 제품 하나 만드는 것이 사용하는 목적이나 장소에 맞춰 만들어져야 제품으로서의 가치가 부여된다고 생각한다.

그런데 CAD기초와 종합설계(캡스톤디자인)를 오랫동안 강의하면서 학생들이 재료 선정 및 가공 방법 등에 대해 이유도 모르고 진행하는 과정을 보아 왔다. 대부분의 기계과에서는 기계공작법을 필수로 수강하였는데도 어떻게 재료 선정해야 하며 가공 방법은 어떻게 그리고 왜 해야 하는지에 대한 기본적인 상식도 무시하고 위탁을 맡기거나 어려운 부분은 3D 프린팅으로 모양만 내는 것을 보아 왔다. 물론 한정된 비용 하에서 작품을 만들다 보니 그러겠지 하면 그만이지만 적어도 재료가 너무 비싸면 목적에 맞는 대체 재료가 무엇이며 가공도 너무 비싸면 대체할 방법들을 생각하여 제품을 만드는 것이, 즉 그 상황에 맞게 가치를 부여하는 것이라고 생각한다.

시중의 기계공작법 서적을 보면 60년대 내용이 대부분이거나 너무 현대적인 이슈 내용을 위주로 다루고 있으며 가공법에 기초한 사고로 집필한 서적이 많이 부족하다는 것을 알게 되었다.

따라서 가공법에 기초한 고전적인 것과 현대적인 것을 아우르는 기계공작법을 집필하는 것이 학생들에게 학교의 종합설계나 취업을 하여 현장에서 많은 도움이 될 것으로 생각하였다.

이 책의 구성은 모두 13장으로 꾸며졌다. 1장에서 2장까지는 기계 가공의 전반적인 개요와 기계 가공을 위해 기초적인 주요 내용을 다루었으며 3장에서 13장까지는 가공 전후의 중량 변화에 기초하여 3가지 가공 및 특수가공으로 나누었다. 즉, 중량의 감소로 의해 부품을 생성하는 제거가공을 3장에서 6장까지 다루었으며, 7장에서 10장까지는 중량의 증감이 없이 부품을 생성하는 변형가공, 11장과 12장은 중량의 증가로 부품을 생성하는 결합가공, 그리고 13장은 제거가공 가운데 에너지 형태에 의한 일반 목적 가공이 아닌 특수 목적 가공인 특수가공에 대해 다루었다.

저자는 이 책에 고전적인 내용과 현대적인 내용을 많이 담고자 노력하였으나 공간적인 제약으로 다소 부족한 부분이 많을 것으로 생각된다. 이런 부분들은 다른 많은 좋은 책들을 참고하길 바란다.

끝으로 이 책의 집필에 여러 면에서 참고가 되어준 자료의 저자들께 심심한 감사의 뜻을 전하며 출판에 많은 도움을 주신 출판사 관계자 여러분께도 진심으로 감사드린다.

2025년 11월에

저자 홍 준 희

차례

Chapter 6 입자에 의한 제거가공 ······ 263

Chapter 7 주조에 의한 변형가공 ······ 315

CHAPTER

1 가공의 개요

1.1 기계제작 공정

1.2 가공법의 개요

1.3 공작기계의 개요

1.4 가공과 공구 재료의 개요

1.5 열처리의 개요

1.6 CAD/CAM/CAE

하나의 기계를 구성하는 부품은 수십 개에서 수십만 개에 이른다. 부품 하나하나가 각각의 역할을 가지고 있음은 당연하며 크기가 다르더라도 동일 기능을 가진 부품이 수없이 많다. 또한, 각종 기계에 공통으로 동일 기능을 수행하고 있는 부품도 많다.

금속이나 재료를 원하는 형태, 크기, 정밀도로 가공하는 방법을 총칭해서 기계 공작법이라 하는데 기계(제품)를 만들기 위해서는 이에 대해 알아두어야 수많은 부품에 대해 대응할 수 있다. 즉, 절삭(cutting), 성형(forming), 주조(casting), 용접(welding), 분말야금(powder metallurgy), 표면처리(surface treatment) 등 다양한 방법들을 알아야 하고, 각 방법의 특징, 사용 조건, 장단점 등을 알아야 수많은 부품에 대해 대응할 수 있다.

따라서 본 장에서는 기계 공작법의 전반적인 내용을 다루기에 앞서 가공과 관련된 기초적인 내용에 대해 다루기로 한다.

1.1 기계제작 공정

기계공작은 원재료에 외력을 가하거나 열을 가하여 원하는 모양으로 변형시켜 제품을 만드는 방법이다.

이러한 기계공작은 절삭가공과 비절삭가공으로 나뉘며 대표적인 기계가공을 통해 생산되는 기계제품의 생산 공정은 그림 1.1과 같다. 그리고 대표적인 가공공정을 중심으로 일반적인 기계부품의 가공공정을 나타내면 그림 1.2와 같다.

많은 단조품 및 주조품을 그 상태로 부품으로 사용하는 것은 드물고, 단조 및 주조를 통하여 기본적인 형상을 만든 후에 절삭가공에 의하여 최종적인 부품으로 생산된다. 절삭가공에 있어서 대부분 재료에 대하여 요구되는 형상과 특성을 가진 부품의 제조가 가능하지만, 일부 부품은 절삭가공 후에 열처리되어 연삭가공 및 연마가공에 의해 최종 부품으로 생산된다. 이러한 부품가공에 있어서 절삭가공은 가장 일반적인 가공법으로 생산성(속도), 정도, 가공비용 등의 관점에서 우수하므로 널리 기계가공의 대표 자격으로 이용된다.

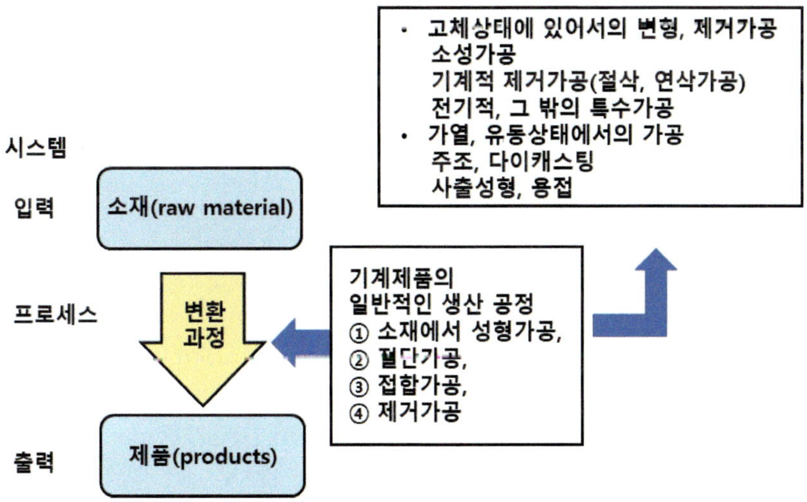

그림 1.1 기계제품의 생산 공정

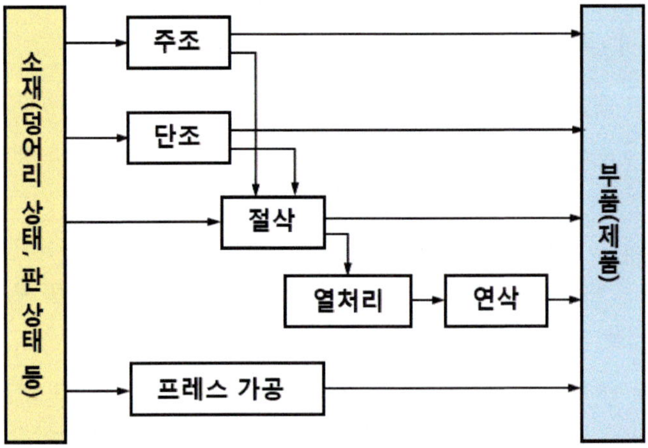

그림 1.2 일반적인 기계부품의 가공 공정

한편 기계의 제작 공정은 그 만드는 기계의 종류, 제작회사의 규모, 경영상의 특색 등에 따라 반드시 동일 공정 조직이라고는 볼 수 없다.

그러나 많은 경우 그림 1.3에 보는 것과 같은 공정을 거치는 것이 일반적이다. 물론 이것은 모든 것을 자기의 공장에서 시행할 경우이고 상당한 규모의 회사일지라도 그 일부는 하청 공장에서 이루어지는 경우가 많다. 또 회사에 따라서는 이외에도 부속연구소를 가진 경우가 있어 이들 운영에는 공장 경영을 총괄하는 경영체계도 필요하다.

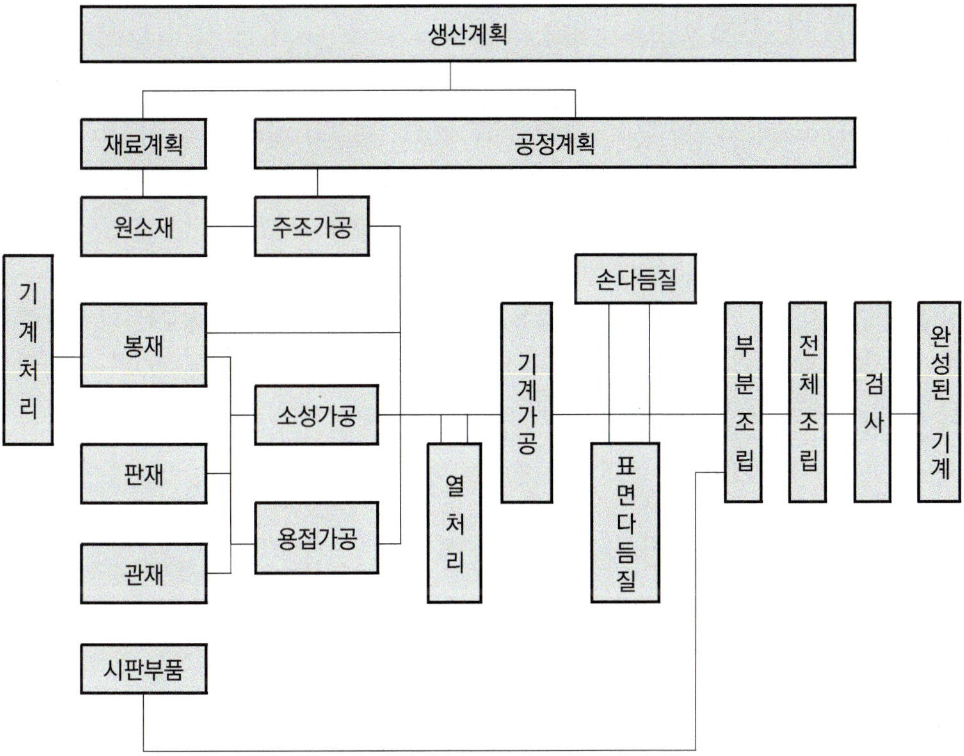

그림 1.3 기계 제작자의 계통도

1.1.1 기계의 설계

기계를 제작하기 위해서 제일 처음에 이루어지는 것이 기계의 설계이다. 기계의 설계에는 기계가 그 본래의 목적에 적합하도록 기구를 생각하고 그 기구에 필요한 부품의 형상이나 강도를 결정해서 재료를 경제적으로 선정하며 또한 각 부품의 표준화(광범위한 공업품의 종류, 형식, 형상, 치수, 구조, 품질, 성분, 등급, 생산방법, 시험방법, 설계제도의 방법, 용어와 기호, 기타사항에 대해 통일 또는 단순화함을 뜻한다)를 통해 공작, 조립, 수리가 쉽게 되도록 하는 것이 목적이다. 설계에 의한 제작도가 만들어지고 각 생산 부문에 배포된다. 설계 및 제도는 함께 설계실에서 진행되며 이것이 기계를 제작하는데 첫째 단계이다.

1.1.2 기계부품의 가공

설계실에서 배포된 가공도면에 의해 비로소 기계가공이 시작된다. 먼저 작업의 준비, 이어서 순서나 공정이 세워져 자재의 준비, 공작기계나 필요한 공구의 정비 및 운반계획이 이루어진다. 봉재, 판재, 관재 등의 소재를 재료창고에서 인출하여 단조공장, 기계공장 등에 순환시키면서 가공된다. 주조품은 주조공장에서 만들어져 기계공장 등에 운반된다.

기계공장에서 기계의 배치는 기계의 종류에 따르는 경우와 부품제작의 공정에 의하는 경우가 있는데 일반적으로 가공하는 기계의 종류가 많거나 가공개수가 적은 경우는 기계의 종류에 따라 배치된다. 또한, 어느 정해진 제품을 대량으로 가공할 경우 부품 가공공정에 따라 연속적으로 부품이 차례차례로 이송되어 가공된다.

1.1.3 기계의 검사 및 조립

가공 도중에도 필요에 따라 검사를 하지만 가공 마무리를 끝마친 부품은 각각 정해진 형상, 치수, 정도를 가지고 있느냐 여부를 발취 검사하거나 다른 방법으로 엄격하게 검사를 하며 합격품과 불합격품으로 구분한다. 이렇게 해서 합격된 각 부품은 조립공장에 보내져 조립된다. 조립은 부품조립과 이것을 종합하는 전체조립으로 나눈다. 조립된 부품이 필요한 능력을 갖추고 있는지 그렇지 못한지를 다시 검사하며 동시에 불량 부분의 수리와 조정이 이뤄진다.

1.1.4 기계의 도장, 포장 및 발송

조립품의 필요한 부분에는 도장 하게 된다. 도장은 기계의 외관을 아름답게 하는 것뿐만이 아니고 녹슬지 않게 하는 데도 필요하다. 또한, 외관을 아름답게 한다는 뜻은 제품이 상품이라는 점에서도 충분한 주의가 필요하다. 제품을 발송하기 위한 포장도 제품이 주문자에게 도착하였을 때 파손되어 있다고 하면 큰 손해를 보게 되므로 제품의 종류나 수송조건을 충분히 고려한 적절한 포장을 반드시 해야 한다.

1.2 가공법의 개요

1.2.1 가공법의 분류

우리가 접하는 공업 제품은 유형의 것이며 그 가치를 부여하는 것은 주로 어떤 특정 형상을 창성하는 것으로 이루어진다. 이것을 **가공**이라 한다. 즉, 가공이란 소재를 소정의 형상에 고정화하는 프로세싱이다.

지금까지 실용화된 가공법을 다음과 같이 여러 기준으로 분류할 수 있다.

(1) 가공 전후의 중량 변화에 기초한 분류

가공 전후의 중량 변화에 기초하여 분류하면 다음과 같다.

① **제거가공(감소)** : 절삭가공(cutting), 연삭가공, 입자가공, 레이저가공, 방전가공(EDM), 화학연삭 등

② **변형가공(증감 없음)** : 소성가공, 주조, 분말야금 등

③ **결합가공(증가)** : 용접, 접착, 도장, 코팅 및 3D 프린팅 등

(2) 가공점에서의 에너지 형태에 기초한 분류

가공점에서의 에너지 형태에 기초하여 분류하면 다음과 같다.

① **기계 에너지** : 절삭가공, 연삭가공, 입자가공, 소성가공, 초음파가공, 경면반응가공 등

② **열에너지** : 용접, 소결, 레이저가공, 전자빔가공, 방전가공, 프러즈마가공, 주조 등

③ **전기-화학 에너지** : 전해가공, 화학연마, 화학가공, 코팅 등

(3) 가공기구에 기초한 분류

가공기구에 기초하여 분류하면 다음과 같다.

① **소성 변형** : 소성가공(단조, 압연, 인발 등)

② **파괴** : 절삭가공, 연삭가공, 입자가공 등

③ **용융, 발열** : 용융 절단, 레이저가공, 방전가공, 플라즈마가공 등

④ **전기-화학적 반응** : 화학연마, 전해연마, 도장 등

이상의 분류는 주요 기준에 의한 것이며 실제로는 복합적인 것도 많다. 예를 들어 절삭가공은 주요 가공기구는 파괴이지만 소성변형의 기여도 크다. 또한, 계면 반응 가공은 기계 및 화학적 기구의 복합 작용에 의한다고 되어 있다. 더구나 전해연삭은 전기적 에너지 및 기계적 에너지의 복합 형태이다.

1.2.2 제거가공

본서에서는 가공 전후의 중량 변화에 기초하여 분류한 가공법, 제거가공, 변형가공, 결합가공을 중심으로 서술하기로 한다.

먼저 제거가공은 재료의 일부를 잘라내거나 깎아내어 원하는 형상이나 치수를 만드는 가공 방법이다. 즉, 재료를 제거하는 방식으로 형태를 만드는 모든 가공이 여기에 속한다. 제거가공 가운데 선삭이나 전삭에 의한 제거가공이 대표적이라 할 수 있다. 그 밖에 연삭가공, 드릴링, 보링, 리밍가공이 있다.

(1) 절삭가공의 개념

절삭가공(cutting 또는 machining)은 고체상태 하에서의 제거가공이며 소재에서 불필요한 부분을 제거하여 제품을 제작하는 제거가공(material removal process)의 분야를 총칭하는 것이다. 절삭가공 정의는 가공 대상인 공작물과 공구를 공작기계에 의해 양자의 위치 유지와 상대운동을 줌으로써 공구와 공작물 사이의 상호 간섭을 일으켜 공작물의 불필요한 부분을 공구에 의해 제거하며 소요의 형상, 치수, 정밀도를 얻는 공정이다. 이러한 절삭가공의 기본 구성을 그림 1.4에 나타내었다.

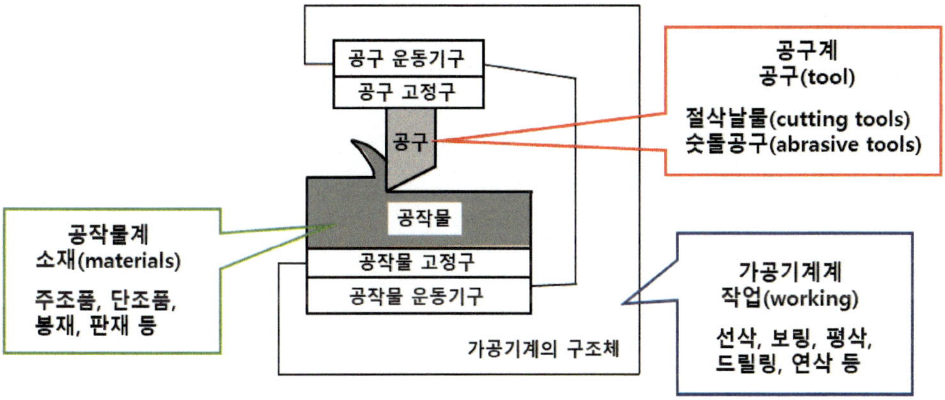

그림 1.4 절삭가공의 기본 구성

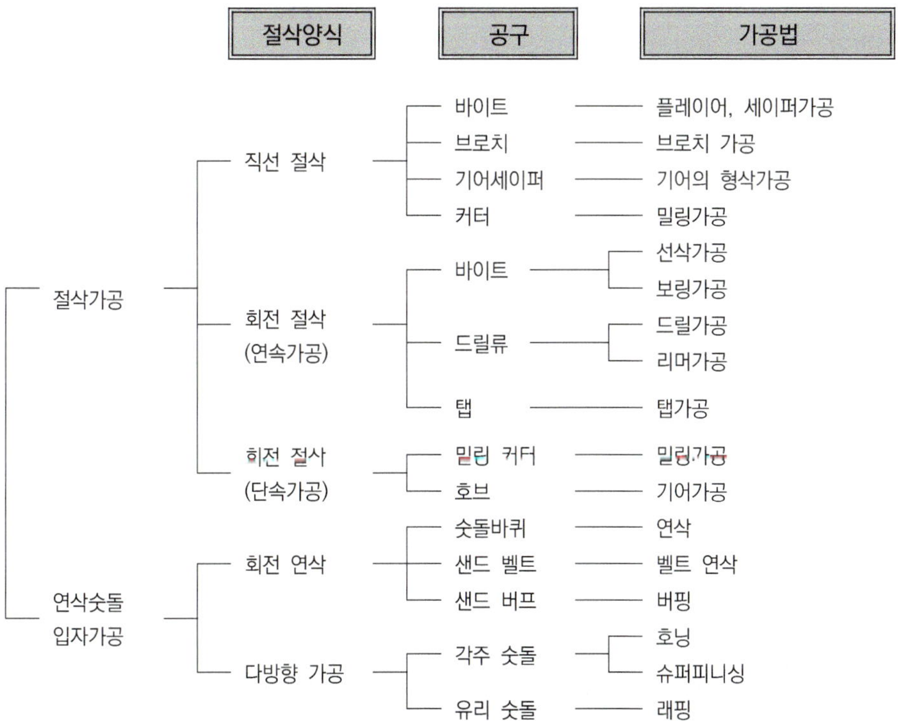

그림 1.5 기계적 제거 가공

(2) 기계가공의 종류

1) 기계적 제거가공

기계적 제거가공은 그림 1.5와 같은 기계적 수단에 의해 절삭칩을 형성하면서 제거가공을 수행한다. 기계적 제거가공에는 선삭과 전삭이 있는데 **선삭**은 공작물이 회전하고 보통 단날의 공구가 선운동을 하여 깎거나 파내는 가공을 말한다. **전삭**은 공작물이 고정하고 여러 날을 가진 공구가 회전하면서 공작물이 선운동하여 재료의 표면을 평면이나 곡면으로 가공할 수 있어 구멍 뚫기, 홈 깎기 등 다양한 가공이 가능한 가공을 말한다. 선삭의 대표적인 가공은 선반에 의한 선반 가공이다. 전삭의 대표적인 가공 방식은 밀링 가공이다.

2) 전기적 제거가공

① 전기적 가공(electric machining) - 방전가공(EDM)

② 전기화학적 가공(electrochemical machining) - 전해가공(ECM), 전해연마(EGM)

③ 화학적 가공(chemical machining) - 화학가공(CM)

3) 열적 제거가공

열적 제거가공은 공작물에 열을 가하여 용융, 증발시켜 소재의 일부를 제거하는 가공법이다. 공구마모가 심한 난삭재 가공 등이 이에 속한다.

열을 가하는 에너지 종류에 따라 다음과 같이 분류한다.

① 방전가공(형조 방전가공, 와이어 방전가공)

② 레이저가공

③ 전자빔가공

④ 이온빔가공

(3) 가공법의 분류에 따른 절삭가공의 위치

가공법의 분류에 따른 절삭가공이 점하는 위치를 나타내면 그림 1.6과 같이 된다. 즉, 기계적 에너지를 이용한 제거가공의 일종이며 그의 가공기구는 파괴에 의한 것이다.

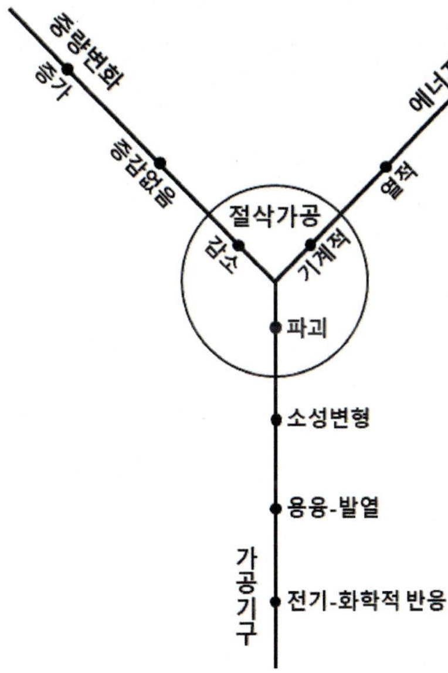

그림 1.6 가공법 분류 기준과 절삭가공의 위치

1.2.3 변형가공

변형가공은 소성, 주조, 분말 성형, 용융 성형을 이용하여 원하는 제품의 형상으로 성형(forming)하는 가공법으로 중량의 변화는 거의 없는 것을 말한다.

용해된 금속이나 플라스틱 및 세라믹 등을 주형(mold, 鑄型)에 넣어 제품의 형상으로 성형하는 주물이 있는데 이 주물은 용융된 액체를 고체로 변하는 과정에서 형태를 만드는 상태 변화가 수다 할 수 있지만 형태 변환이라는 관점에서 **변형가공**으로 분류될 수 있다. 또한, 분말 성형은 금속이나 플라스틱 및 세라믹 분말의 입자간 결합과 소결을 통한 형태 변형이 이루어지므로 변형가공으로 분류된다. 용융 성형 역시 열가소성 플라스틱을 가열하여 용융 상태로 만든 후, 외부 힘을 가해 원하는 형상으로 성형하는 가공 방식으로 중량의 변화가 거의 없는 가공법이므로 변형가공이라고 분류하였다.

그러면 소성, 주조, 분말 성형, 용융 성형에 의한 변형가공의 차이점이 어떠한지 표 1.1네 나타내었다.

표 1.1 소성, 주조, 분말 성형, 용융 성형에 의한 변형가공의 차이점

공정	재료상태	특징/용도	주요 재료	적용 예
소성 가공	고체 (가열 가능)	금속의 강도는 높아짐, 정밀도 떨어짐	금속	• 자동차 크랭크축, 기어: 단조로 제작 → 강하고 내구성 있음. • 건축용 철강재: 압연 공정으로 만든 H빔, I빔 등. • 전선: 인발 공정으로 구리선을 얇게 뽑음. • 캔 몸체: 알루미늄을 얇게 펴서 만든다(딥 드로잉 공정).
주조	액체	복잡 형상에 적합, 기계적 성질은 떨어짐	금속	• 자동차 엔진 블록: 복잡한 구조를 한 번에 형상화. • 수도꼭지, 배관 부품: 황동 또는 알루미늄 주조. • 동상, 종: 청동을 녹여서 주형에 부음. • 거푸집 공구: 다이캐스팅으로 제작.
분말 성형	분말→고체	고정밀, 재료 절약	금속 분말	• 자동차용 정밀 기어: 마모 저항성 필요 → 분말야금으로 제작. • 자기부품(페라이트 코어): 전자기기에 사용. • 다공성 베어링: 기름이 스며들 수 있어 자동 윤활됨. • 공구재(초경합금): 텅스텐 카바이드 분말로 만들고 소결함.
용융 성형	액체	고속, 정밀, 대량생산	고분자 (플라스틱), 유리	• 플라스틱 병: 블로우 성형 (페트병 등). • 스마트폰 케이스: 사출 성형으로 대량 생산. • 플라스틱 빨대, 튜브: 압출 성형. • 안경렌즈 (플라스틱): 정밀한 몰드에 녹인 고분자를 주입.

1.2.4 결합가공

결합가공은 재료를 붙여서(결합해서) 형태를 만들어 가는 가공 방식이다. 부품을 리벳을 이용하여 결합하는 경우나 용접으로 하나의 제품으로 가공하는 것뿐만 아니라 적층 제조를 통해 원하는 부품을 만드는 3D 프린팅 등을 **결합가공**이라 한다. 3D 프린팅은 3D 도면을 바탕으로 재료를 층층이 쌓아 올려 물체를 제작하는 것으로, 재료를 제거하지도 변형시키지도 않고 붙여서 만듦으로 결합가공이라 할 수 있다.

1.3 공작기계의 개요

1.3.1 공작기계 정의

공작기계는 가공을 위하여 사용하는 기계이며 기계재료를 절삭 또는 비절삭의 가공방법으로 필요한 형상과 치수로 가공하거나 보다 정밀하게 가공할 목적으로 가공하는 모든 기계를 말한다. 공작기계는 금속가공기계(절삭, 연삭기계 등), 소성가공기계(프레스, 주조 기계 등), 목공기계, 플라스틱-석재가공기계 등으로 분류한다. 종합해서 말하면 공작기계는 기계를 만드는 기계, 즉 재료를 제거 또는 변형하여 기계 및 기구를 제작할 수 있는 기계를 의미한다. 협의적 의미의 정의는 금속재료를 절삭 또는 연삭 등에 의해서 불필요한 부분을 제거하여 원하는 형상으로 만드는 기계를 의미한다.

그러나 넓은 의미의 정의는 금속재료 이외에도 플라스틱, 세라믹, 석재, 목재 등을 절삭, 연삭 등에 의해서 가공하는 기계도 포함한다.

공작기계에는 여러 가지가 있는데 이를 한국표준협회에서 산업 분류표로 그림 1.7과 같이 나타내고 있다. 본 항에서는 절삭용 공작기계 중심으로 서술한다.

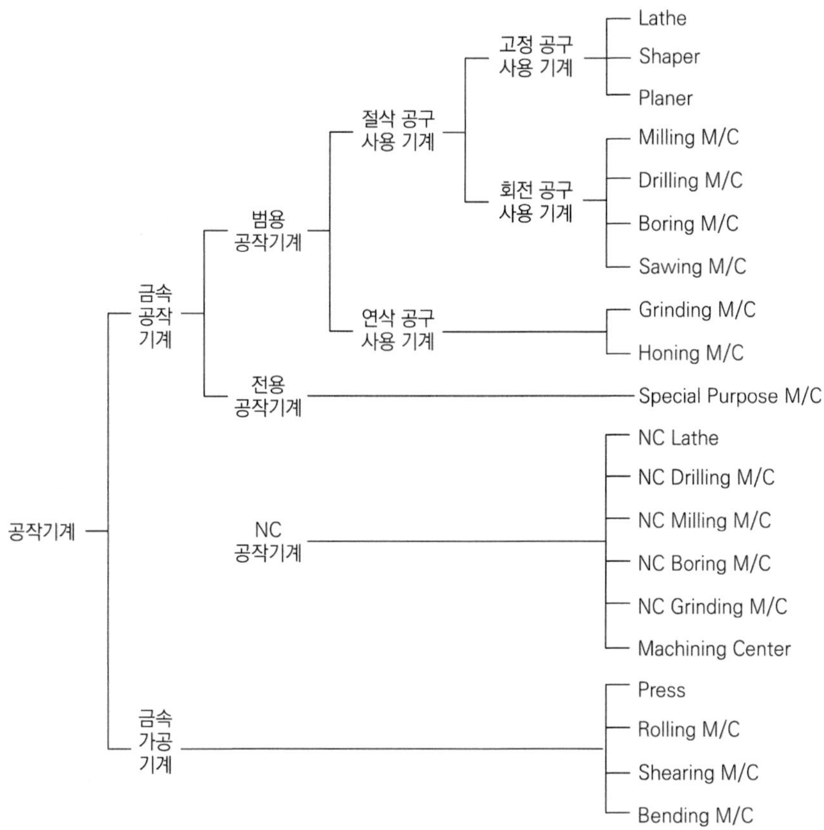

그림 1.7 한국표준산업 분류표

1.3.2 공작기계의 운동

공작기계에서 절삭이나 연삭가공을 위해서는 공구와 공작물이 서로 간섭하는 상태로 어떤 형태의 상대적인 운동을 시켜야 한다. 따라서 거의 모든 공작기계에서는 ① 절삭운동(주운동), ② 이송운동, ③ 위치결정운동을 주요한 운동기구로서 갖추고 있다(그림 1.8).

(1) 절삭운동(주운동)

그림 1.8의 절삭운동은 공작물로부터 그의 일부분을 절삭칩으로 제거하는데 필요한 공작물과 공구 사이의 상대적인 운동이다. 공작기계 동력의 거의 모두는 이 운동으로 소비된다.

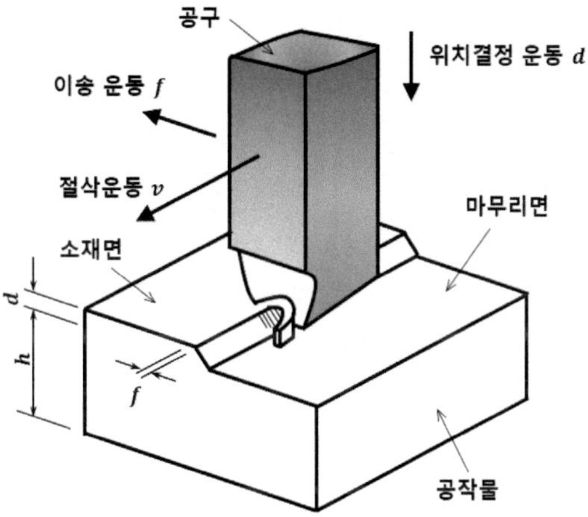

그림 1.8 공작기계의 세 가지 운동

공구와 공작물과의 상대운동의 빠르기를 **절삭속도**(v)라 하며 보통 m/min으로 나타내며 국제단위계(SI)의 통일도 진행하고 있다. 때로는 ㎧로 나타내는 경우가 있다.

선반과 같이 회전하고 있는 공작물에 공구를 대고 깎는 경우 혹은 밀링머신과 같이 회전공구로 깎는 경우는 공작물 또는 공구의 외경을 D(㎜), 그의 회전수를 n(rpm)이라 하면 다음 식이 성립한다.

$$v = \frac{\pi D n}{1000}\,(m/\min) \tag{1.1}$$

(2) 이송운동

절삭 운동만으로는 공작물 상에 있는 선상밖에 가공할 수 없다. 평면을 만드는 데는 공구를 그의 한 스트로크마다 그림 1.8과 같이 절삭 운동 방향에 대해 직각 방향으로 어떤 거리만큼 옆으로 이동시킬 필요가 있다. 이 옆으로의 이동을 이송운동 f라 하며 단위 시간당 공구 또는 공작물의 이송량을 **이송속도** S라 한다.

이 경우 이송속도 S(㎜/min)와 한 개의 날 당 이송 S_z(㎜/날) 사이에는 공구의 잇수를 z, 공구의 회전수를 n(rpm)이라 하면 다음의 관계가 성립한다.

$$S = z \cdot S_z \cdot n \tag{1.2}$$

(3) 위치결정운동

절삭과 이송만으로는 공작은 소정의 치수 정도로 가공할 수 없다. 그림 1.8에서 h를 희망하는 치수로 하고 싶은 경우는 공구를 기준 위치로부터 어떤 정해진 높이로 위치결정 하는 것이 필요하다. 결국, 소재 면으로부터 어떤 깊이 d에 공구를 위치결정 하는 것으로 이 운동을 **위치결정운동**이라 하며 깊이 d를 **절삭깊이**라 하고 있다.

이상의 설명에서도 이해할 수 있듯이 위치결정운동은 일반적으로 절삭 전에 종료하고 절삭 중에 이 운동은 없다.

1.3.3 공작기계의 특성

(1) 공작정밀도

공작정밀도는 공작기계로 가공된 공작물의 치수와 다듬질면의 표면정밀도가 정확한 정도이며 가공면이 매끄럽고, 치수가 정확하며 기하학적으로 올바른 형상을 갖는 정도이다.

공작정밀도를 결정하는 인자에는 공작기계 자체의 운동정밀도와 고유진동에 의한 정밀도가 있다.

공작기계 자체의 운동정밀도는 주축의 회전 정밀도, 안내면의 직선 정밀도, 온도 변화에 대한 변형이며 고유진동에 의한 정밀도는 고유진동의 저하로 인해 정적, 동적 하중에 대한 변형을 감소하며 고유진동에 대해 **정강성**(static stiffness)과 **동강성**(dynamic rigidity)을 향상시킨다.

(2) 생산성

생산성(productivity)은 재료를 가공 변화시켜 필요로 하는 제품과 부품으로 제작하여 가치를 부여하는 것을 **생산**이라 하며 그 효율성을 말한다. 생산성 표현은 기계적 효율과 가공능률로 나타낸다. **기계적 효율**(mechanical efficiency)은 공작기계의 능률적인 활용이며 **가공 능률**(cutting efficiency)은 생산능률의 기준이다.

절삭가공에서 가공능률은 단위동력, 단위시간당 절삭된 칩(chip)의 양으로 표시한다. 절삭가공할 때 필요한 시간에는 유효절삭시간, 준비시간, 유휴시간이 있다. 유효절삭시간은 공구가 가공물을 실제 절삭하는 유효절삭시간이며, 준비시간은 가공물 설치하는데 필요한 시간이고, 유휴시간은 기계의 고장, 수리 등으로 사용할 수 없는 시간이다.

(3) 융통성

융통성(flexibility)은 구성요소가 특정한 부분의 교체 없이 쉽게 변경되거나 확장되는 성질로서 **유연성**이라고도 한다.

공작기계는 가공할 제품의 종류, 형상, 크기 및 가공정밀도 등에 따라 그 구조와 기능이 다르다. 따라서 융통성이 크면 이용범위가 넓어진다. 그러나 생산능률이 저하되므로 목적에 따라 융통성의 범위를 결정하게 된다.

가공할 작업내용을 예측하기 어려운 경우에는 융통성이 큰 범용공작기계를 선택함으로써 이용가치를 높인다. 가공할 제품이 처음부터 결정될 경우는 전용공작기계를 이용하는 것이 융통성을 좁힐 수가 있다. 최근에는 제품수명이 짧아지면서 제품의 설계가 자주 바뀌는 경향이 있으므로 전용공작기계에 대해서도 융통성이 요구되는 경향이다.

(4) 안전성

공작기계 작업과정에서 운전속도 조정, 위치조정, 공작물의 착탈 등을 위하여 수많은 핸들과 레버를 조작한다. **안전성**(safety)은 공작기계 작업과정에서 사고는 이들을 조작할 때 직간접적으로 조작의 시간 및 위치의 잘못이 해로운 간섭을 일으켜 파손 또는 손상의 사고 발생이 있다.

사고 방지는 적당한 연동장치(interlocking device)를 사용하여 상호 간섭을 사전에 방지한다. 선반의 왕복대, 밀링머신의 테이블의 이송 부분에는 트리플 기어(3단 기어구동, triple geared drive)를 사용하여 운전 중의 사고를 방지한다.

1.3.4 NC 공작기계의 개요

(1) NC 공작기계의 기본적인 사고방식

앞에서 NC 공작기계는 손으로 움직이던 각 축에 모터를 장비하고 모터를 제어함으로써 가공물을 가공한다고 했는데 그 기본적인 사고방식에 대해 알아본다.

기계 가공에서는 공구와 가공물이 상호 운동을 하지만 여기서는 가공물이 정지하고 있고 공구가 움직이는 것으로 가정한다. 또한, 간단히 2차원으로 설명을 진행하지만 3차원에도 똑같이 성립한다는 것을 말해 둔다.

우선 그림 1.9와 같이 XY평면 상의 바둑판 눈금을 생각하자. NC에 있어서 평면상의 점으로는 이 바둑판 눈금의 교점(격자점)만을 대상으로 하며 그 외의 중간점은 생각하지 않는다. 이것은 공구의 실제 운동이 결코 이상적인 것이 아니고 기계의 고유 오차가 동반하기 때문에 허용되는 편법이다. 따라서 바둑판의 1눈금의 크기는 허용 오차의 범위 내에 충분히 작게 취하는 것으로 한다. 보통은 10 ㎛, 5 ㎛, 1 ㎛ 등이다. 또한, 같은 그림에서 나타냈듯이 X 및 Y 방향의 단위 벡터를 δ_x, δ_y로 한다.

앞에서 서술했듯이 NC에 있어서 위치 제어나 공구의 통로는 모두 격자점을 차례로 거치는 것만을 생각하기 때문에 그림 1.10의 (d)와 (e)의 경우는 완만한 선분이나 원호에 연한 δ조각의 미세한 계단 운동으로 생각한 것이다. 예를 들어 그림 1.10 (d)에서는 δ_x, δ_y, δ_x, δ_y, δ_x, δ_x, δ_y, δ_x, δ_y, δ_x 그림 1.10의 (e)에서는 δ_y, δ_x, δ_y, δ_x, δ_y, δ_x, δ_y, δ_x, δ_x, δ_x와 같은 단위 운동의 합성을 생각한 것이다.

어느 쪽의 계열을 보아도 δ_x가 6, δ_y가 4개씩 있지만 이들의 조합이 다른 것을 알았을 것이다. 이것으로부터 생각할 수 있듯이 허용 오차 범위 내에서 임의의 곡선 운동을 이 곡선에 연한 δ조각의 미세한 계단 운동으로 대행시킬 수 있다는 것이다. 이것이 **NC의 근본 사상**이다.

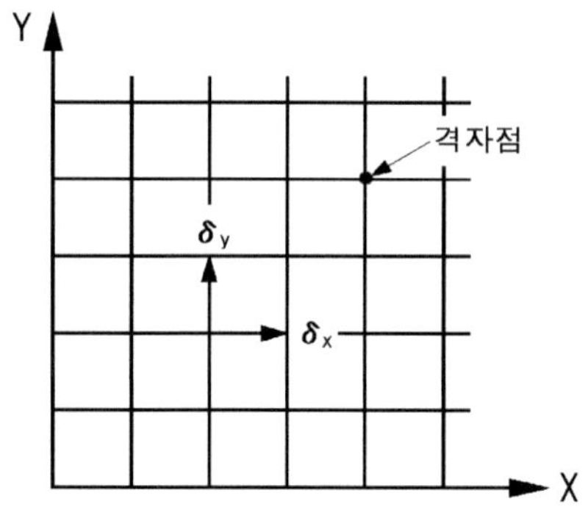

그림 1.9 바둑판 눈금과 격자점

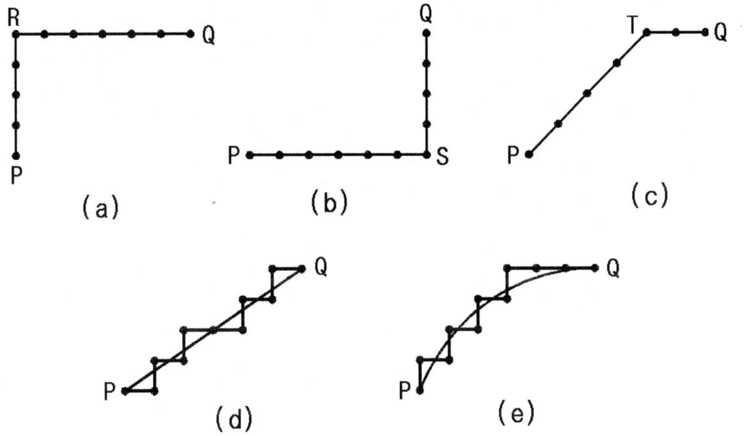

그림 1.10 단위 운동의 합성

다음에 이것을 실현하는 수단에 대해서 생각하자. 이 수단의 기초가 되는 것이 상기의 단위 운동 δ_x, δ_y에 각각 1개의 전기 펄스 P_x, P_y를 대응시키려고 한 사고 방식이다. 이 사고 방식은 그 배경에 진자계산기의 회로 기술이 있기에 생겨난 것이다.

이 대응 관계를 이용하면 그림 1.10 (a)에서는 우선 P_y를 4개, 다음에 P_x를 6개, 그림 (b)에서는 역으로 P_x를 6개, 다음에 P_y를 4개, 그림 1.10의 (c)에서는 동시에 4개, 다음에 P_x를 2개 발생시키면 된다. 이와 같이 위치 결정의 경우에는 발생해야 할 펄스열의 패턴이 간단하기 때문에 NC 장치도 간단하게 된다.

이에 대해서 그림 1.10의 (d)와 (e)의 윤곽 제어의 경우에는 각각 P_x, P_y, P_x, P_y, P_x, P_y, P_y, P_x, P_y, P_x 및 P_y, P_x, P_y, P_x, P_y, P_x, P_y, P_x, P_x, P_x와 같이 독특한 패턴을 갖고 있다. 이들의 펄스열을 발생하는 회로가 직선 보간 회로 및 원호 보간 회로라 불러지는 것으로 윤곽 NC 장치의 주체를 이룬다.

이상과 같은 사고방식을 바탕으로 NC 장치는 필요한 공구의 운동에 대응한 펄스열을 발생하는 것이다. 이것을 **지령 펄스**(command pulse)라 부른다. 이 지령 펄스는 NC 서보기구에 의해 P_x는 δ_x로 P_y는 δ_y로 각각 변환되어 공구의 실제 운동이 실현되는 것이다. 이 δ_x, δ_y의 크기 δ를 **설정 단위**라 부른다.

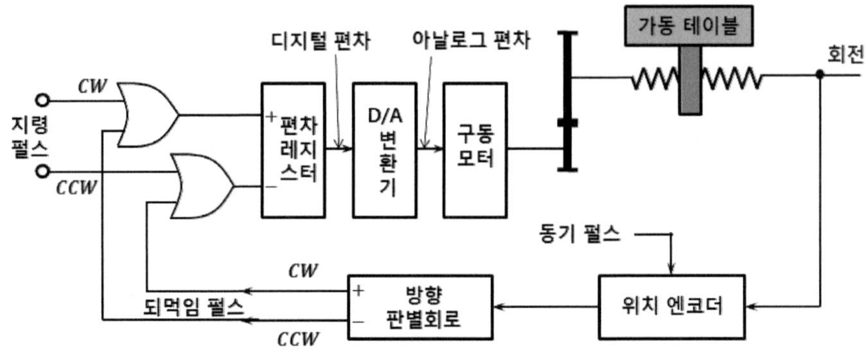

그림 1.11 디지털 제어의 원리도

NC 공작기계는 기본적으로 각 축에 모터(서보 모터)를 장착하여 가공물을 가공하는데 그림 1.11과 같이 서보모터에 설정 단위별로 입력의 지령펄스 수를 주어 이에 비례한 위치 또는 각도 변화를 얻는다. 이러한 장치를 **디지털 서보**라 한다. 그림을 보면 출력축에 위치코더인 증분식의 검출기를 부착하여 출력축이 단위 각도 회전할 때마다 하나씩 펄스를 발생하게 한다. 이 펄스를 각도 변환 방향에 따라서 방향 판별회로에서 시계 방향 단자 또는 반시계방향 단자로 분할하여 편차 레지스터에 되먹임하고 지령펄스와 비교한다. 편차 레지스터에는 지령펄스 수와 되먹임 펄스 수의 차가 시시각각 기억되며 서보모터는 이 편차가 0이 되도록 추종한다. 이와 같이 출력에서는 한 개의 지령펄스마다 위치코더 구조에 의해 정해지는 단위 각도만큼 변화가 생겨 결국 지령펄스 수에 비례한 각도 변화가 얻어진다.

한편, 2개 이상의 축을 동시 제어하는 경우 어느 시점에서 각 축에 대한 구동용 펄스를 발생하는지는 수치제어 장치에 있어서 중요한 과제이다. 일반적으로 자유 곡면을 비롯한 복잡한 윤곽도 세분화하면 직선 원호, 혹은 포물선을 이용하여 근사할 수 있으므로 임의 방향의 직선, 원호 혹은 포물선에 연해 공구의 운동을 제어하는 직선보간, 원호보간 및 포물선 보간이 이용된다. 보간 방식으로서는 다음과 같은 것이 있다.

① 펄스분배 제어방식(MIT 제어방식)

② DDA(digital differential analyzer) 제어방식

③ 대수 연산 제어방식

(2) NC 공작기계의 구성

그림 1.12는 MPU를 핵으로 한 수치제어 장치(CNC)의 구성을 개념적으로 나타낸다.

1) 표시 제어부

표시 제어부는 당초 문자만으로 더구나 흑백만이 표시되는 것이었지만 표시 제어부에 전용 MPU를 장착함으로써 컬러이면서 더구나 고속의 그래픽 표시나 가공 형태의 애니메이션도 가능하게 되었다. 이 기능에 의해 실제로 기계를 운전하지 않고 가공프로그램을 체크하는 것이 가능하게 되었다.

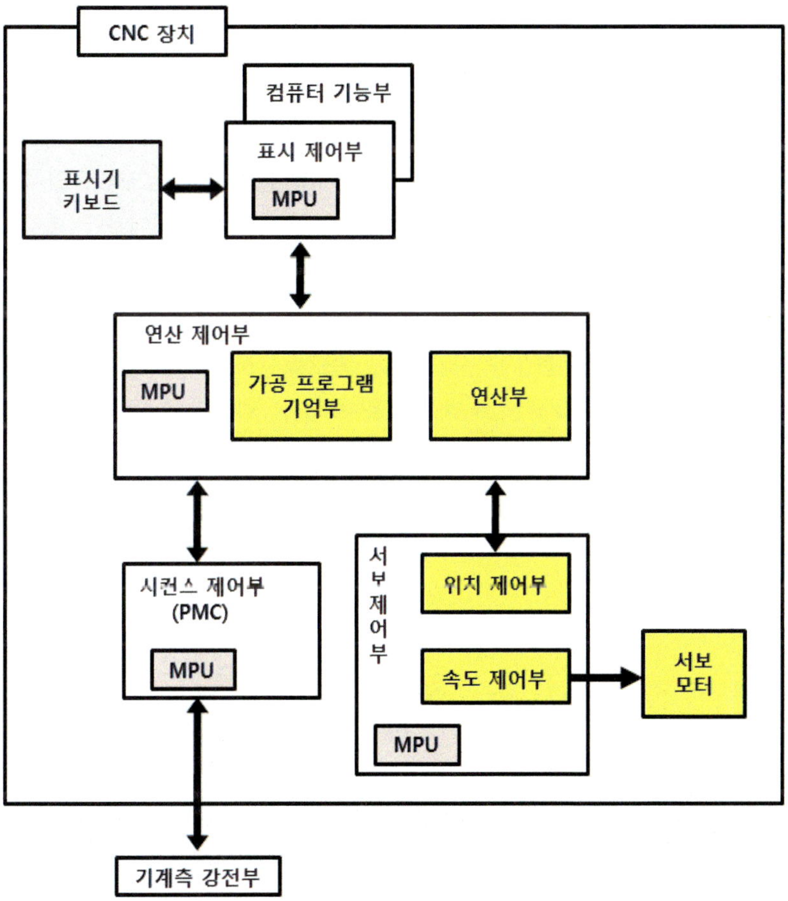

그림 1.12 CNC 장치의 구성 개념

2) 시컨스 컨트롤부

시컨스 컨트롤부(PMC ; programmable machine controller)는 개개의 공작기계에 붙어 있는 릴레이나 시컨서를 CNC 내부에 조합한 것이다.

PMC의 기능은 조작반의 스위치나 기계에 부착된 리밋 스위치 등으로부터 정보를 읽어 들이고 수동/자동 등의 운전모드의 교체나 자동운전의 기동/정지 등의 신호로서 이것을 NC에 보내기 위한 기능이다. 더욱이 NC로부터 출력된 자동운전 중이나 알람 등의 상태신호를 읽어 내어 조작반의 램프를 점등한다든지 가공프로그램에서 지령된 보조기능(M, S, T기능)의 시컨스 제어를 행하여 주축의 회전/정지, 자동 공구교환장치나 자동 팰럿 교환장치(APC)를 제어하는 기능이다.

3) 연산 제어부

연산 제어부는 CNC의 핵심 부분이며 외부 사상에 리얼타임으로 응답하며 서보에의 이동지령을 생성한다든지 시스템 전체의 관리를 행한다. 예를 들면 시컨스 컨트롤부로부터의 기동 신호에 의해 기억부(일반적으로 비휘발성 메모리)에 기억된 가공 프로그램을 읽어 내어 연산부에서 해석하며 축마다의 단위 시간당 이동량으로 분할하여 서보 제어부에 데이터를 보낸다. 실제의 이동량은 단순히 가공 프로그램만으로 결정되는 것은 아니며 공구 마찰이나 피치 오차라 하는 기계위치에 대한 오차 등을 고려하여 계산된다.

또한, 입수에 의한 매뉴얼 운전은 지시된 이송 속도를 실시간으로 처리하여 축마다 단위시간당 이동량으로 분할하여 서보제어부에 데이터를 보낸다. 이들의 축동작 처리 이외에 시컨스 컨트롤부로부터의 신호 감시나 서보제어부의 정상 운전의 감시라 하는 CNC 시스템 전체의 실시간 처리를 행하고 있다.

4) 서보 제어부

서보 제어부는 위치 제어부와 속도 제어부로 구성되어 있다. 종래는 아날로그 서보가 주류이었지만 요즈음 반도체의 급속한 진보에 의해 고속의 MPU를 사용한 디지털 서보가 주류가 되었다. 위치 제어부에서는 연산부로부터의 지령과 모터의 회전 각도를 나타내는 위치 귀환신호를 비교하여 항상 지령에 추종하는 제어를 행하고 있다. 속도 제어부에서는 모터를 원활히 회전시키기 위해 제어를 행하고 있다. 디지털 서보의 서보 제어부에서는 MPU를 내장하고 있음으로써 복잡한 연산을 행할 수 있게 되며 서보계의 추종지연에 의한 가공 오차를 개선하는 기능이나 기계의 마찰 토크에 의한 가공 오차를 개선하는 기능 등에 의해 고도의 서보 제어가 실현 가능하게 되었다.

(3) 서보시스템의 종류와 구성

서보시스템의 종류는 현재는 NC 공작기계의 이송축 서보에 거의 AC서보가 이용되고 있으므로 서보시스템의 피드백루프의 구성으로부터 크게 다음의 4종류로 나눌 수 있다.

① 개방루프 방식(open loop system)

② 반폐쇄루프 방식(semiclosed loop system)

③ 폐쇄루프 방식(closed loop system)

④ 하이브리드 방식(hybrid servo system)

이 중에서 통상은 ②의 반폐쇄루프 방식이 가장 널리 사용되고 있다. 폐쇄루프 방식은 고정도가 요구되는 기계에 사용되지만 일반적으로 제어가 어렵고 검출기도 고가이다.

1) 개방루프 방식

개방루프 방식은 그림 1.13과 같이 서보모터(스테핑 모터)에 펄스 신호를 줘서 신호만큼 볼스크류를 회전시키고 테이블을 이동시키는 구조이다. 이 시스템에는 위치검출과 속도검출이 없다.

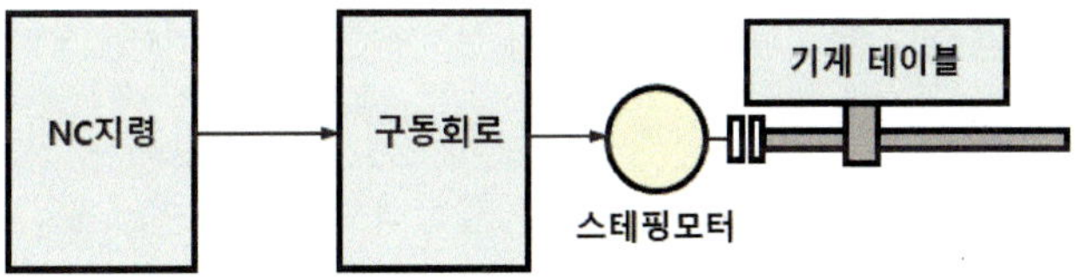

그림 1.13 개방 루프 방식

2) 반폐쇄루프 방식

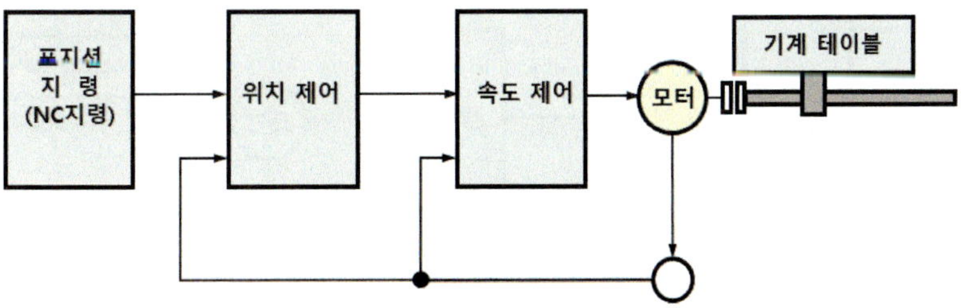

그림 1.14 반폐쇄루프 방식

그림 1.14는 반폐쇄루프 방식의 구성을 나타낸다.

서보시스템의 위치와 속도는 모터에 붙어진 엔코더에 의해 검출된다. 엔코더는 모터 1회전에 결정되어진 펄스를 출력한다. 따라서 그의 수를 카운터하므로써 모터의 정확한 위치를 알 수 있다.

펄스의 주파수는 회전 속도에 비례하므로 그의 주파수(혹은 주기)를 앎으로써 모터의 회전속도를 알 수 있다. 종래는 모터의 속도를 검출하기 위해 타코제너레이터를 이용한 적도 있지만 엔코더의 분해능이 높아져서 사용되지 않고 있다.

엔코더로부터의 펄스모터의 위치를 제어할 수 있으므로 모터에 연결하고 있는 제어대상의 테이블의 위치도 제어할 수 있다. 그를 위해서는 정밀한 볼나사를 이용하고 거터나 백래시 등의 작은 기계계를 구성하는 것이 중요하다.

이들의 기계에 의한 오차를 보정하기 위해 볼나사의 오차를 보정하는 피치오차 보정이나 기어의 거터 등을 보정하는 백래시 보정 등의 방법이 이용된다.

3) 폐쇄루프 방식

그림 1.15에 폐쇄루프 방식의 구성을 나타낸다.

모터의 속도를 제어하기 위해서는 반폐쇄루프 방식과 마찬가지로 모터에 붙여진 엔코더가 이용된다. 제어대상의 위치를 제어하기 위해서는 일반적으로 리니어스케일이 이용된다. 제어대상의 위치를 직접 검출할 수 있기 때문에 볼나사의 오차나 기계의 거터 등의 영향을 받지 않으므로 정도가 높은 위치결정이 가능하게 된다.

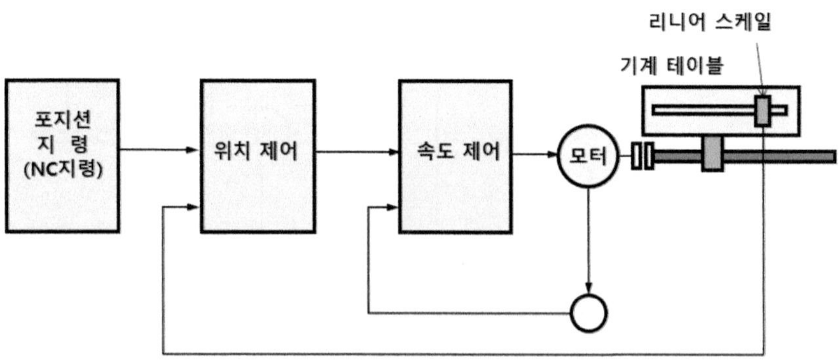

그림 1.15 폐쇄루프 방식

다만 기계의 거터가 너무 크다든지 마찰 토크가 큰 경우 등에는 문제가 발생하는 경우가 있다. 모터는 돌고 있는데 제어대상이 움직이지 않고 있고 움직이기 시작할 때는 너무 지나쳐 버리는 오버슈트 등의 현상이 일어나기 쉬우며 심한 경우에는 발진이 되어 버리는 경우가 있다.

4) 하이브리드 방식

그림 1.16에 하이브리드 방식의 구성을 나타낸다.

이것은 반폐쇄회로와 폐쇄회로 방식을 합친 것으로 반폐쇄회로와 폐쇄회로 검출값을 비교하여 보정펄스를 발생시키는 장치가 있다. 가장 높은 정밀도 방식이며 높은 정밀도를 요구하는 공작기계나 공작기계 중량이 커서 기계강성을 높이기 어려울 때 채택한다.

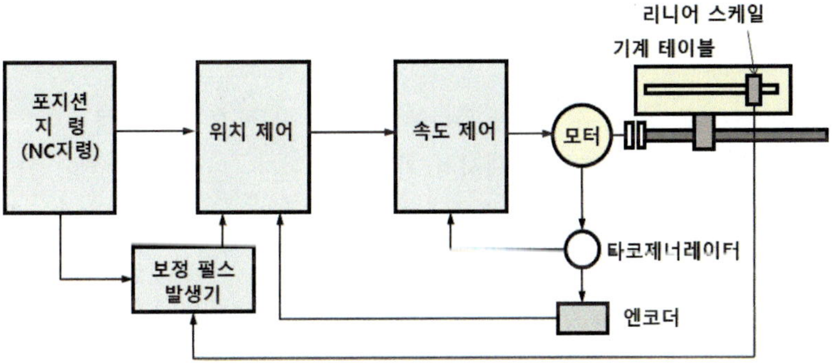

그림 1.16 하이브리드 방식

(4) NC 공작기계의 기본 기능

반도체를 중심으로 한 하드웨어 성능의 향상, 특히 처리의 고속화 및 메모리의 대용량화에 따라 NC의 소프트웨어도 극적으로 진보하여 기능은 비약적으로 향상했다. 아래에 기본적인 NC 기능을 서술한다.

1) 보간 기능

공구나 기계의 테이블은 서보모터로 구동 제어되지만 각 제어축마다 붙여진 서보 모터는 서로가 관련되어 제어된다. 복수의 서보 모터를 상호 관련지어 제어하기 위한 기능이 보간 기능이다. 보간 기능은 공구가 이동하는 경로(직선, 원호 등)를 지령하는 것이며 통상은 G코드(G에 이어지는 수치)와 제어축의 좌표값으로 지령한다. CNC의 대표적인 보간 기능은 직선보간, 원호 보간이 있다.

① 위치 결정(G00)

공구나 기계의 테이블의 위치를 급이송 속도로 이동시키기 위한 준비 기능이다.

② 직선 보간(G01)

공구나 기계의 테이블을 임의의 방향을 갖는 직선에 연하여 위치와 속도를 제어하여 이동시킬 수 있는 기능이다.

③ 원호 보간(G02, G03)

공구나 기계의 테이블을 지정된 평면으로 원호에 연하여 위치와 속도를 제어하여 이동시킬 수 있는 준비 기능이다.

2) 주축 기능

주축은 스핀들 모터에 의해 구동된다. 주축에 부착한 공구 혹은 공작물을 회전시켜 이것에 의해 공구와 공작물과의 상대속도를 발생시켜 가공을 행한다. 한 개의 기계에 한 개의 주축이 일반적이지만 최근은 주축도 다축화의 경향에 있고 한 대의 기계에서 복수의 주축인 기계도 많다. 이와 같은 기계에서는 2개의 주축이 공작물의 양단을 지지한 채 고속 회전시키는 주축 동기제어, 2개의 주축 속도차에 의해 가공을 행하는 차속제어 혹은 2개의 주축 속도비를 일정하게 갖고 가공을 행하는 폴리곤 가공 등의 복잡한 제어가 가능하게 된다.

주축 기능은 S코드(S에 이어지는 수치)에 의해 주축의 회전수를 지령한다. 또한 주속 일정 제어는 주축의 회전수가 아니고 공작물과 공구의 상대속도(절삭속도)를 m/min으로 직접 지령하는 기능이고 CNC는 공작물의 회전 중심으로부터 공구 선단까지의 거리에 기초하여 주축의 회전수를 자동으로 회전시키는 제어를 행하고 있다.

또한 주축을 서보모터와 같이 위치제어 상태로 하고 공구의 이송축과 동기시켜 주축을 회전시키고 탭가공을 행하는 리지드탭도 일반적이 되어 있다. 리지드탭에서는 플로팅탭이라는 특수한 탭공구를 필요로 하지 않고 더더구나 깊이 정도가 높은 탭가공을 행할 수 있다.

3) 공구 기능

공구 기능은 사용하는 공구를 선택하는 기능으로 T코드(T에 이어지는 수치)로 공구 번호를 지령한다. 머시닝센터에서는 자동교환 장치가 장비되어 있고 T코드에 의해 다음 사용공구를 선택하여 대기시키며 보조기능 M06에 의해 실제의 공구교환을 행하는 기계가 많다. 다수의 공구를 장착한 기계에서는 공구의 수명관리가 복잡하게 되기 때문에 공구 수명관리기능을 갖는 기계도 많다. 공구수명관리 기능에서는 복수개의 동일 공구를 기계에 장착하여 공구의 사용회수 혹은 사용시간에 기초하여 수명을 계산하고 그의 공구 수명이 다한다면 자동적으로 다음의 동일 공구를 선택하는 기능이다.

(5) NC 공작기계의 특징

일반 공작기계에 비해 NC 공작기계의 특징은 다음과 같다.

- 일반 공작기계의 수작업에 의한 가공보다 NC 공작기계는 동일한 NC 프로그램에 의해 가공하므로 제품 간에 호환성을 갖는다.
- 일반 공작기계의 수작업에 의한 가공보다 NC 공작기계는 작업의 연속성을 갖게 되므로 작업 시간이 단축되어 생산성을 높일 수 있다.
- 일반 공작기계는 한 사람이 한 대의 공작기계를 다루지만 NC 공작기계는 한 사람이 여러대를 운용할 수 있어 인건비를 절감할 수 있다.
- 일반 공작기계를 사용할 수 없는 비숙련자라도 NC 공작기계의 프로그래밍과 운용을 잘할 수 있으면 사용할 수 있다.
- 일반 공작기계의 수작업으로 가공할 수 없는 복잡한 형상이나 곡면을 NC 공작기계는 NC 데이터에 의해 정밀하게 가공할 수 있다.

1.4 가공재료와 공구재료의 개요

1.4.1 가공재료

공작기계에서 절삭한다든지 연삭한다든지 하는 재료(피삭재)에는 철계 금속, 알루미늄 등의 비철합금, 세라믹 등의 비철금속 등이 이용된다. 최근에는 고도의 내열성, 전열성, 단열성과 같은 열적 기능, 전도성, 절연성, 압전성 등의 전기적 기능이나 자기적 기능 등의 작용으로 특별한 성질을 나타내는 기능성 재료 등이 있다. 더구나 다른 소재를 조합한 섬유강화 플라스틱 외에 섬유강화 금속, 섬유강화 세라믹 등의 복합재료 등이 개발되어 있다. 신소재의 등장은 새로운 가공기술의 확립을 촉진하였다. 다음은 금속 합금을 중심으로 주된 피삭재의 특징을 대략으로 알아본다.

(1) 주철

주철은 철, 탄소, 규소 등을 주성분으로 하는 금속이다. 통상 탄소를 2.0~6.6% 함유한다. 상온에서는 물론 고온에서는 유동성이 풍부한 성질을 가지고 있으므로 주형에 부어 넣어 복잡한 형상을 만드는 데 적합하다. 일반적으로 강에 비해 기계적 특성이 열악하지만 진동의 흡수 능력이 우수하므로 자동차 엔진의 크랭크축 등에 이용되고 있다. 현재는 강에 필적하는 고급 합금주철도 개발되었다.

주철은 탄소와 규소의 양, 고온의 용해 상태로부터 냉각하는 속도의 차이 등보다 성질이 다르다. 탄소의 상태를 반영하는 파면의 색에 따라 **회주철**(gray cast iron), **백주철**(white cast iron), **반주철**(mottled cast iron) 등으로 분류된다.

1) 회주철

가장 일반적인 주철이며 철의 기질에 연한 판상 흑연과 경한 탄화물의 조합을 가진다. 연한 경우는 규소의 함유율이 증가하며 경한 경우는 규소의 함유율이 감소한다. 녹여 합한 철과 백주철 층이 상호로 존재하는 펄라이트 조직의 회주철은 기계구조 용도에 가장 적합한 성질을 갖고 있다.

주철에 포함된 흑연에는 절삭칩을 파쇄하여 피삭성을 높이는 역할이 있다. 흑연은 절삭 시에 윤활제 작용도 있으므로 내마모성을 얻고자 하는 기계용 부품에 사용하는 경우가 많다.

압축에는 강하지만 인장에는 약한 성질을 갖고 있으므로 흑연의 형상을 세밀하고 균일하게 분포하도록 개량한 것이 **고급주철**이라는 것이며 **미하나이트주철**이 그 대표적인 예이다. 미하나이트주철은 대량의 강칩을 주철에 첨가해서 고온 용해시켜 출탕할 때에 칼슘실리콘이나 페로실리콘 등을 첨가함으로써 펄라이트 조직에 흑연이 일정하게 분포하도록 한 것이다. 조밀한 조직이므로 두꺼운 대형 주물에 적합하다.

2) 합금주철

합금주철은 주철에 어떤 종류의 원소를 첨가하고 보통 주철에는 없는 기계적 성질이나 내식성, 내열성 등을 높인 것이다. 첨가한 원소에는 크롬, 규소, 니켈, 몰리브덴 등이 이용된다. 성질에 따라서 고력합금주철과 내열 및 내식주철로 나뉜다.

고력합금주철은 크롬이나 몰리브덴으로 기계적 성질을 향상시키고, 니켈로 피삭성을 향상시키고 있다. 고크롬주철과 주철에서는 최고의 내열성을 가지며 내산성에도 뛰어나지만 피삭성이 떨어진다. 고규소주철은 내산성은 우수하지만 딱딱하여 부서지기 쉽다. 니켈을 첨가한 Nicrosilal(Ni-Cr-Si주철)이나 Ni-resist(Ni-Cr-Cu주철)은 내열성이나 내식성이 높은 것에 인성이 풍부하다.

3) 가단주철

가단주철은 취성이 있어 인장이 어려운 주철의 결점을 보완한 것이며 백주철을 열처리해서 만든다. 시멘타이트의 흑연화나 탈탄 작용으로 인성을 높인다. 때리고 구부려도 바로 끊어지지 않는 것이 가단이라는 이름이 붙게 된 유래다. 흑심 가단주철, 백심 가단주철, 펄라이트 가단주철의 3종류가 있다.

흑심 가단주철은 2단계의 풀림을 실시하여 탄소를 흑연화한 것으로 인장강도와 연신이 우수하다. 파면이 검으므로 그 이름이 붙여졌다. **백심 가단주철**은 산화철과의 가열로 탈탄 시킨 것이며 표층부가 페라이트조직으로 변한다. 파면이 희므로 그 이름이 붙여졌다. **펄라이트 가단주철**은 다른 가단주철보다 강도는 있지만 연신은 낮다.

4) 그 밖의 주철

구상흑연주철은 소량의 마그네슘이나 칼슘 등을 첨가하여 흑연을 구상화한 것이다. 강도, 인성, 내열성 등이 우수하다. 페라이트형은 그 모양이 마치 황소의 눈과 같다고 하여 **소눈 조직**(bull's eye structure)이라고 한다. 보통 주철보다도 약간 저탄소, 저규소로 한 것이 **칠드주철**이다. 표면은 경한 백주철이며 내마모성이나 내압성이 우수하다. 내부는 회주철이기 때문에 백주철보다 구부러지기 어렵다.

(2) 탄소강

탄소강은 철과 탄소의 합금이며 탄소 함유율 1.7% 이하인 것을 말한다. 탄소가 많아지면 경하고 강하게 되며 적어지면 연하게 된다. 탄소량에 따라 0.12% 이하(극연강), 0.12~0.2%(저탄소강; 연강), 0.2~0.45%(중탄소강; 반연강), 0.45~0.8%(고탄소강; 경강), 0.8~1.7%(최경강)와 같이 분류된다. 일반 구조용으로부터 기계구조용까지 용도 폭은 넓다.

탄소 이외의 성분으로서 망간을 0.2~0.8%, 규소를 0~0.3%, 인을 0.06% 이하 포함한다.

1) 기계구조용 탄소강

교량, 건축물의 철골, 선박 등에 사용되는 구조용의 강판, 평강, 형강 등은 **일반구조용 탄소강**이다. 이것에 대해서 기계구조용 탄소강은 일반구조용 탄소강보다도 탄소량이 적고 주로 강인성이 요구되는 기계부품 등의 구조용 부품에 사용된다. 탄소량 0.25% 이하인 것은 풀림을 한 채로 볼트나 너트, 소형 축류 등의 재료가 된다.

2) 주강

주강은 용해한 강을 주형에 부어서 필요한 형상, 치수로 성형한 것이며 복잡한 형을 한 것에 사용된다. 탄소를 0.15~0.45% 함유한다. 주철보다도 연신이 있으며 인장강도도 크다는 등 기계적 성질이 좋으므로 기계부품에 널리 사용된다.

(3) 합금강

합금강은 탄소강의 성질을 개선할 목적이며 각종 특수 원소를 첨가한 것이다. 특수강이라고도 하며 기계구조용 합금강, 공구용 합금강, 내식용 강, 내열용 강, 특수용도용 강 등으로 분류된다.

탄소강의 성질을 개선할 목적으로 하면 그 효과가 있는 원소의 주된 것은 다음과 같다.

① 인장강도 높임 – 규소, 티탄, 망간 등

② 내마모성을 높임 – 몰리브덴, 크롬, 텅스텐 등

③ 내열성을 높임 – 니켈, 크롬, 탄소 등

④ 내식성을 높임 – 크롬, 니켈, 몰리브덴 등

기계구조용 합금강에는 강인강(high toughness steel)과 고장력강(high tensile steel)이 있다. **강인강**은 소량의 원소를 탄소강에 첨가하여 인성을 높인 것이다. 강도나 인성을 높이기 위한 담금질, 뜨임의 열처리 효과를 끄집어내기 위해 각종 원소를 첨가한다. **고장력강**은 **하이텐**이라고도 하며 용해성을 중시한 저탄소 저합금 형태의 합금강이다.

1) 크롬강

크롬강은 탄소강에 1% 전후의 크롬을 첨가하여 경화능을 개선한 것이다. 크롬은 탄화물을 만들기 쉽고 단독 첨가로도 강의 경화능이나 뜨임의 연화 저항성을 향상시킨다. 점성이 높고 내마모성도 좋다. 니켈크롬강의 니켈을 절약한 값싼 강으로서 볼트, 핀, 축류 등의 그다지 크지 않은 부품에 널리 이용된다.

2) 크롬몰리브덴강

크롬몰리브덴강은 크롬강에 몰리브덴을 첨가하여 경화능과 뜨임에 대한 저항성을 일반적으로 향상시킨 것으로 강인강 가운데에서도 가장 널리 활용되고 있다. 기계적 성질은 니켈크롬강에 떨어지지 않는다. 공작기계의 주요 재료로도 사용되고 있지만 표면의 마무리가 아름답기 때문에 박판이나 관의 재료로도 사용된다. 또한, 용접성이 좋고 신뢰도도 높다. 고온 고압에도 적합하다.

3) 니켈크롬강

니켈크롬강은 예로부터 고급 합금으로서 기계, 특히 공작기계 등의 고강성, 고정밀 기계재료로 사용되어 왔다. 니켈은 점성이 있고 강인성을 높인다. 그러나 단독으로는 경화능과 뜨임의 저항성이 불충분하므로 이것을 크롬으로 보강한 것이다. 내마모성, 내열성, 내식성이나 저온 환경의 내충격성이 풍부하다. 내마모성을 요구하는 축과 기어 등의 부품에 사용된다.

4) 니켈크롬몰리브덴강

니켈크롬몰리브덴강은 니켈크롬강에 몰리브덴을 첨가한 것이며 경화능이 극히 좋고 뜨임 할 때의 취성도 적다. 또한, 점성도 높고 구조용 합금강 가운데서는 가장 강인성이 있다. 강성을 요구하는 대형부품이나 강한 힘이 요구되는 각종 부품, 기어, 축 등에 많이 사용된다.

5) 쾌삭강

쾌삭강은 문자 그대로 절삭이 쉬운 재료로서 개발된 것이다. 특수한 원소를 첨가한 것이며 절삭 시에 절삭칩이 미세하게 되도록 한 것이다. 강에 유황과 망간을 첨가하고 절삭면에 공동을 형성하는 것으로 절삭칩이 미세하게 절삭하기 쉽도록 한 것을 **유황 쾌삭강**이라 한다. 또한, 공구 절삭면에 부드러운 물질을 개재시켜 깎기 쉽도록 한 것을 **칼슘 쾌삭강**이라 한다. 강 가운데 칼슘, 알루미늄, 규소 산화물이 복합한 개재물을 포함시켜 이것이 절삭 중에 공구 절삭면에 막을 만듦으로써 마모를 감소하도록 한 것이다.

유황쾌삭강과 칼슘쾌삭강의 쌍방의 특성을 갖춘 것이 **납 쾌삭강**이다. 납 쾌삭강은 강에 납을 0.2% 정도 첨가한 것이다. 일부는 직경 1.3 ㎛의 입자가 되고 나머지는 강중의 산화 망간에 부착하여 납이 균일하게 분포한 상태가 된다. 납이 갖는 높은 피삭성이 활용되며 게다가 재료의 기계적 성질에 거의 영향을 미치지 않는다.

(4) 비철금속, 세라믹

1) 동합금

동은 열이나 전기의 전도성이 풍부하고 가공하기 쉬우므로 그 특성을 활용한 합금이 예로부터 만들어져 있다. 그 대표적인 것으로 동과 아연과의 합금인 **황동**이다. 아연의 함유량에 따라 10% 전후의 단동, 30%의 73황동, 40%의 64황동으로 나뉜다. 73황동은 가장 연신이 크며 냉간가공에 적합하다. 64황동은 인장강도가 크며 열간가공에 적합하다. 망간이나 아연 등을 첨가하여 기계적 특성을 높인 특수 황동이라 부르는 것도 있다. **청동** 소위 브론즈는 동과 주석의 합금이다. 주조하기 쉽고 내식성이 좋으며 더구나 내마모성이나 열전달률도 좋으므로 기어의 웜휠이나 베어링 등에 이용된다.

동합금은 2%까지의 아연을 함유시킨 것이며 절삭저항이 반감한다. 피삭성이 현저하게 향상됨과 동시에 마무리면도 향상된다. 아연이 합금 중에 점재되어 칩 브레이커로 작용하므로 절삭칩은 극히 작게 말려서 짧게 깎인다. 유황과 동의 화합물도 칩 브레이커로 작용하며 피삭성을 개선시킨다. 니켈이나 철은 1% 이하의 소량만 있으면 피삭성에 좋은 영향을 준다.

2) 알루미늄합금

알루미늄합금은 기계적 강도는 낮지만 가벼우므로 여러 부품에 이용된다. 전신용 합금과 주조용 합금의 2종류가 있다. 전신용 합금은 특성에 따라 내식 알루미늄 합금, 고력 알루미늄 합금, 내열 알루미늄합금 등으로 나눠진다. 이 가운데서도 두랄루민에 대표되는 고력 알루미늄 합금은 용도 범위가 비약적으로 확대되고 있으며 공작기계도 고력 알루미늄합금으로 다수 개발되고 있다.

알루미늄합금은 일반적으로 탄소강보다도 절삭하기 쉽지만 마무리 면이 거칠게 되기 쉽다. 알루미늄의 순도가 높으면 절삭칩이 길게 되고 구성인선이 되기 쉽기 때문이다. 알루미늄과의 합금에 이용되는 원소는 동, 아연, 마그네슘 등이 일반적이며 이들을 포함하면 피삭성이 높다.

쾌삭 알루미늄합금은 카드뮴, 비스마스, 아연, 주석, 탄탈을 첨가한 것이다. 그 가운데 카드뮴, 비스마스, 주석은 고용되지 않고 원소 그대로 점재하여 칩 브레이커의 역할을 한다. 비교적 저온에서 녹으므로 공구인선의 윤활에 역할을 한다. 또한, 한 종류의 원소를 다량으로 첨가함으로써 복수의 원소를 조합시켜 첨가한 쪽이 기계적 성질에 주는 영향도 적다.

3) 세라믹

세라믹은 천연 광물원료를 고온에서 가열, 또는 용융시켜 제조한다. 일반적으로 도자기나 글라스 종류가 많이 친숙하지만 최근에는 의용 재료, 유전 재료, 자성 재료, 압전 재료, 광학 재료 등의 고도 기능을 갖는 파인세라믹이 신소재로서 많은 분야에 이용되고 있다. 파인세라믹은 순도가 높은 천연의 무기질이나 합성된 무기질을 풀림(어닐링)한 것으로 고경도, 내마모성, 내열성, 내식성, 전기 절연성, 압전성, 전자-이온 전도성 등 풍부한 특성을 가진다. 구조부품으로서만이 아니고 기능부품으로도 널리 활용되고 있다. 각종 기계부품, 전자부품, 센서, 공구, 인공뼈 등 용도는 여러 갈래에 걸쳐있다.

소재면으로부터 보면 알루미나나 지르코니아 등의 산화물계와 질화규소계, 탄화규소계 등의 비산화물계로 나눠진다. 양적으로는 약 8할을 알루미나계가 점한다. 한편 질화규소계를 주체로 한 것은 고온 하에서 우수한 기계적 특성을 가지므로 자동차 엔진이나 가스 터빈에의 응용이 이루어지고 있다.

(5) 복합재료

복합재료는 종류가 다른 재료를 짝 지우는 것으로서 단독의 재료로는 얻을 수 없는 특성을 지니게 한 소재이다. 한 가지 물질로 이루어진 재료와 달리 복합재료의 미세구조는 일정하지 않고, 연속적이지도 않으며 상이 두 가지 이상인 다상(multiphase)의 상태이다.

복합재료는 크게 세 가지인 입자 강화재료, 섬유 강화재료, 구조 복합재료로 나뉜다. **입자 강화재료**는 다시 큰 입자로 구성된 것과 입자가 분산상으로 작용하는 것 두 가지가 있다. **섬유 강화 재료**는 섬유가 연속된 것과 짧게 끊어진 것 두 가지가 있다. **구조 복합재료**는 복합재료와 순수한 재료를 구조적으로 결합한 것이며 래미나(laminar) 복합재료와 샌드위치 패널(sandwich panel)이 대표적인 구조 복합재료이다.

(6) 기능재료

1) 금속간 화합물

금속간 화합물(intermetallic compounder)은 둘 이상의 금속 원소가 결합하여 형성되는 일종의 화합물이다. 일반적으로 액체 상태에서 상호 용해되는 둘 이상의 금속의 혼합물로 구성되는 합금과 달리 금속간 화합물은 특정 화학식과 결정 구조를 갖는다. 금속간 화합물은 일반적으로 구성 금속의 결정 구조와 다른 독특한 결정 구조를 특징으로 한다. 이 결정 구조는 고강도, 고융점 및 저연성과 같은 특이한 현상을 나타낼 수 있다. 금속간 화합물은 고온 고체 반응, 화학 기상 증착 및 전착을 포함한 다양한 방법을 통해 형성될 수 있다.

금속간 화합물은 항공 우주, 자동차 및 전자 제품을 포함한 다양한 산업 분야에서 광범한 응용 분야를 가지고 있다.

2) 형상기억합금

형상기억합금은 물질의 구조를 기억하는 특징을 가지고 있는 합금이다. 이러한 합금은 변형되었을 때 원래의 형태로 돌아갈 수 있는 기능을 갖추고 있어 다양한 분야에서 활용되고 있다. 형상기억합금은 그 독특한 특성과 원리에 따라 많은 연구가 이루어져 왔으며 이를 통해 다양한 종류의 형상기억합금이 개발되고 있다.

형상기억합금은 몇 가지 독특한 특징을 가지고 있다. 첫째는 변형된 형태에서 원래의 형태로 쉽게 복원될 수 있는 형상 기억 효과를 갖추고 있다. 둘째는 특정 온도에 도달하면 형상이 변형되는 역변형 효과를 나타낸다. 이러한 특징은 재료의 사용과 제조 공정에 많은 이점을 제공한다. 또한, 형상기억합금은 고내구성과 내부 응력에 대한 내성이 높으므로 오랫동안 안정적인 성능을 유지할 수 있다.

형상기억합금의 작용 원리는 주로 상전이와 결정 구조 변화에 의해 이루어진다. 애크마틱 상전이와 마르텐사이트 상전이가 주로 연구되고 있으며, 이러한 상전이는 온도의 변화에 따라 형상 기억 효과를 나타낸다. 또한, 결정 구조의 변화로 인해 형상이 변형되어 역변형 효과가 발생한다. 이러한 원리를 이해하고 제어함으로써 형상기억합금의 성능을 더욱 개선할 수 있다.

형상기억합금은 다양한 종류로 분류될 수 있다. 일반적으로는 니켈-티타늄(Ni-Ti) 기반 합금과 구리-알루미늄-니켈(Cu-Al-Ni) 기반 합금이 가장 널리 알려져 있다. 니켈-티타늄 합금은 기억 효과와 역변형 효과가 뛰어나며 구리-알루미늄-니켈 합금은 저온에서의 성능이 우수하다. 이 외에도 다양한 금속과 비금속의 조합으로 형상기억합금이 개발되고 있으며 각각의 종류는 특정한 용도에 적합한 특성을 가지고 있다.

형상기억합금은 다양한 분야에서 활용되고 있다. 예를 들어 의료 분야에서는 치아와 관절 등의 재료로 사용되어 생체 재료와의 호환성이 우수하며 스텐트와 같은 의료기기에도 적용되고 있다. 또한, 자동차 산업에서는 기어, 브레이크 패드 등에 형상기억합금이 사용되어 내구성과 안성성을 향상시킬 수 있다. 그 밖에도 항공 우주 산업, 전자 제품 등 다양한 분야에서 형상기억합금의 우수한 특성을 활용하고 있다.

(7) 플라스틱 성형재료

1) 플라스틱의 정의

플라스틱(영어: plastic)은 쉽게 원하는 모양으로 가공할 수 있다는 의미의 그리스어 플라스티코스(plastikos)에서 유래했으며, 열과 압력을 가해 성형할 수 있는 합성수지이다.

합성수지는 플라스틱의 원재료로 화학 반응을 통해 인공적으로 만들어진 점성이 있는 물질을 가리킨다. 플라스틱은 이러한 합성수지를 열가소성 또는 열경화성 형태로 성형하여 실생활에서 사용하는 제품 형태로 만들어진 물질을 말한다. 다시 말해 합성수지는 재료라고 하면 플라스틱은 그 재료를 이용하여 제작한 완성품이라고 할 수 있다.

플라스틱 성형재료는 그림 1.17과 같이 구분하고 있다.

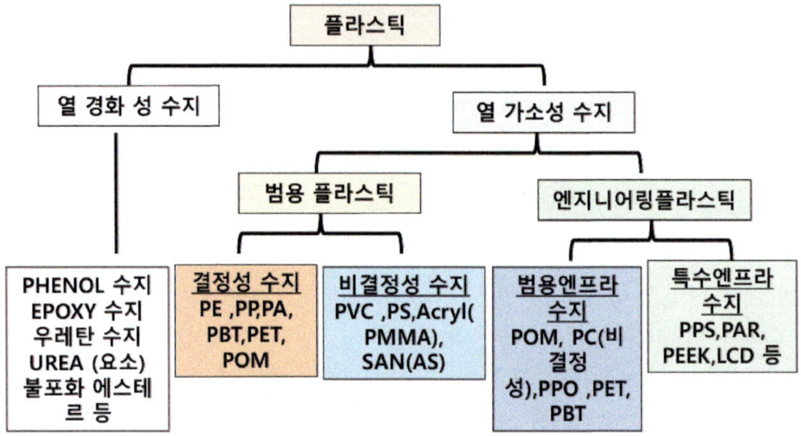

그림 1.17 플라스틱 성형재료의 구분

2) 플라스틱의 특징

플라스틱은 단일 재료로는 거의 사용되지 않으며 여러 재료를 복합적으로 사용하여 만들어지는 경우가 많다. 그렇기에 다른 재료에 없는 특성이 있는 경우가 많은데 그 공통된 장점은 아래와 같다.

① 높은 비강도

기계재료에 사용되고 있는 플라스틱을 예를 들면 유리섬유 강화 플라스틱, 폴리아세탈, 나일론, 폴리카보네이트 등은 같은 중량당 기체강도(비강도)를 비교하면 강철에 필적하며, 유리섬유강화플라스틱(FRP)은 오히려 강철보다 강력하다.

② 높은 절연성

대부분의 플라스틱 재료는 전기절연성이 높으며 따라서 절연제품의 재료로써 광범위하게 이용되고 있다.

③ 좋은 성형성

플라스틱은 재료에 따라 사출 성형법, 압축 성형법, 압출 성형법, blow 성형법 등 여러가지 성형법을 통하여 제작된다. 대부분의 플라스틱은 잘 녹으며 가공이 편하여 능률 있게 성형할 수 있으므로 금속재료 등으로 제품을 만드는 경우보다 가공비가 매우 저렴하다.

④ 내수성, 내약품성이 좋다.

⑤ 가공법에 따라 다른 성질의 플라스틱 제품을 만들 수 있다.

플라스틱은 재료가 같더라도 가공법이나 첨가제에 따라서 성질이 전혀 다른 제품을 만들 수 있다. 예를 들면 염화비닐 수지 제품은 경질 제품이 만들어지지만 가소제를 가해서 성형하면 연질 제품도 만들 수 있다. 또한, 유리섬유를 가한 폴리에스테르 제품, 에폭시 수지 제품은 **유리섬유강화플라스틱**(FRP)라고 불리는데 매우 강력한 제품이 된다. 플라스틱 제품은 높은 전기절연성을 가진 재료이나 가공할 때 은가루를 섞으면 도전성이 좋은 플라스틱을 만들 수 있다. 또한 최근에는 플라스틱 표면에 용이하게 도금을 할 수 있게 되어 내열성, 기계강도 등을 대폭 개선할 수 있게 되었다. 즉, 이와 같이 플라스틱은 그 성질을 여러 가지로 개량할 수 있는 것이다.

⑥ 가격이 싸다.

공업적으로 대량 생산되며, 일반적으로 사용되는 제품을 만들려면 뭐라고 해도 가격이 싸야 한다. 플라스틱의 경우, 무게당의 가격은 금속보다 비싼 경우도 있지만, 비중이 낮기 때문에 같은 부피당의 가격은 반대로 싸지는 경우가 많으며 게다가 성형이 용이해서 대량생산을 할 수 있으므로 제품단가는 반대로 싸게 된다.

⑦ 특화된 성질을 가지고 있다.

플라스틱 재료는 다른 재료에서는 없는 특별한 성질을 가지고 있는 경우가 많다. 예를 들면 폴리4플루오르화 에틸렌(테플론-PTFE)은 마찰계수가 아주 작다. 또 폴리아세탈로 스프링을 만들 경우 탄성이 강하고 전기 절연성이 있는 스프링의 설계가 가능해진다.

한편 플라스틱의 단점은 다음과 같다.

① 열에 약하다.

플라스틱은 열에 약한 경우가 많다. 열경화성수지를 제외한 대부분의 플라스틱(85%)은, 가열하면 연화하거나 타거나 해서 사용할 수 없게 되기 쉽다. 또한 플라스틱은 열전도율이 낮은 경우가 많기 때문에, 국부에 가열시 쉽게 재료가 타므로 주의해야 한다.

② 표면의 경도가 약하다.

플라스틱은 구조가 고분자이며 중합체이기 때문에 경도가 금속재료 등에는 훨씬 못 미친다. 특히 폴리스티렌, 폴리에틸렌 등 일반용 수지에서는 표면경도가 더욱 낮아서 흠이 나기 쉽다.

③ 용제에 약하다.

몇몇 플라스틱의 경우는 용제에 강한 것도 있지만 폴리스틸렌 등과 같이 용제에 녹기 쉽거나 스트레스 크래킹이 일어나기 쉽다. 또, 용제에는 녹지 않더라도 용제, 표면활성제에 담그면 제품에 크래킹(금이 가는 현상) 이 들어가는 경우가 있다. 특히 폴리스티렌, 폴리에틸렌과 같은 일반용 수지의 경우 많이 일어난다.

1.4.2 공구재료

(1) 공구재료의 필요조건

공구재료란 세라믹, 초경합금, TiC-TiN 서멧 코티드초경합금이라 하는 공구재종 군이나 공구재종 전체를 말한다. 공구재료의 필요조건은 딱딱하고 마멸하기 어려운 것, 절삭 중에 발생하는 절삭저항이나 진동, 충격에 견딜 수 있는 강도인 것이다. 그 외의 조건에는 절삭 중에 발생하는 고열에 대해서도 경도가 저하하지 않을 것, 열처리나 공구의 성형가공이 용이한 것을 들 수 있다.

(2) 공구재료 개발의 역사

공구재료의 근원은 2000년전 히타이트로부터 제철법을 배운 인도에서 만들어진 wootz강이 최초로 된다. 한 번에 소량의 강괴 밖에 얻을 수 없는 wootz강의 제법에 대해 영국의 핸츠만은 반사로의 복사열에 의한 고온 하에서 강을 용탕하는 대량 제강법을 개발하였다. 이 기술을 베이스로 1740년에 탄소공구강을 제조했다. 그 후 발명된 각종 공작기계는 산업혁명을 뒤에서 지지해 왔던 주역이지만 이것들에는 핸츠만의 공구강을 이용한 날공구가 사용되고 있었다.

1868년에는 영국의 마쉐트가 지금까지의 탄소공구강보다도 훨씬 절삭성능이 우수한 고탄소-망간-텅스텐(C-Mn-W) 공구강을 발명했다. 고속으로 가공할 수 있는 강, 고속도강(high speed steel)의 탄생이다. 그 후 고속도강의 연구는 미국의 테일러와 화이트에 계승되어 고온 퀜칭을 한 텅스텐-크롬(W-Cr) 공구강이 탄생했다. 이 공구는 1900년에 파리에서 개최된 만국박람회에 출품되어 날끝이 빨갛게 될 정도의 고속으로 절삭해도 문제없었으므로 주목을 받았다.

20세기에 들어서면 초경합금, 세라믹, 각종 코팅법, 서멧, CBN 등의 신공구 재종, 제법이 차례로 개발되었다.

(3) 공구재료와 특성

공구재종이란 공구재료를 구성하고 있는 Htil0v P10, M20이라는 구체적인 재종이나 ISO 규격 등에 기초한 개개의 그레이드를 말한다.

1) 고속도강

고속도강은 함유성분에 의해 텅스텐계와 몰리브덴계로 크게 나누어진다. 텅스텐계는 고온하에서의 경도가 높기 때문에 바이트로 많이 이용되며 몰리브덴계는 인성이 높기 때문에 드릴이나 호브를 중심으로 사용되고 있다.

2) 초경합금

초경합금(cemented carbide alloy)은 고온에서도 경도의 저하가 작은 것이 특징이며 1914년에 독일에서 선 신장 다이스용으로 발명되었다. 그 후 1926년에 독일의 크루프사나 미국의 GE사로부터 발매되었다. 개발 당초는 텅스텐(WC)의 분말을 코발트(Co)에서 소결한 것이지만 강의 절삭에서 경사면에 크레이터 마멸을 빌생히기 때문에 용도가 한정되었다.

그러나 그 후 탄화 티탄(TiC), 탄화 탄탈(TaC)을 첨가함으로써 내마멸성과 인성이 개선되어 사용범위가 대폭으로 확장했다. 현재는 바이트 대부분에 사용되는 것 외에 밀링이나 드릴 등에도 사용되고 있다. 경도는 성분의 조성에서 틀리다. 예를 들어 코발트가 작으면 경도는 증가하지만 취성에 약하고 역으로 코발트를 증가하면 취성은 강하지만 경도는 저하한다.

초경합금은 그의 화학성분에 의해 텅스텐 카바이드계 합금(표준 초경), 티탄 카바이드계 합금(서멧), 피복 합금(코팅)의 3가지로 나뉜다. 또한, P종은 연속해서 절삭칩을 내는 경우, K종은 불연속의 절삭칩을 내는 경우, M종은 P, K종의 중간 상태의 절삭칩을 내는 경우와 용도로 나누는 경우도 있다.

① 텅스텐 카바이드계 합금

가. WC-Co계 합금

텅스텐 카바이드계 합금은 주철, 비철금속의 절삭용, 내마모용, 내충격용, 광산 공구용 등 가장 널리 사용되고 있다. 주로 코발트의 양과 텅스텐 카바이드의 입도로 경도와 저항력을 조정한다. 코발트양의 증대와 함께 밀도, 경도, 내마모성, 압축강도, 탄성률은 저하하며 저항력, 인장강도, 충격치는 증가한다.

나. WC-TiC-Co계 합금

텅스텐 카바이드-티탄 카바이드-코발트계 합금은 코발트양, 티탄 카바이드양의 증감에 따라 여러 가지의 품종을 만든다. 티탄 카바이드의 양과 함께 내마모성, 내산화성은 증가하며 밀도, 저항력 등은 저하한다.

다. WC-TiC-Ta (Nb) C-Co계 합금

텅스텐 카바이드-티탄 카바이드-니오브 카바이드-코발트계 합금은 WC-TiC-Co계 합금의 일부의 티탄 카바이드를 탄탈 카바이드 혹은 니오브 카바이드를 포함한 탄탈 카바이드로 치환한 것이다. WC-TiC-Co계 합금의 내마멸, 내열성을 갖추며 높은 인성으로 인선의 강도를 증가시키고 있다.

② 서멧

서멧(cermet=ceramic+metal)은 중 거칠기 절삭, 경 거칠기 절삭, 마무리 절삭용의 공구 재종이다. 절삭속도 등의 점에서 뒤에서 서술하는 세라믹 공구와 텅스텐 카바이드계 초경 공구의 중간을 메꾸는 강 절삭공구로서 자리를 공고히 해온 티탄 카바이드계 합금이다. 1956년에 미국의 휴메닉이 개발했다. 성분을 탄화 티탄을 결합제로 소결한 것이다.

성질은 고온에서도 연화하지 않고 단단하므로 고속 절삭이 가능하고 구성인선이 부착하기 어렵고 마무리 면이 양호하다. 반면 인성이 텅스텐 카바이드계 초경합금에 비해 작으므로 칩핑을 일으키기 쉽고 중절삭의 경우에는 조성 변형을 일으키는 경우가 있다.

그러나 인성을 보강하기 위해 탄화텅스텐(WC)인 탄화탄탈(TaC)을 첨가한 TiC계 초경합금의 고인성 재종 혹은 티탄이나 탄탈의 질화물을 첨가하는 것으로 입자의 성분을 억제하고 인성이 있는 TiC-TiN계의 서멧 등이 개발되어 있다.

③ 피복 합금(코팅)

텅스텐 카바이드계 초경합금을 모재로 하고 그의 표면에 탄화티탄, 질화티탄, 산화알루미늄 등을 단층 또는 2~3층으로 얇게 코팅한 것이다. 코팅의 종류보다 내용착성, 내마모성, 내열성이 모재보다 우수하므로 모재를 상회하는 고속 절삭이 가능하게 된다. 또한, 마모 계수도 작게 되기 때문에 공구 수명의 연장 등의 특징이 있다.

3) 세라믹

세라믹은 고속도공구강, 초경합금에 이어 역사가 깊은 공구재료이다. 일반적으로 고순도에 미세한 산화물(예를 들어 산화알루미늄 Al_2O_3나 MgO), 질화물(예를 들어 질화티탄 TiN이나 질화규소 Si_3N_4 등의 분말을 가압하면서 소결한다) 방법으로 만들어진다.

내마모성이 우수한 가운데 내융착성, 내산화성에도 우수하며 높은 정도로 양호한 마무리 면을 얻을 수 있다.

대표적인 세라믹 공구로서는 Al_2O_3계와 Si_3N_4계가 있다. Al_2O_3계는 백색의 순알루미늄계 세라믹, 통칭 **백세라팁**이라 불리고 있는 것과 Al_2O_3에 탄화물을 첨가한 흑세라팁이라 불리고 있는 흑색계의 Al_2O_3-TiC계가 있다. 또한, Al_2O_3에 약 30%의 탄화규소(SiC), 위스카(직경 0.5~0.6 ㎛, 길이 10 ㎛의 섬유)를 첨가한 섬유 강화 세라믹이 개발되어 있다.

4) 다이아몬드

다이아몬드는 물질 중에서 가장 딱딱하고 압축하기 쉬우며 열을 잘 전달하며 내마모성도 우수하지만 인성에 약하다. 이 때문에 알루미늄 합금, 동합금, 연질 금속, 에보나이트나 글라스 등의 비금속 마무리 절삭에 사용된다. 알루미늄 등에서는 경면절삭할 수 있다. 딱딱한 반면에 단결정체이므로 성질이 부서지기 쉽고 높은 정도의 마무리 면을 얻는 데에는 고속도 더구나 미세한 이송으로 절삭할 필요가 있다. 최저 절삭속도는 60~100 m/min이다. 표준 이송은 1회전당 0.02~0.1 ㎜가 되며 취급에 주의하지 않으면 날 망가짐이 발생하기 쉽다.

5) 그 외의 공구 재료

① CBN 소결체

다이아몬드에 이어 경도(3200~4000 HV 정도로 초경합금의 약 2배)를 가진 CBN(cubic boron nitride) 소결체는 1957년 미국의 GE사가 합성에 성공하여 “보라존”의 상품명으로 발표하였다.

CBN 소결체는 소입강 같은 고경도강의 마무리 절삭, 주철이나 덕타일 주철의 고속 절삭, 소결강이나 밸브시트(valve seat)재라 하는 분말 합금의 절삭, Ni기나 Co기의 초내열합금의 마무리 절삭, 특수강이나 초경합금 롤의 마무리 절삭에 우수한 절삭 능력을 발휘한다. 내열합금이나 소입고합금강 등 H_RC40 이상의 고경도 재료의 마무리 절삭이나 인코넬, 스텔라이트 등의 난절삭재를 150 m/min 이상의 절삭속도로 절삭할 수 있으며 마무리면도 좋다. 다만 단속 절삭에는 적합하지 않다.

절삭공구의 비용이 높으므로 인서트를 사용하여 버리지 않고 수차례의 재연마를 하여 사용하는 경우가 많지만 재연삭 비용도 필요하게 된다.

② 다이아몬드 소결체

다이아몬드 소결체는 미립자의 인조 다이아몬드 결정립을 약 2000℃, 7만 기압의 고온고압하에서 소결한 다결정 소결체이다. 다이아몬드 소결체가 절삭공구로서 실용화된 것은 CBN 소결체보다 약간 늦어 1974년경이다. 소결체 공구 재료로서는 경도가 가장 크고 CBN 소결체의 약 2배의 7000~8000 HV의 경도를 갖는다. 또한, 다이아몬드 소결체는 열전도율이 우수하고 열팽창계수도 작으므로 공구재료로 극히 우수한 많은 특성을 갖는다.

③ 다이아몬드 코팅

다이아몬드 코팅은 초경합금 표면에 높은 마모성을 가진 다이아몬드를 강한 부착도로 코팅한 절삭공구 재료이다. 코팅층의 다이아몬드는 아몰퍼스(amorphous) 성분이 적은 고순도, 균일, 미세한 조직이 특징이다. 적용할 수 있는 피삭재에는 알루미늄이나 동 등의 비철합금이나 다이아몬드 등 비금속까지 폭넓다.

또한, 다이아몬드 코팅을 한 하나의 공구에 초연마 입자 휠의 일종이며 연마가공에 이용할 수 있는 다이아몬드 휠이 있다. 이것은 합금과 초연마 입자층으로 되며 초연마 입자층은 합금 상에 1~3 ㎜의 두께로 접착되어 있으며 초연마 입자의 종류, 입도 및 그의 함유량, 결합제의 종류와 결합도에 의해 연마 성능이 결정된다.

지금까지 공구재료에 대해 대략적인 설명했으며 각종 공구재료의 특성와 각종 공구재료의 기본 특성의 위치관계를 각각 표 1.2와 1.3에 정리하여 나타냈다.

표 1.2 각종 공구재료의 특성

		공구 재료							
		초경합금		TiCN계 서멧				CBN 소결체	다이아몬드 소결체
		WC-Co	WC-TiC TaC-Co		Al_2O_3	-TiC	Si_2N_4		
밀도(g/㎤)		15.9	15.5	6.9	5.9	5.3	5.3	5.8	5.8
경도	HV	1650	1500	1650	2000	2200	2000	4300	7000
	HRA	95.0	90.5	95.5	95.0	95.0	95.0	—	—
저항력 (kg/㎟)		200	200	160	50	80	100	—	—
영률 (10^4kgf/㎟)		6.4	5.3	5.5	5.5	5.0	5.2	6.6	9.0
열팽창률 (10-6/℃)		5.6	5.5	7.7	8.0	7.8	5.5	5.6	5.8
열전달률 (cal/cm·s·℃)		0.19	0.09	0.07	0.07	0.07	0.07	0.25	0.3

표 1.3 각종 공구재료의 기본 특성의 위치관계

특성 \ 성능	열세 ←	성능		→ 우세
고온 경도	고속도 공구강	초경	코팅 초경 / 서멧	세라믹
내마멸성	고속도 공구강	초경	코팅 초경 / 서멧	세라믹
내결손성(인성)	세라믹, 서멧		코팅 초경 / 초경	세라믹
내소성 변형성	고속도 공구강	초경	코팅 초경 / 서멧	세라믹
내열 균열성 내열 충격성 내열 피로성	세라믹 (Al_2O_3 등), 서멧	코팅 초경 / 초경	세라믹 Si_3N_4계	고속도 공구강
고온화학 안전성	고속도 공구강, 초경		코팅 초경 / 서멧	세라믹
내착용성	고속도 공구강	초경	코팅 초경	세라믹 / 서멧

1.5 열처리의 개요

기계 조립도를 보고 투상을 하여 치수 기입과 공차의 선정 및 표면 거칠기를 지정한 후에는 각각 부품별로 재질을 선정해주고 그 부품 기능에 따른 기계적 성질을 맞추어 주기 위해 **열처리**를 선정하게 된다. 열처리는 기계부품 제조 공정 중 필수적인 공정으로 기계를 구성하는 부품의 기능에 요구되는 여러 가지 기계적 성질을 향상시켜 기계의 기능 향상 및 수명 연장시킬 수 있다. 특히 공구강, 고속도강, 금형용 강 등의 합금강은 원료 자체가 비싸고 제품 설계와 가공에 있어서 기술적인 어려움이 많아 부품 제조에 소요되는 생산 원가가 비싼데 이런 부품의 열처리는 그 결과가 매우 중요하며 열처리 불량으로 인한 손실 또한 커질 수도 있다.

금속재료 가운데 가장 많이 사용되는 것이 탄소강이다. 이것은 수분에 의한 발청 뿐만 아니라 대기 중에서도 녹이 쉽게 발생한다. 따라서 이를 방지하기 위해 가장 일반적이면서도 쉬운 방법이 **도장**(painting)이다. 또한, 도장은 부식을 방지하는 동시에 미관을 수려하게 만들어 주기도 한다.

1.5.1 열처리의 주요 목적

열처리의 주요 목적은 다음과 같다.

① 경도 또는 인장강도를 증가시키기 위한 목적(담금질, 담금질 후에 보통 취약해지는 것을 막기 위해 뜨임 처리)

② 조직을 연한 성질로 변화시키기 또는 기계 가공에 적합한 상태로 만들기 위한 목적(어닐링, 탄화물의 구상화 처리)

③ 조직을 미세화하고 방향성을 작게 하며 균일한 상태로 만들기 위한 목적(노멀라이징)

④ 냉간가공의 영향을 제거하고 사전에 기계 가공에 의한 제품의 비틀림 발생 또는 사용 중에 파손이 발생하는 것을 방지할 목적(응력제거 어닐링)

⑤ 산세 또는 전기 도금으로 외부에서 강 내부로 확산하여 용해된 수소를 제거하여 수소에 의한 취화를 작게 하기 위한 목적(150~300℃로 가열)

⑥ 조직을 안정화할 목적(어닐링, 템퍼링, 심냉처리 후 템퍼링)

⑦ 내식성을 개선할 목적(스테인리스강의 퀜칭)

⑧ 자성을 개선할 목적(규소 강판의 어닐링)

⑨ 표면을 경화시키기 위한 목적(고주파 경화, 화염 경화)

⑩ 강에 점성과 인성을 부여하기 위한 목적(고망간강의 퀜칭)

1.5.2 열처리의 종류

금속을 적당한 온도에서 가열과 냉각 등의 각종 조작을 하여 특별한 성질을 부여하는 것을 **열처리**라 한다. 열처리 종류에는 ① 연속냉각 열처리, ② 계단 열처리, ③ 항온 열처리, ④ 기타 열처리(심랭처리, 염욕처리) 등이 있다.

그림 1.18은 **Fe-C 평형상태도**(Fe-C phase diagram)을 나타낸 것으로 순수 금속이나 합금을 용융점에서부터 아주 서서히 냉각시키면서 상태의 변화를 나타낸 그래프로 가로축은 첨가한 원소의 비율을 세로축은 온도를 나타낸다.

실제로 극단적으로 서서히 냉각을 시키면서 상의 변화를 보는 경우는 거의 없고, 철과 탄소 두 가지만으로 구성되는 경우도 없으나 모든 열처리의 기본이 되는 그래프로 매우 중요하다.

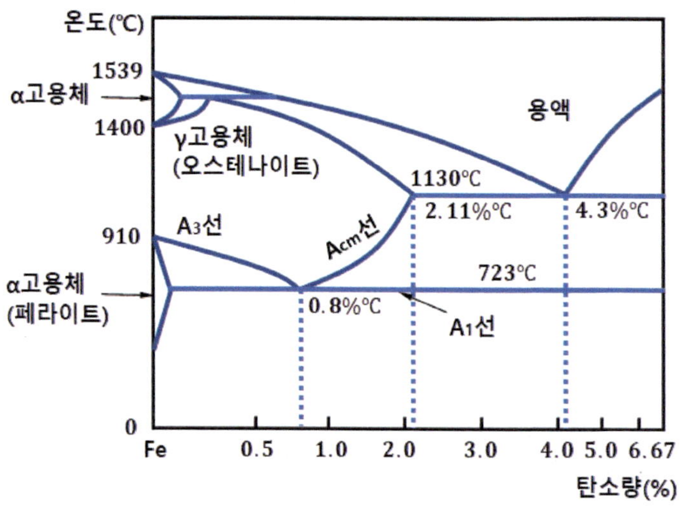

그림 1.18 철-탄소계 평형상태도

(1) 계단 열처리

1) 담금질

강을 적당한 온도로 가열하여 오스테나이트 조직에 이르게 한 뒤 마르텐사이트 조직으로 변화시키기 위해 급랭시키는 열처리 방법이 **담금질**(quench-hardening)이다. 즉, 강을 단단히 하기 위해 강 고유의 온도까지 가열해서 적당한 시간을 유지한 후에 급랭시켜 얻는 조직으로 A_3, A_1 상 30~50℃에서 유지한 후에 물 또는 기름에 급랭시켜 얻는다. 담금질은 강의 경도와 강도를 증가시키기 위한 것으로 **퀜칭**이라 부르기도 한다.

강의 담금질 온도가 너무 높으면 오스테나이트 결정 입자가 성장하여 담금질 후에도 기계적 성질이 나빠지고 균열이나 변형이 일어나기 쉽다. 인장, 굽힘, 전단, 내마모성 등 기계적 성질을 향상시키기 위한 경화를 목적으로 한다. 부분 담금질은 강이나 주철로 만든 부품의 필요한 부분만을 열처리 하여 기계적, 물리적 성질을 향상시키고자 할 때 사용하는 열처리를 말한다. 탄소 함유량이 0.025%C 이하에서는 담금질이 되지 않는다. 0.25%C 이상에서만 담금질이 가능하며 0.8%C 일 때 가장 담금질이 잘 된다고 한다.

담금질 처리 부품으로는 회전, 왕복, 운동부, 슬라이딩부 등의 긁힘이나 흠집 등의 방지와 내마모성을 필요로 하는 부품이 해당한다.

2) 뜨임

담금질한 강은 경도가 증가된 반면 취성을 가지게 되고 표면에 잔류 응력이 남아 있으면 불안정하여 파괴되기 쉽다. 따라서 재료에 적당한 인성을 부여하기 위해 담금질 후에 반드시 **뜨임**(tempering) 처리를 해야 한다. 즉, 담금질한 조직을 안정한 조직으로 변화시키고 잔류응력을 감소시켜 필요로 하는 성질과 상태를 얻기 위한 것이 뜨임의 목적이다. 담금질한 강을 적당한 온도까지 가열하여 다시 냉각시킨다. 담금질만 실시한 강은 아주 단단하고 취약하여 기계재료로 사용할 수 없으므로 경도를 다소 낮추더라도 인성을 주기 위해서 A_1(723℃)점 이하에서 실시하는 열처리이다.

3) 풀림

일반적으로 풀림(annealing)이라 하면 완전 풀림(full annealing)을 말한다. A_3, A_1 상 30~50℃에서 적당한 시간을 유지 시킨 후 로냉(로 안에서 냉각)하는 방법으로 주조나 고온에서 오랜 시간 단련된 금속 재료는 오스테나이트 결정 입자가 커지고 기계적 성질이 나빠진다. 재료를 일정 온도까지 일정 시간 가열을 유지한 후 서서히 냉각시키면 변태로 인해 최초의 결정 입자가 붕괴되며 새롭게 미세한 결정 입자가 조성되어 내부 응력이 제거될 뿐만 아니라 재료가 연화된다. 풀림에는 완전 풀림, 항온 풀림, 구상화 풀림, 확산 풀림, 응력 제거 풀림, 연화 풀림 등이 있으며 이러한 목적을 위한 열처리 방법을 **풀림**이라 한다.

풀림의 목적은 ① 단조나 주조 등의 기계 가공에서 발생한 내부 응력의 제거, ② 열처리에서 발생하는 경화된 재료의 연화, ③ 가공이나 공작으로 경화된 재료의 연화, ④ 금속 결정 입자의 미세화, ⑤ 절삭성 향상 및 냉간 가공성 개선이다.

풀림 처리 부품으로는 소재의 경화나 내부 응력 제거 및 비틀림(변형) 방지가 필요한 부품 그리고 철판 구조물이나 주물 부품 등 경도를 필요로 하는 부품이 해당한다.

4) 불림

불림(normalizing)의 목적은 결정 조직을 미세화 하고 냉간 가공이나 단조 등으로 인한 내부 응력을 제거하며 재료의 결정 조직이나 기계적 성질과 물리적 성질 등을 표준화시키는 데 있다. 강을 불림 처리하면 취성이 저하되고 주강의 경우 주조 상태에 비해 연성이나 인성 등 기계적 성질이 현저하게 개선된다. 재료를 변태점 이상의 적당한 온도로 가열한 다음에 일정 시간 유지시킨 후 바람이 없는 조용한 공기 중에서 냉각시킨다. 이렇게 하여 미세하고 균일하게 표준화된 금속 조직을 얻을 수 있다. 불림 처리는 A_3, A_1, A_{cm} 상 30~50℃에서 적당한 시간을 유지 시킨 후 공랭시키는 방법으로 얻는다.

(2) 항온 열처리

항온 열처리는 재료를 고온에서 냉각시키는 도중 어느 온도에서 일정 온도 유지하여 변태 완료시키는 방법이다. 이것의 장점은 다음과 같다.

① 다른 열처리에 비해 연속 작업이 가능하다.

② 작업이 빠르고 능률적이어서 대량생산이 가능하다.

③ 담금질과 뜨임을 같이 할 수 있어서 담금질 균열 방지 및 경도와 인성을 동시에 얻고자 할 때 유리하다.

④ 공구강, 합금강 열처리에 많이 활용한다.

1) 마템퍼

마템퍼는 100~200℃ 염욕에 담금질하는 방법이다. 즉, 과냉 오스테나이트가 변태 완료될 때까지 항온 유지한 후에 꺼내어 공랭한다. 이것의 특징은 경도, 인성, 충격치를 높이는 것이며 정밀기계 부품에 사용된다.

2) 오스템퍼

오스템퍼는 550℃와 250℃ 사이에서 급랭하여 담금질하는 방법이다. 즉, 과냉 오스테나이트가 변태 완료될 때까지 항온 유지한 후에 꺼내어 공랭한다. 이것의 특징은 강도와 인성을 높이고 담금질 균열과 변형을 낮추는 것이며 소형 부품, 공구류 등에 사용된다.

3) 미퀜칭

미퀜칭은 마르텐사이트 변태 시작점 바로 위 온도에서 염욕 담금질하는 방법이다. 즉, 고냉 오스테나이트가 등온변태 시작되기 전에 공냉하며 뜨임 처리하여 마르텐사이트 조직을 얻는 방법이다. 이것의 특징은 내외부 고른 마르텐사이트 생성이며, 담금질 균열이나 변형이 없는 것이다. 합금강, 고탄소강, 게이지강, 침탄강 등 담금질에 적용한다.

4) 항온 풀림

항온 풀림이란 아공석강은 A_{c3}점 이상 30~50℃, 과공석강은 A_{c1}점 이상 50℃까지 가열한 후 충분히 시간 유지하여 오스테나이트화 한 다음에 노(가열로)에서 서서히 냉각시키고 노에서 꺼내 550~650℃에서 항온 5~6시간 유지한 후에 공랭한다. 항온 풀림의 특징은 가공 경화된 재료의 연화 및 재료 내부 응력을 제거하는 것이다. 공구강, 특수강에 적용한다.

5) 항온 뜨임

항온 뜨임은 마르텐사이트 변태 시작점 이상 온도에서 염욕에 넣어 항온 유지한 후에 꺼내어 공랭시킨다. 항온 뜨임의 특징은 뜨임에 의해 2차 경화되는 고속도강에 적합하며 높은 연성을 부과할 수 있다.

(3) 염욕 열처리

열처리 재료를 전기로, 가스로, 중유로 등으로 대기 중에 노출 가열하면 산화, 탈탄 현상이 발생한다. 이를 막기 위해 **염욕 열처리**를 행한다.

염욕제의 요구 조건으로서는 다음과 같다.

① 불순물이 적을 것

② 용해가 쉬울 것

③ 흡습성이 적을 것

④ 유동성이 좋고 열처리 후 용이하게 떨어져야 할 것

⑤ 산화, 부식이 없고 유해가스가 발생하지 않을 것

1) 저온 염욕제

저온 염욕제는 150~550℃의 염욕 열처리에 사용하는 것으로 아질산나트륨, 아질산칼륨, 질산나트륨, 질산칼륨 등이 있다. 강 뜨임, 경합금 담금질에 사용한다.

2) 중온 염욕제

중온 염욕제는 550~1000℃의 염욕 열처리에 사용하는 것으로 염화바륨, 염화나트륨, 염화칼슘, 염화칼륨 등이 있다. 강 담금질, 강 고온 뜨임에 사용한다.

3) 고온 염욕제

고온 염욕제는 1100~1350℃의 염욕 열처리에 사용하는 것으로 염화바륨을 주성분으로 다른 염류를 혼합한 것이다. 고속도공구강 담금질에 사용한다.

(4) 진공 열처리

진공 열처리는 진공로 안에 금형 부품 등을 넣고 진공 상태로 만든 후에 열을 가하는 방식으로 복잡한 모양이나 후미진 부분 등의 열처리를 행할 때 열처리 효과가 매우 뛰어난 특징이 있다.

진공 열처리의 특징으로서는 다음과 같은 것이 있다.

① 산화 방지 효과가 있어 품질 및 표면 광택이 우수하다.
② 표면에 부착된 절삭유나 방청유의 탈지 작용이 있다.
③ 수소 취성과 질소의 취성이 거의 없다.
④ 제품 수명이 향상된다.
⑤ 특별한 재질도 가능하다.

장점으로서는 다음과 같다.
① 광휘의 담금질이 가능하다.
② 담금질 변형이 작다.
③ 가스 분압 제어로 필요한 진공 압력을 얻을 수 있다.
④ 고온을 쉽게 얻을 수 있다.
⑤ 냉각 속도의 조절이 용이하다.
⑥ 외부로의 방사열이 적고 작업성, 직업 환경이 양호하다.
⑦ 안전성이 높으며 무공해공법이다.
⑧ 자동화에 의해 조작성이 좋다.

(5) 심랭 처리

고탄소강을 담금질 시 냉각속도가 느리면 잔류오스테나이트가 증가한다. 이때 잔류오스테나이트는 시효변형, 강의 경도 감소, 연마 균열 등의 문제점을 발생시키므로 잔류오스테나이트를 마르텐사이트로 만들기 위해 0℃ 이하의 온도로 냉각시키는 열처리법을 **심랭처리**(subzero treatment)라 한다.

일반적으로 퀜칭 후 곧바로 심랭처리 한다. 제품 크기가 크거나 불균일한 경우에는 100℃ 물속에서 1시간 뜨임처리 후 심랭처리 한다.

표면 탈탄층이 존재하면 심랭처리가 불완전하다. 따라서 표면 탈탄층을 제거한 후에 심랭처리를 한다.

심랭처리 유지 시간 30분/25 ㎜당, 온도는 영하 85~75℃이다. 심랭처리 온도에서 상온으로 되돌리는 방법으로는 자연 해동법과 급속 해동법이 있다. 급속 해동법은 수중에 투입하는 방법으로 작업성이 좋고 잔류 응력 해소를 위해 더 선호하고 있다.

심랭처리의 목적은 공구강은 경도를 증대하고, 게이지류, 정밀기계 부품류는 조직을 안정시키고 시효에 의한 형상 치수 변화를 방지하는 데 있다. 또한, 강은 강인하게 스테인리스강은 기계적 성질을 향상하는 데 있다.

1.5.3 표면 경화법

(1) 물리적 표면 경화법

1) 고주파 표면경화법

고주파 표면경화법(induction hardening)은 0.4~0.5%의 탄소를 함유한 고탄소강을 고주파를 사용하여 일정 온도로 가열한 후 담금질하고 뜨임하는 방법이다. 이 방법에 의하면 0.4% 전후의 구조용 탄소강으로도 합금강이 갖는 목적에 적용할 수 있는 재료를 얻을 수 있다. 표면 경화 깊이는 가열되어 오스테나이트 조직으로 변화되는 깊이로 결정되므로 가열 온도와 시간 등에 따라 다르다. 보통 열처리에 사용되는 가열 방법은 열에너지가 전도와 복사 형식으로 가열하는 물체에 도달하는 방식을 이용하고 있다. 그러나 고주파 가열법에서는 전자 에너지 형식으로 가공물에 전달되고 전자 에너지가 가공물의 표면에 도달하면 유도 2차 전류가 발생한다. 이 때 가공물 표면에 와전류(eddy current)가 발생하여 표피 효과(skin effect)가 된다. 2차 유도전류는 표면에 집중하여 흐르므로 표면 경화에는 다음과 같은 장점이 있다.

① 표면에 에너지가 집중하기 때문에 가열 시간을 단축할 수 있어서 작업비가 저렴하다.

② 가공물의 응력을 최대한 억제할 수 있다.

③ 가열 시간이 매우 짧으므로 탈탄되는 일이 없고 표면 경화의 산화가 극히 적다.

④ 열처리 불량(담금질 균열 및 변형)이 거의 없다.

⑤ 강의 표면은 경도가 높고 내마모성이 향상된다.

⑥ 기계적 성질이 향상되고 동적 강도가 높다.

⑦ 재질은 보통 0.3~0.6% 탄소강이면 충분하므로 고탄소강이나 특수강이 필요하지 않다.

2) 화염 경화법

화염 경화법(flame hardening)은 산소-아세틸렌가스, 프로판가스 또는 천연가스 등을 열원으로 한 가스 불꽃으로 강의 표면을 급속히 가열하여 담금질 온도가 되면 냉각액을 표면에 분사하여 경화시키는 방법으로써 이 방법은 강 전체를 경화시키는 것보다 효과적이며 담금질에 의한 균열을 방지할 수 있으며 인장 정도, 충격치, 내마모성 등을 향상시킨다.

화염 경화법은 다음과 같은 장점이 있다.

① 주철, 주강, 특수강, 탄소강 등 거의 모든 강에 담금질할 수 있다.

② 노 안에 장비할 수 없는 대형 부품의 부분 담금질도 가능하다.

③ 전용 담금질 장치를 제외하고 가열 장치의 이동이 가능하다.

④ 부분 담금질이나 담금질 깊이 조절이 가능하다.

⑤ 담금질 균열이나 변형이 작다.

⑥ 기계가공을 생략할 수 있다.

⑦ 강재의 표면은 경화되고 내마모성이 우수하다.

⑧ 강재의 부품은 동적 강도가 크고 기계적 성질이 우수하다.

⑨ 산단한 소형 부품은 용접용 토치로도 담금질이 가능하다.

반면에 화염 경화법은 다음과 같은 단점이 있다.

① 가열 온도를 정확하게 측정할 수 없으므로 담금질 조작에는 숙련된 기술이 필요하다.

② 화구(노즐)의 설계와 제작이 정밀해야 한다.

③ 불꽃을 일정하게 조절하기가 어렵다.

④ 급속한 가열이므로 복잡한 형상의 것이나 모서리가 있는 부분은 열에 의한 치수의 변형이 생기기 쉽나.

⑤ 가스의 취급 및 조작 시에 위험이 따르며 전문성이 요구된다.

(2) 화학적 표면 경화법

1) 침탄 경화법

침탄(carburizing)이란 재료의 표면만을 단단한 재질로 만들기 위해 다음과 같은 단계를 사용하는 방법이다. 탄소 함유량이 0.2% 미만인 저탄소강이나 저탄소 합금강을 침탄제 속에 파묻고 오스테나이트 범위로 가열한 다음 그 표면에 탄소를 침입하고 확산시켜서 표면층만을 고탄소 조직으로 만든다. 침탄 후 담금질하면 표면의 침탄층은 마텐자이트 조직으로 경화시켜도 중심부는 저탄소강 성질을 그대로 가지고 있어 이중 조직이 된다. 표면이 단단하므로 내마멸성을 가지게 되며 재료의 중심부는 저탄소강이기 때문에 인성을 가지게 된다. 이러한 성질 때문에 고부하가 걸리는 기어에는 대개 침탄 열처리를 사용한다. 침탄법은 침탄에 사용되는 침탄제에 따라서 고체 침탄법, 액체 침탄법, 가스 침탄법으로 나눈다. 특히 액체 침탄의 경우 질화도 동시에 어느 정도 이루어지기 때문에 **침탄 질화법**이라 부른다. 표면측만을 경화 특히 내마모성 혹은 내피로성을 얻는 것을 주목적으로 한다.

표면 경화 처리를 하는 부품은 다음과 같다.

① 표면 경화를 필요로 하는 부품에 경화 방지 부분(나사, 핀 홀)이 있는 부품,

② 충격 하중을 반복적으로 받는 부품,

③ 열 변형이 발생할 우려가 있는 부품,

④ 절단 부위에 크랙 현상이 발생할 소지가 있는 부품

2) 질화 경화법

질화 경화법은 저탄소강을 암모니아 가스 중에 장시간 500~600℃의 비교적 낮은 온도에서 처리하면서 변형이 적은 질소화합물의 표면 경화층을 얻는 방법이다. 그러나 Cr, Mo 등 질화물 형성원소를 반드시 함유한 강 종류이어야 한다.

질화 경화법에는 가스 질화법, 액체 질화법, 가스 연질화, 이온 질화법 등이 있다.

질화 경화법은 표면 경화층 경도가 침탄법에 비해 상대적으로 높고, 침탄법과 같이 침탄 후 열처리가 필요 없다. 반면에 표면 경화층 깊이가 침탄법에 비해 상대적으로 작으며 고온 가열하면 경도가 낮아지지 않는다. 그리고 적용 가능의 종류가 제한적이며 처리비용도 침탄법에 비해 상대적으로 크다.

1.6 CAD/CAM/CAE

1.6.1 정의 및 특징

(1) 정의

CAD/CAM/CAE은 computer aided design/computer aided manufacturing/computer aided engineering의 약자로 일반적으로 컴퓨터 지원에 의한 설계-생산-해석이라 하고 있다.

그림 1.19에 CAD/CAM/CAE의 구조를 나타내고 있으며 이것에 의하면 상품 기획으로부터 제품, 부품, 금형의 설계까지의 작업을 컴퓨터 지원으로 실시하는 것이 CAD의 영역이 된다.

또한, CAM은 CAD에서 작성된 부품이나 금형의 도면(데이터)을 받아 공정설계→작업설계→컨트롤→지시→생산(가공, 조립, 시험)이라는 일련의 제조 부문의 작업을 지원한다고 할 수 있다.

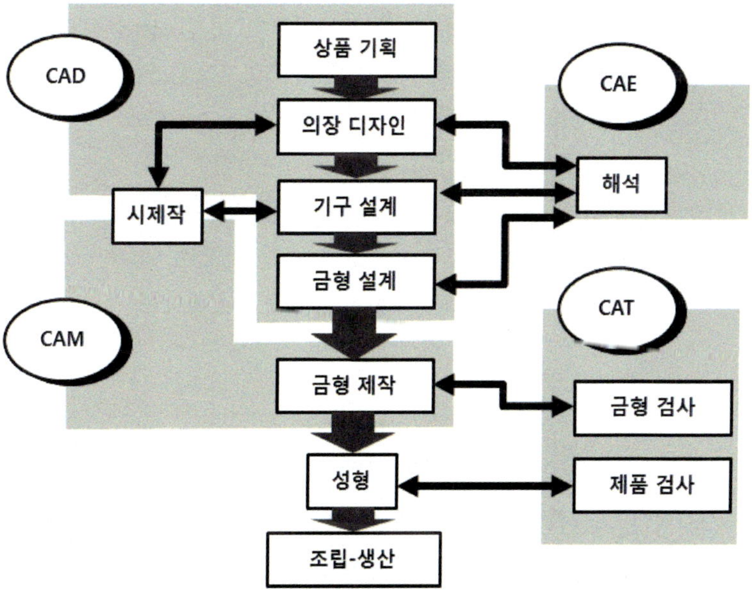

그림 1.19 상품(차량) 개발의 흐름

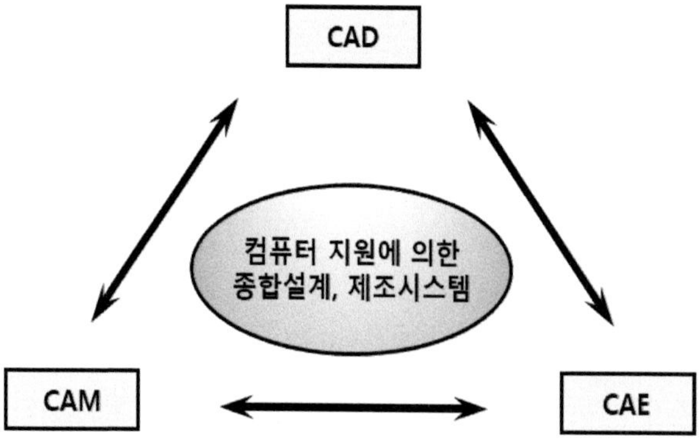

그림 1.20 CAD/CAM/CAE의 융합

그림 1.19에서 CAE란 컴퓨터 지원에 의한 공학적 해석을 의미한다. 용어로서는 "CAE=해석=시뮬레이션"으로 이용되는 것이 대부분이다. 공학적이란 재료역학, 열역학, 유체역학, 기구학 등으로 확립되고 있는 기초이론이 기초가 되고 있는 것에 기인하여 그것들을 제품 설계에 이용하기 위해 CAE라는 수법이 탄생된 것이다. 바꿔 말하면 CAE란 재료역학, 열역학, 유체역학, 기구학 등을 기초 이론으로 한 해석 즉, 시뮬레이션을 컴퓨터상에서 실현하는 것을 말한다. CAE도 또한 CAD/CAM과 같이 밀접히 CAD와 링크하고 있으며 CAD/CAE는 떼어서 생각할 수 없다. 따라서 그림 1.20과 같이 CAD/CAM/CAE가 융합했을 때 그 효과는 급격히 증가하는 것이다.

한편 그림 1.19에서 **CAT**란 computer aided testing의 약자로 컴퓨터 지원에 의한 제품 검사를 의미한다. CAD/CAM에 이 CAT의 개념도 도입한 것으로 CIM(computer integrated manufacturing)이라는 형태로 FA(factory automation)를 실현하는 개념으로 생각하면 된다.

(2) 일반적인 특징

CAD/CAM에 있어서의 설계자와의 관계를 나타내면 그림 1.21과 같이 된다.

CAD/CAM 시스템의 기본적인 사고방식으로서는 그림을 매개로서 설계자와 컴퓨터가 정보를 주고받아 정보처리를 진행하는 것에 있다. 보통 자동설계 시스템이라 부르는 것은 이 정보의 주고받음이 설계자로부터 컴퓨터 또는 컴퓨터로부터 설계자에로 일방적인 경우가 많다. 이 때문에 유익한 정보의 피드백이 행해지지 않지만, CAD/CAM시스템에서는 이 정보의 피드백이 가능한 점이 큰 특징으로 된다. 설계 작업은 보통 시행착오로 행해지기 때문에 이 피드백 기능은 상당히 중요한 방법이다.

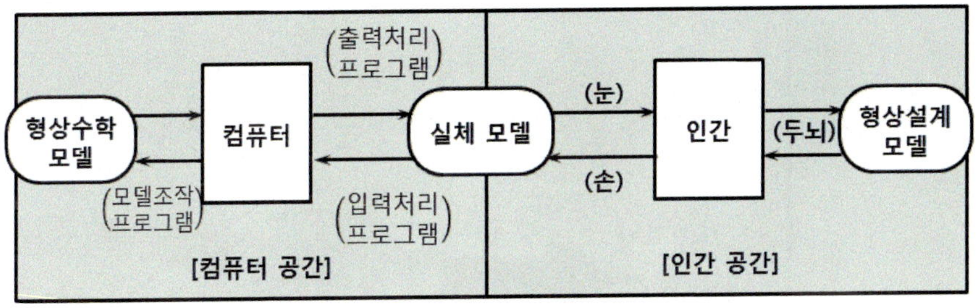

그림 1.21 인간과 컴퓨터 그래픽과 형상 모델의 관계

이와 같은 상황으로부터 CAD/CAM 시스템의 일반적인 특징을 정리하면 다음과 같이 된다.

① 시스템 자체에 유연성이 있으므로 설계의 부분적 변경이나 신규 설계에도 적확히 대응이 가능하다.

② 대화 형식으로 작업을 진행하기 때문에 신인의 설계자에게도 설계의 프로세스를 용이하게 이해시킬 수 있다.

③ 전혀 새로운 설계 작업의 경우에도 시스뎀 전체를 만들어 바꿀 필요가 없다.

그러나 결점으로서는 다음과 같은 점을 들 수 있다.

① 대화 형식을 채용하기 때문에 컴퓨터의 기본적인 조작과 전반적인 설계의 흐름이라 하는 양면을 이해해 놓지 않으면 안 된다.

② 자동 설계시스템과 비교하여 컴퓨터의 1인당 점유율이 높으므로 컴퓨터의 효율적인 운용면에서는 약간 문제가 된다.

③ CAD/CAM 시스템의 개발 눈제에 관한 것이지만 자동 설계시스템보다 개발이 곤란한 것이 예상되는 점이다.

1.6.2 CAD/CAM의 배경

(1) 개요

제조업을 둘러싼 환경의 변화와 고도 정보화 시대 그리고 소비자 니즈의 다양화에서 상품의 기획으로부터 생산 및 판매까지의 『일의 구성』의 고치기를 행하여 「경쟁력이 있고 손님 요구에 맞춘 매력이 있는 상품을 빨리 제공하는 것」이 각 기업에 요구되었고 신제품 개발 기간을 획기적으로 단축하기 위해 「사업의 프론팅 로드」의 필요성이 요구되었다.

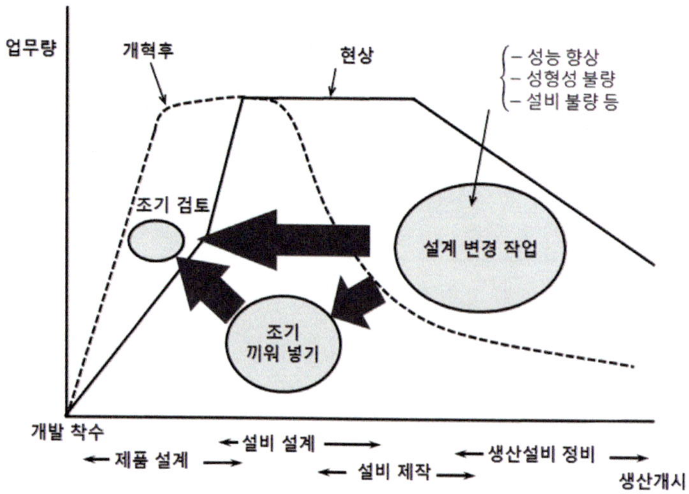

그림 1.22 업무의 프론팅 로드

즉, 그림 1.22에 나타냈듯이 상품의 기획으로부터 생산개시까지의 준비작업 공수를 보면 종래 생산개시 직전에 설계 변경 등에 의한 수정작업이 많이 발생하여 충분한 품질보증을 위해 대단히 많은 공수를 투입하고 있다. 이를 위해서는 조기에 검토를 거쳐 그의 결과를 조기에 투입함으로써 생산개시 직전의 수정작업을 감쇠시키는 것이 필요하다. 그러면 생산 준비단계에서 조기 품질보증이 가능하며 그의 결과로서 생산개시 시기를 촉진하는 것도 가능하게 된다.

(2) 업무의 프론팅 로드

1) 관련 부서와의 사업의 동기화

「관련 부서와의 사업의 동기화」는 **동시공학**이라고도 불려지며 제품설계, 형설계, 형제작 등의 관련 부서가 직렬적으로 업무를 분담하고 있던 종래의 방식에 대신하여 정보의 일원화, 공유화를 기하고 병행업무를 행하는 것이다(그림 1.23).

2) 「물건을 만들어 평가」에서 「물건을 만들지 않고 평가」로

「물건을 만들어 평가」란 설계 완료 후 시작품을 만들고 시험평가를 거쳐 부적절한 것을 설계 변경으로 반영하여 재차 시작품을 다시 만들고 시험평가를 반복하는 종래의 방식으로 설계 착수로부터 평가를 마치고 정식으로 후공정에 설계 도면을 내기까지의 기간이 상당히 길게 걸렸다. 또한, 시작품을 제작하여 시험 평가하는 비용도 팽대했다.

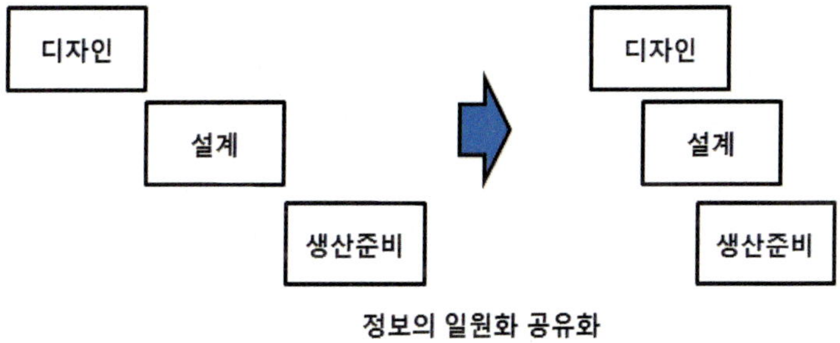

그림 1.23 신제품 개발 기간의 단축(1)

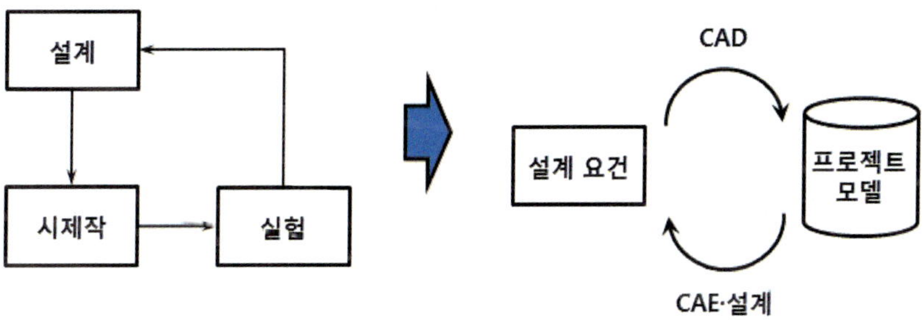

그림 1.24 신제품 개발의 기간 단축(2)

「물건을 만들지 않고 평가」하는 새로운 방식은 CAD를 사용하여 설계된 데이터를 사용하여 CAE의 해석 소프트로 컴퓨터 내에서 평가한다. 이 평가에서 문제가 있는 부분은 바로 CAD를 사용하여 설계 변경을 거쳐 CAD 데이터 수정 후 재차 CAE로 평가하는 것으로 요구되는 사양을 만족하는 설계가 완료한다. 이 결과 시작품의 제작, 평가에 비교하여 기간의 대폭적인 단축이 가능하게 되었다. 또한, 시작품을 작성하는 비용도 필요 없게 된다(그림 1.24).

3) 도면 기준에서 데이터 기준으로

종래는 상품의 기획으로부터 의장디자인, 제조설계, 금형설계, 금형제작, 생산에 이르기까지 도면을 기준으로 한 상품 개발, 생산 준비업무를 행하고 있었다. 이 경우 각 공정에 있어서 도면을 읽고 사용하므로 읽기 위한 공수가 많이 걸리고 또한 읽을 때의 오차에 의한 부적절함의 발생도 많았다.

현재는 상품의 개발, 생산 준비공정 전체에 각종 컴퓨터 시스템이 활용되고 있다. 즉, 설계 부문에서의 CAD나 제조 부문에서의 CAM 외에도 실험 해석 부문에서의 CAE, 검사 평가부문에서의 CAT 등이다. 그리고 각 공정 간의 정보는 CAD 데이터를 기준으로 하여 행하며 앞의 공정에서 작성된 데이터를 뒤 공정이 그대로 혹은 가공하여 이용하는 것으로서 데이터 읽기가 필요 없으며 읽을 때의 오차 등을 방지할 수 있게 되었다.

1.6.3 CAE

(1) CAE의 특징

단순한 한 장의 설계 도면에 기술되어 있는 정보를 표현하기 위해서는 방대한 일(engineering)이 필요하며 그 시간의 대부분은 비창조적인 일이다. CAE가 제일 먼저 이 도면화에 이르는 시간을 단축하는 역할을 한다. 즉, 컴퓨터를 사용하여 엔지니어링을 효율적으로 하려는 것이다. 사람 손에 의한 데이터 처리는 그 자체가 매우 시간이 걸리고 과오를 피할 수 없으며 과오가 있으면 큰 낭비이다. 지금까지 도입된 각종 기술 계산의 전후를 컴퓨터에 일임하는 것이 CAE이다.

CAE의 두 번째 겨냥은 설계 질의 향상에 목적이 있다. 도면을 그리기까지는 그전에 긴 시간이 걸리는 과정이 있는데 실제로 모든 기계가 그렇게 긴 시간을 두고 설계한다는 것은 아니다. 설계 전에 형상, 치수, 정밀도, 제조과정, 재료 등을 검토한다고 하지만 현실적으로는 가격과 시간의 문제가 있어서 대상인 기계에 따라 차이가 있다. 원자력 기기, 우주항공기기 등과 같이 첨단기술 분야에서 극히 높은 신뢰성이 필요로 하는 것, 그리고 사고가 발생했을 때 손해가 방대한 것, 인명과 관계있는 것 이와 같은 것들의 설계에는 컴퓨터에 의한 해석과 실험, 시험이 반복하여 실시된다.

그러나 그렇지 않은 대부분 경우에는 안전률로 신뢰성을 확보하고 있다. CAE를 도입하는 것은 설계안을 최적화하는 것에 특히 유효하다. 정확한 해석 결과는 설계에 있어서 낭비를 없애고 설계자는 항상 주어진 조건에서 가장 좋은 것을 설계하는 데 전력을 경주한다. CAE는 설계의 질을 향상하는 도구가 되며 제품 가격의 절감에 유효하다. 앞의 그림 1.22와 같이 제품 개발이 초기 단계일수록 제품의 최종적인 가격 조절에 대한 영향력이 크다. CAE는 여기에 착안한 것이라 할 수 있다. 현재의 CAE는 유한 요소법(FEM ; finite element method)에 의한 부품의 응력해석과 진동해석 또는 메커니즘의 기구적인 검증, 실험 데이터의 해석 등이 주된 것이 되고 있다.

(2) CAE의 설계 기능

1) 솔리드모델에 의한 설계

CAE를 기반으로 한 설계 부서의 제품 설계 작업은 솔리드모델로부터 시작된다. 솔리드모델은 제품 모델의 모든 물리적 특성을 표현할 수 있기 때문이다.

솔리드모델링 기법을 이용함으로써 조립, 가시화 또는 부품을 해체하여 복잡한 모델을 쉽게 이해할 수 있다. 예를 들어 설계 부품을 조립하여 각 부품 간의 간섭 여부를 쉽게 검증할 수도 있다. 또한, 중량, 체적, 관성 및 기타 물리적 특성들이 동시에 표시되므로 규정에서 벗어난 부분을 쉽게 찾아낼 수 있으며 수정이 쉬워 다양한 대안의 검토가 가능하게 된다.

2) 모델 성능 분석

FEM을 통해 실제 사용 조건에 대한 제품의 성능을 컴퓨터상에서 시뮬레이션할 수 있다. 예상되는 응력, 변형 또는 온도를 계산하고 그림으로 표현해 줌으로써 설계의 오류를 사전에 탐지하고 해결할 수 있게 되어 재설계로 인한 시간과 비용의 낭비를 제거하게 된다.

3) 제작도면 작성

솔리드모델로 설계 및 해석이 완료된 후 최종 결정이 되면 CAE 데이터베이스를 이용하여 완벽한 제작도면과 소요되는 자재를 산출할 수 있어서 복잡한 부품의 설계를 효율적으로 수행할 수 있다.

4) 시험데이터 분석

개발 제품의 성능을 검증하기 위한 시험에서 얻어진 데이터를 CAE 시스템을 이용하여 재처리, 분석하면 제품 평가를 위한 자료를 얻을 수 있다. 또한, 제품 성능의 검증, 하중 조건의 정의 및 제품 규격의 설정 등이 쉬워지며 이것은 시험, 설계, 해석 데이터를 하나의 CAE 데이터베이스에 공유하는 것으로서만 가능해진다.

(3) CAE의 종류

CAD에 부가된 CAE 기능이나 공학적 수법에 기초한 CAE에는 여러 종류가 있다. 그중에서 광의의 CAE라 부르는 시뮬레이션에는 다음과 같은 것을 들 수 있다.

① 컴퓨터상에 3차원 모델로서 다수의 부품을 구축했을 때의 각각 부품 간의 간섭체크(부품과 부품이 부닥치지 않는지 공차는 충분한지 체크).

② 물질특성(mass property)의 추출 - 한 부품의 3차원 모델 또는 여러 부품을 어셈블리한 상태에서의 체적, 질량, 표면적, 중심, 관성모멘트 등을 얻는 것이 가능.

③ CG(computer graphics)기술을 이용한 쉐이딩에 의한 형상 확인이나 맵핑을 이용한 의장 확인.

④ 각 부품이 연결된 상태에서의 동작 시뮬레이션 등의 기구 해석

상기 중에서 ①~③은 CAD 기능의 일부로서 포함된 것도 있으며 협의의 의미에서의 CAE에는 포함되지 않는다는 견해도 있을 것이다. 또한 ④에 대해서도 각 부품이 강체만으로 정의되어 충돌 등이 없는 경우의 동작 시뮬레이션은 CAE보다도 CAD의 한 기능이라고 하는 편이 올바르다고 할 수 있다.

(4) CAE의 적용사례

1) 기본 설계 시간 단축

기본 설계에서 각 부품만을 설계하는 경우는 드물다. 무엇보다 중요한 것은 각 부품을 공간상에서 조립하여 완전한 제품을 설계하는 것이다. 이 과정이 개발 업무 중 대부분을 차지하며 재설계를 요구하는 부분이기도 하다.

CAE는 솔리드모델을 이용하기 때문에 기하학적으로 복잡한 부품의 설계와 조립과정을 모델링 하는데 걸리는 소요시간을 단축할 뿐만 아니라 기구 운동 중에 발생할 수 있는 간섭과 결합상태를 쉽게 검증할 수 있으므로 생산성을 높게 한다.

2) 유한요소 모델링의 자동화

CAE 시스템은 FEM(유한요소법) 메시를 자동으로 생성하고 쉽게 수정할 수 있는 기능과 해석의 결과를 시각적으로 표현하는 기능을 엔지니어에게 제공한다. 그러므로 잘못된 모델의 해석 횟수를 줄임으로써 컴퓨터 사용 비용을 절감하고 해석 업무를 수행하는 부서의 생산성이 향상된다.

3) 시제품 제작비용 절감

실물 모형 제작은 설계 평가의 주요 수단으로서 부품 결합의 적합성, 성능, 외장 디자인, 인

간 공학적 측면 등에도 이용된다. 이와 같은 평가는 CAE의 솔리드모델 및 해석을 이용하여 제작도면을 작성하기 이전에 수행할 수 있어서 모형 제작의 필요성을 줄여주거나 아예 필요하지 않기까지 한다. 따라서 모형은 성능을 평가하기 위해서가 아니고 성능 및 기타 특성을 확인하는 수단으로만 필요하게 된다.

4) 제도 생산성 향상

CAE 시스템에서는 준비된 그래픽 자료를 이용하여 기본도면, 은선 제거도면, 보조도면, 투상도, 단면도 등을 컴퓨터상에서 작성하고 치수 및 주석을 기입하여 도면을 완성하게 된다. 이 도면은 제도판을 이용한 것보다 깨끗하고 완벽하며 정확하며 동시에 데이터베이스가 자동으로 만들어져서 다른 도면을 작성하는데 이들을 수정 또는 결합하는 방법으로 이용할 수도 있어 생산성 향상이 이루어진다.

5) 신속한 NC 프로그램 작성

NC 프로그래밍은 특수한 언어와 그래픽 기술을 이용하여 컴퓨터상에서 이루어지는 것이 일반적이다. NC 프로그래밍 작업의 첫 단계는 부품의 기하학적 형상을 정의해 주게 되는데 CAE 시스템에 의해 설계된 부품의 기하학적 데이터를 인터페이스를 통해 NC 프로그래밍 시스템으로 전달해 줄 수 있으므로 데이터 입력 오류와 작업의 중복을 피하게 되어 설계 후 가공 작업까지의 기간을 단축할 수 있다.

6) 재가공의 필요성 감축

제품 개발 및 제작 동정에서 부품의 결합 문제 및 품질 조악 때문에 재가공해야 할 경우가 많아 가공비의 상당한 상승을 가져오는 것이 일반적이다. 플라스틱 부품을 이용하는 제품을 개발할 때에 CAE 시스템으로 금형의 충전 및 냉각 공정을 시뮬레이션할 수 있어서 엔지니어는 부품, 유입구 형상, 재료 물성치 및 온도, 압력 등의 영향을 알 수 있다.

7) 기술 자료 제작

제품에 대한 사용자 매뉴얼, 조립안내서, 학습매뉴얼 및 마케팅자료 등에 나타난 그림이 실제 제품과 다른 경우가 종종 있다. CAE 시스템으로 제품 설계를 할 경우는 전개도, 투시도, 단면도 및 사진까지도 솔리드모델 데이터베이스로부터 직접 제작할 수 있어서 오류를 피할 수 있고 제작비를 절감할 수 있다.

8) 설계변경의 필요성 감소

제품의 설계변경은 엄청난 생산비의 증가를 가져온다. 한 건의 설계변경에 대해 비용이 많이 소요되므로 설계변경 횟수(engineering change order)의 감소는 막대한 비용 절감 효과가 있다.

9) 재료비 절감

CAE를 이용하여 부품의 안정성을 검토하고 불필요한 부분을 제거함으로써 제품 중량을 최적화하여 생산비를 절감할 수 있다.

10) 조립시간 단축

CAE의 솔리드모델에 의한 설계기법은 가시화 기능을 이용하여 컴퓨터상에서 다양한 조립 절차를 시뮬레이션할 수 있으므로 최선의 조립 방법을 찾아내는 데 유용하다.

예를 들어 자동으로 간섭체크를 하여 나사 및 체결부의 위치를 변경할 수 있는 것 등이다.

CHAPTER

2

가공부품의 측정과 검사

가공된 부품을 설계대로 가공이 되었는지 잰다는 것, 즉 측정과 검사는 기계를 제작하는데 빼놓을 수 없는 과정이다. 즉, 기계부품은 나름대로 역할이 있으므로 설계대로 가공되지 않으면 목적에 맞는 기계를 만들 수 없으므로 측정과 검사의 역할은 매우 중요한 과정이라 할 수 있다.

따라서 본 장에서는 부품 측정에 관련한 기초적 내용과 부품 측정기의 대략적인 내용을 다루며 아울러 부품 검사의 대략적인 내용을 다루기로 한다.

2.1 측정의 개념

2.1.1 계측과 측정의 차이

한자의 計(계)와 測(측)은 같이 잰다는 의미이다. 計(계)는 수를 센다는 것, 測(측)은 수심을 잰다는 것이 원래 의미이지만 근대 과학과 공업에서는 이 두 글자를 사용한 계측과 측정이란 용어가 널리 이용되고 있다. 양자는 얼핏 보면 같은 의미로 생각하는 경우가 많지만 실제로는 크게 차이가 있다.

측정이란 대상량을 기준량과 비교하여 대상량이 기준량의 몇 배인가를 수치로 표현하는 조작인 것이다. 이 경우 양과 수와는 본래 관계가 없으므로 양을 수치로 표현하는 데는 재차 양자 사이에 1대1 대응 관계를 정해놓지 않으면 안 된다. 이 규칙을 **측정의 척도**라 하고 통상은 대상량과 같은 종류의 일정 크기량을 그 기준으로 한다.

이같이 **측정**이란 어떤 척도에 의해 물리량을 정량화하는 조작이라고 할 수 있다. "자로 물체의 길이를 잰다.", "중력계로 어떤 지점의 중력가속도를 잰다.", "용액의 샘플을 분석실에서 분석한다." 등이 이것이다.

한편 **계측**은 측정보다 넓은 의미가 있다. 물리량을 정량화한다는 기본은 변함이 없으나 계측의 목적과 그를 위한 방법은 측정과는 상당히 차이가 있다. 계측에는 특정의 목적이 있다. 연구, 해석, 생산시스템을 비롯해 에너지, 교통, 정보시스템 등의 감시, 제어, 자동운전 등 그 목적은 여러 가지이다. 계측이란 이러한 목적을 실현하기 위한 대책과 수단 모두를 포함하여 재기 위한 시스템이라고 할 수 있다.

2.1.2 측정과 검사의 차이

그림 2.1은 측정량과 기준량을 비교하고 그의 대소를 판정하여 수치 또는 부호로 표현하는 과정을 나타낸 것으로 이것을 **측정의 기능**이라 한다. 어떠한 계측에서도 이 관계가 성립하지 않으면 안 된다. 여러분 주위의 계측이 얼핏 보면 기준량이 없는 것과 같이 보일지 모르지만 결코 그렇지 않고 반드시 기준량이 있는 양이 어디엔가 존재하고 있을 것이다.

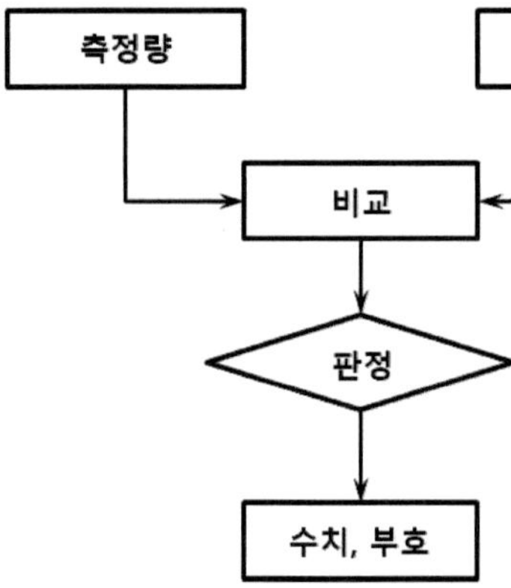

그림 2.1 측정의 기능

한편 생산시스템에서 감시의 목적을 가졌다면 대상물에 대한 측정값과 그의 기준값을 비교해서 양품(good products) 또는 불량품(defective products)으로 판정하는 것이 검사이며 그림 2.2와 같이 표현하는 과정을 나타낸 것이 **검사의 기능**이다.

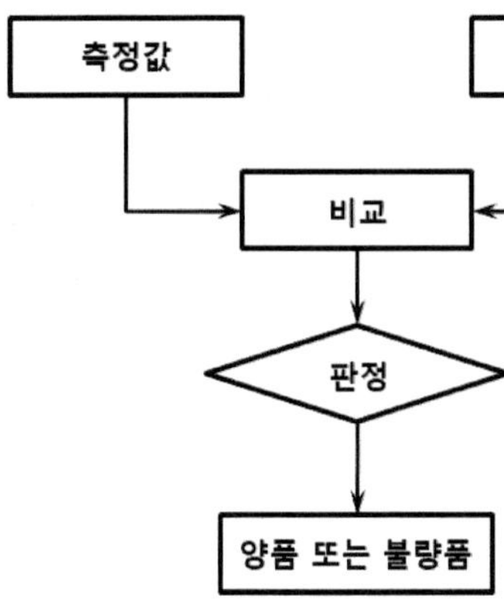

그림 2.2 검사의 기능

2.2 측정의 종류

1장에서 언급했듯이 기계를 제작하려면 부품을 가공하여 조립하는데 가공된 부품이 역할에 맞지 않게 가공되면 기계를 제작할 수 없다. 따라서 공작기계를 통해 가공된 부품 또는 제품은 도면치수와 도면 공차 범위 내에 제작되었는지 측정하여 합격 또는 불합격을 판단해야 한다. 이러한 측정에는 직접 측정법, 비교 측정법, 간접 측정법, 한계게이지 등이 있다.

2.2.1 직접 측정

직접 측정(direct measurement)은 측정하고자 하는 부품과 동일의 기준량과 직접 비교하여 그 크기를 구하는 방법으로 **절대 측정법**이라고도 한다. 여기에는 눈금자, 버니어캘리퍼스, 마이크로미터, 측장기 등이 있다.

이것의 장점으로서는 다음과 같은 것이 있다.

① 측정 범위가 타 측정 방법에 비해 넓다.

② 측정물의 실제 치수를 잴 수 있다.

③ 소량, 다품종 측정물에 적합하다.

한편 단점으로서는 다음과 같은 것이 있다.

① 눈금을 잘못 읽을 수 있다.

② 측정 시간이 오래 걸린다.

③ 숙련도가 필요하다.

2.2.2 비교 측정

비교 측정(substitution measurement)은 이미 알고 있는 표준 양과 측정물을 측정기로 비교하여 그 차이를 읽어 측정하는 방법이다. 예로서는 테스트인디게이터, 다이얼게이지, 공기마이크로미터 등이 있다.

이것의 장점으로서는 다음과 같은 것이 있다.

① 길이, 형상 측정 등 사용 범위가 넓다.

② 높은 정밀도를 가지고 있고 비교적 빠른 측정이 가능하다.

③ 원격 측정, 자동화 측정이 가능하다.

한편 단점으로서는 다음과 같은 것이 있다.

① 측정 범위가 좁다.

② 직접 측정물의 치수를 잴 수 없다.

③ 표준게이지가 필요하다.

2.2.3 간접 측정

간접 측정(indirect measurement)은 측정량과 일정의 관계가 있는 몇 개의 양에 대해 측정을 하고 이로부터 계산에 의해 측정값을 유도해 내는 경우로서 변위와 이에 소요된 시간을 측정함으로써 속도를 알아내는 경우나 길이를 측정하여 면적을 알아내는 경우가 이에 속한다. 예를 들어 나사, 기어 등과 같이 기하학적으로 복잡한 측정물은 구하고자 하는 측정값 X를 직접 측정할 수 없어 측정물의 측정량 y_1, y_2, ⋯ 등을 먼저 측정한 후 다음의 관계를 통해 X를 구한다. 즉, 수학적 방법을 통해 측정하는 방법이다.

$$X = F(y_1, y_2, y_3, \cdots) \tag{2.1}$$

그림 2.3과 같이 사인바를 통한 각도 측정이나, 그림 2.4와 같이 롤러와 게이지 블록에 의한 테이퍼 측정, 그리고 3침에 의한 나사 유효지름 측정이 이에 속한다.

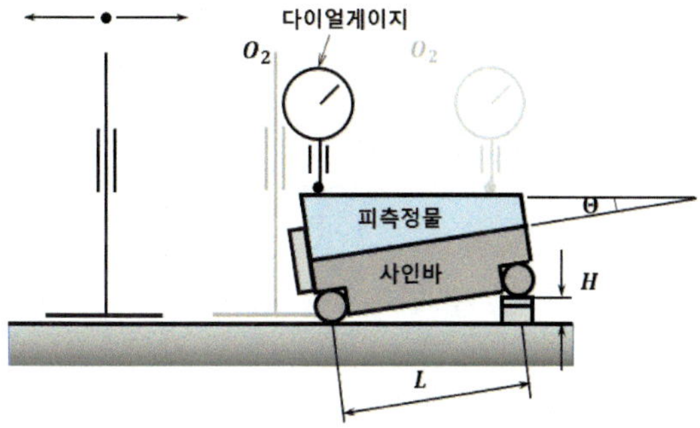

$$\sin\Theta = \frac{H}{L}$$

(a) 측정 방법

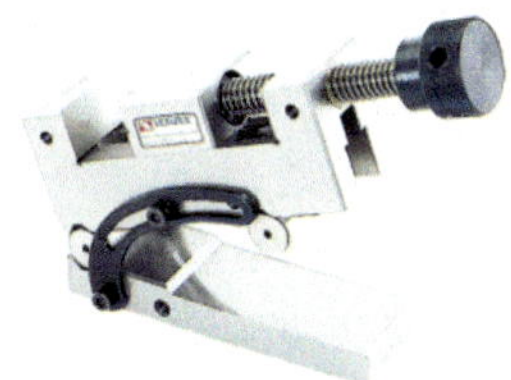

(b) 사인바 사진

그림 2.3 사인바를 이용한 측정물의 각도 측정

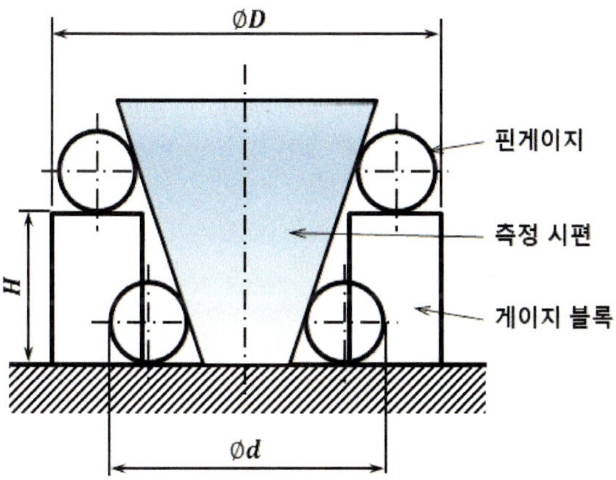

$$\text{테이퍼량} = \frac{D-d}{H}$$

그림 2.4 롤러와 블록게이지를 이용한 테이퍼 측정

2.2.4 한계게이지

보통 공장에 있어서 제작된 기계부품은 실치수가 최대 허용치수와 최소 허용치수 사이에 들어가도록, 즉 치수공차의 범위내로 되도록 지정되고 있다. 대량 생산에서 같은 부품을 다수 검사할 경우, 하나하나 측정값을 숫자로 나타낼 필요는 없고 실치수가 치수공차 범위 내에 들어 있는지 어떤지를 알면 된다. 한계게이지는 피측정물의 치수가 치수공차 내에 있는지 어떠한지를 측정하는 기구로서 최대허용치수와 최소허용치수를 양쪽으로 정하고 제품의 실제 치수가 이 범위 내에 있는지에 따라 합격 또는 불합격으로 정한다. 한계게이지에는 축용 한계게이지, 구멍용 한계게이지, 나사용 한계게이지 등이 있다.

예를 들어 구멍의 직경을 검사하기 위한 구멍용 한계게이지의 한 가지로 그림 2.5 (a)의 원통형 플러그게이지가 있다. 통과측(go side)의 직경을 구멍의 최소허용치수로, 정지측(no go side)의 직경을 최대허용치수로 하여 놓고 통과측이 구멍에 관통하고 정지측이 들어가지 않으면 합격, 그렇지 않은 경우는 불합격으로 하면 된다. 그림 2.5 (b)에 축을 검사하기 위한 축용 한계게이지로서 스냅게이지를 나타낸다. 이 게이지에서는 그림과 같이 통과측과 정지측을 1회의 조작으로 검사할 수 있다.

한계게이지의 장점은 다음과 같다.

① 대량생산에 적합하며 합격 또는 불합격 판정이 쉽다.

② 고도의 숙련을 필요치 않는다.

한편 단점은 다음과 같다.

① 제품의 실제 치수는 알 수 없다.

② 1개의 치수마다 1개의 한계게이지가 필요하다.

(a) 원통형 플러그게이지

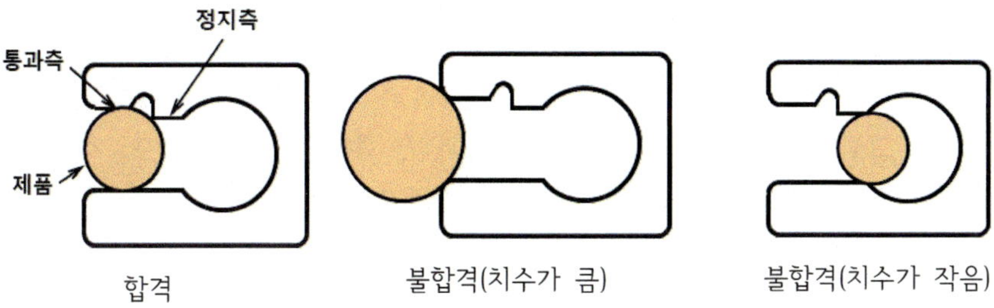

(b) 스냅게이지

그림 2.5 한계게이지에 의한 검사

(1) 한계게이지의 종류

1) 구멍용 한계게이지

① 플러그게이지

플러그게이지는 그림 2.5 (a)와 같이 통과측, 정지측이 따로 양쪽에 있다. 통과측은 원통부 길이가 정지측보다 길다. 호칭치수가 작은 경우에 적합하며 원통형이 아닌 판형 플러그게이지도 있다.

② 봉게이지

봉게이지는 그림 2.6과 같으며 주로 호칭치수가 큰 경우에 사용한다.

그림 2.6 봉게이지

③ 테보게이지

테보게이지는 그림 2.7과 같이 통과측, 정지측이 모두 한쪽에 있다. 통과측은 최소허용값 지름 구면의 일부이고 정지측은 같은 구멍에서 지름을 크게 한 돌기부분이 붙어 있다.

그림 2.7 테보게이지

2) 축용 한계게이지

① 링게이지

링게이지는 그림 2.8과 같이 링 모양으로 통과측, 정지측이 따로 있다. 정지측은 테두리에 홈을 파고 통과측보다 길이를 짧게 만들어 구별된다.

그림 2.8 링게이지

② 스냅게이지

스냅게이지는 그림 2.9와 같으며 양구형, 편구형 등이 있다. 양구형은 통과측과 정지측을 따로 분리한 것이라면 편구형은 통과측과 정지측을 따로 분리하지 않았다.

(a) 양구형

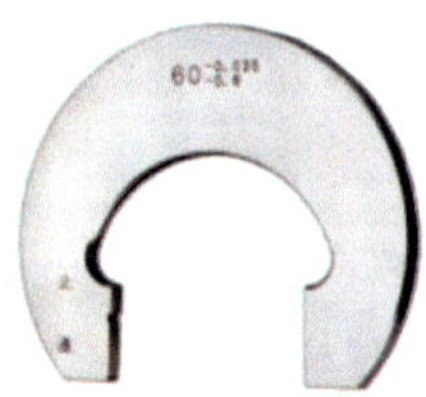

(b) 편구형

그림 2.9 스냅게이지

(2) 한계게이지의 공차

설명의 간단을 위하여 한계게이지의 치수를 최대 치수와 최소 치수로 한다고 했지만 사실은 게이지라고 해도 오차 0으로 할 수 없다. 또한 사용 중 통과측 게이지는 상대와 스치기 때문에 마모한다. 그 때문에 KS B0401에서는 한계게이지의 공차, 치수 허용차 및 마모한계에 대해 규정하고 있다. 그림 2.10은 그 일부를 나타내고 있다. 여기서는 구멍용 한계게이지에 대해서 설명한다.

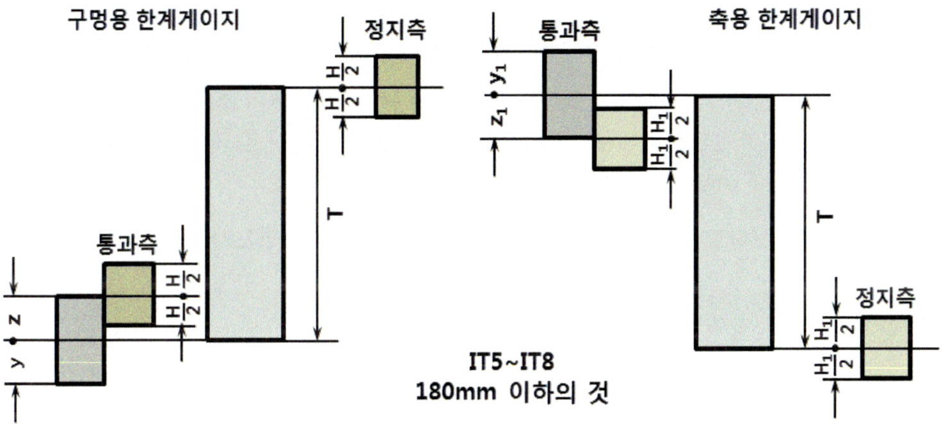

그림 2.10 구멍측 공차와 한계게이지 공차와의 관계

정지측 게이지에 대해서는 최대 허용치수를 중심으로 공차 H를 2등분하여 상하 H/2씩 나누고 있다. 통과측에서는 게이지가 마모하는 것을 간주하여 최소 허용치수보다 z만큼 큰 치수를 중심으로 H/2씩 상하로 나누고 있다. 이 때문에 신제품 게이지로 검사할 경우 합격의 범위는 규정의 공차 T보다 좁게 되게 된다. 더구나 사용하는 중에 통과측 게이지는 마모해 가지만 구멍의 최소 허용치수보다 y만큼 작게 될 때까지 한계게이지로서 사용해도 좋도록 되어 있다.

2.3 각종 측정기

지금까지 물리학은 과학전반의 기조가 되었고 일반화가 되었다 생각된다. 그런데 이런 물리학의 기조의 기초를 이루고 있는 것이 측정이다. 측정으로 자연 현상 중에서 양적 성질을 뽑아내고 또는 각 양적 성질 사이의 관계를 조사하므로 측정은 가장 기본적 과학 방법이다.

그런데 여기에 한 가지 비정상적이지만 중요한 것이 있다. 측정에는 반듯이 오차가 있게 되는데 어떠한 방법을 사용하더라도 자연의 실제 값을 알 수 없다.

측정으로 얻을 수 있는 결과는 상태의 근사적인 값인 것이다. 측정에 있어서 이런 단점이 있기 때문에 기계가 부정확하게 되고 문제가 되어 본질적인 문제가 된다.

측정에는 가장 간단한 길이 측정이 있지만 지금 있는 것의 길이를 측정하는 경우 1 ㎝ 단위로 측정하면 몇 미터, 몇 센티까지 측정할 수 있지만 그 이하는 알 수 없다. 1 ㎜ 단위로 측정하면 ㎜까지는 나타낼 수 있지만 그 이하는 나누지 못한다. 일반현미경을 사용하면 1/1000 ㎜까지 측정할 수 있지만 그 이하는 측정할 수 없다. 전자현미경 사용 시 1/100000 ㎜까지 측정할 수 있고 더욱 더 이하는 측정할 수 없다.

어떠한 과학이 진보하고 기계가 발전해도 그에 따른 측정의 정밀도가 높아지고 실제라 불리는 값에 영구히 나눌 수 없다. 그렇다고 인간이 자연을 보고 있다 할지라도 인간이 자연을 정확하게 볼 수 없다는 당연한 이야기이다.

2.3.1 버니어캘리퍼스

기계 현장에서 사물의 길이를 측정할 때 먼저 최초로 하는 것은 **버니어캘리퍼스**이다. 버니어캘리퍼스는 눈금과 패스를 일체로 하는 측정기이다. 이 눈금의 버니어는 해독을 고려한다면 0.1 ㎜까지 측정할 수 있다. 버니어캘리퍼스는 마이크로미터와 다이얼게이지 정도로 정밀하지만 한 단계 아래이다. 이런 정도로 사용하기 편리하고 좋은 측정기는 어디에도 없다.

(1) 종류와 각부의 명칭

버니어캘리퍼스에는 용도에 따라 여러 가지 종류가 있다. 즉, M1형, M2형, CB형, CM형의 4종류가 있다(그림 2.11). 최대 측정 범위가 1000 ㎜인 것도 있다.

M형 버니어캘리퍼스는 그림 2.11 (a), (b)와 같이 외경측정에 턱을 내경 측정에 주둥이를 이용한다. 그리고 깊이자(depth bar)로 깊이를, 머리 부분으로 단차의 측정이 가능하다. 그리고 M2형은 M1형과 비교하여 그 차이는 미동 이동장치를 가지고 있다.

그림 2.11 (c)와 같은 CB형은 브라운 샤프형 또는 스타렛트형이라고도 불린다. 아들자가 상자 형태로 되어 있고 턱의 내측과 외측의 양방향이 측정면으로 되어 있다. 내측 측정의 경우 5 ㎜ 이내의 내경 등은 잴 수 없다. 더구나 깊이를 재는 깊이자는 없지만 M2형과 마찬가지로 미동 이송장치가 있다. 어미자의 앞면에 외측 눈금, 뒷면에 내측 눈금이 붙어 있다.

그림 2.11 (d)와 같은 CM형은 독일형 또는 모젤형이라고 한다. 슬라이더는 M형과 마찬가지로 홈형이며 측정면은 CB형과 같이 턱의 내외 양측이다. 버니어가 어미자의 상하에 붙어 있고 상측이 내측 측정용 눈금, 하측이 외측 측정용 눈금으로 되어 있다.

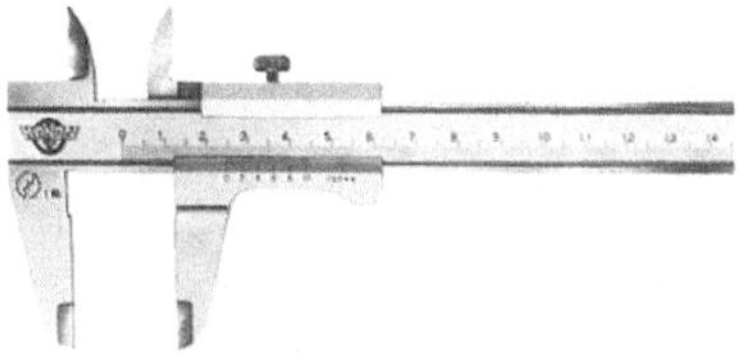

(a) M1형 버니어캘리퍼스

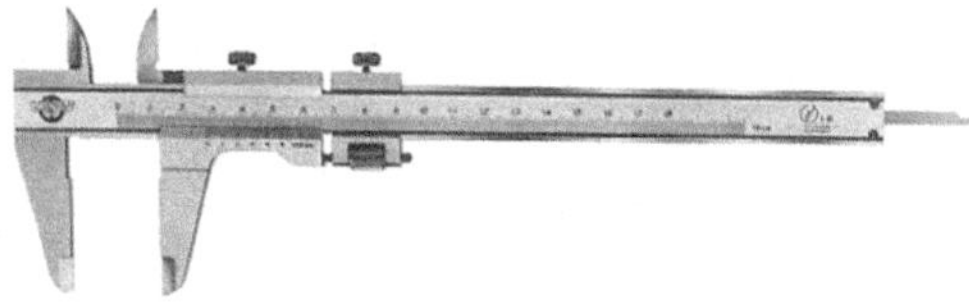

(b) M2형 버니어캘리퍼스

(c) CB형 버니어캘리퍼스

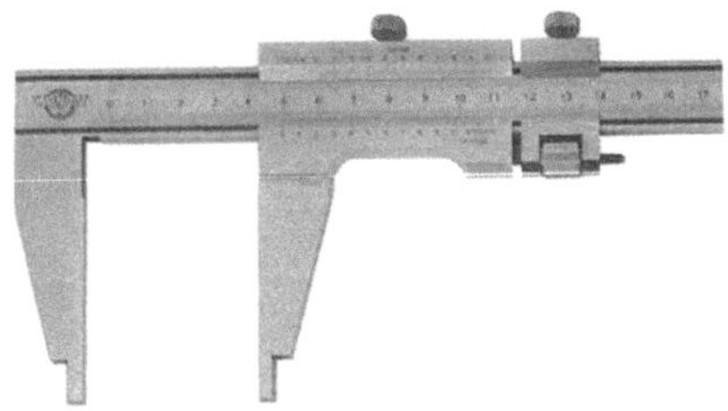

(d) CM형 버니어캘리퍼스

그림 2.11 버니어캘리퍼스

실제로 측정할 경우 버니어와 이송정지나사를 느슨하게 하고 피측정물을 물리는 위치까지 아들자의 턱을 전진한다. 그리고 그의 위치에서 이송정지나사를 조이고 이송바퀴 및 이송나사에 의해 미조정하면서 눈금을 읽는다. 이것은 미동 조정장치에 붙어 있는 M2형, CB형과도 같다.

그 밖에 그림 2.12와 같이 인사이드 버니어캘리퍼스가 있으며 이것은 깊은 구멍 내의 단부분 측정에 적합하다. 또한 그림 2.13은 둥근 구멍 피치 버니어캘리퍼스로는 동일 지름 구멍의 사이 각이나 단면으로부터 구멍까지의 거리를 측정한다. 그림 2.14는 기어용 버니어캘리퍼스로 기어의 이 높이와 이 두께를 측정한다. 각각 별도의 눈금이 있다. 그림 2.15는 깊이형 버니어캘리퍼스이며 심공 또는 두 평면 높이차 등을 측정할 때 사용한다.

그림 2.12 인사이드 버니어캘리퍼스

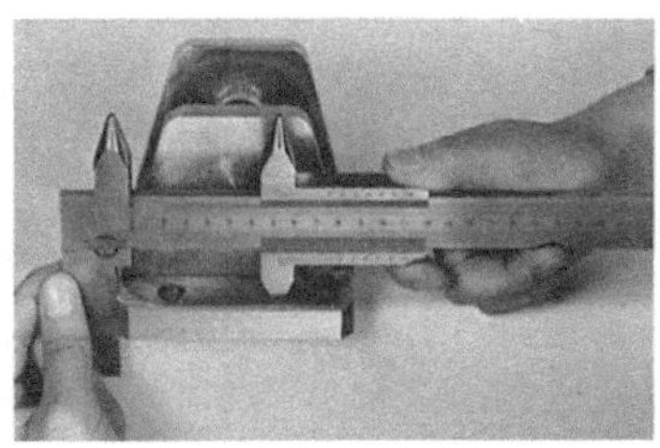

그림 2.13 둥근 구멍피치 버니어캘리퍼스

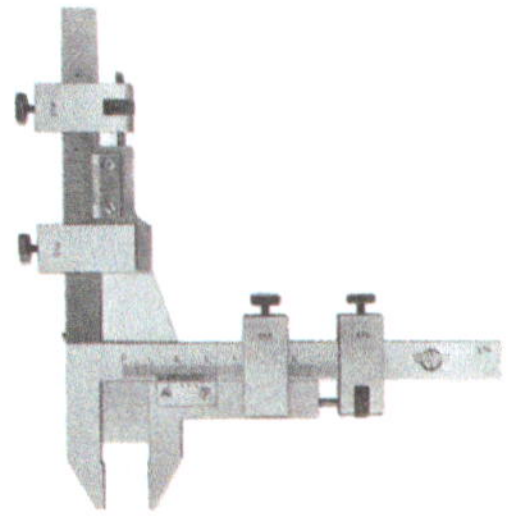

그림 2.14 기어용 버니어캘리퍼스

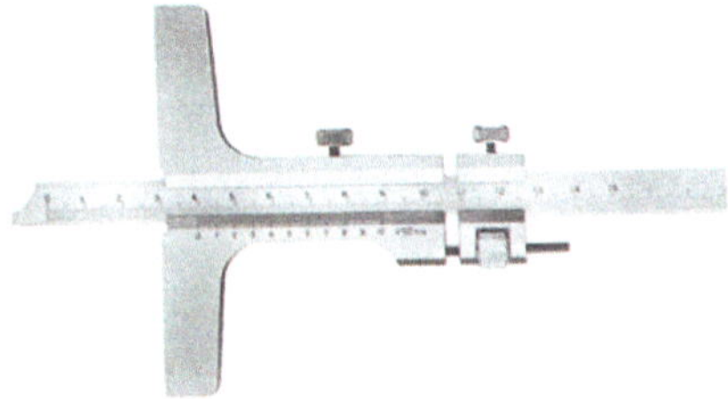

그림 2.15 깊이형 버니어캘리퍼스

간편한 측정기는 사용방법에 따라 측정오차가 생기기 쉽다. 정확히 측정하는 것과, 잘못 읽는 것, 보이는 것에 의하지 않고 측정하는 것은 그렇게 간단하지 않다.

버니어에 의해 읽어 얻는 것을 확실하고 더 신속히 측정결과를 얻는 방법은 개량되어진 다이얼식 버니어캘리퍼스가 있다.

이것은 종래의 버니어캘리퍼스 본 척에 연해서 랙이 끊어져 있어 그것에 맞물리는 작은 기어로 슬라이더를 이동시키며 원형 눈금 위를 지침이 회전한다. 측정치는 직접 다이얼 위에서 읽어 얻을 수 있다.

그림 2.16, 2.17과 같이 엔코더나 LSI을 조합하여 넣고 또한 측정치는 액정 표시판에 수치(디지털)로 표시하여 측정의 결과를 쉽게 읽을 수 있도록 한 디지털 버니어켈리퍼스이다.

랙-피니언식 버니어캘리퍼스 본체에 접촉식 로터리엔코더를 넣은 것도 있다. 그리고 버니어캘리퍼스 어미자에도 슬라이더(간극 0.1 ㎜) 반대 면을 전극화 하고 정전 용량식 검출기로 한 형태도 있다.

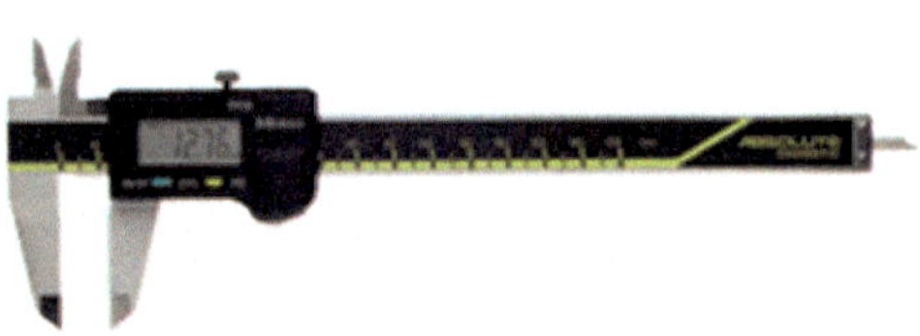

그림 2.16 액만 상사의 JOCAL

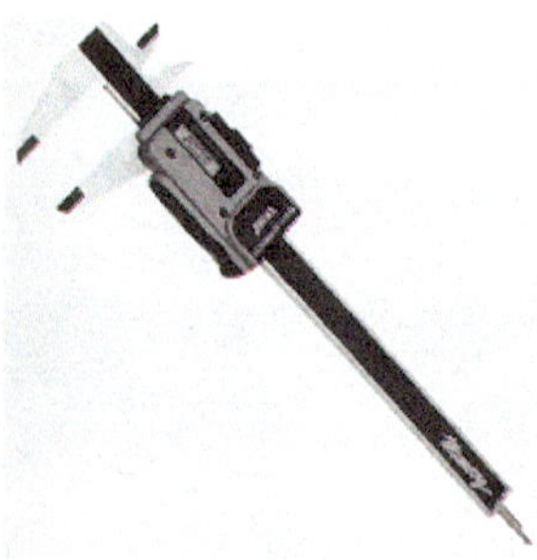

그림 2.17 일본 측정공구의 MAXCAL

이렇게 전자화 된 버니어캘리퍼스는 당연하지만 전원으로서의 전지나 코드가 필요하게 된다. 액정표시는 5자리가 보통이다. 정도는 ±0.02~0.03 ㎜가 일반적이다.

(2) 버니어의 원리와 읽기 방법

1) 버니어란

버니어캘리퍼스는 스케일에 버니어(아들자)을 붙인 것으로 거친 눈금과 세세한 눈금을 조합하여 그의 눈금차에 의해 작은 값을 읽어 내는 것이다.

예를 들어 그림 2.18과 같이 스케일의 9눈금, 결국 9 ㎜를 10등분한 것으로 하면 1눈금은 0.9 ㎜이다. 1 ㎜ 스케일을 **어미자**라 부르며 9 ㎜를 10등분한 것을 **버니어**라 한다.

그림 2.18에서 알 수 있듯이 어미자의 1눈금과 아들자의 1눈금 사이에는 0.1 ㎜씩 어긋나고 있다.

처음은 어미자와 아들자의 0눈금이 맞았다고 하자. 이제 오른 쪽으로 조금씩 움직여서 어미자의 1 ㎜의 선과 아들자의 첫 번째의 선이 일치했다고 하면 아들자 쪽이 0.1 ㎜ 작기 때문에 0.1 ㎜의 틈이 생긴다.

어미자의 4 ㎜ 선과 아들자의 5번째 선이 만나면 어긋남은 0.4 ㎜가 된다(그림 2.19).

이와 같이 어미자보다도 작은 값으로 취한 아들자를 이용하여 그 차에 의해 작은 치수를 읽으면 이것이 **버니어의 원리**이다.

이것은 9 ㎜를 10등분한 것이기 때문에 0.1 ㎜까지 읽을 수 있지만 19눈금(19 ㎜)를 20등분한다면 1눈금이 19/20=0.95가 된다. 즉, 아들자의 1눈금은 0.95 ㎜라는 것이다.

1 ㎜ - 0.95 ㎜=0.05 ㎜, 결국 5/100=1/20=0.05 ㎜까지 읽을 수 있다는 것이다. 아들자에 1/20 ㎜로 각인되어 있는 것이 이것이며 0.05 ㎜까지 읽을 수 있다는 것을 나타내고 있다.

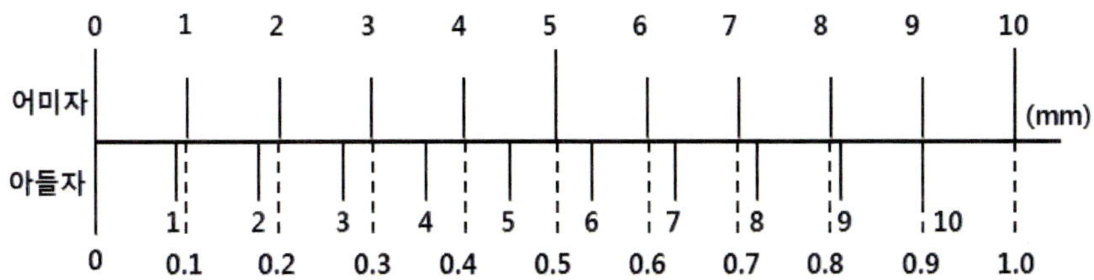

그림 2.18 버니어 눈금 예(9 ㎜ 10등분)

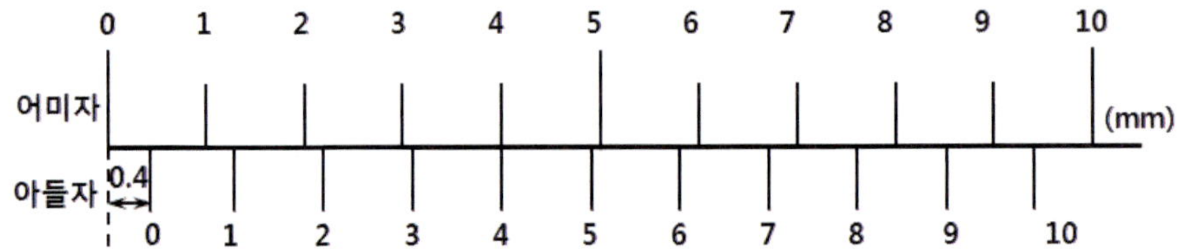

그림 2.19 버니어 눈금 원리

마찬가지로 어미자의 49 ㎜를 50등분한 버니어 눈금을 붙이면 1/50=0.02 ㎜가 되어 2/100까지 읽을 수 있는 버니어캘리퍼스가 된다. 또한 49 ㎜ 대신에 22.5 ㎜를 50등분하면 0.5/50=1/100 ㎜를 읽어 낼 수 있다.

이와 같이 어미자의 길이를 바꾸고 버니어의 등분 분할을 여러 가지로 바꿈으로써 최소 읽기 길이를 바꿀 수 있다. 표 2.1은 버니어 눈금의 종류를 나타낸 것이다.

표 2.1 버니어 눈금의 종류

본 척의 최소 눈금(㎜)	버니어의 눈금 등분방식	최소 측정 단위(㎜)
0.5	12 ㎜를 25등분	1/50 = 0.02
	22.5 ㎜를 25등분	
1	49 ㎜를 50등분	
	19 ㎜를 20등분	1/20 = 0.05
	39 ㎜를 20등분	

2) 버니어 눈금의 읽기 방법

어미자 눈금에 어미자 눈금과 버니어 눈금이 일치한 곳의 버니어 눈금을 플러스하여 측정치를 읽는다. 예를 들어 설명하자. 그림 2.20, 그림 2.21과 같이 ●표시한 곳의 눈금이 일치하고 있다.

어미자의 눈금선과 버니어의 눈금선이 반드시 일치하면 좋지만 어떤 눈금선과도 일치하지 않는 경우가 있다.

1/20 ㎜ 읽기로 어미자 눈금선의 사이에 버니어 눈금선이 2개 들어 있고 예를 들어 70.50 ㎜와 70.55 ㎜ 사이의 값으로 판정할 수 있는 경우는 70.52 ㎜ 또는 70.53 ㎜로 읽는다.

또한 1/50 ㎜ 읽기로 어미자 눈금선 사이에 예를 들어 0.04 ㎜의 2개의 버니어 눈금선이 들어 있을 때는 0.05 ㎜로 읽는다.

종래 버니어캘리퍼스로 치수를 측정하는 목적은 기계가공 도중에 대략적으로 그 치수를 알고 그 후에 어느 정도 가공을 계속하면 좋은가의 어림으로 하고자 할 때든지 마이크로미터 등으로 한 단계 높은 정도 측정을 하고 싶은 경우에 어떤 마이크로미터를 사용해야 하는가의 선택을 위해 혹은 0.05 ㎜의 읽기 오차 방지의 전 단계 중 어느 것일 것이다.

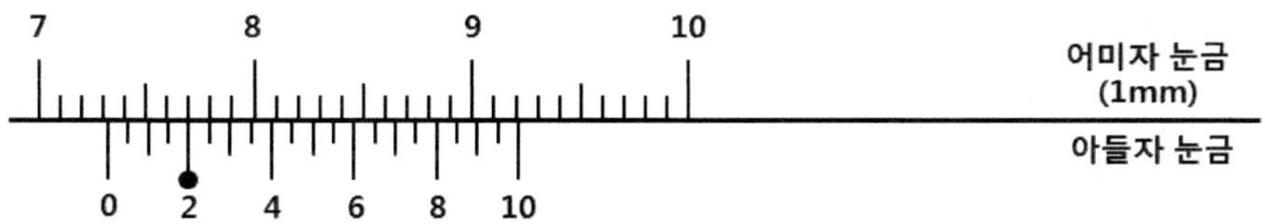

(a) 19 ㎜를 20등분한 버니어의 예 : 읽기 73.2 ㎜

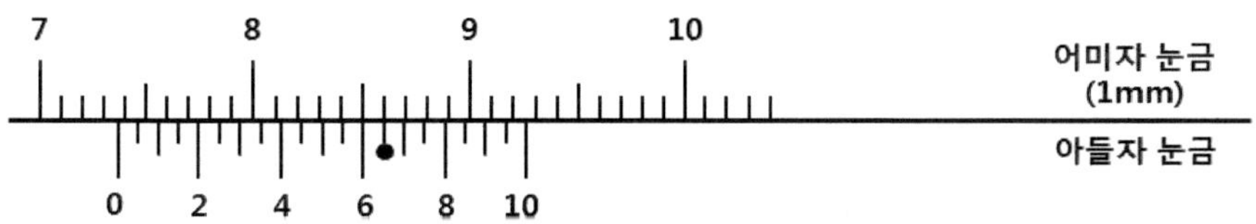

(b) 39 ㎜를 20등분한 버니어의 예 : 읽기 73.65 ㎜

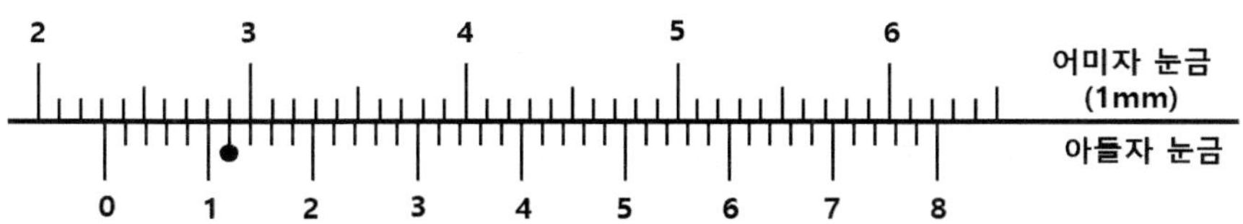

(c) 49 ㎜를 50등분한 버니어의 예 : 읽기 23.12 ㎜

그림 2.20 눈금의 읽기 방법 1

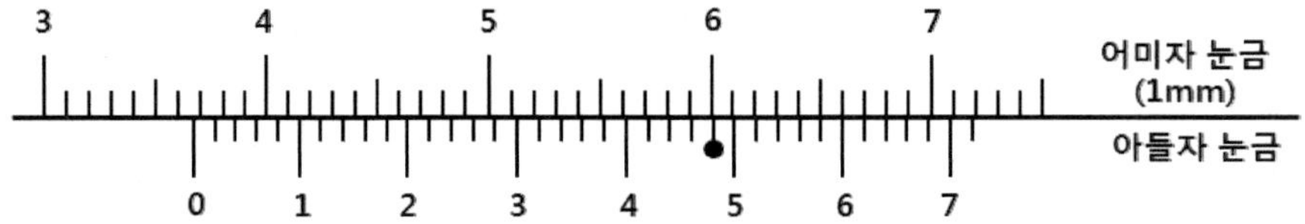

(a) 49 ㎜를 50등분한 버니어의 예 : 읽기 36.49 ㎜

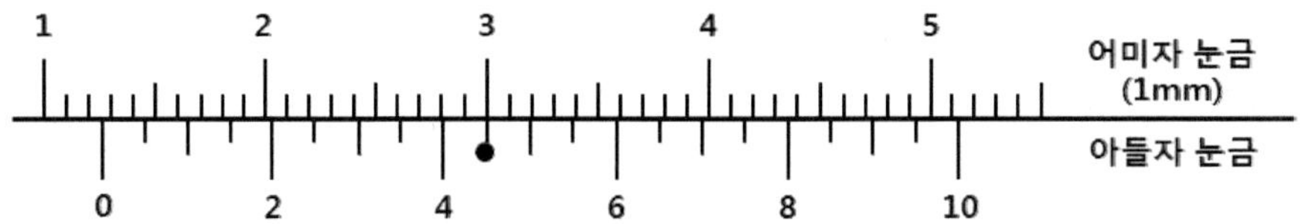

(b) 39 ㎜를 20등분한 버니어의 예 : 읽기 12.45 ㎜

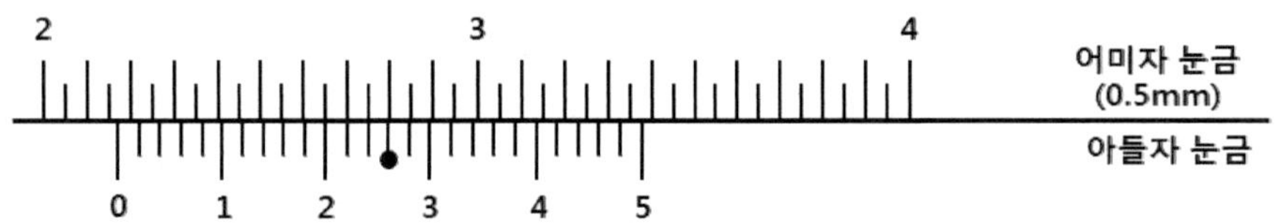

(c) 12 ㎜를 25등분한 버니어의 예 : 읽기 21.76 ㎜

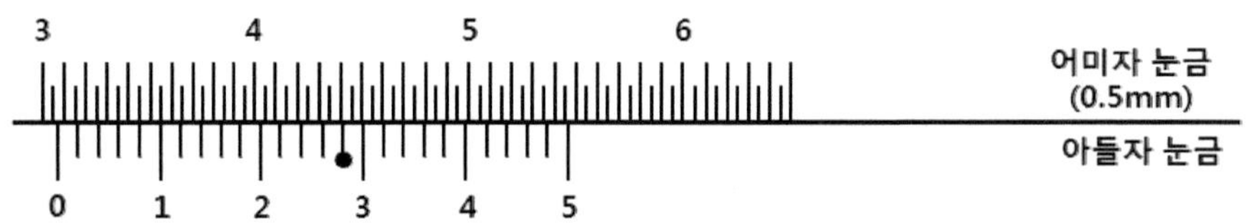

(d) 22.5 ㎜를 25등분한 버니어의 예 : 읽기 30.78 ㎜

그림 2.21 눈금의 읽기 방법 2

(3) 측정면의 정도

M1형 버니어캘리퍼스에는 측정면이 3개 있다. 외측 측정용의 어미자와 슬라이더(아들자)의 턱, 내측 측정용의 어미자와 슬라이더의 주둥이, 깊이 측정용의 깊이자의 3가지이다(그림 2.22). 300 ㎜ 이상의 버니어캘리퍼스에는 깊이자가 붙어 있지 않은 것이 보통이다.

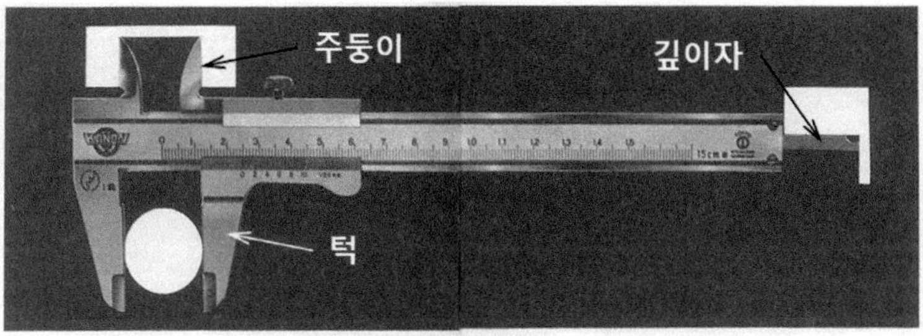

그림 2.22 M1형 버니어캘리퍼스의 측정면

1) 턱

버니어캘리퍼스는 마이크로미터나 다이얼게이지에 비해서 그 정도는 떨어지기 때문에 반드시 올바른 측정을 하도록 하여야 한다.

우선 무엇보다 중요한 것은 턱을 닫을 때에 어미자와 아들자의 0눈금은 합치하고 있을 것이다(그림 2.23). 또 한 가지는 10눈금의 선과 어미자의 19눈금의 선은 딱 맞을 것이다. 이 2가지 눈금선(눈금선의 폭은 30 ㎛이하)이 맞고 있으면 물론 그 밖의 어미자 눈금선과 버니어 눈금선은 상하로 맞지 않는다.

이 어미자와 아들자의 0눈금이 맞을 때에 2개의 턱이 딱 밀착하고 있지 않으면 안 된다(그림 2.24). 밀착시켜 보고 백색 광선이 새어 나오지 않으면 3 ㎛이하의 틈이 되어 있는 것이다. 버니어캘리퍼스는 기계가공에 있어서 사용 횟수가 많은 것만큼 턱의 측정면은 상처받기 쉽지만 틈이 이루어진 것을 사용해서는 바른 측정이 될 수 없다.

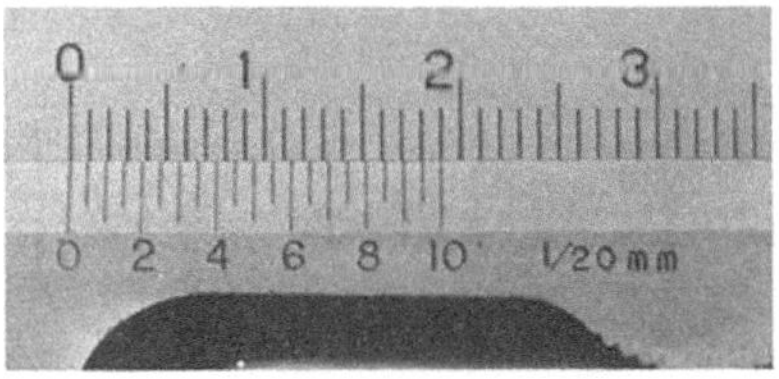

그림 2.23 0눈금의 일치

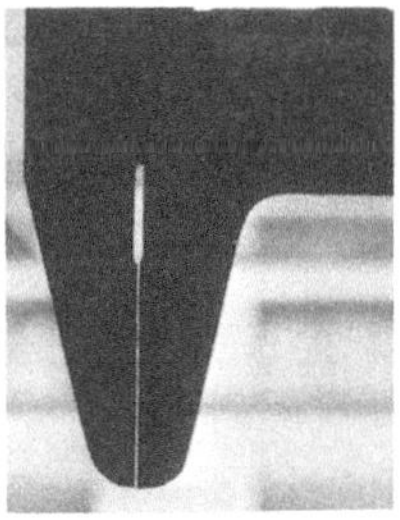

그림 2.24 턱의 틈새 조사

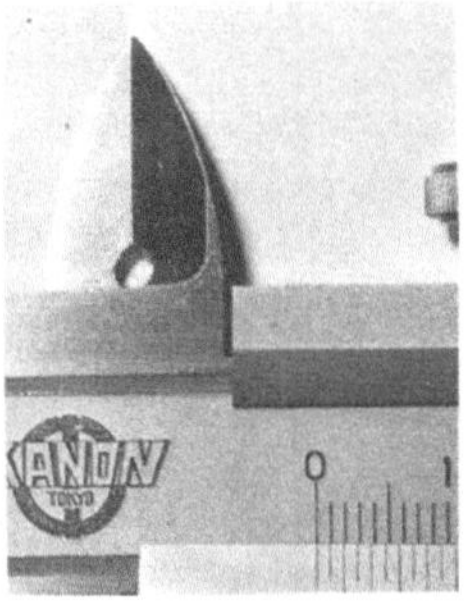

그림 2.25 주둥이가 겹치면 안 됨

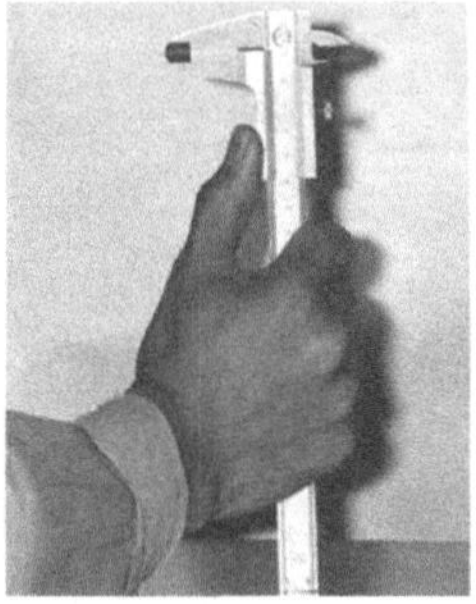

그림 2.26 정반에 세워서 0눈금의 일치

2) 주둥이

내경을 측정하는 주둥이는 턱을 밀착시킬 때에 빛이 조금이라도 통과해 보이는 것이 가장 좋은 것이다. 빛이 보이지 않아도 너무 보여도 그릇된 것이 된다(그림 2.25 참조). 특히 주둥이의 선단은 부닥뜨린다든지 하여 상처 나기 쉬우므로 잘 확인하여야 한다.

3) 깊이자

깊이자가 모두 어미자의 홈 가운데 들어있으며 깊이자와 깊이 기준면이 완전히 수평으로 됐을 때에 어미자와 버니어의 0눈금이 일치되어야 한다. 정반 위에 세웠을 때 턱에 틈이 생긴다든지 0눈금선이 어긋나 있으면 잘못된 외측 측정의 종합 정도가 잘못된 버니어캘리퍼스라고 하게 된다(그림 2.26 참조).

2.3.2 마이크로미터

지금이야말로 마이크로미터는 일반적인 현장 측정기이지만 측정기 발달사에서는 획기적 발명중의 하나이다. 아마도 마이크로미터가 없었다면 항공기나 자동차 등은 생산할 수 없었을 것이다.

초기 마이크로미터의 측정치는 1/1000인치=0.025 ㎜이었다. 1/100 ㎜가 나오게 된 것은 1930년대가 되어서 이고 그 시대의 측정기 중에서 최고였다. 마이크로미터의 생명은 피치 0.5 ㎜의 촘촘하고 매우 정확한 나사이다.

마이크로미터는 지금도 훌륭한 정밀측정기의 하나이다. 그러나 바른 사용방법을 하지 않으면 오차를 발생하기 쉽다.

먼저 사용하기 전에 반드시 제로 점검해야 한다. 양 측정면을 깨끗이 해야 한다. 그러기 위해서 세모 가죽이나 거즈로 양 측정면을 깨끗이 닦고 보풀이 생기지 않는 종이를 끼워서 뽑아낸다. 또한 측정력에는 개인차가 있으므로 래칫 스토퍼를 사용하여 일정 압력으로 측정한다.

측정물을 마이크로미터에 끼울 때 절대로 측정물을 회전시키지 말아야 한다. 측정면에는 초경합금이 붙어 있으면 마모하고 평행도가 나빠지기 때문이다.

(1) 구조와 명칭

그림 2.27은 일반적인 마이크로미터 구조와 각부의 명칭 나타낸 것이다.

마이크로미터는 공장이나 학교의 실습 등에서 가장 널리 사용되고 있는 현장용 측정기이다. 마이크로미터에는 외측 마이크로미터, 내측 마이크로미터, 이두께 마이크로미터, 나사 마이크로미터 그 밖에 상당히 많은 것이 있지만 그 중에서도 가장 널리 사용되고 있는 것이 외측마이크로미터로 일반적으로 마이크로미터라고 하면 이것을 두고 하는 말이다.

마이크로미터는 버니어캘리퍼스와 마찬가지로 물려 측정하는 지시측정기의 일종이다. 측정자의 미동이송에 나사를 사용한 것으로 정확한 나사 피치를 내는 어려움으로부터 측정 길이는 25 ㎜ 단위가 되고 있다.

프레임의 한 쪽에 암나사를 가진 이너슬리브가 들어가 있으며 다른 쪽에 측정면을 갖는 앤빌이 고정되어 있다. 스핀들은 선단이 측정면(초경합금이 붙어 있는 것이 많음)이 되어 다른 끝에 딤블이 밀착 고정되어진 테이퍼와 나사부가 있으며, 더구나 정확한 피치로 마무리되어 있는 수나사가 나져 있다.

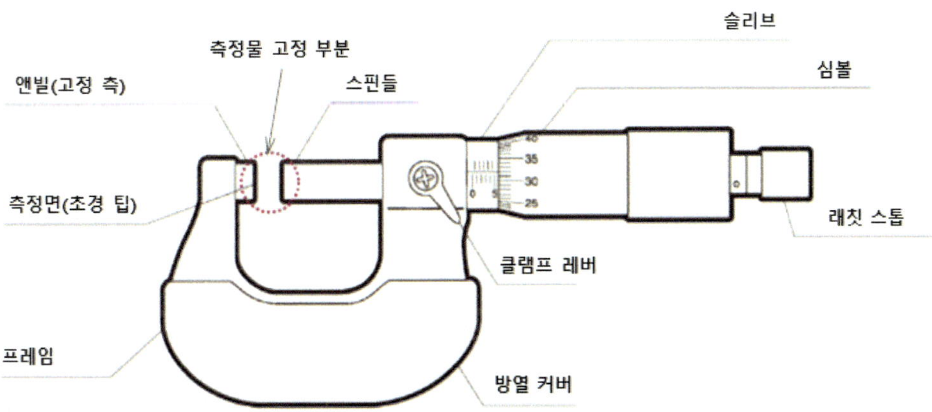

그림 2.27 외측 마이크로미터의 구조

표 2.2 눈금 숫자의 기입 예

측정 범위	기입 눈금 숫자					
0 ~ 25	0	5	10	15	20	25
50 ~ 75	50	55	60	65	70	75
100 ~ 125	100	5	10	15	20	125
475 ~ 500	475	80	85	90	95	500

슬리브는 이너슬리브에 밀착한 통형을 하며 축 방향에 나사의 피치에 해당하는 눈금이 새겨져 있다. 슬리브에는 작은 구멍이 뚫어져 있고 ±0.02 ㎜ 정도의 기차 보정에 사용한다.

딤블은 스핀들의 한 쪽 끝에 고정되어 외주의 한 쪽 끝에는 회전 조작이 쉽도록 널링이 되어 있으며 다른 끝단의 경사면에는 스핀들의 나사피치를 분할한 눈금이 새겨져 있다. 래칫스톱은 측정력을 일정하게 유지하기 위한 것이다. 클램프는 스핀들의 회전을 고정한다.

슬리브에 각인되어 있는 눈금 숫자는 표 2.2와 같이 되어 있다.

(2) 원리와 눈금의 읽기 방법

1) 원리

마이크로미터는 수나사와 암나사의 맞물림을 이용한 것이다. 수나사와 암나사의 한 쪽을 고정하고 다른 쪽을 1회전하면 한 줄 나사의 경우에는 1피치만 움직인다. 피치를 0.5 ㎜로 하면 0.5 ㎜만큼 움직인다. 만약 이것을 1/n 회전시키려 하면 1/n 피치만큼 움직인다. 마이크로미터의 원리는 이것과 같다(그림 2.28).

마이크로미터에 사용되는 나사의 피치는 0.5 ㎜이다. 그리고 수나사에 직결된 눈금판(딤블)에는 외주를 50등분한 눈금이 새겨져 있다. 그러므로 수나사를 1회전 시키면 결국 딤블이 1회전하여 0.5 ㎜ 움직이게 된다. 1/50회전, 결국 1눈금 움직이면 $0.5 \times 1/50 = 0.01$ ㎜ 움직인다. 이것이 최소 눈금 0.01 ㎜가 되게 된다.

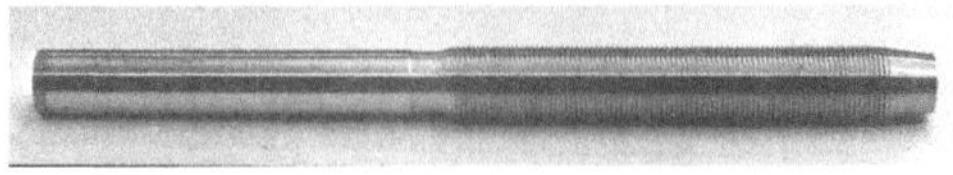

x; x축 방향 이동량(㎜)
p; 나사의 피치(㎜)
α; 나사의 회전각(라디안)
r; 눈금면의 반경(㎜)

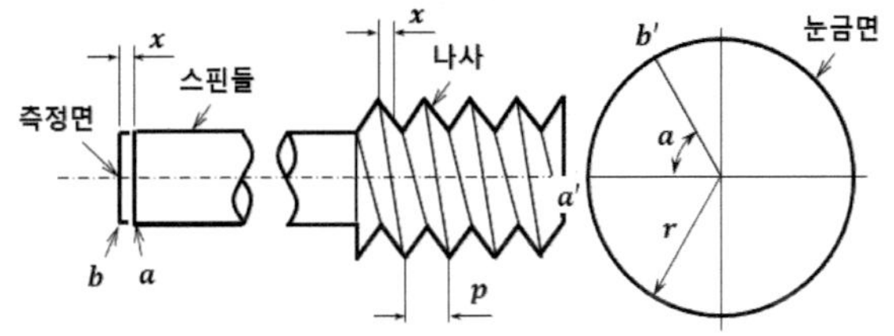

그림 2.28 마이크로미터의 원리

슬리브에는 그림 2.29와 같이 상하로 눈금이 새겨 있다. 위쪽이 1 ㎜ 단위의 눈금이며 아래쪽은 1 ㎜ 단위의 중간에 눈금이 새겨 있으며 0.5 ㎜를 나타낸다. 그림 2.30과 같이 딤블이 50눈금 움직이고 1회전하면 슬리브는 아래쪽의 0.5 ㎜ 눈금 분만큼 이동한다.

딤블의 눈금판의 지름을 크게 하면 1눈금이 크게 되고 그것만큼 읽기 쉽게 된다. 또한 눈금을 세세하게 할 수 있으므로 더욱 작은 수치를 읽어 취할 수도 있다.

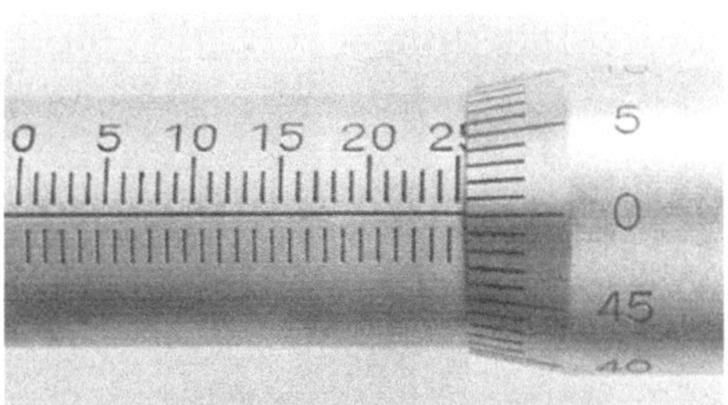

그림 2.29 1 ㎜와 0.5 ㎜ 단위를 나타내는 눈금

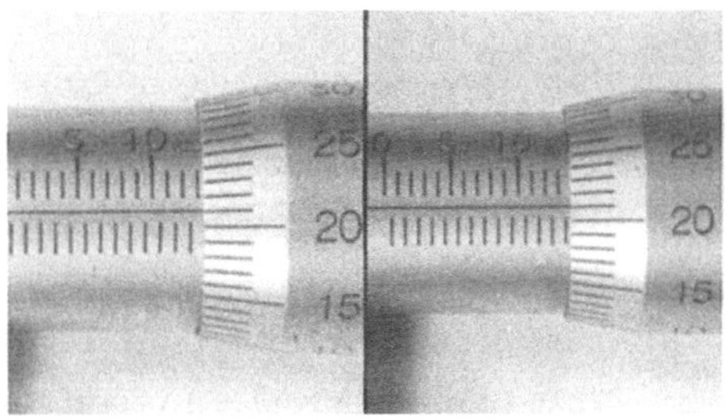

그림 2.30 1회전에 우측이 0.5 ㎜ 진행

2) 눈금의 읽기 방법

피측정물을 물고 너트를 돌려 래칫스톱을 공회전시키고 눈금을 읽지만 그 때 눈금의 읽기를 틀려서는 정도 불량을 만들뿐이다. 눈금을 읽기 쉽도록 하는 측정 자세로 하는 것도 물론이지만 슬리브의 눈금선 특히 아래쪽의 0.5 ㎜ 선이 보일지 어떨지에 따라 0.5 ㎜의 오차를 낼 수 있으므로 주의하기 바란다.

읽기 방법은 그림 2.31과 같이 처음에 슬리브의 눈금을 읽고 다음에 딤블의 눈금을 읽어 플러스한다.

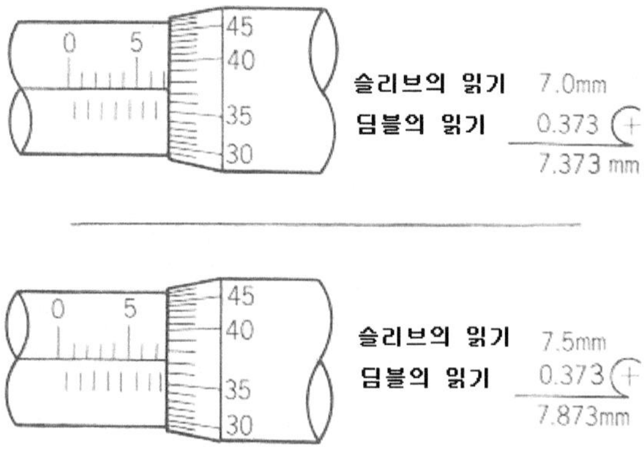

그림 2.31 마이크로미터의 읽기 방법

눈금을 읽을 때 2개의 눈금면(슬리브와 딤블)이 동일 평면 상에 없기 때문에 시선에 의해 읽기 눈금이 틀린 시차가 나온다. 이 때문에 눈금을 읽을 때는 시차가 나지 않도록 눈의 위치를 바꾸지 않고 동일 방향으로 읽는 습관을 붙여야 한다.

2.3.3 다이얼 게이지

다이얼게이지는 측정자의 직선 또는 원호 운동을 기계적으로 확대해서 그 움직임을 지침과 눈금으로 읽을 수 있도록 만들어진 길이 측정기이다.

다이얼게이지는 측정자의 움직임을 기어를 이용한 확대기구로 확대하여 그것을 지침의 움직임으로 나타낸 비교측정기이다. 비교측정기라는 것은 버니어캘리퍼스나 마이크로미터와 같이 그의 측정기로 직접 측정값이 읽혀지는 것과는 달리 별도 기준(마스터게이지)과 비교해 보고 그의 차이를 구하여 측정값을 결정하는 것이다. 그러므로 비교측정기에는 반드시 비교할 기준이 필요하다.

또한, 현장의 측정에서는 수치를 직접 읽는 것뿐만 아니라 평행도, 평면도, 동심도, 직각도 등의 연속된 변위량을 조사하는 측정도 가능하다. 이러한 경우에 다이얼게이지라는 연속된 변위량을 측정하기 위한 측정기로 대단히 편리하게 사용된다.

그림 2.32는 대표적인 다이얼게이지의 외관을 나타낸 것이다. 1눈금에 0.01 ㎜인 것이 일반적으로 사용되고 있다. 또한 그림 2.33은 지렛대식 다이얼게이지의 외관을 나타낸 것이다.

아울러 그림 2.34에는 다이얼게이지의 각부 명칭을 나타내며 그림 2.35에는 지렛대식 다이얼게이지의 각부 명칭을 나타낸다.

그림 2.32 다이얼게이지

그림 2.33 지렛대식 다이얼게이지

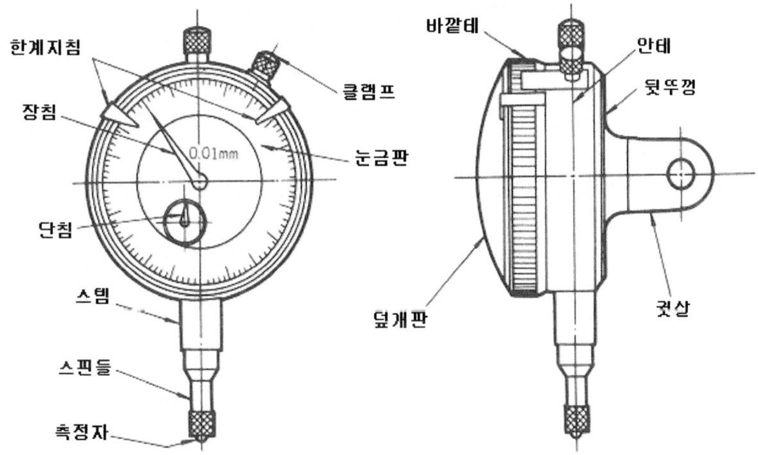

그림 2.34 다이얼게이지의 각부 명칭

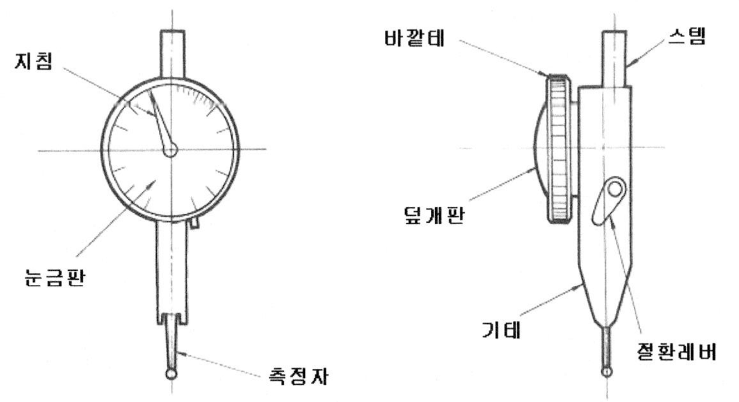

그림 2.35 지렛대식 다이얼게이지의 각부 명칭

2.3.4 지렛대식 다이얼게이지

(1) 측정자의 각도

측정자의 각도는 자유롭게 되므로 측정자의 선단과 눈금이 잘 보이는 위치에 세트하지 않으면 안 되지만 더 본질적인 것은 피측정면에 대해 측정자를 평행(측정 방향에 대해서 직각)으로 하는 것이다(그림 2.36). 이것은 지렛대식 다이얼게이지의 원리로부터 온 것이다.

그림 2.37은 측정자를 전방에의 최대 각도로 하여 사용하고 있는 광경이다. 지렛대식은 이와 같이 눈금을 읽는데 형편이 좋은 각도로 세트할 수 있으므로 상당히 편리하다. 한편, 그림 2.38은 반대로 후방에의 최대 각도이다. 눈금과 피측정물의 내외면이 직접 보이는 자세이다. 외면에 대해 구멍면의 편심 측정이다.

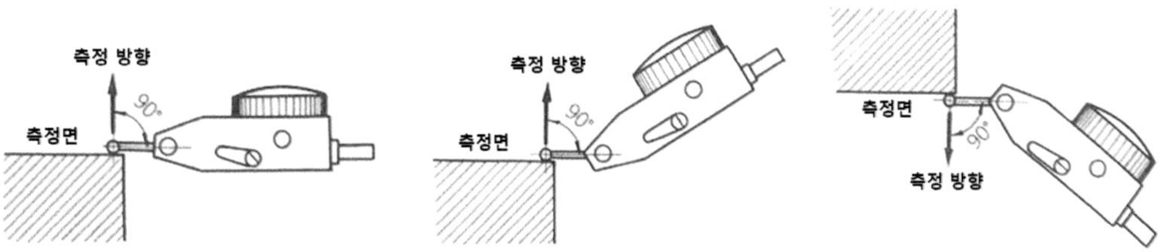

그림 2.36 지렛대식 다이얼게이지에 의한 측정자의 각도

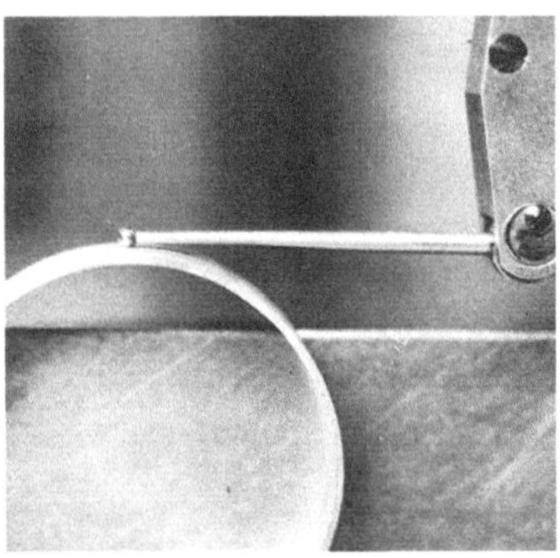

그림 2.37 외면 구멍면의 편심 측정

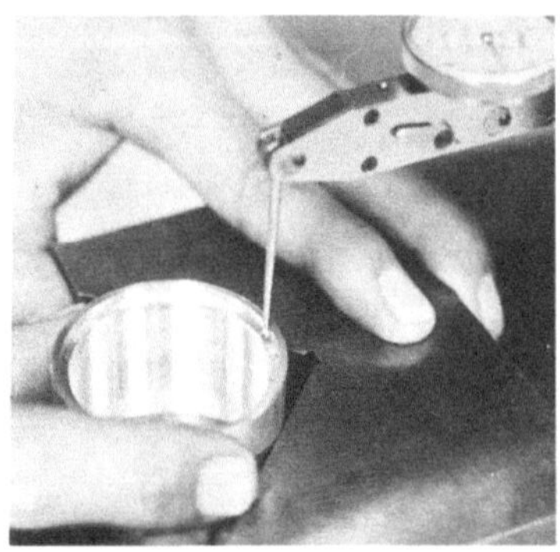

그림 2.38 내면 구멍면의 편심 측정

(2) 절환 레버

지렛대식 다이얼게이지는 측정자의 움직이는 방향을 정역 절환 할 수 있다. 이 옆면에 있는 레버가 이런 역할을 한다. 레버의 절환은 원터치이며 손가락으로 누르면 된다.

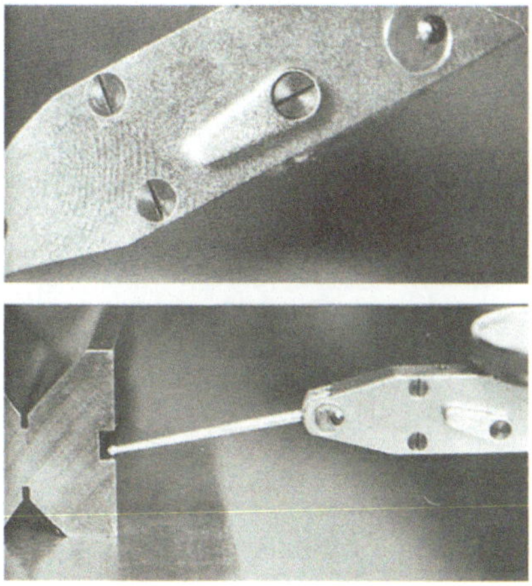

그림 2.39 아래 방향 측정

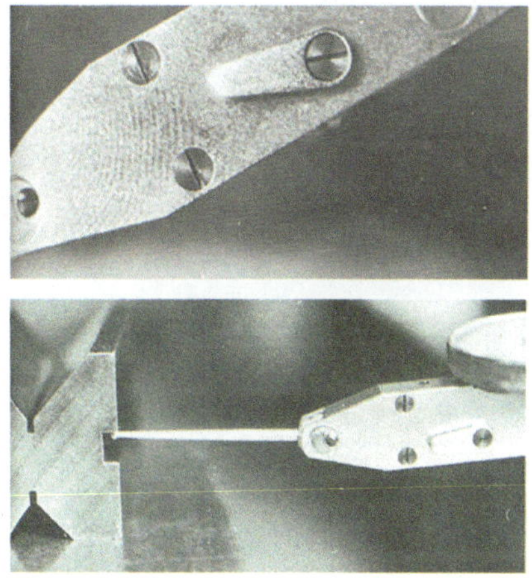

그림 2.40 위 방향 측정

레버의 방향과 측정자의 방향을 그림 2.39와 2.40에 나타낸다. 그림 2.39는 아래 방향의 측정면 측정이다. 레버의 위치는 올라간 위치이다. 한편 그림 2.40을 보면 레버가 내려간 상태이며, 위 방향의 측정면을 측정하는데 편리하다.

(3) 지렛대식 다이얼게이지의 3가지 타입

지렛대식 다이얼게이지에는 종형(T형), 횡형(Y형) 및 수직형(S형)이 있다. 그림 2.41은 종형을 나타내며 이것은 눈금판에 대해 측정자가 전후로 움직인다. 횡형은 그림 2.42와 같이 눈금판에 대해 측정자가 좌우로 움직인다. 수직형은 그림 2.43과 같으며 눈금판이 위에 붙어 있다.

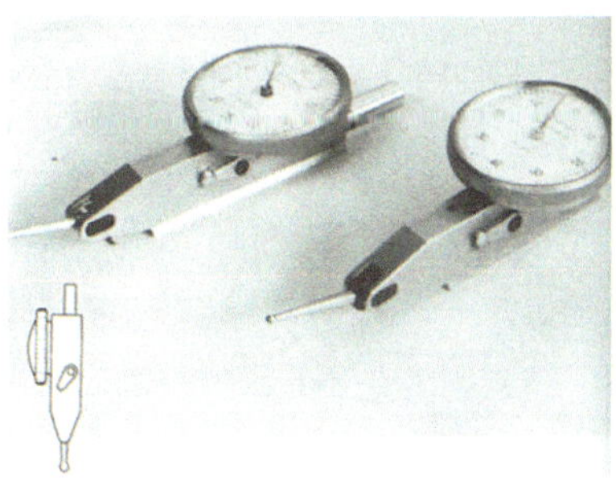

그림 2.41 횡형 지렛대식 다이얼게이지

그림 2.42 횡형 지렛대식 다이얼게이지

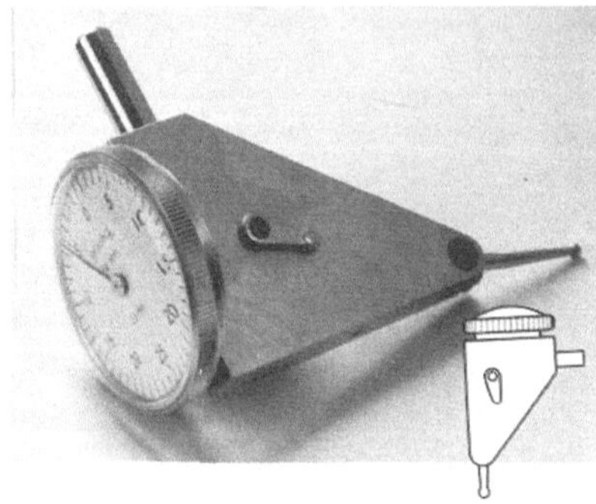

그림 2.43 수직형 지렛대식 다이얼 게이지

2.4.5 표면 거칠기 측정기

(1) 서론

1) 표면 거칠기

표면 거칠기는 가공된 표면의 상태를 말한다. 예를 들어 부품의 표면을 표현할 때 눈으로 보거나 손으로 문지르거나 해서 반짝거리고 깨끗한 것, 윤기가 없고 까칠까칠 한 것, 그을린 것, 거울 같은 것이란 표현을 사용한다. 이러한 차이점은 표면의 요철의 차이에 의해 발생하는 것이다.

표면에는 이러한 요철, 즉 거칠기가 있다. 이러한 반짝거림이나 거친 정도를 명확하게 수치화 한 것을 **표면 거칠기**라고 한다. 표면의 성질을 결정하는 중요한 역할을 담당하고 있다.

부품, 소재 표면의 요철은 가공해서 의도적으로 만들어낸 것도 있으며, 가공 중 모터 진동에 의한 칼날의 흔들림, 칼날의 예리함, 가공재료의 성질 등 여러 가지 요인에 의해 생기는 것도 있다.

요철의 모양과 크기가 달라 겹겹이 서로 겹쳐지고 있기 때문에 요철의 차이에 의해 표면의 품질 및 기능에 영향을 주며, 마찰, 내구성, 작동음, 기밀성 같은 최종 제품의 성능을 좌우하는 결과가 되고 있다.

2) 표면 거칠기 측정의 목적

가공된 표면의 요철의 모양과 크기는 표면의 품질, 기능 그리고 최종 제품의 성능에 큰 영향을 끼치기 때문에 표면에 미세한 요철을 수치화하고 관리하는, 즉 표면 거칠기를 측정함으로써 최종 제품의 고성능을 유지해야 하는 것이 필요하다.

표면의 요철을 수치화하려면 요철의 높이와 깊이, 간격에 따라 분류하여 요철을 평가한다. 그리고 미리 정해진 방법으로 분석하여 산업 수량을 계산한다.

표면 거칠기가 좋은 작동과 좋지 않은 작동을 하는 것은 표면 요철의 모양과 크기, 최종 제품의 사용 방법에 따라 달라진다. 페인트 표면에서 페인트가 붙기 쉽고 구동면에서는 회전이 잘되고, 잘 마모 되지 않는 등의 품질과 성능 측면에서 구성 요소에 적합하도록 표면 거칠기를 관리하는 것이 중요하다.

많은 파라미터가 표면 거칠기의 측정과 평가에 대해서 정의되어 왔다. 가공 기술의 진보에 따른 높은 품질이 요구되는 오늘날에는 디지털화 한 측정기의 성능도 향상되어 다양한 표면 거칠기 평가가 가능하게 되었다.

표면 거칠기 측정의 목적을 정리하면 다음과 같다.

① 외관 품질(appearance quality)

- 가전제품의 수지 성형품(plastic mold of electric appliances)
- 자동차의 도장면(painted surface of automobile)

② 밀봉성(hermetic performance)

- 압축 가스나 오일 누출면(surface sealed to compressed gas or oil)

③ 접동면(sliding surface)

- 가이드나 베어링(guide plane of machine tool, bearing surface)
- 자기테이프(magnetic tape)

④ 마찰력(frictional force)

- 프린터의 종이 이송용 롤(feed roller of printer)

⑤ 접착력(adhesive force)

- 플라스틱 부품, 합판(plastic parts, plywood)

3) 표면 거칠기 측정 방법

표면 거칠기에 대한 경험적 등급이나 외관상 규격은 오래전부터 사용되어 왔지만 표면 거칠기 측정기가 처음 개발된 것은 독일이며 1929년의 일이다. 이와 같이 거칠기 측정 장비의 개발이 늦어짐에 따라 표면 거칠기 분야에 대한 연구는 다른 길이 관련 측정에 비해 뒤떨어져 있다고 볼 수 있다. 표면 거칠기 측정기는 크게 접촉식 측정기와 비접촉식인 광학적 측정기로 분류할 수 있다. 촉침식 측정기는 제일 먼저 개발된 표면 거칠기 측정기로 현재까지 계속 발전되어 왔으며 가장 많이 사용되고 있다. 한편 광학적 측정기는 촉침식 측정기로 측정이 힘든 미세한 소재, 혹은 부드러운 소재, 촉침을 손상시킬 수 있는 단단한 소재의 측정에 사용되고 있다.

접촉식 표면 거칠기 측정기를 **촉침식 표면 거칠기 측정기**라고도 한다. 각종 공작기계로 마무리 가공한 표면도 가느다란 요철이나 상처가 무수히 나 있다. 래핑 마무리 가공한 경면에서도 상당한 절삭 흔적이 남아 있다.

표면 거칠기가 거칠면 안내면에서는 마찰이 크게 되고, 당길 때는 마모가 빨라지고 때로는 타서 눌러 붙음이 일어나기도 한다.

최근 표면 거칠기 측정이 부각되는 것은 기계의 고정도화가 요구되고 있는 것 외에 레이저용 금속거울이나 컴퓨터용 자기 디스크, IC, LSI용 실리콘 웨이퍼 등의 경면 성상 요구가 점점 더 엄격하게 되기 때문이다.

표 2.3은 표면 거칠기의 측정 방법에 의한 분류를 나타낸 것이다.

표 2.3 측정 방법의 분류

비교법	육안에 의한 관찰
	손톱과 손가락에 의한 감촉
	현미경에 의한 관찰
단면 측정	절단법
	촉침법
	광파 간섭법
공간 용적법	전기 용량법
	라디오아이소토프(radioisotope)법
	Observing gap method

(2) 접촉식 표면 거칠기 측정기

1) 촉침식 측정기의 기본 요소

가공면의 가느다란 요철을 바늘로 훑어가며 검사하는 측정기를 최초로 고안한 것은 기계 공구의 제작자인 G. 슈마르츠(독일, 1929년)이며 최초에는 축음기 바늘을 사용하였다. 촉침을 가공면에 연하여 훑어가며 가공면의 요철에 따라서 상하로 미세한 촉침의 운동을 광지렛대로 확대하여 회전드럼의 감광지 위에 기록했던 것이다. 그 후 미국의 미시간 대학에서는 다이아몬드바늘을 사용해서 1/100 ㎛까지 윤곽을 재현했다.

오늘날의 촉침식 표면거칠기 측정기도 기본 원리는 그림 2.44와 같다. 즉, 측정 대상물 표면에 촉침을 접촉시키면서 이송 장치에 의해 검출기를 이동시켜서 촉침으로 측정 대상물 표면을 측정한다. 이때 표면의 요철에 의해 상하 촉침의 움직임을 차동 변압기 등으로 전기신호로 변환하고 증폭하여 측정 단면 곡선을 얻는다. 필터(측정 단면 곡선을 조도 곡선과 파상도 곡선으로 분리하는 장치)를 통과하여, 필요한 곡선을 구하고 파라미터 산출이나 곡선을 확대해 출력한다. 다만 촉침의 선단은 날카롭게 되고 원뿔 모양의 촉침과 피라미드 모양의 촉침이 있다.

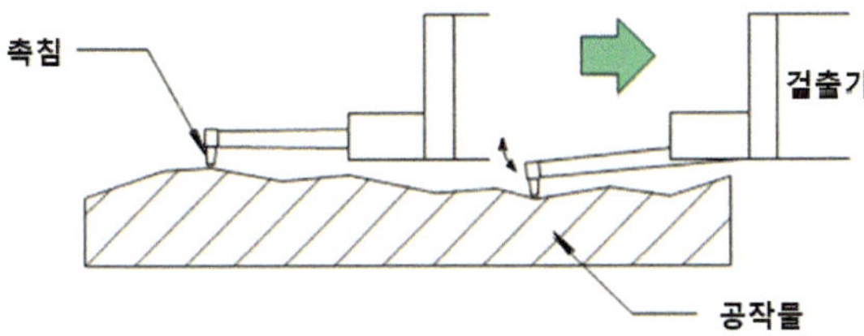

그림 2.44 촉침식 표면거칠기 측정 원리

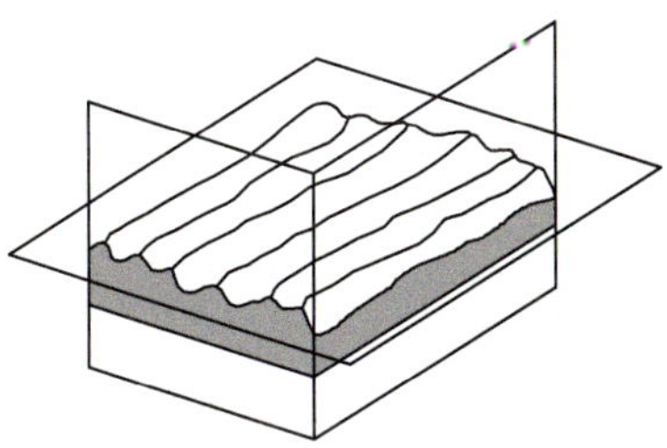

(a) 가공 단면 모양

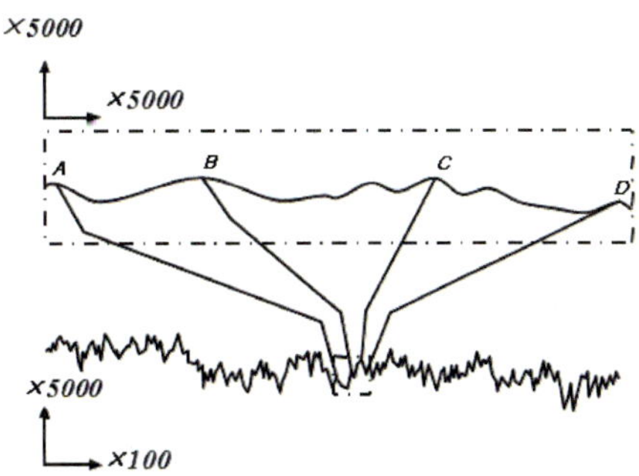

(b) 표면 거칠기의 단면 곡선과 확대 모습

그림 2.45 가공 단면에 대한 표면 거칠기 단면 곡선

표 2.4 단면 곡선에 포함되는 성분

분류	원인
형상 편차- 평면도, 진직도 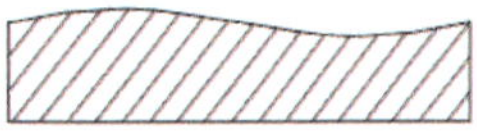	공작기계의 안내오차, 공작기계 또는 공작물의 굴곡, 공작물 설치 시 오차, 담금질에 의한 왜곡, 마멸
파상도(일반적인 기호 표기 : Wc) 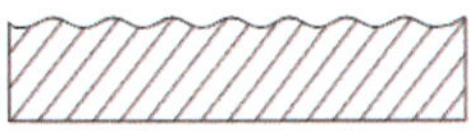	절삭공구의 편심 또는 형상 오차, 공작기계 또는 공구의 진동
표면 거칠기(일반적인 기호 표기 : R) 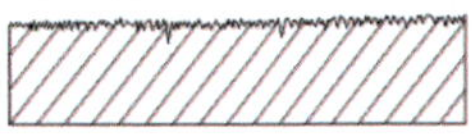	공구날 끝 형상, 공구의 이송, 샌드블라스트에 있어서의 재료 변형, 결정화, 부식 작용, 물질 구조 내에서의 물리적 및 화학적 작용 등

가공 단면을 측정한 단면 곡선은 그림 2.45와 같이 나타난다.

이와 같은 단면 곡선(그림 2.45 (b))에 포함되는 성분은 다음과 같이 분류할 수 있으며 그 원인은 표 2.4와 같이 나타낼 수 있다.

그림 2.46에 촉침식 측정기의 기본 요소들을 나타내었다. 기본 구조로는 촉침의 움직임을 전기적 신호로 바꾸어 주는 픽업(pick-up), 신호를 증폭시켜 주는 증폭기, 증폭된 신호를 처리하여 거칠기와 파상도로 분리하는 필터, 거칠기 값을 표시하는 지시장치 단면곡선을 그리는 기록장치 및 촉침을 이송시켜 주는 이송장치가 있다.

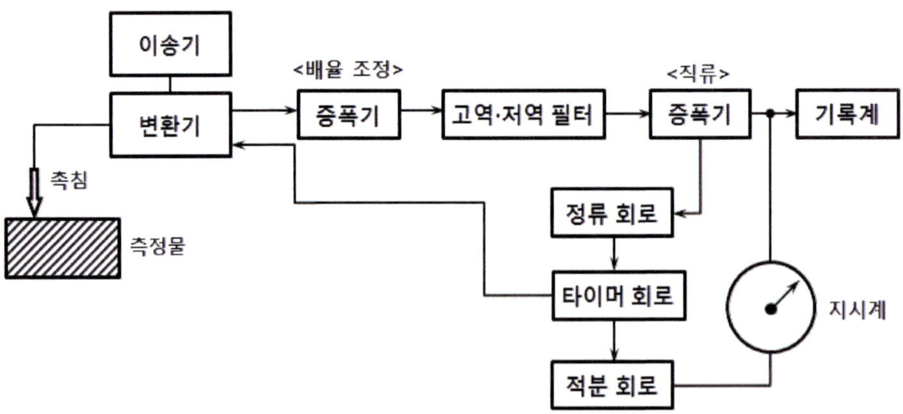

그림 2.46 촉침식 표면거칠기 측정기의 개념도

① 촉침

촉침(stylus)은 매우 중요한 부분으로 전축에서 바늘의 성능이 음반의 재생능력에 큰 영향을 미치듯이 촉침식 측정기에서 촉침의 크기와 모양은 거칠기 측정에서 매우 중요한 요소가 된다. 촉침은 보통 끝이 둥그런 원추 모양이거나 끝이 평평하게 된 피라미드 모양으로 마모에 잘 견딜 수 있는 고경도의 금속이나 보석(다이아몬드, 사파이어 등)으로 만들어진다. 원추 모양의 촉침은 ISO3274-1996에 따르면 촉침 선단부 원추의 테이퍼 각도가 60°나 90° 이고(특별한 지시가 없으면 60°) 선단 곡률 반경이 10 ㎛이내로 되어 있다(보통 2 ㎛, 5 ㎛, 10 ㎛). 피라미드 모양의 촉침은 이동 방향의 폭은 2 ㎛, 직각방향으로의 폭은 3 ㎛으로 촉침에 힘을 주기 위해 이동방향보다 길게 만들어져 있다. 실제로 피라미드형과 원추형의 촉침들은 오래 사용하게 되면 마모에 의해 서로 형상이 비슷해지기 때문에 굳이 구별할 필요는 없다. 특별한 거칠기 측정을 위해서는 특수한 모양의 촉침이 사용되기도 한다.

촉침의 크기 및 모양이 측정에 영향을 미치기 때문에 촉침은 공구현미경 및 이와 비슷한 장비를 사용하여 크기와 모양이 유지되는지 점검해야 한다. 이상적인 촉침의 경우 끝이 아주 날카로워야 하는데 실제로 어느 정도의 크기를 갖고 있기 때문에 이로 인해 생기는 영향들을 다음과 같이 3가지로 나눠 볼 수 있다.

가. 좁은 골의 측정

촉침의 크기에 따라 측정할 수 있는 골의 폭이 다르며 촉침의 곡률반경의 크기가 클수록 거칠기 측정값은 비교적 작아진다.

나. 다공질 표면

주물이나 소결체 등과 같이 다공질의 물체 표면은 촉침이 그 단면을 다 쫓아갈 수 없어 정확한 단면곡선을 얻을 수 없다. 이와 같은 표면은 입체 전자현미경으로 관찰이 가능하다. 촉침은 끝이 매우 날카롭기 때문에 작은 측정력이라도 측정 부위가 촉침에 의해 받는 압력은 매우 커서 표면을 상하게 하거나 변형시킬 수 있으므로 주의해야 한다.

다. 스키드

촉침의 움직임은 픽업에 의해 전기신호로 바뀌는데 촉침은 스키드(skid)로 안내되어 움직인다. 따라서 스키드가 측정에 미치는 영향을 고려해야 한다.

픽업의 한쪽 끝은 이송축에 연결되어 있고 다른 한쪽 끝은 상하로 자유롭게 움직이며 스키드에 의해 지지된다. 따라서 픽업에서 얻어지는 전기 신호는 스키드에 대한 촉침의 상대적인 움직임이 된다. 스키드는 큰 곡률을 갖는 둥근면의 지지발로써 촉침 근처에 위치해야 한다. 또한 스키드면은 매끈하고 둥글어야 하며 표면의 요철 간격보다 훨씬 큰 곡률을 가짐으로써 요철에 의한 영향을 받지 않고 거의 직선으로 움직여야 한다. 스키드의 역할은 큰 형상을 가진 표면 위를 촉침과 함께 움직이면서 스키드에 대한 촉침의 상대적인 변위가 픽업에 검출되도록 하여 파상도와 형상은 측정되지 않도록 하는데 있다.

일반적으로 촉침의 움직임이 픽업에 의해 모두 전기신호로 변환될 수는 없으며 어느 정도의 허용 움직임의 폭이 있게 된다. 만약 스키드 없이 파상도와 같은 큰 형상을 따라 촉침이 움직이게 되면 증폭기의 배율이 낮아야만 촉침의 움직임을 픽업이 검출할 수 있는데 이 경우 매우 작은 변위인 거칠기를 구할 수 없게 된다. 그리고 스키드가 없을 경우 촉침 이송장치가 움직일 때 발생되는 진동 및 진직도 운동이 촉침에 바로 전달되어 측정값에 영향을 주게 된다.

스키드면의 곡률 반지름이 요철 간격보다 작게 되어 스키드의 역할을 못하게 될 때는 평평한 안내면을 따로 써야 한다. 그러나 최근에는 표면 거칠기의 값이 스키드에 의해 영향을 받으므로 측정에 스키드를 사용하지 않는 측정을 권장하고 있다. 또한 스키드와 촉침의 위치가 일치하지 않기 때문에 생기는 문제가 있을 수도 있다. 높은 산 이후의 측정은 실제보다 (-)쪽으로 커지게 되는데 그 이유는 스키드가 산위에 올라가므로 촉침이 내려가는 거리가 더 길어지기 때문이다. 이것을 방지하기 위해서는 특별한 구조의 픽업을 사용하는 것도 한 가지 방법이 된다.

측정면의 형상이 거의 평면이고 파상도 뿐만 아니라 형상까지도 측정하고자 한다면 측정면과 상관없는 안내면을 이용하여 스키드를 움직이게 할 수 있다. 진직성이 좋은 곧은 축을 따라서 픽업이 움직이게 하거나 피측정물을 진직성이 좋은 이송대에 올려놓고 이 이송대를 움직이면서 측정 할 수도 있다.

② 픽업

픽업(pick-up)은 촉침의 움직임을 전기신호로 변화시켜 주는 장치로 미세한 움직임(0.01㎛이하)도 감지해야 하기 때문에 매우 민감해야 한다. 또한 측정압의 조절이 가능해야 하며 매우 가벼워야 한다. 픽업은 크게 두 가지로 나눌 수 있는데 위치 민감 픽업과 동작 민감 픽업이 있다.

위치 민감 픽업은 촉침의 상하위치에 따른 전기신호를 발생하고 동작 민감 픽업은 촉침이 움직일 때만 그 움직임에 따른 신호를 발생한다. 동작 민감 픽업은 촉침이 움직이지 않을 때는 산마루나 골에 있더라도 아무 신호가 발생되지 않으므로 촉침이 표면 위를 매우 천천히 움직일 경우 거의 아무 신호도 발생되지 않는다. 따라서 파상도와 같은 큰 형상은 자동적으로 제거되며 간단한 측정기나 기록 능력이 없는 측정기 등에 쓰인다. 위치 민감 픽업은 측정범위 내라면 파상도와 거칠기를 모두 측정할 수 있으며 대부분의 표면거칠기 측정기는 이 방식의 픽업이 사용되고 있다.

가변유도 용량식 픽업의 구조는 그림 2.47과 같으며 촉침의 움직임은 코일 속에 놓여 있는 아마추어에 전달되어 신호를 발생시킨다. 실제로는 코일에 높은 주파수의 교류가 흐르고 아마추어의 움직임은 그 교류를 변조시키므로 픽업의 출력은 변조된 신호이다. 이 픽업의 장점은 매우 민감하다는 것이고 단점은 신호처리를 위해 복잡한 전자회로가 쓰인다는 점이다.

광학전기식 픽업은 광학적 방법과 전기식 방법을 함께 이용한 것인데 그 구조는 그림 2.48과 같다. 촉침이 연결된 촉침 막대의 끝에는 슬릿이 달려 있어서 중심위치에서는 슬릿을 통과한 빛이 상하의 두 광다이오드에 똑같이 비치게 되고 촉침이 이동하여 슬릿이 치우치게 되면 두 광다이오드에 비친 빛의 양이 서로 다르게 된다. 따라서 두 광소자 출력의 차이의 신호를 분석하면 촉침의 변위를 구할 수 있게 된다. 이 경우 출력의 형태는 직류 신호이므로 전자회로가 비교적 간단해지는 장점이 있다.

압전식 픽업은 동작 민감 픽업인데 그림 2.49와 같다. 이 방식은 압전소자(PZT)를 사용하는데 압전소자에 가해지는 압력에 따라 전압이 발생된다. 촉침의 움직임은 압전소자에 전달되며 압전소자의 뒤쪽에 있는 실리콘액과 금속판의 작용에 의해 다음과 같은 성질을 갖게 된다. 실리콘액은 표면장력에 의해 안전 블록의 좁은 틈 사이에 끼어 있고 그 사이에 얇은 금속판이 삽입되어 있다. 압전소자가 천천히 움직이면 실리콘액과 금속판 사이의 부착력이 거의 없어서 압전소자는 촉침과 일체가 되어서 움직이므로 압전소자에는 어떤 힘도 걸리지 않는다. 그러나 압전소자가 빨리 움직이면 부착력이 커져서 압전소자의 뒤쪽이 꽉 잡힌 꼴이 되어 압전소자에 압력이 걸리게 되어 전압이 발생된다. 따라서 촉침이 빨리 움직이면 신호가 발생하고 천천히 움직이면 발생하지 않게 된다.

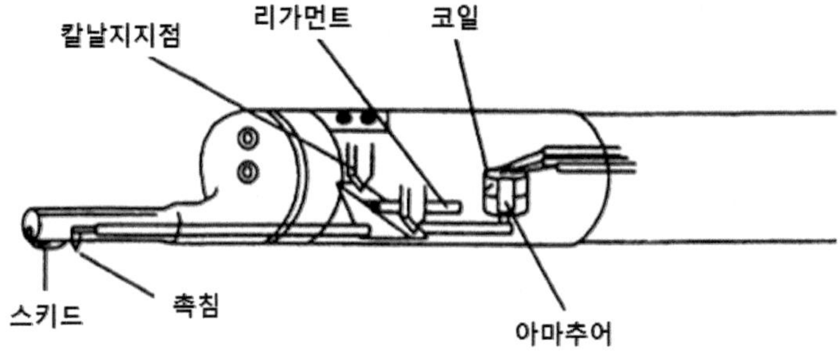

그림 2.47 가변 유도 용량식 픽업

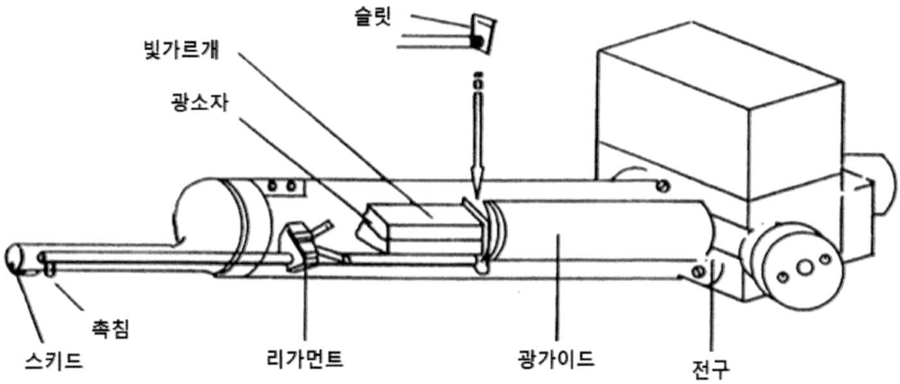

그림 2.48 광학 전기식 픽업

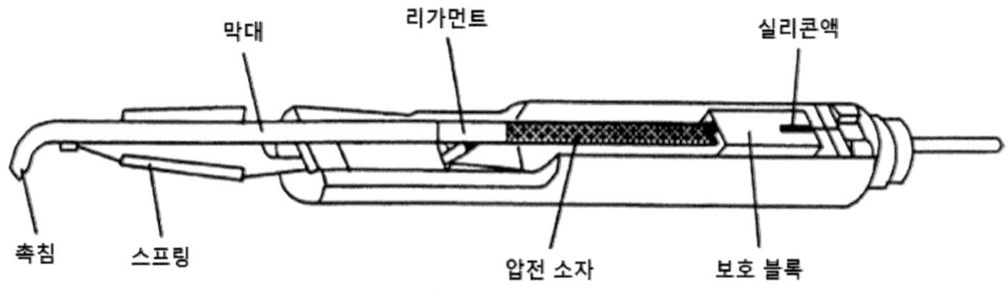

그림 2.49 압전식 픽업

③ 이송기

촉침과 픽업은 보통 모터를 이용하여 이동시키지만 휴대용의 경우 스프링이나 손으로 이동시키기도 한다. 이송속도는 컷오프와 관련이 있기 때문에 손으로 이동을 시키면 정확한 컷오프를 얻을 수 없다. 보통 픽업은 한 방향으로 이동하도록 되어 있지만 양방향으로 움직일 수 있는 것도 있다. 대부분의 경우 픽업이 움직이도록 되어 있지만 반대로 픽업은 정지해 있고 시편을 움직이게 하는 경우도 있는데 이 경우 정밀한 이송이 필요하므로 공기 베어링이 많이 사용된다.

④ 증폭기

픽업에 의해 검출된 전기신호는 매우 작다. 따라서 형상을 기록하거나 파라미터를 구하기 위해서는 어느 정도의 수준으로 증폭되어야 한다. 표면거칠기 측정기에서 사용되는 배율은 보통 100배에서 1,000,000배로 고배율이 사용되기 때문에 예기치 못했던 전기잡음이 생길 수 있다. 증폭기가 지녀야 할 성질로는 안정성과 저 잡음을 들 수 있는데 전기잡음이 커지면 읽혀지는 파라미터의 값이 커져서 정확하지 못하게 되고 안정성이 떨어지면 정밀하지 못하게 된다.

⑤ 지시장치 및 기록장치

거칠기 파라미터들은 지시장치에서 아날로그나 디지털로 표시되는데 거칠기의 성격상 눈금간격이 정밀하게 표시 될 필요는 없으며 디지털의 경우도 자리수가 많을 필요가 없다. 길이 관련 측정에서는 정확도가 0.1%에서 0.001% 이상이지만 거칠기 측정에 있어서는 6% 내외를 허용하고 있다. 그 까닭은 표면의 거칠기 분포가 고르지 않기 때문에 측정부위에 따라 상당히 큰 차이가 생길 수도 있다. 기록계가 기록하는 단면곡선의 모양은 원래의 증폭된 것보다는 다소 유연한 형상이 되는데 그 이유의 하나는 기록지와 펜 사이의 마찰 때문이다

3) 표면 거칠기 측정시 주의 사항

표면 거칠기 측정에서는 같은 측정물이라고 해도 측정 조건에 따라 다른 측정 결과를 얻을 수 있는 것이 있다.

또한 표면 조도 측정기의 측정 조건 이외에 피측정물의 셋팅이 측정값에 영향을 미치는 경우가 있어 특히 원통 형상의 피측정물을 축 방향(원통 모선상)으로 측정하는 경우에는 충분한 주의가 필요하다.

① 촉침 형상의 영향

일반적인 표면 형상을 측정할 경우 선단 곡률 반경이 작은 촉침에 의해 보다 미세한 골을 측정 할 수가 있기 때문에 특히 세로 방향의 정보로부터 계산되는 파라미터(Ra, Ry, Rz 등)에서 나온다고 말해지고 있다.

촉침 선단은 다이아몬드이지만 장기 사용에 의해 선단이 마멸하거나 어떠한 원인에 의해 파손되기도 한다. 따라서 마멸이나 파손에 의해 표면을 정확하게 측정 할 수 없고 또한 측정 결과에 영향을 준다.

② 측정력의 영향

경질의 금속표면 등을 측정하는 경우는 측정력에 의한 영향은 거의 없다고 생각되지만 동, 알루미늄이나 수지 제품 등의 연한 물질은 측정력이 크면 측정면을 손상시키면서 트레이스 하는 것이므로 측정 결과에도 영향을 미친다.

촉침 선단 곡률 반경과 동일하게 측정기 메이커에 따라 표준 부속으로 하고 있는 검출기의 측정력은 1종류이므로 다른 측정기를 이용할 때에는 측정력이 같은 것을 준비할 필요가 있다.

③ 측정 속도의 영향

측정 표면이 거친 요철로 형성되어 있는 경우에 측정 속도가 빠르면 촉침이 뛰는 현상이 생겨 정확히 표면을 추종 할 수 없고 측정 결과에 영향을 주는 경우가 있다.

또한 측정기에 따라서는 측정 속도와 샘플링 간격에 의존하고 있는 경우가 있고 고속으로 측정할 경우 샘플링 간격이 거칠고, 앨리어싱(aliasing)이 발생하는 경우가 있다.

측정 속도는 각 측정기에서 설정 할 수 있는 수열이 정해져 있어 전혀 다른 기종 간에 같은 측정 속도를 갈게 설정하는 것은 곤란함으로 미리 동일 측정물의 동일한 곳에 측정 속도를 바꾸어 반복 측정을 하여 속도에 의한 영향을 확인해 두면 좋다.

표면 조도 측정기는 서브 마이크로미터라고 하는 미세한 변이를 측정하는 기기이므로 다른 정밀 측정기와 같이 바닥 진동, 온도 등의 주위의 환경에 민감하게 영향을 주기 때문에 방진대의 설치나 급격한 온도 변화가 없는 장소나 항온 항습기에서 나오는 바람을 직접 받지 않도록 주의해서 설치해야 한다.

④ 측정 방향에 따른 영향

표면 거칠기의 측정 방향은 표면 거칠기가 가장 크게 나타나는 방향으로 측정한다. 통상은 결 방향과 직각이 되게 그림 2.50과 같이 측정한다. 단, 도면에 측정 방향에 관한 지시가 있는 경우는 그에 따른다.

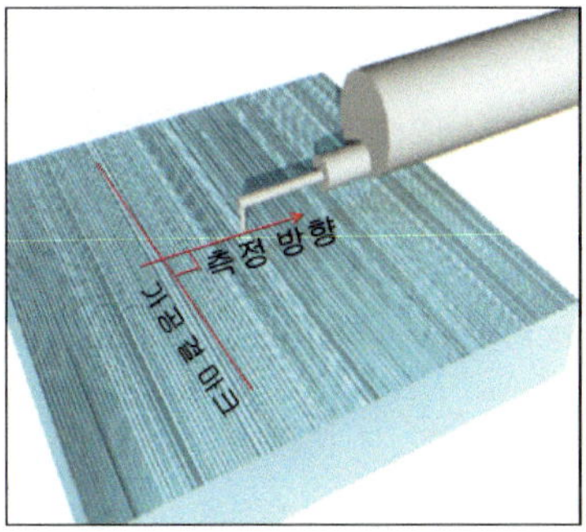

그림 2.50 표면 거칠기 측정 방향

⑤ 절단치(컷오프 값)에 의한 영향

표면 거칠기는 같은 측정기라도 절단치를 어떻게 설정하느냐에 따라 그림 2.51과 같이 다르게 나타날 수 있다. 따라서 이 절단치를 잘 설정해야 정확한 표면 거칠기를 얻을 수 있다.

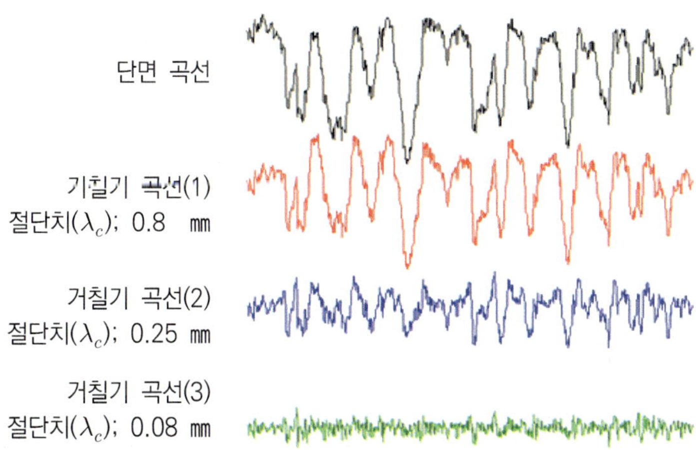

그림 2.51 절단치에 따른 거칠기 곡선의 차이

(3) 비접촉식 표면거칠기 측정기

길이와 함께 표면의 거칠기는 받아들여져 출하검사, 가공기의 좋고 나쁨의 판정, 가공면의 기능을 평가하기 위함 중요한 정밀도 항목으로 넓은 분야에서 측정되고 있다. 그 측정대상은 수치적으로는 수 10 ㎛에서 0.001 ㎛(1 ㎚), 재질적으로는 금속, 고분자재료 등 경한 물질이 함유되어 있다. 또한 측정환경도 검사실, 연구실로부터 현장에 있어서의 포스트, 인프로세스 측정까지 다양하다.

비접촉 표면거칠기 측정법에는 주사전자 현미경법, 공기 마이크로미터를 이용하는 방법 등도 있지만 광학식의 대표적인 방법으로써 요철의 확대 기록 도형을 구하는 광절단법, 광파 간섭법, 전반사 임계각법을 또한 표면거칠기의 변수, 예를 들면 중심선 평균거칠기 Ra를 직시하는 방법으로서 대비광택도법, 경면 반사율법이 있다.

2.4.6 3차원 측정기

(1) 서론

종래 일차원적 치수 측정은 버니어캘리퍼스나 마이크로미터를 사용하거나 정반 위에서 매스형 블록, 게이지블록, 하이트게이지 등을 사용하는 것이 주류였다. 그러나 제품의 성능 및 품질 향상에 대한 요구가 증가함에 따라 제품이 복잡해지고 다양화되어 가공을 수행한 다음에 그 결과를 종래의 방법으로 측정하면 측정의 정밀도가 떨어지고, 측정 시간이 길며, 데이터 정리시간 등도 상당히 걸리므로 가공의 정밀도 향상과 정도의 보장 및 측정 생산성의 향상에 대한 필요성이 대두되었다. 이를 위해 **3차원 측정기**(CMM: Coordinate Measurement Machine)와 같은 자동화 된 정밀 측정 장치가 고전적인 측정 방식의 유일한 대안이 되었다.

특히 컴퓨터와의 결합은 측정시간의 단축, 데이터 정리시간의 단축, 지금까지 불가능했던 측정이 가능하게 되는 등 3차원 좌표 측정기를 발전시키는 강력한 원동력이 되었다.

3차원 측정기는 서로 직교하는 가이드와 가이드의 이송량을 구하는 스케일과 프로브를 가지고 각각의 이송량에서 프로브의 3차원 좌표값을 구할 수 있는 측정기로 KS B 5542-1990에 정의되어 있다.

3차원 측정기의 세대별 발전단계를 보면 표 2.5와 같다.

표 2.5 3차원 측정기의 세대별 발전단계

구분	스케일	구동방식	정확도	컴퓨터	프로브	기타
1세대	다이얼게이지	수동	0.1 ㎜	무	기계식	레이아웃 머신 개조
2세대	인덕토신	조이스틱	0.01 ㎜	무	접촉 신호식	스케일 발달, 정확도 향상
3세대	모아레 무늬	CNC	0.001 ㎜	유	LVDT	소프트웨어 발달
4세대	레이저간섭계	CNC	0.0001 ㎜	유	비접촉식	프로브 교환, 오차 보정

3차원 측정기는 최적의 환경에서 사용해야 높은 정밀도와 긴 수명을 유지할 수 있다. 온도, 습도, 진동, 먼지, 부식 가스, 실내 공기의 흐름 속도 등이 측정기에 영향을 미친다. 또한 온도는 20±2℃에서 습도는 66% 이하에서 관리 및 방진 대책이 필요하다.

(2) 3차원 좌표 측정기의 특징

3차원 좌표 측정기(그림 2.52)는 직교하는 X, Y, Z축을 가지고 Z축 선단에 달려있던 각종 프로브를 측정물의 측정 장소에 접촉하는 것에 의해 공간상의 임의점 위치를 디지털량으로 표시하고 읽을 수 있는 측정기이다. 그리고 이 측정기에 데이터 처리장치를 접속함으로써 그 기능이 비약적으로 증대한다.

다시 말해 측정, 검사의 스피드업에 의해 가공부문에의 피드백이 빨라지는 등 현재의 부품 생산 시스템에 호응하는 측정기가 3차원 좌표 측정기라고 할 수 있을 것이다.

데이터 처리 장치가 달린 3차원 좌표 측정기의 특징을 크게 나누면 다음과 같은 4가지 항목으로 말할 수 있다.

① 측정에 대한 자유도· 유연성이 있다.

② 측정능률이 향상된다.

③ 측정정밀도, 신뢰성이 향상된다.

④ 종래 곤란한 측정을 가능하게 한다.

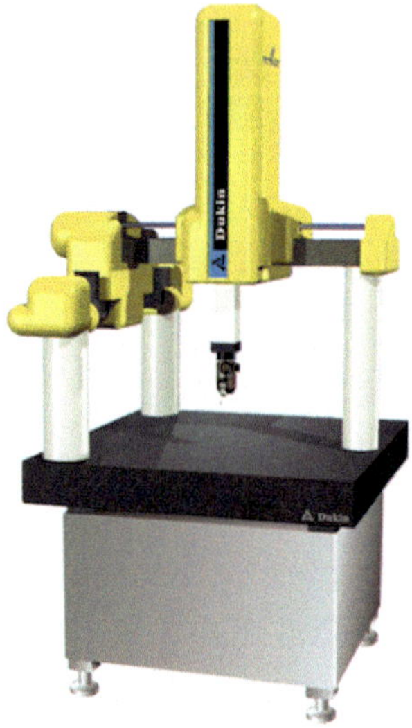

그림 2.52 3차원 좌표 측정기(한국, 덕인)

그리고 이것들은 단독 또는 복합된 다음에 열거된 특징을 가지고 있다.

① 측정범위가 넓다.

② 일(워크)의 설치는 일을 놓은 그 위치에서 고정하면 좋다: 좌표축의 평행이동과 회전, 기준면의 경사 보정이 가능하기 때문에 워크의 세트, 기준내기 등의 절차 시간이 대폭 단축된다.

③ 한 번의 설치로 4~5면의 측정을 할 수 있다.

④ 종래 곤란한 측정을 가능하게 한다: 원, 구의 중심좌표와 반경의 산출, 두 변의 교점좌표와 교각의 산출, 두 점의 중심좌표의 산출 등의 가공점 측정이 가능하다.

⑤ 기하학적 치수, 형상정밀도 외에, 금형, 캠 등의 형상을 연속적으로 측정하고 일정 간격으로 수치화하거나 컴퓨터 화면에 도형으로써 그릴 수 있다.

⑥ 복잡한 형상의 길이 측정이나 형상측정이 단시간으로 행할 수 있다.

⑦ 측정에 동반되는 개인 오차를 작게 할 수 있고 측정정밀도가 향상된다.

⑧ 종래의 측정으로 필요했던 치구류, 게이지류를 대폭 삭감할 수 있다.

⑨ 측정데이터가 정리되어진 형태로 자동 기록할 수 있다. 필요하다면 지정의 검사보고서에 측정결과를 출력할 수 있다.

⑩ 단시간으로 정확한 데이터를 얻을 수 있기 때문에 가공기계나 가공 치구로 피드백을 신속하게 행할 수 있다.

(3) 3차원 측정기의 구성

3차원측정기는 본체, 제어장치, 컴퓨터 및 주변기기, 프로빙 시스템, 부속장치 등으로 구성된다(그림 2.53).

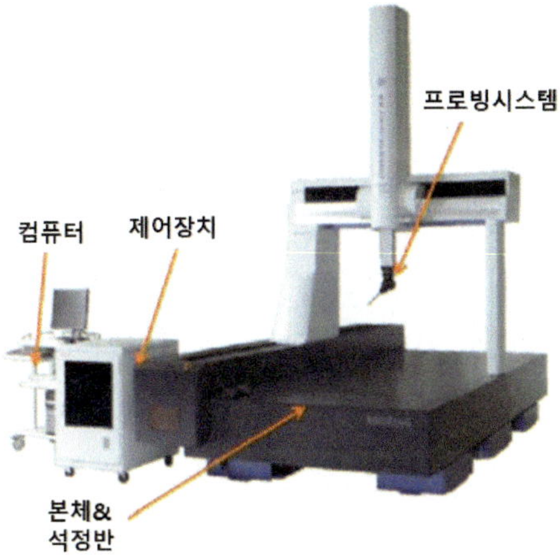

그림 2.53 3차원 측정기의 구성

1) 본체

서로 수직방향으로 운동하는 3축을 가진 기계 부분이다. 각 축은 공기베어링(그림 2.54) 등에 의해 자유롭게 이동할 수 있으며 각 축에는 리니어 스케일과 같은 길이 측정 장치가 부착되어 있다. 프로브와 공작물의 상대적인 이송거리를 각 축 방향의 좌표로 표시한다.

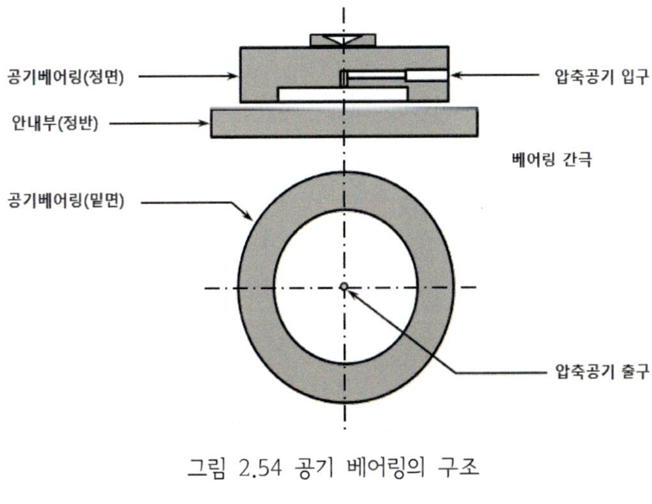

그림 2.54 공기 베어링의 구조

본체의 구조에는 브리지형, 갠트리형, 캔틸레버형, 칼럼형, 수평 암형 등이 있다.

본체에 사용되는 재질에는 주물강, 알루미늄 합금강, 세라믹 등이 있다.

2) 제어장치

정속, 조그 모드의 프로브의 움직임을 제어한다. 즉, 3차원 측정기 본체 및 부속 장치 등에 전력을 공급하고 좌표값을 지시하는 등 컴퓨터와 몸체의 매개 역할을 담당한다. 이러한 제어 장치에 요구되는 주요 사항은 4가지 정도 있다. 즉, 정확한 위치제어를 위한 3차원 측정기 구동부의 위치, 속도 및 가속도 제어를 할 수 있어야 한다. 측정기의 안정성과 정확도 유지를 위한 측정 장치를 감시할 수 있어야 한다. 조이스틱이나 프로브에서 입력되는 각종 명령을 접수하거나 반응해야 한다. 컴퓨터와의 신속한 통신이 이루어져야 한다.

3) 컴퓨터 및 주변기기

컴퓨터, 프린터 및 플로터를 말한다. 피측정물의 수학적 정렬과 각종 측정요소에 대한 신속 정확한 계산 및 출력을 한다. 각 측정요소들 간의 관계에 대한 계산 및 출력을 하며 측정의 자동화, 공작기계 제어, CAD/CAM과의 데이터 통신 및 윈도우를 이용한 측정 항목 그래픽, 도움말 등을 제공한다.

3) 프로빙 시스템

공작물의 좌표를 검출하는 센서, 공작물 표면의 측정점을 감지하여 그 지점의 X, Y, Z 3축의 위치를 컴퓨터에 지시하는 기능을 가진다. 접촉식, 비접촉식, 통합식 프로브 등이 있다. 프로브를 측정점에 접촉시켜 좌표값을 읽어 내는 작업을 **프로빙**(probing)이라 한다.

프로빙에 필요한 센서 및 주변 장치를 말한다. 일반적으로 그림 2.55와 같이 프로브 헤드(probe head), 연결부(extension), 프로브 센서(sensor) 및 측정자(stylus)로 구성되어 있다.

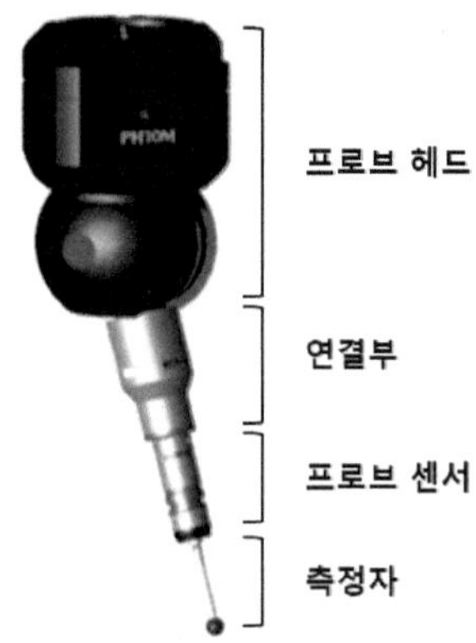

그림 2.55 프로빙 시스템의 구성

① **프로브 헤드(probe head)**

프로브의 측정 자세를 결정한다. A 각도(전, 후)와 B 각도(좌, 우)를 가지며, 자동 프로브 헤드(PH10M, PH10T, PH20 등)와 수동 프로브 헤드(MH20, MH20i, MH8, MIH 등)로 구분한다. 그림 2.56은 프로브 헤드의 종류 중 일부이다.

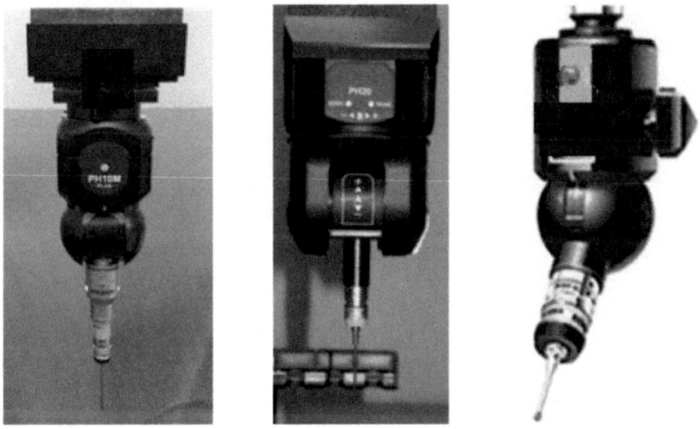

그림 2.56 프로브 헤드의 종류

② **연결부(extension, PAA; probe autojoint adapter)**

프로브 헤드와 프로브 센서를 연결하는 어댑터로, 다양한 센서를 부착할 수 있다. PH10M은 연결부를 사용하여 다양한 프로브 센서를 부착할 수 있으나, PH10T는 연결부를 사용할 수 없다.

③ **프로브 센서(sensor)**

보통 그림 2.57과 같은 접촉식(TP2, TP20, TP200 등)과 그림 2.58과 같은 스캐닝식(SP25M 등)으로 구분하며, 측정자가 공작물에 접촉되는 순간 신호를 발생한다.

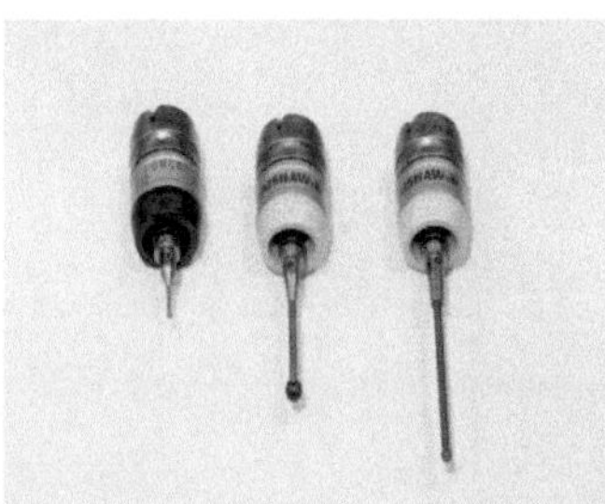

그림 2.57 접촉식 TP20 프로브 센서

그림 2.58 스캐닝식 SP25M 프로브 센서

④ 측정자(stylus)

공작물 표면에 직접 접촉하여 압력을 발생시켜, 발생된 압력을 프로브에 전달하는 역할을 한다. 그림 2.59와 같이 다양한 종류가 있으며, 일반적으로 '**프로브**'라고 칭한다.

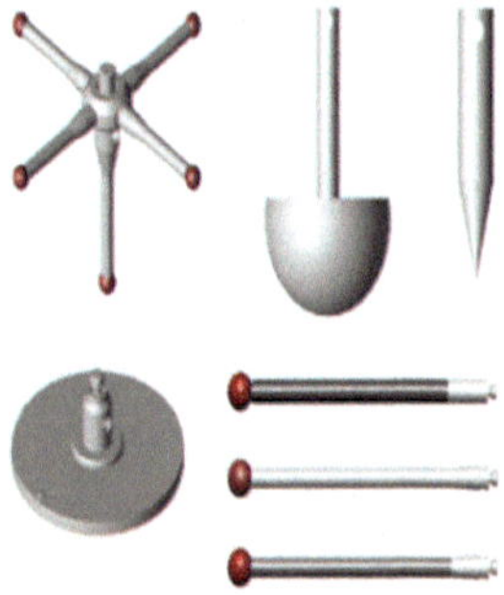

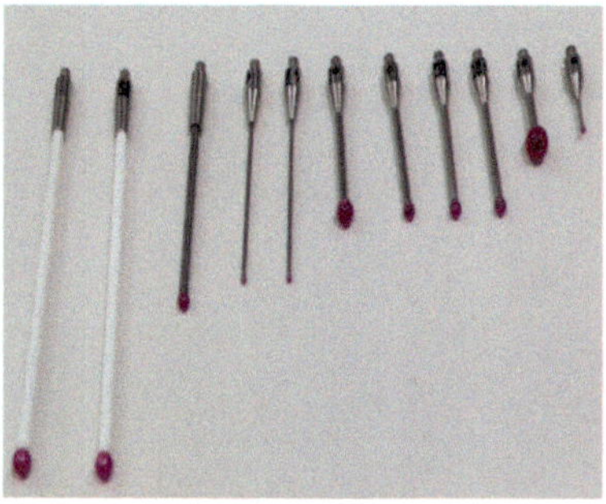

그림 2.59 측정자의 종류

5) 부속장치

회전 테이블(그림 2.60), 프로브 자동 교환 장치(그림 2.61) 등을 말한다.

회전 테이블은 CMM에 제 4의 축을 제공한다. 회전테이블을 사용하는 경우, 프로브 조합을 간편화 할 수 있으며 정밀도를 향상시킬 수 있다. 기어 등의 측정에 주로 많이 사용한다. 공작물의 옆면에 일정한 간격으로 가공된 구멍을 측정하는데 효율적이며 회전 테이블을 위한 별도의 좌표계를 설정해야 한다.

프로브 자동 교환 장치는 복잡한 형상의 공작물을 측정하기 위해서는 다양한 형태(프로브 지름, 측정 각도 등)의 프로브가 필요하다. 따라서 측정 중에 적절한 프로브를 선택하기 위해 프로브 자동 교환 장치를 사용한다. 각 프로브에 고유 번호를 정하고 프로브 자동 교환 장치의 좌표를 컴퓨터에 입력시킴으로써 CNC 프로그램 상에서 프로브 자동 교환이 가능하다.

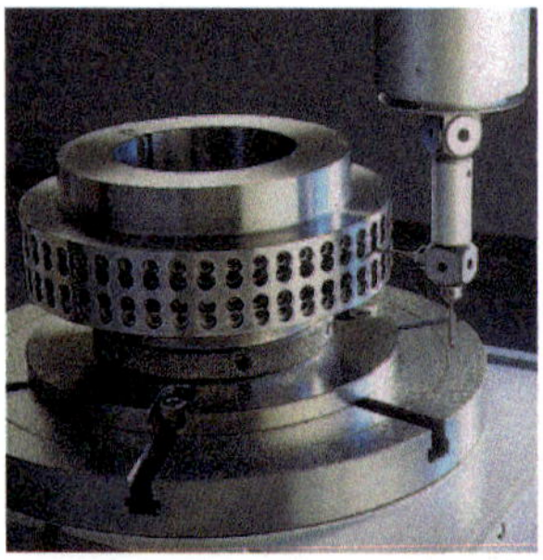

그림 2.60 회전 테이블

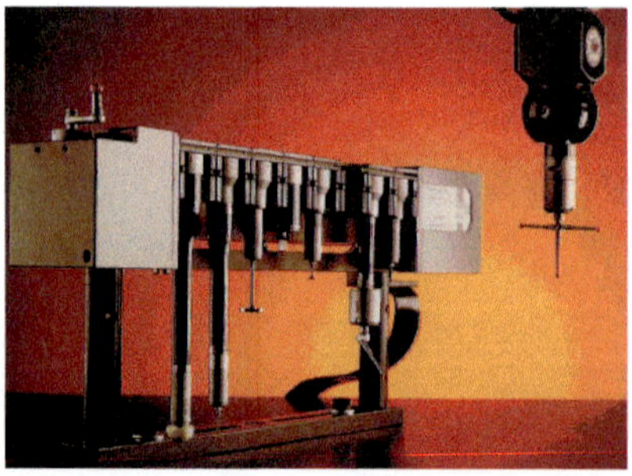

그림 2.61 프로브 자동 교환장치(APC)

(4) 3차원 측정기의 분류

1) 몸체 구조에 따른 분류

① 브리지형

문 이동형 3차원 측정기의 특징은 측정 범위가 넓고 공작물 설치가 편리하며, 정반 자체를 Y축 안내면으로 사용할 수 있다는 장점이 있다. 한편, 공기베어링 하중변화에 의한 오차가 발생하며, 무게중심과 구동중심이 불일치하므로 고속 정밀 측정이 곤란하다는 단점을 갖고 있다. 일반적으로 가장 많이 사용하고 있는 형태이다.

② 캔트리형

캔트리형 3차원 측정기의 특징은 측정 범위가 넓고 Y축 안내면이 무게중심과 구동중심이 일치하므로 안정적이라는 장점이 있다. 한편, 별도의 받침대가 없이 설치하는 경우가 있으므로 견고한 지반이 필요하다는 단점이 있다. 자동차의 차체 등과 같은 대형 구조물의 측정에 많이 이용되고 있다.

③ 고정 브리지형

고정 브리지형 3차원 측정기의 특징은 베어링 강성을 일정하게 유지하므로 정밀도가 향상되고 측정 범위가 비교적 넓으며 기구적으로 안정적이라는 것이 장점이다. 한편, 구조상 측정기의 무게가 무겁고 공작물의 허용 하중이 제한을 받으며 Z축 방향으로 이동하면서 기계적인 변형을 발생하는 점이 단점이 된다. 정밀기계 부품이나 게이지 측정에 많이 이용된다.

④ 베드형

베드형 3차원 측정기의 특징은 Y축 구동중심과 무게중심이 일치하므로 안정적이며 문이동형보다 정밀도가 높다는 것이 장점이다. 한편, Y축 안내부의 변형에 대한 보상이 필요하며 공작물 설치가 불편하다는 단점이 있다. 중, 소형 공작물 측정에 적합하다.

⑤ L형 브리지형

L형 브리지형 3차원 측정기의 특징은 구동중심과 무게중심이 근접하므로 비교적 속도가 빠르고 정밀도가 높다는 것이 장점이다. 일반적인 특징은 문 이동형과 비슷하다. 중, 대형 측정기에 주로 사용한다.

⑥ 캔틸레버 Y축 이동형

캔틸레버 Y축 이동형 3차원 측정기의 특징은 공작물의 설치가 편리하며 테이블보다 큰 공작물의 설치가 가능하다는 것이 장점이다. 단점으로는 X축 안내부에 편심력이 작용하고 Y축에 휨이 발생하기 쉽다는 것이다. 중(소)형에 주로 사용한다.

⑦ 싱글 칼럼형

싱글 칼럼형 3차원 측정기의 특징은 각 축의 움직임에 의한 진직도, 직각도의 변화가 적으며 강성에 의한 회전 운동이 거의 없다는 것이 장점이며 아베의 원리에 근접하므로 정밀도가 또한 높다. 그러나 공작물의 중량과 크기에 제한을 받는 다는 것이 단점이다. 정밀기계 부품이나 게이지 측정에 많이 사용된다.

⑧ 수평암형

수평암형 3차원 측정기의 특징은 측정 범위가 넓으며 공작물의 설치가 용이하다는 것이 장점이다. 그러나 정밀도가 낮으며 테이블 이동형의 경우 공작물 중량이 제한을 받는다는 것이 단점이다. 사용의 편리성이 요구되는 차체나 대형 구조물의 측정에 이용된다.

2) 측정방식에 따른 분류

① 접촉식

접촉식 프로브를 부착하여 사용하는 3차원 측정기이다. 공작물과 접촉이 확실하며 보이지 않는 부분이나 깊숙한 곳까지도 측정이 가능하다. 그러나 측정압에 의해 접촉부에 미소한 변형이 발생할 수 있으며 충돌에 의한 사고 위험이 크다는 단점이 있다.

② 비접촉식

비접촉식 프로브를 사용하여 접촉식 측정이 부적당한 경우(연질 부품, 작은 구멍 등)에 사용하는 3차원 측정기이다. 장점으로는 공작물의 변형이 없이 측정할 수 있으며 미소 부분을 확대하여 측정할 수 있다는 것이다. 한편, 단점으로는 공작물의 표면 상태 및 주변 조명의 영향을 많이 받으며 보이지 않는 곳은 측정할 수 없다는 것이다.

③ 통합식

접촉식과 비접촉식 프로브를 동시에 부착시켜 사용하는 3차원측정기이다. 장점으로는 접촉 및 비접촉식의 장점을 선택하여 사용할 수 있다는 것이고 단점으로는 복잡한 공작물을 측정할 때 간섭이 생길 수 있으며 프로브 교정이 복잡하고 정밀도가 상대적으로 떨어진다는 것이다.

2.4 검사

2.4.1 검사의 목적

(1) 제품검사의 목적

검사의 목적은 1차적인 의미로는 제조한 제품의 품질을 보증하고 결함품을 외부로 유출하지 않는 것이다.

제품이 말단의 소비자용 제품의 경우에는 완성품이 검사의 대상이 된다. 이 경우 제품의 기능에 관계한 검사를 행하는 것은 당연하지만 그 외에도 본래 제품의 기능에는 관계하지 않는 것도 검사의 대상이 된다. 현재 제품의 표면에 조금의 변색이나 상처가 있어도 불량품으로 지적되는 것이다. 이 경우 검사시스템으로서도 이와 같은 불량을 검사하지 않으면 안된다.

이상 소비자용의 최종 제품에 대한 의론을 하였지만 이것은 중간적인 제품(부품)이어도 그 부품을 타사에 출하한다든지 같은 사내에서도 독립성이 높은 부문 간에서는 기능과는 관계없는 레벨의 검사가 행해지고 있다.

(2) 검사의 엄밀성

다음에 검사를 어느 정도 엄밀하게 행할 것인지, 어떻게 결정될 것인지는 제품의 요구품질 레벨에 의해 결정된다고 생각할 수 있다.

제품이 말단 소비자에 대한 제품의 경우를 생각하자.

이 경우 제품의 코스트에 대한 요구가 엄한 것도 있고 제품에 대해 최저한의 기능검사만을 실시하고 끝마치는 경우가 있다. 간단히 말하면 당연히 불량품으로 판정된 제품이 출하되는 경우가 있다. 말단 소비자의 경우에 있어서도 개인적으로는 불량품을 고른다면 대단히 곤란한 사태에 빠지게 되지만 많은 경우 그 영향은 개인의 일에 머무르므로 코스트와 얽혀 반드시 엄밀한 검사는 행해질 수 없는 경우가 있다.

한편, 제품이 예를 들어 철도, 금융시스템, 항공기와 같은 경우에는 제품의 불량이 사회적으로 대단히 큰 영향을 미치므로 제품의 검사는 엄밀히 행해진다. 이 경우 높은 품질 레벨을 보증하는 한편 제품의 가격이 높게 되는 것은 피할 수 없다. 검사는 제품의 기능 검사만으로 머물지 않는다.

높은 신뢰성을 보증하기 위해서는 장래 불량의 원인이 될 수 있을 잠재결함까지도 검출해야 한다. 이를 위해서는 통상 제품이 사용되는 환경에서 검사를 행할 뿐만 아니라 통상 있을 수 없는 조건에서도 검사를 행하여야 한다. 예를 들면 사용전압을 높게 하여 검사를 한다든지 엄밀히 저항을 검사한다든지 한다. 중간 제품의 외관을 검사하는 것 또한 높은 신뢰성을 보증하기 위한 유력한 수단이다.

(3) 제조 원료 대비 제품 비율의 향상

예전에는 공장에서 불량품을 만드는 것을 전제로 한 제조 등은 생각할 수 없었다. 그러나 근년 반도체나 전자부품의 제조가 활발하게 됨에 따라 제조한 제품 중 "몇 %가 좋은 제품인가"라는 제조 원료 대비 제품 비율의 사상이 도입되었다. 예를 들어 반도체 LSI의 제조에서는 원료 대비 제품 비율 70%이든지 80%다 라는 말투로 사용되고 있다. 이것은 제품의 구조가 미세화 함에 따라 그만큼 제조가 곤란하게 되어 있다는 것을 반증하는 것이다. 여기서 검사의 의미가 중요하게 되고 있다. 즉, 검사는 제품의 최종적인 품질을 보증하기 위한 것뿐만 아니고 제조 원료 대비 제품 비율을 향상시키기 위한 중요한 수단으로서 역할을 하게 되었다는 것이다.

이 경우 검사시스템은 제조공정 중간 단계에서 도입되어 중간 제품의 품질레벨을 체크한다. 그리고 불량품이 후 공정으로 흐르지 않도록 그 단계에서 스톱시킨다.

일반적으로 제조 후단계가 되어 불량이 발견되면 모처럼 만든 제품은 버려야 한다. 공정의 초기 단계에서 불량을 발견하고 불량의 중간 제품을 제거함으로써 제조 원료 대비 제품 비율은 향상한다.

또한 중간단계에서 검사한 결과를 제조공정의 상태해석에 이용하면 제조공정의 좋고 나쁨을 판정할 수 있다. 결함이 많이 발생하는 공정에 집중적으로 대책을 세우면 공정을 최적의 상태로 보전할 수 있다. 이와 같이 검사의 의미와 중요성은 크게 변화했다.

(4) 제품 품질의 향상

최근 상황으로서 제품의 불량이 출하 후에 발견되면 제조자는 큰 신용상 및 경제적인 부담을 지는 경우가 있다. 검사는 제품의 품질을 향상시키기 위한 유력한 수단이다. 이 때문에 종래 최저한의 검사밖에 하지 않았던 제품에 대해서도 잠재 불량을 검사하기 위해 고가의 시스템을 도입하기 시작하고 있다. 제품 품질의 향상을 위해서는 (2)검사의 엄밀성 및 (3) 제조 원료 대비 제품 비율의 항에서 서술한 엄밀한 검사의 도입과 제조공정의 안정화가 불가결하다.

2.4.2 비파괴 검사

(1) 비파괴 검사의 정의

물품 속에 공동 등의 결함이 있을 경우, 파괴해서 조사하면 그 유무를 확인할 수 있으나 이러한 파괴검사는 낭비가 많아 모든 제품을 조사하는 데는 적합하지 않다. 용접부나 주물 속의 공동을 조사하는 데는 X선, γ선, β선 등의 방사선 투과, 철판, 단조품, 관재(管材) 등의 상처나 내부의 결함을 조사하는 데는 초음파 탐상이나 맴돌이전류 시험, 물품 표면의 작은 상처의 발견에는 침투법이나 자분탐상법이 사용된다. 이와 같이 방법을 **비파괴 검사**(nondestructive inspection)라고 한다. 다시 말해서 비파괴 검사는 재료의 물리적 현상의 원리, 즉 빛, 방사선, 음파, 전기, 자기 등을 검사 대상의 표면 및 내부에 적용하여 조직의 이상이나 결함으로 인해 에너지의 성질이나 특성 등이 변화하는 것을 이용하여 이들 성질의 변화량을 측정함으로써 조직의 이상 여부나 결함의 존재 등을 알아내는 것이다. 비파괴 검사를 NDT 또는 NDI로 약해서 부르는 경우가 많다.

(2) 비파괴 검사의 원리

빛, 방사선, 음파, 전기, 자기 등을 검사 대상의 표면 및 내부에 적용하여 조직의 이상 여부나 결함의 존재 등을 알아내는 관점에서 분류를 하면 광학의 원리를 이용한 육안 검사, 방사선을 이용한 방사선 투과 검사, 전자기의 원리를 이용한 자기 탐상 검사와 와전류 탐상 검사, 색소나 형광체를 이용한 액체에 의한 침투 탐상 검사, 음향의 원리를 이용한 초음파 탐상과 음향 방출 검사, 열의 원리를 이용한 열화상 해석 시험, 누설의 원리를 이용한 누설 파괴 검사법 등이 있다.

(3) 비파괴 검사의 종류와 특징

1) 방사선 투과 검사

방사선 투과 검사(radiographic examination, RT)는 검사 대상의 내부를 검사하기 위한 검사법이다. 재료의 두께 차를 이용하여 결함을 검출하는 검사법으로 결함의 종류 및 형상을 판별하기 쉽고 기록 보존이 쉽다. 인체가 방사선에 노출될 경우 해롭기 때문에 안전 관리를 철저히 하여야 하며 필름 현상을 하여야 한다. 라미네이션(lamination)과 같은 결함은 조사 방향에 따라 결함이 검출되지 않는 경우도 있다.

필름에의 상 형성, 촬상관에 의한 상 형성, CCD에 의한 상 형성 등이 있으며 형성된 정보, 추출된 정보는 1차 정보이지만 설정 조건에 의해 이미 동일 화상을 구성하고 있지 않다. 그것은

① 필름의 타입에 의한 검지 능력의 차

② 전기적인 조건 설정

③ 전자적 상 작성의 1점 크기

등 이다.

또한 촬영 상 패턴의 평가에는 상 해석의 알고리즘에 의한 차이의 발생, 더구나 촬영 상 패턴에의 가상 상의 삽입 필요성이 발생하고 단일화에는 곤란한 면이 있다. 다만 최종 평가의 그레이드에 의해서는 같은 것으로 취급할 수 있으므로 상 형성 시에 어떠한 방법으로 그레이드를 설정해 놓으면 최종 평가를 행하는 것도 가능하다. 특히 2치 화상에 치환할 수 있는 대상에 대해서는 가능성이 높다.

각 화상형성 시스템에 있어서 상 형성까지 혹은 필름의 경우는 필름 읽기까지의 컴퓨터 획득이 용이하며 또한 이뤄지고 있다. 최종 평가는 정량적이기 보다는 이미지적인 평가로 되며 해석 알고리즘의 영향을 크게 받아 일반화 되지 않지만 특정 분야에서는 평가에 이용되고 있다. 또한 최근 정보처리기술이 고도의 발달로 일반화가 계속 되고 있다.

2) 초음파 탐상 검사

초음파 탐상 검사(ultrasonic testing, UT)는 초음파의 진행 방향에 직각 방향의 결함 검출에 적합하다. 인체에 무해하며 진행 거리가 비교적 길어 두꺼운 검사 대상체 적용에 적합하다. 다양한 검사법의 개발로 현장에서 널리 이용되고 있다.

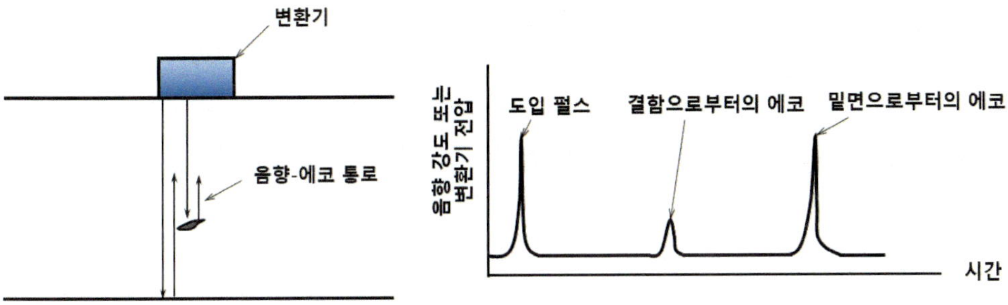

(a) 원리 (b) 검사 결과

그림 2.62 초음파 탐상 검사

초음파에 대해서는 반사 크기를 일정 조건의 것과 비교하여 반사원에 대한 정보를 가미하고 평가하는 펄스 반사법이 주류이며 반사원의 세기(진폭정보)에 의한 평면화상, 반사원까지의 전파시간에 의한 평면화상, 이들의 횡단면 추출은 자동화 되고 있다. 그러나 이것을 그대로 평가에 연결하는 데는 몇 가지 평가치에 폭을 갖출 필요가 있다. 반사원의 위치에 따라 같은 크기의 반사량이라도 같은 크기의 반사원이 되지 않는 것이다.

그림 2.62와 같이 제품에 발사된 초음파 빔이 균열 등과 같은 내부결함을 만나면 반사되는 성질을 이용한다.

정확도가 높으나 검사의 실시 및 검사결과의 정확한 해석에는 경험이 요구된다.

3) 액체 침투 탐상 검사

액체 침투 탐상 검사(liquid penetrant testing, PT)는 검사 대상물 표면에 크랙이 있는 경우만 가능하며 액체를 이용한 모세관 현상을 이용한다. 일반적인 표면 결함 검출 방법 가운데 가장 우수한 검사법으로 금속이나 비철 금속 재료에 일반적으로 적용한다.

그림 2.63은 일반적인 액체 침투 탐상 검사의 과정을 나타낸 것이다.

<table>
<tr><td>① 전처리</td><td></td><td>시료 표면의 오염(녹, 오일 등)을 닦아내어 표면을 깨끗이 한다.</td></tr>
<tr><td>② 침투 처리</td><td></td><td>침투액을 스프레이 또는 붓으로 도포하고 50~60분 기다린다.</td></tr>
<tr><td>③ 제거</td><td colspan="2">용제 제거

마른 천 또는 세정포로 표면의 침투액을 닦아낸 후 세정제를를 적신 세정포로 잔여 침투액을 닦아낸다.

또는

세정
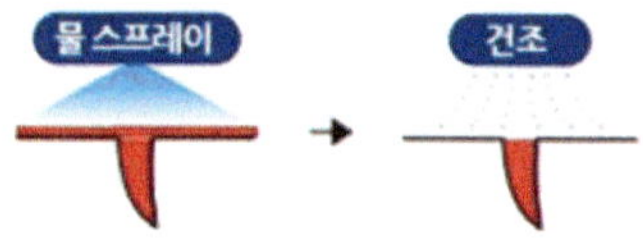
잉여의 침투액을 물 스프레이로 세정하여 제거하고 세척포 또는 건조기 등으로 수분을 완전하게 제거한다.</td></tr>
<tr><td>④ 현상 처리</td><td></td><td>현상제를 스프레이 또는 붓 등으로 시료 표면에 얇고 균일하게 도포한다. 현상제는 사용시에 잘 흔들어서 사용한다(현상 시간은 10~30분).</td></tr>
<tr><td>⑤ 관찰</td><td></td><td>적정 현상시간 경과 후, 주광 또는 전등 아래에서 육안으로 관찰한다. 결함부는 적색으로 표시된다.</td></tr>
<tr><td>⑥ 후처리</td><td></td><td>시료 표면에 부착된 현상제는 물 또는 세정제 등으로 제거한다.</td></tr>
</table>

그림 2.63 액체 침투 탐상 검사의 과정

4) 자분 탐상 검사

자분 탐상 검사(magnetic particle examination, MT)는 재료가 강자성체일 때만 적용 가능하며 표면 및 표면 바로 밑의 결함을 검출하는 검사법이다. 용접 상태나 단조품의 결하 검출에 많이 사용하며 강자성체의 표면 결함 탐상에는 일반적으로 침투 탐상 검사보다 감도가 우수하다.

자분 혼탁액 내의 자분 종류·크기, 농도의 선택에 의해 검지 능력이 변화하는 것은 필연으로서 자분 모양 형성요인에 자장의 크기, 주는 방법, 자분 혼탁액의 산포 방법 등에 의한 다양성이 있으며 더구나 CCD에 의한 자분 모양의 취득 시의 카메라 방향에 의한 차이가 발생하며 취득을 행해도 정량 평가를 확립하는 것은 곤란하다고 생각된다.

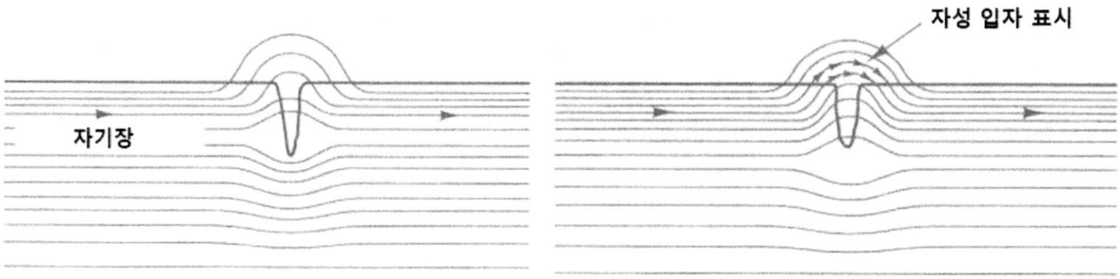

(a) (b)

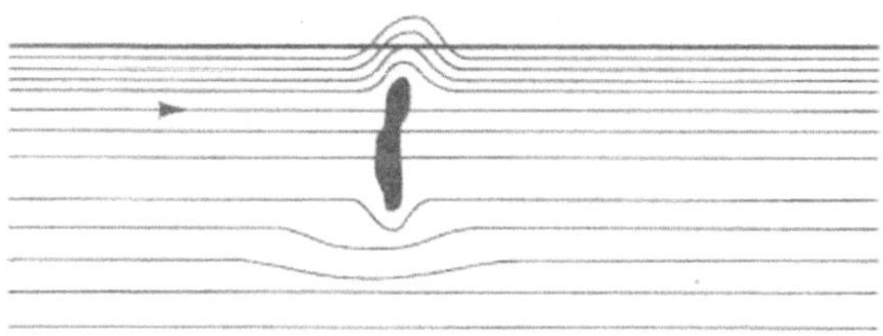

(c)

그림 2.64 자분 탐상 검사

현재의 평가는 자분 모양을 사람의 눈이 인지하면 모든 유해한 상처라고 하고 있는 경우가 많지만 이것은 정보의 분산에 의해 그럴 수밖에 없는 일면도 있다.

그림 2.64 (a)는 표면 크랙에 의해 자기장의 불연속성이 나타난다. 표면에 크랙이 있는 곳에 자성입자를 사용하면 그림 2.64 (b)와 같이 자기장이 누출되는 곳으로 자성 입자가 유도되는 것을 나타내며 만일 표면 밑 크랙이 표면에 충분히 가깝다면 그림 2.64 (c)와 같이 표면에서 탐지 가능한 불연속선을 만든다.

5) 와전류 탐사 검사

와전류 탐사 검사(eddy current testing, ET)는 전자기유도원리를 이용하며 전도체의 표면, 표면의 바로 밑의 결함을 비접촉으로 검출하는 검사법이다. 연속 생산 라인 및 자동화에 적합하며 관이나 환봉 및 선 등에 고속으로 탐상할 수 있으며 재질 시험 및 피막 두께 측정에도 널리 사용된다.

이 검사는 검사물을 코일 속이나 옆에 설치한 후 60 Hz ~ 6 MHz의 교류 코일에 걸리는 전압 변동 상황을 감지한다.

6) 누설 탐상 검사

누설 탐상 검사(leak testing. LT)는 검사 대상물의 내부 및 외부의 어떤 압력차에 의한 유체(기체 및 액체)가 결함을 통해 흘러나오거나 흘러 들어가는 것을 검사하는 방법이다. 압력용기 및 배관 등에 널리 이용된다.

7) 육안 검사

육안 검사(visual inspection, VT)는 재료 및 구조물을 직접 또는 간접으로 내면 또는 외면을 광학 기기를 이용하여 관찰하고 검사 대상물의 결함 유무를 검출하는 검사법이다. 모든 비파괴 검사 대상물의 이상(결함의 유무, 형상의 변화, 광택의 이상이나 변질, 표면 거칠기 등) 유무를 식별한다.

CCD 카메라에 의한 화상 취득과 목적에 맞춘 화상처리가 계속 행해지고 있다. 구조물의 용접부의 육안은 외관 형상이므로 화상처리에 의한 패턴을 작성하고 이 패턴과 기준 패턴의 비교에 의해 자동 선별할 수 있으며 평가정도를 높이어 가는 것이 가능하다. 단순 요철에 대해서는 슬릿 레이저광의 경사 투사에 의해 폭, 높이 평가도 정량적으로 행하고 있다.

8) 음향 방출 시험

음향 방출 시험(acoustic emission testing, AET)은 재료 내부에서 전위나 균열 등의 결함이나 질량의 급격한 변위가 생기면 변형 에너지의 해방과 함께 방생하는 탄성파를 검출하여 그 발생 위치, 발생수 및 신호 강도로부터 재료 내부의 거동을 알아내는 방법이다. 재료 내를 전파하는 파가 AE파인데 변환자로 AE파의 진동을 포착하고 해석하여 재료 내부의 동적 거동을 파악한다. 사용 주파수는 일반 초음파보다 낮은 100 ㎑~1 ㎒ 정도의 초음파를 사용한다.

음향에 대해서는 채취된 정보에는 목적 외의 정보가 많이 포함되기 때문에 단순한 구조체의 대략적인 평가라는 전제에 다다르지 않으면 자동 평가는 곤란하다.

CHAPTER

3 선삭에 의한 제거가공

선삭에 의한 제거가공은 1장 가공의 개요에서도 언급했지만 선삭의 대표인 것은 선반 가공이므로 선반가공에 의한 제거가공을 의미한다.

이러한 선반 가공은 원통 형상의 공작물을 회전시키면서 주축에 고정한 바이트라는 날붙이 형태의 공구에 접촉시켜 가공하는 기술이다. 선반을 이용하여 원통 형상의 공작물 외주를 원형이나 테이퍼 형상으로 만들기도 하고, 구멍을 뚫거나 구멍을 확대하는 보링, 나사 내기, 그리고 홈을 깎으면서 끝까지 자르는 절단 등을 실시한다.

본 장에서는 선삭에 있어서 절삭이론, 선삭용 바이트 및 선삭의 종류에 대해 알아보며 선삭용 공작기계에는 어떤 것이 있는지 알아보기로 한다.

3.1 선삭의 개요

3.1.1 선삭의 정의

선삭은 1장에서도 언급했듯이 선반을 이용하여 공작물을 회전시키며 절삭 공구를 사용하여 원하는 형상으로 가공하는 절삭가공 방식이다. 공작물이 회전하는 동안 공구가 이송되면서 표면을 깎아내는 방식으로, 원통형 또는 원통과 그 조합으로 이루어진 다양한 형상을 만들 수 있다.

기본적인 선삭 가공은 그림 3.1과 같이 3가지 가공, 즉 축 방향 선삭, 프로파일링 및 평면 가공으로 이루어진다.

이와 같은 선삭 가공은 주로 주조, 단조, 압출, 인발 등의 일차 성형 제품을 공작물로 사용하며, 금형에서는 주로 핀 가공에 쓰인다.

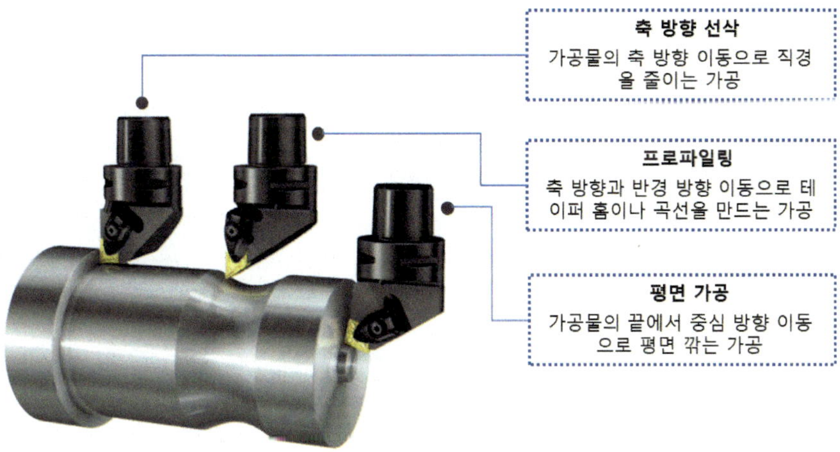

그림 3.1 기본적인 3가지 선삭 가공

3.1.2 선삭의 공정 범위

선삭 가공은 그림 3.2와 같이 다양한 가공을 수행할 수 있다.

직선 이송운동이 회전 중심선과 평행의 경우에는 그림 3.2 (a)와 같이 원통형 부품을 깎을 수가 있다. 그리고 이송운동의 방향을 기울이면 (b)와 같이 테이퍼의 형상을 깎을 수 있다. 회전 절삭 운동과 직선 이송운동을 조합시켜 가공하는 경우는 (c)와 같이 형상 가공을 할 수 있다. 이송운동의 방향이 회전 중심선에 대해 직각의 경우에는 (e)와 같이 공작물의 측면을 깎을 수 있으며, 이러한 방법을 **단면 절삭** 또는 **정면 절삭**이라 하고 정면 선반, 직립선반 등이 이용된다.

같은 원리로 (h)와 같이 원통형의 내면을 깎을 수도 있다. 이것은 미리 드릴 등으로 뚫은 구멍을 더욱이 크게 하는 가공이며 척 또는 면판(face plate)에 공작물을 붙여 가공한다. 그 밖에도 나사가공, 널링 가공 및 절단 가공 등을 할 수 있다.

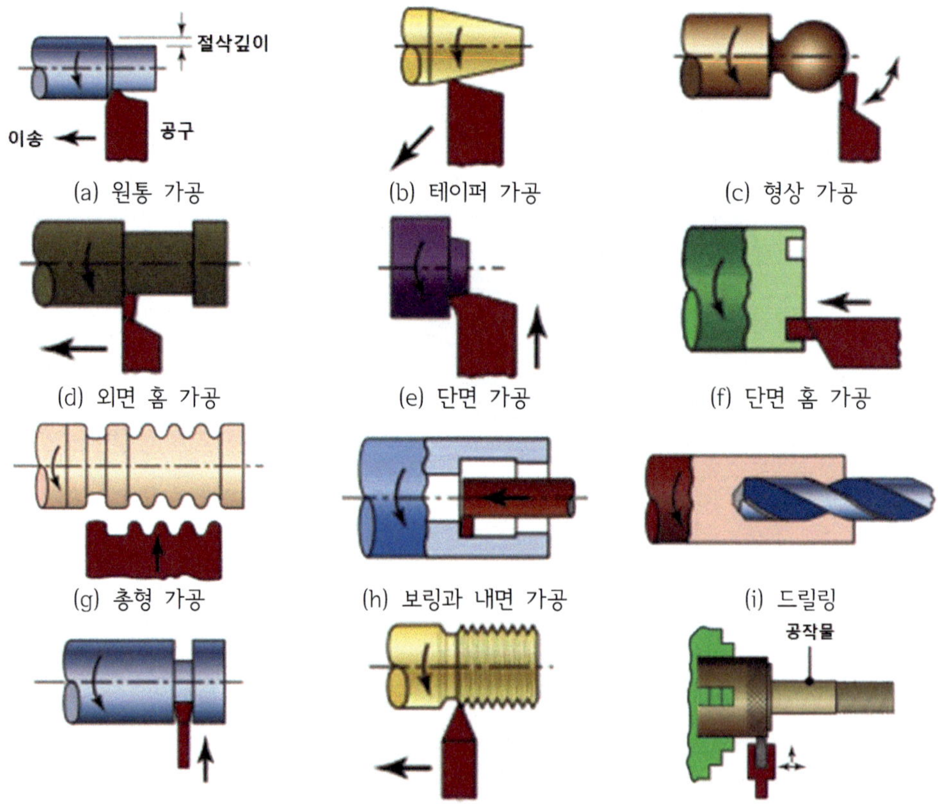

(a) 원통 가공 (b) 테이퍼 가공 (c) 형상 가공
(d) 외면 홈 가공 (e) 단면 가공 (f) 단면 홈 가공
(g) 총형 가공 (h) 보링과 내면 가공 (i) 드릴링
(j) 절단 가공 (k) 나사 가공 (l) 널링 가공

그림 3.2 선반 가공의 공정 범위

3.1.3 선삭 가공의 특성

(1) 다양한 프로세스

선삭 가공은 주로 다양한 회전 표면과 회전체의 단면을 가공하는 데 사용되며 그림 3.2와 같이 절단, 홈 가공, 나사 가공, 드릴링, 리밍 및 보링도 수행할 수 있다. 선반에 액세서리를 설치하거나 특수 선반 고정 장치를 사용하면 더 복잡한 모양의 부품을 가공할 수 있으며 선반을 적절하게 수정하면 보링, 연삭, 연마 및 기타 가공도 수행할 수 있다.

(2) 높은 생산성

선삭 중 공작물의 회전은 일반적으로 관성력에 의해 제한되지 않으며 공작물은 기본적으로 충격 현상 없이 가공 공정 중에 항상 선삭 공구와 접촉하므로 매우 높다. 절삭 속도를 사용할 수 있다. 또한, 공구 포스트에서 연장되는 공구 홀더의 길이가 매우 짧고 공구 홀더의 크기가 커질 수 있으며 후방 절삭 깊이와 이송 속도를 크게 선택할 수 있어 생산성이 높다.

(3) 낮은 가공 비용

선삭 공구의 구조가 간단하고 선삭 및 설치가 매우 편리하다. 또한, 많은 선반 고정 장치가 선반 액세서리로 생산되어 일반 부품의 클램핑 요구 사항을 충족할 수 있으며 생산 준비 시간이 짧아 선삭 가공 비용이 저렴하다.

(4) 광범위한 가공 정확도

부품의 사용 요구 사항에 따라 선삭은 낮은, 중간, 매우 높은 가공 정확도를 달성할 수 있다.

1) 거친 회전

블랭크가 자유 단조 또는 대형 주조인 경우 가공 공차가 크고 고르지 않으며 황삭 선삭은 대부분의 공차를 제거하고 기하학적 오류를 줄일 수 있으며 황삭 선삭의 치수 공차 등급은 일반적으로 IT18 ~ IT15이다, 표면 거칠기는 Ra로 80 ㎛보다 크다.

2) 세미 러프 터닝

중형 및 소형 단조품과 주물은 직접 반황삭 가공이 가능하며, 반황삭 가공 후 공차 등급은 IT13~IT11, 표면 거칠기 값은 Ra30~12.5 ㎛이다.

3) 반제품 선삭

높은 치수 정밀도가 필요하지 않거나 미세 가공 공정 전의 공작물은 반정삭 선삭에 배치할 수 있으며, 반정삭 선삭 후 공차 등급은 IT10~IT8, 표면 거칠기 값은 Ra6.3~3.2 ㎛이다.

4) 회전 완료

일반적으로 정삭을 위한 최종 공정 또는 사전 가공 공정으로, 정삭 선삭 후 공작물의 공차 등급은 IT8~IT7, 표면 거칠기 값은 Ra1.6~0.8 ㎛에 도달할 수 있다.

(5) 비철금속의 고정밀 회전 표면 가공 가능

고속 정밀 선삭은 경질 합금, 입방정 질화붕소 또는 다이아몬드공구를 사용하여 높은 절삭 속도, 작은 후방 절삭깊이 및 이송속도를 사용하여 공작물을 미세 가공하는 방법이다.

비철의 경우 금속 연삭을 사용하면 칩이 연삭 휠 표면에 달라붙기 쉬워 연삭을 정상적으로 진행할 수 없다. 그러나 고정밀 선반에서 고속 절삭에 다이아몬드공구를 사용하면 매우 좋은 결과를 얻을 수 있으며 치수 공차 등급은 일반적으로 IT6 ~ IT5에 도달할 수 있으며 표면 거칠기 값은 Ra1.0 ~ 0.1 ㎛이다.

3.1.4 절삭 단면 모델

절삭이 행해지고 있는 순간을 옆에서 본 것이 그림 3.3이다. 절삭 현상을 설명할 때에 가장 사용하는 그림이다. 여러 가지 용어가 있지만 여기서 중요한 것은 **전단각**(shear angle) ϕ이다. 전단각 ϕ란 절삭 시에 재료의 변형이 어디에 생기는 것인지를 나타내는 선이다. 전단각 ϕ를 경계로 변형하고 재료가 절삭칩으로 변화한다. 또한 전단각 ϕ는 크면 클수록 같은 절입량으로도 절삭칩의 두께는 감소한다. 이것은 재료의 변형량이 작다는 것을 의미하며 재료에의 부담이 작고 저발열로 더구나 가공면도 깨끗하게 된다.

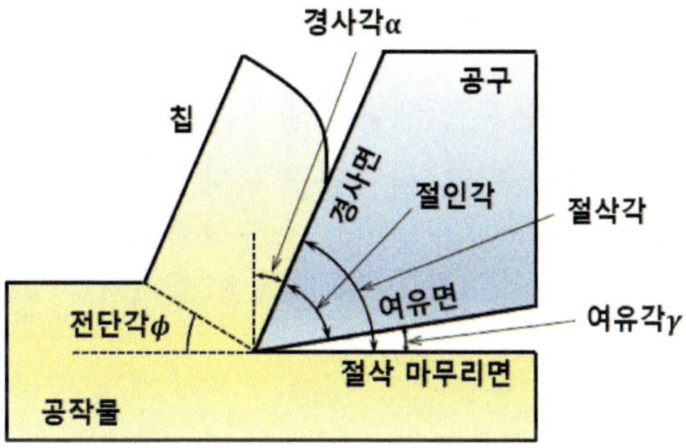

그림 3.3 절삭 단면 모델

그렇다면 전단각 ϕ는 어떻게 하면 크게 되는 것일까라는 의구심이 들 것이다. 결론부터 말하면 경사각 α를 크게 하면 된다. 경사각 α가 크게 되면 전단각 ϕ가 크게 되어 이상적인 상태에 가깝다.

그림 3.4에서 (a)와 (b)를 비교해 보면 알 수 있듯이 경사각 α를 크게 취하면 점점 공구의 날 끝이 날카롭게 된다. 이것에 의해 인선의 강도가 유지되는데 강도 부족에 의해 가공 중에 공구가 파손해 버릴 수도 있다. 또한, 경사각 α을 너무 크게 하면 배분력의 방향이 역전하여 가공이 불안정하게 된다. 보통의 가공이라면 공구는 재료로부터 눌러지는 방향에 힘을 받고 있지만 배분력이 역전하면 가공 중에 공구가 재료의 방향으로 끌어들이는 것처럼 힘이 발생한다. 이것에 의해 가공이 불안정하게 되고 치수도 안정하지 않다.

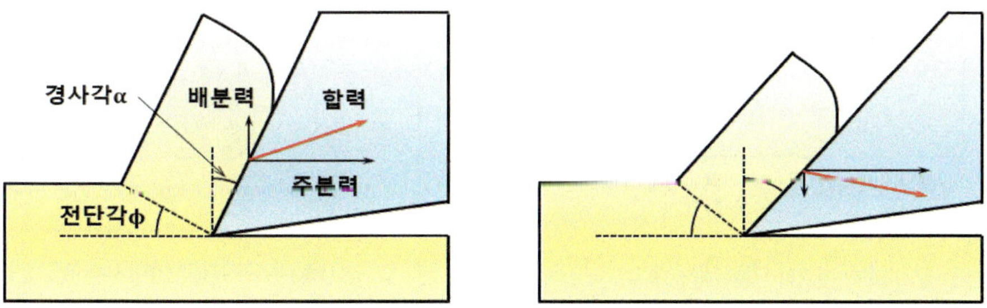

(a) (b)

그림 3.4 전단각과 경사각 α의 관계

3.1.5 절삭 시의 발열

절삭가공은 열과의 전쟁이기도 하다. 절삭에서 발생한 열은 공구, 절삭칩, 공작물, 공작기계에 전달되고 온도를 상승시켜 여러 가지 악영향을 준다. 예를 들어 공구의 온도가 상승하면 공구의 강도가 저하하고 마모가 촉진한다. 또한, 공작기계나 공작물의 온도 상승은 열변형을 일으켜 가공 정도를 저하시킨다. 절삭가공 시에 도대체 무엇이 발열하고 있는지 그 발열원을 보도록 하자.

절삭 현상에서의 발열원은 3가지이다. 즉, 그림 3.5 (a)와 같이 절삭면에서의 소성, 경사면에서의 마찰, 여유면에서의 마찰이다. 온도 분포를 보면 그림 3.5 (b)와 같이 최고점은 경사면 상에 있다. 이처럼 절삭 시의 발열의 주원인은 경사면에서의 마찰인 것을 알 수 있다. 여기서 절삭 시에 어떻게 해서도 생기는 부분이므로 발열은 피할 수 없다. 그러면 여기서 발생한 열은 어디로 가는 것일까?

실제로 대부분은 절삭칩과 함께 배출되어 버린다. 일반적으로는 절삭가공에서 발생하는 열에너지는 80%가 절식칩, 10%가 공작물, 10%가 공구로 분배되고 있다. 결국, 열 대책으로서는 쾌속으로 절삭칩을 배출하고 극력 공작물이나 기계 본체에 접촉되지 않도록 하는 것이 최상이다. 이런 의미에서 절삭에 있어서 절삭칩의 처리는 상당히 중요하다.

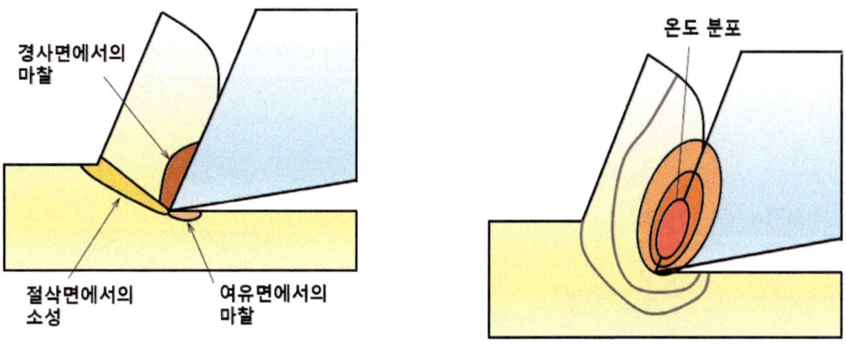

(a) 절삭 시의 발열원 (b) 온도 분포 이미지

그림 3.5 절삭 시의 발열원과 온도 분포

3.1.6 절삭 조건

(1) 절삭속도

절삭속도는 바이트에 대한 가공물의 원둘레 또는 표면 속도이며 선반가공의 경우에는 깎아질 가공물면 위에서 측정한다. 다음은 절삭속도와 주축 회전수에 관한 식이다.

$$V = \frac{\pi DN}{1000} \text{[m/min]} \tag{3.1}$$

여기서 N; 주축 회전수(rpm), V; 절삭속도(m/min), D; 직경(㎜)

절삭속도는 표면 거칠기, 절삭능률, 바이트의 수명 등을 좌우하는 중요한 요소로서 절삭속도가 클수록 표면 거칠기는 좋아지고 절삭 시간도 단축된다. 그러나 절삭속도의 증가와 함께 절삭온도가 높아지고 바이트의 수명이 급격히 떨어진다. 보통 작업에서는 바이트의 수명이 60~120분이 되도록 절삭속도를 선택하여 이것을 **경제적 절삭속도**라 한다.

(2) 이송

이송은 가공물의 매 회전마다 바이트가 길이 방향으로 이동되는 거리이며 단위는 회전당 이송(㎜/rev)으로 나타낸다. 가공물의 표면 거칠기는 이론적으로는 이송이 작을수록 좋아지는데 바이트의 날 끝 모양에 따라서도 큰 영향을 끼친다.

(3) 절삭 깊이

절삭 깊이는 바이트로 가공물 면을 절삭하는 깊이이며 절삭 깊이는 절삭 면에 대해 수직방향으로 측정하고 단위는 ㎜를 사용한다. 원통을 가공할 때에는 가공물의 지름이 작아지는 양은 절삭 깊이의 2배가 된다.

표 3.1은 NC 선반에 있어서 가공물 재질에 따른 절삭조건을 나타낸 것이다.

표 3.1 CNC 선반의 가공물의 재질에 따른 절삭조건

재질	구분	절삭 깊이 d(㎜)	절삭 속도 V(m/min)	이송 속도 f(㎜/rev)	공구 재질
탄소강 (60 ㎏/㎟)	황삭	3~5 0.2~0.5	130~160	0.3~0.4	P10~20
	정삭		170~220	0.1~0.2	P01~10
	홈파기		90~110	0.08~0.2	P10~20
	드릴		~25	0.1~0.2	SKH9
특수강 (140 ㎏/㎟)	황삭	3~4 0.2~0.5	100~140	0.3~0.4	P10~20
	정삭		140~180	0.1~0.2	
	홈파기		70~100	0.05~0.2	
주철 HB150	황삭	3~4 0.2~0.5	120~150	0.3~0.5	K10~20
	정삭		140~180	0.1~0.2	K01~10
	홈파기		80~110	0.1~0.2	K10~20
알루미늄	황삭	3~4 0.2~0.5	400~1000	0.3~0.4	K10
	정삭		700~1600	0.1~0.2	
	홈파기		350~1000	0.08~0.2	
청동 황동	황삭	3~4 0.2~0.5	150~300	0.2~0.4	K10
	정삭		200~500	0.1~0.2	
	홈파기		150~200	0.1~0.2	
스테인리스강	황삭	3~4 0.2~0.5	90~130	0.2~0.35	P10~20
	정삭		140~180	0.1~0.2	P01~10
	홈파기		60~90	0.08~0.15	P10~20

3.1.7 절삭 동력과 절삭 저항

(1) 절삭 동력

주 분력을 P_1, 이송 분력을 P_2, 절삭속도를 V, 이송속도를 S, 회전수를 n, 기계효율을 η 라 하면 전 소비 동력은 다음과 같이 된다.

$$\text{절삭 동력 } N_c = \frac{P_1 \times V}{60 \times 75}\text{[HP]} = \frac{P_1 \times V}{60 \times 102}\text{[kW]} \tag{3.2}$$

$$\text{이송 동력 } N_f = \frac{P_2 \times n \times S}{60 \times 75 \times 10^3} \text{ [HP]} = \frac{P_2 \times n \times S}{60 \times 102 \times 10^3} \text{ [kW]} \tag{3.3}$$

$$\text{손실 동력 } N_l = N - N_c\left(\frac{1-\eta}{\eta}\right) \tag{3.4}$$

$$\text{전 소비 동력 } N = N_c + N_f + N_l \tag{3.5}$$

(2) 절삭 저항

공구를 이용하여 공작물을 절삭한다는 것은 공작물에 소성변형을 주어 공작물 표면에서 칩을 분리시키는 것이다. 이 때 공구는 공작물로부터 큰 저항을 받는데 이것을 **절삭 저항**이라 한다.

1) 절삭 저항의 3분력

절삭공구가 공작물을 절삭 시에 공구인선에 주는 힘으로 그림 3.4에서 나타냈듯이 주분력, 배분력, 이송분력(이송 방향에 평행한 분력)으로 이것들의 비는 대략 10:(2~4):(1~2)이다.

2) 절삭 저항 변화 요소

절삭 저항을 변화시키는 요소로서는 다음과 같은 것을 들 수 있다.

① 가공물의 재질 : 단단할수록 절삭 저항은 크다.

② 공구 날 끝의 모양 : 경사각(30°)까지 커질수록 감소하며 직선에 비해 둥글수록 절삭 저항은 크다.

③ 절삭면적 : 클수록 절삭 저항은 크다.

④ 절삭속도 : 클수록 절삭 저항은 작다

3.1.8 칩의 발생 기구

(1) 칩의 기본형

칩 생성(chip formation)에 대해 연속형 칩, 불연속형 칩을 처음 발표한 사람은 J.Jhine이었으며 유동형 칩, 전단형 칩 및 열단형 칩을 발표한 사람은 W. Rosenhain & A. C. Sturney 등이었다.

이러한 절삭칩은 ① 피삭재의 특성, ② 공구날의 재료, ③ 절삭 조건(절삭 속도, 절삭 깊이, 이송), ④ 공구날의 형상(날의 각도, 치수), ⑤ 냉각, 윤활 등 절삭 가공 시에 일어나는 여러 가지 요인으로 변화한다. 절삭칩은 최적 절삭 조건 하에서도 부적격 조건 하에서도 생성되지만 그 형태는 항상 변화하며 종류도 많다. 그러나 기본적으로는 표 3.2와 같이 유동형, 열단형, 전단형, 균열형의 4종류로 되고 있다. 이러한 4종류 절삭칩의 형상의 특징과 발생하는 상황 등을 대략 설명하기로 한다.

표 3.2 절삭칩의 생성

형식	칩의 생성 과정	
	사진	모형도
(a) 유동형 칩	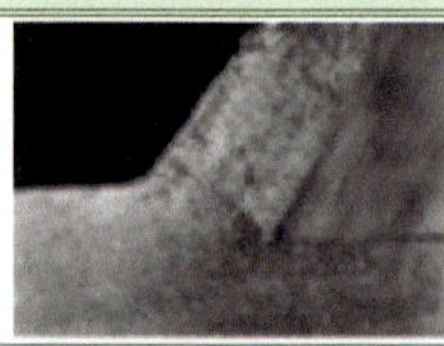	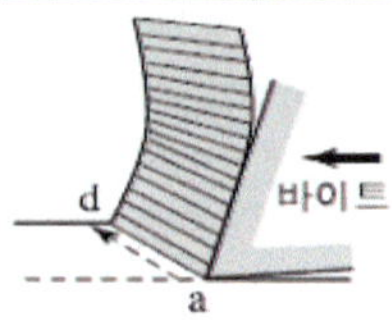
(b) 열단형 칩	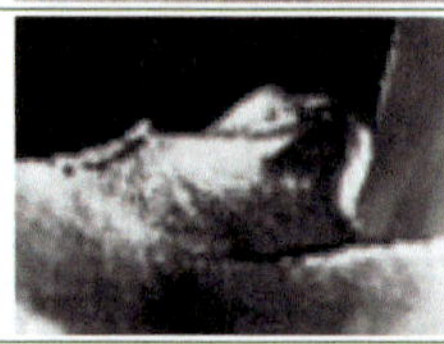	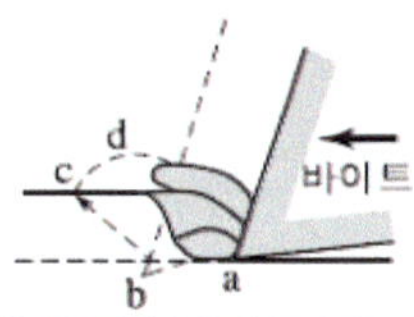
(c) 전단형 칩	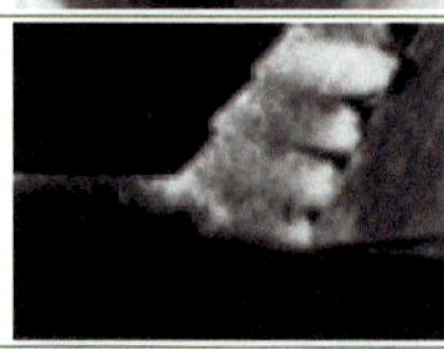	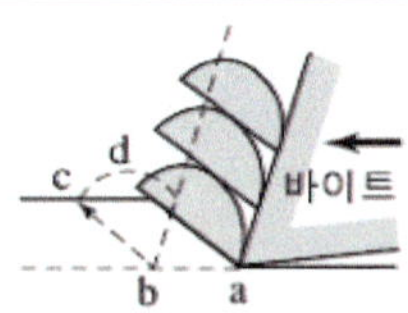
(d) 균열형 칩	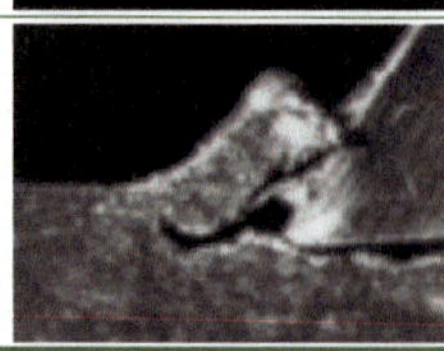	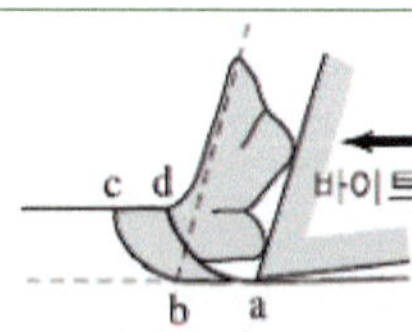

1) 유동형 칩

표 3.2 (a)의 **유동형 칩**(flow type chip)은 인선으로부터 원활하게 면에 연하여 미끄럼이 연속해서 생긴다. 절삭칩은 절삭면에 연해 띠상으로 유동한다. 비교적 점성이 강한 금속, 예를 들어 강, 주강, 알루미늄 합금, 동합금 등을 큰 경사각, 작은 이송, 큰 절삭 속도 처리할 때에 잘 생긴다.

이 형상의 경우는 절삭이 상당히 원활하고 더군다나 절삭날이 받는 절삭저항의 변동이 적고 진동이 적으며, 가공면도 양호하다. 마무리 가공할 때에는 이 형태의 절삭 칩이 발생하도록 하는 것이 바람직하다.

다만 뒤에서 언급하는 구성인선이 발생하기 쉬우므로 마무리 가공의 경우에는 구성인선이 발생하지 않도록 높은 절삭속도로 절삭할 필요가 있다. 연속한 절삭칩은 공작물이나 공구에 달라붙는다든지 마무리 면을 상처 입힌다든지 한다. 작업자에도 위험한 경우가 있으므로 칩브레이커를 사용하여 절삭칩을 짧게 파괴하는 것이 바람직하다.

2) 열단형 칩

표 3.2 (b)의 **열단형 칩**(tear type chip)은 바이트의 경사면이 작고 절입 깊이가 클 경우에 생긴다. 인선이 진행함에 따라서 공작물은 압축되지만 경사면에 연해 흐르지 않고 더군다나 전단면에 연한 미끄럼도 없이 인선 전방에 균열을 만든다. 그러나 균열은 그다지 크게 되지 않게 인선의 진행에 동반하여 전단면에 연해서 미끄러움을 발생하고 절삭칩이 분리된다. 연성 재료 등에 발생하기 쉽다. 연성이 큰 피삭재의 경우 피삭재와 친화성이 높은 공구로 절삭하든지 경사면의 미끄러움이 나쁘면 피삭재가 공구에 접착하기 쉽게 된다.

이런 형태가 발생하는 경우는 절삭저항이나 인선온도 변동이 심하고 균열이 내부로 향해 발생한다. 가공면도 나쁘게 되고 잔류 변형이나 응력도 크다. 따라서 절삭 시의 열단형 절삭칩의 발생은 강력히 피힐 필요가 있다.

3) 전단형 칩

표 3.2 (c)의 **전단형 칩**(shear type chip)은 인선으로부터 경사 위쪽으로 향하는 슬라이딩 간격이 유동형과 같이 작은 것은 아니고 일정폭을 갖는 것이며 유동형과 열단형의 중간 형태의 것이다. 주강, 알루미늄 합금 등의 연성재료가 가공 경화 등으로 연성을 감소시켰을 때에 발생하기 쉽다. 인선으로부터 발생하는 슬라이딩 간격이 약간 크게 되었을 경우 공작물은 절삭날의 진행에 따라 절삭날 선단에서 압축된다. 그리고 변형이 있는 위치에 도달했을 때 미끄

럼이 발생하여 전단된다. 전단형 절삭칩이 나올 경우는 유동형에 비해 절삭저항의 변화가 크고 가공면도 나쁘다.

4) 균열형 칩

표 3.2 (d)의 **균열형 칩**(crack type chip)은 공작물에서 공구 전방에 균열이 생기는 것은 열단형과 같으나 공구가 진행하면 균열의 방향이 비스듬이 위를 향하여 칩 소편이 생긴다는 것이 열단형에서와 다른 점이다. 이 균열은 절삭각이 작으면 수평에서 상방향이고, 절삭각이 크면 균열이 하방향으로 이루어져 가공면에 요철이 생기고 절삭저항도 변동한다. 전단면에서 소성변형에 의한 슬립이라기보다는 취성파괴이며, 전단형의 특별한 예로 볼 수도 있다. 균열의 흔적이 가공면에 남아 있어 가공면이 거칠며, 보통 주철 등의 절삭에서 발생하기 쉬운 칩이다.

(2) 가공 조건과 절삭칩 형태

절삭칩의 상태는 공작물 재료와 가공 조건에 따라 다양하게 변화한다. 주철 등의 취성재료를 절삭할 때는 인장강도가 전단강도에 비해 상당히 작으므로 인선 전방에 인장 파고, 즉 균열을 발생하고 균열형 절삭칩을 배출하게 된다. 연성 재료에서는 인장강도가 크기 때문에 인장에서는 파괴하지 않고 전단에 의해 파괴하며 유동형 절삭칩이 된다. 전단형과 열단형은 양자의 중간적 절삭칩으로서 강도적 성질이 양자의 중간에 있는 재료의 절삭에 있어서 발생한다.

또한, 가공조건에 의해 절삭저항의 방향이 변화하고 이 양쪽 종류의 파괴 발생조건이 바뀌기 때문에 절삭칩 형태도 변화한다. 개념적으로 절삭저항의 방향이 위를 향할수록 유동형을 배출하기 쉽게 된다. 그 가공조건으로서는 경사각, 절삭두께, 절삭속도, 공작액에 의한 윤활의 양부 등을 들 수 있다. 이들의 영향을 표 3.3에 나타낸다.

표 3.3 가공 조건과 절삭칩 형태

	유동형	전단형	열단형	균열형
재료	인성	⟷		취성
경사각	대	⟷		소
절삭두께	소	⟷		대
절삭속도	대	⟷		소
윤활	양	⟷		불량

(3) 구성인선

가공물을 절삭하면 절삭 중에 발생하는 압력과 열의 작용으로 그림 3.6과 같이 절삭칩의 일부가 인선 선단부에 부착하는 것이다. 이것을 **구성인선**(built-up edge)라 한다. 구성인선은 유리상의 물질이며 절삭칩이 경사면 위를 유동할 때의 마찰열과 접촉압에 의해 발생하는 융착층이다. 여유면과 절삭 마무리 면과의 사이에도 발생하므로 인선을 에워싸는 형이 된다.

절삭칩은 가공경화 되기 때문에 피삭재의 2배 정도의 강도가 되지만 구성인선은 그것보다도 더욱 단단하여 약 3배 경화된 취약성 물질로 층을 형성한다. 구성인선은 그림 3.7과 같이 단계적으로 생성한다고 생각할 수 있다. 우선 절삭칩 표면의 금속 원자와 공구 경사면 상의 금속 원자가 친화력에 의해 서로 응착한다. 다음에 절삭칩이 유동할 때 절삭칩의 금속원자가 경사면 위에 얇게 남아 그것이 쌓이는 것에 의한다고 말해지고 있다.

구성인선은 10분의 1로부터 수100분의 1초의 비율로 발생 · 탈락을 반복한다. 탈락한 딱딱한 미분말은 공구를 상처내고 공구 수명을 저하시키는 원인도 된다. 연강재의 경우 절삭속도가 30~50 m/min일 때 가장 구성인선이 생기기 쉽고 속도를 늘려서 150 m/min 이상에서 소실한다. 절삭 깊이가 크게 되면 구성인선은 크게 되지만 극단적으로 절삭 깊이를 크게 하면 온도가 높게 되어 연화 현상을 일으키고 구성인선은 작게 된다.

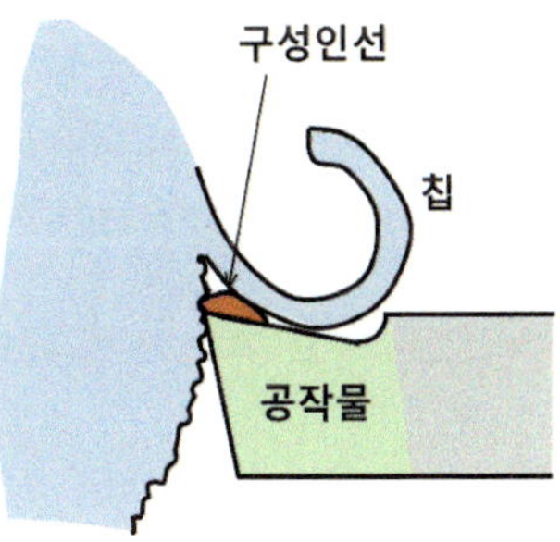

(a) 구성인선의 생성

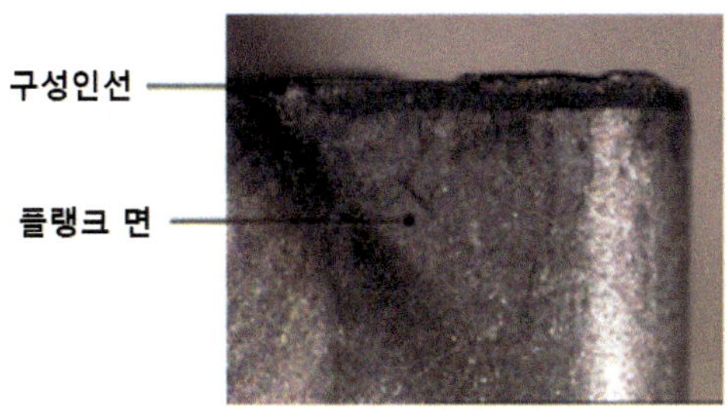

(b) 구성인선 사진

그림 3.6 구성인선

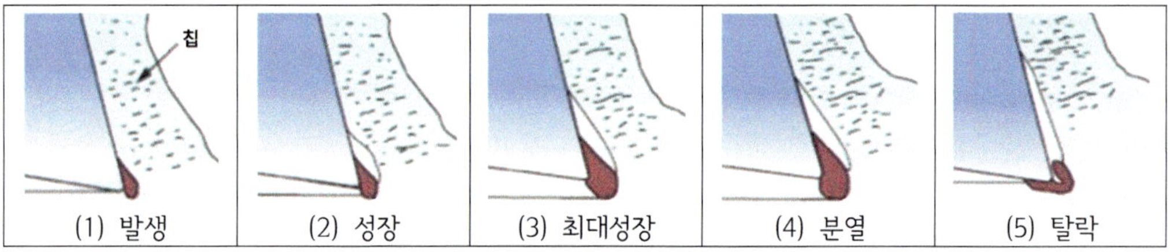

그림 3.7 구성인선의 생애

구성인선의 경사각은 30°~40°이다. 그 때문에 경사각이 작은 공구날은 구성인선이 생기면 절삭저항이 감소하지만 예정 절삭 깊이보다 깊게 절삭하여 치수정도를 어지럽힌다. 경사각 30° 이상의 날에는 구성인선은 발생하지 않는다. 경사각이 작을수록 구성인선이 발생하기 쉽다. 또한 공구재와 피삭재가 동질에 가까울수록 구성인선이 발생하기 쉽다. 얘를 들어 연강재의 절삭에서는 바이트가 고탄소강이나 합금강, 고속도강의 경우에 발생하기 쉽고 질이 다른 초경합금이나 세라믹의 경우에는 발생하기 어렵다. 일반적으로 연강, 64황동, 스테인리스, 알루미늄과 같은 비교적 부드러운 유동형 절삭칩이나 전단 칩을 배출하기 쉬운 재료에서 공구재와 친화력이 강한 경우에 발생하기 쉽다.

구성인선의 발생을 막기 위해서는 다음과 같은 처치로 거의 방지할 수 있다.

① 절삭두께를 줄인다(용착의 방지).

② 공구 경사각을 크게 한다(용착 방지).

③ 공구재료의 선택을 한다(용착 방지, 강의 절삭에 대해서는 고속도강보다는 초경공구 더구나 세라믹 공구 쪽이 좋다).

④ 절삭속도를 높게 한다(절삭온도를 높여 재결정 온도 이상으로 하고 가공 경화를 방지한다).

⑤ 윤활성 있는 절삭 유제를 이용한다(용착의 방지).

반면 구성인선의 존재가 유리하게 되는 경우도 있다. 황삭의 경우가 그것으로 구성인선의 존재에 의해 인선이 보호되며 더구나 인선에는 큰 경사각을 이룬 것과 같은 효과를 얻을 수 있다. 이것을 적극적으로 이용한 것이 SWC바이트(silver white chip bite)이다. 이 바이트는 경사면에 2단의 경사각을 주어 선단의 제1단 경사각은 −30°~-35°, 제2단 경사각은 +30°이다. 음의 경사각 부분에는 구성인선을 발생하지만 구성인선의 경사각은 약 30°이므로 구성인선의 경사면과 절삭공구의 경사면과는 완전히 평행하게 된다.

이 경우에는 구성인선이 이탈할 때에 공구의 쪽으로는 유출하지 않고 절삭의 진행과 함께 측면 쪽으로 흘러 나간다. 따라서 공구의 경사면도 여유면도 구성인선에 의한 마모는 없고 공구수명도 길게 된다. SWC바이트는 경사각이 30°이므로 절삭저항이 작고 마찰에 의한 인선의 온도 상승도 적다. 절삭칩은 산화 작용을 거의 받지 않고 은백색의 절삭칩을 내는 것으로부터 이 명칭이 붙었다. 황삭은 어찌되었든 정삭의 경우에는 구성인선이 부착하면 가공치수를 변화시켜 마무리 절삭면을 손상 입힐 뿐만 아니라 공구수명을 단축한다. 따라서 전술했던 것과 같은 대책을 위해 구성인선이 발생하지 않도록 작업해야 한다.

3.1.9 절삭유제

절삭 중에 공구 절삭날의 온도는 상승하며 높은 압력을 받으면서 가공을 진행하기 때문에 절삭저항의 감소, 구성인선의 억제, 공구의 냉각, 공작물의 다듬질면 조도와 치수 정도의 향상, 공구수명의 연장, 절삭칩의 제거 등을 목적으로 하여 절삭유제를 사용하는 것이 많다.

(1) 사용과 효과

1) 윤활

공구 경사면과 절삭칩과의 사이에 있어서의 윤활의 효과는 공구수명, 절삭온도, 절삭동력, 구성인선, 다듬질면 조도 등에 크게 관계한다.

공구 경사면과 절삭칩과의 접촉면은 어느 것도 절삭 직후의 활성에 풍부한 면이며 유활 효과는 크지만 고온, 고압에서 더구나 절삭의 유출 방향은 절삭유제의 침입을 방지하는 방향이므로 접촉면까지 절삭유제가 침입하는 것은 어렵다. 따라서 저속 경절삭 등의 비교적 접촉면에 침입하기 쉬운 절삭에서 윤활 효과가 보다 크다.

2) 냉각

냉각의 효과는 가공치수 정도, 공구수명 등에 관계한다.

절삭시에 소비되는 에너지의 대부분은 전단면에서의 전단 변형, 공구 경사면과 절삭칩과의 마찰, 공구 릴리프면과 공작물 다듬질면과의 마찰 등으로 열이 되며 절삭온도를 상승하게 한다. 이 때문에 공작물은 팽창하여 가공정도가 나쁘게 되지만 절삭유제로 냉각하면 열에 의한 팽창을 방지하고 가공정도를 높인다. 또한 절삭점 부근의 온도는 내려가기 때문에 공구의 연화나 절삭점의 공작물과 공구간의 확산이나 합금화가 억제되어 공구수명은 길게 된다.

3) 절삭칩의 제거

절삭칩은 일반적으로 가공경화로 공작물의 모재보다 딱딱하게 되므로 절삭칩이 다듬질면을 상처 내는 경우가 있다. 또한 드릴에 의한 심공 가공에서는 절삭이 절삭날부에 끼어서 드릴을 절손하는 경우가 있다. 이러한 것을 방지하기 위해 절삭유제에 의해 절삭칩을 제거한다.

(2) 종류

일반적으로 윤활 작용을 주로 하는 비수용성 유제와 냉각작용을 주로 하는 수용성 유제로 나눌 수 있다(표 3.4).

표 3.4 절삭유제의 종류와 성분

비수용성 절삭유제	1종	광유 또는 광유와 지방유로 되며 극압 첨가제를 함유하지 않는 것	1호~6호
	2종	광유 또는 광유와 지방유로서 염소, 황계 및 기타 극압 첨가제를 함유하는 것으로서 되며 동판 부식 시험 100℃에 있어서 2이하를 나타내는 것	1호~8호
	3종	광유 또는 광유와 지방유로서 되며 염소 황계 및 기타의 극압 첨가제를 함유하는 것으로서 동판 부식 시험 100℃에 있어서 3이하를 나타내는 것	1호~8호
수용성 절삭유제	W1종	광유 및 계면 활성제를 주성분으로 하고 물을 가하여 묽게 하면 불투명(백탁으로 되는 것)	1호~3호
	W2종	계면 활성제를 주성분으로 하고 물을 가하여 묽게 하면 투명 또는 반투명으로 되는 것	1호~3호
	W3종	무기염류를 주성분으로 하고 물을 가하여 묽게 하면 투명하게 되는 것	1호~2호

3.1.10 선삭 작업시 문제점 및 방지법

선반 작업시 발생되는 문제점을 표 3.5에 나타내었다.

표 3.5 선반 작업시 발생되는 문제점

문제	원인
공구 파단	• 공구 재료의 강성 부족 • 부적절한 공구각 • 베어링 및 기계요소의 고장 • 너무 높은 가공 인자(속도, 이송량 등)
과다한 공구 마멸	• 너무 높은 가공 인자(속도, 이송량 등) • 부적절한 공구 재료 • 절삭유의 부적절한 공급
거친 표면 품질	• 공구에서의 구성인선 발생 • 너무 높은 이송량 • 진동과 채터
낮은 치수 정확도	• 공구 및 공작물 고정 장치의 강성 부족 • 과도한 온도 상승과 공구 마멸
공구 진동	• 공구 및 공작물 고정 장치의 강성 부족 • 적절하지 않은 가공 인자

표 3.5의 선반 작업시 발생되는 문제점을 방지하기 위해서 다음과 같이 하여야 한다.

① 절삭 공구의 돌출을 최소화하여야 한다.

② 공작물을 단단하게 고정해야 한다.

③ 높은 강성과 높은 진동 감쇠를 가지는 공작 기계를 사용해야 한다.

3.2 선삭의 절삭이론

3.2.1 2차원 절삭과 3차원 절삭

절삭할 때 가공물의 변형은 거의 3차원의 소성변형 상태에서 진행된다. 2차원 절삭(orthogonal cutting)은 그림 3.8과 같으며 이것은 플레이너와 세이퍼 등에서 사용하는 경우가 많으며 선반에서 그림 3.9와 같이 파이프 단면을 다듬질 바이트로 절삭할 때 특히 바이트의 크기에 비해 파이프 직경이 상당히 클 때 그림 3.8과 같은 **2차원 절삭**을 한다. 이 경우에는 공구날 끝의 어떤 점을 보아도 가공물은 같은 응력과 변형을 받게 되므로 공구날 폭의 방향에는 힘이 작용하지 않는다.

그러나 절삭공구를 사용하여 실제 작업을 할 때에는 공구 날끝은 각도 i만큼 기울어지게 고정한다. 그러므로 공구 날끝의 방향에도 힘이 작용하여 칩은 그림 3.10과 같이 비스듬히 기운 위쪽 방향으로 이동되어 **3차원 절삭**(oblique cutting)이 되며 2차원 절삭과 구별하여 취급한다.

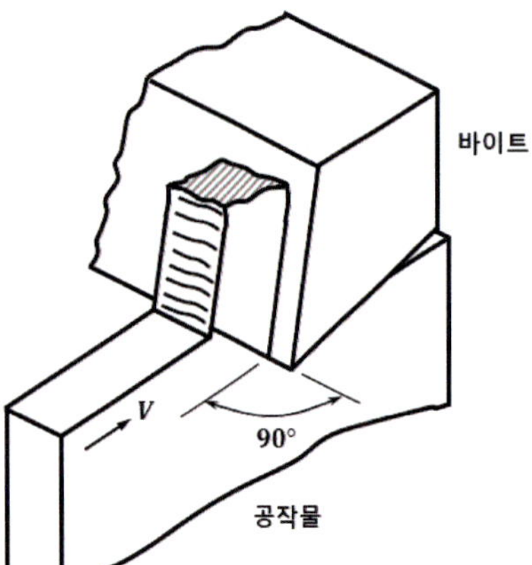

그림 3.8 2차원 절삭

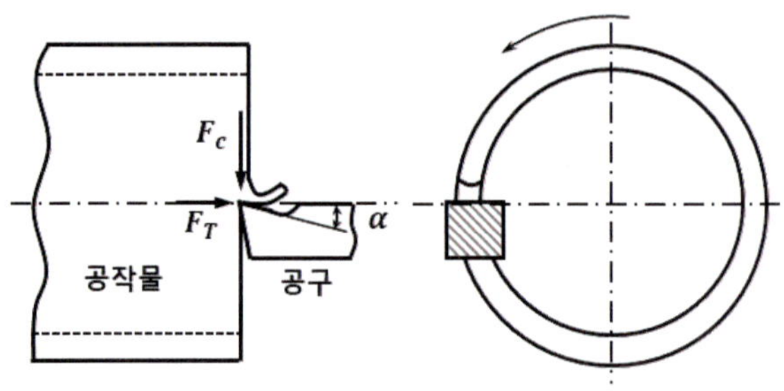

그림 3.9 선반에서의 2차원 절삭

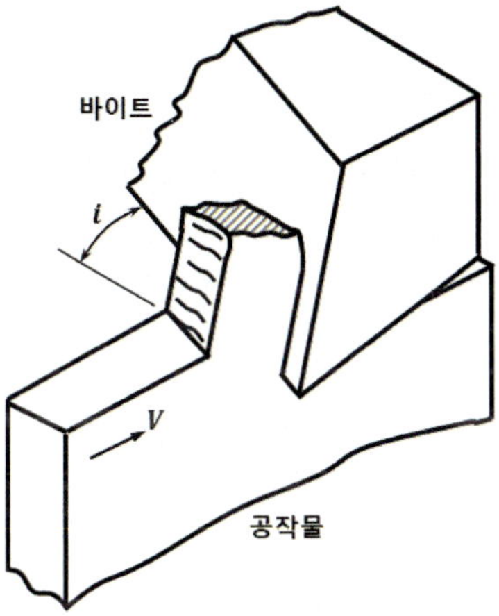

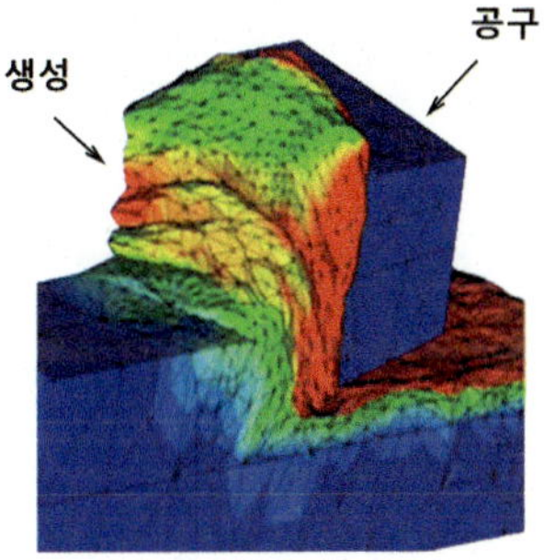

그림 3.10 3차원 절삭

3.2.2 전단각과 전단 스트레인

(1) 절삭비와 전단각

그림 3.11에서 보는 것과 같이 전단면의 길이가 작으면 칩의 두께가 얇아지며 전단면의 길이가 커지면 칩의 두께가 두꺼워진다. 즉, 전단각이 작으면 칩의 두께가 두꺼워지고 전단각이 크면 칩의 두께가 얇아진다. 따라서 전단면의 길이가 커지면 칩의 두께가 두꺼워져 깎으려면 큰 힘이 필요하지만 전단각이 크면 이 관계는 반대가 된다.

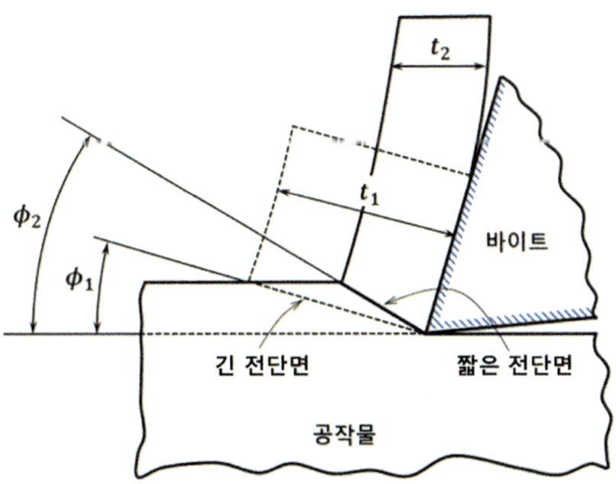

그림 3.11 전단각의 크기와 칩 두께

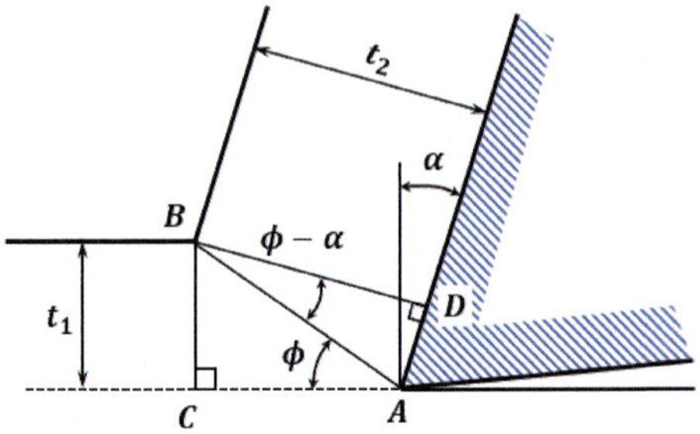

그림 3.12 절삭비 설명도

그림 3.12에서 t_1을 깎으려는 부분의 두께, t_2를 깎인 칩의 두께라 하면 칩 비율 r_c는 다음과 같이 나타낼 수 있다.

$$r_c = \frac{t_1}{t_2} = \frac{BC}{BD} = \frac{\sin\phi}{\cos(\phi-\alpha)} \tag{3.7}$$

만약 절삭작업에 있어 절삭 전과 후의 절삭 칩의 폭 b가 변하지 않는다고 가정하면 $bL_1t_1 = bL_2t_2$가 되며 칩의 길이 비율은 다음과 같이 된다.

$$\frac{L_2}{L_1} = \frac{t_1}{t_2} \tag{3.8}$$

여기서 L_1은 절삭하기 전의 칩의 길이이며 L_2는 절삭 후의 칩의 길이이다. 따라서 칩 비율 r_c는 다음과 같이 나타낼 수 있다.

$$r_c = \frac{L_2}{L_1} \tag{3.9}$$

식 (3.7)에서 $\sin\phi = r_c cos\phi cos\alpha + r_c sin\phi sin\alpha$이므로 $(1-r_c sin\alpha)sin\phi = r_c\cos\alpha\cos\phi$이 되며 결국 다음과 같이 나타낼 수 있다.

$$\tan\phi = \frac{r_c\cos\alpha}{1-r_c\sin\alpha} \tag{3.10}$$

(2) 전단 스트레인

전단 스트레인(shearing strain)을 구하기 위해 작은 범위에서 전단되는 유동칩의 과정을 나타내면 그림 3.13과 같이 될 수 있다.

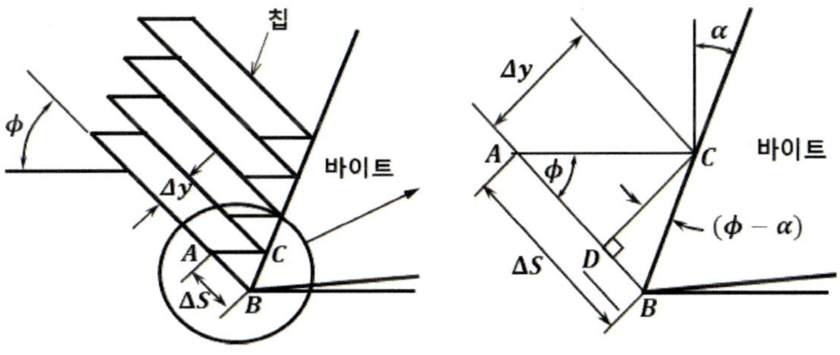

그림 3.13 전단 스트레인 설명

공구 선단이 A→B로 진행되는 사이에 좌측 부분은 전단 변형(shearing deformation)으로써 ΔS의 변형이 생긴다. 그러므로 $AB \perp CD$를 그리고 경사각 α, 전단각 ϕ, 전단 스트레인을 γ라 하면 그림 3.18의 우측 그림과 같이 나타낼 수 있으며 다음과 같은 관계가 된다.

$$\gamma = \frac{\Delta S}{\Delta y} = \frac{AB}{CD} = \frac{AD + DB}{CD} \tag{3.11}$$

그림에서 $\angle BCD = \phi - \alpha$이므로 $\tan(\phi - \alpha) = DB/DC$의 관계가 된다. 따라서 전단 스트레인 γ는 다음과 같이 된다.

$$\gamma = \frac{AB}{CD} = \frac{AD + DB}{\dfrac{DB}{\tan(\phi - \alpha)}} = \frac{DC/\tan\phi + CDtan(\phi - \alpha)}{\dfrac{CDtan(\phi - \alpha)}{\tan(\phi - \alpha)}}$$

$$= \frac{1}{\tan\phi} + \tan(\phi - \alpha) = \cot\phi + \tan(\phi - \alpha) \tag{3.12}$$

또는 다음과 같이 나타낼 수 있다.

$$\gamma = \frac{\cos\alpha}{\sin\phi\cos(\phi - \alpha)} \tag{3.13}$$

3.2.3 절삭 저항의 이론

그림 3.14는 바이트에 의한 절삭의 경우에 발생하는 절삭 저항력의 방향을 나타낸 것이며 보통 그림과 같이 3분력으로 나누어 생각할 수 있다.

주분력 P_1은 ① 바이트의 경사각(rake angle)이 클수록 작게 되며 ② 절삭속도가 높을수록 작게 된다. ③ 또한 절삭 폭에 거의 비례하며 ④ 절삭액을 이용하면 감소하는 경우가 많다. 그리고 공작물의 재질과의 관계에서는 강도(경도)가 높은 것일수록 일반적으로 저항이 커지지만 연한 재료에서도 두꺼운 절삭칩을 발생하는 경우에는 저항이 크다.

이송방향 분력 P_2는 통상적으로는 그다지 크지 않지만 높은 절삭 방식에서는 상당히 큰 값이 된다. **배분력** P_3는 절삭 깊이에 직접 관계하므로 영향을 미치는 분력으로 공작정도를 문제로 할 때에는 특히 주의해야 한다(그림 3.15).

일반적으로 절삭 저항이라 하면 **주분력**을 말한다. 그 값은 주로 공작물의 재료, 절삭조건에 공구 형상에 의해 결정되며 공구날부의 재료에는 그다지 관계가 없다. 그리고 절삭 조건 중에서도 절삭 속도의 영향은 그다지 받지 않으며 또한 동일의 절삭칩 면적(절삭 깊이×이송)의 경우에도 (이송)/(절삭 깊이)의 비가 클 경우와 부착 각이 작을 경우에는 절삭 저항이 크게 된다.

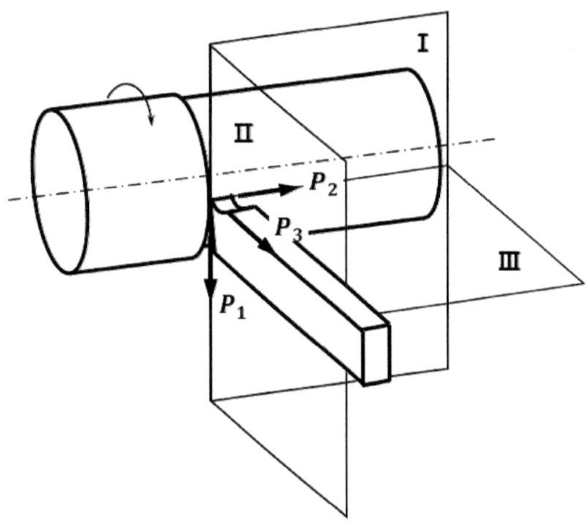

그림 3.14 절삭 저항의 3분력

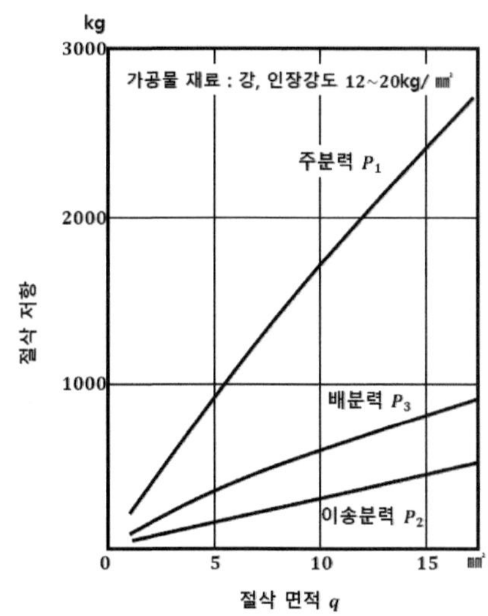

그림 3.15 절삭 면적과 절삭저항의 관계

(1) 최대 전단응력에 의한 절삭저항 수직/수평 분력 산출

Krystof가 1939년에 행한 연구로 피삭재는 가공 경화되지 않은 완전 소성체로 하고 전단면은 소성변형이 이뤄진다는 전제 하에 최대전단응력설에 의한 절삭저항의 수평/수직 분력을 산출하였다.

그림 3.16처럼 절삭저항의 합력 R에 대응하는 공작물 내부의 합력 R'의 방향을 전단면(shear face)에 작용하는 주응력 방향으로 생각하면 주응력 방향과 45°를 이루는 방향으로 최대전단응력이 발생하게 되며 이 방향으로 칩의 전단이 이뤄진다. 따라서 경사각을 γ, 경사면 마찰각을 β, 전단각(shear angle)을 ϕ라 하면 다음과 같은 관계가 성립한다.

$$\phi+\beta-\gamma=\frac{\pi}{4} \tag{3.14}$$

여기서 전단면상 응력분포가 일정하다고 하면 전단응력 τ_s(주응력의 1/2)는 재료의 항복전단응력 τ_0와 같다는 것이 **최대전단응력설**이다.

$$\tau_s=\tau_0=\frac{R\sin\phi}{2t_1 b} \tag{3.15}$$

여기에서 R과 각도 ϕ사이의 삼각함수 관계(각도 β값)를 위의 응력 관점에서 변형하면 다음과 같은 절삭 저항 값을 얻을 수 있다.

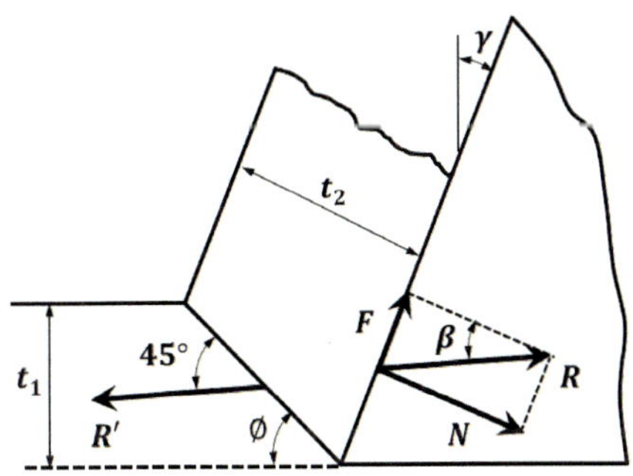

그림 3.16 Krystof 모델

$$F_H = R\cos\left(\frac{\pi}{4} - \phi\right) = \sqrt{2}\,\tau_0 b t_1 (\cot\phi + 1) \tag{3.16}$$

$$F_V = R\cos\left(\frac{\pi}{4} - \phi\right) = \sqrt{2}\,\tau_0 b t_1 (\cot\phi - 1) \tag{3.17}$$

여기서 t_1은 2차원 절삭에서 절삭깊이이며 b는 절삭폭을 나타낸다.

(2) 최소에너지 이론에 의한 절삭저항 수직/수평 분력 산출

Merchant는 1945년에 칩의 전단은 에너지가 최소로 되는 방향으로 일어나는 것으로 생각해 다음의 식을 유도하였다. 당연히 이 경우에도 피삭재는 완전소성체로 가정하였다.

따라서 그림 3.17에서 단위시간당 절삭에너지 P는 다음과 같이 표시된다.

$$P = VR\cos(\beta - \gamma) = \frac{b t_1 \tau_s V cos(\beta - \gamma)}{\sin\phi\cos(\phi + \beta - \gamma)} \tag{3.18}$$

위의 식에서 R은 절삭저항 합력, τ_s는 전단면 상의 전단응력, γ은 공구 경사각, β는 공구 경사면 상 마찰각, ϕ는 전단각, V는 절삭속도이다. 여기서 R값은 위의 전단응력과의 관계식을 참조하면 될 거 같다.

단위시간당 절삭에너지 P를 최소로 하기 위해 전단각 ϕ에 대해 편미분한 것이 0이면, 즉 $\frac{\partial P}{\partial \phi} = 0$이면 전단각 ϕ를 다음과 같이 구할 수 있다.

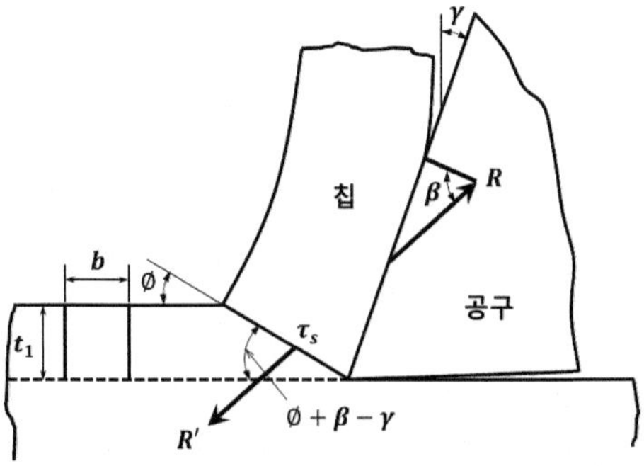

그림 3.17 Merchant 모델

$$\phi = \frac{\pi}{4} - \frac{\beta}{2} + \frac{\gamma}{2} \tag{3.19}$$

이 값을 활용하고 항복전단응력을 이용하면 절삭저항은 다음과 같이 나타낼 수 있다.

$$F_H = 2bt_1\tau_0 \cot\phi \tag{3.20}$$

$$F_V = bt_1\tau_0(\cot^2\phi - 1) \tag{3.21}$$

(3) 미끄럼 선장 이론에 의한 절삭 저항 산출

위에서는 전단면만 소성 상태에 있다고 생각했는데 Lee와 Shaffer는 경사면과 피삭재 사이에 있는 칩 단면 역시 소성 영역으로 설정한 것에서 차별점을 두고 있다. 물론 피삭재는 이전과 같이 완전 소성체이고 응력분포는 균일하다.

그림 3.18 (a)에서 소성 영역(삼각형 ABC)의 응력 상태를(바둑판 모양과 같이 서로 직교하는 직선군은 각각 미끄럼선 군을) 나타낸다. 반경이 τ_0인 모어(Mohr) 응력원(고체역학에서 응력 분석 시 활용하는 도구)에 대응시켜 생각할 수 있다. 여기서 $\overline{BA}$는 응력이 0으로 응력원의 원점에 대응한다. $\overline{BD}$는 전단응력이 최대가 되는 면으로 $\overline{BA}$와 45° 각을 이루며 원 상에서는 원의 가장 y축 최대값에 대응한다. 한편 작은 정방형의 서로 이웃한 두 변에 작용하는 수직응력 및 전단응력의 사이에는 모두 평형하다고 가정한다. 아울러 경사면 $\overline{BC}$는 $\overline{BD}$에서 2η 앞선 $\overline{BC}$에 대응한다. 한편 경사면 상의 마찰각 β는 다음과 같이 정의 된다.

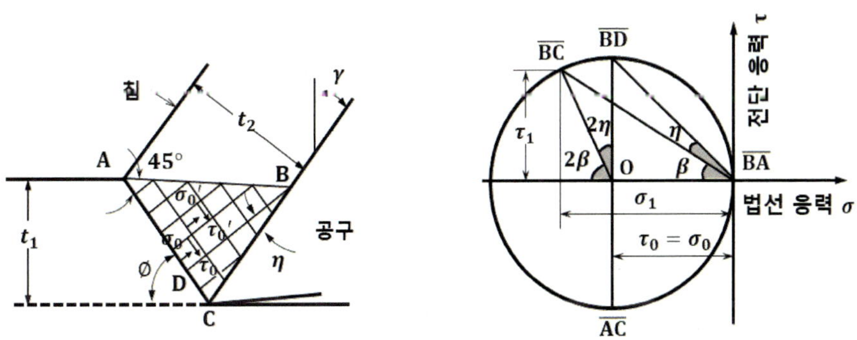

(a) Lee-shaffer의 미끄럼선 모델 (b) (a)에 대응하는 모어의 응력원

그림 3.18 미끄럼 선장 이론에 의한 해법

$$\beta = \tan^{-1}(\tau_1/\sigma_1) \tag{3.22}$$

식 (3.22)로부터 그림 3.18 (b)에서 모어 응력원 상의 O $\overline{BA}$ $\overline{BC}$ 호의 값이 되므로 η는 다음과 같이 나타낼 수 있다.

$$\eta = \frac{\pi}{4-\beta} \tag{3.23}$$

또한, 식 (3.23)은 모어 응력원 상의 $\overline{BD}$ $\overline{BA}$ $\overline{BC}$ 값이 된다. 따라서 다음의 관계가 성립한다.

$$\phi = \frac{\pi}{4} - \frac{\beta}{2} + \frac{\gamma}{2} \tag{3.24}$$

이것은 Krystof식과 똑같다.

3.2.4 공구 마모의 원리와 형태

(1) 마모의 기초 원리

하나의 금속이 다른 금속 위에서 미끄러질 때 마찰기구로서 다음의 두 가지 과정을 관찰할 수 있다.

① 접촉점들의 접합(weld)과 접합을 파괴하기 위하여 필요한 응력

② 한쪽 재료의 높은 점들이 연한 재질의 높은 점들을 갈음(plow)

절삭에서 일어나는 마모 현상은 지극히 작은 규모의 매끈한 금속이 서로 미끄러져 지나간 뒤에 형성되는 미소한 접합(minute weld)으로 생긴 마모로 설명할 수 있다. 이 형식의 마모는 접촉점에서 파손되었을 때 재질이 표면으로부터 찢어지는 것처럼 대단히 미세한 파편들로서 형성되어 있다. 이와 같은 미세이동 작용에 의한 마모 작용으로 생기는 표면의 최종 완성가공은 대단히 매끈하다. Holm은 다음과 같이 마모 특성을 설명하였다. Holm은 그림 3.19와 같이 접촉부를 2개의 서로 엉켜 붙은 형상으로 표현했다.

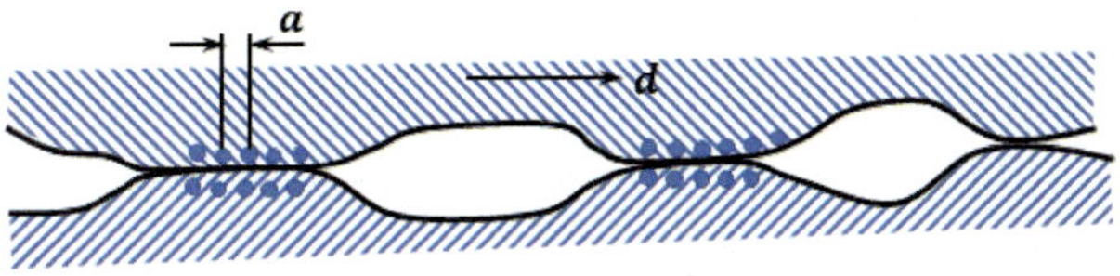

그림 3.19 마찰 표면의 접촉부의 실면적에 대한 설명

접촉된 실제 면적 A_r에 따라 각각 단일 원자의 간격은 a이다. 접촉 면적 A_r은 외관상 면적에 비해 작은 부분이다. 만약 상부 표면이 하부 표면에 대해 상대적으로 d만큼의 거리로 이동했을 때 접촉부의 한 점에서 상부 표면 위의 어떤 원자는 하부 표면의 위의 원자들과 d/a 만큼 접촉하게 되는 것이다. 실제 면적 내에서 모든 원자에 대하여 접촉된 전체 숫자는 $(A_r/a^2)(d/a)$ 또는 $(A_r d/a^3)$이 된다.

만약 V를 이동거리 d사이의 마모된 금속의 체적이라면 마모된 원자의 수 Z는 다음과 같이 나타낼 수 있다.

$$Z = \frac{(V/a^3)}{(A_r d/a^3)} = \frac{V}{A_r d} \tag{3.25}$$

그리고 Shaw는 마찰 작용 하중 N과 접촉면적 A_r사이에 다음과 같은 관계가 있다고 하였다.

$$N = A_r H \tag{3.26}$$

여기서 H는 마찰하는 한 쌍의 금속 중에서 연한 금속의 경도이다.

그러므로 접촉부의 실제 면적 A_r를 식 (3.25)을 대입하여 소거하면 Z는 다음과 같이 된다.

$$Z = \frac{VH}{Nd} \tag{3.27}$$

또한 d의 거리에 대한 마찰이 외관적으로 보아 직선적 마찰일 때 외관상 면적으로부터 이동되는 층의 두께 h는 다음과 같이 표현된다.

$$h = \frac{V}{A} = \frac{NZd}{HA} = \frac{Zd\bar{\sigma}}{H} \tag{3.28}$$

여기서 $d\bar{\sigma}$는 수직 평균 응력이다.

Z값이 주어진 한 쌍의 금속에 대해 일정하다고 하면 직선적인 마모를 할 것이며 식 (3.28)로부터 다음과 같이 생각할 수 있다.

① 마모의 속도는 금속의 경도(H)에 반비례한다.

② 마모의 속도는 마찰 표면 위의 외관상 평균 수직 응력 $\bar{\sigma}$와 더불어 변한다.

③ 마모의 속도는 시간과 더불어 상수이다.

만약 이와 같은 생각이 공작기계의 절삭공구에 적용되었을 때 다음 조건에 의해 설명되는 마모의 마모 이동식을 생각할 수 있다.

① 마찰 표면과 외관상 접촉 면적 사이의 수직력

② 경도는 온도의 영향을 받으므로 공구의 선단 온도

③ 칩 및 공구의 상대적 경도

④ 절삭되는 금속의 성분과 현미경 조직, 또한 절삭 분위기

Z값이 $10^{-4} \sim 10^{-5}$ 사이에 있다는 것은 1개의 원자가 각각 $10^4 \sim 10^5$의 원자 접촉 회수에서 한 개의 마모 입자가 시스템에서 떨어져 나가는 것을 의미한다. 마찰과 마모 사이에는 아무런 직접적인 연관성이 없으며 마찰력은 원자 이동에 관계있는 모든 개개의 힘을 합한 것이다. 한편 마모는 이동되었든지 또는 시스템을 떠난다든지 상대적으로 수가 적은 입자들로 말미암아 나타난다고 할 수 있다.

(2) 절삭공구의 마모 형태

절삭공구 재료가 무한의 강도를 갖고 있다면 사용 중에 결코 마모될 일은 없을 것이다. 그러나 실제 공구는 절삭시간의 경과와 함께 마모한다든지 손상을 한다. 이것은 시스템의 일종의 이상이므로 그것을 인식하고 필요한 대책을 세우면 된다. 즉, 사용 불능이 되기까지의 시간(공구 수명)을 판정하고 공구 교환이나 재연마 등을 할 필요가 있다.

표 3.6 절삭공구의 마모 형태

<table>
<tr><td rowspan="4">마모</td><td colspan="2">절삭면 마모</td><td></td><td>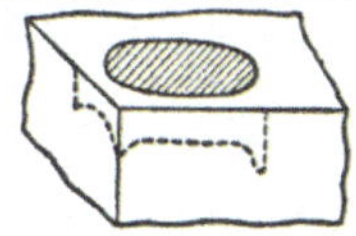</td></tr>
<tr><td colspan="2" rowspan="3">여유면 마모</td><td>Ⓐ 인선부 마모</td><td rowspan="3">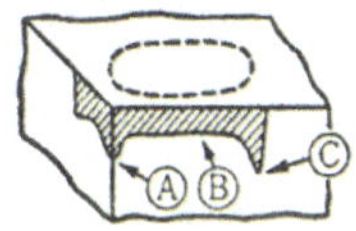
</td></tr>
<tr><td>Ⓑ 평행부 마모</td></tr>
<tr><td>Ⓒ 경계부 마모</td></tr>
<tr><td rowspan="7">손상</td><td rowspan="6">취성 손상</td><td rowspan="3">깨짐</td><td>치핑</td><td>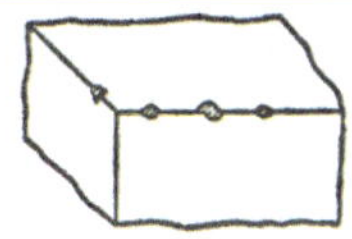</td></tr>
<tr><td>결손</td><td>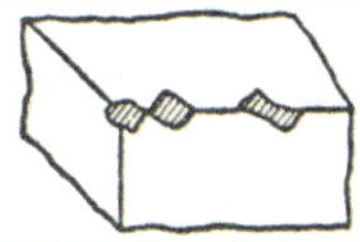</td></tr>
<tr><td>파손</td><td>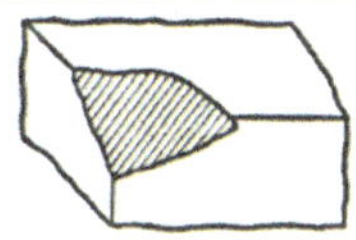</td></tr>
<tr><td rowspan="2">균열</td><td>Ⓐ 피로 균열</td><td rowspan="2">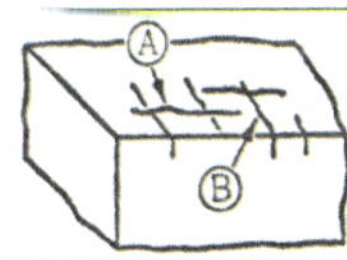
</td></tr>
<tr><td>Ⓑ 열 균열</td></tr>
<tr><td colspan="2">박리</td><td>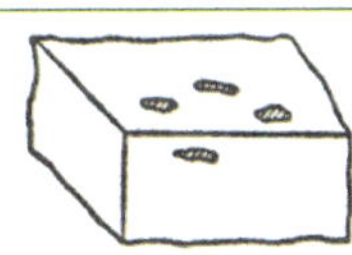</td></tr>
<tr><td colspan="3">소성 변형</td><td>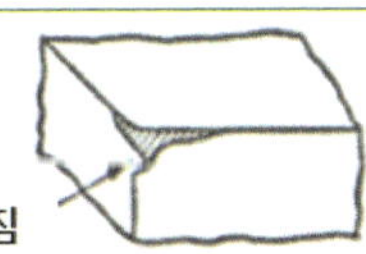
</td></tr>
</table>

절삭시간의 경과와 함께 증대한다. 이와 같은 공구의 열화를 총칭하여 **손모**(wear and tear)라 부른다. 공구 손모는 공구재종, 피삭재종 및 절삭조건에 의존하여 여러 가지 형태를 나타낸다. 표 3.6에 나타냈듯이 손모는 마모와 손상의 2가지로 대별되며 후자는 소성 변형과 취성 손상으로 나뉜다. 이들은 각각 더 세분된다.

1) 마모

공구 마모(wear)는 절삭 칩과 접촉부에서 점진적으로 재료가 손실되는 것이며 그 형태는 절삭면 마모(face wear)와 프랭크 마모(flank wear)로 나뉜다. 전자는 절삭면에서 생기는 크레이터 상의 오목한 것이므로 **크레이터 마모**라 칭하기도 한다. 또한, 후자에는 인선부 마모, 평행부 마모, 경계부 마모가 있다.

공구 마모의 크기는 그림 3.20에 나타냈듯이 마모 각부의 폭과 깊이를 길이 차원으로 평가하는 것이 보통이며 체적이나 중량은 사용하지 않는다. 각 마모 가운데 평균 여유면 마모 폭 VB, 최대 여유면 마모 폭 $VB_{\max}$ 및 크레이터 깊이 KT는 공구수명 판단에 기준으로 사용되는 중요한 양이다.

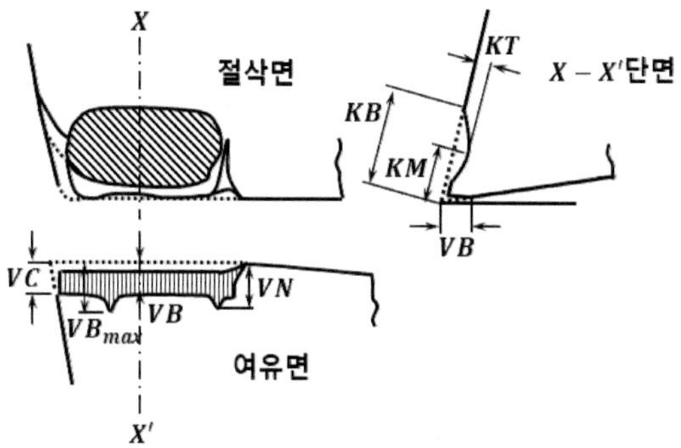

그림 3.20 공구 마모 각부의 정의

2) 소성변형

소성 변형(plastic deformation)은 인선부가 고온에 있어서의 강도 부족이 원인이고 소성변형하여 뭉그러짐이 발생하고 둔화하는 열화 현상인 것이다. 재료의 손실은 없으며 절인의 후퇴나 여유면의 밀어내기 등이 일어난다. 고온 경도에 열악한 고속도공구강에서 자주 볼 수 있다. 초경합금에서도 코발트(Co) 양이 많은 그레이드에서는 무리한 절삭을 행하면 발생하는 경우가 있다. 소성 변형에 의한 뭉그러짐이 발생하면 통상은 절삭을 유지할 수 없게 된다. 절삭조건을 신중히 하는 것이 중요하다.

3) 취성손상

취성손상(brittle failure)은 돌발적으로 발생하는 것이 특징이며 전조현상을 거의 동반하지 않거나 또는 그것을 검출하는 것이 극히 곤란하다. 이것에는 치핑(chipping), 결손, 파손(fracturing), 박리(flanking) 및 균열(cracking)의 5종류가 있다.

이 가운데 치핑, 결손, 파손은 마찬가지의 취성 파괴기구에 의한 **깨짐**이며 그 규모가 다른 것뿐이다.

치핑은 절인부가 미세하게 깨지는 상태로 절삭이 연속할 수 있는 것에 대해 **결손**은 절인부의 큰 깨짐(절삭 깊이의 1/10 정도 이상)이며 절삭의 연속은 곤란하게 된다.

파손은 인선부를 포함한 대규모의 깨짐이며 절삭불능에 빠지는 것은 물론 연마 등에 의한 재생도 불가능하게 된다. 또한 극히 작은 치핑은 마모와의 구별이 어렵다. 이들의 깨짐은 공구 재종의 인성부족 때문이다. 역으로 보면 과대 응력이 걸렸을 때 일어난다. 따라서 세라믹, 서멧, 초경합금 공구에서 빠른 이송 절삭을 할 때 발생하기 쉽다.

균열에서는 피로 균열(fatigue crack)과 열균열(thermal crack)의 2종류가 있다. 이것들은 밀링이나 호브, 홈붙이 환봉 선삭 등의 연속 절삭 시에 자주 관찰된다. 피로 균열은 주인선에 거의 평행하게 들어가고 열 균열은 거의 직각으로 발생하는 것이 많다. 이들의 균열이 공구면 상에서 관찰된다고 하는 것은 역으로 말하면 최종 파손에 이르지 않게 절삭을 유지하고 있는 상태라 할 수 있다. 그리고 연속 절삭 횟수가 증가함에 따라 균열이 성장, 전파하고 최종 파손에 이르며 절삭 불능에 빠진다. 최종 파손에 이르기까지의 반복 횟수(이것을 **단속 절삭 공구 결손 수명**이라 함)는 수회로부터 수 만회의 범위에 이르지만 수백회 정도까지에 일어나는 것을 초기 결손이라 부르며 구별하는 경우도 있다. 그런데 단속 절삭 시에 발생하는 반복 응력에는 직접 기계적인 것과 열적인 것이 있다. 후자는 절삭온도의 상승과 냉각에 대응하여 공구 표면에 생기는 반복 열응력이다. 따라서 열팽창률이 크며 탄성률이 크고 열전도율이 작은 공구 재종일수록 열균열이 일어나기 쉽다고 할 수 있다. 한편 인성 부족 때문에 기계적 반복 응력에 따라서 발생하는 것이 피로 균열이라 말할 수 있다. 그러나 실제로는 양자가 상승(potentiation)하여 일어나는 것이 많으며 복잡하다.

박리는 잠상(latent image)하고 있던 균열이 깊이 방향으로 진전하지 않고 표면에 평행하게 성장하고 인편상(scaly crystal)으로 공구 면으로부터 이탈하는 손상을 말한다.

3.2.5 공구 수명

공구 수명(tool life)은 정상적인 절삭이 불가능할 때까지의 시간(분)을 말한다. 공구 수명의 판단 요건은 다음과 같다.

① 날끝의 마멸이 어느 정도 달했을 때

② 가공면에 광택이 있는 무늬가 생길 때

③ 다듬질 치수에 기준 이상의 변화가 발생시

④ 절삭저항이 절삭개시 값보다 어느 양만큼 증가시

고속도강의 공구 수명 판단 요건은 ②, ④이며 초경합금, 세라믹 공구의 공구 수명 판단 요건은 ①이며 다듬질 가공의 공구 수명 판단 요건은 ③이다.

표 3.7은 공구 수명 판단 기준을 나타내며, 그림 3.21은 절삭시간과 측면 마멸폭(w) 및 크레이터 깊이와 날끝에서 크레이터 중심까지의 거리비(t/l)의 관계를 나타낸다.

다른 조건이 동일하게 주어진 경우에 절삭속도와 공구 수명간의 관계를 테일러식(Taylor's equation)으로 나타내면 다음과 같다.

$$VT^n = C \tag{3.6}$$

여기서 V는 절삭속도(m/min)이며 T는 공구수명(min)이고 n, C는 상수이다.

즉, 절삭속도를 높이면 공구수명이 감소하고 n과 C는 공작물의 특성, 공구재질, 절삭깊이, 공구의 기하학적 형상 등에 영향을 받는다. n값(표 3.8)이 클수록 절삭속도 증가에 따른 공구수명의 감소가 완만하다.

표 3.7 공구 수명 판단 기준

절삭 방법	공구 수명	
	측면 마멸폭[w]	크레이터 깊이[t]
정밀 검사, 비철합금의 다듬질 절삭	0.2	0.03
합금강의 절삭	0.4	0.05
주철, 강의 일반 절삭	0.7	0.08
보통 주철의 거친 절삭	1~1.25	0.08

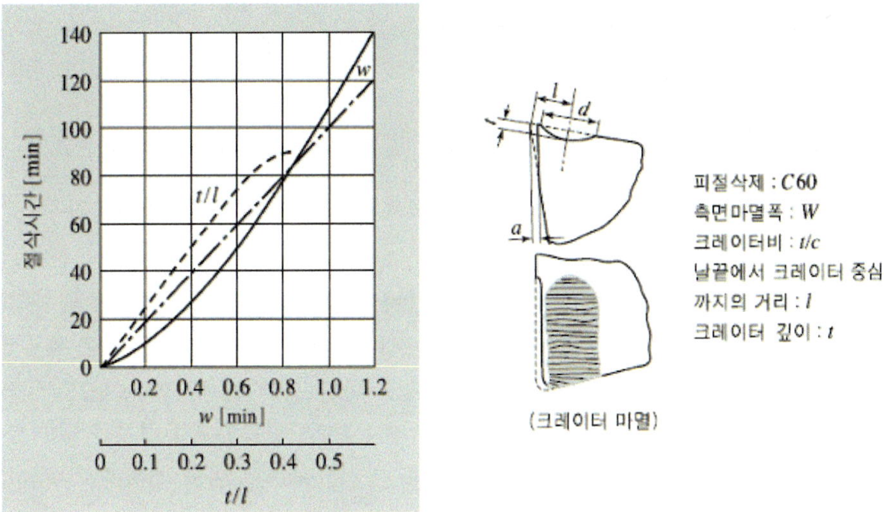

그림 3.21 절삭 시간과 w 및 t/l의 관계

표 3.8 공구 재료별 n값

고속도강 공구	0.15
초경공구	0.25
세라믹 코팅된 초경공구	0.4

3.3 선삭용 바이트

3.3.1 바이트의 종류와 형상

바이트는 NC 선반 등에 이용되는 것으로 그의 가공 작업의 종류에 따라 여러 가지가 있다(그림 3.22).

구조에 따라서 절입 부분과 생크로 이루어지지만 바이트 전체가 절삭 날과 동일 재질이며 일체로 만들어진 **단체바이트**, 생크의 날 부분에만 초경합금이나 고속도강 등 공구 재료로 된 팁을 용접하여 사용하는 **팁바이트**, 팁을 용접하지 않고 나사 등에 기계적인 방법으로 클램핑하여 사용하는 **클램프바이트**가 있다. 단체바이트는 탄소공구강, 합금공구강이나 소형의 고속도강바이트에 많으며 열처리가 완료되고 사용에 있어서 절삭날 부분을 연삭 성형하면 바로 사용할 수 있는 것으로부터 **완성 바이트**라 부르고 있다.

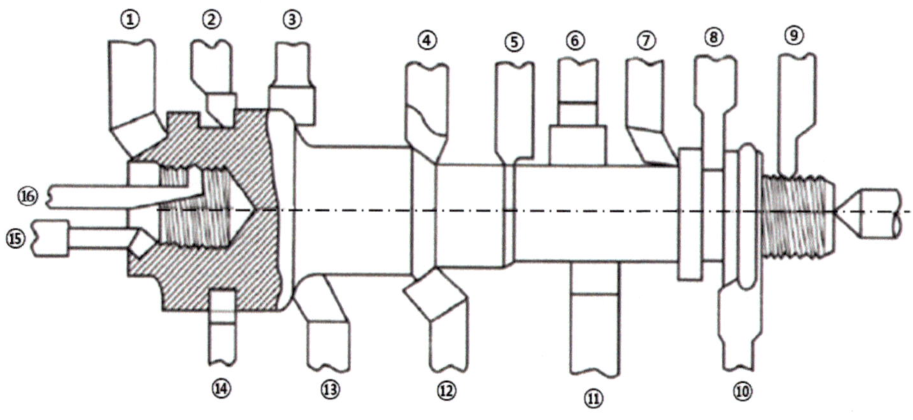

①오른쪽 황삭 바이트, ②오른쪽 편인 바이트, ③총형 바이트, ④왼쪽 황삭 바이트, ⑤검 바이트, ⑥스프링 바이트, ⑦우각 황삭 바이트, ⑧절단 바이트, ⑨수나사 바이트, ⑩총형 바이트, ⑪원형 완성 바이트, ⑫굽은 오른쪽 바이트, ⑬굽은 환선 바이트, ⑭홈 절삭 바이트, ⑮보링 바이트, ⑯암나사 바이트

그림 3.22 여러 바이트 작업

3.3.2 바이트의 각도

바이트의 각도는 그림 3.23과 같으며 가공된 면의 표면 거칠기, 공구수명, 절삭력 등에 미치는 영향이 매우 크기 때문에 공작물 및 공구재료, 절삭속도, 이송속도 등에 따라 적절히 선택해야 효율적으로 사용할 수 있다.

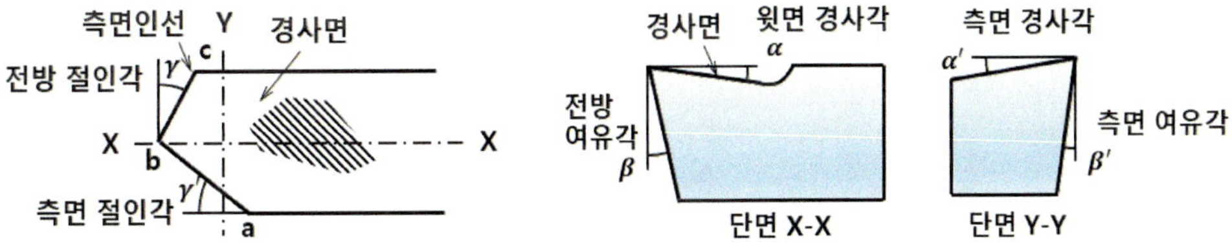

그림 3.23 바이트의 주요 각도

경사각(rake angle)은 절인과 경사면이 평면과 이루는 각도로서 전방 경사각과 측면 경사각으로 구분한다. 경사각이 크면 절삭성이 좋아지고 가공 표면거칠기도 좋아지지만 선난(nose)이 약해져 바이트의 수명이 단축된다.

여유각(clearance angle)은 바이트의 옆면 및 앞면과 가공물의 마찰을 줄이기 위한 각으로 여유각이 너무 크면 선단이 약해진다. 따라서 바이트의 여유각은 가공물의 재질, 바이트의 재질, 절삭조건에 따라 적절하게 선정하여야 한다.

절인각(cutting edge angle)은 주조나 단조품 등의 단단한 표피를 가공할 때 바이트 인선을 보호하기 위한 각으로서 측면 절인각과 전방 절인각으로 구분된다.

바이트의 주요 각도는 가공물의 재질, 바이트의 재질, 절삭조건 등에 따라 변하므로 일정한 값을 정하기는 곤란하지만 일반적으로 사용되는 바이트와 초경합금바이트의 실용 표준각도는 표 3.11과 같다.

표 3.11 일반적으로 사용되는 바이트와 초경합금바이트의 실용 표준각도

공작물의 재질		고속도강바이트				초경합금바이트			
		β	β'	α	α'	β	β'	α	α'
주철	경	8	10	5	12	4~6	4~6	0~6	0~10
	연	8	10	5	12	4~10	4~10	0~6	0~12
탄소강	경	8	10	8~12	12~14	5~10	5~10	0~10	4~12
	연	8	12	12~16	14~22	6~12	6~12	0~15	8~15
쾌삭강		8	12	12~16	18~22	6~12	6~12	0~15	8~15
합금강	경	8	10	8~10	12~14	5~10	5~10	0~10	4~12
	연	8	10	10~12	12~14	6~12	6~12	0~15	8~15
청동, 황동	경	8	10	0	-2~0	4~6	4~6	0~5	4~8
	연	8	10	0	-4~0	6~8	6~8	0~10	4~16
알루미늄		8	12	35	15	6~10	6~10	5~15	8~15
플라스틱		8~10	12~15	-5~16	0~10	6~10	6~10	1~10	8~15

(주) β; 전방 여유각, β'; 측면 여유각, α; 윗면 경사각, α'; 측면 경사각

3.3.3 클램프 바이트

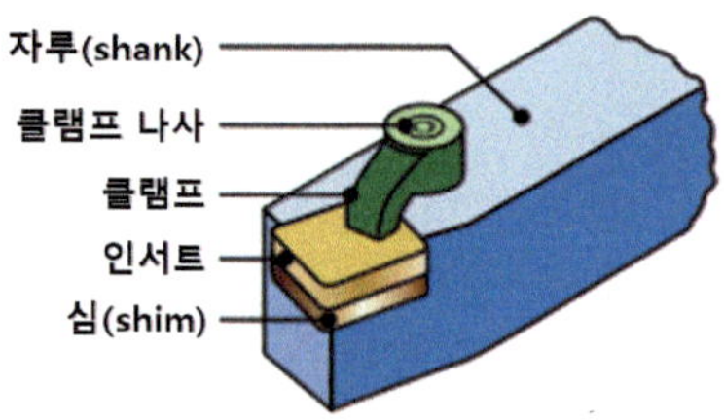

(a) 구성 용어

(b) 실제 사진

그림 3.24 클램프 바이트

클램프 바이트는 그림 3.24와 같이 절삭날(인서트)을 클림프로 고정시켜 사용하는 바이트이다.

(1) 절삭 날의 형번에 대하여

절삭 날(인서트; 칩)과 홀더에 기재된 형번은 간단한 암호로 되어 있다(그림 3.25). 판독 방법만 이해하면 형상, 타입, 사이즈 등 기본적인 정보를 알 수 있게 된다. 또한, 홀더 측 형번도 적응 공구를 구분할 수 있다. 브레이커 기호, 칩 재질 등은 각 제조업체의 독자적인 기호이다.

그림 3.25에서 ①은 표 3.12와 같이 기호에 따른 칩 형상, ②는 표 3.13과 같이 기호에 따른 칩 릴리프 각, ③은 절삭 정도로 M은 정밀급, ④는 표 3.14와 같은 칩홈-홀의 기호이다. 그리고 ⑤는 절삭 날 길이 기호, ⑥은 칩 두께 기호, ⑦은 노즈 반경 기호를 나타내고 있다. 자세한 것은 업체의 카탈로그 등을 참고하면 된다.

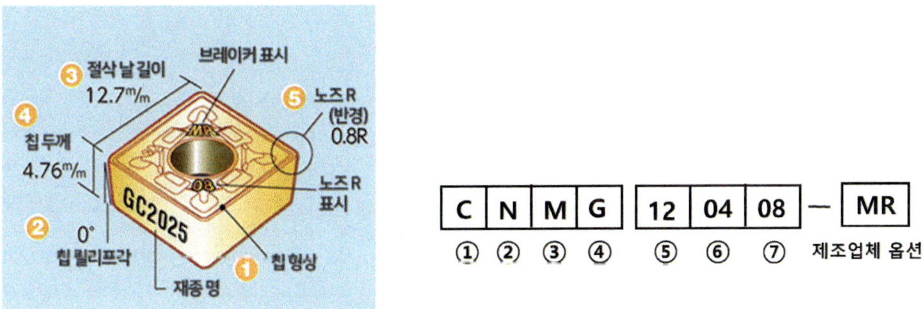

그림 3.25 절삭 날의 형번 예(한국미스미 인용)

표 3.12 칩 형상 기호

기호	형상	
R	원형	
S	정방형	
T	정삼각형	
C	마름모꼴 꼭지각	80°
D	마름모꼴 꼭지각	55°
V	마름모꼴 꼭지각	35°
W	등변 부동각 육각형	80°

표 3.13 칩 릴리프각

기호	A	B	C	D	E	F	G	N	P
릴리프각	3	5	7	15	20	25	30	0	11

표 3.14 칩홈-홀 기호

<table>
<tr><th>기호</th><th>홀의 유무</th><th>홀의 형상</th><th>칩브레이커</th></tr>
<tr><td>N</td><td rowspan="3">없음</td><td rowspan="3"></td><td>없음</td></tr>
<tr><td>R</td><td>편면</td></tr>
<tr><td>F</td><td>양면</td></tr>
<tr><td>A</td><td rowspan="11">있음</td><td rowspan="3">원통홀</td><td>없음</td></tr>
<tr><td>M</td><td>편면</td></tr>
<tr><td>G</td><td>양면</td></tr>
<tr><td>W</td><td rowspan="2">일부 원통홀 편면
40°~60°</td><td>없음</td></tr>
<tr><td>T</td><td>편면</td></tr>
<tr><td>Q</td><td rowspan="2">일부 원통홀 양면
40°~60°</td><td>없음</td></tr>
<tr><td>U</td><td>양면</td></tr>
<tr><td>B</td><td rowspan="2">일부 원통홀 편면
70°~90°</td><td>없음</td></tr>
<tr><td>H</td><td>편면</td></tr>
<tr><td>C</td><td rowspan="2">일부 원통홀 양면
70°~90°</td><td>없음</td></tr>
<tr><td>J</td><td>양면</td></tr>
</table>

(2) 외경용 툴 홀더의 형번에 대해

그림 3.26에서 ①은 표 3.15와 같은 클램프 형식, ②는 표 3.13과 같이 기호에 따른 칩 형상, ③은 절삭 각 기호를 나타내고 있으며 ④는 칩 릴리프각 기호, ⑤는 표 3.16과 같은 홀더의 구별 기호로 절삭날(칩)을 손 안쪽으로 해서 오른쪽에 칩이 있으면 오른쪽용, 왼쪽에 있으면 왼쪽용이다. 그리고 ⑥은 생크 높이, ⑦은 생크 폭, ⑧은 홀더 전체의 길이이며 ⑨는 절삭날 길이를 나타낸다. 자세한 것은 업체의 카탈로그 등을 참고하면 된다.

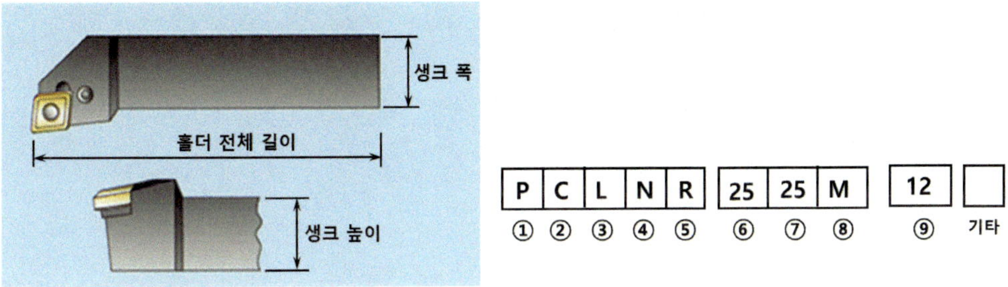

그림 3.26 외경용 툴 홀더의 형번 예(한국미스미 인용)

표 3.15 클램프 형식

기호	M	P	S	D
형상	2중 클램프 방식	핀 로크 방식 (레버 로크 방식)	스크류 클램프 방식	더블 클램프 방식

표 3.16 홀더의 구별

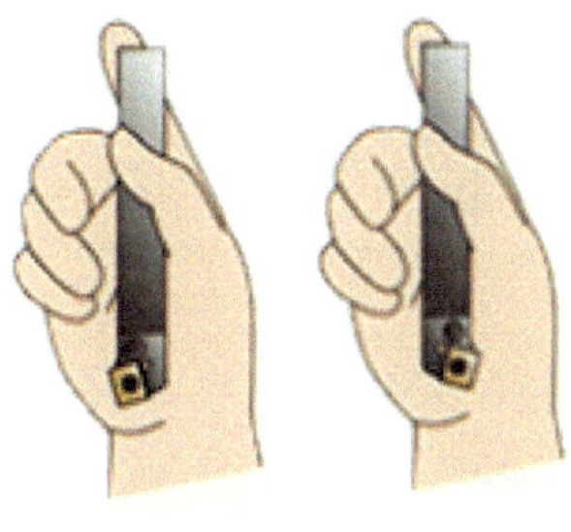 왼쪽용 오른쪽용	R	 오른쪽용
	L	 왼쪽용
	N	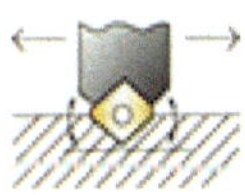 방향없음

(3) 선삭 절삭날 선택 시 고려 사항:

① **피삭재**: 피삭재의 재질과 경도에 따라 적합한 절삭날 재질과 형태를 선택해야 한다.

② **가공 조건**: 절삭 속도, 이송량, 절삭 깊이 등에 따라 적합한 절삭날 형태와 각도를 선택해야 한다.

③ **가공 목표**: 원하는 가공 표면 품질, 정밀도, 공구 수명 등을 고려하여 절삭날을 선택해야 한다.

3.4 선삭용 공작기계

3.4.1 원통 가공용 공작기계

(1) 보통 선반

1) 개요

공작기계 중 가장 예전부터 이용되며 더욱이 가장 중요한 기계로서 많이 사용되고 있는 것이 선반이다. 선반은 피가공물을 주축과 함께 회전시키면서 바이트를 접촉시켜 절삭가공(선삭가공)을 행하는 기계이며 원칙적으로 피가공물에 외주를 원통형상으로 절삭하는 기계이지만 평면 테이퍼 등의 절삭, 환봉의 절단, 드릴링, 나사절삭, 연삭 등의 작업도 할 수 있고 넓은 응용범위를 갖고 있다. 선반의 크기를 나타내는 것으로서 베드상의 스윙, 왕복대 상의 스윙 및 양 센터간의 최대거리가 있다. 베드상의 스윙은 베드에 접촉하지 않고 주축에 부착할 수 있는 피가공물의 직경이며, 왕복대 상의 스윙은 왕복대 상에 접촉하지 않고 주축에 부착할 수 있는 최대 직경을 말한다. 센터간의 최대 거리는 베드 상에서 심압대가 주축대로부터 최대한으로 떨어졌을 때의 주축과 심압축에 붙어있는 센터간의 거리로 양 센터 간에 지지되는 피가공물의 최대길이를 나타낸다. 더욱이 베드의 길이로 표시하는 경우도 있지만 실제로 절삭할 수 있는 피가공물의 길이란 상당한 차이가 있다. 특히, NC 선반에서는 베드의 형상이 여러 종류 있기 때문에 기계의 크기를 나타내는 것은 척 직경, 최대 가공 직경, 봉제 가공 직경, 최대 가공 길이 등이다.

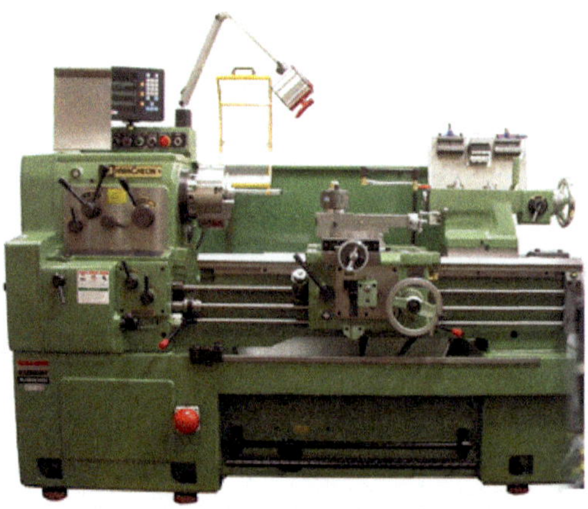

그림 3.27 보통 선반

그림 3.27의 보통 선반은 명칭대로 가장 보통 형식의 선반이며 여러 종류의 선삭 가공에 적용하고 있으므로 범용성이 높다. 엔진 레이스라는 명칭은 옛날 증기 기관을 동력으로 하던 시대에 붙여진 것이다. 한편 주축대와 심압대에 센터를 갖추고 있으며 이것 양측의 센터에 가공물을 지지하여 가공할 수 있으므로 **센터 선반**(center lathe)라고도 말해진다. 또한, 주축에 척을 장착하고 이것에 가공물을 부착하여 가공하는 방법도 있다. 보통 선반에 의한 가공은 이상의 척 작업과 센터 작업으로 분류된다. 이 양 작업에 공통의 선삭 가공으로서는 외경절삭, 테이퍼절삭, 총형절삭, 면절삭, 수나사절삭, 챔퍼, 라운드, 널링 등이 있다. 척 작업만의 선삭 가공에는 보링, 암나사 절삭, 절단 등이 있다. 그밖에 심압대를 이용하면 드릴, 리밍, 태핑, 다이헤드 다이즈에 의한 수나사 절삭도 가능하다. 특수한 응용에서는 모방 장치에 의한 모방절삭, 초정밀 유닛을 횡이송대에 고정하여 행하는 환봉의 초정밀 등이 있다.

2) 구성

보통 선반의 구성은 그림 3.28과 같으며 이것의 주요부는 다음과 같다.

① 피가공물을 부착하여 회전 운동시키는 주축, ② 주축을 지지하는 베어링과 주축의 구동기구를 내장한 주축대, ③ 주축대와 대항하여 베드 상에 고정되어 있는 심압대(tale stock, 피가공물의 다른 쪽의 선반을 고정하기 때문에 피가공물의 길이에 따라서 베드의 안내면에 연해 좌우로 이동, 소요의 위치에서 고정), ④ 베드 상의 안내면에 연해 좌우로 이동할 수 있는 왕복대, ⑤ 왕복대 상부에 있으며 바이트를 부착할 수 있는 툴포스트 가공작업에서는 왕복대의 주축중심선의 방향(종 방향)에 종 이송을 행하고 또한 이것과 직각의 방향(횡 방향)에 횡이송을 건다. 결국 종과 횡으로 이송하여 바이트에 위치를 조정하고 절삭하는 것이다. 바이트에 자동이송은 베드 앞면에 있는 이송봉(feed rod)의 회전운동을 이용한다. 또한 리드스크류를 이용하여 주축 1회전 당 정확한 이송을 주어 나사 절삭도 할 수 있다. 이송봉, 리드스크류는 함께 주축의 회전운동으로부터 유도되며 이송속도를 바꾸는 속도 변환 장치를 갖추고 있다.

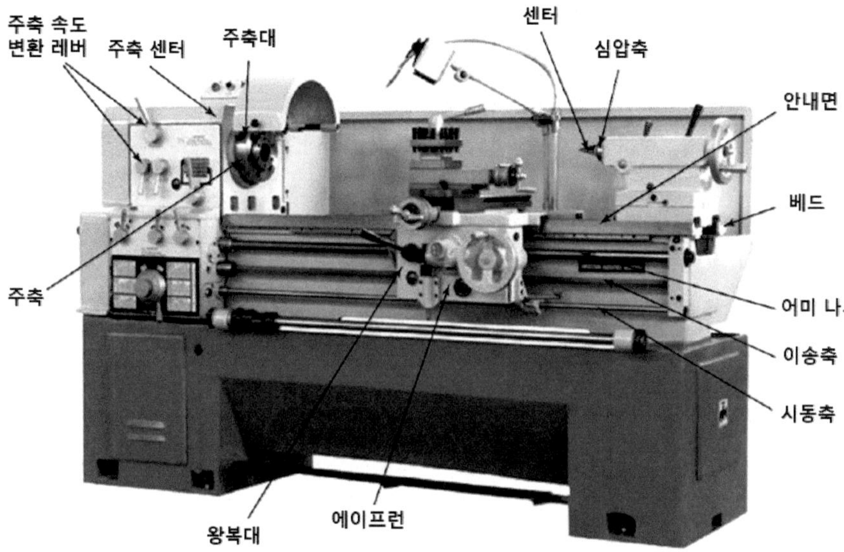

그림 3.28 선반의 구성

① 주축대

주축대는 선반의 중추라고도 생각할 수 있는 중요 부분으로 주축, 주베어링 및 구동 기구를 내장하고 있다. 기어에 의한 속도 변환기구가 다용되지만 그에 감속비는 1:30으로부터 1:50 정도이지만 속도 비에 따라 1:200 정도의 것도 만들어졌다. 주축속도의 변환 수는 간단한 것으로 6단 정도로부터 고속 선반에서는 24단도 보이고 있지만 대부분은 12~18단 정도이다. 주축의 기동, 정지는 보통 마찰 클러치를 이용하지만 속도 선반에서는 주축을 정지함과 동시에 브레이크가 작동하여 급속 정지시키는 것이 많다. 이송속도는 주축에 1회전당의 값으로 정하기 때문에 이송운동은 주축 또는 주축과 일정의 회전비로 회전하는 축으로부터 유도된다. 주축대에도 여러 가지 기구의 것이 만들어 졌으며 단차와 기어에서 특수 콘-풀리로 바뀌고 다시 전기어로 바뀌고 지금은 가변속 전동기로 바뀌었다.

② 심압대

심압대에는 심압축이 내장되어 있으며 심압대는 나사 축에 의해 드나들며 그의 좌단에 뚫려진 테이퍼 구멍에 센터를 부착하도록 되어 있다. 이것은 주축의 센터에서 가공물을 유지하는 것 외에 센터대신에 드릴을 장착하여 구멍 뚫기 작업도 할 수 있다. 그런 경우 가공물은 주축의 체크만으로 유지한다. 심압대의 본체는 하대 위를 옆으로 이동할 수 있으며 주축

중심선과 베드상의 안내면이 평행이 되어 있어 미세 조정할 수 있는 것이 많으며 이것에 의해 테이퍼 절삭을 행하는 것도 할 수 있다. 심압대를 베드에 꽉 조이는 데는 소형선반에서는 편심 캠, 중형 및 대형의 경우에는 볼트를 이용하여 앵커(anchor)를 베드 안내면의 하면에 꽉 조인다. 심압대의 센터는 보통 회전하지 않는다. 즉, 정지 센터이지만 공작물이 고속 회전한다든지 큰 힘이 가해지는 경우에는 마찰열로 센터가 타버리는 경우가 있다. 이러한 경우에는 구름 베어링을 넣은 회전 센터(라이브 센터)를 이용하는 것이 많다.

③ 왕복대

베드의 안내면에 탑재하고 있는 새들과 전면에 수직으로 처진 자동이송 장치, 그 밖의 조작 장치를 갖추고 있는 에이프런으로 되어 있다. 새들의 상부에는 공구대를 종횡 양 방향으로 이동할 수 있도록 미끄럼틀이 이중으로 되어 있다. 즉, 새들에는 그 위에 왕복대의 습동방향에 대해 직각으로 습동(sliding)할 수 있는 횡이송대 그 위에서 수직축의 주변으로 선회하는 선회축 더욱이 그 위를 습동하는 상부 이송대가 있다. 이 상부 이송대에는 공구를 부착하는 공구대가 있으며 공구를 자유의 위치로 고정할 수 있으며 선회축을 어떤 각도로 돌리면 공구를 경사방향으로 운동시킬 수도 있다. 이런 타입을 **복식 공구대**라 한다. 왕복대에 자동 이송을 주는 것에는 이송봉의 회전운동으로부터 에이프런 중에 회전 운동을 집어넣어 베드 전면의 안내면의 하부에 고정되어 있는 랙기어와 서로 맞물리는 피니언기어를 구동함으로써 종이송을 행한다.

④ 베드

베드는 양단에 다리를 갖추며 적당한 고도로 지지되어 그 위에는 주축대, 심압대 및 왕복대를 갖추고 공작물의 중량도 가해진다. 결국, 선반 각 부를 종합하여 지지하는 베드이며 이것들의 각부 사중과 절삭 지항력에 의한 구부림과 비틀림을 받으므로 베드의 양부(良否)는 제품정도에 커다란 영향을 미치는 것이다. 따라서 베드는 절삭력에 의한 변형이나 진동이 발생하지 않도록 충분한 강성을 갖는 구조로 되어야 한다. 보통은 주물에 의해 만들어지지만 안내면에는 마멸을 줄이기 위해 담금질 등에 의해 표면경화를 한다든지 담금질 강판을 붙인다든지 하는 경우가 있다. 또한 강성을 중시하는 것으로부터 강판에 의한 용접구조도 채용되고 있다. NC 선반에서는 진동을 방지하는 의미에서 일부에서 콘크리트 베드가 실용화되고 있지만 아직 보급하고 있지는 않다. 베드의 형식으로서는 수평 베드(plate bad)가 보통이다. NC 선반의 경우 경사(slant)형, 수직(vertical)형, 수평경사 복합형, 박스형 등으로 하고 있다.

(2) 모방 선반

모방 선반은 단붙임면, 테이퍼, 곡면 등의 가공을 극히 능률 좋게 할 수 있으며 같은 모양의 물건을 다수 만드는 경우 혹은 특수한 형상이나 복잡한 형상의 물건을 가공하는데 적합한 기구이다(그림 3.29). 미리 모방 기구를 갖춘 모방선반 외에 보통선반에 모방 장치를 장착한 것도 사용되고 있다. 모방 기구는 유압식과 전기식이 많으며 그밖에 광전식, 공기유압식, 전기유압식 등도 있다.

그림 3.29 모방 선반

그림 3.30 터릿 선반

(3) 터릿 선반

기계가공 부품에는 다만 한 종류의 작업만으로 하는 것은 비교적 적고 외주 절삭, 구멍 절삭, 정면 절삭, 보링, 나사절삭 등의 작업을 필요로 하는 것이 많다. 이와 같은 작업이 다를 때마다 다른 기계를 쓴다는 것은 가공물을 부착할 때에 편심오차를 피할 수 없게 된다. 이 때문에 정밀가공에서는 소재를 주축에 한번 부착하면 모든 작업을 종료하는 것이 바람직하다. 이와 같은 일회의 준비에 의한 가공은 가공정도 면에서만 아니라 가공의 능률면에서도 유리하다. **터릿 선반**(turret lathe)은 이러한 변형으로 개발된 기종이며 **터릿**이라 칭하는 선회 공구대에 여러 개의 절삭 공구를 공정순으로 준비해 놓고 한 공정이 끝날 때마다 터릿을 선회시켜 다음의 공구를 작업위치에 갖고 와서 작업을 계속한다는 것이다(그림 3.30).

터릿 선반은 절삭공구의 부착 조정이 약간 귀찮으므로 중량 이상의 가공작업에 이용되고 있다. 이 경우 터릿은 하나의 절삭공구가 작업위치에 들어갔을 때에 항상 정확히 일정의 위치에 오도록 선회정도의 높이가 요구된다. 터릿의 기구를 분류하면 터릿의 선회축이 수직인 것과 주축 중심선에 평행한 것이 있다. 전자의 대부분은 육각형 터릿이며 그의 육면이 공구 부착 위치이며 육면 터릿을 왕복대 위에 직접 횡이송대 위에 부착하고 있는 새들형 및 왕복대 위에 램과 램으로 칭하는 종방향의 미끄럼대 위에 터릿을 부착하고 있는 램형이 있다. 또한 수평축 주위에 선회하는 것을 종형이라 한다. 이들 세 가지 형태의 특징은 다음과 같다.

① **램형**: 운동부분의 중량이 작으므로 조작이 가볍고 비교적 소형의 터릿 선반에 많이 사용되고 있다.

② **서들형**: 대형의 터릿 선반에서는 터릿 및 이것에 부착된 공구류도 크게 되므로 더욱 비교적 중절삭으로 되므로 서들형이 이용될 수 있다.

③ **드럼형**: 수평축 주위에 터릿이 선회함으로 터릿 지지부가 길게 되며, 정도가 높다. 드럼의 회전 이송을 시킴으로써 챔퍼를 할 수 있는 장점도 있다. 다만 너무 큰 공구는 부착할 수 없다.

터릿 선반에는 절단, 홈 절삭, 청룡 절삭 등과 같이 반경 방향으로 이송하는 작업이 많으므로 터릿 공구대외에 보조의 왕복대를 갖추는 것이 보통이다. 또한 주축은 봉재 가공에 편리함으로 두꺼운 중공주축을 이용하며 척킹의 경우에는 공기압, 유압 혹은 전동의 척이 이용된다.

(4) 단축 자동선반

단축 자동선반은 소위 터릿 선반을 자동화 한 것이며 동일 형상의 소형 부품의 다량 생산용으로 생산되는 것이다. 다음의 주요 4가지 부분으로 구성되어 있다. 즉, ① 피가공물인 소재를 공급하는 장치, ② 소재를 파악하는 장치, ③ 소재에 회전을 주는 장치, ④ 절삭공구를 제어하는 장치이다. 피가공물의 공급도 포함해서 작업의 모두를 자동화한 기종을 전자동기, 피가공물의 착탈을 손으로 행하는 것을 반자동기라 한다. 또한 피가공물에 의해 척 작업용, 센터작업용, 봉재가공용 등으로 나눌 수 있다. 척 작업용은 오토로드(자동재료 공급 장치)를 장착하여 가공물의 착탈을 자동화 할 수 있다. 센터 작업용은 단축으로 주축의 전후에 단독의 왕복대를 갖는다. 앞쪽이 종 이송용이며 뒤쪽이 주로 횡 이송용으로서 모서리 공구대에 여러 개의 공구를 부착하여 동시에 가공한다. 봉재 가공용은 소재의 딜리버리, 클램프, 터릿 선회와 이송, 횡이송 공구대의 조작, 절단, 척킹, 주축 회전의 정역전, 속도변환 등의 각 공정 동작을 자동화하고 있다. 센터 작업용은 다인선반을 자동화한 것으로 보아도 좋다. 즉, 단축으로 주축의 앞뒤에 독자의 왕복대를 갖추고 앞쪽은 종 이송용, 뒤쪽은 횡 이송용으로 하여 각 공구대에 여러 개의 공구를 부착하여 동시에 가공할 수 있다. 기능은 척 작업용 자동반과 마찬가지이다.

(5) 다축 자동머신

단축 자동머신에서는 어떤 공구가 가공위치에 있을 경우 다른 공구는 가공하고 있지 않고 대부분의 공구가 놀고 있게 된다. 이것에 대해 **다축 자동머신**은 주축의 수를 늘려서 주축이 선회하여 다음에 공구의 위치를 할당하여 가공한다. 소위 터릿형의 자동 머신을 더욱 고능률화 한 것이다. 주축이 선회할 때마다 하나의 제품을 만들 수 있으므로 극히 생산성이 높고, 자동차, 전기, 베어링 등을 중심으로 하는 업계에서 다량 생산에 사용되고 있다. 이런 다축 자동머신에서는 각 가공공정은 전부 동시에 가공됨으로 소요 시간은 각 가공공정 중 가장 가공 시간이 긴 공정의 시간으로 한다. 마찬가지 목적을 갖는 트레스퍼머신에 비해서 공작물에 회전을 줄 수 있으며 공작물의 종류 변경에 대해서도 툴렛 아웃의 변경만으로 그친다는 특징도 놓칠 수 없다. 가공내용으로서는 선삭, 드릴, 보링 가공을 할 수 있는 것은 물론 스핀들 회전정지 장치를 부착하여 밀링, 슬로팅 가공 등의 2차 가공까지도 포함할 수 있다. 2축에서 12축까지 있지만 4, 5, 6, 8축 등이 많다. 각각 4축 자동머신, 6축 자동머신으로 불려지며 최근에는 NC화가 계속되고 있다.

(6) NC 선반

기계 자체의 주요 구성부도 제어장치로서의 NC 장치 각 운동부를 이동시키는 서보기구가 부가 된 것만으로 종래 선반의 어떤 것인가에 해당한다고 보아도 좋다. 다만 베드를 비롯해 공구대 외의 강성은 NC기로서의 기능을 만족하도록 대폭 강화되어 더욱이 콤펙트화 된 것이 특징이다. 그림 3.31은 NC 선반의 구성을 나타낸 것이다.

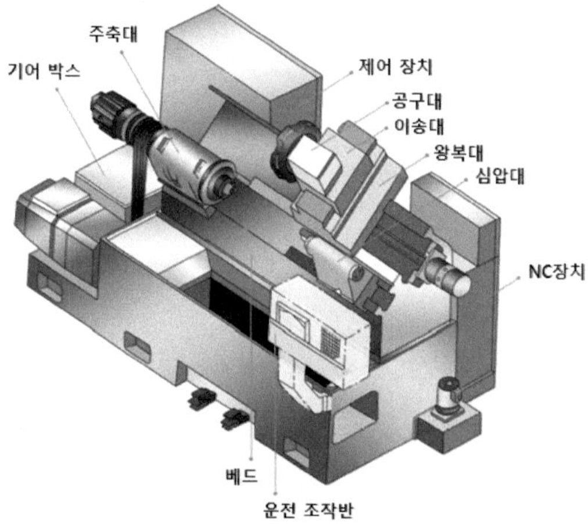

그림 3.31 NC 선반의 구성

1) 주축대

주축대(head stock)는 스핀들 서보모터(spindle servo motor)의 회전을 벨트 및 변환 기어를 통해 스핀들(spindle) 선단에 있는 척(chuck)을 회전시키고, 척에 물린 공작물을 회전시킬 수 있는 시스템이다. 일반적으로 주축의 회전은 무단변속으로 회전수를 프로그램에 의해 지령하고, 변속장치가 없는 소형기계와 변속장치가 있는 중형 이상의 기계가 있다. 그리고 벨트 전동으로 슬립이 발생되는 문제를 해결하는 포지션 코더(position coder)가 설치되어 실제 공작물의 회전수를 검출한다.

최근에 개발된 공작기계용 빌트인(built in) 모터는 스핀들과 모터가 결합된 형태로 정밀 고속 가공용 공작기계에 많이 적용되고 있다.

2) 척

주축 선단에 부착되어 공작물을 척킹하는 척은 유압으로 작동하는 유압척과 공기압력으로 작동하는 공압척 및 특수척이 사용된다. 척조(chuck jaw)를 작동시키는 실린더는 로터리 실린더를 사용하여 공작물 회전 중에도 공작물 물림 압력이 저하되지 않는다. 공작물의 형상이나 재질에 따라 척의 압력을 조절하여 공작물이 변형되지 않고 이탈하는 것을 방지할 수 있고, 척조의 종류로는 열처리된 하드조(hard jaw)와 공작물의 형상에 따라 가공하여 사용할 수 있는 소프트조(soft jaw)가 있다.

3) 공구대

범용선반에 사용되는 공구대(tool post)와 같이 공구를 장착하는 기계장치로서 회전 공구대(turret)와 갱(gang)타입 공구대가 있다. 회전 공구대는 회전 드럼에 각종 공구를 장착하여 프로그램에 의해 선택하여 사용한다. 일반적으로 사용되는 회전 드럼의 분할 수는 4~12개이고, 매회 공구선택의 위치 정밀도는 회전 공구대 내부의 큐빅 커플링(cubic coupling)에 의해 정밀한 위치 결정을 하게 구성되어 있고, 회전드럼의 회전력은 유압 또는 전기모터로 회전시킨다.

갱타입 공구대는 회전 공구대가 없이 테이블 위에 나열식으로 공구를 설치하여 고정시킨 방식으로 공구선택 회전시간을 줄일 수 있어 공정수가 적은 소형제품의 대량생산에 적합하여 소형 CNC 선반에서 많이 적용되고 있다. 하지만 공작물과 공구의 간섭 때문에 공구를 많이 설치할 수 없고, X축의 이동량이 많아 X축의 정밀도 저하가 발생된다.

4) 심압대

심압대(tail stock)의 사용은 가늘고 긴 공작물이나 척에 고정된 상태가 불안한 축(shaft) 종류의 공작물을 가공할 때 휨 현상이나 떨림 및 이탈되는 것을 방지하기 위하여 공작물 원주 중심을 지지하는 장치이다.

심압대 스핀들에 회전 센터(live center)를 끼워 공작물을 지지한다. 범용선반과 달리 유압이나 공기압을 사용하여 공작물을 지지하기 때문에 드릴과 같은 공구를 끼워 사용할 수 없다.

5) 운전 조작판

운전 조작판은 기계를 조작할 수 있는 모든 스위치가 집결되어 있는 곳이다. CNC시스템을 조작할 수 있는 DKU(display keyboard unit) 및 모드 스위치, 기타 조작과 연관 스위치가 있다.

운전 조작판은 같은 컨트롤러를 사용해도 공작기계 메이커에 따라 스위치 모양과 종류, 조작방법 등은 다르다.

(7) 터닝센터

그림 3.32와 같은 터닝센터는 터릿 공구대에 회전 공구를 장비하여 통상의 선삭 가공 외에 엔드밀, 드릴, 탭 가공 등을 원척으로 행할 수 있는 복합가공 NC 선반이다. 완제품 가공의 요구가 높아짐에 따른 복합화가 급속히 진행되고 소위 선반의 머시닝센터화의 급진전이다. 회전 공구 홀더를 상하 방향으로 업셋 하는(y축 기능) 것으로 특수한 챔퍼나 키홈 가공 등 가공능력은 대폭으로 확대되었다. 또한, 서브 스핀들의 장착에 의한 앞뒤 가공이 가능한 복합화도 가능하게 되었다. 또한, 이러한 복합기에서는 다축 다계통 혼합 제어 중첩 제어라는 새로운 개념의 제어 방식이 개발되었으며 주축과 공구의 자유로운 조합에 의한 다양하고 복잡한 가공이 가능하게 되었다.

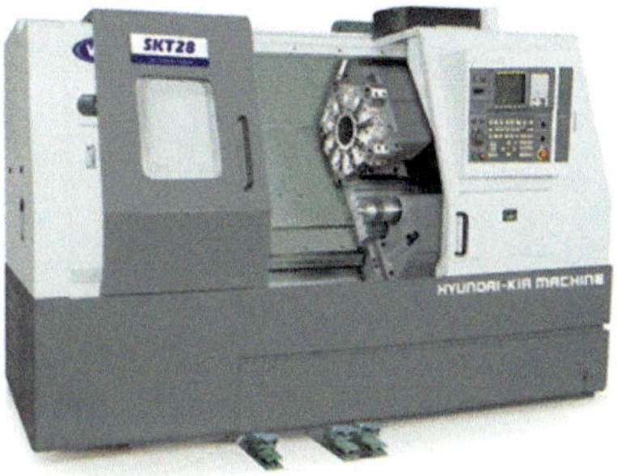

(a) 가공기 예

(b) 가공 모습

그림 3.32 터닝센터

3.4.2 평면 가공용 공작기계

평면 가공용 공작기계에는 세이퍼, 슬로터, 플레이너가 있다. 이것은 평삭기 또는 형삭기라고 한다.

절삭운동은 직선적인 왕복운동이며 절삭행정과 귀환행정으로 구분된다. 절삭할 때에는 절삭조건에 적합한 절삭속도에 의해 절삭하고 귀환 시에는 빠른 속도로 귀환하는 급속 귀환방식으로 한다. 정밀도가 높은 가공은 어렵고 시간의 효율이 나빠 가능한 요즘에는 다른 공작기계를 이용하는 경우가 많다.

(1) 세이퍼

세이퍼(shaper)는 직선운동을 하는 램(ram)의 공구대에 고정된 바이트에 대해 그림 3.33과 같이 공작물을 직각 방향으로 이송시켜 평면, 측면, 경사면, 홈을 가공하는 공작기계이며 수평형, 수직형, 기어 세이퍼가 있다.

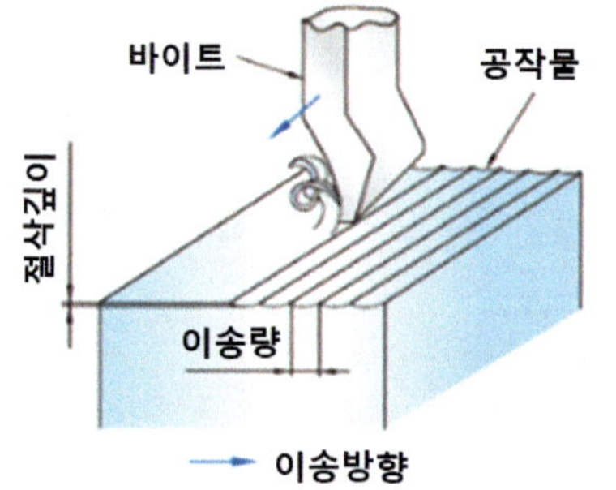

그림 3.33 세이퍼에서 공작물과 바이트의 이송 방향

1) 세이퍼 구조

그림 3.34와 같이 램, 공구대, 왕복운동 기구의 본체, 이송장치, 테이블, 베이스 등으로 구성되어 있으며 램은 일정한 안내면을 따라 왕복운동을 하게 된다.

테이블은 상하, 좌우로 이송할 수 있고 바이스가 설치되어 공작물을 고정한다.

세이퍼의 호칭은 램의 최대행정 길이 또는 테이블의 크기(길이×너비×높이)로 표시한다.

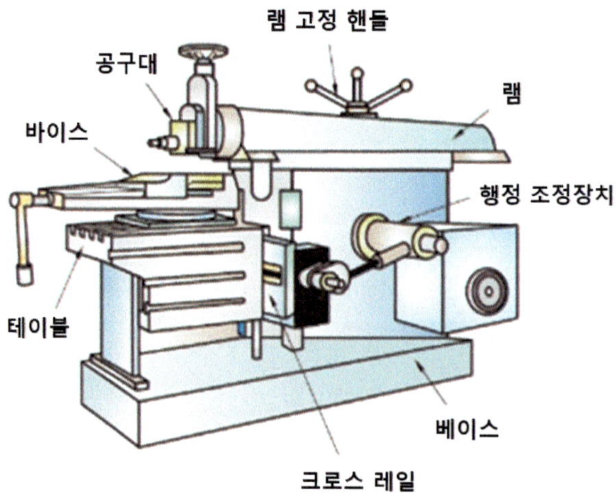

그림 3.34 세이퍼의 구성

2) 램의 왕복운동

크랭크 핀이 로커암의 홈 안을 미끄러지면서 회전운동하여 절삭행정 시에는 공구가 천천히 움직이지만 되돌아올 때에는 빨리 움직이는 급속 귀환장치로 되어 있다(그림 3.35).

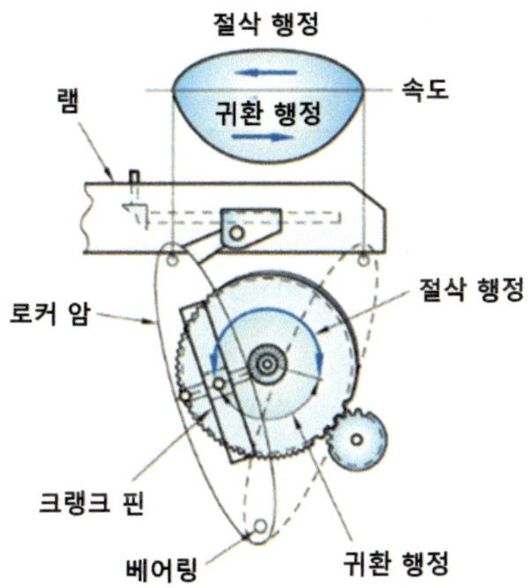

그림 3.35 램의 왕복운동

(2) 슬로터

슬로터(slotter)는 상하 왕복운동 하는 램의 절삭 운동으로 테이블에 수평으로 설치된 공작물을 절삭하는 공작기계이다. 램의 운동방향이 세이퍼의 수평방향에 대해 수직방향으로 되어 있어서 **수직세이퍼**(vertical shaper)라고도 한다.

슬로터는 처음에 구멍 내부의 키 홈을 만들기 위해 제작되었으나 현재는 작업 범위가 넓어져 구멍의 내면이나 곡면 가공에도 많이 사용된다.

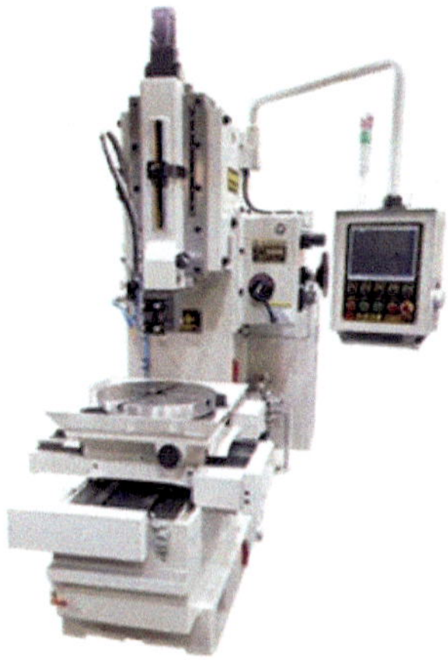

(a) 슬로터의 외형

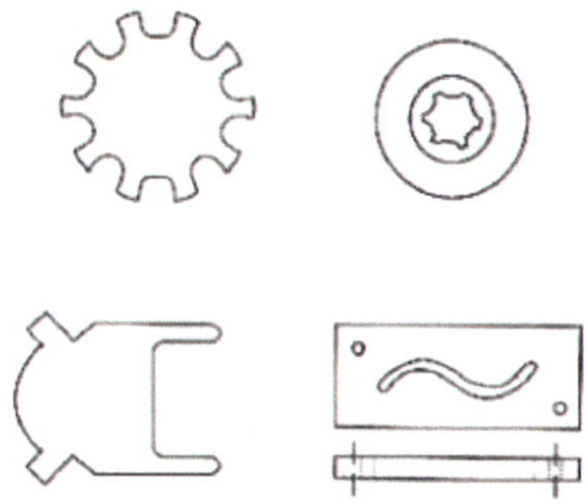

(b) 가공물의 모습

그림 3.36 슬로터의 외형 및 가공물의 모습(출처 우창기계)

(3) 플레이너

플레이너(planer)는 세이퍼 등으로는 절삭할 수 없는 큰 공작물의 평면부를 가공하는 공작기계이다. 주로 대형 공작물을 대상으로 한다(주로 선반의 베드, 대형 정반 등의 대형물의 가공에 적합).

공작물은 테이블 위에 고정되어 그림 3.37과 같이 수평 왕복운동하고 바이트를 공작물의 운동방향과 직각방향으로 이송시켜 평면, 수직면, 홈, 경사면 등을 가공한다.

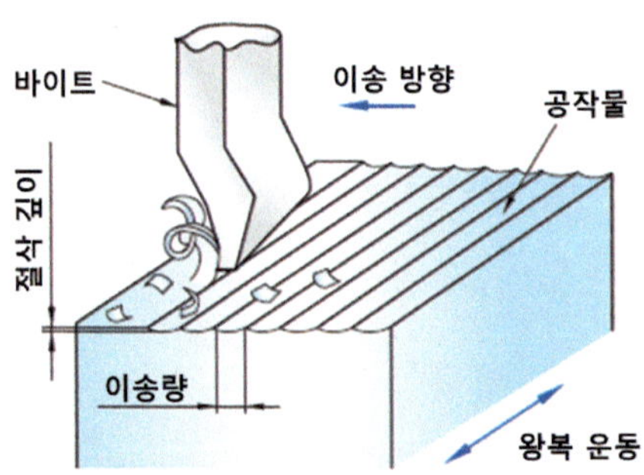

그림 3.37 플레이너에서 공작물과 바이트의 운동 방향

1) 플레이너의 특징

① 세이퍼로 작업할 수 없는 대형 공작물의 평면가공 작업을 할 수 있다.

② 플레이너의 가공 정밀도는 5~8 ㎛의 높은 정밀도를 얻을 수 있다.

③ 평면 가공 시에 생산성이 좋다(테이블의 속도를 200 m/min 정도까지 높일 수 있다).

2) 플레이너의 크기

테이블의 크기(길이×폭), 공구대의 이송거리, 테이블의 윗면에서 공구대 사이의 최대 높이로 표시한다.

3) 플레이너의 종류

플레이너에는 단주식(그림 3.38 (a))과 쌍주식(그림 3.38 (b))이 있다.

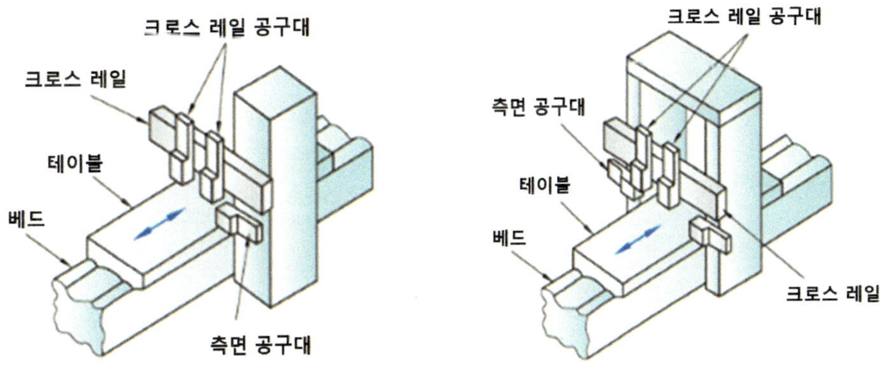

(a) 단주식 플레이너　　(b) 쌍주식 플레이니

그림 3.38 플레이너의 종류

4) 플레이너 가공시간

플레이너로 공작물을 가공하는데 걸리는 시간은 행정길이, 공작물의 폭, 이송, 절삭속도, 귀환속도 등과 관계된다.

CHAPTER

4 전삭에 의한 제거가공

4.1 전삭 가공의 개요

4.2 밀링 가공의 절삭이론

4.3 전삭용 공구

4.4 전삭용 공작기계

전삭에 의한 제거가공은 1장 가공의 개요에서도 언급했지만 전삭의 대표인 것은 밀링 가공이므로 밀링 가공에 의한 제거가공을 의미한다.

밀링 가공은 가공하는 공작물을 고정하고 공구를 회전해서 가공하는 방법으로 고정한 공작물에 공구를 단속적으로 접촉시켜 절삭하기 때문에 공작물 표면을 평면이나 곡면으로 가공할 수 있어 구멍 뚫기, 홈 깎기 등 다양한 가공이 가능하다.

기계부품을 제작하는데 전삭에 의한 제거가공은 상당한 부분을 차지하고 있다. 평면 가공이나 구멍 뚫기 등 조립 부분이 많으므로 거의 빼놓을 수 없는 제거가공이라 할 수 있다.

따라서 본 장에서는 전삭의 대표적인 가공인 밀링가공 및 여러 가공이 가능한 머시닝센터 가공에 대해 알아보며 전삭용 공작기계에는 어떤 것이 있는지 알아보기로 한다.

4.1 전삭 가공의 개요

4.1.1 전삭 가공의 정의 및 특징

전삭 가공은 공작물을 고정한 상태에서 공구를 회전시켜 가공하는 방법으로, 주로 밀링 가공이나 머시닝 센터에서 활용된다. 이는 선삭 가공과 반대되는 방법이며, 평면이나 곡면을 가공하거나 구멍을 뚫는 등 다양한 형태로 가공할 수 있다.

대표적인 가공 방법에는 밀링 가공과 머시닝 센터 가공이 있다. 이러한 전삭 가공의 전반적인 특징으로서는 다음과 같다.

- **공작물 고정, 공구 회전**: 공작물은 고정된 상태에서, 공구가 회전하여 절삭 작업을 수행한다.
- **다양한 가공 가능**: 평면 가공, 곡면 가공, 구멍 뚫기, 홈 깎기 등 다양한 형상 가공이 가능하다.

4.1.2 밀링 가공

(1) 정의 및 가공 종류

1) 정의

밀링 가공이란 그림 4.1과 같이 복수의 절삭 날이 있는 커터가 회전하며 모든 방향으로 움직이면서 피삭재(공작물)를 가공하는 방법이다. 절삭 날 하나하나가 각각 칩을 배출하므로 가공 능률이 높은 가공이라고 할 수 있다. 공작물면 위를 넓게 깎아내는 정면 깎기가 가장 일반적이다. 이에 반해 사이드 커터에 의한 측면(측면과 정면) 밀링은 커터의 회전축이 공작물에 평행, 커터의 이송 방향은 이 회전축에 대해 수직인 위치 관계이다. 엔드밀은 정면 깎기와 동일하지만 종종 축 방향의 부하가 커진다. 엔드밀에 따라 타공 가공(솔리드 엔드밀 센터컷 타입)이 가능하다. 밀링 가공에서 가장 일반적인 것은 정면 가공이지만 NC 공작기계를 이용한 모방 밀링 가공이 증가하고 있다.

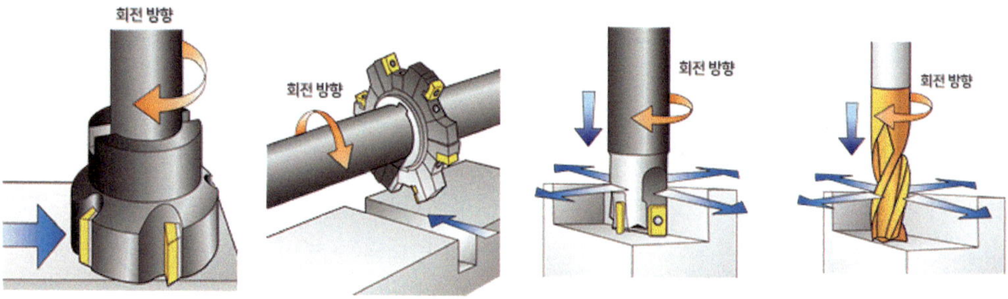

(a) 정면 깎기 (b) 사이드 커터 (c) 엔드밀 (d) 솔리드엔드밀

그림 4.1 밀링가공의 형태

2) 밀링 가공의 종류

① 평면가공

평면가공은 그림 4.2와 같이 말 그대로 제품을 평평하게 깎는 것을 말한다. 테이블에 공작물을 고정한 뒤 정면 밀링커터나 플레인 밀링커터를 이용해 좌우로 움직이며 가공한다. 엔드밀을 이용해도 평면 가공이 가능하지만 넓은 면적을 작업할 때에는 시간이 오래 걸려 잘 사용하지 않는다. 작은 면적의 경우에는 엔드밀도 사용 가능하다.

그림 4.2 평면가공의 예

② 측면 가공

측면가공은 그림 4.3과 같이 공작물의 측면을 깎는 가공방법으로 공구를 상하로 움직여 가공하는 방식이다. 정면 밀링커터나 엔드밀을 사용해 가공하며 수평형 밀링머신에서는 플레인 밀링커터를 이용하기도 한다. 플레인 밀링커터 사용 시에는 주로 거친 절삭가공에 사용된다.

그림 4.3 측면 가공의 예

③ 단차 가공

그림 4.4 단차 가공의 예

단차 가공은 그림 4.4와 같이 계단식으로 가공하는 방법을 의미하며 평면과 측면을 동시에 깎아내리는 가공방식이다. 정면 밀링커터나 플레인 밀링커터로 가공하며, 단차가 높거나 좁은 면적일 경우에는 주로 엔드밀을 사용한다.

④ 홈 가공

그림 4.5 홈 가공의 예

홈 가공은 제품에 홈을 파는 가공방식이다. 엔드밀이나 홈 밀링커터를 사용해 가공한다. 일자형 홈이 아니라 그림 4.5와 같은 바닥면이 더 넓은 T자형태의 홈도 가공이 가능하며 이때는 T홈 밀링커터를 이용해 작업을 한다.

⑤ 구멍 가공

그림 4.6 구멍 가공

그림 4.6과 같이 밀링 기계를 이용해 드릴링머신과 같은 구멍 가공도 가능하다. 주로 엔드밀을 사용하여 가공하는 방식이다.

⑥ 3축 가공(3D 가공)

그림 4.7과 같이 공작물을 전후좌우로 이동하면서 공구를 상하로 움직여 가공하는 방법이다. 일반 범용 밀링기계에서는 거의 불가능한 방법이며 NC나 머시닝센터를 이용해서 컴퓨터로 제어하면서 3차원 형상으로 가공한다. **3D 가공** 또는 **3축 가공**이라고 한다.

그림 4.7 3축 가공의 예

4.1.3 머시닝 센터 가공

(1) 정의 및 주요 특징

머시닝센터(machining center; MC)는 1958년에 미국의 Carnegie&Trekker사가 개발한 "밀워키 매틱"이라는 명칭의 공작기계가 세계 최초로 되어 있다.

밀워키 매틱은 1960년의 시카고 쇼에 출품되고서 밀링머신이나 드릴링머신의 메이커가 줄이어서 개발에 착수했다.

머시닝센터의 명칭이 사용되기 시작한 것은 1965년의 시카고 쇼로 이후 공작기계의 한 기종으로 그의 위치를 확립하게 되었다.

MC는 자동차 산업이나 금형, 정밀기기, 정보기기, 항공기 산업 등 넓은 분야의 기계가공의 합리화에 큰 역할을 하여 왔다. 또한 수요층의 비즈니스의 글로벌화와 국제간 경쟁의 격화를 배경으로 한 상품개발 기간의 대폭적인 단축이나 비용 절감의 수단으로서 MC의 공헌은 대단한 것이다. 최근의 고속, 고정도 기종이나 친환경형, 변종 변량에 유연하게 대응할 수 있는 기종 등의 MC 개발 경쟁은 이러한 흐름에 따른 것이다.

특히 MC의 가공속도와 정도는 대폭적인 진보를 이어가고 있다. 예를 들어 중소형 기계의 주축 회전 속도는 1만 회전 이상이 보통이며 2~3만 회전, 그 이상의 것도 흔하다. 급속이송 속도도 20 m/min이상이 많으며 30~60 m/min, 하이리드 볼스크류 탑재 기계나 리니어모터 이송에서는 90 m/min, 120 m/min이라는 초고속 기계도 있다.

1) 정의

머시닝센터에 대한 여러 가지 정의가 있지만 1977년에 NMTBA(당시 전미 공작기계공업회)에 의하면 "머시닝센터는 자동 공구교환 능력이 있으며 공구를 회전시켜서 가공하는 다기능 NC 기계"로 정의했다.

두산백과에서는 "보링머신, 밀링머신, 드릴링머신을 하나로 한 복합공작기계"로 정의하고 있다.

또한 기계공학 용어 사전에 의하면 "공구의 자동 교환장치 또는 자동 선택기능을 구비하고, 밀링 커터, 드릴링, 태핑 등 여러 종류의 가공이나 다면 가공이 공작물의 설치를 바꾸지 않고 가능한 수치제어 공작기계"라고 되어 있다.

결국 MC로서는 일반적으로

① 가공에 필요한 공구를 수납하는 툴매거진을 보유하고 있다.

② 가공에 맞춰 툴매거진으로부터 필요한 공구를 선택하고 자동적으로 교환한다.

③ 기계의 동작이 NC 제어되어 공작물의 변화, 절삭조건, 공구의 변경에 대해 NC 프로그램에 대응할 수 있다.

④ 횡형 MC는 가공 범위를 확대하는 선회, 분할테이블을 갖는다.

등이 될 것이다.

2) 주요 특징

머시닝 센터 가공의 주요 특징은 다음과 같다.

① **다중 축 운동** : 머시닝 센터는 여러 축(일반적으로 3~5축)의 운동을 제어하여 복잡한 형상을 가공할 수 있다. X, Y, Z축 이외에 회전운동을 가능하게 하는 회전테이블과 같은 추가 축을 가지고 있다.

② **CNC 제어** : 머시닝 센터는 CNC 컨트롤러를 사용하여 자동화된 작업을 수행한다. CNC시스템을 통해 작업물의 위치, 회전, 절삭속도, 공구 교환 등을 정밀하게 제어할 수 있다.

③ **다양한 가공 기술** : 머시닝 센터는 선반, 밀링, 드릴링, 연마 등 다양한 기술을 하나의 기계에서 통합하여 수행할 수 있다. 이로써 다양한 작업을 효율적으로 처리할 수 있다.

④ **자동화 및 연속가공** : 머시닝 센터는 자동화된 작업을 수행하여 작업자의 개입을 최소화하고 생산성을 향상시킨다. 연속 가공이 가능하며 작업자의 휴식이 없이 지속적인 작업을 수행할 수 있다.

⑤ **정밀 가공** : 머시닝 센터는 정밀한 가공을 가능하게 한다. CNC 제어로 부품의 정확한 치수와 형상을 유지할 수 있다.

⑥ **복합 형상 가공** : 머시닝 센터는 복잡한 형상을 가공할 수 있어 자동차 부품, 우주항공 산업 부품, 의료기기 부품 등 다양한 산업 분야에서 활용된다.

4.2 밀링 가공의 절삭이론

밀링 커터에 의한 절삭의 특징은 밀링의 회전에 동반하여 절삭 날이 순차 절삭을 행하므로 절삭이 단속적으로 행해지는 것에 있다. 따라서 절삭 저항의 크기나 방향이 밀링 회전에 따라 변화한다는 특징을 갖고 있다.

이 때문에 공구, 공작물 및 공작기계가 진동을 일으키기 쉬운 조건에 있으며 따라서 이것들에 충분한 강성을 갖게 할 필요가 있다. 절삭 저항의 변동을 방지하기 위해서는 비틀림 날의 채용이나 주축에 플라이휠을 부착하는 등의 방책을 세운 것이 많다.

4.2.1 밀링커터의 각부 명칭과 형상

그림 4.8은 평면 밀링커터(plan milling cutter)의 각부 명칭을 나타낸 것으로 이것은 원의 원주에 절삭날을 가진 것으로 평면가공에 사용되며 곧은 날과 비틀림 날이 있다. 비틀림 날의 비틀림 각은 보통 15°~30° 정도이다.

그림 4.9는 정면 밀링커터(face milling cutter)에 대한 주요 각 표시를 나타낸 것이다.

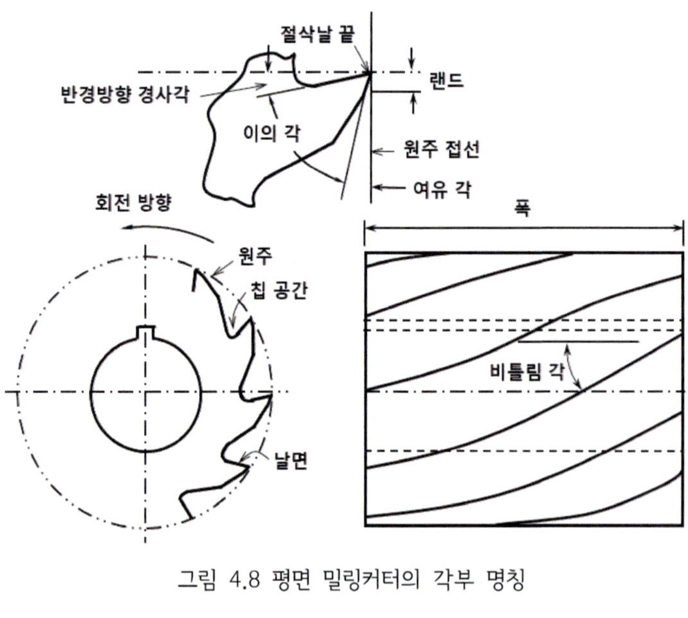

그림 4.8 평면 밀링커터의 각부 명칭

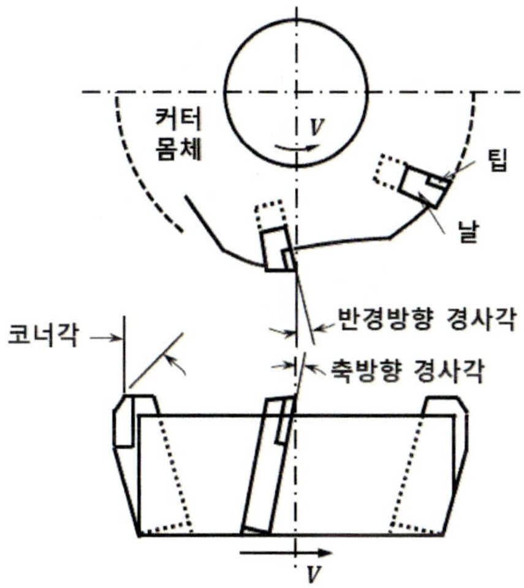

그림 4.9 정면 밀링커터의 주요 각

4.2.2 밀링 작업의 칩 발생과 평균 두께

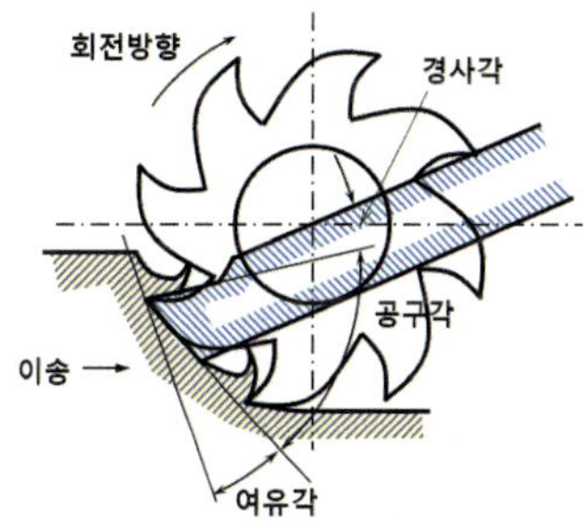

그림 4.10 밀링커터의 절삭작용

밀링 작업은 커터가 일정한 위치에서 회전운동을 하고 가공물에 이송을 주어 절삭한다. 밀링 작업은 그림 4.10과 같이 원주에 많은 인선(edge)을 가진 회전 인선들이 순차적으로 재료를 절삭하지만 한 개의 인선은 그림 4.10에서 해칭되어 있는 부분과 같은 형상을 한 바이트와 유사하다. 또한 절삭 작용도 바이트와 흡사하다.

밀링커터와 이송의 상대적 운동은 그림 4.11과 같은 궤적을 보이며 이 궤적은 트로코이드 곡선의 궤적으로 나타난다. 공작물에 대한 밀링 커터 인선의 상대운동을 생각하면 인선의 움직이는 궤적은 트로코이드 곡선으로 되며 인접하는 2개의 날에 의해 그림 4.11과 같은 밑 부분의 컴마 형상 부분이 절삭 칩으로 되는 것을 알 수 있다.

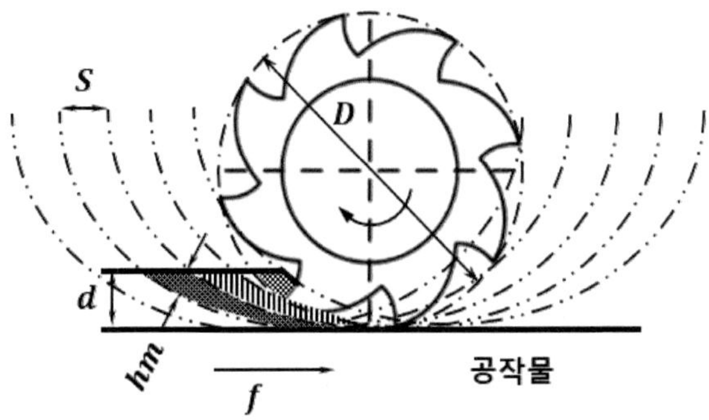

그림 4.11 평 밀링 인선의 궤적과 절삭량

절삭 깊이 d(㎜), 밀링 커터의 날수 z, 밀링 커터의 매분 회전수를 n으로 하고 공작물의 이송속도를 f(㎜/min)로 하면 하나의 날 당 이송량 f_z(㎜)는 다음과 같이 된다.

$$f_z = \frac{f}{nz} \tag{4.1}$$

그림 4.12의 왼쪽은 절삭되는 부분이 $aghb$면과 새로운 면으로 형성될 때 공구는 커팅하면서 가공물이 이송되므로 1회전에 대해 인선이 a점 위치에서 소재에 접촉되어 여기서부터 점점 절삭되는 용적이 크게 되어 gc에서 최대 칩 두께에 도달하고 그 후부터 칩 두께가 감소되면서 e에 도달한다. 실제 작업에서 밀링커터는 위에 압상하는 힘을 받고 또는 베어링부가 휘든지 하는 원인이 되어 a점에서 부터 깎이지 않고 k까지는 마찰을 일으키면서 미끄러진다.

k점에 도달하면 아버에 고정된 공구의 가압력이 충분히 크게 되어 비로서 절삭작업이 진행되면 밀링 작업에서 볼 수 있는 특색 있는 칩이 발생한다.

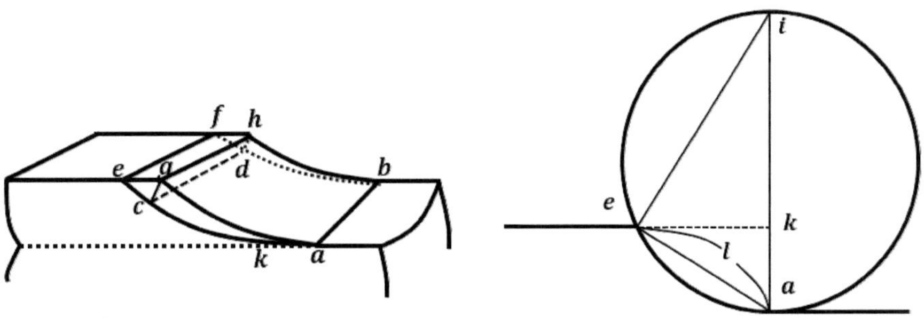

그림 4.12 밀링 작업에서 칩의 형성

절삭부의 폭을 b, 절삭깊이 t, 이송 f, 밀링커터의 직경 D, 회전수 n, 공구 날수 z, 평균 칩 두께 t_m이라고 하면 단위 시간에 절삭되는 칩의 체적 Q는 다음과 같이 된다.

$$Q = bt_m f \tag{4.2}$$

또한 1개의 절삭날이 절삭하는 칩의 길이 l은 근사적으로 그림 4.12의 오른쪽에서 $\Delta aei \propto \Delta aek$의 관계로부터 다음과 같이 된다.

$$\frac{ai}{ae} = \frac{ae}{ak} \rightarrow ae^2 = ai \cdot ak \tag{4.3}$$

$ae = l$, $ai = D$, $ak = t$이므로 칩의 길이 l은 다음과 같이 된다.

$$l = \sqrt{Dt} \tag{4.4}$$

식 (4.1), 식 (4.2)와 식 (4.4)로부터 평균 칩 두께 t_m는 다음과 같다.

$$t_m = \frac{Q}{nzbl} = \frac{btf}{nzb\sqrt{Dt}} = \frac{f}{nz}\sqrt{\frac{t}{D}} = f_z\sqrt{\frac{t}{D}} \tag{4.5}$$

절삭부의 폭은 정면 밀링 가공 시 커터이 사이즈와 공작물의 위치 관계가 중요하다.

공구를 선정할 때는 공작물의 가공 폭과 커터 직경이 중요하며 이상적으로는 커터 직경이 공작물 폭보다 30% 정도 큰 것으로 한다. 또한, 기계 동력과 강성에 대해서도 검토한다.

다음으로 중요한 것은 커터에 몇 장의 절삭날(Z)이 부속되는가 하는 점이다. 각각의 절삭날이 충분히 절삭에 기여하지 않는 경우 소음 진동이 발생하고, 또한 많은 절삭 날이 절삭하고 있는 듯한 경우는 기계 동력이 증가한다.

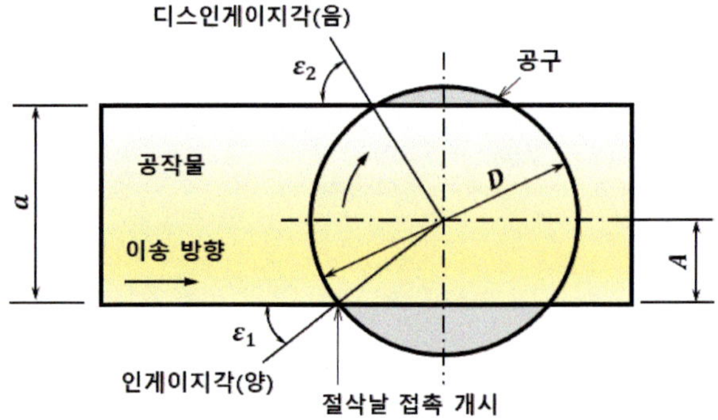

그림 4.13 정면 밀링 절삭에서의 인게이지각

정면 밀링 커터에 의한 절삭에서는 절삭은 단속적이지만 절삭칩의 단면적은 거의 일정하며 단속적인 평면 절삭 또는 선삭으로도 생각할 수 있다. 그림 4.13에 나타낸 바와 같이 공작물의 폭 a에 대한 정면 밀링 커터의 관계 위치 A에 의해 절삭 초기의 인게이지각(engage angle) ε가 변화한다. 절삭날의 절입 상태는 밀링커터 절삭날 형상과 인게이지각에 의해 변한다.

인게이지각 ε_1이 과대 또는 음으로 되면 인선에서 칩핑이 일어나기 아주 쉽게 되므로 통상 각도 20도 이하가 되도록 하며 공작물의 폭 a에 대해 적당한 직경 D의 커터가 선정되도록 하며 세트 위치 A도 선택된다.

4.2.3 절삭저항

평면 밀링 커터에 의한 절삭 저항은 보통 그림 4.14와 같이 절삭 방향의 주분력 P_1, 축방향 분력 P_2 및 축에 직각으로 작용하는 배분력 P_3로 나뉘어 생각할 수 있다.

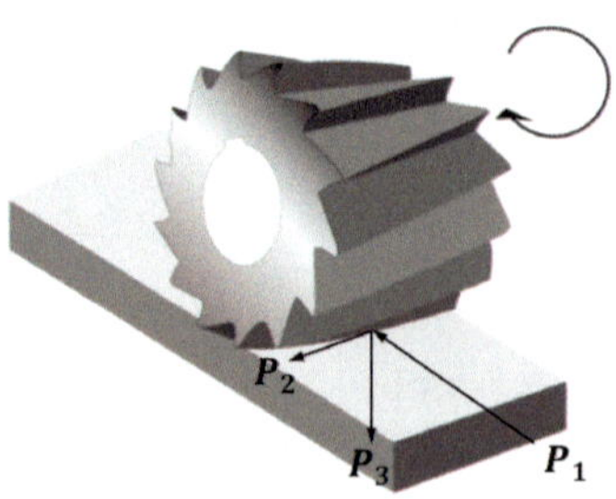

그림 4.14 밀링 절삭의 3분력

밀링 작업에서 절삭저항에 미치는 경사각, 칩의 두께에 관한 것은 선반의 경우와 마찬가지 방법으로 취급할 수 있다. 일반적으로 날 1개당의 이송 및 절삭깊이가 크게 됨에 따라 절삭저항은 커진다. 다만 배분력은 경사각이 크고 절삭깊이가 클 경우는 역으로 음의 값을 나타내는 경우가 있으므로 주의를 요한다.

단위 면적당의 절삭저항인 비절삭력 k_s(kg/㎟)은 밀링에서 절삭되는 칩의 평균 두께 t_m에 따라 변한다. 절삭저항의 관계식은 다음과 같다.

$$P = k_s \cdot t_m \cdot b[\text{kg}] \tag{4.6}$$

여기서 $t_m \cdot b$는 절삭면적을 나타낸다.

4.2.4 절삭속도 및 이송

밀링절삭 작업의 절삭속도 V는 밀링커터의 직경 D, 커터의 회전수 n이라 하면 다음 식으로 계산된다.

$$V = \frac{\pi D n}{1000} \tag{4.7}$$

또한, 회전수로 나타내면 다음과 같다.

$$n = \frac{1000\,V}{\pi D} \tag{4.8}$$

표 4.1은 가공재료에 따른 절삭속도를 나타낸 것이다.

표 4.1 가공재료에 따른 절삭속도(m/min)

가공 재료	공구의 재료			
	고속도강	탄소강	스텔라이트	텅스텐카바이드
주철	10~30	10~16	20~90	60~120
가단주철	20~30	10~15	30~45	60~120
강	10~30	10~15	30~50	30~240
청동	10~40	10~20	30~60	60~250
황동	20~60	12~30	45~80	100~300
알루미늄	140~300	75~150	230~270	300~1200
구리	30~50	20~30	50~120	200~300

매 회전당 이송 f_r, 절삭날 수 z, 1개의 절삭날당 이송 f_z라 하면 분당 이송 f(㎜)는 다음과 같다.

$$f = nf_r = f_z \cdot z \cdot n \tag{4.9}$$

절삭속도와 이송은 가공물의 재료, 밀링커터의 재질, 절삭깊이, 절삭폭 및 절삭동력 등 각종 조건에 따라 적당한 것을 선택하여야 한다. 일반적으로 절삭속도는 공구수명이 허용하는 한도 내에서 큰 값을 선정하고 특히 정밀한 가공이 필요할 때에는 높은 절삭속도와 작은 이송으로 작업하고 황삭에서는 저속에서 큰 이송으로 작업하고 있다.

4.2.5 절삭동력

매분 절삭량(Q)은 절삭깊이 t, 절삭폭 b, 분당 이송 f라 하면 절삭칩 체적은 다음과 같다.

$$Q = \frac{b \times t \times f}{1000} \text{ [㎤/min]} \tag{4.10}$$

또한, 밀링 가공할 때 발생하는 3분력 즉, 주분력 P_1, 축방향 분력 P_2, 커터 반경 방향 분력 P_3라 하고 절삭속도 V_c[㎜/min], 이송속도 V_f[㎜/min]라 하면 절삭동력 N_c[PS]와 이송동력 N_f[PS]는 다음과 같다.

$$N_c = \frac{P_1 \bullet V_c}{60 \times 75}\text{[PS]}, \quad N_f = \frac{P_2 \bullet V_f}{60 \times 75 \times 1000}\text{[PS]} \tag{4.11}$$

여기서 주축의 구동효율 η_c, 이송효율 η_f라 하면 절삭동력 N은 다음과 같이 나타낸다.

$$N = \frac{N_c}{\eta_c} + \frac{N_f}{\eta_f}\text{[PS]} \tag{4.12}$$

한편 밀링머신의 절삭동력은 절삭량을 기초로 하여 단위 절삭량 당 소요 동력으로 계산하면 소요 동력(N)은 다음과 같다.

$$N = K \times Q\text{[PS]} \tag{4.13}$$

여기서 K값은 가공물의 재질과 절삭조건에 따라 변한다. 동력의 단위는 절삭량 당 소요마력[PS/㎤/min]이며 보통 절삭조건 하에서의 각종 재료의 평균치가 표 4.2에 표시되어 있다.

표 4.2 단위 절삭량 당 실제 소요동력 K

공작물	동력[PS/㎤/min]	공작물	동력[PS/㎤/min]
알루미늄	0.027	주철(보통)	0.072
황동, 청동(연)	0.031	강(연)	0.072
황동, 청동(보통)	0.043	강(보통)	0.094
황동, 청동(경)	0.094	강(경)	0.128

4.3 전삭 가공용 공구

4.3.1 절삭공구

(1) 절삭공구의 종류

밀링 가공은 절삭공구가 회전하는 동시에 공작물이 움직이면서 가공이 이루어지므로 평면 및 윤곽 표면을 가공하며 다축 장비에서는 가공 방법을 선택할 수 있어 선삭으로 가공하던 구멍, 동공, 표면, 그리고 나사 등을 가공할 수도 있다. 밀링 가공은 거의 모든 방향으로 프로그램된 이송 운동을 수행하는 다중날 절삭공구에 의해 이루어진다.

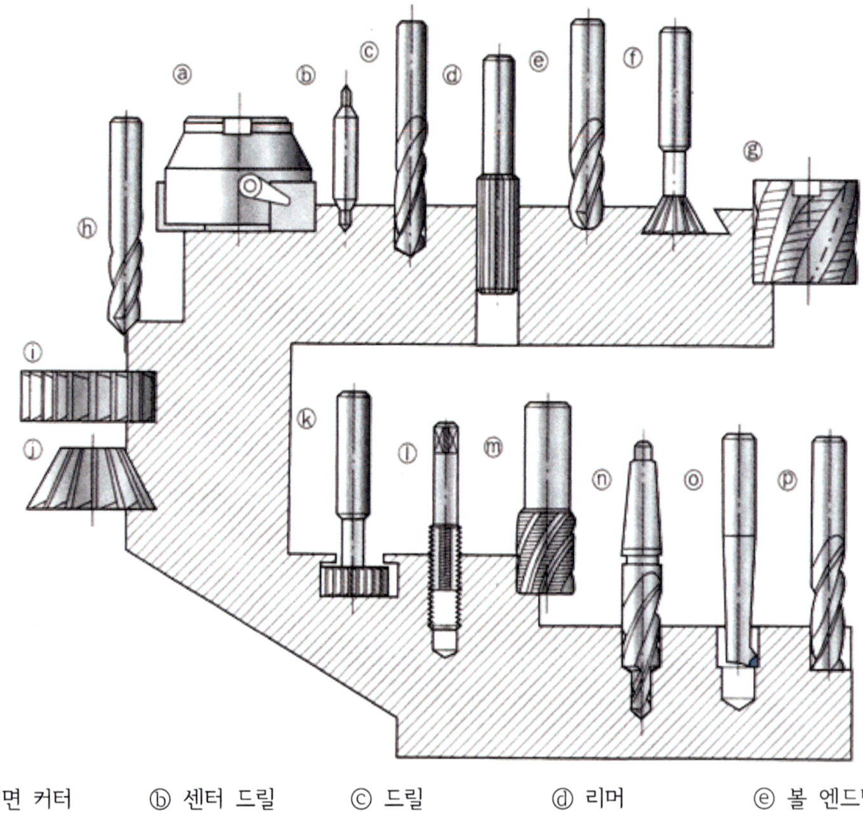

ⓐ 정면 커터 ⓑ 센터 드릴 ⓒ 드릴 ⓓ 리머 ⓔ 볼 엔드밀
ⓕ 더브테일 커터 ⓖ 셸 엔드밀 ⓗ 모따기 커터 ⓘ 측면 커터 ⓙ 각도 커터
ⓚ T홈 커터 ⓛ 탭 ⓜ 거친 절삭 엔드밀 ⓝ 단차 드릴
ⓞ 보링 ⓟ 엔드밀

그림 4.15 밀링 절삭공구의 종류와 가공 형상

밀링커터는 가공하는 공작물의 재질, 형태, 가공방식에 따라 다르게 한다. 여러 개의 날을 가진 다인 공구를 사용하며 선반 등과 같은 단인 공구에 비해 우수한 절삭 성능을 갖는 것이 특징이다. 이런 밀링커터에는 다양한 종류가 있다. 평면커터, 측면커터, 정면커터, 엔드밀, 총형커터, 각형커터, 메탈 슬리팅소, T홈커터, 더브테일커터 등이 있다. 그림 4.15는 밀링 절삭 공구의 종류와 가공 형상을 나타낸 것이다.

1) 평면 밀링커터

평면 밀링커터(plane milling cutter)는 원통의 원주에 절삭날을 가진 것으로 밀링 커터 축과 평행한 평면을 절삭하는데 쓰이며, 곧은 날과 비틀림 날이 있다. 비틀림 날의 나선각은 보통 15°~30°가량 경사져 있으며 이것은 절삭저항의 변동을 적게 하기 위함이다.

그림 4.16 (a)는 경절삭용 나선각 15°~25°정도, (b)는 중절삭용 나선각 25°~45°정도, (c)는 나선각이 45°~60°또는 그 이상의 것으로 **헬리컬 밀**(helical mill)이라 한다. (d)는 곧은 날 평면 밀링 커터로서 주로 홈 절삭을 하는데 쓰인다. 홈 절삭 밀링 커터(slotting milling cutter)라고도 한다.

(a) (b) (c) (d)

그림 4.16 평면 밀링커터

2) 측면 밀링 커터

(a) (b) (c) (d)

그림 4.17 측면 밀링 커터

원주와 측면에 날이 있는 커터로서 다음과 같은 종류가 있다.

① 측면 밀링 커터

측면 밀링 커터(side milling cutter)는 비교적 날 폭이 좁으며, 날은 원주와 양측에 있다. 홈파기, 정면 밀링에 사용한다(그림 4.17 (a)).

② 엇갈린 날 밀링 커터

엇갈린 날 밀링 커터(staggered-tooth milling cutter)는 좁은 원통형 커터로서 서로 반대방향으로 난 날이 엇갈려있다. 키홈, 그 밖에 홈파기 가공에 사용되고, 쾌삭성이 있으며 공작물을 긁거나 파고들지 않는다(그림 4.17 (b)).

③ 반측면 밀링 커터

반측면 밀링 커터(half side milling cutter)는 정면밀링, 그 밖에 커터 한 측면에만 날이 필요한 가공에 사용되며, 원주 날은 곧은 것과 나선의 것이 있으며, 원주 날은 실제 절삭을 하며 측면 날은 다듬질을 한다(그림 4.17 (c)).

④ 조립날 홈파기 커터

조립날 홈파기 커터(interlocking slotting cutter)는 측면 밀링 커터와 같은 2개의 커터를 조립하여 날이 엇갈리게 한 것으로, 두 커터 사이에 간격조절판을 끼워서 폭의 조절을 할 수 있다(그림 4.17 (d)).

3) 메탈 슬리팅 소

메탈 슬리팅 소(metal slitting saw)는 그림 4.18과 같이 얇은 플레인 밀링 커터이며, 양측은 중심을 향하여 약간 테이퍼 져 있어서 공작물과 공구가 닿지 않도록 여유를 두고 있다. 절단과 홈파기에 쓰이며 폭은 1/32~3/16″(0.8~5 ㎜)범위에 있다.

그림 4.18 메탈 슬리팅 소

4) 엔드 밀

엔드밀(end mill)은 정면 커터와 같이 단면과 원주방향에 절삭날이 있다. 일반적으로 가공물의 외측홈부 또는 좁은 평면 등의 가공에 사용된다.

절삭날은 직선인선, 좌측 비틀림인선, 우측 비틀림인선 등이 있다. 엔드밀은 테이퍼 자루와 일체가 되어, 밀링 머신의 주축 테이퍼 구멍부(hole part)에 압입하여 사용하게 되어 있다. 특히 엔드밀의 지름이 큰 경우에는 자루(shank)와 절삭날이 별개로 되어 있으며 **셸 엔드 밀**(shell end mill)이라고 한다.

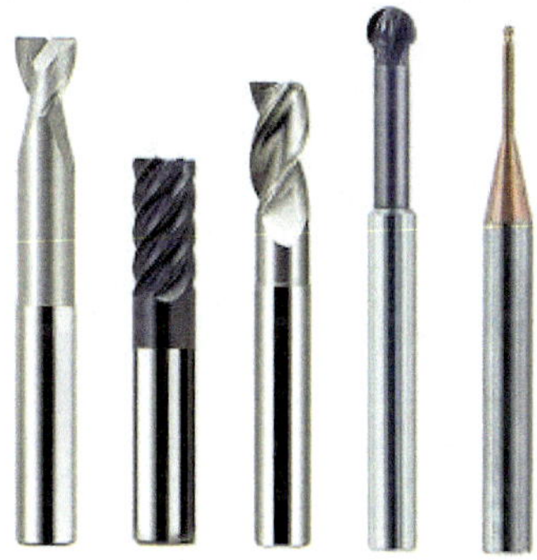

그림 4.19 엔드 밀

생크의 모양이 곧은 것과 테이퍼부로 돼 있다. 날수는 보통 2날과 4날이 있다. 비틀림각은 보통_12~18°, 거친날_20~25°, 스파이럴엔드밀 40~60° 등이다.

엔드밀의 종류에는 날과 자루가 분리되는 셸 엔드밀과 금형 가공용 볼 엔드밀 등이 있다(그림 4.19).

5) 각 밀링 커터

각 밀링 커터(angle milling cutter)에는 편각 커터(single angle cutter)와 양각 커터(double angle cutter)가 있다.

(a) 편각　　(b) 양각

그림 4.20 각 밀링 커터

① 편각 커터

그림 4.20 (a)와 같이 원추면 위에 날이 있으며 45°, 50°, 60°, 70°, 80°의 날의 경사각이 공구 측면에 대하여 있다.

② 양각 커터

그림 4.20 (b)와 같이 V형 날을 가지며, 측면에 대하여 경사진 두 원추면에 45, 60, 90°로 되어 있으며 주먹맞춤(dovetail), 홈, V홈, 래칫바퀴(ratchet wheel), 리머(reamer)의 홈 등을 가공하는 데 사용된다.

6) 정면 밀링 커터

정면 밀링 커터(face milling cutter)는 외주와 정면에 절삭 날이 있으며 밀링 커터 축에 수직인 평면을 가공할 때 쓰인다. 정면 밀링 커터는 절삭 능률과 다듬질면 정밀도가 우수한 초경 밀링커터를 많이 사용하며, 구조적으로는 납땜식, 심은날식, 스로어웨이(throw away)식이 있으나 최근에는 공구 관리의 간소화를 위해 그림 4.21과 같이 스로어웨이 밀링 커터를 널리 사용한다.

그림 4.21 스로어웨이 정면 밀링 커터

7) 더브테일 밀링 커터

더브테일 밀링 커터(dovetail milling cutter)의 모양은 그림 4.22와 같으며 더브테일을 가공할 때 사용한다.

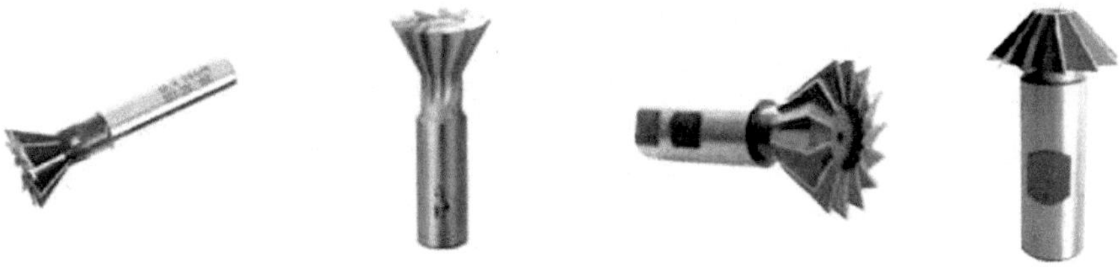

그림 4.22 더브테일 밀링 커터

8) T홈 밀링 커터

T홈 밀링 커터(T-slot milling cutter)는 T홈 가공에 쓰인다. 엔드밀이나 사이드 커터 등으로 좁은 홈 윗부분을 가공한 후 홈 아래의 넓은 홈을 가공하는 특수한 목적의 자루붙이 커터이다(그림 4.23).

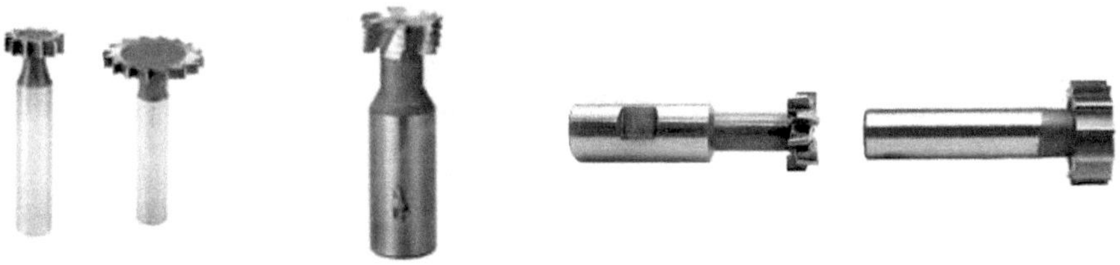

그림 4.23 T홈 밀링 커터

9) 총형 밀링 커터

절삭할 공작물의 단면 형상과 같은 윤곽의 절삭날을 가진 밀링 커터를 **총형 밀링 커터**(form milling cutter)라고 한다(그림 4.24). 가공 부분의 형상이 특수한 경우에는 그에 맞추어 제작하여야 하지만 특정 형상의 것은 규격 공구로 시판되고 있다. 이에는 반원형의 홈을 절삭할 때 사용하는 외환 밀링 커터(convex cutter), 블록형의 반원형 부분을 절삭할 때는 내환 밀링 커터(concavc cutter), 기이의 이(tooth)를 절삭할 때는 인벌류트 밀링 커터, 스플라인의 홈을 절삭 할 때는 스플라인 홈 가공용 밀링 커터, 리머나 탭의 홈을 깎을 때는 홈 가공용 밀링커터 등이 있다.

그림 4.24 총형 밀링 커터

(2) 밀링 작업 방향

그림 4.25 (a)의 하향 절삭에서는 인서트가 깊게 들어가 칩 두께가 점점 얇아지면서 절삭이 이루어진다. 이로 인해 절삭 과정에서 일어나는 열과 압력의 부하 증가를 방지한다.

하향 절삭을 사용하면 버니싱(burnishing) 효과를 방지할 수 있고 열과 가공 경화 성향을 최소화할 수 있다.

한편 그림 4.25 (b)의 상향 절삭은 가공물의 이송 방향과 커터의 회전 방향이 반대로 움직이면서 절삭이 이루어진다. 절삭 과정에서 칩 두께가 증가하면서 절삭이 이루어진다.

인서트와 가공물 사이의 열과 응력이 발생하고 칩 배출 시 인서트에 충격이 있다. 초경의 특성상 내압성을 가지고 있으나 충격에는 약하므로 인서트 수명이 단축된다.

일반적으로 밀링 커터 직경은 가용 장비의 동력을 고려해서 가공물 폭을 기준으로 선택한다.

① 커터 직경은 절삭폭보다 20~50% 커야 한다.

② 2/3 규칙 : 160 ㎜ 커터를 사용한다고 했을 때 절삭이 이루어지는 부분은 2/3(100 ㎜)로 두고 절삭 바깥 부분은 1/3(50 ㎜)로 둔다.

③ 밀링 커터를 중심 밖으로 이동하면 더 일정하고 유리한 절삭 부하를 얻을 수 있다.

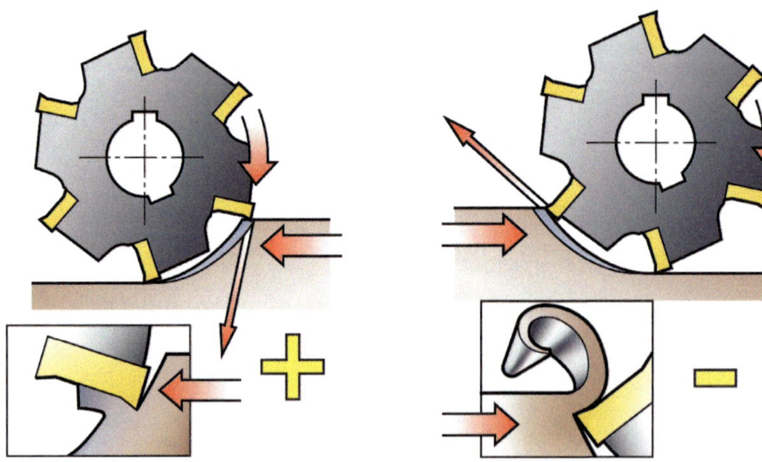

(a) 하향 절삭 (b) 상향 절삭

그림 4.25 밀링 작업 방향

(3) 커터 위치를 통한 칩 형성

절삭 날은 반경 방향으로 절삭 입구, 절삭 중 원호, 절삭 출구의 세 가지 단계를 거쳐 가공물을 절삭한다. 각 방법에 따라 절삭량과 인서트에 가해지는 압력이 다르므로 이를 고려하여 설정해야 한다.

1) 커터 중심선이 가공물의 가운데 위치하는 경우

그림 4.26과 같이 커터 중심선이 가공물의 가운데 위치하는 경우는 절삭량이 많고 절삭 속도가 빠르나 가장 많은 부하가 걸리며 인서트가 가공물에 진입하는 순간과 마주치는 순간 충격을 받는다.

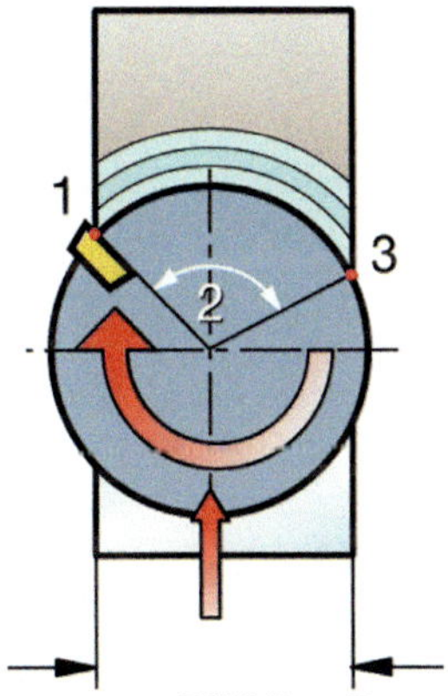

그림 4.26 커터 중심선이 가공물의 가운데 위치하는 경우

2) 커터 중심선이 가공물의 안쪽에 위치하는 경우

커터 중심선이 가공물 폭의 안쪽에 있는 경우는 $a_e > 75\% D_c$인 경우로 그림 4.27과 같다. 가장 유리한 절삭 조건 및 최적화된 커터 직경의 사용이며 인서트의 절삭 진입 시 면으로 마찰하여 충격을 줄이고 절삭 과정에서 추가로 충격을 흡수한다. 인서트가 점진적으로 절삭 부위를 벗어난다.

3) 커터 중심선이 가공물의 바깥쪽에 위치하는 경우

커터 중심선이 가공물 폭의 바깥쪽에 있는 경우는 $a_e < 25\% D_c$인 경우로 그림 4.28과 같다. 인서트 절삭 진입 시 각도가 양의 값이다. 인서트의 가장 바깥쪽 팁이 진입 시의 충격을 흡수하고 공구가 점차적으로 부하를 흡수한다.

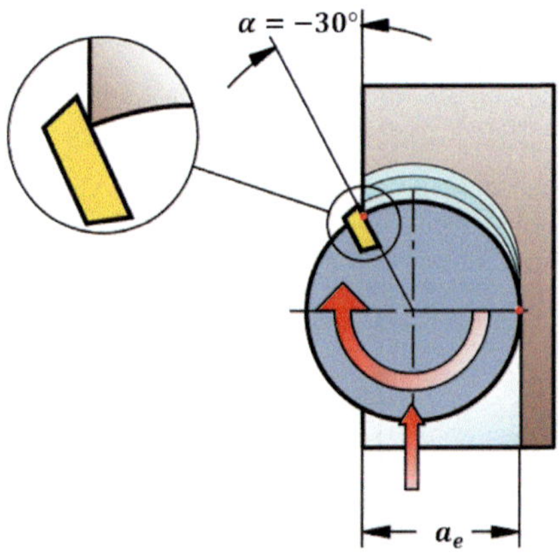

그림 4.27 커터 중심선이 가공물 폭의 안쪽에 있는 경우

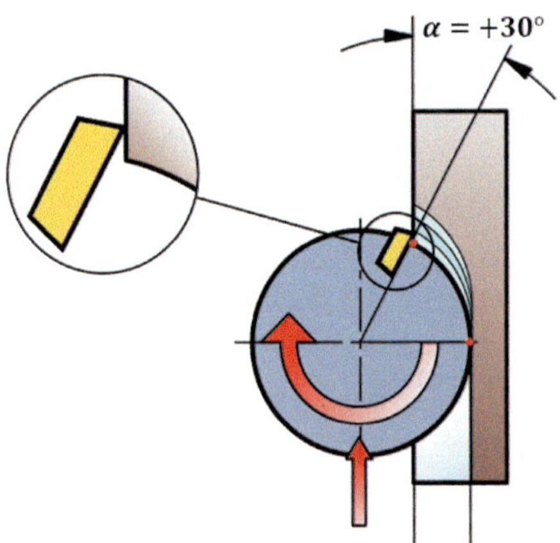

그림 4.28 커터 중심선이 가공물 폭의 바깥쪽에 있는 경우

4) 커터 중심선이 가공물의 가장자리와 일치하는 경우

커터의 중심선이 가공물의 가장자리와 일치하는 경우는 $a_e = 50\% D_c$인 경우로 그림 4.29와 같다. 일반적으로 가장 많이 사용하는 위치이다(1/2이므로 동력 계산이 쉽기 때문). 인서트 절삭 진입 시 충격 부하가 매우 높아 권장되지 않는다.

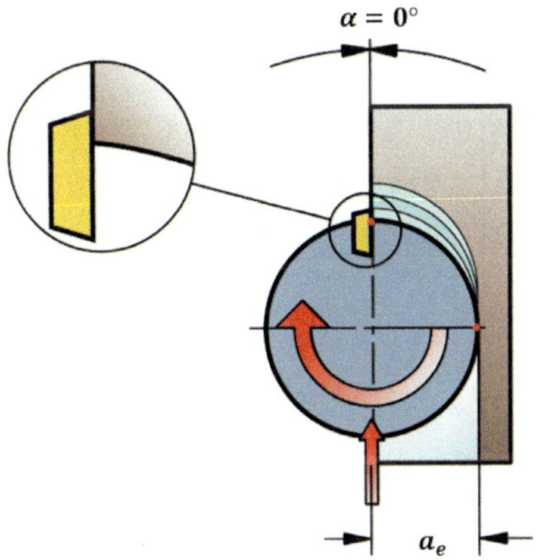

그림 4.29 커터의 중심선이 가공물의 가장자리와 일치하는 경우

4.3.2 공구 홀더 유형 및 용도

(1) 공구 홀더의 개요

공구 홀더는 절삭 공구를 고정하고 정밀한 가공 작업을 가능하게 하는 머시닝 센터의 필수 구성품이다. 제조 공정에서 최적의 성능을 달성하려면 적절한 공구 홀더를 선택하는 것이 중요하다.

(2) 공구 홀더의 종류

1) CAT 도구 홀더

CAT 공구 홀더는 처음 캐터필라 트랙터 사업을 위해 개발된 제품으로, 견고하고 자동 공구 교환장치(ATC) 기술을 지원하는 것으로 유명하다. 이 홀더는 높은 하중을 견디고 정확성을 유지하는 능력으로 인해 중장비 및 정밀 가공 작업에 널리 사용된다.

2) BT 및 HSK 공구 홀더

BT(영국식 테이퍼) 및 HSK(중공생크 테이퍼) **공구 홀더**는 머시닝 센터에서 널리 사용되는 공구 홀더이다. BT 공구 홀더는 테이퍼형 장착 스타일로 뛰어난 그립감과 안정성을 제공하는 것이 특징이다. HSK 공구 홀더는 정밀도와 강성이 뛰어나 고속 가공 분야에 이상적이다.

3) 콜릿 척

콜릿 척은 공간과 간격이 중요한 드릴링 작업에서 자주 사용되는 다용도 공구 홀더이다. 이 홀더는 분할 슬리브로 공구를 고정하여 우수한 그립감과 정밀한 정렬을 보장한다. 콜릿 척은 특히 작은 공구와 고정밀 작업에 적합하다.

4) 열 수축 척

열 수축 척은 열 공정을 통해 척을 공구로 수축시켜 단단하고 정밀한 연결을 형성한다. 이 공구 홀더는 공구 흔들림을 최소화하고 뛰어난 안정성을 제공하여 고속 가공에 이상적이다.

5) 유압 척

유압 척은 높은 체결력과 빠른 공구 교환 기능으로 잘 알려져 있다. 드릴, 탭, 밀링 커터 등 다양한 공구를 단단히 고정하여 가공 효율을 높여준다.

6) 엔드밀 홀더

엔드밀 홀더는 밀링 작업을 위해 특별히 설계되었다. 밀링 공구를 안전하게 배치하여 효율적인 절삭 공정을 촉진한다. 이러한 홀더는 밀링 작업에 필요한 안정성과 정확성을 유지하는 데 매우 중요하다.

7) 태핑 척

태핑 척은 태핑 공구를 제자리에 고정하여 부드럽고 정밀한 나사 가공 작업을 가능하게 한다. 이 홀더는 정확한 탭핑과 일관된 나사산 품질이 필요한 작업에 필수적이다.

4.4 전삭용 공작기계

4.4.1 밀링 머신

(1) 기능

밀링머신은 밀링커터를 사용하고 이것의 회전절삭운동을 계속 주어 절삭가공을 하는 기계이다. 밀링커터 원통 단면상에 1개 혹은 복수개의 절삭 날을 가지며 회전하면서 공작물에 단속적으로 절삭하여 각종 가공이나 성형을 행하는 것이다. 밀링 가공은 여러 가지 형상 치수의 밀링 커터로 행하지만 어느 절삭도 단속적으로 생성되는 절삭 칩은 각 절삭 날마다 분할되어 절삭 칩의 두께가 끊임없이 변하는 것이 특징으로 되어 있다. 그의 절삭 방식은 다음 세 가지로 대별된다.

① **외주절삭** : 회전축은 수평으로 하고 원통 외주면의 절삭날로 절삭을 행한다.

② **정면절삭** : 회전축을 수직으로 하고, 원통 단면의 절삭날로 절삭을 행한다.

③ **외주, 정면의 복합절삭**

또한 가공물과 공구와의 위치 관계로부터 보면 상향 절삭과 하향 절삭이 있다. 상향절삭은 절삭 주분력과 역방향으로 가공물이 보내지며, 하향 절삭에서는 공구와 가공물의 운동방향이 같다. 보통의 밀링머신에서 하향 절삭을 행하면 테이블의 이송기구에 백래시가 있기 때문에 가공물이 절삭력에 의해 당겨지므로 이송량이 증가하고 밀링절삭 날 끝을 손상하는 경우가 있다. 따라서 하향 절삭으로 행할 때에는 테이블 이송기구에 백래시 제거 장치가 있는 밀링머신을 이용해야 한다. 정면 밀링의 경우에는 이송방향과 절삭력 방향과는 같지 않으므로 어느 쪽 방법으로 절삭해도 좋고, 왕복절삭을 할 수 있다. 다음에 밀링 절삭을 선삭과 비교하면 다음과 같은 특징이 있다

① 공구의 형으로 다듬질면의 형상이 결정되므로 밀링 커터의 정면은 많다.

② 단속절삭이므로 절삭속도는 선삭의 1/2정도로 한다.

③ 경량, 중량 절삭은 하나의 날당 이송과 관계한다.

④ 외주절삭에서는 한 날의 절삭 깊이가 점점 증가(상향절삭), 점점 감소(하향절삭)한다.

⑤ 절삭날은 공랭 타임을 갖는다.

⑥ 한 날 당 부담은 적지만 재 연삭은 용이하다.

이와 같은 공구를 사용하는 밀링머신에 가능한 절삭작업은 아래와 같다.

① 평면 절삭

② 원주 절삭

③ 진직의 홈 절삭

④ 굽어진 홈 절삭

⑤ 비틀린 홈 절삭

⑥ 각종 기어의 절삭

⑦ CAM의 절삭

⑧ 각종 커터 조합에 의한 절삭

(2) 크기 및 구성

밀링머신의 크기는 ① 테이블의 이동량(좌우×전후×상하), ② 테이블의 크기, ③ 주축 중심으로부터 테이블 면까지의 최대 거리(수평, 만능 밀링머신), ④ 주축 끝으로부터 테이블 면까지의 최대거리 및 주축헤드의 이동거리(수직식 밀링머신) 등으로 나타낸다. 밀링 머신의 크기 표시 방법을 표 4.3에 나타내었다.

밀링머신milling machine)의 구조는 그림 4.30과 같이 나타낸다.

밀링머신은 밀링커터를 취하여 회전절삭운동을 행하는 주축과 가공물을 취해서 이송 운동을 행하는 테이블의 주요부를 이루고 있다. 그리고 이 양 변화를 취하는 본체의 구조에 의해 각종 형식으로 나뉘고 있다. 밀링머신의 일반 구성은 다음과 같다.

표 4.3 밀링 머신의 크기 표시 방법

이동거리 \ 호칭번호		0번	1번	2번	3번	4번	5번
테이블의 이동거리	좌-우	450	550	700	850	1050	1250
	전-후	150	200	250	300	350	400
	상-하	300	400	450	450	450	500

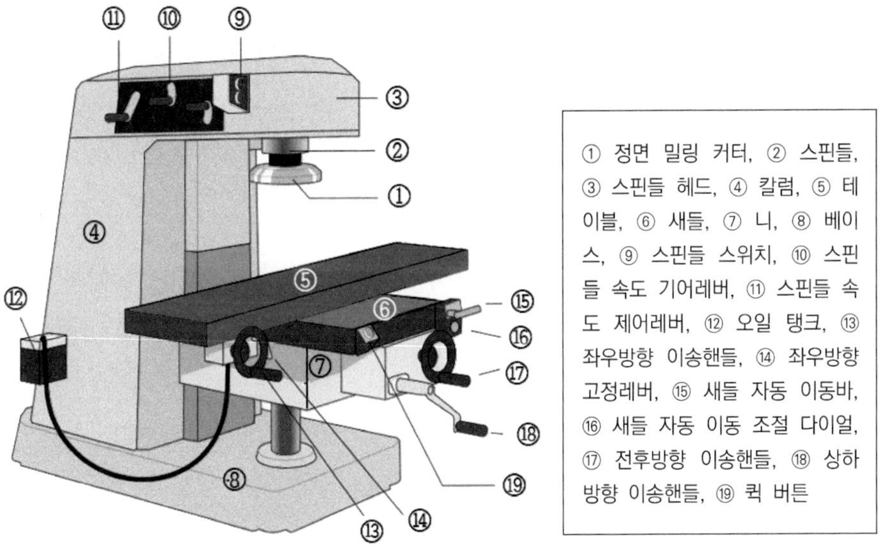

그림 4.30 밀링머신의 구조

① 칼럼(column)

그림 4.30에서 ④의 칼럼은 기계의 몸통을 이루는 중요한 부분으로 베이스에 견고히 장치되어 있다. 앞면에는 니가 조립되어 상하운동을 할 수 있게 수직 미끄럼면이 있다. 상부에는 오버 암(Over Arm), 내부에는 주축, 주축변속 장차, 주축구동용 모터 등이 장치되어 있다. 내부의 전동기 속도변환용 기어 장치 주축 등을 갖추고 있다. 칼럼은 절삭력에 의해 휨과 비틀림 작용을 받으며 따라서 강력절삭에 대해서도 변형이나 진동이 일어나지 않도록 주축과 수직방향의 폭을 넓힌 폐쇄 상자형으로 만들고 내부에 리브(Rib)가 보강되어 있다.

② 니(knee)

그림 4.30에서 ⑦의 니는 칼럼에서 수평으로 뻗어 나온 부분이며 칼럼의 미끄럼 면을 따라 상하로 이동하며, 새들과 테이블을 지지한다. 니의 내부에는 이송변속기어가 장치되어 있다.

③ 새들(saddle)

그림 4.30에서 ⑥의 새들은 테이블을 지지하며 니의 상부 미끄럼 면에 조립되어 전후 미끄럼 운동을 한다. 새들의 내부에는 테이블의 좌우 이송볼트와 너트, 방향전환 장치, 백래시(back lash) 제거장치 등이 있다.

④ 테이블(table)

그림 4.30에서 ⑤의 테이블은 새들 위에서 길이방향으로 이송을 주며 윗면에는 일감, 고정구 및 부속장치 등을 지지 또는 설치하며, 작업 면에는 몇 개의 T홈이 파여져 있어 T볼트로 일감 또는 고정구를 고정한다. 만능식의 경우 테이블의 선회가 가능하다.

⑤ 스핀들(spindle)

그림 4.30에서 ②의 스핀들은 칼럼의 상부에 위치하며 고속, 강력절삭에 적합하도록 설계되어 있다. 주축구멍은 테이퍼로 되어 있고, 여기서 여러 가지 절삭공구나 다른 절삭공구를 고정하기 위한 아버를 끼워서 사용한다.

⑥ 오버 암(over arm)

오버 암은 칼럼 상부에 설치되고 스핀들과 평행방향으로 이동조절 할 수 있으며, 아버 및 여러 가지 부속장치를 지지한다.

⑦ 스핀들 헤드(spindle head)

그림 4.30에서 ③의 스핀들 헤드는 수직밀링머신, 베드형 밀링머신, 생산밀링머신 등의 주축을 갖추고 있는 부분의 것이다. 선반에 있어서의 주축대에 상당한다고 봐도 좋다. 주축을 지지하고 있는 기구로써 기계의 정도를 유지하기 위해서도 충분한 강성이 요구된다.

(3) 밀링머신의 종류와 특징

1) 니형 수평밀링머신

주축의 방향은 수평이며 기계정면에 서서 작업자에 대해 테이블은 좌우의 서들은 전후에 니는 상하로 움직이며 주축의 축방향은 테이블의 좌우 움직임에 대해서 직각으로 배치된 방식이다. 주축은 밀링커터의 재질 직경 가공물의 재질들에 의해 적절한 절삭속도를 선택해야 하므로 광범위하게 회전수가 변환할 수 있는 기구를 갖는다. 테이블 서들 윗면을 안내면으로 하여 서들 내부에 있는 이송 역전 기능에 의해 이송나사의 회전방향을 바꾸고 테이블의 좌우방향의 이송을 결정한다. 이 이송 역전 절삭 변환기구를 조작하는 레버는 서들 앞축에 나와있고 수동 혹은 테이블의 움직임을 이용하여 행한다. 특히 테이블 좌우의 움직임이 작업상 가장 많이 사용하므로 이것은 자동으로 조작할 수 있도록 하고 있으며, 좌우방향의 이송, 빠른이송, 역전 및 정지가 자유롭게 선정가능한 도구가 테이블 앞면의 홈에 설치되어 있다. 테이블 앞면에 필요한 동작을 하는 도구를 종합하여 취부하면 테이블은 소요의 운동을 자동적으로 행한다.

2) 만능 밀링 머신

칼럼, 니, 테이블, 암, 베이스 등 서들을 제외한 다른 도구는 모두 수평 밀링 머신과 마찬가지이지만 테이블과 서들의 중간에 선회대를 갖추고, 테이블을 수평면 안으로 일반적으로 45° 선회 할 수 있다. 선회대가 들어있기 때문에 서들이 상하(선회대+서들)로 나뉘어져 있다고 보는 것도 가능하다. 서들은 니의 안내면에 같이하여 선회되는 테이블이 안내면으로 되고 이송역전기능 등 수평 밀링 머신의 서들에 있는 테이블 이송기구와 마찬가지인 것을 갖고 있다. 만능밀링머신은 위와 같은 구조에 의해 대해서 자유의 각도를 갖게 하여 테이블을 이송할 수 있다는 특징이 있다.

3) 니형 수직 밀링 머신

주축이 수직 위치에 있는 니형의 범용 밀링 머신이다. 엔드 밀 절삭, 정면 밀링 절삭을 주로 하고 있으며, 이들 공구의 발달도 있으며, 현재는 수평형보다 많이 이용될 수 있도록 되었다. 칼럼은 주축이 수직이 되도록 한 구조이지만 테이블, 서들, 니, 칼럼, 베이스 등은 기본적으로 수평 밀링 머신과 변함이 없다. 수직 밀링 머신에서는 공장용 기기로써 원테이블이 사용된다. 이것은 수직 밀링 머신 도면 외에 테이블 이송 축에 의해 자동으로 회전하며 원주절삭(회전밀링절삭)가 가능하다. 더구나 테이블 좌우이송축과 서들 전후 이송축과를 기어로 연결하면 캠의 윤곽 절삭이나 와선형 홈의 가공 등도 가능하다.

4) 베드형 밀링머신

니형밀링머신은 니를 상하시킬수 있으므로 가공물의 치수형성이 여러 가지로 것에도 용이하게 가공할 수 있으며, 범용성이 높다. 그러나 니의 구조상 상당히 큰 힘을 걸면 주체가 변형할 수 있다. 이에 대해 베드형 밀링 머신은 베드를 상하로 움직이지 않고 공구를 상하로 움직여서 절삭 깊이를 조절하므로 강력절삭이 가능하다. 형식으로서는 아래와 같은 것이 있다.

① 주축 헤드 상하 이동형

헤드와 칼럼이 일체화하고 있으며 칼럼 정면에 주축헤드의 안내면으로 되어 니 안내면을 주축헤드가 이송나사에 의해 이동하는 방식이다. 주축 헤드의 상하 이동은 수동형의 핸들이 베드 앞면에 배치되어 레버 조작으로 자동에 의한 절삭이송, 빠른 이송이 가능하다. 케이블과 서들의 조작은 니형과 같으며 니 정면에 핸들을 갖추고 있다.

② 칼럼 상하 이동형

고정베드의 뒷면이 안내면으로 되어 주축 및 변속 장치를 갖춘 각 상자형의 칼럼이 상하 이동한다. 칼럼 상하 이동용 핸들은 역시 베드 앞면에 있으며, 수동 혹은 자동 이송으로 행한다. 주축은 수동 레버에 의해 변속장치를 갖는 칼럼의 상부에 있으며 변동기로 구동된다.

③ 서들 이동형

테이블이 직접 베드를 좌우로 이동하여 칼럼은 서들의 후부가 안내면으로 되어 상하로 이동이 서들은 테이블을 받치고 있는 베드의 일부를 빠져 나와 전후호 이동한다. 가공물이 절삭될 경우에 움직이는 방향은 좌우만으로 제한되므로 작업자가 절삭상태를 감시하는데 편리한 형식이라 할 수 있다.

5) 플라노 밀러

플레이너형 밀링머신이다. 외관은 플레이너에 유사하지만 절삭작업은 밀링절삭이며 큰 베드와 테이블을 갖춘 베드형 밀링머신으로 보아도 좋다. 형식으로서는 운형과 편지지형이 있다. 강력한 주축 헤드를 여러 개 부착하여 감형 가공이 가능하기 때문에 대형 공작물에 대한 생산성이 극히 높다. 운형의 경우 가공물을 탑재한 테이블은 베드 위를 전후로 빠른 이송, 무단계의 절삭이송, 역전, 정지, 또는 우의 반복사이클을 행한다. 한쪽 지지형 플라노 밀러는 싱글 칼럼으로 견고한 상자형으로 되어 있으며 운형의 크로스레일에 해당하는 암을 칼럼에 포함시켜 상하로 이동하는 것이다. 암의 앞면에 레일 헤드의 안내면을 갖는 크로스 레일을 갖추며 레일헤드에 좌우 이송시킨다. 이 형태는 공작물의 혹이 상당히 넓게 취할 수 있다. 주축헤드로서는 밀링유닛도 사용되며 또한 Angular attachment나 Universal attachment의 이용에 의해 다양한 가공이 가능하다.

6) 모방 밀링 머신

모방 밀링 머신은 가공물의 모델 평면을 스타일러스로 추종이동시켜 공구의 스타일러스와 똑같은 모양의 동작을 주어 가공물에 있어서 모델과 동일의 혹은 유사한 형상을 재현시키는 것이다. 모델은 목형이나 석고 수지 등 비교적 부드럽게 수가공에 의한 형상의 창생, 수정이 용이한 재료에 의해 만들어진다. 이 밀링머신은 주로 금형가공에 이용된다.

7) 그 밖의 밀링머신

이상으로 서술한 외에 만능공구 밀링머신 나사절삭 밀링머신, 로터리 밀링머신, 탁상 밀링머신, 스플라인 밀링머신, T홈 밀링머신, 드릴홈 밀링머신, 크랭크축 밀링머신 등 용도나 가공법에 의해 변형도가 높은 밀링머신이 있다.

(4) NC 밀링머신의 특징

NC 밀링머신은 최초에는 사람의 손으로서는 불가능한 복잡한 가공에 적용시키는 것을 목적으로 개발되었지만 지금에는 복잡한 가공에 머물지 않고 넓게 범용 밀링머신에서도 가공할 수 있는 단순한 형상의 공작물도 대상이 되게 되었다.

그 배경에는 ① NC 공작기계 전반의 비용 감소가 진행되었다 ② 전반적인 NC 공작기계의 보급에 동반한 프로그램 작업에의 이해가 높아졌으며 폭넓은 소프트웨어의 개발이 시도되고 있다 ③ 입력 방법의 간편화 기술 진전이 현저하며 프로그램리스의 제품도 개발되고 있다는 것 등을 들 수 있다.

초기에 NC 가공은 복잡한 항공기 및 날개 프로파일을 재현하는 것을 신뢰성 있게 수행하기 위해 어려운 항공 우주 분야에서만 사용되었다. 초기에는 장시간이 걸렸지만 데이터 저상 및 입력 방법이 개선된 60~70년대 CNC(Computer Numerical Control)로 가속화되었다.

그 이후로 데이터 저장, 컴퓨팅 및 공작 기계의 기술은 지속적으로 향상되어 이제는 책상 위에 CNC 장비를 갖거나 많은 재료로 거대한 복잡한 부품을 만들 수 있게 되었다.

1) 특징

NC 밀링머신은 면 절삭 윤곽가공, 포켓절삭 등 2차원의 밀링절삭 외에 드릴링, 보링, 태핑 등의 가공도 가능하며 4.5축 제어나 동시 3축 제어로 3차원의 형 조각 가공 등도 행한다. 또한 분할대나 원 테이블을 부가하여 X축 또는 Y축의 주위로 회전시켜 45°, 60°, 90°등의 간격으로 NC장치의 M기능으로 분할 다면가공을 한다든지 그의 회전을 0.01°의 설정단위로 제어하여 헬리컬 캠 등을 가공하는 4축 제어기도 볼 수 있다.

또한 생산성을 중시하는 것에서는 주축헤드를 병렬로 여러 개 준비한 다두식 밀링머신이나 대향하여 터릿 주축을 배치한 것 등이 있다.

범용 밀링머신에는 없는 NC밀링머신의 이점은 다음과 같다.

① 3차원 형조각 가공에 대응

면 절삭, 윤곽가공, 포켓 정삭 등 2차원의 밀링 절삭 외에 드릴링이나 보링, 태핑 등의 가공도 가능하며 4.5축 제어나 동시 3축 제어로 3차원의 형 조각 가공 등도 행한다. 특히 복잡한 가공에 대해서는 범용 밀링머신으로 가공한 것과 비교하여 가공시간의 단축, 가공 정도의 향상이라는 면에서의 효과를 충분히 기대할 수 있다.

② 가공정도의 균일화

NC 밀링 머신의 가공에서는 NC의 특징상 가공정도를 일정한 폭으로 넣는 것이 범용 밀링 머신에 비교하여 용이하다. 특히 공작물의 복잡성에 관계없이 가공정도가 균일화되어 불량품을 대폭으로 삭감할 수 있는 등 장점은 크다.

③ 숙련자의 의존도가 감소

범용 밀링 머신에 의한 가공의 경우는 반드시 작업자를 필요로 하며, 공작물의 난이도에 따라 작업자의 질을 고려할 필요가 있다. 그런데 NC 밀링 머신에서는 기계가 위치 결정을 행하기 때문에 작업자는 공작물의 착탈, 절삭칩의 배제 등을 하는 것만으로 된다.

④ 가공정도의 보존

NC 밀링머신에 의한 가공에는 이동거리나 이송속도 등의 정보를 NC 데이터로써 수치화하고 있으므로 범용 밀링 머신에 비해 공작물의 가공시간을 정확히 파악할 수 있다. 이 때문에 생산 계획이 세워지기 쉬우며, 계획자체의 신뢰도도 높게 된다. 또한, NC 데이터는 컴퓨터 메모리에 보존해 놓음으로써 가공정보도 보존하는 것이 가능하다.

⑤ 전용기로서 사용

NC 밀링 머신은 테이블, 서들, 니의 3축이 자동으로 위치 결정할 수 있으며, 주축의 발진, 정지, 냉각수의 ON-OFF 등도 제어 할 수 있는 전용기로써 사용한다. 또한 가공대상 공작물이 설계 변경에 의해 변해도 혹은 잔여 별도의 공작물을 가공하는 것이 되어도 바로 새로운 공작물의 전용기로서 사용 가능하다.

4.4.2 머시닝센터

(1) 기능

머시닝센터 정의에 있는 다종류의 가공이란 통상 밀링, 드릴링, 보링, 나사절삭, 연삭 등 여러 종류의 가공을 가리킨다.

MC에서는 피가공물을 한번 테이블에 장착하면 공구를 차례로 자동 교환하여 다종류의 가공을 연속적으로 행한다. 결국, 단 하나의 머시닝센터로 여러 대의 공작기계의 역할을 하는 것이다. 더구나 회전 테이블을 갖추면 가공면을 나누어 여러 개의 면에 대해 각각 필요로 하는 여러 종류의 가공이 가능하게 된다.

MC가 등장할 때까지는 각각의 가공을 행하는 기종 결국 밀링머신이나 드릴링머신, 보링머신 등에 공작물을 옮겨가며 가공했었다. 그러나 중•소량 생산의 시대가 되어 옮기는 수고와 시간이 걸리는 위에 부착을 반복할 때 센터 어긋남 등 정도 저하가 발생할 가능성도 있다.

그런 점에서 MC의 경우는 이와 같이 피가공물을 한번 테이블에 장착하면 공구를 차례로 자동교환 하여 다종류의 가공을 연속적으로 행할 수 있다. 더구나 회전 테이블을 장비하면 가공면을 분할하고 수개의 면에 대해 각각 필요로 하는 수 종류의 가공이 가능하게 되며 장시간의 자동운전이 가능하다. 이것에 의해 대폭 생력화가 가능한 외에 정도 저하의 두려움도 없어져서 경제성도 높아지게 되었다.

(2) 구성

머시닝센터의 주요 구성요소는 칼럼, 베드, 테이블 및 인덱싱 기구, 주축 헤드, ATC (Automatic Tool Changer), 제어장치 등이다(그림 4.31).

이 중에서 머시닝센터의 특징으로서는 상징이지만 ATC와 인덱싱 장치이며 각각 머시닝센터의 정의를 만족하는 중요한 역할을 한다.

1) 베드

기계의 본체를 구성하는 것으로 일반적으로 테이블을 안내하는 안내면을 갖추고 있다. 중절삭 지향의 대형 머시닝센터에서는 베드 구조는 중요한 역할을 하므로 여러 곳에 리브를 하여 고강성화를 취한다. 칼럼과 베드를 일체화한 일체 구조로 한 것도 있다.

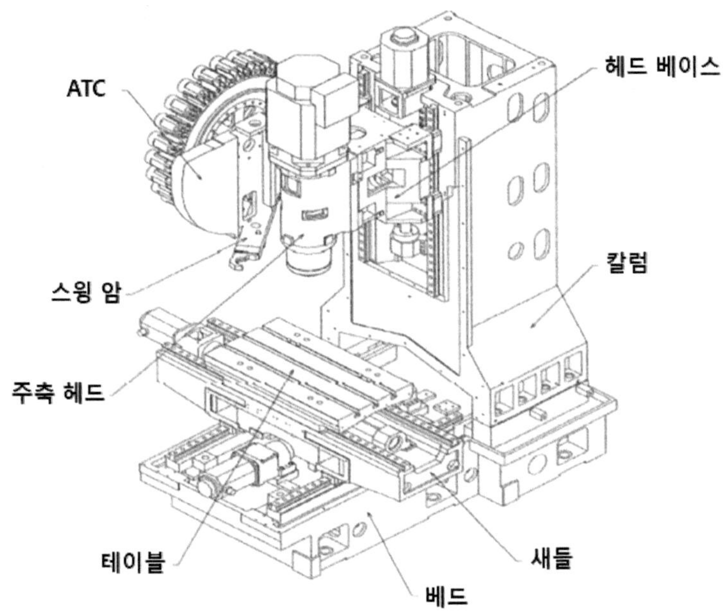

그림 4.31 수직형 CNC머시닝센터의 구성도(NCS 인용)

2) 칼럼

베드 또는 베이스 상에 수직으로 고정하여 기계의 본체를 구성하는 기둥이며 베드 혹은 베이스 상의 안내면을 이동할 수 있는 것도 있다.

수평형 머시닝센터에서는 열변위를 극소화하기 위해 열대조 구조의 칼럼을 채용하는 경향이 있다.

3) 주축 헤드

공구를 회전시키는 주축을 갖추고 있는 부분이며 머시닝센터의 생명이기도 하다. 주축에는 주축 모터가 장착되어 있지만 이 주축 모터로서는 AC 서보모터의 탑재가 일반화하고 있는 외에 고속 회전의 머시닝센터 등에서는 주축과 로터가 일체화된 빌트인 모터의 채용도 증가하고 있다.

주축의 회전수의 고속화도 빠른 속도로 진행되고 있다. 종래에는 4500회전이든지 빨라도 600회전에 그쳤지만 최근에는 세라믹 베어링을 채용하여 50000회전을 하는 고속 머시닝센터도 개발되어 있다.

주축을 고속화하면 할수록 열이 발생한다. 이 발열 방지를 위해 오일 쿨런트를 비롯하여 오일 에어 윤활 방식, 베어링의 내경까지도 냉각하는 기술이 개발되는 등 발열 방지 대책도 점점 다양화, 고속화하고 있다.

4) ATC

ATC는 그림 4.32와 같으며 일련의 작업에 필요한 공구를 미리 소정의 장소에 정리해 유지하여 필요에 따라 자동으로 목적의 공구를 빠르게 교환하고 정확하게 주축에 세트하는 장치이다.

그림 4.32 ATC

결국 공구의 매거진에의 수납, 매거진의 회전, 위치결정, 주축과 매거진 사이의 공구 교환을 행한다. 공구 교환의 빈도도 증가하여 내구성이 가장 요구되는 장치이다.

또한 공구 교환 후의 정도 재현성도 중요한 요소이지만 먼지 대해이나 절삭칩의 에어 블로우 등에 의한 대응이 진행되어 발생하는 트러블도 작게 되었다.

공구를 교환하는 암의 장치 방법에 따라 저장(magazine) 암식, 투인 암식, 터릿(turret)식 등이 있다. 수직형 머시닝센터에는 저장 암식이 많이 사용되며 수직형에는 투인 암식과 터릿식이 각각 다용되고 있다.

ATC에서는 아이들 타임의 삭감이나 고속가공 니즈의 증가에 대응하여 공구교환 속도가 현저히 빨라지고 있다. 소형기에서 Chip to Chip이 1초 이내라는 상황이 보통으로 되어 왔다.

ATC의 장착 위치는 머신의 디자인에서 중요한 요소의 하나이며 최근에는 주축헤드 위에, 칼럼 위에, 칼럼 측면에, 거기에 기계본체와는 떨어진 별도 배치형 등 상당히 다양하다. 부착 위치와 함께 공구 수납 매거진의 형상도 본체 구조, 공구의 수납 개수, 스페이스의 제약 등으로부터 제한을 받지만 원통, 원추, 타원, 사각형으로 여러 가지 있다.

공구 수납 매거진은 FMS에 삽입되는 수평형 머시닝센터 등에서는 예비 공구수가 증가하는 추세이며 다연식의 것도 있다. 또한 툴 포트는 대부분이 비금속화 되어 있다.

공구의 선택 방식에는 다음 두 가지로 크게 나눈다.

① **순차 방식** : 공구를 공정 순으로 수납해 놓고 그의 순서로 부르는 방식이다.

② **랜덤 방식** : 공구의 수납순과는 무관계로 임의의 공구를 가장 단시간에 불러내도록 한 방식이다.

이 공구 선택 방식에서는 랜덤 방식이 주류가 되고 있다.

5) 인덱싱 테이블

머시닝센터에서는 피가공물을 한번 인덱싱 테이블에 부착하는 것만으로 다종 다면의 가공을 보다 빠르게 보다 정확하게 행해야 하므로 인덱싱 기능은 중요하다.

인덱싱 테이블을 로터리 테이블이라고도 하지만 주로 수평형 머시닝센터에 장착되어 있다. 테이블의 회전 기구는 웜이나 웜휠이 일반적이며 구동원으로서는 유압 모터나 전동기가 사용된다. 인덱스 각도는 각 단계이지만 5°를 중심으로 점차 고분해능화의 경향이 있다. 인덱스에는 인덱스 수가 적은 시대에는 핀타입의 사용이 일반적이었지만 그 수가 많게 되어 고정도의 요구에 따라서 큐빅 커플링이나 베이스 커플링이 많이 이용되게 되었다.

더구나 테이블은 종래로부터 수평 타입이 일반적인 것에 대해 최근에는 장시간 무인 운전에 있어서의 절삭 제거를 좋게 하려는 목적으로 테이블을 수직으로 한 구조의 머시닝센터가 대두하고 있다.

더구나 테이블을 비롯한 습동면에 대해서는 종래는 **터카이트**(또는 트레드 패턴) 등을 이용한 미끄럼이 주류이었지만 고속화에 따라 직동 베어링도 많이 이용되고 있는 것 외에 미끄럼과 구름 양쪽의 장점을 살린 하이브리드 방식도 보이는 등 습동면의 진화도 현저하다.

(3) 머시닝 센터의 종류와 특징

1) 분류

MC에는 여러 타입이 있다. 또한, 선삭가공으로부터 발전한 기종도 있으며 이들도 일체로 하여 MC로 한 경우 다음과 같이 분류 가능하다.

① 가공 대상별

머시닝센터에는 여러 가지 형식이 있다. 우선 피가공물과 공구의 운동면으로부터 대별하면 다음의 2가지가 된다.

① 피가공물이 회전하지 않고 공구가 회전하는 것

② 피가공물이 회전하며 공구가 회전하지 않는 것

이 중에서 ①은 통상 각진 가공물이 주대상이며 ②는 둥근 가공물이 주대상이 된다.

②의 경우 선반을 모체로 한 것으로 터닝센터라 부르고 있다.

고정한 공구 외에 회전하는 공구도 갖추어 피가공물을 척에 파악하고 절삭할 뿐만 아니라 주축의 회전 각도를 제어(C축 제어라 한다)하여 밀링 가공이나 드릴링 가공을 행한다. 최근에는 회전하는 공구를 상하로 이동(Y축 제어라 한다)한 가공 외에 주축에 대향하여 서브 스핀들을 장착하므로 앞 뒤 일체 가공이 가능하게 하는 등 극히 다양한 가공에 대응할 수 있는 것도 일반화되었다.

더구나 B축을 갖는 유니버셜 헤드를 장비하여 선반 분야로부터 상기의 ①의 가공도 대응한 머시닝센터화가 활발해지고 있다.

② 주축의 방향별

주축의 방향에 의해 수평형과 수직형으로 대별된다. 주축이 수평방향에 있는 것이 수평형이며 수직 방향에 장착되어 있는 것이 수직형이다.

이 외에 수평과 수직 양쪽의 주축을 갖춘 수평, 수직 겸용형도 있으며 1주축 헤드가 선회하여 수평과 수직으로 교체되는 5면 가공기라 부르는 머시닝센터도 있다. 더구나 이 5면 가공기에는 주축이 수평 방향에 있어 수직 팔렛 매거진을 장착하고 테이블이 5면 사양의 것도 개발되어 있다.

③ 칼럼의 구조별

칼럼의 구조에 의해 칼럼의 측면에 헤드를 장착한 편측 지지형, 더블 칼럼의 문형으로 나뉜다.

④ 테이블별

테이블이 전후와 좌우 혹은 좌우로 이동하든지 어느 쪽으로도 이동하지 않는 고정형에 의해 테이블 이동형과 테이블 고정형으로 나뉜다.

통상 머시닝센터는 테이블 고정형이 대부분이며 테이블 이동형은 플렉시블 트랜스퍼 라인(FTL)을 위한 머시닝센터이고 라인 대응 머시닝센터 혹은 칼럼 트래버스형 머시닝센터라 부르고 있다.

이 밖에 기계의 크기, 가공 정도 레벨에 의한 분류도 되고 있다.

2) 기종별 특징

기종 분류로서는 수평형 머시닝센터, 수직형 머시닝센터, 문형 머시닝센터, 5축 제어 머시닝센터, 테이블 이동형 머시닝센터(또는 라인 대응 머시닝센터), 소형 머시닝센터 등이 일반적이다.

① 수평형 머시닝센터

머시닝센터 중에 최초로 개발된 기종이며 보링 머신의 계보를 갖는다고 보아도 좋다. 주축 방향이 수평이며 테이블이 인덱싱하여 타입(로터리 테이블)을 장비한 것이 많으며 통상 APC(automatic pallet changer)을 장비하고 있다.

피가공물을 고정하여 한번 피가공물을 장착하는(1회의 준비) 것만으로 각진 가공물이라면 취부면 이외의 최저 3면에 다중의 가공이 가능하다. 다면의 이케일(angle rest)에 가공물을 복수 개 장착한 가공도 가능하다.

수직형과 비교하여 조작은 어렵지만 가공면이 수직이기 때문에 절삭칩은 상태가 좋고 장시간 무인운전에 알맞다. 이 때문에 수직 테이블을 채용하여 가공 시간이 걸리는 대형의 플라스틱 금형 가공에 많이 이용되고 있다.

어떤 타입의 MC도 시스템 구축의 베이스로서 FMS의 핵으로서의 역할이 있지만 최근 시스템의 예를 보면 72시간 무인 운전을 실현하고 모듈 구성에 의해 최적 규모의 시스템이 단기 납기에 도입 가능하다. 도입 계획으로부터 생산 시작까지의 리드타임이 짧으며 확장 증식이 용이하며 무인 가동 시간이 길기 때문에 단독 기계에 비해 비용 효과가 높다 등의 특징이 있다.

또한 IT의 발전으로 원격지에서 시스템의 가동 상황이 감시 가능한 리모트 모니터, 준비대에서의 장착 지시나 검사 항목 등을 디스플레이하여 출력하는 지원 모니터 등 옵션도 충실해 왔다.

② 수직형 머시닝센터

밀링머신이나 드릴링머신의 흐름을 넣은 것으로 한 방향만의 가공도 되시반 한 면당 가공영역이 넓은 판재 가공물, 예를 들면 금형 등의 가공에 많이 이용되고 있다. 수평형과 다르게 빨릿 체인저의 장착이 곤란하지만 많은 가공물을 장착하려면 여러 개 장착도 가능하다. 수직형의 등장은 수평형보다 늦었지만 수평형보다 조작이 용이한 것 때문에 소형, 중형 부품 가공에 폭 넓게 사용되고 있다.

금형 가공에 대표되는 다품종 소량생산의 가공 분야에 적합한 수직형 MC는 고속화에 의한 생산성 향상은 물론이고 투자 효율이 한층 높게 요구되는 것은 수평형 MC와 마찬가지이다. 이 때문에 난삭재 가공 대응기계나 소형기의 개발이 진전한다고 볼 수 있다.

또한 IT의 확산에 의한 정밀가공 부품이 증대하여 가공에 대해서는 주축의 회전수에서 주축 테이퍼 40번의 경우 그의 속도가 매분 1만 회전의 것은 드물지 않다. 주축 테이블 30번의 머신 중에는 10만 회전에 달하는 것도 있다. 이송속도에 대해서는 주축 테이퍼 40번의 것으로 이송속도가 매분 30 m 전후의 고속 대응 머신도 많으며 이송속도가 매분 100 m를 넘는 것도 이제는 보편화되고 있다. 고정도 대응에서는 X, Y, Z축의 위치 결정 정도가 3~5 ㎛의 고정도 대응 머신이 많이 나오고 있으며 1 ㎛의 고정도 대응 머신도 나오고 있다.

③ 문형 머시닝센터

플레이너 타입의 대형 머시닝센터가 주로 대형 공작물의 중절삭 가공, 정밀가공에 적합하다. 5면 가공 머시닝센터는 이 타입에 많으며 그 경우 주축 방향의 변환 기구를 장비한다. 주축 방향의 변환에는 수직, 수평 주축을 갖는 선회 주축 헤드를 갖춘 것과 어태치먼트(attachment)에 의한 것(수직과 수평 주축의 어태치먼트를 교환)이 있다. 또한, 소형의 문형 머시닝센터에서는 지그 볼러 레벨을 지향한 머시닝센터가 개발되고 있다.

④ 다축 제어 머시닝센터

다축 제어 머시닝센디(그림 4.33)는 테이블 고정에서 주축 헤드가 틸트(tilt)한 것과 테이블이 틸트한 것으로 대별되지만 일반적으로는 서큘러(circular) 테이블을 장착하여 X, Y, Z축 외에 A축, B축도 첨가한 5축 제어 머시닝센터가 주류이며 윤곽가공이나 곡면 가공에 사용된다. 그 배경에는 임펠러, 터빈 브레이드 등 복잡 곡면, 형상의 항공기 관련 부품이 많이 나오는 등을 들 수 있다. 포인트는 프로그래밍에 있으며 고도의 기능이 요구된다.

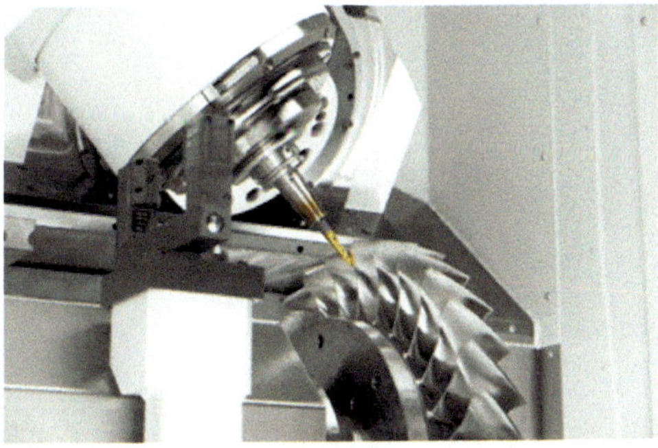

그림 4.33 다축제어 머시닝 센터

⑤ 라인 대응 머시닝센터

어떤 형태의 머시닝센터도 FMS 라인의 베이스 머신으로서 중요한 역할을 담당하게 되어 있지만 주로 양산용의 FTL 구성 요소로서 많이 이용되고 있는 머시닝센터를 가리킨다. 라인을 구성하기 위해서나 자동 반송 장치에의 접근성을 갖기 위해 테이블의 전후 이동을 피하고 X, Y, Z의 3축도 칼럼 측이 이동하도록 한 칼럼 이동형이 주류로 되고 있다.

각종 머시닝센터를 보아 왔지만 머시닝센터 자체 기술적으로도 진전하고 있다. 생산성을 높이기 위한 고속화가 진행하고 있는 외에 고정도화, 공간 절약화, 각종 자기 진단 기능이나 예지 정보를 오퍼레이터에 제공하는 FA, CIM화 대응이 진전하고 있다.

고속화에 대해서는 주축 이송 속도나 ATC 공구 교환 속도의 고속화가 눈부시다. 예를 들어 매분 50 m의 빠른 속도나 tip-to-tip으로 1.8초의 공구 교환 시간의 제품도 등장하고 있다. 공구 교환 시간의 고속화로 ATC의 공구 수납 개수도 증가 경향에 있다. 또한 공구 교환 방법도 드럼 셔틀식이나 텐덤형 셔틀식 등의 ATC만이 아니라 터릿 방식이나 다축 헤드 방식 더구나 터릿+ATC의 복합 형식의 것 등 다양하다.

가공 정도의 향상도 현저하며 미크론 대의 위치결정 정도가 요구되고 있다. 고생산성을 추구한 제품에서는 독립한 NC 장치로 제어되는 주축 헤드 2대를 대향으로 배치하고 한 개의 공작물 양면 동시 가공이나 다른 공작물을 복수개 양측으로부터 동시 가공 가능한 타입의 것도 있다. 공간 절약화에서는 설치 면적 1 ㎡도 안 되는 제품도 나오고 있다.

CHAPTER

5 기타 절삭에 의한 제거가공

제거가공에 대해서는 앞에서 언급했지만 선삭과 전삭에 의한 제거가공 이외에 드릴링, 보링, 리밍, 기어가공 등이 있는데 이와 같은 기타 절삭에 의한 제거가공을 다루고자 한다.

CNC 드릴링은 밀링, 태핑 등과 같은 다른 가공 작업과 결합하여 복합 가공을 가능하게 하고 가공 효율성과 제품 품질을 더욱 향상시킨다.

CNC 보링의 특징은 구멍의 편심을 수정하여 정확한 구멍 위치를 달성하고 결과적으로 더 높은 진원도, 원통도 및 표면 조도를 달성하는 능력이다.

CNC 리밍의 가공대상은 일반적으로 둥근 구멍이지만, 다른 모양의 구멍도 가공할 수 있으며 주요 목적은 구멍의 치수 정확도와 표면 품질을 향상시켜 제품 설계 및 사용 요구 사항을 충족시키는 것이다.

따라서 본 장에서는 이와 같은 드릴링, 보링, 리밍을 비롯하여 기어가공에 대해 알아보며 각각의 공작기계에는 어떤 것이 있는지 알아보기로 한다.

5.1 드릴링 가공

5.1.1 드릴링의 정의 및 장단점

(1) 드릴링의 정의

드릴에는 그림 5.1과 같이 여러 드릴 공구가 있다.

드릴링은 간단히 말해서 구멍을 뚫는 공정을 의미한다. 공작물은 고정되어 있고 공구를 움직이는 원리인데 밀링이나 선반 가공에서 보통 수행된다. 또한, 금속, 플라스틱, 목재 등 다양한 재료로 가공이 가능하다. CNC 드릴링의 경우 이전에 비해 자동화 수준이 높아 공정 프로세스의 완전 자동화가 가능하다. 이로 인해 정밀도와 정확성을 높일 수 있으며, 동시에 공구 칩을 감소시켜 전반적인 효율성을 높일 수 있다.

그림 5.1 드릴의 종류

(2) 드릴링의 장단점

드릴링의 장점으로는 높은 정확도가 있다. 다양한 크기와 모양의 구멍을 정확히 공정할 수 있으며, 여러 드릴링 작업을 동시에 완료할 수 있어 공정 시간을 단축하고 생산 비용을 최소화할 수 있다.

그러나 단점도 존재한다. 큰 구멍을 뚫거나 재료가 단단한 경우 열과 진동으로 인해 공정 과정에서 손상이 발생할 가능성이 있다. 또한, 과도한 크기의 구멍이 필요할 때 드릴링만으로는 어려울 수 있으며, 열처리가 완료된 재료의 경우 가공이 힘들 수 있다.

5.1.2 드릴링의 절삭이론

드릴 공구를 이용하여 가공하는 방법을 **드릴링**이라 한다. 드릴은 구멍 뚫기를 행하기 위해 사용하는 공구이며 선단부에 공구날을 몸체에 절삭칩을 배출하기 위한 골이 갖춰져 있다.

드릴은 빠르고 쉽게 구멍을 뚫을 수 있도록 설계된 공구이다. 매우 정확한 가공을 드릴로서 할 수 있으나 중요한 목적은 최종의 다듬질 가공을 하든지 또는 고도의 관통률을 사용할 때 긴 수명을 갖게 하는데 있다. 드릴링은 보링, 리밍 및 연삭 작업의 준비작업으로 많이 사용된다.

보통의 드릴은 2개의 홈을 가지고 있으나 3개 혹은 4개의 홈을 가진 드릴, 코어형 드릴, 셀 드릴 등 여러 종류의 드릴이 있으나 여기서는 2개의 홈을 가진 드릴을 대상으로 절삭 이론을 설명하기로 한다.

(1) 드릴의 요소와 각도

그림 5.2는 드릴 각부의 명칭을 나타낸다. 해석적인 면에서 중요한 드릴의 기호는 비틀림각(δ), 선단각(2θ), 웨브 두께(w), 여유각(γ), 직경(D)이다.

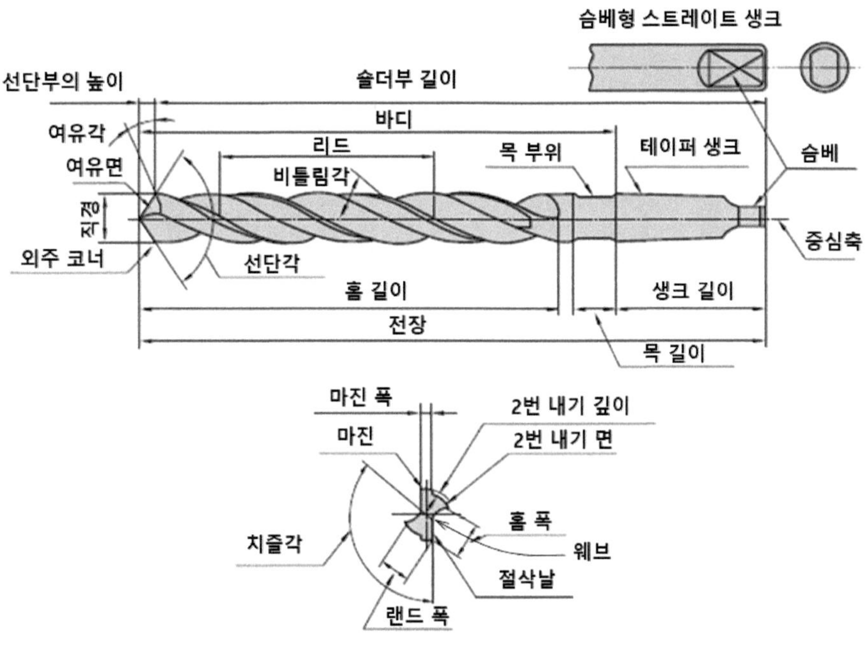

그림 5.2 드릴 각부의 명칭

비틀림각은 절삭하는 절삭날(cutting edge) 위의 특수점에 대한 반경(r)과 더불어 변한다. 따로 설명하지 않는 한 비틀림각은 드릴의 원주상의 비틀림 각을 말한다. 비틀림의 피치 길이 L은 절삭 선단에 따르는 모든 점에 대하여 일정하며 따라서 어떤 점에 있어서의 비틀림각은 다음 식을 사용하여 결정할 수 있다.

$$\delta = \tan^{-1}\left(\frac{2\pi r}{L}\right) \tag{5.1}$$

드릴에서 기준으로 하는 선단 점의 형상에 따라 주위에서 중심까지 여유각의 증가는 100%까지 되는 수도 있다. 드릴에 대한 여유각은 드릴이 뚫는 표면에 대해 아래쪽으로 움직일 때 특별한 문제가 발생한다. 반경 r에서 절삭 선단 위의 어떤 점에 생기는 이송각(feed angle) ϵ는 드릴의 1회전당 피드 s로서 다음 식으로 계산할 수 있다.

$$\epsilon = \tan^{-1}\left(\frac{s}{2\pi r}\right) \tag{5.2}$$

임의 반경에 대한 여유각 γ는 중요시 되는 탄성 회복이 생기기 전의 상태를 고려하여 실제 여유각보다 크게 만들어져야 한다. 보통 공구의 여유 간극에 사용하는 여유 간극은 $\gamma-\epsilon$으로 표시되며 ϵ값은 드릴 날끝(drill point)에 접근됨에 따라 급격히 증가한다.

(2) 드릴 절삭속도

드릴의 절삭속도 V, 회전수 n, 드릴의 직경 d와의 사이에는 다음의 관계가 성립한다.

$$V = \frac{\pi d n}{1000}\,[\text{m/min}] \tag{5.3}$$

또는 다음과 같이 나타낼 수도 있다.

$$n = \frac{1000\,V}{\pi d}\,[\text{rpm}] \tag{5.4}$$

일반적으로 드릴 작업에서 V는 가공물의 재질 및 절삭조건에 맞는 표준 절삭 속도를 사용하므로 이것에 적합한 회전수는 식 (5.3)으로 쉽게 계산된다.

한편 이송은 드릴 1회전에 대한 축방향의 이동량 s 또는 1분간의 이동량 $s_0 = ns$로 표시할 수 있으므로 작업시간 T분[min] 동안에 구멍 뚫는 깊이를 t로 하면 다음과 같이 나타낼 수 있다.

$$T = \frac{t}{ns} = \frac{\pi dt}{1000\,Vs} \tag{5.5}$$

단, t에는 드릴의 선단 치수도 포함한다. 식 (5.3)을 이용하면 드릴의 내구시간을 계산할 수 있다.

식 (5.3)에서 V는 절삭 날의 표면 절삭속도(m/분)로 드릴의 절삭 속도는 절삭 날의 위치(직경)에 따라 다르므로 절삭속도의 권장 값으로는 외주 날의 절삭속도와 중심 날의 절삭속도가 있다.

식 (5.3)에서 V는 이송속도로 $V = s \times n$(㎜/분)으로 나타내며 1분당 이송속도(V)는 드릴이 공작물 안으로 들어가 구멍을 뚫어 가는 속도이고 s은 1회전당 이송의 조합에 따라 공구수명과 스크랩 처리 성능이 바뀐다.

그런데 드릴로 뚫는 구멍은 드릴 직경보다 약간 크게 된다. 크게 되는 경우는 다음 식으로 계산할 수 있다.

$$\text{직경 증가량} = 0.05 + 0.13d \tag{5.6}$$

고속도 공구강 드릴의 절삭 조건을 표 5.1에 나타내었다.

표 5.1 고속도 공구강 드릴의 절삭 조건

공작물의 재료		절삭유제	절삭 속도 m/min	드릴직경(㎜)								
				1	2	5	8	12	16	25	40	63
종류 및 항장력	경도 (Ha)			이송량(㎜/rev) 회전수(rpm)								
구조용 탄소강 50 kgf/㎟ 이하	140이하	수용성 절삭유제	25~40	0.015 8000	0.03 4000	0.11 2000	0.16 1600	0.22 1000	0.26 800	0.3 400	0.4 250	0.45 125
" 50 kgf/㎟	140~200	"	25~32	0.015 8000	0.03 4000	0.10 2000	0.14 1250	0.18 800	0.22 630	0.3 315	0.4 200	0.45 125
" 70 kgf/㎟ 이상	200이상	"	20~28	0.01 6300	0.025 3150	0.07 1600	0.12 1000	0.16 630	0.20 500	0.25 250	0.32 160	0.35 100
특수합금강 70~90 kgf/㎟	200~260	"	12~20	0.008 4000	0.02 2000	0.06 1000	0.10 800	0.14 500	0.18 315	0.22 500	0.28 100	0.30 63
" 90~100 kgf/㎟	200~320	"	8~14	0.007 2500	0.01 1250	0.04 630	0.08 500	0.12 315	0.14 200	0.18 125	0.23 63	0.27 40
주철 18 kgf/㎟ 이하	160이하	건식 또는 다량의 수용성 절삭유제	20~35	0.025 6300	0.06 4000	0.16 2000	0.25 1250	0.30 800	0.35 630	0.45 315	0.50 160	0.56 100
" 50 kgf/㎟ 이상	160이상	수용성절삭유제 또는 광유	15~25	0.012 5000	0.04 3200	0.09 1600	0.14 1000	0.20 630	0.25 500	0.30 250	0.36 125	0.40 80
스테인리스강		수용성 절삭유제	7~12	0.006 2500	0.02 1600	0.06 800	0.10 500	0.14 315	0.18 250	0.22 125	0.28 63	0.30 40
나사용 황동		건식 또는 수용성 절삭유제	120이하	0.03 12500	0.07 10000	0.16 6300	0.25 5000	0.32 3150	0.40 2500	0.50 1250	0.63 630	0.71 400
강인한 황동		수용성 절삭유제	60이하	0.02 8000	0.04 6300	0.10 2500	0.14 2000	0.18 1250	0.22 1000	0.30 500	0.40 315	0.45 200
동, 황동, 청동		"	70이하	0.02 8000	0.04 6300	0.10 2500	0.16 2000	0.22 1250	0.25 1000	0.30 500	0.40 315	0.45 200
강인한 경합금		"	120이하	0.02 10000	0.05 8000	0.14 6300	0.20 5000	0.25 3150	0.32 2500	0.40 1250	0.45 630	0.50 400
단련된 경합금		수용성 절삭유제 또는 광유	160이하	0.02 12500	0.06 10000	0.16 8000	0.25 6300	0.32 4000	0.40 3150	0.50 1600	0.63 800	0.71 500
마그네슘 합금		건(乾)	200이하	0.025 12500	0.07 10000	0.20 8000	0.30 6300	0.40 5000	0.50 4000	0.63 2000	0.71 1000	0.80 630

(3) 드릴링 모멘트

드릴 작업에서 드릴 절삭날의 미소 길이에 작용하는 수평 방향의 절삭분력 가운데 접선방향(tangential direction)의 미소 절삭날의 길이 $d\rho$에 작용하는 절삭력을 P_T이라 하고, 선단 날끝의 미소 길이 $d\rho'$에 작용하는 절삭력을 $P_T{}'$라 하면 그림 5.3에서 비틀림 모멘트 M_d는 선단 인선의 반경을 r_a. 드릴 반경을 r이라 하면 다음과 같이 된다.

$$\begin{aligned} M_d &= 2\int_0^{r_0} P_T{}' \cdot \rho' \cdot d\rho' + 2\int_{r_0}^{r} P_T \cdot \rho \cdot d\rho \\ &= P_T{}' \cdot r_0{}^2 + P_T \cdot (r^2 - r_0{}^2) \end{aligned} \tag{5.7}$$

식 (5.7)에서 선단 절삭날을 시닝(thinning)하지 않으면 $P_T{}' \fallingdotseq (6 \sim 8)P_T$로 된다. 그러나 시닝하면 $P_T{}' \fallingdotseq 2P_T$로 되지만 $r_0/r \fallingdotseq 1/10$으로 하면 $P_r{}'$의 영향을 무시할 수 있다. 예를 들어 $r_0/r \fallingdotseq 1/10$일 때 드릴의 모멘트는 다음과 같이 되어 $P_T{}' \fallingdotseq 2P_T$로 해도 무리가 없음을 알 수 있다.

$$M_d = r^2[P_T{}'/100 + (99/100) \cdot P_T] \fallingdotseq P_T \cdot r^2 \tag{5.8}$$

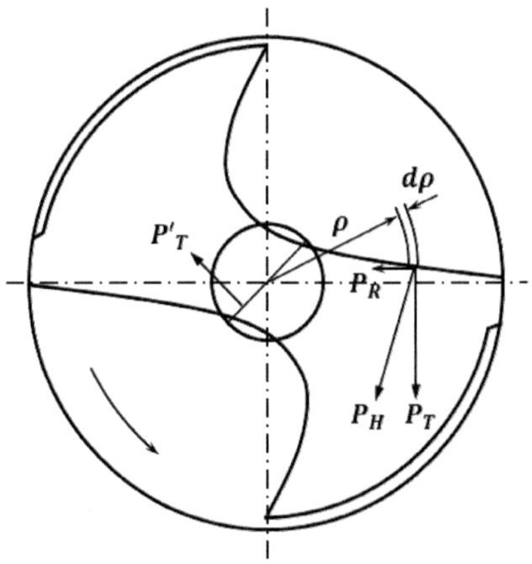

그림 5.3 드릴 선단 해석 도면

따라서 $r = d/2$라 하면

$$M_d = P_T \cdot \frac{d^2}{4} \tag{5.9}$$

식 (5.9)에서 접선 방향의 절삭력을 P라 하면 $P = P_T \cdot d$이므로 다음과 같이 된다.

$$M_d = P \cdot \frac{d}{4} \tag{5.10}$$

(4) 절삭저항

드릴에 작용하는 절삭저항은 비틀림 모멘트와 축 방향 이송운동 때문에 발생하는 스러스트(추력)으로 나누어 생각할 수 있다. 이것들은 드릴 날부의 형상이나 외경, 공작물의 재료 및 절삭 조건(절삭속도, 드릴 1회전 당 이송량 등)에 의해 변한다.

드릴 선단의 각도, 즉 선단각을 크게 하면 모멘트는 감소하지만 추력은 증가한다는 관계가 있으므로 공작물의 재질에 따라서 적당한 값이 채용된다. 경사각을 크게 하면 저항이 감소하는 것은 바이트의 경우와 마찬가지이다

드릴의 절삭을 간단하게 취급하기 위해 바이트로 절삭할 때와 같이 비절삭저항을 생각하기로 한다. 드릴 절삭날의 중심에 $P/2$의 절삭력이 작용할 경우 비절삭저항을 k_s, 이송을 s라 하면 다음과 같은 관계를 갖는다.

$$P = d\frac{s}{2}k_s \tag{5.11}$$

시 (5.10)과 시 (5.11)에서

$$M_d = 2 \cdot \frac{P}{2} \cdot \frac{d}{4} = \frac{k_s}{8} \cdot d^2 \cdot s \tag{5.12}$$

또한, 절삭날의 첨단각을 α_p, 이때의 비절삭력을 k_T라 하면 다음과 같은 관계가 성립한다.

$$T = d \cdot \frac{s}{2} \cdot k_T \cdot \sin\frac{\alpha_p}{2} \tag{5.13}$$

식 (5.13)을 보면 알 수 있듯이 다른 절삭 조건이 일정할 때 α_p가 작을수록 T가 작아져서 편리하다. 그러나 드릴의 수명 및 비틀림모멘트 등을 고려하여 α_p를 극단적으로 작게 할 수 없으며 일반적으로 강철은 118°로 한다.

(5) 드릴 작업 소요시간

그림 5.4는 드릴 작업의 결과를 나타낸 것이다. 그림에서 t는 드릴의 깊이[㎜]이며 h는 드릴의 원뿔 높이[㎜]이다. 이때 드릴의 회전수를 n[rpm], 드릴의 지름을 D[㎜], 드릴의 이송속도를 f[㎜/rev]라 하면 가공 시간[min]은 다음과 같이 나타낼 수 있다.

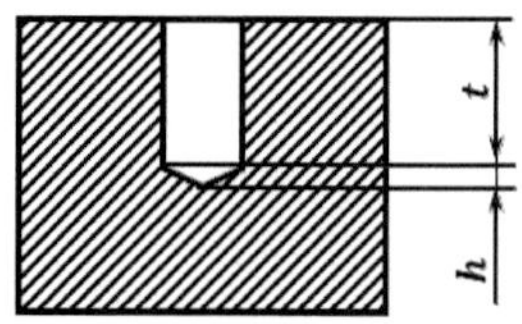

그림 5.4 드릴 작업 결과

$$T = \frac{t+h}{nf} = \frac{\pi D(t+h)}{1000\,Vf} \tag{5.14}$$

여기서 가공 시간은 가공준비시간, 여유시간, 드릴 준비, 교체시간 등을 제외한 오직 가공에만 소요되는 시간을 의미한다.

5.1.3 드릴 각부의 기능

드릴 각부의 명칭은 그림 5.2에서 표현했으며 이들의 각 기능에 대해 설명하기로 한다.

(1) 홈 길이

드릴의 수명에 큰 영향을 미치는 부분으로 **홈 길이**(flute length)가 길수록 강성이 저하하므로 적절한 선정이 필수이다. 홈 길이는 다음과 같이 표현한다.

홈 길이=구멍 깊이(부시 등을 포함)+5.0×드릴직경+재연삭 여유+관통 여유

(2) 홈

홈(flute)은 비틀림각과 선단각에 의해 절삭날의 경사각을 구성하고 드릴의 성능을 결정짓는다. 절삭칩을 배출하고 절삭유를 공급해주는 통로이며 가공구멍의 깊이에 따라 다르게 설계한다.

(3) 웨브

웨브(web)은 그림 5.5의 우측과 같은 부분으로 중심의 두께가 두꺼울수록 강도는 좋아지지만 홈 깊이는 얕아지고 넓이는 넓어진다. 구부러짐과 파손을 방지하기 위하여 웨브에 테이퍼 적용하기도 한다.

중심 두께가 큰 경우에는 적합한 시닝을 하여 절삭저항을 감소시킨다.

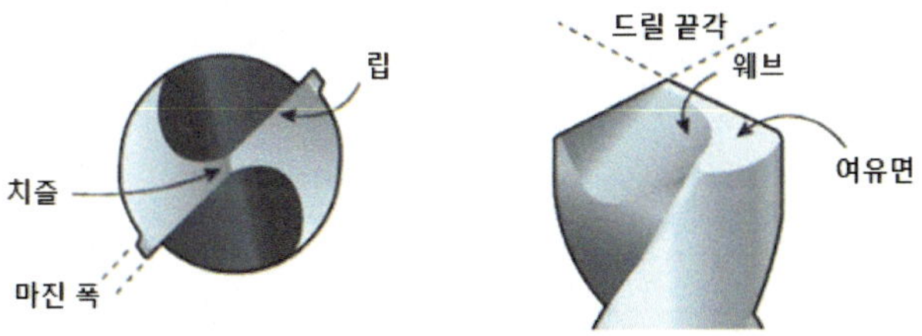

그림 5.5 드릴 절삭날 끝 부분의 명칭

(4) 비틀림각

비틀림각(helix angle)은 절삭날의 경사각의 의미이며 비틀림각이 크면 절삭저항이 작아지지만 드릴의 강성이 저하되므로 일반적으로 30°이다. 강한 피삭재에는 약한 비틀림, 연한 가공물에는 강한 비틀림이 유리하다(강한 재질에는 절삭날 강도를 높이고, 연한 재질에는 절삭성을 부여).

표 5.2는 가공할 피삭재의 재질에 따른 최적의 비틀림 각도를 나타낸 것이다.

표 5.2 가공할 피삭재의 재질에 따른 최적의 비틀림 각도

피삭재	비틀림 각도
주철, 강철 280 HB 이하	28°~32°
강철 281 HB 이상	15°~30°
경합금, 스테인리스강	10°~42°

(5) 선단각

선단각(point angle)은 골드 드릴은 일반적으로 118°인데 이보다 크면 스러스트(Thrust) 저항은 증가하고 토크는 감소한다. 초경 드릴은 대부분 140°의 선단각 채용으로 안정적인 절삭을 실현한다.

(6) 포인트 형상

포인트(point; 웨브와 랜드 끝 부위에서 이루어지고 드릴 절삭날의 끝부분) 형상은 홈의 선단부에 여유면을 두는 것이다. 포인트 형상의 종류와 특징은 표 5.3과 같다.

표 5.3 포인트 형상의 종류와 특징(한국OSG주식회사 자료 인용)

명칭	용도 및 특징	형상
원추연마	일반드릴에 사용됨	
평면 2단	구심성이 좋고 날부 정도가 좋아 소경드릴용	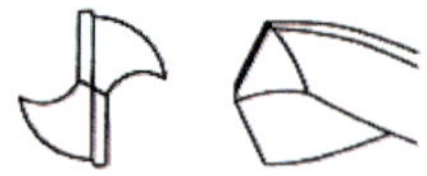
스파이랄	구심성이 좋고 연한 재료의 가공용	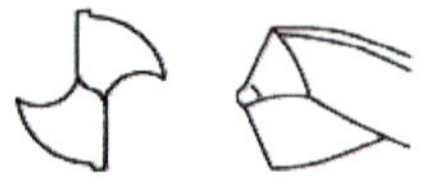
둥근날형	표면조도의 향상과 관통구멍의 버 억제	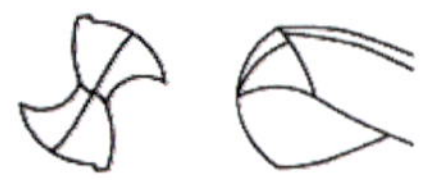
촛불형 연마	박판 등의 관통시 버와 진동 억제	
이단연마	어깨부의 절삭날 강도 높아 경질재료용	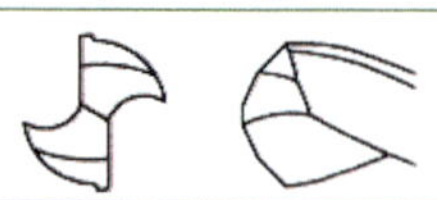

(7) 시닝

시닝(thinning)은 드릴의 선단부의 치즐(chisel)의 길이를 줄여 스러스트 저항을 줄이는 것으로 중심을 얇게 만든다는 의미이다. 표 5.4는 시닝의 종류와 특징을 나타낸 것이다.

표 5.4 시닝의 종류와 특징(한국OSG주식회사 자료 인용)

명칭	용도 및 특징	형상
시닝 없음	• 범용	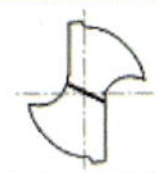
R형	• 중절삭용 • 진입성이 용이하며 절삭칩 분단 • 절삭저항 감소효과	
X형	• 중심두께가 높은 것에 적합 • 크랭크 샤프트 구멍가공용	
N형	• 중심두께 얇은 드릴 • 선단각이 작아 선단강도 높음	
S형	• 고경도강의 중절삭용 • 절삭날의 치핑 방지	
R+W형	• 고경도 피삭재 가공용 • 절삭날 강도 우수	

(8) 여유각

여유각(lip relief angle)은 일반적으로 6~15°의 범위로 설정되어 있다. 단단한 가공물이나 지름이 큰 드릴의 경우는 여유각을 작게 하며 연한 피삭재와 선단각이 작은 드릴, 지름이 작은 드릴은 여유각을 크게 설정한다. 여유각이 너무 작으면 발열에 의한 버닝(burning)의 우려가 있으며 여유각이 너무 크면 날끝 강도의 부족으로 치핑, 날 빠짐, 떨림이 발생한다.

5.1.4 드릴의 종류

드릴은 구멍 뚫기를 행하기 위해 사용하는 공구이며 선단부에 공구날을 몸체에 절삭칩을 배출하기 위한 골이 갖춰져 있다. 선단의 절삭 날의 크기에 따라 뚫리는 구멍의 직경이 결정되는 외에 형상, 용도에 따라서도 사용이 나뉠 수 있으므로 종류는 상당히 많다.

보통 드릴 재료는 탄소공구강 또는 텅스텐강이며 고급의 것에 고속도강 재료가 사용되지만 더욱 고속, 고생산성을 갖는 것으로 드릴 선단의 절삭 날부에 초경팁을 사용하기도 한다.

(1) 트위스트 드릴

트위스트(twist) 드릴은 구멍 뚫기 작업용으로 가장 일반적으로 사용되고 있으므로 절삭 칩의 배출과 절삭 유제 도입을 위한 나선 홈이 있으며 단순히 드릴이라고 하고 있다.

비교적 소형의 것은 생크가 원주 형상을 하고 있으며 직선 생크 드릴(그림 5.6 (a))이라고 하며 드릴 척을 붙여 사용한다.

또한 비교적 직경이 큰 것은 생크가 원추 형상을 하고 있고 테이퍼 생크 드릴(그림 5.6 (b))이라 하며 주축 단의 테이퍼 구멍에 끼워 넣어 사용한다. 테이퍼부의 마찰만으로는 미끄러질 염려가 있으므로 드릴 끝단의 탱(tang)이 주축의 홈에 들어가고 회전 멈춤으로 되어 있다. 따라서 테이퍼 드릴이 런아웃(runout)이 작고 구멍 뚫기를 정확히 할 수 있다.

(a) 직선 생크 드릴 (b) 테이퍼 생크 드릴

그림 5.6 생크 드릴

(2) 깊은 구멍 드릴

깊은 구멍 드릴(deep hole drill)은 롱드릴(long drill)과 건드릴(gun drill)로 나눌 수 있다.

롱 드릴은 깊은 구멍을 위한 긴 트위스트 드릴로 드릴의 강성을 높이기 위해 웨브를 두껍게 하고 또한 선단 형상이나 시닝도 특별한 형을 하는 경우가 있다. 더구나 비틀림 각도 피삭 재질에 따라서 적당히 바꿀 수 있다.

건 드릴은 총구 가공용으로서 개발했다. 건 드릴은 일반적으로 고속 강철 또는 초경합금으로 만들어진다. 다양한 유형의 내부 칩 제거 심공 드릴을 크기에 따라 교체형 초경 블레이드로 용접하거나 기계적으로 클램핑 할 수 있다.

드릴링 시 절삭유는 드릴로드의 중간에 들어가 드릴 헤드의 작은 구멍을 통해 절삭 영역으로 분사 한 다음 드릴의 V자형 홈에서 절삭 칩을 배출한다. 건 드릴은 구멍 직경이 3~30 ㎜이고 구멍 깊이 대비 구멍 직경의 비율이 100보다 큰 깊은 구멍을 처리하는 데 적합하다.

5.1.5 드릴링 머신

(1) 정의와 구성

드릴링 머신(drilling machine)은 그의 주축에 드릴, 리머 등을 부착하고 이것에 회전 절삭 운동을 주면서 동시에 주축에 이송운동을 수동 또는 자동으로 주어 피가공물을 보정하고 절삭 가공하는 기계이다.

드릴링 머신에는 직접, 레이디얼, 다축, 탁상 그 밖의 드릴링 머신과 NC드릴링머신이 있으며 그의 주요 구성부는 주축머리부분, 칼럼(column), 테이블, 베드로 구성되어 있다. 일반적으로 드릴링머신의 크기는 ① 구멍 뚫을 수 있는 최대 직경, ② 주축단의 테이퍼구멍의 테이퍼 번호 및 부착할 수 있는 가공물의 최대 직경, ③ 주축 중심으로부터 칼럼에 접촉하지 않고 그릴 수 있는 원의 최대 직경(이것을 스윙이라 함)을 갖고 나타낸다. 예를 들어 26in형 드릴링머신이라 하면 직경 660 ㎜ 가공물을 테이블에 부착해서 그의 중심위치에 드릴링 할 수 있다는 의미이다. 다만 레이디얼 드릴링 머신의 경우는 일반적으로 암의 반경을 갖고 표시되는 것이 많으며 또한 주축이 가장 외측에 이동할 때에 칼럼 면으로부터 주축 중심까지의 치수를 이용하는 것도 있다.

(2) 기종별 특징

최근 각종 드릴링머신은 단순히 구멍 뚫기라는 기능만이 아니고 나사내기, 탭, 심공용으로부터 밀링기능까지도 포함한 기능의 복합화 플랙시블한 가공라인의 일익을 담당한 라인형 머신 등 그의 사고방식 자체도 커다란 변화가 있다. 이러한 것으로부터 열 개정도의 자동공구 교환장치나 오토팰릿 체인저 등을 장비한 시스템 머신이 이 분야의 주류가 되고 있으며 드릴링 센터, 탭핑 센터 등으로 칭해지고 있다. 그림 5.7은 드릴링머신의 종류에 대해 나타낸 것이다.

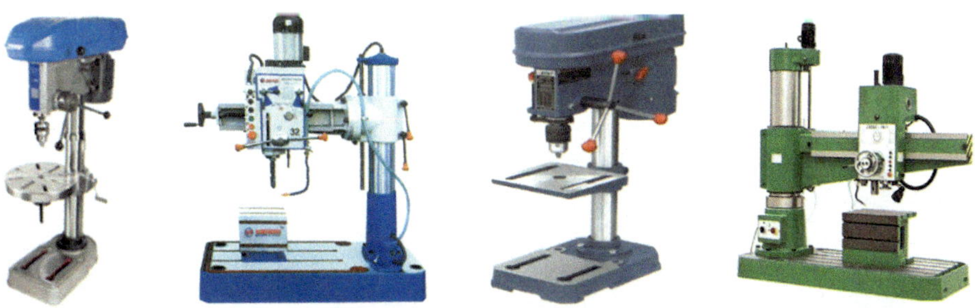

(a) 직접 (b) 레이디얼 (c) 탁상 (d) 다축

그림 5.7 드릴링머신의 종류

1) 직접 드릴링머신

그림 5.7 (a)와 같은 직접 드릴링머신은 비교적 대형 공작물의 구멍을 뚫을 때 필요한 공작기계로 단차식과 기어식이 있다. 테이블은 칼럼의 상하 이동 및 칼럼을 중심으로 선회할 수 있고 그 자체도 회전이 된다. 공작물은 크기가 작을 때는 테이블 위에 고정하고 공작물이 너무 클 때는 베이스 위에 바로 고정한다. 주축 역회전 장치가 있어 탭핑을 할 수 있으며 스핀들 하부에는 보통 모스 테이퍼가 있어 드릴 소켓을 직접 압입하거나 드릴 척을 이용할 수 있다.

2) 레이디얼 드릴링머신

그림 5.7 (b)와 같은 레이디얼 드릴링머신은 대형의 공작물 드릴링에 적합하다. 원통 칼럼의 주위에 선회할 수 있는 암을 가지며 주축 헤드는 암 위에서 반경위치를 조정할 수 있으므로 공작물을 세트한 채로 소정의 드릴링 위치에 주축헤드를 이동하고 고정하여 드릴링을 행할 수 있다. 또한 작은 부품의 경우에는 부속의 테이블을 부착해도 좋다. 특수한 레이디얼 드릴링머신으로서는 다음과 같은 형식이 있다.

① 테이블형 레이디얼 드릴링머신

이것은 소형의 것으로 피가공물은 보통 테이블 위에 부착하여 작업한다.

② 가반식 레이디얼 드릴링머신

철골 작업 공장 등에서 많이 사용되는 것으로 이동할 수 있는 거터 프레임에 부착되어 거터 상을 레일에 연해서 이동작업 할 수 있다.

③ 만능 레이디얼 드릴링머신

암이 근본이며 수평축 주위에 선회할 수 있으며 주축 헤드부도 선회할 수 있으므로 경사 방향의 드릴링 등에 이용할 수 있다.

3) 탁상 드릴링머신

그림 5.7 (c)와 같은 탁상 드릴링머신은 테이블 위에 가공물을 놓고 주축 끝에 드릴을 장치하여 회전시키면서 레버로 상하 운동을 시켜 구멍을 뚫는다. 기어식과 풀리식이 있으며 이것은 소형 드릴링머신으로 대수로서는 가장 많이 사용되고 있다. 특히 고정도를 요구하지 않는 소형 부품의 가공에 적합하며 작업능률 향상을 위해서 소형모터를 부착한 탁상 드릴링머신이

많이 사용되고 있다. 탁상 드릴링머신에서는 직경 13 ㎜ 이하의 구멍을 뚫을 수 있다. 또한, 일반적으로 탁상 드릴링머신은 나사내기 작업을 할 수 없지만 특히 그것을 가능하게 한 탭핑 겸용 드릴링머신도 있다.

4) 다축 드릴링머신

그림 5.7 (d)와 같은 다축 드릴링머신은 다수의 주축을 갖고 동시에 많은 드릴링을 할 수 있는 드릴링머신이다. 먼저 작업에 필요한 공구들을 고정시켜 놓고 순서대로 필요한 공구를 사용해서 하나의 공작물에 구멍 뚫기, 리머작업, 탭 작업들의 일괄 작업을 연속적으로 할 수 있다. 정밀도가 높고 일정한 제품을 대량 생산할 수 있으며 작업자를 1인 다역의 효율화 작업으로 원가 및 공정을 대폭으로 절감할 수 있다.

(3) NC 드릴링머신

NC 드릴링머신은 드릴에 의한 드릴링 작업이나 리머에 의한 리밍 작업, 탭에 의한 나사내기 작업 등을 자동으로 행하는 기계이다. 테이블의 X축, 서들의 Y축의 이동은 위치결정제어로 공구축의 Z축 이동은 직선절삭의 제어로 행하지만 제어 방법이 비교적 간단한 것과 NC 컨트롤러에 의한 위치결정 정도가 종래의 방법에 비해 상당히 높다는 것도 있으며 옛부터 NC화가 시도되었던 기종의 하나이다. 한마디로 NC 드릴링머신이라 해도 그 기종은 상당히 넓다. 프린트기판 가공기와 같이 다축 헤드를 갖는 양산용 드릴링머신이나 빵판 구멍 뚫기 기계와 같은 전용기 외에 FMS의 구성 요소로서 이용되는 공구교환 장치나 펠릿교환 장치 등을 갖춘 드릴링 센터까지 풍부하다.

5.1.6 CNC 드릴링의 산업 응용

CNC 드릴링은 다양한 산업 분야에서 고유한 요구 사항과 응용 분야를 가지고 있다. 표 5.5는 광범위한 응용 분야를 보여주는 다양한 산업 분야의 CNC 드릴링 부품의 구체적인 예이다.

표 5.5 CNC 드릴링의 산업 응용

업종	CNC 드릴링 부품 예
자동차	• 엔진 블록의 장착 구멍 • 서스펜션 부품의 연결 구멍 • 휠 허브의 볼트 구멍 • 브레이크 디스크의 구멍 • 연료 탱크 및 라디에이터의 구멍 고정
항공우주	• 항공기 동체 구조의 연결 구멍 • 빈 블레이드 장착 구멍 • 날개의 브래킷 구멍 • 조종석 벽의 계기판 구멍 • 랜딩 기어 구성 요소의 연결 구멍
전자	• 회로 기판의 커넥터 구멍 • 전자기기 케이스의 구멍 고정 • 휴대용 장치 케이스의 카메라 구멍 • 스마트폰 화면의 스피커 구멍 • 전원 소켓의 장착 구멍
의료 기기	• 의수족 커넥터의 구멍 고정 • 수술기구의 연결 구멍 • 의료기기 케이스의 구멍 고정 • 치과용 임플란트용 임플란트 홀 • 의료용 지지대의 연결 구멍
산업 기계	• 플랜지 연결 구멍, 너트와 볼트 • 공작기계 베이스의 장착 구멍 • 유압 실린더의 연결 구멍 • 산업 기계 프레임의 구멍 고정 • 컨베이어 벨트의 연결 구멍
에너지 부문	• 터빈 허브의 장착 구멍 • 파이프라인 플랜지의 연결 구멍 • 발전기 케이싱의 구멍 고정 • 송전탑 구조물의 연결 구멍 • 태양광 패널 브래킷의 장착 구멍
소비재	• 주방용품 케이스에 구멍이 있음 • 스마트 스피커의 연결 구멍 • 전자 장치 케이스의 카메라 구멍 • 휴대용 진공청소기의 구멍 고정 • 가전제품 패널의 장착 구멍

5.2 보링 가공

5.2.1 보링 가공의 정의 및 특징

보링가공은 기존 구멍의 크기를 증가시키는 가공으로 정의한다. 다시 말해서 보링의 목적은 구멍의 직경과 표면조도를 정정하는 가공으로 전용기계나 선반에서 할 수 있다. 이때 공작물은 이동이 가능한 테이블에 부착되어 있으며 단일 포인트에서 절삭 가공을 위한 회전 스핀들이 고속으로 회전하고 정삭 공구가 기존 구멍의 내부와 맞물려 절삭하며 칩을 형성한다. 보링 가공을 통해 얻어지는 표면의 조도와 품질은 스핀들과 가공 공구의 강성, 정밀도와 스핀들과 테이블의 이동 제어 치수 오차 폭이 작을수록 정밀해진다.

이러한 보링 가공의 이점은 다음과 같다.

① **특정 정확도**: 보링은 나사산과 산업 표준을 중심으로 회전하는 엔진 실린더나 유압 작동 밸브와 같은 부품을 제조할 수 있으며, 치수 공차에 대한 동심도 축 정렬 정밀도가 문자 그대로 ±0.001 mm에 가깝거나 이 경우 ±XNUMX mm 범위 내에 속한다.

② **확장 가능한 적응성**: 보링은 중장비, 항공우주 구조물 및 기타 응용 분야를 위한 대구경 구멍과 깊은 보어를 모두 처리할 수 있다는 점에서 드릴링과 다르다.

③ **재료 적응성**: 마모와 과열을 줄여 주는 첨단 공구 코팅 덕분에 가공이 어려운 소재로 분류되는 티타늄 합금과 세라믹 복합재의 사용이 가능해졌다.

④ **오류 수정**: 이전에 뚫은 구멍의 기하학적 정밀성 부정합 및 불균일성을 해결하여 상대적으로 가치가 높은 작업물의 폐기물 수준을 개선한다.

⑤ **공구 수명 증가**: 오늘날의 보링 바는 고속 모드에서도 기계 부품의 수명을 늘리고 위치를 지정한 다음 절단을 실행하는 튜닝된 질량 댐퍼와 같은 진동 감쇠 설계를 특징으로 한다.

5.2.2 보링용 공구

보링 가공에 사용되는 공구는 그림 5.8과 같다. 보링 바는 그림 5.8의 왼쪽 위와 같으며 보링 바이트를 고정하고 주축에 끼워서 회전하여 공작물의 구멍을 다듬질하는 데 사용하는 봉이다. 보링 바이트는 그림 5.8의 오른쪽 아래와 같으며 날 끝이 선반용 바이트와 같으며 각형과 원형이 있다. 외날 바이트는 거친 공작물 절삭에 사용하며 양날 바이트는 다듬질 절삭에 사용한다.

보링 헤드는 그림 5.8의 오른쪽 위와 같으며 지름이 큰 구멍을 보링할 때 직접 보링 바에 바이트를 고정하면 작업이 곤란하므로 보링 헤드를 보링 바에 고정하고 여기에 바이트를 고정해서 공작물을 깎는다.

면판은 그림 5.8의 왼쪽 아래와 같으며 회전 중에도 슬라이드판의 위치를 이동시켜 바이크의 위치를 조절할 수 있고 면판을 사용하여 절삭 할 때에는 면판의 슬라이드판에 바이트를 고정한다.

그림 5.8 보링용 공구

5.2.3 보링 가공의 절삭조건

보링 공구의 각은 가공부의 재질, 지름 및 공구재료에 따라 다르다. 가공부의 지름이 커질수록 공구의 반경 경사각(radial rake angle)과 측 경사각(side rake angle)은 작게 취할 수 있으며 다른 각들의 크기는 공작물의 재질에 따라 다르다. 가공 중 칩이 가공면에서 멀리 중심을 향하여 배출되어 가공 면에 손상을 주지 않도록 하여야 한다.

표 5.6 티타늄 카바이드 공구의 절삭조건

피삭재	절삭속도	이송
1045강	200~500	0.1~0.25
4340강	150~250	0.1~0.25 (깊이 0.25~0.5)
416 스테인리스강	10~250	0.1~0.25 (깊이 0.25~0.5)

Ti이 50~80%이고 몰리브덴 카바이드(molybdenum carbide)와 니켈(nickel)을 결합제로 사용한 공구는 경도가 크고 내마모성이 우수하여 정밀 보링에 많이 사용된다. 표 5.6은 티타늄 카바이드(titanium carbide) 공구로 강을 보링 절삭할 때의 절삭속도와 이송을 예시한다.

5.2.4 보링 가공의 기본 원리

(1) 정렬 및 설정

첫 번째 원칙은 기존 홀과 보링 공구의 완벽한 정렬을 보장하는 것이다. 공작물은 움직이지 않도록 단단히 고정되어 있다. 이 단계는 보링 프로세스의 단계를 설정하므로 매우 중요하다. 아무리 사소한 정렬 불량이라도 최종 제품에 오류가 발생할 수 있다.

(2) 도구 선택

다음은 올바른 보링 공구를 선택하는 것이다. 이는 공작물의 재질과 원하는 마감에 따라 다르다. 공구는 마모를 최소화하면서 특정 재료를 효율적으로 절단할 수 있는 크기와 능력을 기준으로 선택해야 한다.

(3) 속도 및 이송 속도

올바른 절단 속도와 이송 속도를 결정하는 것은 섬세한 균형 작업이다. 너무 빠르면 도구가 손상되거나 마무리가 거칠어질 위험이 있다. 너무 느리면 비효율적이다. 이 결정은 재료 경도, 공구 재료 및 필요한 정밀도를 기반으로 한다.

(4) 절단 공정

절삭 공정에는 보링 바에 장착된 보링 공구가 구멍 안으로 선형으로 이동하는 과정이 포함된다. 절삭날이 재료를 부드럽게 깎아내어 구멍 직경을 확대하고 표면 조도를 향상시킨다.

(5) 깊이 및 직경 제어

보링 가공에서는 정밀도가 매우 중요하다. 절단 깊이와 구멍의 최종 직경을 제어하는 것이 가장 중요하다. 이를 위해서는 구멍의 크기가 정확하고 완벽하게 둥글고 매끄러운지 확인하기 위해 지속적인 모니터링과 미세 조정이 필요하다.

(6) 절삭유 도포

보링 가공에는 절삭유 사용이 필수적이다. 이는 열 축적을 줄여 재료 변형 및 공구 마모를 방지하는 데 도움이 된다. 올바른 유형의 절삭유와 적용률은 완성된 홀의 품질에 큰 영향을 미칠 수 있다.

5.2.5 보링 가공의 응용

(1) 자동차 산업

- 보링은 엔진 블록과 실린더 라이너의 모든 공차를 보장하여 최적의 연소와 마모 최소화를 보장한다. 크랭크샤프트 베어링의 적절한 맞춤과 변속기 하우징의 조립은 원활한 통합을 가능하게 하고 내구성을 보장하는 데 중요하다.
- 엔진 실린더의 보링: 엔진 블록을 실행할 때는 세심한 허용 오차(±0.005 mm)로 조정된 피스톤 위치에 적합한 작업을 수행해야 한다. 텅스텐 카바이드 보링 바가 있는 정밀 CNC 보링 머신은 공구 마모가 낮아 프로세스 전체에서 일관된 보어 직경 비율을 유지한다.

(2) 항공기 산업

- 랜딩 기어 및 터빈 케이싱의 요소를 생산하기 위해 보링은 강한 힘 하에서 기계에 적절하게 맞춰진다. 연료 시스템과 유압 액추에이터에 정밀한 구멍이 있어 누출이 발생하지 않으므로 안전이 보장된다.

- 터빈 케이싱 가공: 보링은 인코넬과 같은 내열 합금으로 만들어진 제트 엔진 케이싱의 정렬을 지원한다.
- 랜딩 기어 구성 요소: 이 부품은 티타늄으로 만들어졌으며, 단조 블록에는 상당한 직경의 구멍이 뚫려 있다. 이 구멍은 직진성과 치수 안정성을 위해 고정 도구에 고정된다. 안전에 중요한 부품에는 엄격한 표준이 적용되었기 때문이다.

(3) 중공업

굴삭기 붐, 기어 박스, 산업용 프레스 구성품과 같은 부품의 내구성은 보링의 도움으로 달성된다. 정확한 시트가 있는 베어링은 진동을 최소화하여 건설 및 광산 기계의 수명을 연장한다.

5.2.6 보링 머신

(1) 기능과 구성

1) 기능

보링(Boring)은 주요할 때 뚫린 구멍이나 드릴로 뚫은 구멍을 깎아서 크게 하거나, 정밀도를 높이기 위한 가공이다.

보링머신은 보링 바에 바이트를 설치하여 이것을 주축과 같이 회전시키고 주축 또는 공작물을 이송시켜 보링이나 면 깎기 외에 구멍 뚫기, 앤드밀 깎기, 바깥지름 깎기, 나사 깎기, 태핑 등 여러 가지 작업을 할 수 있다.

뚫는 구멍이 비교적 작을 때에는 바이트를 보링 바에 직접 부착해서 이용하지만 큰 구멍작업에서는 보링바의 보링헤드라는 블록을 장착하여 이것에 바이트를 장착한다. 특히 구멍의 내면에 홈을 넣는다든지 외경에 홈을 넣는다든지 챔퍼하고 싶을 때에는 유니버셜 페이싱 보링 헤드를 사용한다.

보링작업의 가장 일반적인 순서는 거친 보링, 중간 다듬질 보링, 다듬질 보링의 세 공정이며 그 작업내용에 따라 중간 다듬질 보링이 생략되는 경우가 있다. 이 가운데 거친 보링의 치수 결정은 비교적 용이하며, 스케일이나 깊이 게이지를 사용하여 보링 바의 외경으로부터 재면서 바이트를 넣었다 뺏다 하며 적당한 위치에 부착해서 절삭하면 된다.

2) 구성

보링머신은 주축의 위치에 따라 그림 5.9와 같이 주축의 수평방향의 수평 보링 머신과 수직방향의 수직보링머신으로 대별된다. 더욱이 작업 목적에 따라서 범용보링머신, 지그 보링머신, 정밀보링머신으로 분류할 수도 있다.

이들 보링머신의 일반 주요 구성부는 ① 주축헤드, ② 칼럼, ③ 헤드 및 사이드 레이어, ④ 새들, ⑤ 테이블, ⑥ 램프이다.

보링머신은 이들의 구성에 의해 구멍 뚫기를 비롯하여 광범위한 가공을 할 수 있는 것에 그의 특징이 있다.

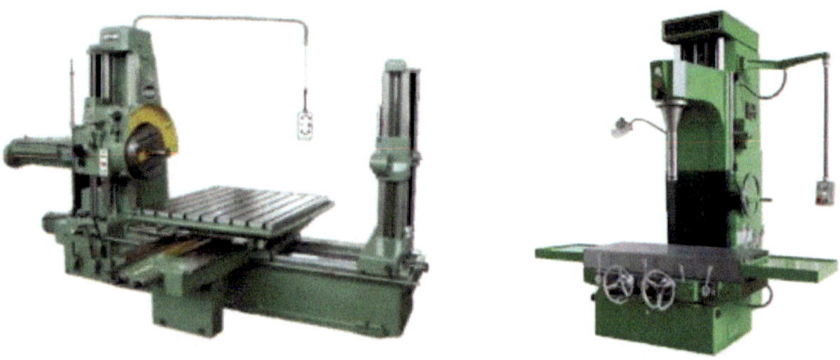

(a) 수평형 보링머신　　(b) 수직형 보링머신

그림 5.9 보링머신의 종류

(2) 기종별 특징

1) 수평보링머신

수평보링머신은 테이블형, 플레이너형, 플로어 형의 세 개의 기본 형식을 갖고 있지만 테이블의 형식, 주축헤드 및 주축 주변의 구조나 형식 회전 면판의 유무 등에 의해 더욱이 세세하게 분류된다.

① 테이블형 수평 보링머신

중형 이하의 가공물을 대상으로 하는 테이블형 수평보링 머신은 수평보링머신의 가장 대표적인 기종이라 할 수 있다. 본체는 헤드와 칼럼으로 되어 있으며 베드 상에는 새들이 있고 그 위에 테이블이 탑재되어 있다. 새들은 헤드에 연하여 운동하며 테이블은 이것에 대해서 직각방향으로 이동할 수 있다. 그리고 공작물은 테이블 상에 부착된다. 또한 칼럼의 정면에는 상하로 이동할 수 있는 주축헤드가 있으며 여기에 주축이 있다. 보통의 보링 주축 외에 고속주축이나 정면 밀링을 붙이기 위한 밀링 주축을 갖춘 것, 챔퍼 헤드를 부착할 수 있도록 한 주축도 있다. 이송운동은 주축을 그의 축 방향에 이동시키는 데는 보통 중공의 주축 슬리브를 갖추고 그 속을 보링주축이 습동 할 수 있도록 하며 회전은 키에 의해 주축 슬리브에 의해 전달되며 이송은 주축 후부에 있는 이송 슬리브로부터 나사 또는 랙에 의해 주어진다.

② 플레이너형 수평 보링머신

테이블형에 있어서는 테이블이 두 방향(X, Z축)에 이동하는 것에 대해 플레이너형에서는 테이블은 X축 방향만으로 이동하고, Z축 방향에는 칼럼 축이 이동한다. 이 때문에 테이블의 구조가 간단하게 되며 테이블 이동량의 확대가 용이하므로 중대형 공작물을 대상으로 한다. 가공물을 테이블 위에 탑재한 구조는 테이블형과 마찬가지이므로 테이블형 수평 보링머신의 일종으로 볼 수도 있다.

③ 플로어형 수평 보링머신

테이블형이나 플레이너형이 공작물을 테이블 위에 탑재하여 가공하는 것에 내해 플로이형 수평보링머신의 경우 공작물은 별도로 정치된 정반 상에서 부착되며 주축헤드를 갖춘 칼럼이 헤드 위를 좌우로 이동하며 또한 주축헤드는 칼럼에 연하여 상하로 이동하며, 보링위치를 결정한다. 이송은 주축이 축 방향으로 이동하는 것에 의해 주어진다. 가공물이 고정하고 기계축이 이동하여 가공하는 것으로부터 가공물의 중량이나 크기에 제한이 없으며 대형의 공작물을 가공하는데 적합하다.

2) 수직보링머신

수직보링머신은 주축이 수직방향의 보링머신이지만 더욱이 한정한다면 지그 보링머신 및 정밀보링머신으로부터 구별된 응용범위가 넓은 것을 가리킨다고 봐도 좋다. 일반적으로 환형 혹은 각형의 양 칼럼이 음형 구조로 되어 있는 기종이 많으며 보링 외에 정면 밀링, 엔드밀의 작업이 고정도로 행할 수 있는 점에 수직 보링머신의 특징이 있다. 특히 수직형 구조로 되어있기 때문에 가공물의 착탈이 용이하며, 보링축의 변화가 없기 때문에 정밀 보링 작업에 적합하다. 이러한 점으로부터 금형가공, 변형물 가공 작업에는 위력을 발휘하여 널리 사용되고 있다. 또한 테이블은 풀 서포터 되어 있는 기종이 많으며 작업면적에 넓은 것도 장점이다. 수평 보링 머신에서는 보통의 보링 작업 외에 밀링 작업을 행하는 경우가 많게 되며 수평 보링 밀링 머신 등의 명칭도 이용되고 있지만 수직 보링머신의 경우 이런 경향은 더더욱 현저하다. 즉, 거의 모든 보링머신이 수직 보링밀링머신으로서 생산되고 있다고 해도 과언이 아니다. 더구나 수직보링머신에 있어서는 ATC를 장착한다든지, NC화한 기종이 극히 많다. NC지령으로 다변가공이 가능한 입형기의 보급에 의해 구조물 가공의 수직보링머신의 역할이 크게 되어온 이유가 된다.

3) 지그 보링머신

지그 볼러라 부르는 것도 많다. 소요의 위치를 직각좌표 상에서 정확히 구하여 그 정도의 구멍 뚫기를 행하는 것이 본래의 목적이며 통상 가공정도는 ㎛ 단위이다. 더더구나 그 이름대로 대량생산용의 구멍 뚫기 지그를 가공하는데 이용되고 있지만 그 뒤 직접제품의 가공에 사용되도록 되어 오늘날에 이르고 있다. 지그보링머신의 형식으로 가장 많은 것은 문형 중축이며 크로스레일 상의 주축헤드의 좌우 이동과 테이블의 전후 이동에 의해 가공물의 위치 결정이 행해지며 크로스 레일에 의해 상하의 위치 결정이 완료된 후에 주축헤드의 출입에 의해 가공을 행한다. 즉, 스핀들 헤드는 주축 구동 전동기가 붙어있고, 주축회전과 주축드럼의 기동이송을 구동하는 것 외에 크로스레일에 주축대를 체결하여 고정하는 장치 이용의 전동기 및 공구 착탈용의 전동기를 갖추고 있다. 주축 드럼의 수동이송에는 거침, 미세의 두 종류가 있으며 거침이송핸들의 다이얼 눈금에서 이동량을 읽을 수 있다. 크로스레일의 우측단에는 주축대의 이송 변속기어 상자가 있고 이송용과 미동 이송용의 전동기가 각각 내장되어 볼나사를 구동하여 주축대를 수평 이송한다. 크로스레일의 상하는 양 칼럼 전면의 두 개의 나사에 의해 행해지며 정지 시에는 전동기에 의해 칼럼에 체결하여 고정된다. 그리고 작업자의 가장 가까운 위치에 있는 주축헤드의 광학 위치파악 방법으로 읽어 들일 수가 있다. 지그보링머신은 이러한 문형 프레임의 타입을 주류로 하지만 칼럼이 한 개로 주축헤드가 칼럼에 연하여 상하로 이동하도록 한 칼럼형(싱글칼럼형)도 있다. 소형의 가공물에 대해서는 칼럼형의 쪽이 가공부분에 접근하기 쉬우며 테이블 윗면과 칼럼과의 직각도를 내기 쉽다. 다만 가공물이 무거울 경우에는 테이블 안내면의 마멸이 빠르고 또한 주축 중심선과 칼럼 단면과의 거리를 그다지 크게 할 수 없기 때문에 부착할 수 있는 가공물의 크기에 한도가 있다. 지그 보링 머신에 있어서 진도가 높은 보링 작업을 위해서는 주축의 회전과 주축의 상하 이동이 상당히 정밀하며 더욱이 원활하게 행해질 필요가 있지만 구멍의 위치, 즉 종횡의 좌표치수를 정확히 내는 것도 잊어서는 안 된다. 이들의 위치결정을 정밀하게 행하기 위해서는 피치오차 보정장치를 갖춘 정밀한 이송나사와 대형의 마이크로미터 눈금에 의한 것이 이용되고 있다. 최근에는 표준자와 읽을 수 있는 현미경에 의한 광학적 방법이 많이 이용되고 있으며 더욱이 전기적 방법에 의한 것, 자동 위치 결정 장치를 갖춘 것도 개발되어 있다. 어느 쪽의 경우에도 위치 결정의 치수를 1 ㎛까지 읽을 수 있는 것이 가능하다.

4) 정밀 보링머신

내연기관의 실린더나 미끄럼베어링의 내면들을 다듬질하기 위하여 초경합금의 바이트를 이용하여 고속도 절삭을 행하며 정도가 높은 양호한 다듬질 면을 하는 보링머신이다. 평면과 같은 다듬질 면을 얻을 수 있으므로 더욱이 연삭 그 밖의 다듬질 가공을 갖출 필요가 없다. 내연기관의 실린더는 치수정도, 형상정도, 표면 거칠기가 모두 중요하며, 그를 위해서는 절삭 깊이를 작게 하고 미세 이송으로 고속절삭 하는 것이 효과적이다. 정밀보링머신은 주축의 방향에 따라 수직, 수평, 경사형으로 나눌 수가 있다. 가공물이 대형일 때에는 수직형을 이용하지만 수직형은 자중에 의한 보링바의 처짐이 없으며 강도도 높다. 또한 주축을 두 축 이상 갖는 다축형의 것이 있으며 수평형 중에는 베드의 양단에 주축헤드를 갖는 양단형(대형보링머신)도 볼 수 있다. 더욱이 전용기에서는 1헤드를 여러 축을 갖춘 형식의 것이 사용되고 있다. 이송 방법으로 분류하면 주축 쪽에서 행하는 주축헤드 이동형과 공작물을 이동시키는 테이블 이동형이 있다. 수직형은 주축헤드 이동형이지만 수평에서는 테이블 이동형이 많다. 수직형의 정밀 보링머신을 보면 수축 구동 변속부는 칼럼 내부에 있으며 상부에 의해 주축 후부에 스플라인 축을 구동한다. 주축은 칼럼 앞면을 안내함으로써 상하로 이동하는 주축대 내부의 베어링에 지지되어 주축대의 나사이송에 의해 회전하고 있는 주축의 이송이 주어진다. 수평형의 대형보링머신에서는 가공물에 따라서 한쪽 편만의 사용으로도 좋은 경우가 있으며 역으로 좌우에 2-head, 3-head로 증가하는 것도 가능하다. 주축 구동 전동기는 각각 주축 헤드축의 헤드 안에 있으며, 벨트로 주축 후부를 구동한다. 테이블은 주축대를 부착한 다리의 테이블 밑까지 묶어서 좌우로 이동한다. 좌우의 주축 헤드의 한쪽 편에서 거친 절삭, 반대 측에서 다듬질 절삭을 한다든지 혹은 반대 축에서 할 수 없는 면의 가공을 행한다.

5) NC 보링머신

보링머신에서도 모든 분야에서 NC화가 진행되었으며 NC보링머신으로서는 수평보링머신, 수직보링머신, 지그보링머신의 각 기종이 생산되고 있다. 그러나 통계를 보면 보링머신의 NC화 비율은 결코 높지 않다. 그런 것도 특히 수평보링머신은 머시닝 센터의 가장 대표적인 베이스 머신으로 되어 있으며 NC 보링머신의 니즈는 상당한 부분이 머시닝 센터에 흡수되기 때문이다. 또한 ATC를 장착한 NC보링머신은 머시닝 센터로써 취급하는 케이스도 틀림없이 있다. NC 수평보링머신이 머시닝 센터로부터 구별되는 점은 급송 주축을 갖고 있는 것일 것이다. 이 급송 주축에는 다음과 같은 세 가지 장점이 있다.

① 깊고 직경이 큰 구멍에서도 고강성의 절삭이 가능하다. 일반적으로 NC수평보링머신은 테이블 사이즈가 크며 가공물도 크므로 심공의 가공에는 주축이 충분히 유효하게 사용할 수 있다.

② 공구수의 감소, 짧은 공구가 한 개 있으면, 주축이 급송을 이용하여 번거로운 구멍이라도 속 깊이까지 가공할 수 있으므로 공구수를 감소시킬 수 있는 것이 가능하다.

③ 바이트 프리셋 치수의 확보에 유리하다. 공구 세팅오차를 갖고 삽입된 공구는 그 길이에 비례하여 프리셋에 한 지름과 실제로 가공된 지름과의 사이에서 차이가 생긴다. 급송 주축이 있으면 짧은 공구로 심공을 가공할 수 있으므로 프리셋 직경과 실제로 가공한 구멍 지름과의 차가 작게 된다.

또한 NC 수평보링 머신은 Z축(테이블)과 W축(주축)의 취급에 특색이 있다. 예를 들어 테이블 형식의 기계에서 가공물 이동에 의해 가공하는 것은 기본으로 설계된 것을 그의 특징으로 활용하도록 Z축을 NC제어하고 W축은 수평 혹은 스텝 제어된 기종도 있다. NC수직 보링머신은 주축이 수직방향의 보링머신이며 일반적으로 환형 혹은 각형의 양 칼럼이 음형구조로 되어 있는 기종이 많다. 보링가공 외에 정면 밀링, 엔드밀 가공 등이 고정도로 더구나 다면적으로 행할 수 있는 것이 특징이다.

5.3 리밍 가공

5.3.1 리밍의 정의와 특징

(1) 리밍의 정의

리머 가공은 구멍 내부 표면을 정밀 가공하기 위해 기존 구멍을 다듬는 작업(일반적으로 드릴링이나 보링 후에 수행됨)에 초점을 맞춘 프로세스이다. '리머'라는 절삭 공구를 사용하여 구멍 내벽을 가볍게 깎아 기존 구멍을 정밀하게 확대하고 구멍 벽의 표면 평활도를 높이는 작업이다. 이 도구는 구멍의 내부 표면 품질을 더욱 개선하고 부품의 고정밀 요구 사항을 충족하는 낮은 재료 제거율로 정밀 가공을 위해 특별히 설계되었다.

그러나 부품 드릴링의 초기 단계에서 대부분의 제조업체는 빠른 절단을 위해 드릴 비트를 사용하는 경향이 있다. 효율적인 재료 제거 기능을 갖춘 드릴 비트는 부품에 초기 구멍을 빠르게 생성할 수 있다. 그러나 드릴 비트의 주요 목적은 고정밀 구멍 직경을 달성하기보다는 대량의 재료를 신속하게 제거하는 데 목적이 있다는 점은 주목할 가치가 있다. 따라서 고정밀 가공이 필요한 부품의 경우 리밍 공정을 선택하는 것이 올바른 선택이다.

(2) 리밍의 특징

리머 가공의 장점은 주로 다음과 같은 측면에 반영된다.

① **높은 가공 효율성**: 리밍은 일반적으로 보링에 비해 효율성이 더 높다. 리밍 도구는 두 개 이상의 표면을 동시에 절단할 수 있어 처리 시간을 크게 줄이고 생산 효율성을 향상시킨다.

② **높은 가공 정확도**: 리밍 중에 공구가 구멍 벽에 대해 특정 각도로 구멍 안으로 확장되므로 고정밀 가공이 가능하고 고품질 구멍 마감이 가능하다.

③ **폭넓은 적용 가능성**: 리밍은 자동차, 교량, 기계 장비 등 다양한 연결 상황에 적합하며 다양한 가공 요구 사항을 충족한다.

④ **재료 절약**: 볼트 연결을 위한 리머 구멍에는 특별한 재료가 필요하지 않다. 기존의 볼트와 너트를 연결에 사용할 수 있어 재료비가 절감된다.

그러나 리밍에는 몇 가지 단점도 있다.

① **작은 구멍 가공 시 마모**: 리머는 작은 구멍을 가공할 때 마모되기 쉬우므로 자주 교체하거나 재조정해야 하므로 생산 비용이 증가하고 유지 관리가 어려워진다.

② **도구 수명**: 리머의 수명은 재질, 절삭유 선택, 절삭 용도 등 다양한 요인에 의해 영향을 받을 수 있다. 부적절한 사용 및 유지 관리로 인해 공구가 조기에 손상될 수 있다.

표 5.7은 드릴링, 보링, 리밍의 차이점을 나타낸 것이다.

표 5.7 드릴링, 보링, 리밍의 차이점

가공 방법	드릴링	보링	리밍
정의	드릴 비트를 사용하여 공작물의 단단한 부분에 구멍을 형성	정밀도와 표면 품질을 향상시키기 위해 기존 구멍을 추가로 처리	리머를 사용하여 구멍을 미세 절삭하여 치수 정밀도와 표면 품질을 향상
처리 목적	초기 구멍 형성	홀 직경 확대, 정밀도 향상, 표면 거칠기 감소, 축 편차 보정	구멍의 치수 정확도 및 표면 품질 향상
사용 된 도구	드릴 비트	보링 공구	리머
가공 효과	잠재적으로 표면 품질이 좋지 않은 초기 구멍 형성	구멍 직경 확대, 정밀도 향상, 표면 거칠기 감소, 축 편차 수정	구멍의 치수 정확도와 표면 품질의 큰 향상
응용 프로그램 시나리오	초기 홀 가공	높은 정밀도가 요구되는 큰 구멍 가공	작은 구멍의 고정밀 가공
가공 정밀도	일반	상대적으로 높음	매우 높음
표면 품질	잠재적으로 빈약함	비교적 좋음	아주 좋음

5.3.2 리머의 종류

리머는 드릴링, 보링 또는 코어링 된 구멍을 정확한 치수로 확대하고 마무리하는데 사용되는 원통형 또는 원추형 회전 절삭공구 유형이다. 구멍을 생성하는데 리머를 사용할 수 없다. 머신리머는 드릴 프레스, 선반 및 나사 기계와 같은 공작기계에 사용된다.

정밀 리머는 이전에 형성된 구멍의 크기를 소량이지만 높은 정확도로 확대하여 매끄러운 면을 남기도록 설계되었다. 구멍의 보다 기본적인 확장이나 버 제거에 사용되는 비정밀 리머도 있다.

앞에서도 서술했듯이 구멍을 확대하는 과정을 리밍이라 한다. 다양한 유형의 리머가 있으며 밀링 머신이나 드릴 프레스와 같은 공작기계 또는 수공구로 사용하도록 설계되어 있다.

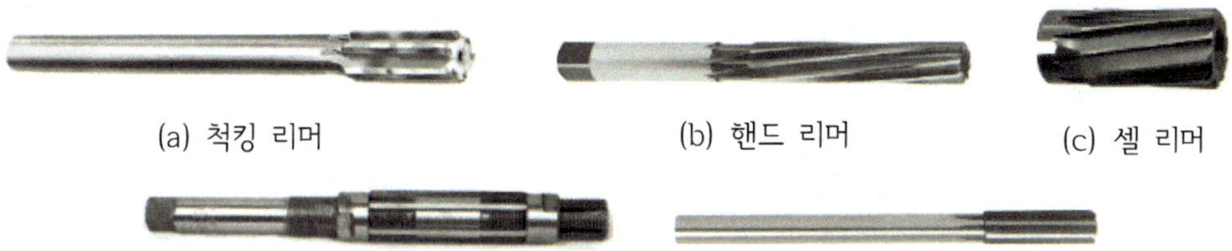

(a) 척킹 리머 (b) 핸드 리머 (c) 셸 리머

(d) 조정 가능 리머 (f) 스트레이트 리머

그림 5.10 리머의 종류

일반적인 리머는 원통형 본체의 길이를 따라 평행한 직선 또는 나선형 절단 모서리 세트로 구성한다. 각 절삭날은 약간의 각도로 연마되고 절삭날 아래에 약간의 언더컷이 있다.

리머는 긴 수명을 위해 절삭날의 경도와 인성을 모두 결합하여 공구가 정상적인 사용력에서 파손되지 않도록 해야 한다. 소량의 재료를 제거하는 데에만 사용해야 한다. 이것은 리머의 긴 수명과 홀의 우수한 마감을 보장한다.

나선은 사용법에 따라 시계방향과 반시계방향일 수 있다. 예를 들어 시계방향 나선이 있는 테이퍼 핸드 리머는 사용 시 지체 공급되는 경향이 있어서 쐐기 형상이 발생하여 결과적으로 파손될 수 있다. 따라서 리머가 여전히 시계방향으로 회전하더라도 반시계방향 나선이 선호된다.

그림 5.10은 리머의 일부 종류를 나타낸 것으로 리머의 종류는 상당히 많다.

5.3.3 절삭조건

리밍 가공은 드릴 가공에 비하여 절삭속도를 느리게 하고 이송은 크게 한다. 절삭속도를 작게 하면 리머의 수명은 길어지나 생산성이 떨어지며, 절삭속도를 너무 크게 하면 랜드(land)부가 쉽게 마멸되어 리머의 수명이 단축되고 가공한 면이 불량해진다. 고속도강(H.S.S.) 재질의 리머에서는 드릴 가공시의 2/3~3/4의 절삭속도와 2~3배의 이송을 준다. 표 5.8은 고속도강 리머의 절삭속도와 이송의 예이다.

표 5.8 리머의 절삭속도와 이송

가공물 재료		절삭속도 [m/min]	이송[mm/rev] 리머의 지름[mm]			
			5이하	5~20	21~50	50이상
탄소강 및 주강	연	3~6	0.2~0.3	0.3~0.5	0.5~0.6	0.6~1.2
	경	2~4				
합금강 단조품	연	3~4	0.1~0.2	0.2~0.4	0.4~0.5	0.5~0.8
	경	2~3				
주철	연	4~6	0.3~0.5	0.5~1	1~1.5	1.5~3
	경	3~4				
가단주철	연	4~6	0.2~0.3	0.3~0.5	0.5~0.6	0.6~5.0
	경	3~4				
동, 황동		8~14	0.3~0.5	0.5~1	1~5.5	1.5~3
Al 및 Al합금	연	12~20	0.3~0.5	0.5~1	1~1.5	1.5~3
	경	0~32				
Mg 및 Mg합금		30	0.4~0.5	0.5~1.2	1.2~2	1.2~2

5.3.4 리머 취급과 가공 시 주의사항

리머의 수명 및 가공정밀도 등은 리머의 상태에 의존하므로 취급할 때 다음 사항을 지키도록 해야 한다.

① 리머 절삭날이 손상되므로 충격을 피하며, 각각 케이스에 보관한다.

② 녹슬지 않도록 기름을 칠하여 보관한다.

가공정밀도를 높게 하고 리머의 수명을 크게 하기 위해 가공 시 다음 사항을 지키도록 해야 한다.

① 가공 전에 리머의 절삭날 상태를 점검하고, 버 등을 제거한다.

② 가공정밀도와 리머 수명을 향상시키기 위하여 절삭유제를 사용한다.

③ 깊은 구멍의 가공에는 헬리컬 리머를 사용하고, 높은 정밀도를 얻기 위해서는 스트레이트 리머를 사용한다.

④ 리머가 손상되므로 역전시키지 않는다.

⑤ 고정밀도를 얻기 위해서는 황삭용 리머로 먼저 가공하고 다듬질용 리머를 사용한다.

⑥ 불규칙한 면을 리밍하면 절삭저항이 적은 쪽으로 리머가 이동하므로 표면정밀도가 좋지 않고 진원이 되지 않는다.

⑦ 채터가 발생하면 기계를 정지시킨 후 속도를 줄이고 이송을 증가시킨다.

5.3.5 CNC 리밍의 산업 응용

표 5.9는 다양한 산업 분야에서 CNC를 사용하여 가공된 부품의 구체적인 예이다.

표 5.9 CNC 드릴링의 산업 응용

업종	CNC 리밍 부품 예
자동차	• 엔진 캠축의 내부 오일 윤활 통로 • 브레이크 디스크의 내부 냉각 홈 • 기어박스 케이싱의 내부 윤활유 흐름 통로.
항공우주	• 터빈 엔진 블레이드의 내부 냉각 채널 • 항공기 날개 구조의 내부 통로 • 항공우주 계기판 하우징의 내부 지지 구조.
전자	• 통신 장비 마더보드의 회로 기판 연결 구멍 • 전원 어댑터 케이스의 내부 회로 연결 채널 • LED 방열판의 내부 냉각 채널.
의료 기기	• 내시경 튜브의 주입액 채널 • X선 기계 케이싱의 전원선 통로 • 인공관절 부품의 윤활유 통로.
기계	• 유압 실린더의 씰 링 홈과 작동유 통로 • 펌프 본체의 내부 유체 흐름 통로 • 공작 기계 스핀들의 내부 절삭유 통로.

5.4 탭, 다이스 가공

탭(tap) 및 다이스(dies)는 나사부품의 나사가공에 이용하는 공구이다. 볼트를 날붙이로 한 것이 탭이고 너트를 날붙이로 한 것이 다이스이다. 그 종류는 단체 다이스, 분할 다이스, 심은 날 다이스가 있다.

5.4.1 탭 가공

그림 5.11은 탭 작업을 나타낸 것이며 탭은 사용방법에 따라 핸드 탭과 기계 탭이 있다.

그림 5.11 탭 작업

핸드 탭은 1번, 2번, 3번 탭의 3개가 1개조로 되어 있고, 탭의 가공률은 1번이 55%, 2번 탭이 25%, 3번 탭이 20% 가공을 한다. 현장에서는 보통 2번, 3번 탭만으로 태핑을 한다.

기계 탭은 작업능률을 향상시키기 위해 기계에 장치하여 나사를 내는 탭이다. 이것에는 자루 부분의 지름을 너트의 구멍 지름보다도 가늘고 길게 만들고 챔퍼 부분의 테이퍼도 완만하게 한 것으로 대량생산에 사용하는 테이퍼 탭과 다이스나 체이서 등을 만드는 마스터 탭, 탭에 비틀림 홈이 있는 것으로 고속 절삭용인 건 탭, 가스관 또는 조인트에 암나사를 깎는 가스 탭이라고도 하는 파이프 탭, 인성이 강한 강재에 대하여 절삭성이 좋고 절삭면이 매끈하게 다듬질되는 스파이럴 탭이 있다.

탭 작업 시 탭이 부러지는 이유는 구멍이 너무 작거나 구부러진 경우, 탭이 경사지게 들어간 경우, 탭의 지름에 적합한 핸들을 사용하지 않는 경우, 너무 무리하게 힘을 가하거나 빨리 절삭할 경우, 그리고 막힌 구멍의 밑바닥에 탭의 선단이 닿았을 경우이다.

탭 구멍의 지름은 다음과 같은 식으로 구할 수 있다.

$$\text{미터나사 : } d = D - p \tag{5.15}$$

$$\text{인치나사 : } d = 2.54 \times D - 25.4/N \tag{5.16}$$

여기서 d: 탭 구멍의 지름, D: 나사의 바깥지름, p: 나사의 피치, N: 1인치 사이의 산수이다.

탭 가공의 절삭속도는 탭의 재질, 종류, 챔퍼 산 수, 탭 가공 전 구멍 형상, 피삭재질 및 절삭유제 등의 조건에 의해 좌우되며 선택 시 충분한 주의를 할 필요가 있다.

또한 절삭유제에는 윤활, 냉각, 내용착의 세 가지 작용이 있으며 이것을 **절삭유의 3요소**라 부른다. 태핑의 경우 매우 복잡한 절삭작용이 행하여지기 때문에 필히 절삭유제를 충분히 공급해야 한다.

절삭속도는 드릴 가공과 같으며 이송속도는 다음 식과 같이 나타낸다.

$$F = N \times P[\text{mm/min}] \tag{5.17}$$

여기서 N은 탭의 회전수, P는 피치이다.

표 5.10은 탭 가공의 재료에 따른 절삭조건을 나타낸 것이다.

표 5.10 탭 가공의 재료에 따른 절삭조건

규격	피치	탭 지름	강			주물			알루미늄		
			절삭속도 (m/min)	회전수 (rpm)	이송속도 (mm/min)	절삭속도 (m/min)	회전수 (rpm)	이송속도 (mm/min)	절삭속도 (m/min)	회전수 (rpm)	이송속도 (mm/min)
M3	0.5	2.5	4.7	499	249	6.7	711	356	16	1699	849
M4	0.7	3.3	5	398	279	7	557	390	17	1354	947
M5	0.8	4.2	5	318	255	7	446	357	18	1146	917
M6	1	5	4.7	249	249	6.9	366	366	18	955	955
M8	1.25	6.8	5	199	249	7	279	348	18	717	896
M10	1.5	8.5	5	159	239	6.9	220	330	18	573	860
M12	1.75	10.2	5	133	232	6.8	180	316	18	478	836
M14	2	12	4.8	109	218	7	159	318	18	409	819
M16	2	14	5	100	199	7	139	279	18	358	717
M18	2.5	15.5	5	88	221	6.8	120	301	18	318	796
M20	2.5	17.5	5	80	199	6.9	110	275	18	287	717
M22	2.5	19.5	4.8	69	174	6.9	100	250	18	261	651
M24	3	21	4.9	65	195	6.8	90	271	18	239	717
M27	3	24	5	59	177	6.8	80	241	18	212	637
M30	3.5	26.4	4.7	50	175	6.6	70	245	18	191	669
M32	3.5	29.5	5.2	52	181	7.3	73	254	18	179	627

5.4.2 다이스 가공

다이스는 수나사를 만드는 공구로서 내면은 나사로 되어 있고 칩이 빠져 나올 수 있는 홈이 있다. 압면에 2~5.5산, 뒷면에 1~1.5산 정도가 모따기로 되어있고 앞면을 공작물에 접촉시켜서 작업을 한다. 나사 지름을 조절할 수 있는 분할 다이스와 나사 지름을 조절할 수 없는 단체 다이스로 나눈다.

그림 5.12 (a)와 같은 솔리드 다이스는 일반적인 수나사 절삭용 다이스로 중절삭에 견디는 특징이 있다. 그림 5.12 (c)의 조정 다이스와는 반대로 나사 지름을 조정할 수 없는 다이스이다. 치수 조정이 불필요하고, 절차도 간단하여 중절삭에도 견딜 수 있다. 일본에서는 조정 다이스가 주류이지만 외국에서는 이 솔리드 다이스가 많이 사용되고 있다.

그림 5.12 (b)와 같은 롤링 다이스는 절편이 나오지 않는 롤링 다이스로 정밀 소경 수나사를 가공 할 수 있다. 카메라나 시계 등의 주로 소경 나사를 자동 선반에서 가공 할 때 사용되는 전조 다이스이다. 1/3 피치 씩 늦춘 3개의 나사 롤러 홈으로 소성 가공으로 나사를 가공한다. 절편이 나오지 않기 때문에 칼날 결여 등의 문제없이 마감 표면이 깨끗한 정밀 수나사 가공이 가능하다.

그림 5.12 (c)와 같은 조정 다이스는 일반적인 수나사 가공용 다이스로 조정 나사로 나사 지름의 미세 조정이 가능하다. 다이스 측면 부분에 조정 나사가 붙어있는 다이스이다. 조정 나사로 나사 지름을 다소 확대하거나 축소 할 수 있다. 나사 절삭용으로 가장 많이 사용되는 타입으로 탭 핸들이나 기계 등에 사용한다.

그림 5.12 (d)와 같은 스파이럴 다이스는 절편 구멍이 비스듬하게 되어있는 다이스로 특히 난삭재 탭핑에 사용하고 있다. 절편 구멍이 대각선으로 되어 있기 때문에 선명도가 좋고 절편이 배출될 위험이 있다. 절편은 태핑 방향에 따라 우나사 좌비틀림 날은 전방으로, 우나사 우비틀림 날은 후방으로 밀려나 효율적이다.

(a) (b) (c) (d)

그림 5.12 다이스의 종류

5.5 기어 가공

5.5.1 개요

기어의 제조는 과거에 수작업으로 이루어졌지만 18세기 이후 서구에서 시계 등의 기계가 보급되자 그와 함께 기계화가 진행되었다. 그리고 산업 혁명이 진전되면서 기어 전용 가공기가 잇달아 개발되었다.

기어가 만들어지기까지는 원주 강재의 절단부터 시작하여 선반에 의한 블랭크(기어 가공 전의 구멍이 뚫린 상태) 가공, 기어 절삭(톱니 부분 깎기), 담금질(열처리), 연삭, 기어 연마라는 공정을 거친다. 각 가공에 대해 현재는 호빙 머신(기어 절삭용 가공기)을 비롯한 NC 기어 가공기가 개발되어 있다. 이로 인해 절삭 속도 조정이나 톱니 수 지정 등이 쉬워졌다.

그리고 최근에는 선반 등을 기본으로 한 복합 가공기가 보급되고 있다. 이 기기는 브로치 가공(구멍의 내면 가공)이나 밀링 가공(절삭), 호빙 가공을 일관적으로 실시하는 복합기로, 설정 변경을 최소한으로 줄일 수 있어 기어의 효율적인 생산에 기여한다.

(1) 기어의 종류

기어에는 여러 가지 종류가 있으며 이것을 분류하면 아래와 같다.

① 평 기어(spur gear)

② 헬리컬 기어(helical gear)

③ 더블 헬리컬 기어(double helical gear)

④ 렉(rack)

⑤ 베벨 기어(bevel gear)

- 스트레이트 베벨 기어(straight bevel gear)
- 스큐 베벨 기어(skew bevel gear)
- 스파이럴 베벨 기어(spiral bevel gear)
- 하이포이드 베벨 기어(hypoid bevel gear)

⑥ 웜 및 웜휠(worm gear)

이들의 기어 치형에는 일반적으로 인벌류트 곡선을 사용한다. 인벌류트 곡선이란 원통에 실을 감아서 이 실을 끌어당기면서 감을 때에 이 실 끝이 그리는 곡선이다.

인벌류트 곡선 외에 사이클로이드 곡선이 이용되는 경우도 있지만 제작이 곤란하므로 현재에는 극히 특수한 기어에 밖에 사용되지 않는다.

(2) 기어가공 방식의 종류

기어가공 방식에는 창성식 기어가공법, 성형식 기어가공법, 형판식 기어가공법의 3가지 종류가 있다.

1) 창성식 기어가공법

창성식 기어가공법은 고도의 기어를 능률 좋게 가공하기 위해서 가장 적합한 방식이며 현재의 기어 가공은 거의가 이 방식을 채용하고 있다.

창성식 기어가공법은 랙형의 공구를 사용하여 기어 소재에 기어형상을 순차적으로 만들어 가는 것이며 그림 5.13과 같이 랙형 공구 B에 왕복운동을 계속 주어 피가공물과 함께 화살표 방향으로 이송을 주어 작업한다. 이 방식에 의하면 특수 기어형상을 얻기 쉬우며 날 공구의 연마가 용이하다.

또한 호브라 불리는 랙형 날 공구를 나사 형상으로 말아서 형성한 웜형 날 공구를 부착하여 호브에 회전 절삭운동을 주고 기어 소재에는 회전 이송을 시켜 기어가공을 행하는 것이 호브 절삭이다.

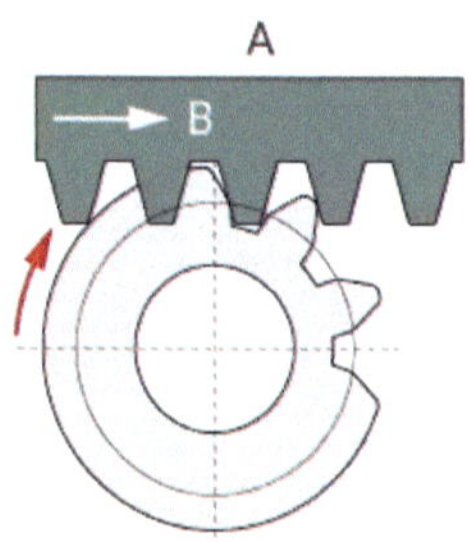

그림 5.13 창성식 기어가공법

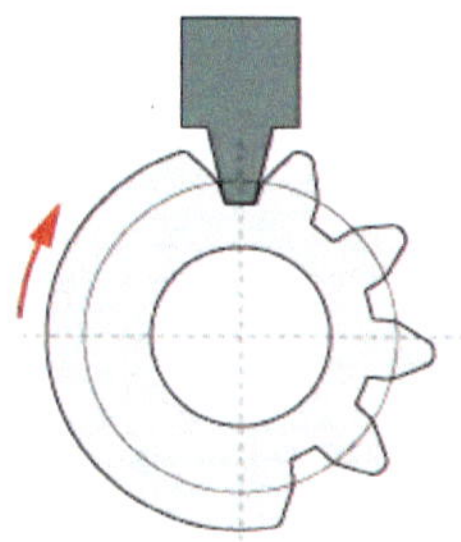

그림 5.14 총형 공구 기어 절삭법

2) 총형 공구 기어 절삭법

총형 공구 기어 절삭법(formed tool system)은 이의 모양으로 성형된 공구를 사용하여 기어 소재에 이빨 홈을 하나씩 절삭하여 가는 방식이다. 인벌류트 곡선에 성형된 공구(밀링 커터, 엔드밀 등)가 있으면 고급의 기어 절삭 기계를 사용하지 않아도 밀링 머신으로 기어 가공이 가능하므로 지금도 일부에서 채용되고 있다(그림 5.14).

3) 모형식 기어 절삭법

모형식 기어 절삭법(template system)은 베벨기어를 절삭하는 경우에 많이 사용된다. 모형(template)을 이용하며 이 형의 곡선에 모방하여 공구를 미끄러뜨려 절삭하고 그의 곡선을 직접 기어형상으로 이동하는 방법이다.

4) 기타

기어의 가공법으로서는 이상과 같은 절삭가공 외에 전조, 단조 등의 소성가공에 의한 것, 소결 가공에 의한 방법 등이 실용화되어 소형 양산 기어에 많이 사용되고 있다.

더구나 기어의 연삭 다듬질에는 기어 연삭기가 사용되며 세이빙 가공도 행해진다. 그밖에 이빨 각도에 라운드를 붙인 기어 챔퍼기도 이용되는 경우가 있다.

5.5.2 기종별 특징

(1) 기어 호빙 머신

기어 호빙 머신(gear hobbing machines)이란 나사골에 연하여 절삭날을 배치한 공구 호브를 이용하여 호브와 기어 소재를 일정 회전 비율로 회전시키면서 치형을 창성하고 더구나 기어 소재의 축 방향에 호브를 보내어 기어를 창성하는 기계이다.

또한 생산성을 높이기 위해 초경 호브의 이점인 고속 절삭성, 내마모성을 충분히 활용하고 고정도 기어의 양산에 발군의 생산성을 높일 수 있기 위해 고마력, 고속 회전을 가능하게 하며 충격 흡수 장치를 개입하여 유압 모터로 호브 축을 직접 구동하는 방식을 취하고 있다. 그 때문에 초경 호브의 최대 난점인 절삭날의 결손이 없어지고 초경 호브의 이점인 고속 절삭성, 내마모성을 충분히 활용하여 고정도 기어의 양산에 발군의 생산성을 높일 수 있다.

(2) 기어 세이핑 머신

기어 세이핑 머신(gear shaping machines)은 기어형 커터에 의한 기계로 대표적인 예는 1896년에 미국의 페로스가 개발한 펠로우 기어 세이핑 머신(fellow gear shaper)이다.

소재 및 커터를 1방향으로 연속적으로 회전 이송 운동을 시키면 좋다는 점에서는 효율적인 기계이지만 커터의 하나의 이로 기어의 하나의 이 홈을 깎아내므로 커터의 오차가 그대로 제품기어에 옮겨지게 되며 그 만큼 커터의 정도가 높은 것이 요구된다.

한편 마그(Maag)형 기어 세이핑 머신이라 불리는 것은 랙형 커터를 이용한다. 랙형 커터의 정도는 높으며 커터를 피치선 방향으로 보내 여러 개의 이의 절삭을 하고 커터와 소재의 상대 위치를 원래대로 되돌린다.

이 방법은 특히 대형 기어의 절삭에 대해서 큰 생산성을 발휘하며 초경 NC 기어절삭 머신에 필적한다고 할 수 있다. 또한 치형의 다듬질 정도가 상당히 높다.

(3) 기어 연삭기

기어 연삭기(gear grinding machines)에 의한 기어 연삭의 대표적인 2가지 방식으로서는 피치 블록에 의한 창성법과 웜 연삭숫돌에 의한 창성법이 있다. 피치 블록에 의한 것은 Maag 형이라 불리기도 하며 2개의 접시형 연삭숫돌을 압력 각도 0으로 세트하여 숫돌의 연삭점이 항상 기어의 기초원의 접선 위에 위치하도록 배치한다. 그리고 공작 기어의 횡 방향 및 축 방향의 움직임에 의해 피치 블록을 개입하여 상대 창성 운동을 준다. 이 방법에서는 기하학적 정도가 높은 기어를 얻을 수 있다.

웜 숫돌에 의한 방법은 주위가 한 조의 웜으로 되며 단면이 랙 형상을 하고 있는 숫돌을 이용하여 공작 기어와 운동, 회전시켜 연삭하는 창성법이다. 기계의 좌측에 수평의 숫돌축이 있으며 중앙에는 공작 기어 축을 수직으로 하여 부착한 공작 주축대가 있으며 우측의 칼럼 안내면을 상하로 이동한다. 이 기계에서 연삭 가능한 기어는 평 기어와 헬리컬 기어이다.

(4) 기어 세이빙 머신

기어 세이빙 머신(gear shaving machines)은 기어 다듬질 머신의 하나이다. 기어의 세이빙 방법은 기어형의 커터를 이용하여 이것을 가공 기어와 맞물려서 표면을 가볍게 갈아서 다듬질하는 방법이다. 세이빙 방법에는 2가지가 있다.

① **커터 드라이브** : 공작 기어를 자유롭게 하여 커터를 회전시키고 이 물리게 하는 방법이다.

② **워크 드라이브** : 공작 기어 외에 회전 운동을 주어 커터는 자유롭게 하여 이 물리게 하는 방법이다.

또한 기어 세이빙 머신에는 다음의 3가지 형식이 있다.

① **무릎형** : 커터와 공작기어는 상하로 나란하며 커터 헤드는 고정이고 테이블은 좌우로 이동한다. 또한 니는 상하로 절입 이송한다.

② **베드형** : 커터와 공작 기어는 상하로 나란하며 커터 헤드가 좌우로 이동한다. 더구나 전후로 절입 이송한다.

③ **바닥형** : 베드형과 원리는 동일하지만 대형 기어에 응용되기 위해 커터 헤드의 미끄럼 베드, 워크 헤드, 워크 서포터 등은 별도로 구성되고 있고 각각 바닥에 부착된다.

(5) 기어 호닝 머신

기어 호닝 머신(gear honing machines)에 의한 기어 호닝 가공은 퀜칭 경화된 기어에 대해 간단히 능률 좋게 기어 조도를 향상시켜 소음의 원인이 되는 타흔을 제거하고, 더불어 피치 정도의 향상을 꾀하여 저렴한 가격으로 고품질의 기어를 얻는 기술이다.

기어 호닝 머신에는 크게 나누어 2종류가 있다. 하나는 기어 세이빙 머신과 마찬가지의 기구를 가지며 세이빙 커터 대신에 기어형을 한 숫돌을 부착하여 세이빙과 같은 방법으로 가공 기어와 이 맞물려서 기어를 다듬질한다.

다른 하나는 웜 형상으로 성형된 탄성 숫돌(hon)을 이용하여 가공 기어에 맞물려서 회전시키면서 가공 기어의 축 방향에 보내어 기어를 다듬질하는 것이다. 이 형태는 가공 능률이 좋고 1 ㎛ 이하의 이면 조도가 용이하게 얻어진다.

5.5.3 NC 기어 가공기의 종류와 특징

기어 가공기에 있어서의 NC화는 기계의 특수성으로부터 다른 기종에 비해 늦었다. 이 분야는 기어 가공의 전용기로서 다른 공작기계와 같이 가공의 다양성을 추구하지 않고 NC화의 이점이 작다. 또한 호빙머신에서는 고속회전, 단속 절삭에 있어서 완전 동기 등의 기술적 해결이 어렵다는 것도 들 수 있다.

그러나 최근은 NC화 기술도 급속히 진행하여 인건비의 급등, 무인화 지향의 니즈에 연하여 NC 호빙머신(Numerically controlled gearhobbing machines) 혹은 NC 기어 세이핑 머신(Numerically controlled gear shaping machines) 등이 개발되어 보급하고 있다.

(1) NC 호빙 머신

NC 호빙 머신은 호브 축과 테이블의 회전 동기, 절입 이송, 길이 방향 이송을 NC 제어하는 것이다. 종래의 호빙 머신으로 필요로 한 교환 기어류, 결국 절삭 속도 변환용, 잇수 인덱싱용, 차동 장치용(헬리컬 기어 절삭용), 각종 이송 변환용 등의 교환 기어가 모두 불필요하게 되며 준비 교체 시간이 극단적으로 단축된다. 따라서 다종 소량 생산의 영역에서 위력을 발휘하고 있다.

단일 몸체 베이스에서의 고도화에서는 고정도, 고속화, 사용 편리성 추구가 눈에 띈다. 예를 들어 피드 퍼워드 방식의 서보 시스템을 채용하여 호브와 테이블의 동기를 일층 고속, 고정도화하고 있는 것을 비롯하여 강력 절삭을 가능하게 하기 위해 테이블에 유압식 백래시 제거 장치를 표준 준비한 케이스 등이 있다. 또한 열변위 영향을 최소한으로 억제할 수 있는 열변형 보정 장치의 표준화도 행해지게 되었다.

고속화에서는 고속 서보 시스템으로 호브 회전 1000~1500 rpm, 테이블 회전 150 rpm을 실현하고 생산성을 배로 증가한 기종도 개발되고 있다. 또한 공간 절약화에서는 개구 1.5 m, 바닥 면적 3 ㎡의 컴팩트화가 전개되고 있다. 사용의 편리성을 추구한 자동 프로그램의 버전업도 현저하며 그 가운데에는 비절삭 시간을 종래보다 50%나 단축한 예가 있으며 고속화는 더욱 진전할 것이다.

자동화에 대해서는 절삭조건의 자동 설정 프로그램 기능을 갖춘 것이 개발되어 있으며 공작물 제원, 커터 제원, 가공 정도, 공작물의 준비 위치 등을 입력하는 것만으로 적정한 절삭조건이 자동적으로 설정되도록 되고 있다. 또한 호브 시프트 량과 위치가 자동 결정되며 10종류까지의 호브 시프트 위치가 기억된다든지 가공에 응한 여러 가지 프로그램 패턴을 내장한 것도 있다.

(2) NC 기어 연삭기

NC 기어 연삭기는 전기 접착 CBN 숫돌의 진보와도 관련하지만 역시 고정도화와 고능률화 경향이 현저하다.

기어 가공은 종래 이 절삭→ 세이빙→ 열처리의 공정이었다. 정도는 각각 4 ㎛, 세이빙에서는 2 ㎛로 높지만 열처리로 왜곡이 발생하여 4 ㎛가 한계였다. 그것이 NC 기어 연삭기의 대두로 이 절삭→ 열처리 → 기어 연삭의 흐름으로 변했다.

정도는 이 절삭 단계에서는 종래와 마찬가지로 열처리 단계가 5 ㎛ 전후로 왜곡된다. 그 후 기어 연삭에서는 2 ㎛ 이하와 종래의 세이빙 다듬질보다도 1단계 위의 정도가 달성될 수 있게 되었다.

고능률 면에서는 예를 들어 초고속 동기 방식에 의해 양 기어면 동시 가공도 실현하고 있다. 세이빙 수준의 사이클 타임이 실용화되게 되었다. 특히 구동계로부터 체인지 기어를 삭감했기 때문에 기어 트레인의 진동에 기인하는 치형 형상 오차의 극소화가 눈에 띈다. 또한 소프트웨어의 충실에 의한 보정 작업 각 단계의 용이성이나 공작물 착탈의 자동화에 의한 무인화도 이루고 있다.

또한 나사 형상 숫돌에 의해 작동 장치를 사용하지 않고 피연삭 기어의 이뿌리 방향으로 보내어 연삭하고 정밀한 평기어나 헬리컬 기어의 연삭가공을 행하는 것도 개발되었다. 이것에는 동기 회전 제어방식이 채용되고 있으며 숫돌과 가공물에 각각 독립의 구동장치를 갖추고 있으며 복잡한 기어 선날기구가 없이 인데스용 기어의 교환은 불필요하기 때문에 준비 작업 시간이 대폭으로 단축 가능하다. 이 나사형상 숫돌 성형은 가공 데이터의 키 입력에 의해 임의의 모듈, 다이얼 메트럴 피치, 서큘러 피치 등 다양한 리드의 나사를 성형 가능하다.

CHAPTER

6

입자에 의한 제거가공

입자에 의한 제거가공은 말 그대로 입자(공구)를 이용하여 제거가공을 한다는 의미이다.

정밀 공차의 절삭가공하면 연삭과 정밀입자 가공이라는 입자에 의한 제거가공을 꼭 연상하게 된다. 치수 오차가 낮은 아주 정밀한 기계부품 제작이 필요할 때 이런 과정은 필수이기 때문이다. 따라서 매우 정밀한 제품 가공에 매우 큰 비중을 차지한다.

따라서 본 장에서는 이러한 연삭 및 정밀입자에 의한 제거가공에 대한 전반적인 내용에 대해 알아본다.

6.1 고정 입자에 의한 제거가공

6.1.1 연삭 가공

(1) 개요

1) 연삭 가공의 정의 및 특성

연삭 가공(grinding)은 그림 6.1과 같이 경도가 높은 입자를 결합한 숫돌바퀴를 고속으로 회전시켜 입자에 의한 절삭으로 재료를 소량(미소한 칩)씩 제거하는 가공법이다. 담금질 강이나 경도가 큰 합금강의 가공에 적합하며 정확한 치수와 정밀한 가공면의 기계부품 가공법이다.

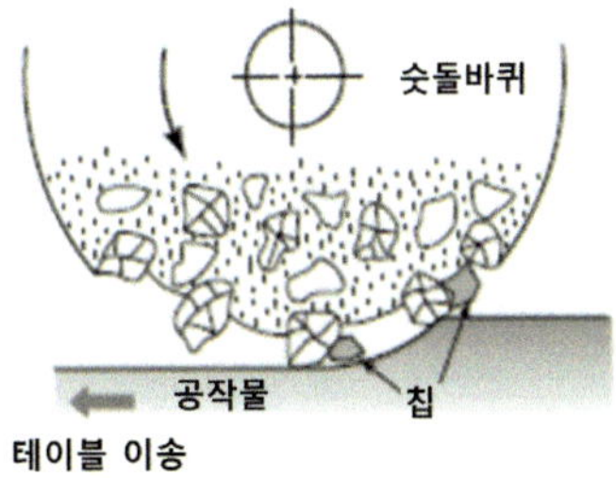

그림 6.1 연삭 가공

연삭기는 연삭가공에 사용되는 공작기계로 그림 6.2와 같이 원통 연삭, 평면 연삭, 내면 연삭 외에 공구 연삭, 다듬질 연삭, 고속 절단 등이 가능하다.

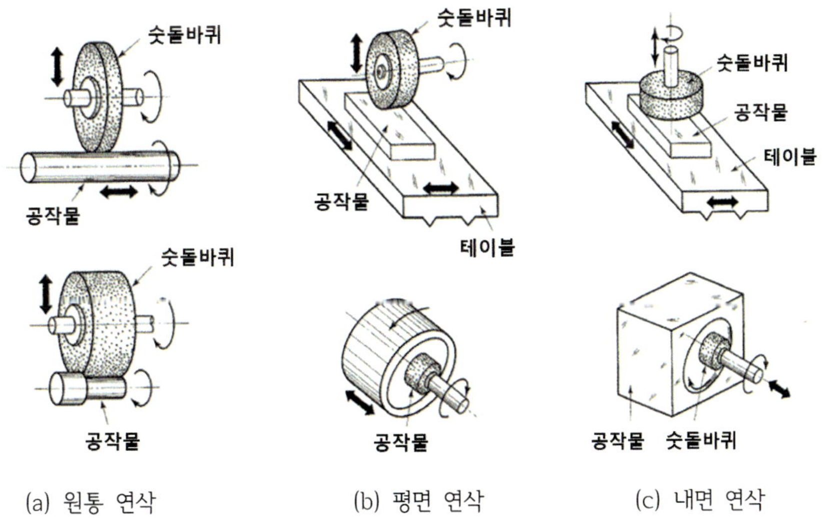

그림 6.2 연삭의 일반적인 가공 분야

연마 가공이 연삭과 다른 점은 연삭이 원재료를 깎아서 제품의 형상을 만들어 내는 작업인데 비해서 연마 가공은 연삭한 후에 제품의 표면조도나 치수 정밀도 향상을 위해 제품의 외관(예를 들어 표면, 모서리 등)을 다듬는 작업을 말한다.

연삭 가공기의 경우 다양한 종류와 구조들이 있으며 금속 소재를 가공하는 과정에서 기존의 CNC 작업과 비교했을 때 훨씬 치수정밀도가 높으며 원통형부터 제품 내부의 홀을 다듬는데 사용할 수 있는 내면 연삭기 등 다양한 종류가 있기 때문에 제품에 요구되는 여러 조건들을 고려하여 적합한 제작 방식을 선정하는 것이 중요하다.

정밀가공 분야는 각종 기계부품(예를 들어 베어링, 기어 등) 외에도 반도체 부품 등에 자주 사용되는 기계가공법 중의 하나로 연삭가공을 통해 제품의 형상을 구현하고 연마작업을 진행하여 표면조도 및 정밀도를 향상시키는 작업을 바탕으로 매우 정밀한 시제품을 만들어 낼 수 있다.

이러한 연삭가공의 전반적인 특징을 나열하면 다음과 같다.

① 절삭할 수 없는 경한 재료의 가공이 가능하다.

② 높은 정밀도의 가공 면을 얻을 수 있다.

③ 숫돌의 자생작용(마모-파쇄-탈락-생성)에 의해 미려한 가공 면을 얻을 수 있다.

④ 다른 절삭방법 보다 단위 체적을 제거 하는데 소요 에너지가 매우 크다.

⑤ 가공 능률이 떨어진다.

2) 연삭 가공 시 발생하는 작용

① 연삭 작용

그림 6.3은 연삭 가공 시 연삭숫돌과 가공물의 관계를 나타내며 (a)에서 $\widehat{WS}$는 절입 또는 **연삭 깊이**를 의미한다. (b)에서 연삭 시 숫돌바퀴의 절입이 증가하면 연삭저항이 증가하게 되며 배분력이 주분력의 2배로 작용한다.

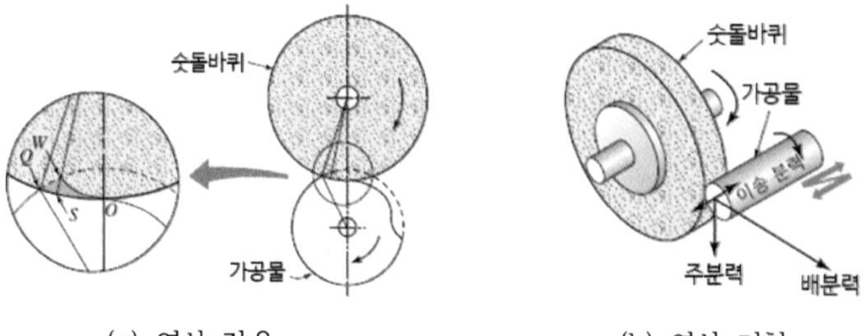

(a) 연삭 작용 (b) 연삭 저항

그림 6.3 연삭 가공 시 연삭숫돌과 가공물의 관계

② 자생작용

자생작용이란 마멸된 숫돌입자가 탈락하여 새 날이 생기는 현상으로 숫돌입자의 마멸 → 파쇄 → 탈락 → 생성이 주기적으로 반복된다(그림 6.4).

장시간 좋은 가공면을 유지할 수 있고 공구 교환이나 재연삭 공정을 생략할 수 있으며 숫돌바퀴의 선택과 적절한 연삭 조건이 필요하다.

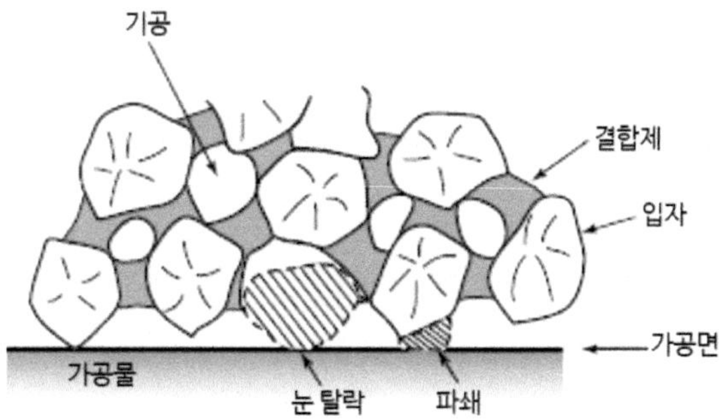

그림 6.4 숫돌의 자생작용

3) 숫돌면의 변화

숫돌면의 변화는 그림 6.5와 같이 눈 탈락, 눈 무딤, 눈 메움을 연속한다. 이에 대해 대략적으로 설명한다.

① 눈 탈락

눈 탈락(torn off)은 과도한 자생작용이 발생 시에 숫돌입자의 끝이 충분히 파쇄되지 않고 마모하였을 때 결합제가 파쇄되어 숫돌입자가 입자 그대로 빠져나가는 현상이 일어나는데 숫돌바퀴의 결합도가 작업에 대해 지나치게 낮을 경우 발생되며 숫돌의 소모가 심하고 가공면도 나빠진다.

② 눈 무딤

눈 무딤(glazing)은 자생작용의 부족으로 입자의 표면이 평탄해지는 상태이다. 눈 무딤의 원인은 연삭숫돌의 결합도가 높을 때, 연삭숫돌의 원주 속도가 너무 클 때, 숫돌의 재료가 가공물의 재료에 부적합할 때이다.

눈 무딤의 현상은 연삭성이 불량하고 가공물에 열이 발생하며 연삭 손실이 발생한다.

③ 눈 메움

눈 메움(loading)은 결합도가 높은 숫돌로 연성 재료를 연삭 시 숫돌 표면의 기공에 칩이 메워지는 현상이다. 눈 메움의 원인은 숫돌입자가 너무 작을 때, 조직이 너무 치밀할 때, 연삭 깊이가 깊을 때, 숫돌바퀴의 원주 속도가 느릴 때이다.

눈 메움의 현상은 연삭성이 불량하고 다듬질 면이 거칠어지며 다듬질 면에 떨림 자리와 같은 상처가 생기며 숫돌입자가 마모되기 쉽다.

(a) 눈 탈락　　(b) 눈 무딤　　(c) 눈 메움

그림 6.5 숫돌면의 변화

(2) 연삭의 절삭이론

1) 연삭 깊이

연삭 작용은 단순히 생각하면 밀링커터의 절삭작용과 유사하다. 이것은 연삭 작업면 상의 숫돌 입자 절삭날을 하나의 커터로 간주하면 절삭의 형태가 밀링 절삭과 변함이 없기 때문이다. 그러므로 밀링 절삭의 경우와 마찬가지로 숫돌 입자 절삭날 하나당 이송이나 절삭깊이가 그의 연삭작용을 생각할 때 문제가 된다.

연삭숫돌의 작업 면을 전개하면 그림 6.6과 같이 된다. 그림의 검은 부분은 실제로 절삭날로서 작용하고 있는 부분이다. 연삭 방향에 그은 하나의 직선이 실제 절삭날을 통과할 때 그의 절삭날 간격 a_1, a_2,⋯의 평균값 (a)를 **연속 절삭날 간격**이라 부른다. 밀링 절삭날의 피치에 상당하는 것이다.

절삭칩의 형상은 이 연속 절삭날 간격 a 외에 숫돌의 원주 속도 V 및 공작물의 원주 속도 v 에 의해 변한다.

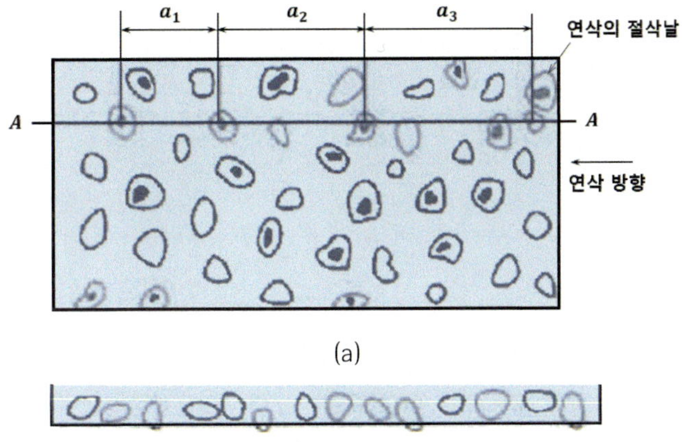

그림 6.6 연속 절삭날 간격

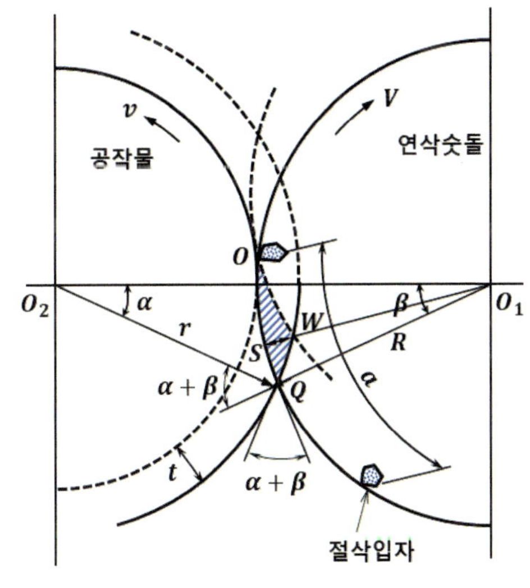

그림 6.7 연삭 작업의 해석(원통 플랜지 연삭)

연삭 조건은 연삭숫돌이 결정되면 숫돌의 절삭 깊이 t, 공작물 원주 속도 v, 숫돌 원주 속도 V에 의해 변할 뿐이다. 그러므로 이것들이 연삭상태에 주어지는 영향을 최대 숫돌 입자 절삭깊이 δ와 숫돌 입자가 공작물에 접촉하고 있는 길이와의 개념으로 해석하면 그림 6.7이며 하나의 입자에서 다음 절삭 입자까지 이동하는데 걸리는 시간을 T라 하면 $a=VT$가 되며 이 때 최대 숫돌 입자 절삭깊이 δ는 다음과 같이 된다.

$$\delta \fallingdotseq \widehat{QW}\sin(\alpha+\beta) = vT\sin(\alpha+\beta) = v\frac{a}{V}\sin(\alpha+\beta) \tag{6.1}$$

$\alpha+\beta$를 여현의 법칙으로 구하면

$$(r+R-t)^2 = R^2+r^2+2Rr\cos(\alpha+\beta) \tag{6.2}$$

즉,

$$Rr\cos(\alpha+\beta) = Rr-(R+r)t+\frac{t^2}{2} \tag{6.3}$$

여기서 $(t^2/2)$는 대단히 작으므로 무시하면 다음과 같이 된다.

$$\cos(\alpha+\beta) = 1-\frac{(R+r)}{Rr}t \tag{6.4}$$

$\cos(\alpha+\beta)$를 전개하면 다음과 같이 된다.

$$\cos(\alpha+\beta) = 1-\frac{1}{2}(\alpha+\beta)^2+\frac{1}{24}(\alpha+\beta)^4 \tag{6.5}$$

$\frac{1}{24}(\alpha+\beta)^4$를 무시하고 식 (6.4)과 식 (6.5)를 같게 놓으면 다음과 같이 된다.

$$(\alpha+\beta)^2 = \frac{R+r}{Rr}\times 2t \tag{6.6}$$

즉, 다음과 같이 된다.

$$\alpha+\beta = \sqrt{\frac{2t(R+r)}{Rr}} \tag{6.7}$$

$(\alpha+\beta)$이 매우 작다면 $\sin(\alpha+\beta) \fallingdotseq \alpha+\beta$로 나타낼 수 있으며 따라서 식 (6.7)에 대입하여 다음과 같이 된다.

$$\delta = \frac{v}{V} a \sqrt{\frac{R+r}{Rr}} \sqrt{2t} \tag{6.8}$$

평면 연삭의 경우에는 $r = \infty$, 내면 연삭의 경우에는 r을 음으로 한다.

2) 연삭저항

연삭 작업에 있어서의 연삭 저항은 그림 6.8과 같이 숫돌 원주 접선방향에 작용하는 저항 성분 F_t, 접촉면에 수직으로 작용하는 성분 F_n, 그리고 이송 방향의 성분 F_x 의 3분력으로 나눌 수 있다. F_x 는 횡 이송의 상승과 함께 높게 되지만 일반적으로 작으며 F_n 이 가장 높다. F_n 의 값은 공작물을 눌러서 숫돌 축이나 공작물의 탄성 변형을 발생시켜 마무리 정도에 영향을 미친다.

연삭저항은 연삭조건, 즉 연삭숫돌 및 가공물의 주속도, 이송, 연삭깊이, 가공물의 재질과 형상, 연삭숫돌의 종류, 형상, 크기 등에 따라 변한다.

F_t 는 연삭 동력을 좌우하는 것으로 숫돌 구동 동력 N은 다음 식에 의해 결정된다. 기계효율 η, 숫돌 원주 속도 V(m/min)로 한다.

$$N = \frac{F_t V}{102 \times 60 \times \eta} \tag{6.9}$$

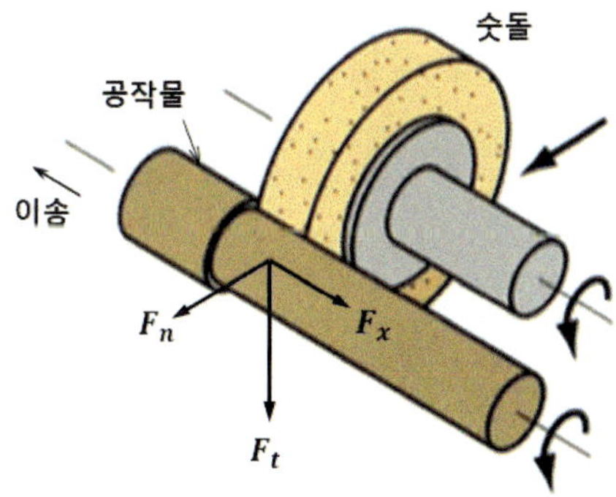

그림 6.8 연삭 저항의 3성분(원통 연삭)

일반적으로 연삭 저항은 절삭 깊이, 이송의 증가에 따라 증가하지만 반드시 비례하지 않는다. 또한, 연삭 저항은 숫돌 원주 속도의 상승에 따라 저하한다. 다만 이 경우의 접선 방향에 작용하는 분력 F_t는 몇 개의 실험식에 의해 해석되고 있지만 아직 정도적으로 완성된 것은 아니다.

(3) 연삭숫돌

연삭 공구로서의 숫돌바퀴는 숫돌입자를 결합제로 결합한 것으로 연삭입자, 입도, 결합도, 결합제, 조직의 5가지 요소에 의해 성능이 결정되며 입자(절삭날), 결합제(절삭날의 지지), 기공(칩의 저장, 배출)을 숫돌바퀴를 구성하는 3요소라 한다(그림 6.9).

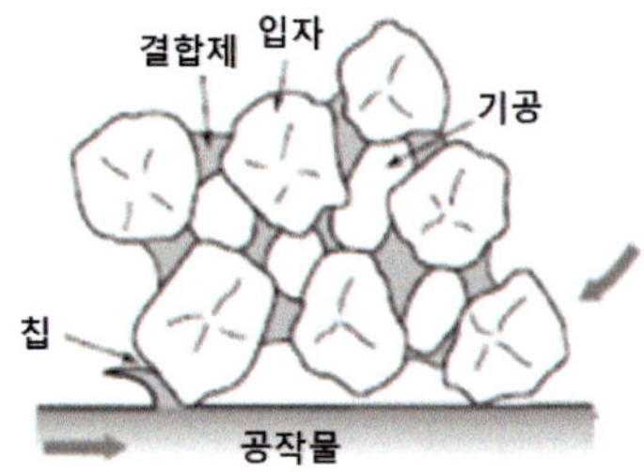

그림 6.9 숫돌바퀴의 구성 3요소

1) 연삭숫돌의 구성 요소

① 숫돌입자

연삭숫돌의 절삭날이 되는 것으로 절삭 공구의 재질에 해당되고 연삭 시 가공물을 절삭하므로 가공물보다 굳고 적당한 인성을 요한다.

인조 숫돌입자에는 A계 숫돌입자, C계 숫돌입자, 다이아몬드 숫돌입자, CBN(cubic boron nitride) 숫돌입자가 있다.

A계 숫돌입자는 알루미나(Al_2O_3) 결정으로 강재의 연삭과 래핑 등에 사용하며 C계 숫돌입자는 탄화규소(SiC)의 결정으로 비금속의 연삭과 래핑 등에 사용한다. A계 및 C계 숫돌입자의 재질과 인조숫돌 입자의 종류에 대해 표 6.1에 나타내었다.

표 6.1 연삭숫돌 입자의 재질과 인조숫돌 입자의 종류

계	숫돌입자		인조 숫돌 입자의 종류
	재질	기호	
A계	백색 알루미나	WA	4A
	갈색 알루미나	A	2A
C계	녹색 탄화규소	GC	4C
	흑색 탄화규소	C	2C

표 6.2 숫돌 입자의 특성

		CBN	다이아몬드	알루미나	탄화규소
Knoop 경도		4700	7000	2100 이하	2500
강도		강함	가장 강함	중간	약함
반응성		고온에서 물, 알카리와 반응	철과 반응	안정	철과 반응
열 안정성	공기중	1600℃까지 안정	1400~1700℃에서 흑연으로 전환	2100℃에서 용융	2220℃에서 분해
	진공중				

다이아몬드 숫돌입자는 초경합금, 유리, 석재, 세라믹, 반도체 등 경질 재료의 가공에 사용하며 고온의 철과 반응하므로 강의 가공에는 부적합하다.

한편 CBN (cubic boron nitride) 숫돌입자는 다이아몬드와 유사한 경도에 사용하며 철과 반응이 어려우므로 공구강, 열처리강의 연삭에 사용한다. 고가이나 경질 재료의 가공이 용이하며 숫돌의 마모가 적어 대량생산에서 치수 정밀도를 유지한다.

표 6.2는 여러 숫돌 입자의 특성을 나타내고 있다. 표에서 knoop 경도는 한쪽 대각선이 긴 피라미드 형상의 다이아몬드 압입사로 경도값을 측정한 것을 밀한다.

② 입도

입도(grain size)는 숫돌 입자의 크기를 나타내는 단위이며 그 크기는 입자의 굵기를 표시하는 숫자로 나타낸다. 표 6.3은 입도의 종류(1인치 당 체 눈의 수)를 나타낸 것이다.

표 6.3 입도의 종류

구분	입도의 종류
거친 입자	#8 #10 #12 #14 #16 #20 #24 #30 #46 #54 #60 #70 #80 #90 #100 #120 #150 #180 #220
고운 입자	#240 #280 #320 #360 #400 #500 #600 #700 #800 #1000 #1200 #1500 #2000 #2500 #3000 #4000 #6000 #8000

입도의 호칭(KS L)은 #8(8번), #220(220번)으로 나타내며 거친 입자는 체가름 시험(1인치 당 체 눈의 수), 고운 입자는 침강 시험(수중이나 공기 중에서의 침강속도, 입도번호를 평균지름과 분포로 규정)으로 나눈다.

이러한 거친 입자와 고운 입자의 선택 기준은 다음과 같다.

① 거친 연삭, 절삭 깊이와 이송 등을 많이 줄 때 ; 거친 입자

② 다듬 연삭 또는 공구의 연삭 : 고운 입자

③ 경도가 높고 메진 공작물의 연삭 : 고운 입자

④ 연하고 연성이 있는 재료의 연삭 : 거친 입자

⑤ 숫돌과 공작물의 접촉면이 작을 때 : 고운 입자

⑥ 숫돌과 공작물의 접촉면이 클 때 : 거친 입자

③ 결합제

결합제는 연삭입자를 결합하여 숫돌 형상을 유지시키는 역할을 한다. 이러한 결합제의 구비 조건은 다음과 같다.

① 결합 능력을 광범위하게 조절할 수 있을 것

② 임의의 형상으로 만들 수 있을 것

③ 적당한 기공을 포함할 수 있을 것

④ 균일한 조직으로 만들 수 있을 것

⑤ 고속 회전에 대해 안전한 강도를 가질 수 있을 것

⑥ 열과 연삭액에 대해 안전할 것

결합제는 강도 범위, 자생 작용 등 숫돌 특성에 많은 영향을 미치므로, 용도에 따라 적합한 결합제가 선택 사용된다. 결합제의 종류와 특성은 표 6.4와 같으며 기타 폴리비닐알코올을 아세틸화한 스폰지 형상의 결합제를 사용한 PVA 숫돌, 다이아몬드나 CBN 전착 숫돌 등이 사용된다.

표 6.4 결합제의 종류와 특성

기호	명칭	주요 특성
V	Vitrified Bonded Wheel 비트리파이드 숫돌	• 점토, 장석 등에 용제 첨가/고온 (도기질화) • 가장 많이 사용되는 결합재 • 탄성이 작아 얇게 제작 어려움
S	Silicate Bonded Wheel 실리케이트 숫돌	• 물유리(규산나트륨)/저온 • 대형으로 제작이 용이(직경 1m 이상도 가능) • 얇게 제작 어렵고 중절삭에 부적합
B	Resinoid Bonded Wheel 레지노이드 숫돌	• 열경화성 수지(베이클라이트 등)/저온 • 탄성, 인성 우수해 고속 사용 적합 • 얇게 제작 쉽고 중절삭에 적합
R	Rubber Bonded Wheel 러버 숫돌	• 절단용, 오프셋 휠 등/자생작용 우수 • 천연 또는 인조 고무에 유황 등 첨가/저온 • 절단용, 센터리스 연마기 조정 숫돌 등
E	Shellac Bonded Wheel 셀락 숫돌	• 천연 셀락 수지/저온 • 절단용, 얇은 날 공구연마, 경면다듬질 등 • 중절삭 부적합하고 많이 사용 안함
M	Metal Bonded Wheel 메탈 본드 숫돌	• 은, 동, 황동, 니겔, 칠 등 • 다이아몬드, CBN 숫돌 등에 적용 • 결합력 강하나 자생작용 없음
Mg	Oxychloride Process (마그네시아 법 또는 옥시클로라이드 법)	• 산화/염화마그네슘과 시멘트/상온 • 얇은 절삭공구/작업공구 일관 양산가공 • 석영, 유리 또는 스프링/베어링 단면가공

④ 조직

조직(structure)은 숫돌 입자의 조밀 상태를 말하는 것이며 숫돌의 단위 용적당 입자의 양을 나타낸 것으로 기공 용적과 관계가 있다.

숫돌입자의 밀도가 작은 것을 **거친 조직**, 큰 것을 **치밀한 조직**, 중간을 **중간 조직**이라 하고 연삭숫돌 전체 부피에 대한 숫돌입자의 전체 부피의 비율을 **숫돌 입자율**이라고 한다. 표 6.5는 조직의 기호를 나타내며 조직에 따른 연삭숫돌의 선택 기준은 표 6.6과 같다.

표 6.5 조직의 기호

호칭	조직	숫돌 입자율	기호
치밀한 조직(dense)	0, 1, 2, 3	50 이상	c
중간 조직(medium)	4, 5, 6	42~50	m
거친 조직(open)	7, 8, 9, 10, 11, 12	42 이하	w

표 6.6 조직에 따른 연삭숫돌의 선택 기준

조직이 건친 연삭숫돌	조직이 치밀한 연삭숫돌
연질이고 연성이 높은 재료 거친 연삭 접촉 면적이 클 때	굳고 메진 재료 다듬질 연삭, 총형 연삭 접촉 면적이 작을 때

⑤ 결합도

결합도(grade)는 숫돌입자를 지지하는 결합 상태를 나타낸 것으로 연삭저항에 대해 숫돌입자를 유지하는 힘의 크고 작음을 나타내며 **경도**라고도 한다(표 6.7).

결합도가 너무 높은 숫돌은 숫돌입자의 탈락이 잘되지 않아 눈 메움을 일으키고 가공 정밀도가 나빠진다.

반면에 결합도가 너무 낮은 숫돌은 숫돌입자의 끝이 마멸되기 전에 미리 결합제와 함께 쉽게 탈락하여 숫돌의 소모가 커져 비경제적이다.

결합도에 따른 숫돌바퀴의 선택 기준을 표 6.8에 나타내었다.

표 6.7 연삭숫돌의 결합도

결합도	E, F, G	H, I, J, K	L, M, N, O	P, Q, R, S	T, U, V, W, X, Y, Z
호칭	극히 연한 것	연한 것	중간 것	단단한 것	매우 단단한 것

표 6.8 결합도에 따른 숫돌바퀴의 선택 기준

결합도가 높은 숫돌(단단한 숫돌)	결합도가 낮은 숫돌(연한 숫돌)
연질 재료의 연삭 숫돌바퀴의 원주 속도가 느릴 때 연삭 깊이가 얕을 때 접촉 면적이 작을 때 재료 표면이 거칠 때	경질 재료의 연삭 숫돌바퀴의 원주 속도가 빠를 때 연삭 깊이가 깊을 때 접촉 면적이 클 때 재료 표면이 치밀할 때

2) 연삭숫돌의 종류와 표시

① 숫돌바퀴의 형상 종류

숫돌바퀴의 형상 종류는 그림 6.10과 같이 13호까지 있다.

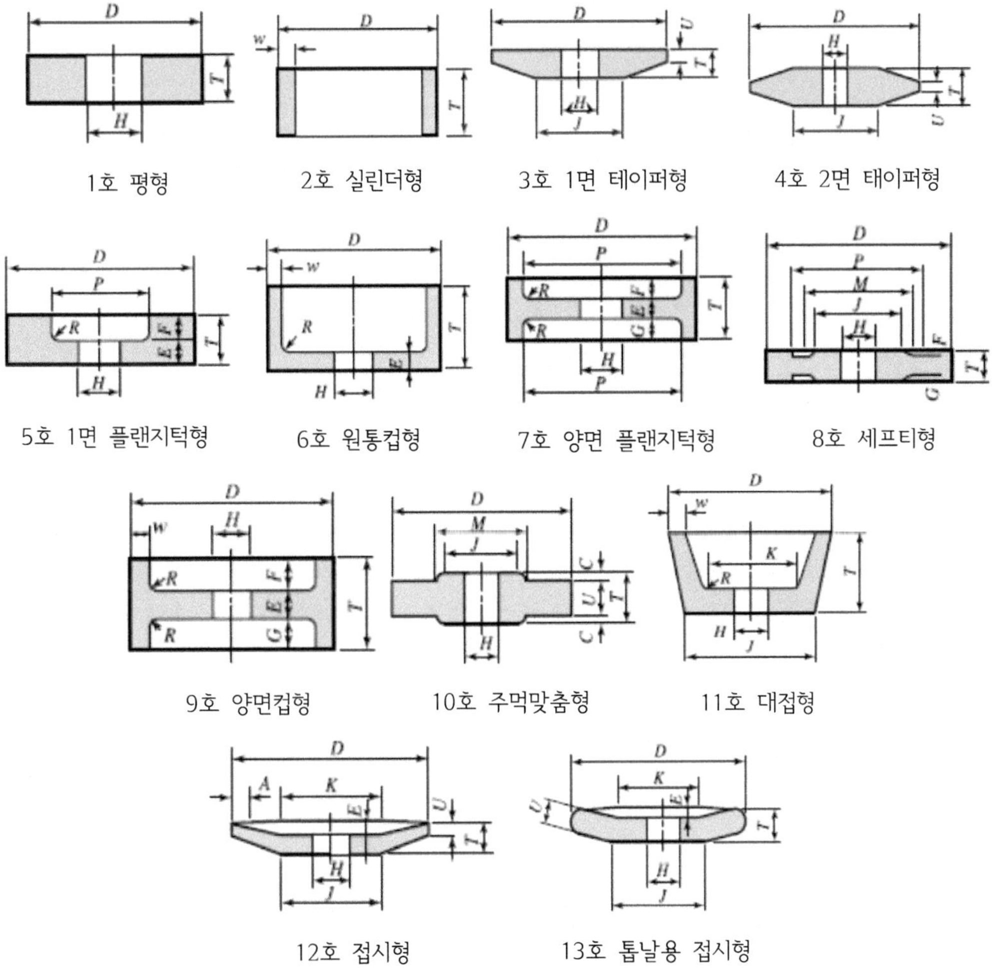

그림 6.10 숫돌바퀴 형상의 종류

② 숫돌바퀴의 표시

숫돌바퀴의 표시(KS L 6501에 규정과 표시 보기 제시)는 그림 6.11과 같으며 표시에는 숫돌바퀴의 성능 5요소 외에 숫돌바퀴의 모양, 치수, 사용 원주 속도, 제조자의 이름, 제조일 등을 나타낸다.

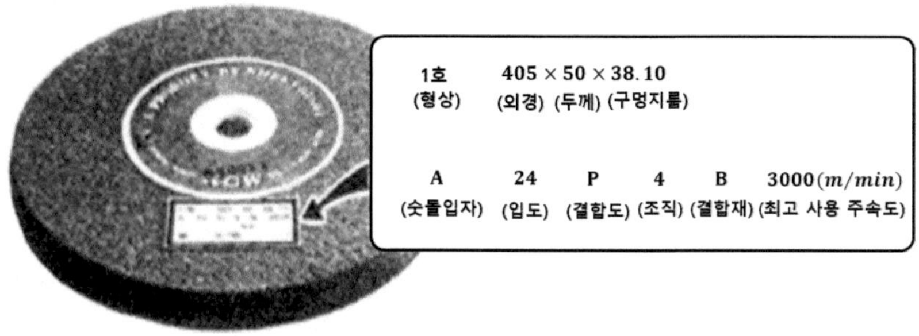

그림 6.11 숫돌바퀴의 표시 예

3) 연삭숫돌의 드레싱 및 트루잉

숫돌의 형상을 바로잡아 주는 트루잉과 숫돌입자를 돌출시키는 드레싱은 숫돌을 제조할 때 기본적으로 하게 되나 사용자가 숫돌을 연삭기에 장착하고 사용하기 전에 트루잉과 드레싱을 하여 주는 것이 좋으며, 사용 중 숫돌의 상태가 부적합게 되면 필요에 따라 트루잉과 드레싱을 한다.

① 연삭숫돌의 드레싱

연삭숫돌이 눈 탈락, 눈 무딤, 눈 메움을 일으키게 되면 연삭성이 떨어지고 떨림, 발열 등이 발생하므로 연삭성을 회복시키기 위해 새로운 예리한 연삭입자를 표면에 나타나도록 하는 것을 **드레싱**(dressing)이라 한다(그림 6.12).

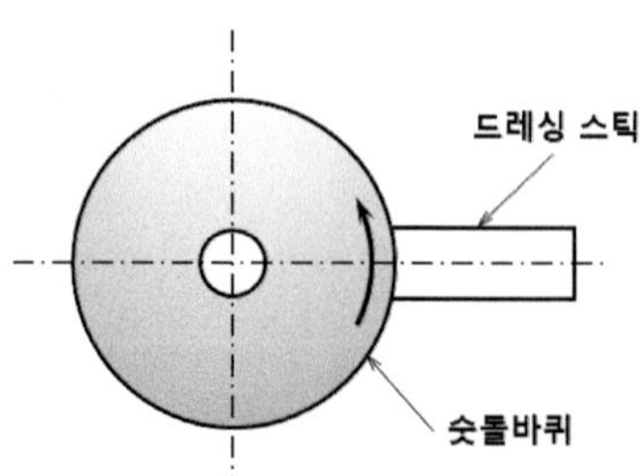

그림 6.12 드레싱

드레싱하는 방법에는 핸팅톤 드레서, 연삭숫돌, 다이아몬드 드레서, 크러싱 롤러, 로터리 드레서에 의해 드레싱하는 방법이 있다.

첫 번째로 핸팅톤 드레서에 의한 드레싱 방법이다. 핸팅톤 드레서는 담금질된 강판재의 파형 원판을 다수 겹쳐서 홀더 축에 끼운 것으로서 가장 간단한 공구로서 회전하는 숫돌 표면에 드레서를 접촉시키면서 회전하여 파형 모서리에 충격에 의해 숫돌 표면이 드레싱 된다. 정밀도를 그다지 필요로 하지 않는 연삭숫돌의 드레싱에 사용하며 성형 연삭숫돌, 정밀 연삭숫돌에는 사용하지 않는다.

두 번째로 드레싱용 숫돌을 사용한 드레싱이다. 탄화규소제 비트리파이드 숫돌에서 결합도가 굳은 드레싱용 숫돌을 이용하여 수정하고자 하는 숫돌과 접촉 회전시킨 후 브레이크를 걸어 상대 미끄럼을 통해 드레싱하는 것으로 비교적 매끈하고 정밀도가 높은 숫돌면을 얻을 수 있다.

세 번째로 다이아몬드 드레서(diamond dresser)를 이용하는 방법이다. 다이아몬드 드레서는 가장 널리 사용하는 것으로 모든 숫돌의 드레싱 및 트루잉에 사용할 수 있다.

형상이나 다이아몬드 개수에 따라 단석과 다석이 있으며 드레싱 할 때는 숫돌의 수평 중심방향에서 3°~15° 위로 기울여 드레서를 접촉시키고 절삭 깊이가 너무 깊으면 다이아몬드의 마모가 커지므로 0.02 ㎜ 이하로 절삭 깊이를 주고 시행해야 한다.

또한, 절삭유제의 공급 여부에 따라 건식 드레싱과 습식 드레싱이 있다.

드레서의 이송을 작게 하면 숫돌표면이 매끈하게 되어 가공물의 연삭면이 좋게 되나, 드레서의 이송을 너무 작게 하면 숫돌표면의 날이 무디어지므로 적당한 값을 취해야 한다. 단석 다이아몬드 드레서를 사용한 연삭조건에 따른 드레싱 조건은 표 6.9를 기준으로 한다.

표 6.9 숫돌 드레싱 조건

다듬질 정도	입도 [mesh]	절입 깊이[㎜]	드레싱 반복 횟수 [회]	이송 속도		스파트아웃 왕복횟수 [회]
				숫돌 1회전당 [㎜/rev]	매분당 [㎜/min]	
거친 연삭	36~46	0.03	4	0.4	600	0
중 연삭	46~54	0.02	3	0.3	400	0
다듬질 연삭	60~80	0.01	3	0.2	200	3
정밀 연삭	100~180	0.005	3	0.1	100	4

네 번째로 크러싱 롤러(crushing roller)를 이용하는 방법이다. 크러싱 롤러는 총형 연삭을 할 때 숫돌을 가공물의 반대 모양으로 성형하여 드레싱하기 위한 롤러로서 숫돌을 저속 회전시켜서 이것에 담금질된 크러싱 롤러를 접촉시키면 숫돌면이 부서지면서 총형으로 드레싱과 트루잉이 된다.

크러싱 롤러는 나사 연삭, 윤곽 연삭숫돌과 같은 숫돌바퀴를 복잡한 형상으로 수정하는데 효과적이다.

다섯 번째로 로터리 드레서를 이용하는 방법이다. 로터리 드레서는 큰 입자의 다이아몬드 연삭입자를 숫돌 외주면에 배열하여 소결 시킨 것으로 드레서를 회전시켜 숫돌과 접촉하면 절삭작용에 의해 드레싱과 트루잉을 동시에 할 수 있다.

최근 정보통신기기 및 O/A에 사용되는 부품은 높은 정밀도와 고품질의 저렴한 가격을 요구하고 있는데 이러한 요구를 만족하기 위한 연삭법으로 전해 드레싱이 개발되어 생산 현장에서 이용되고 있다.

전해 드레싱은 미세립의 지석을 사용하여 드레싱을 하면서 연삭하는 방법으로 지석의 로딩을 방지하고 고능률로 가공할 수 있는 센터리스 연삭기에 채용하여 좋은 결과를 얻고 있다.

전해 드레싱의 원리는 전기분해로 메탈 본드를 녹여서 제거하면 지립이 돌출되는 동시에 산화 피막이 만들어지고 산화 피막이 지립을 탄력적으로 유지하기 때문에 고품질의 연삭이 가능하게끔 한다.

전해 드레싱은 다음과 같은 특징을 가지고 있다.

① 지석의 절삭성이 양호하여 1공정으로 가공할 수 있다.

② 트루잉과 드레싱을 자동화할 수 있다.

③ 경면 가공을 할 수 있다.

④ 연속적인 라인 생산을 할 수 있어 생산능률을 높일 수 있다.

② 연삭숫돌의 트루잉

숫돌바퀴의 질이 균일하지 못하거나 가공물의 영향을 받아 숫돌바퀴의 모양이 점차 변하게 되며 특히 나사나 기어의 연삭, 윤곽 연삭 등에 있어서는 정확한 숫돌 형상이 필요하므로 숫돌의 형상을 정확하게 깎아내는 작업을 **트루잉**(truing)이라 한다(그림 6.13). 이와 같은 트루잉을 하면 동시에 드레싱도 된다.

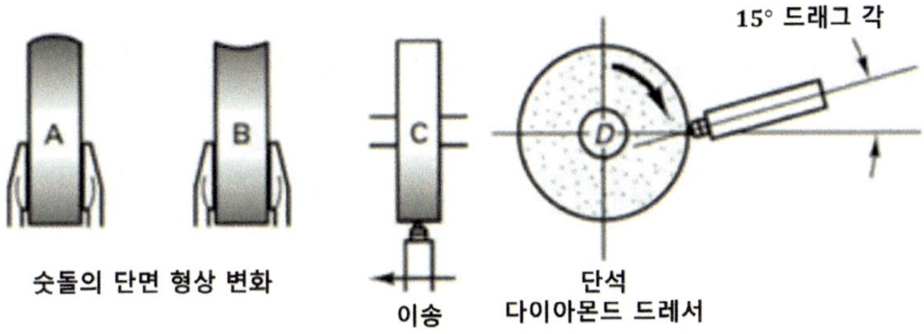

그림 6.13 트루잉

트루잉에서도 보통 다이아몬드 드레서를 사용하지만 총형숫돌의 트루잉에는 숫돌의 윤곽을 갖는 크로싱 롤러로 먼저 트루잉하고 드레서로 결합제를 긁어내어 숫돌입자를 돌출시키기 위한 드레싱을 한다.

단석 다이아몬드 드레서를 사용한 연삭조건에 따른 트루잉 조건은 표 6.10을 기준으로 한다.

표 6.10 숫돌의 트루잉 조건[mm/rev]

다듬질면 거칠기 R_{max} [μm] \ 입도			조립 10~24	중립 30~60	세립 80~220	극세립 240~800
KS B0161 표면 거칠기 규격	거친 연삭	50 이하	1	—	—	—
	보통 다듬질 연삭 (중 및 상)	6 이하	1/2~1	1/2~1	1/2~1	—
	상 다듬질 연삭	1.5 이하	1/5~1/2	1/5~1/2	1/5~1/2	1/5~1/2
	정밀 연삭	0.4 이하	—	1/10~1/5	1/10~1/5	1/10~1/5
초정밀 연삭		0.2 이하	—	1/20~1/10	1/20~1/10	1/20~1/5

(4) 연삭액

연삭에서는 절삭과 달리 연삭열에 의해 가공물이 가열되어 가공 정밀도의 저하, 내마모성의 저하, 조직의 변화, 연삭균열 등의 문제점이 나타나므로 일반적으로 연삭액을 사용하며 연삭액은 가공물의 면 상태나 숫돌의 마멸에 직접 영향을 미치게 된다.

1) 연삭액의 기능과 구비 조건

연삭액의 기능은 다음과 같다.

① 가공물 및 연삭숫돌을 냉각한다.

② 연삭입자 절삭날과 칩과의 윤활작용을 좋게 하여 연삭입자의 마모 및 용착을 억제한다.

③ 칩이나 탈락된 연삭입자를 씻어내어 숫돌의 눈메움을 억제한다.

또한, 연삭액은 다음과 같은 구비 조건을 갖추어야 한다.

① 냉각성, 윤활성, 유동성이 좋아야 한다.

② 부식과 변질이 되지 말아야 하고 화학 반응이 없어야 한다.

③ 연삭열에 의해 증발되지 않아야 한다.

2) 연삭액의 종류

수용성 연삭유는 냉각성이 좋아 고속 연삭에 견딜 수 있으므로 많이 사용되며 윤활 작용이 중요시 되는 연삭 작업에는 비수용성 연삭유를 많이 사용한다.

① 비수용성 연삭액

비수용성 연삭액은 광유, 지방유 등에 각종 첨가제를 가하여 냉각 성능보다는 윤활 성능을 중시한 것으로서 숫돌의 마찰을 작게 해주고 눈 메움 현상 억제에 효과가 있으며 나사 연삭, 총형 연삭 등에 쓰인다. 경합금이나 황동 등의 연삭에 사용한다.

② 수용성 연삭액

수용성 연삭액은 일반적으로 많이 사용되는 것으로서 방청제, 계면활성제를 다량의 물에 첨가하여 냉각 등을 중시한 것이며 보통 원통 연삭, 평면 연삭 등에 쓰인다. 주철이나 주강 등의 연삭에 사용한다.

③ 유화유

유화유는 물에 희석해서 사용하는 것으로 광물유에 유화제를 넣어 유화시킨 것이며 물에 희석하면 뿌옇게 탁해진다. 냉각성이 좋고 윤활성도 있으므로 일반용의 절삭유제로 많이 사용한다.

3) 연삭액 공급법

① 노즐 공급

일반적인 방법으로 연삭액 받이, 펌프, 회수 장치가 있어 노즐을 사용하여 가공물과 연삭 숫돌 사이에 연삭 전에 연삭액을 공급한다.

② 통액 공급

숫돌바퀴의 다공성을 이용한 것으로 숫돌 내부에서 연삭입자의 날 끝으로 원심력에 의해 분무되어 공급하는 방법이며 경합금 연삭 시와 같이 눈 메움이 있는 경우에 효과적이다. 연삭액의 공급량이 적으므로 노즐 공급과 병행한다.

③ 제트 공급

숫돌바퀴 작업면에 직각으로 제트 분사하여 칩을 불어 날려서 눈 메움을 방지하며 연삭액에 초음파를 걸어서 억제하는 방법도 있다.

(5) 연삭면의 형성과 스파크 아웃

연삭 다듬질면은 연삭입자의 절삭날에 의해 절삭된 가공면으로서 연삭 조건에 큰 영향을 받으며 특히 절삭날의 밀도가 중요하다.

다듬질면의 거칠기 형상을 위해서는 적절한 날 교정에 의해서 숫돌 표면의 절삭날 높이를 균일하게 하고 밀도를 높이는 것이 무엇보다 중요시 된다.

연삭 시에는 설정 절삭 깊이만큼 실제로 절삭되지 않으며 여러 요인에 의해 연삭 잔량이 생기게 된다.

1) 다듬실면에 영향을 주는 요인

① 입도

입도가 고울수록 다듬질면의 거칠기는 향상되는데 그 감소의 정도는 입도가 거친 영역에서 크고 연삭입자는 연삭저항에 의해 마멸되며 그 마멸 정도가 균일한 것이 다듬질면에 큰 영향을 미친다.

② 결합도

같은 입도의 숫돌로 적당한 연삭 조건하에서 연삭 시 결합도가 굳은 숫돌의 다듬질면이 일반적으로 좋아지는 경향이 있다.

③ 절삭 깊이

절삭 깊이의 증가에 따라 다듬질면의 거칠기도 증가하며 각각의 절삭날에 작용하는 힘이 증가하여 연삭입자의 마멸이 심해지기 때문이고 동시에 연삭기에 걸리는 부하의 증가로 인한 진동의 요인도 수반한다.

④ 이송

이송속도의 증가에 따라 다듬질면의 거칠기도 거의 비례적으로 증가한다.

⑤ 진동

연삭숫돌과 가공물 사이에 상대 진동이 있으면 절삭날의 밀도가 거칠어지므로 조도가 커진다.

⑥ 절삭잔량

절삭잔량이 있으면 거칠어지며 반복 연삭을 통해 절삭잔량이 적어질 때 다듬질면의 거칠기도 향상되고 절삭 깊이가 깊거나 이송속도가 빨라지면 절삭잔량도 많아진다.

2) 스파크 아웃

연삭 시 숫돌의 마모가 거의 없고 가공물과 숫돌축이 강체라면 설정된 절삭 깊이만큼 연삭이 되겠지만 실제로는 여러 요인에 의해 연삭 잔량이 남게 되는데 이때 더 이상의 절삭 깊이 이송을 중지하고 연삭을 계속하면 탄성변형이 회복되면서 실 연삭량이 증가되는 상태를 **스파크 아웃**이라 말한다.

(6) 연삭 방법

1) 평면 연삭

① 평면 연삭 방식

평면 연삭은 가공물의 평면을 연삭하는 것으로 원통 연삭과 함께 흔히 사용되는 연삭 방법이고 방식에는 숫돌바퀴의 바깥둘레를 사용하여 연삭하는 방식과 숫돌바퀴의 측면을 사용하여 연삭하는 방식 두 가지가 있다.

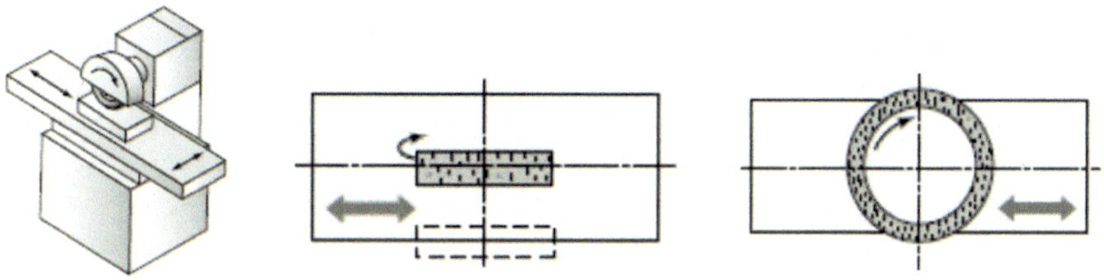

(a) 원리 (b) 수평형 (c) 직립형

그림 6.14 테이블 왕복식 평면 연삭

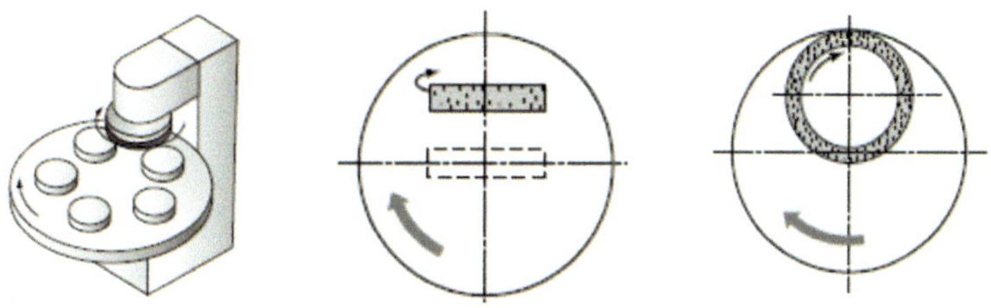

(a) 원리 (b) 수평형 (c) 직립형

그림 6.15 테이블 회전식 평면 연삭

평면 연삭 테이블의 운동은 그림 6.14와 같이 왕복직선 운동을 하는 사각 테이블과 그림 6.15와 같이 회전 운동을 하는 원형 테이블이 있으며 직립축과 수평축의 숫돌축을 사용한다.

테이블 왕복식은 공작물에 이송운동을 주어 연삭하는 것(소형공작물)이다. 이것은 원통형 공작물의 원통면, 단차면, 테이퍼, 내면 연삭이 가능하다.

테이블 회전식은 공작물을 테이블 위의 주축대와 심압대의 양 센터 사이에 고정하여 회전시키며 연삭하는 것이다. 절삭 깊이는 거친 연삭은 0.05 ㎜, 다듬질 연삭은 0.005 ㎜ 정도이다.

숫돌바퀴의 바깥둘레를 사용하는 방식에는 그림 6.16 (a)와 (c)와 같은 수평 축 4각 테이블형이 있으며 그림 6.16 (b)와 같은 수평 축 원형 테이블형이 있다.

숫돌바퀴의 바깥둘레를 사용하는 방식은 표면 거칠기 및 치수 정밀도가 매우 높으며 연삭량이 비교적 적어 소형의 정밀 연삭기에 적용된다.

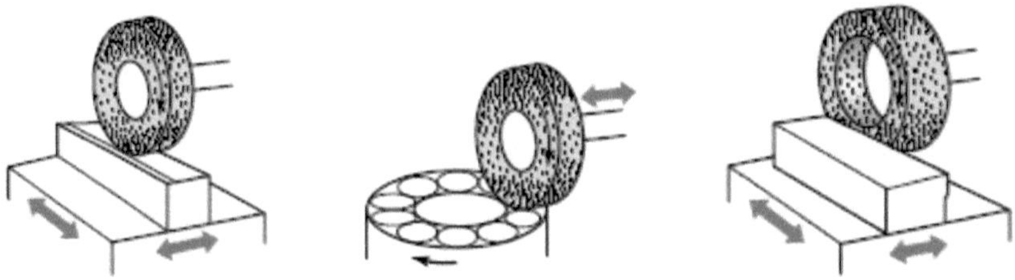

(a) (b) (c)

그림 6.16 숫돌바퀴의 바깥둘레를 사용하는 방식

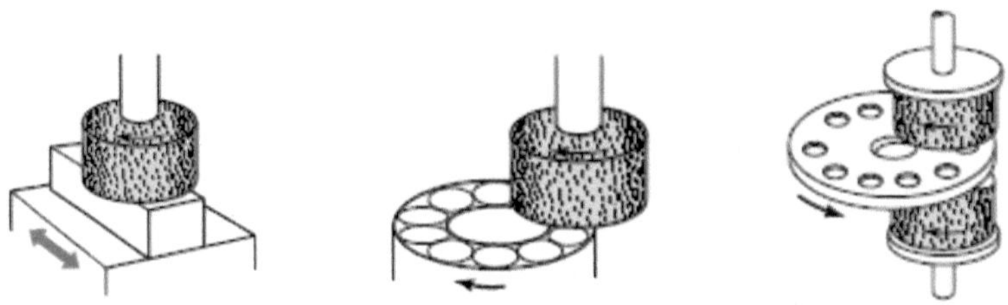

(a) (b) (c)

그림 6.17 숫돌축의 끝 면으로 연삭하는 방식

숫돌축의 끝 면으로 연삭하는 방식에는 그림 6.17 (a)와 같은 수직축 4각 테이블형이 있으며 그림 6.17 (b)와 같은 수직축 원형 테이블형, 그리고 그림 6.17 (c)와 같은 수평축 4각 테이블형이 있다.

숫돌바퀴의 끝 면으로 연삭하는 방식은 숫돌바퀴와 가공물의 연삭 면이 면 접촉을 하므로 연삭량이 많아 연삭능률이 좋다. 반면에 축 방향의 트러스트가 크다.

② 평면 연삭의 정밀도

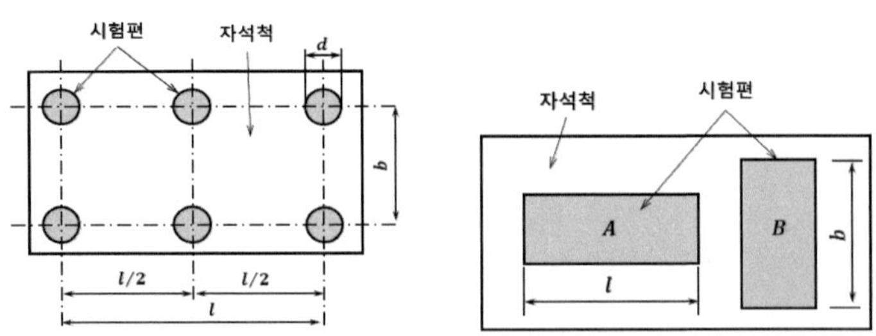

(a) 평행도 (b) 평면도

그림 6.18 연삭 정밀도 검사

표 6.11 연삭 정밀도의 허용 기준

검사 항목	허용차 1000 ㎜에 대해		
	좌우 방향	전후 방향	
		테이블 이송식	숫돌 이송식
평행도	0.015	0.015	0.03
평면도	0.015	0.015	0.03

평면 연삭의 정밀도는 그림 6.18과 같이 시험편의 평행도 또는 평면도로 실시한다. 이러한 평면 연삭 정밀도의 허용기준을 표 6.11에 나타내었다.

2) 원통 연삭

원통의 외면을 연삭하는 원통 연삭은 가공물 반지름과 숫돌 반지름과의 비율이 양(+)의 값을 취하고 가공물을 양쪽의 센터 또는 척으로 지지하여 회전시키면서 회전하는 연삭숫돌에 의해 연삭가공을 한다.

원통 연삭 방식에는 트래버스(traverse) 원통 연삭, 플런지(plunge) 원통 연삭, 성형(forming) 원통 연삭이 있다.

① 트래버스 원통 연삭

트래버스 연삭은 긴 가공물을 폭이 좁은 숫돌바퀴로 긴 방향으로 왕복 운동을 시키면서 연삭하는 방식으로 연삭 표면 거칠기는 0.1 ㎛ R_{max} 이하의 면을 얻을 수 있다.

그림 6.19 (a)의 테이블 왕복형은 공작물에 이송운동을 주는 것으로 소형공작물 가공에 많이 사용한다. 그림 6.19 (b)의 연삭숫돌 왕복형은 숫돌바퀴에 이송을 주는 것으로 대형공작물 가공에 많이 사용한다.

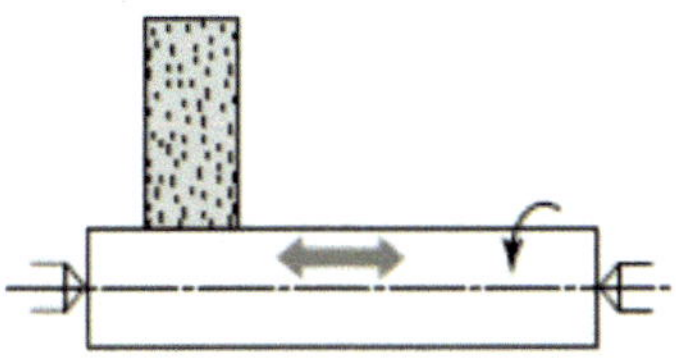

(a) 공작물 이송

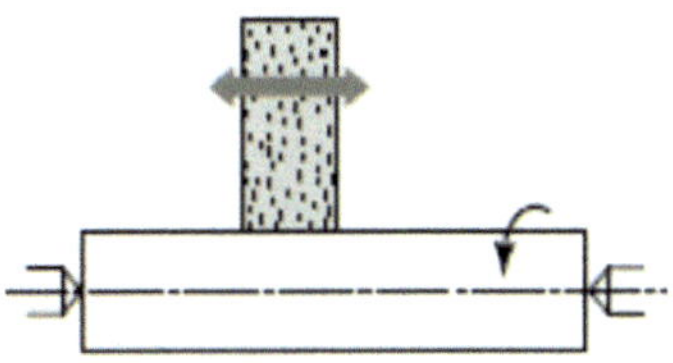

(b) 숫돌 이송

그림 6.19 트래버스연삭

② 플런지 원통 연삭

플런지 연삭은 그림 6.20과 같이 축 방향 이동 없이 전후 이송만 주면서 작업 하는 방식으로 단이 있는 공작물 연삭에 사용한다.

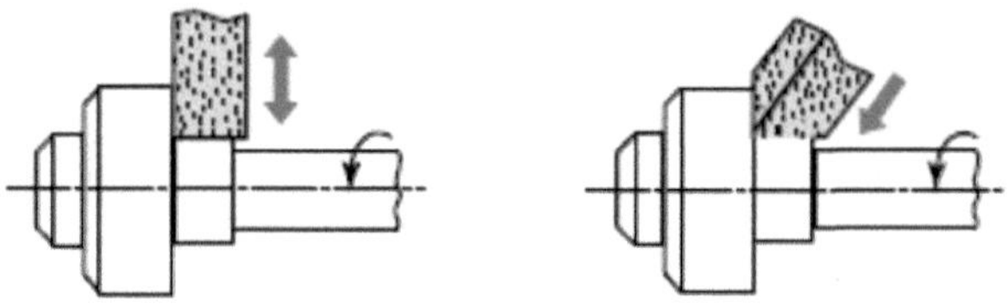

그림 6.20 플런지 연삭

③ 성형 원통 연삭

그림 6.21과 같이 공작물의 형상과 일치하는 숫돌 사용하여 형상연삭 가공가능한 데 이것을 **성형 연삭**이라 한다.

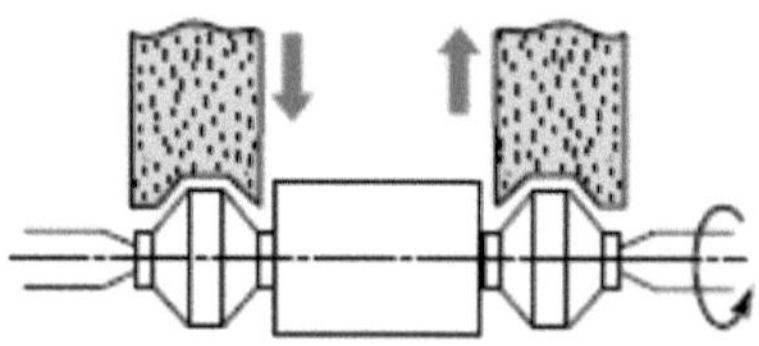

그림 6.21 총형 성형 연삭

이러한 원통 연삭의 정밀도는 그림 6.22와 같이 시험편을 다이얼게이지로 측정하며 원통 연삭 정밀도의 허용값을 표 6.12에 나타내었다.

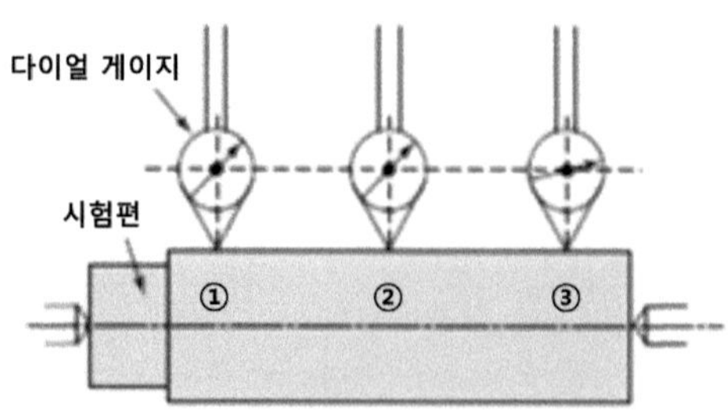

그림 6.22 원통 연삭의 정밀도

표 6.12 연삭 정밀도의 허용값 [단위 : mm]

검사 사항	공작물 크기			허용차	
	양 센터 사이의 거리	d	l	진원도	원통도
원통 연삭의 정밀도	500 이하	40	250	0.003	0.010
	500~1000	60	400	0.004	0.010
	1000~2000	90	700	0.005	0.015
	2000 이상	120	1000	0.005	0.020

3) 내면 연삭

① 내면 연삭 방식

내면연삭은 공작물의 뚫려 있는 구멍의 내경을 연삭하기 위한 것으로 그림 6.23과 같이 3가지 방식이 있으며 연삭숫돌 왕복형이 일반적으로 많이 사용된다.

내면 연삭은 다음과 같은 특징을 가지고 있다.

① 숫돌바퀴의 외변의 단위 변적당 일의 양이 많아 숫돌의 마멸과 소모가 크다.

② 내면 연삭을 하기 위해서는 자동 치수 장치가 필요하다.

③ 연삭저항, 탄성변형, 진동 등이 발생하여 치수 정밀도나 평면도가 저하된다.

④ 숫돌의 절입과 이송이 적어서 가공능률이 떨어진다.

⑤ 고주파 모터 또는 공기 터빈에 의한 직접 구동 방식의 고속 회전 숫돌축을 사용한다.

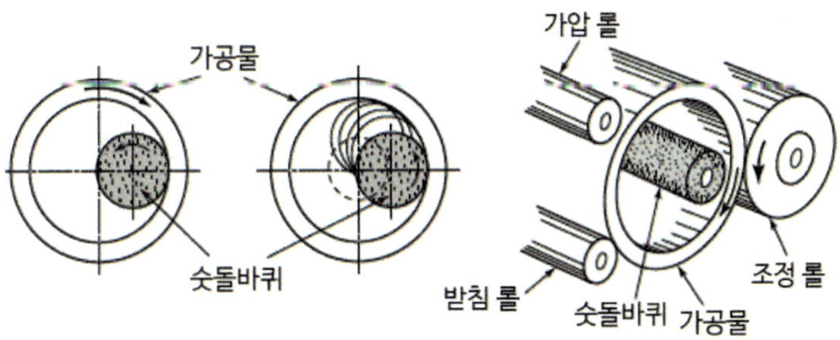

(a) 보통형 (b) 유성형 (c) 센터리스형

그림 6.23 내면 연삭의 방식

내면 연삭은 원통 연삭에 비해 숫돌바퀴 및 가공물의 회전수가 다르고 숫돌입자에 작용하는 힘도 달라서 적정한 연삭 조건의 선정이 중요하다.

공작물 고정형(유성형)은 공작물이 대형일 경우, 또는 공작물을 척에 장치하여 회전시키기 힘든 경우, 예를 들어 살 두께가 고르지 못해 회전할 때 불 평형의 힘이 작용할 염려가 있을 때 공작물을 고정하고 숫돌에 유성 운동을 주어 내면연삭을 하면 유리하다.

센터리스형은 숫돌과 공작물을 고정시키지 않고 연삭하는 방법으로 공작물은 숫돌, 조정숫돌바퀴, 가압롤에 의해 지지되며 숫돌이 공작물 내면에 위치하여 가공하는 방법이다.

내면연삭에서 가공물에 따른 연삭숫돌 결합제는 표 6.13과 같다.

표 6.13 내면연삭에서 가공물에 따른 연삭숫돌 결합제

가공물	내면 연삭숫돌 결합제
일반적인 가공물	비트리파이드 결합제
베어링강	레지노이드, 고무 결합제
열처리강	CBN
초경합금강	다이아몬드 연삭숫돌

② 내면 연삭 조건

가. 숫돌바퀴의 원주 속도

가공물의 내면 지름보다 숫돌바퀴의 지름이 작으므로 적당한 연삭속도를 위해서는 숫돌 축의 회전수를 매우 빠르게 해야 한다(10,000~20,000 rpm).

빠른 원주 속도를 얻을 수 없는 경우에는 결합도가 높은 연삭숫돌을 사용하여 원주 속도를 느리게 한다.

나. 가공물의 원주 속도

연삭 숫돌바퀴의 상대 속도에 따라 영향을 받으며 보통 내면 연삭에서는 원통 연삭에서의 가공물의 원주 속도보다 약 2배 정도 빠르게 해야 한다.

다. 연삭 숫돌바퀴

내면 연삭에서는 숫돌바퀴와 가공물의 접촉 길이가 길기 때문에 입도가 크고 결합도가 낮은 숫돌바퀴를 빠른 원주 속도로 연삭해야 높은 정밀도를 얻을 수 있다.

① 내면 연삭숫돌의 바퀴 축은 되도록 굳고 짧아야 한다.

② 숫돌바퀴의 이송 거리 끝은 구멍 양단의 처짐을 방지하기 위해 숫돌바퀴 폭의 ¼ ~ ½로 해야 한다.

③ 숫돌바퀴의 지름은 가공물 지름의 ¾ 정도로 해야 한다.

④ 연삭 숫돌바퀴의 연삭너비 크기는 절삭저항을 작게 하므로 가공물의 내면 지름 크기에 따라 다르게 정해야 한다(표 6.14).

표 6.14 연삭 숫돌바퀴의 연삭너비 크기 단위:㎜

가공물 내면	연삭숫돌바퀴 너비
∅6~30	연삭숫돌바퀴의 지름과 거의 같음
∅30~127	25~38
∅18~254	39~51

라. 이송속도

원통 연삭에서와 같이 거친 연삭일 경우에는 1~2 m/min, 다듬질 연삭일 경우에는 0.2~0.4 m/min 정도로 해야 한다.

마. 연삭 깊이

연삭 깊이는 숫돌 재질, 가공물의 모양 및 가공 정밀도 등에 따라 달라지는데 거친 연삭일 경우에는 0.02~0.04 ㎜ 정도로 하고 다듬질 연삭일 경우에는 0.005~0.01 ㎜ 정도로 해야 한다.

바. 연삭 여유

연삭 여유는 연삭 능률에 큰 영향을 끼치는데 연삭 여유가 너무 없을 경우는 가공물의 중심 맞추기가 조금만 틀려도 전 가공의 흔적이 남게 되며 너무 많으면 연삭 시간이 길어져서 연삭 능률이 떨어진다.

내면 연삭에서는 내면 지름에 따라 적절한 양의 거친 연삭, 다듬질 연삭으로 연삭 여유를 알맞게 나누어서 작업하는 것이 중요하다. 표 6.15는 이러한 내면연삭의 연삭 여유를 연삭의 정도에 따라 나타낸 것이다.

표 6.15 내면연삭의 연삭 여유

연삭 여유	거친 연삭	다듬질 연삭	정밀 다듬질 연삭
0.13	0.08	0.03	0.02
0.15	0.10	0.03	0.02
0.20	0.15	0.03	0.02
0.25	0.20	0.03	0.02
0.30	0.25	0.03	0.02
0.38	0.30	0.05	0.03
0.46	0.37	0.05	0.03

4) 센터리스 연삭

센터리스 연삭(센터리스 연삭기)은 그림 6.24와 같이 공작물을 고정 시키지 않고(센터나 척을 사용하지 않고) 연삭숫돌과 조정숫돌 사이에 공작물을 삽입하고 받침대로 지지하여 공작물을 연삭한다.

공작물의 외면과 내면을 연삭하기 위한 것으로 주로 외면을 연삭한다.

센터리스 연삭은 다음과 같은 장점이 있다.

① 연속 작업을 할 수 있어 대량생산에 적합하다.

② 긴 축 재료의 연삭이 가능하며 중공의 원통 연삭에 편리하다.

③ 연삭 여유가 작아도 된다.

④ 연삭 숫돌바퀴의 넓이가 크므로 지름의 마멸이 작고 수명이 길다.

⑤ 일단 기계의 조정이 끝나면 가공이 쉽고 작업자의 숙련이 필요 없다.

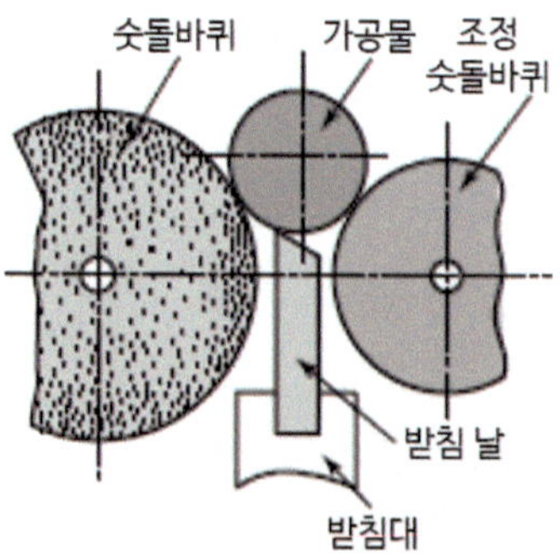

그림 6.24 센터리스 연삭

한편, 센터리스 연삭의 단점은 다음과 같다.

① 긴 홈이 있는 가공물은 연삭할 수 없다.

② 대형 중량물을 연삭할 없다.

③ 연삭 숫돌바퀴의 너비보다 긴 일감은 전후 이송법으로 연삭할 수 없다.

① 센터리스 연삭의 3요소

센터리스 연삭의 3요소는 연삭 숫돌바퀴(grinding wheel), 조정 숫돌바퀴(regulating wheel), 받침날(work rest blade)이다. 조정 숫돌바퀴 교차 각은 1.5~3°이며, 받침날 상면의 경사각은 50~70°이다.

연삭 숫돌바퀴는 센터리스 연삭에 사용되는 기본 절삭 공구로서 일반적으로 수지, 유리화 또는 전기 도금 본드와 같은 결합 재료와 함께 결합된 연마 입자로 만들어지고 연삭 숫돌바퀴는 고속으로 회전하고 연삭 숫돌바퀴와 조정 숫돌바퀴 사이를 통과할 때 공작물에서 재료를 제거한다.

조정 숫돌바퀴는 연삭 공정 중에 공작물의 속도와 이송 속도를 제어하는 데에 사용되며 일반적으로 연삭 작업 중에 공작물이 제자리에서 고정되도록 마찰 특성이 좋은 고무 또는 기타 재료로 만들어진다.

받침 날은 연삭 작업 중에 작업물을 지지하고 연삭 숫돌바퀴와 조정 숫돌바퀴 사이에 적절하게 배치되도록 도와주고 다양한 공작물 크기와 모양을 수용하도록 조정 할 수 있다.

② 센터리스 연삭 방식

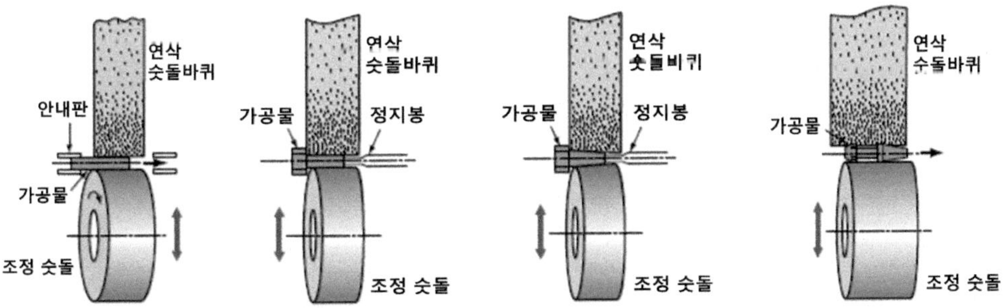

(a) 통과 이송법 (b) 먹임 이송법 (c) 끝 이송법 (d) 통과 먹임 이송법

그림 6.25 센터리스 연삭 방식

가. 통과 이송법

그림 6.25 (a)의 통과 이송법은 세로이송법이라고도 하며 지름이 같은 공작물의 연삭법이고 입력된 가공물이 자동으로 출력된다.

나. 먹임 이송법

그림 6.25 (b)의 먹임 이송법은 전후 또는 가로 이송법이라고 하며 가공물이 숫돌바퀴의 너비보다 짧거나 턱이 있은 경우에 사용한다.

다. 끝 이송법

그림 6.25 (c)의 끝 이송법은 가공물 길이가 숫돌바퀴 너비보다 짧고 턱이 있거나 테이퍼가 있는 가공물을 연삭할 때 사용하고 먹임 이송과 같이 통과 이송이 불가할 때 일정한 위치에 정지봉을 두어 가공물을 연삭하는 방법이다.

라. 통과 먹임 이송법

그림 6.25 (d)의 통과 먹임 이송법은 가로세로 이송법이라고도 하며 연삭량이 많거나 지름이 다른 두 부분을 한 번에 연삭하는 방법이다.

③ 특수 센터리스 연삭법

그림 6.26과 같이 지름이 다른 가공물, 총형 연삭 및 구형 가공물을 연삭 가공 하는 방법이다.

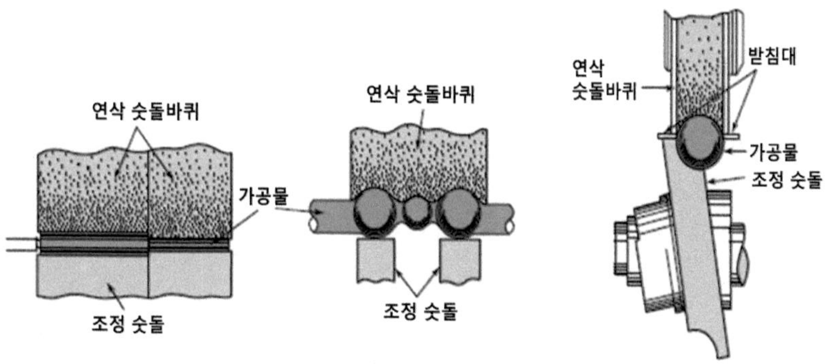

그림 6.26 특수 센터리스 연삭

5) 성형 연삭

성형 연삭은 여러 가공 형상에 따라 윤곽을 연삭하는 것으로 각종 금형 부품과 같이 매우 복잡한 형상을 연삭 가공 할 때 사용한다.

① 성형 연삭 방식

성형 연삭 방식에는 총형 숫돌차에 의한 방식과 평형 숫돌차에 의한 방식이 있다.

우선 총형 숫돌차에 의한 방식은 가공할 가공물의 모양과 반대 모양으로 연삭숫돌을 성형한 총형 숫돌을 이용한 방식으로 테이블이 왕복 운동하는 형식인 평면 연삭기와 같고 숫돌차 축이 수평이며 플랜지 컷에 의해 연삭 된다.

두 번째로 평형 숫돌차에 의한 방식은 가장자리가 뽀족한 평형 숫돌바퀴를 윤곽 형상을 따라 이동시켜 가공하는 방식이며 윤곽 형상을 정확하게 보기 위한 투영 장치가 필요하다.

② 성형 연삭 장치

성형 연삭장치에는 수동 성형 장치, 팬터그래프 성형 장치, 광학식 성형장치가 있다.

수동 성형 장치에는 가로 드레싱 장치, R 드레싱 장치, 크리시 롤이 있다.

첫 번째로 드레싱 장치는 사인 바의 원리를 이용하여 45° 이내의 필요한 각을 정확하게 성형한다.

두 번째로 R 드레싱 장치는 연삭숫돌에 필요한 크기의 오목 볼록의 원호 형상을 성형한다.

세 번째로 크리시 롤은 원통형 롤러에 가공물의 단면 형상과 같이 깎아 이것을 숫돌과 맞물려 돌려서 연삭숫돌을 성형하는데 그다지 정밀도는 높지 않다.

팬터그래프 성형 장치는 팬터그래프를 이용하여 성형하는 방법이며 팬터그래프를 필요한 형상과 반대되는 모양의 형판 윤곽을 따라 움직이면 축소 또는 확대된 형상으로 다이아몬드 드레서가 움직여 숫돌을 성형한다.

광학식 성형 장치는 다이아몬드 드레서를 이동하거나 회전시켜 곡면 또는 각도 등의 정확한 형상을 만들어 주는 장치로서 다이아몬드의 움직임은 확대 투영기를 통해 직접 숫돌을 성형하며 형판이 필요 없다. 평면 연삭기나 성형 연삭기에 부착하여 사용한다.

(7) 연삭 조건의 선정 방법

가공물과 숫돌의 크기, 모양, 재질이나 연삭 방법에 따라 숫돌바퀴의 원주 속도, 이송 속도, 절삭 깊이 등이 다르며 이와 같은 조건은 서로 관계를 가지고 연삭작용에 영향을 미친다.

1) 숫돌의 원주 속도

숫돌이 원주 속도는 연삭능률과 관계가 깊고 원주 속도가 너무 느리면 숫돌의 소모가 심하고 원주 속도가 지나치게 빠르면 숫돌의 절삭성이 저하하며 원심력에 의해 파괴될 위험이 있다.

일반적인 비트리파이드 숫돌인 경우 표 6.16과 같이 용도에 따라 원주 속도를 가진다.

$$V = \frac{\pi d n}{1000} \tag{6.10}$$

여기서 V는 원주 속도(m/min)이며, d는 숫돌의 바깥지름(㎜), n은 숫돌바퀴의 회전수(rpm)이다. 단, 원통 연삭기의 경우 숫돌과 가공물의 회전 방향이 다를 경우에는 다음과 같이 된다.

$$V = V_1 + V_2 \tag{6.11}$$

여기서 V_1은 연삭숫돌의 원주 속도, V_2는 가공물의 원주 속도이다.

표 6.16 표준 연삭 속도

결합제 구분	용도구분	숫돌의 원주 속도(m/min)
비트리파이트 숫돌 (정밀기계 연삭)	원통연삭	1700~2000
	평면연삭(횡축)	1600~1800
	평면연삭(입축)	1200~1600
	내면연삭	600~1800
	공구연삭	1400~1800
	커터연삭	1200~1400
	초경합금 연삭	900~1400
레지노이드 숫돌 (거친 자유 연삭)	저속절단	2700~3800
	고속절단	3000~4800
	저속 자유 연삭	1000~3000
	고속 자유 연삭	3000~4800
	슬래브 연삭	3600~4800

2) 가공물의 원주 속도

가공물의 원주 속도는 숫돌의 원주 속도와 깊은 관계를 갖고 있으며 이 속도비(숫돌바퀴의 속도/가공물 속도)는 다듬질면의 표면 거칠기, 연삭능률에 큰 영향을 미친다.

속도비는 보통 1/100 정도로 하며 가공물의 재질, 숫돌의 성질, 숫돌의 폭, 다듬질면의 표면 거칠기 등을 함께 고려하여 결정해야 한다.

고속 연삭에서는 속도비를 크게 하여 가공능률과 가공 변질층 면에서 유리한 결과를 얻기도 하며 가공물의 원주 속도가 빠르면 숫돌 절삭저항이 커진다.

3) 이송 속도

원통 트래버스 연삭에서의 이송 속도는 가공물의 원주 속도와 서로 관계하며 일반적으로 가공물의 이송이 작으면 다듬질 면이 양호해진다.

가공물의 축 방향 이송은 가공물 1회전에 대하여 숫돌 폭(B) 이하로 선정해야 하며 표 6.17에 따라 표준값을 선택해야 한다.

표 6.17 연식 조긴에 따른 표준 이송 속도

연삭조건		이송량	비고
거친 연삭	강철	f=(1/3~3/4)B	f : 이송량(㎜/rev)
	주철	f=(3/4~4/5)B	
다듬질 연삭		f=(1/4~1/3)B	

4) 연삭 깊이

연삭 깊이는 연삭능률에 영향을 미치며 가공물의 재질, 연삭 방법, 연삭 정밀도 등에 따라서 연삭 깊이를 결정한다(표 6.18).

표 6.18 연삭 깊이의 결정 방향

결정 요소	결정 방향
연삭 숫돌바퀴의 입도	연삭 숫돌바퀴의 입도가 크면 연삭 깊이를 깊게 한다. 그러나 너무 깊게 되면 연삭 숫돌바퀴가 눈 메움으로 되어 심하게 마멸된다.
연삭 숫돌바퀴의 결합도	연삭 숫돌바퀴의 결합도가 연하면 연삭 깊이를 깊게 하여 연삭 능률을 높인다
연삭 숫돌바퀴의 지름	연삭 숫돌바퀴의 지름이 작으면 연삭 깊이를 깊게 한다.
연삭 숫돌바퀴의 원주 속도	연삭 숫돌바퀴의 원주 속도가 작으면 연삭 깊이를 깊게 한다.
공작물의 지름	공작물의 지름이 작으면 연삭 깊이를 깊게 한다. 지름이 큰 공작물을 연삭할 때에는 공작물과 연삭 숫돌바퀴의 접촉면이 넓어서 회전 모멘트가 커지므로 연삭 깊이가 너무 깊지 않도록 한다.
공작물의 원주 속도	공작물의 원주 속도가 크면 연삭 깊이를 깊게 한다.

가공물의 원주 속도가 빠르거나 숫돌바퀴의 원주 속도가 느릴수록 연삭 깊이를 깊게 줄 수 있으며 거친 연삭에서는 가능한 한 연삭 깊이를 깊게 주고 다듬질 연삭 시에는 얕게 주어야 한다.

가공 종류에 따라서 연삭 깊이는 표 6.19와 같이 선정한다.

표 6.19 가공 종류에 따른 연삭 깊이

가공의 종류		거친 연삭	다듬질 연삭
원통	강철	0.02~0.05	0.0025~0.005
	주철	0.05~0.15	0.005~0.02
내면		0.02~0.04	0.005~0.01
평면		0.01~0.07	0.005~0.01
공구		0.03~0.05	0.005~0.01

5) 연삭여유

연삭여유는 가공물의 재질, 모양, 치수, 전 가공의 다듬질면의 표면 거칠기 등에 따라 다르지만 되도록이면 작을수록 좋으며 선반으로 가공할 때에는 0.3~0.8 ㎜의 여유를 두고 가공하면 된다.

연삭여유가 너무 적으면 전 가공 시 시간이 많이 걸리므로 가공물의 지름, 길이, 연삭 방법에 따라 적절한 연삭여유를 선정해야 한다.

6) 연삭비

연삭비는 다음과 같이 나타낸다.

연삭비 = 가공물의 연삭된 부피/ 숫돌바퀴의 소모된 부피

(8) 연삭용 공작기계

연삭기는 여러 형상의 연삭숫돌로 고속 회전운동을 시켜서 피가공물에 정밀한 다듬질 가공을 하는 것으로 금속 환봉, 원통의 내면, 평면 그 밖의 특수 형상의 것을 연삭할 수가 있다. 연삭가공은 다른 가공 공정에 비해 연삭조건의 선택 요소가 비교적 많기 때문에 옛부터 장인의 팔과 감에 의해 정도를 내고 있던 케이스가 많아 보일 수 있다. 그러나 기계요소의 연구, NC 장치의 급속한 기술 진보에 따라 숙련자가 행하고 있던 연삭 작업은 NC 연삭으로 대체되고 고도의 어려운 연삭 가공에도 유연히 대응할 수 있는 등 크게 생산에 공헌하게 되었다.

연삭기의 공구가 되는 연삭숫돌은 CBN 연삭숫돌의 등장과 함께 가공기술도 진전하고 종래의 비트리파이드 연삭숫돌에서는 발상도 할 수 없었던 연삭 방식도 실현 가능하게 되었다. 예를 들어 종래는 절삭가공 했던 황-중절삭 가공공정까지도 연삭기에서 일거에 해버리는 경우도 볼 수 있다.

한편 연삭기 작업은 타 기종과 비교해서 절차 작업이 많다. 그럼에도 불구하고 절차 작업이 가공정도나 능률을 크게 좌우하므로 절차 작업의 자동화 수요가 강하다. 그 때문에 NC축의 다축화에 의해 진행되었다. 연삭기 중에서도 특히 절차가 많다고 하는 센터리스 연삭기에서는 12축 제어의 제품도 개발되었다.

또한 각종 그라인딩 센터는 연삭숫돌 교환, 공작물 교환, 트루잉, 드레싱 등을 자동으로 행한다.

그림 6.27은 대표적인 평면 연삭기의 구조와 주요부 명칭을 나타내고 있다.

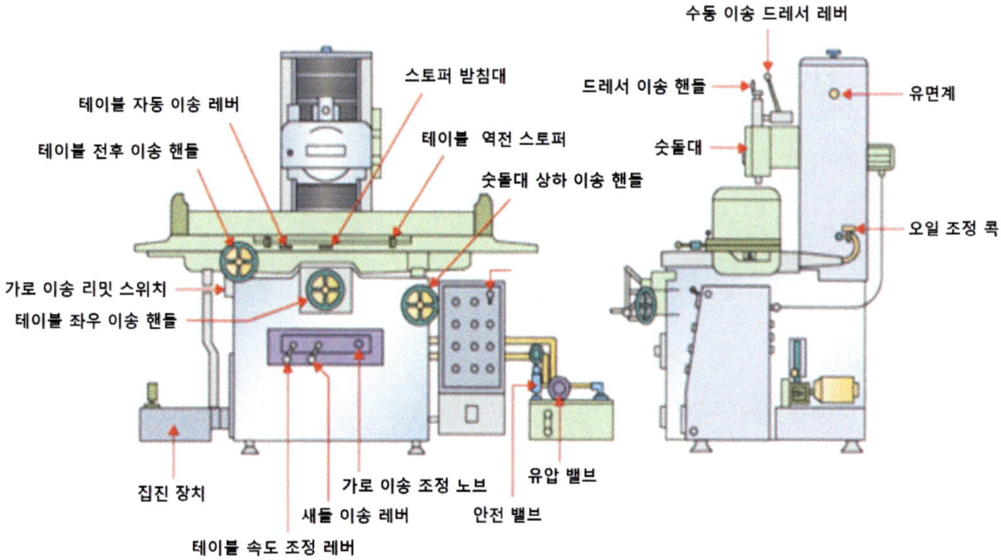

그림 6.27 평면 연삭기의 구조와 주요부 명칭(NCS 자료 인용)

1) 원통 연삭기

원통 연삭기(external cylindrical grinding machines)는 가공물에 회전운동을 주어 연삭숫돌에 회전 연삭 및 이송운동을 시켜 원통형 가공물의 외주 연삭 다듬질을 행한다. 연삭기 작업 중에서 가장 많은 방식으로 기계 축과 같이 고정도를 요하는 부품의 제작에 적용된다.

원통 연삭에는 여러 가지 방법이 있지만 연삭숫돌을 가공물의 단에서 절입하고 가공물의 축과 평행으로 보내어 연삭하는 방법을 **트래버스 가공**이라 한다. 가장 일반적인 연삭 방법이다. 이것에 대해 연삭숫돌 폭을 이용하여 가공물의 축 방향으로 절입을 주어 연삭하는 능률이 높은 방법을 **프랜지 가공**이라 한다. 전기 부품이나 자동차 부품, 기계 부품 등, 양산하는 물건의 가공에 널리 사용되고 있다.

NC 원통 연삭기는 몇 개의 다른 직경을 가진 단 붙이 축을 1회의 세팅으로 연삭하는 곳에 많이 사용된다. 고기능 기계에서는 플랜지, 트래버스, 테이퍼, 단면, 컨터링, 비원형 등의 제연삭 방법 외에 성형 드레싱을 행하여 총형 연삭을 행하는 것이 있다.

2) 내면 연삭기(Internal cylindrical grinding machines)

구멍의 내면 연삭 다듬질을 행하는 것으로 각종 기계 부품이나 정밀 부품의 최종 다듬질 공정에 사용된다. 이 때문에 정밀 치수를 정확히 실현 가능한 것, 구멍에 테이퍼가 붙어 있지 않은 것, 균일하며 더욱이 양호한 다듬질 면이 얻어지는 것 등의 조건이 요구된다.

따라서 기계의 강성, 정적 동적 정도, 연삭가공 조건, 숫돌의 성상, 연삭액 등의 제조건을 최적으로 선택할 필요가 있다. 또한 다량생산에 사용되는 경우는 정도와 함께 가공 능률을 보다 고도화할 필요가 있기 때문에 내경의 자동 치수 정하기 장치가 많이 사용되고 있다.

내면 연삭 작업은 다른 연삭 작업에 비해 일반적으로 어렵다고 알려져 있다. 숫돌의 직경은 공작물의 구멍 직경보다도 필연적으로 작게 되며 그 결과 ① 숫돌의 단위 면적당 일의 양이 크며 눈막힘이나 입자의 탈락을 발생하기 쉽다 ② 숫돌과 공작물은 내접하기 때문에 접촉 면적이 크며 절삭칩의 배출, 연삭유의 침투가 어렵다 ③ 숫돌축이 가늘게 되며 휘어지기 쉽다 ④ 숫돌 지름이 작으므로 적당한 연삭 속도(주속도)를 얻기 위해서는 고회전을 주어야 하는 등의 문제가 발생한다.

이러한 곤란한 점을 극복하면서 고정도, 고강성을 유지하기 위해서 주축, 숫돌축, 드레스장치, 절입 이송장치, 보정장치, 치수 정하기 장치, 냉각수 장치에는 특별한 대책이 세워져 있다.

NC 내면 연삭기는 숫돌대 절입(X축)과 테이블(혹은 칼럼)의 움직임(Z축)의 동시 2축 제어 기능을 갖춘 대화형 메뉴방식이 많다. 축 붙임 숫돌을 자동 교환하고 원 척킹으로 내면, 단면, 외면을 가공하는 연삭기도 있다. 또한 최근은 공작물의 재질, 가공면 등을 입력하면 자동적으로 연삭 조건을 설정하는 연삭 조건 자동 설정시스템을 짜 넣은 CNC 장치도 있다.

3) 평면 연삭기(Surface grinding machines)

평면 연삭은 숫돌의 외주면 또는 측면을 사용하여 소정의 치수정도와 조도를 가진 평면을 얻는 연삭작업이며 여러 방식이 있다. 분류 방법으로서는 숫돌축이 평행이든지 수직이든지에 의해 또는 테이블이 사각형으로 왕복운동을 하든지 원테이블이 회전운동을 하는 것이든지에 의해 더구나 2개의 평행 숫돌을 사용하든지에 의해 다음과 같이 분류된다.

① 수평축 각 테이블형

평형 숫돌의 외주면이나 성형한 외주면을 이용하여 단순한 형으로 일반부품 평면 정밀연삭이나 홈 가공 등을 행하는 것으로 범용성이 극히 높다.

② 수평축 원 테이블형

테이블 위에 나열된 링상 혹은 판상의 소형 부품의 단면을 양산적으로 평면연삭 하는 데 사용된다.

③ 수직축 각 테이블형

왕복 운동하는 각 테이블을 가지며 숫돌축이 테이블 상면에 수직이며 비교적 대형 공작물의 중연삭에 적합하다.

④ 수직축 원 테이블형

회전하는 원 테이블을 가지며 숫돌축이 테이블 상면에 수직이며 비교적 소형 공작물을 능률 좋게 연삭 가능하다.

⑤ 양 헤드형

디스크 연삭이라 부르기도 하는 것으로 서로 마주보는 2개의 큰지름 숫돌 사이를 통과하는 가공물의 양면을 연삭하는 방법이며 구름 베어링의 내, 외륜이나 피스톤 링의 양산 가공에 불가결한 고능률 연삭법이다.

NC 평면 연삭기는 숫돌을 소요의 형상으로 성형하고 그 숫돌을 이용하여 부품을 연삭하는 성형 연삭기가 이용된다.

평면 연삭기에 있어서의 NC 장치 기능의 필요조건은 다음과 같다.

① 숫돌 가까이서 하는 작업에 대한 광범위한 속도 제어(1~4000 ㎜/min)

② 숫돌 조합을 용이하게 하며 절입량의 관리를 위한 숫돌 헤드의 현재 위치 표시

③ 다듬질 표면 정도 향상을 위한 미소 절입 이송(1 ㎛ 또는 0.1 ㎛)

④ 프로그램 운전을 행하고 공작 정도를 확보하기 위한 여러 가지 보정 기능(백래시 보정, 피치오차 보정, 공구지름 보정 등)

⑤ 시컨스 제어에 있어서의 고장진단을 용이하게 하는 기능

⑥ 경사면이나 곡면을 성형 트레이스하는 경우에 동시 2축 이상의 움직임

4) 센터리스 연삭기

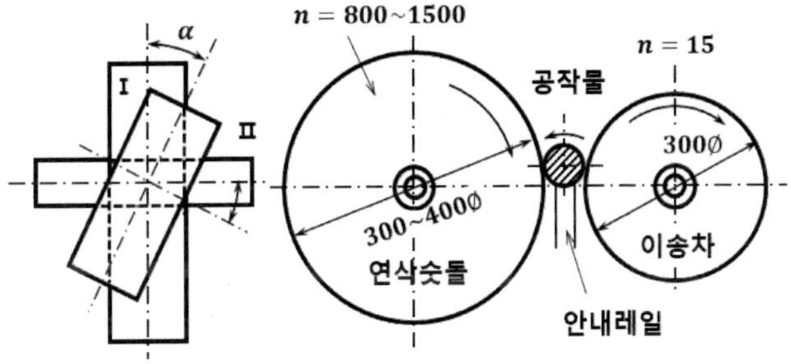

그림 6.28 센터리스 연삭기의 원리

외주 연삭을 행하는 데는 심압대에 의해 센터를 유지해야 하지만 파이프 형상 등의 가공물에서는 이와 같은 것이 되기 어렵다. 이러할 때 지지하는 센터 없는 센터리스 연삭(Centerless grinding machines)기가 이용된다.

센터리스 연삭기의 원리는 2개의 숫돌을 사용하며 이송용 숫돌을 그림 6.28에 나타낸 바와 같이 α각만큼 기울이고 회전은 주축 숫돌 800~1500에 대해 15정도 한다. 이것에 의해 2개의 숫돌 사이에 안내 레일을 설치하고 이것에 탑재하여 피가공물을 절입 이송하면 이송 숫돌의 회전력은 I 및 II의 방향으로 2분되어 I은 회전 이송을, II는 축 방향에의 이송을 주게 된다.

센터리스 연삭기의 종류에는 외면 연삭용과 내면 연삭용의 2가지 형태가 있다. 내면 연삭의 경우는 조정 숫돌과 공작물 지지판 대신에 2개의 지지 롤러를 사용하여 행한다. 여기서 조정 숫돌은 공작물을 회전시키는 역할을 하고 있다. 공작물, 연삭숫돌 및 조정 숫돌의 중심이 동일 선상에 있으며 이것에 의해 고강성을 갖게 되며 그 결과 박막의 파이프 형상의 공작물에서도 고정도로 연삭 가능하다.

또한 공작물의 이송방법에 의해 외면 연삭은 다음의 3종류로 분류된다.

① 관통 이송법(thru feed 연삭)

공작물의 연속공급이 가능하며 작업이 고능률로 된다. 또한 공작물 자동 공급장치를 갖추고 공작물의 장착, 제거를 자동화하는 것도 용이하다.

② 이송 삽입법(in-feed 연삭)

단 부착 축과 같이 관통 이송 연삭이 가능하지 않은 경우에 이 방법이 이용된다. 절입은 양 숫돌 사이의 간격을 바꾼다. 결국, 플랜지 방식에 의해 주어진다. 연삭 부품 1개마다 연삭 작업을 중단하고 그 사이에 공작물의 교체를 행한다.

③ 단 이송법(end-feed 연삭)

관통 이송법과 마찬가지로 트래버스 이송에 의해 걸쇠에 의해 공작물이 닿을 때까지 이송되어 연삭이 완료된다. 테이퍼 부착 공작물의 연삭 등에 이용한다.

NC 센터리스 연삭기는 준비 교체의 자동화에 의해 예를 들어 외경 18~22 ㎜, 길이 250~500 ㎜의 긴 공작물의 경우, 1시간 가까이 걸리던 준비 교체 시간을 30초 정도로 완료하고 치수 분산 10 ㎛, 진원도 2 ㎛, 원통도 5 ㎛ 이하의 정도가 실현 가능하다.

5) NC 캠연삭기

예를 들어 캠 연삭기에 있어서는 컴퓨터에 캠의 프로파일 데이터를 직접 입력하는 것만으로 주축과 숫돌대가 캠의 창성 동작을 하는 마스터 캠이 필요 없는 연삭기가 개발되고 있다. 이 니즈는 최근의 엔진 다양화, 라이프사이클 단축화에 따라 1대의 캠 연삭기로 다종다양한 캠 프로파일을 약간의 준비 교체로 능률 좋게 생산하는 것, 또한 캠 프로파일의 변경도 빈번하게 되고 있는 것에 있다.

6) 생산형 CNC 캠 연삭기

생산형 CNC 캠 연삭기는 모방방식에서는 수일이 걸리는 마스터 캠의 기상 창성에 의한 다운 타임이 없어진 것과 생산성 및 범용성을 양립하는 것을 목적으로 하고 있다. 이 기계는 공작물 주축 회전과 숫돌대 전후 위치의 동시 2축 제어에 의해 캠 프로파일을 창성하는 것이 주된 것이다.

이 때문에 숫돌대의 응답속도가 문제시 된다. CBN 휠을 이용하여 휠을 작게 하면 전체적으로 작게 되며 숫돌대 응답속도가 빠르고 정확한 형상의 캠을 학습하는 제어 없이 고능률로 얻어지는 것이다.

또한 난삭재 연삭에서 주목되고 있는 것이 크리프 필드 연삭이다. 극저 이송에서 숫돌 절입을 통상의 100~1000배로 하고 전가공 없이 깊은 홈 성형 평면 연삭을 행하는 연삭법으로 소위 고절입 총형 평면 연삭이어야 하는 것이다. 이 크리프 필드 연삭은 우주재료, 초경합금 등의 난삭재 분야가 넓어짐에 따라 채용되는 캐스트도 급증하고 있다.

역으로 테이블 운동을 빠르고 생산성을 높이도록 한 것이 스피드 스트로크 연삭이다. 이 연삭법은 독일 ELB사가 개발한 것이다. 재빠른 테이블의 반전 동작과 함께 좌우의 오버런을 0.5 ㎜까지 억제하며 로스타임을 극단적으로 축소한 것이다. 이것에 의해 통상 연삭의 4배 이상의 효율이 실현 가능했으며 고능률 가공이 가능했다.

7) NC 지그 연삭기

NC 지그 연삭기는 현저한 고도화가 이루어지고 있다. 정도 향상에서는 열변위 대책의 하나로 저열팽창 주물의 채용 외에 X, Y축의 0.1 ㎛ 제어로 하고 면 정도의 향상과 좁은 범위의 정도 향상이 시도되고 있다.

또한 Z축 제어기능의 부가에 의해 더구나 가공 범위가 넓어지고 새로운 가공 영역, 가공 방법이 가능하게 되었다. 이 중에는 특수 소프트웨어의 개발에 의해 이 Z축도 NC 제어 축으로서의 Z축 독립 축으로서의 Z축의 2계통 제어를 채용한 것도 있다.

동시에 지그 연삭 작업의 자동화, 무인화에의 대응도 그 속도로 진전되고 있다. 이 대표적인 예가 계측장치 부착의 NC 지그 연삭기와 숫돌 자동 교환장치나 연삭 공정의 AI화에 의해 지그 연삭 작업을 자동화한 32비트 CPU 탑재의 NC 장치 부착 NC 지그 연삭기 등이 있다.

8) NC 공구 연삭기

NC 공구 연삭기가 대상으로 하는 피가공물은 스퀘어 엔드밀, 테이퍼 엔드밀, 볼엔드밀, 리머, 정면 밀링커터 등 복잡한 형상의 인선을 갖는 것이 많다. 이것을 고정도로 연삭하기 위해서는 다축 제어를 필요로 하며 최근의 연삭 공구 연삭기에는 10축 제어의 것도 있다. 이것은 1회 척킹하면 전자동으로 외수 연삭이나 신던 R연삭 등 모든 연삭 가공이 가능하므로 거의 모든 공구를 연속으로 연삭 가능하다. 또한 기계구조뿐만 아니라 가공 소프트도 중시된다. 다축 제어를 위한 프로그램 작성을 용이하게 하기 위한 여러 가지 지원 소프트웨어도 준비되어 있다.

9) 그라인딩 센터

최근 연삭기에 숫돌의 자동 절입, 가공물의 자동 치수 정하기, 자동 착탈 기능에 덧붙여 NC 장치 복수의 숫돌을 탑재한 공구 매거진과 ATC를 갖는 머시닝센터가 베이스 머신으로 된 **그라인딩센터**가 출현했다. 이것의 최대 특징은 ATC 기능이며 거침 연삭용, 다듬질 연삭용에 각각의 숫돌을 매거진에 갖추고 그것들을 목적별, 공정별로 자동 교환하면서 복수의 연삭가공을 1회의 척킹으로 연속 가공 가능하도록 하고 있다. 이것에 의한 가공 대응 예로서 ① 세라믹 가공; 세라믹을 능률 좋게 고정도로 연삭하는 데는 방수, 방진 대책을 한 그라인딩 센터가 최적이며 ATC 기능을 활용하여 복수의 이형 구멍 가공으로부터 스폿 페이싱, 홈 가공 등을 연속하여 행할 수 있다. ② 형상 연삭; 캠에 대표되는 형상 연삭은 NC 기능에 의해 그라인딩 센터가 특기로 하는 가공이며 기계의 도입 비용도 캠 전용 연삭기의 약 절반이다. 또한 광학식 모방 연삭기로 행하도록 한 형상 연삭기도 그라인딩 센터에 숫돌의 자동 측정 기능을 부가하면 고능률 가공이 가능하다. ③ 양센터가 불가능한 가공물의 가공; 척킹 기능을 가진 독자의 가공물 회전 장치를 갖추고 있으며 원통상 가공물의 내면, 단면, 외주면을 1회의 척킹으로 연삭 가능하기 때문에 그라인딩 센터의 사용이 효과적이다.

6.1.2 호닝 가공

그림 6.29와 같이 막대 모양의 가는 입자 숫돌을 방사형으로 배치한 혼(hone)을 회전시킴과 동시에 왕복 운동을 주어 보링, 리밍, 연삭 가공을 끝낸 원통의 내면을 정밀하게 다듬질하는 방법을 **호닝**(honing)이라 한다.

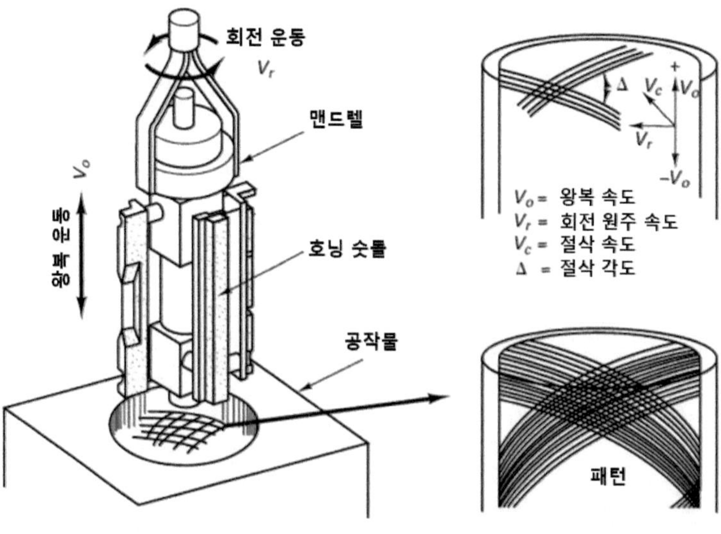

그림 6.29 호닝 가공법

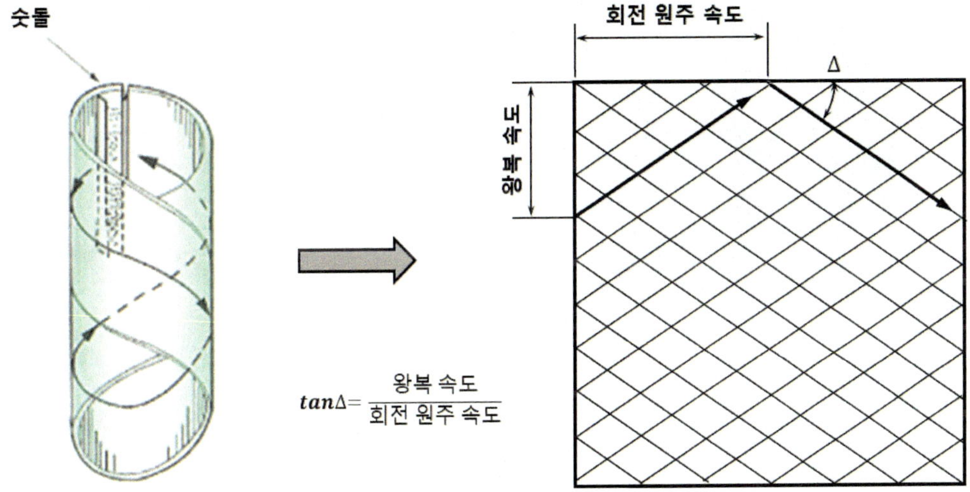

그림 6.30 혼의 운동

혼은 그 바깥쪽에 막대 모양의 숫돌을 붙여 그림 6.30과 같이 회전축에 의하여 회전과 왕복 운동을 주어 숫돌로 연삭하는 공구이며, 여기에 붙이는 숫돌의 입도는 150~500메시 정도이고, 결합도는 열처리 경화한 강은 J~M, 연강에는 K~N, 주철, 황동에는 J~N의 범위의 것이 쓰인다.

6.1.3 슈퍼 피니싱

(1) 슈퍼 피니싱의 개요

그림 6.31과 같이 회전하는 공작물에 숫돌을 접촉하여 이동 운동하면서 다듬질하는 작업이다. **슈퍼 피니싱**(super finishing)은 입도가 작고, 결합도가 작은 숫돌을 공작물에 가볍게 누르고 매분 500~2000회 정도의 진동수로 진동을 주면서 왕복 운동을 시킴과 동시에 공작물에도 회전을 주고 가공액을 주입하면서 표면을 단시간에 매우 평할 한 면으로 다듬는 가공 방법이다.

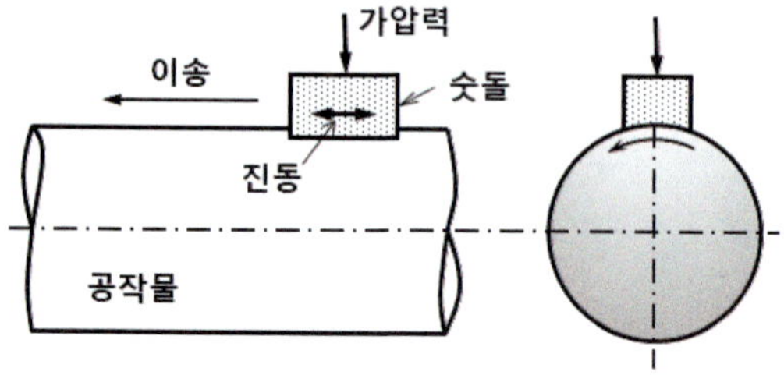

그림 6.31 슈퍼 피니싱

슈퍼 피니싱은 기본적인 작업 방법으로는 원통과 내면, 평면 등의 가공에 사용되며 이러한 슈퍼 피니싱의 가공 특성은 다음과 같다.

① 가공면은 숫돌과 공작물의 접촉 면적이 크기 때문에 매끈하고 이송자국이나 진동에 의한 변질부가 극히 작다.

② 내마멸성, 내부식성이 높은 다듬질 면을 얻을 수 있다.

③ 다른 가공법보다 정밀도가 높은 면을 짧은 시간 안에 얻을 수 있다.

슈퍼 피니싱 숫돌은 공작물의 재질에 따라 알루미나계와 탄화규소계가 주로 사용된다.

주철이나 알루미늄 등 인장강도가 작은 것은 탄화규소계를 사용하고 탄소강이나 합금강 같은 인장 강도가 큰 공작물엔 알루미나계 숫돌이 많이 사용된다.

슈퍼 피니싱용 숫돌의 입도는 거친 다듬질은 #800~#1500, 중간 다듬질은 #1200~#2500, 정밀 다듬질은 #2000~#3000을 사용한다.

슈퍼 피니싱은 가공에 의한 발열을 냉각시키는 목적보다 숫돌면의 세척 작용과 윤활 작용이 중요하다. 슈퍼 피니싱 가공액은 일반적으로 석유나 경유를 사용하며 경우에 따라 10~30% 정도의 기계유를 혼합하여 사용한다.

슈퍼 피니싱은 자동차, 항공기의 크랭크축, 캠축, 구름 베어링의 내면 등 곡면 가공에 주로 사용된다.

(2) 슈퍼 피니싱 가공 조건

그림 6.32와 같이 회전 운동을 하는 공작물 축과 진동을 하면서 동시에 직선 운동을 하는 숫돌 축의 상대 운동으로 이루어진다. 슈퍼 피니싱의 가공 속도는 15~18 m/min 정도이며 숫돌의 압력은 경화강의 경우 1.5~2 kgf/㎠, 연철 및 주철에 대해 1.0 kgf/㎠으로 한다. 숫돌의 진동수는 대형 공작물은 500~600사이클, 소형 공작물은 1000~1200사이클 정도이고 진폭은 2~3 ㎜ 정도로 한다.

가공 시간은 낮은 압력, 낮은 속도로 가공하는데도 불구하고 1~2분 정도란 극히 짧은 시간이 걸리는 특징이 있다. 그리고 거울 면에 가까운 매끈한 표면과 가공 방법에 따라서는 매우 우수한 정밀도를 얻을 수 있다.

입자가 공작물의 표면 위에서 그리는 절삭 궤적은 주속도와 왕복 진동에 의해 사인(sine)곡선이 되며 공작물에 남는 가공선의 교차각 θ에 의해 표시된다.

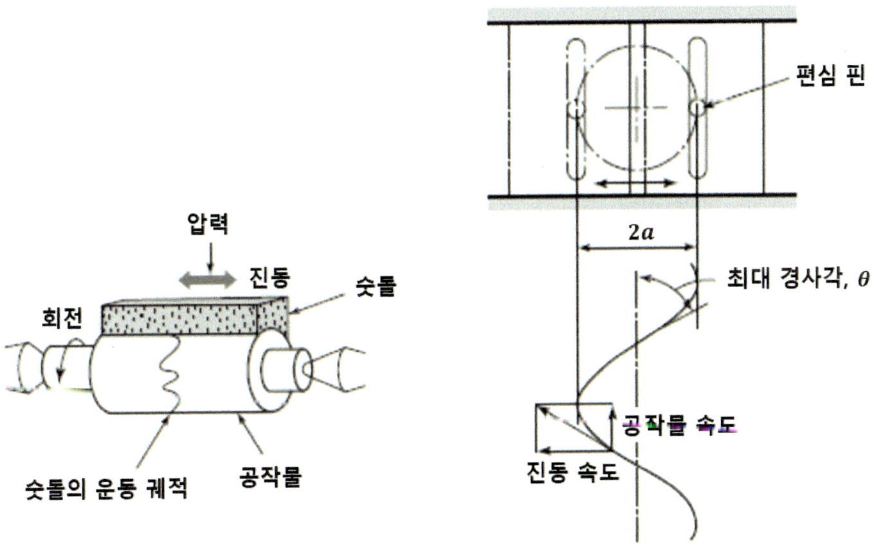

(a) 숫돌과 가공물의 관계 (b) 가공면에 대한 숫돌의 운동 궤적

그림 6.32 슈퍼피니싱의 가공 원리

공작물의 지름을 D, 공작물의 분당 회전수를 N, 연삭숫돌의 분당 회전수를 n, 진폭을 b로 하면 절삭 방향각은 $\theta/2$로 되며 흠집의 교차각 θ는 다음과 같이 된다.

$$\frac{\theta}{2} = \tan^{-1}\frac{2bn}{\pi DN}, \qquad \therefore \theta = 2\tan^{-1}\frac{2bn}{\pi DN} \tag{6.12}$$

이와 같은 슈퍼 피니싱의 가공운동 기구는 원리적으로 호닝과 같으나 공작물의 축 방향으로 숫돌에 작은 진동을 준다는 점에서 다르다.

6.2 분말 입자에 의한 제거가공

6.2.1 래핑

(1) 개요

래핑(lapping)이라 함은 공작물보다 경도가 낮은 주철, 구리, 목재로 만든 랩이라는 공구와 공작물의 다듬질할 면 사이에 적당한 연삭 입자를 넣고, 공작물과 적당한 압력으로 닿게 하고 상대 운동을 시킴으로서 입자가 공작물의 표면에서 아주 적은 양을 깎아내어, 표면을 매끈하게 다듬는 가공이다(그림 6.33).

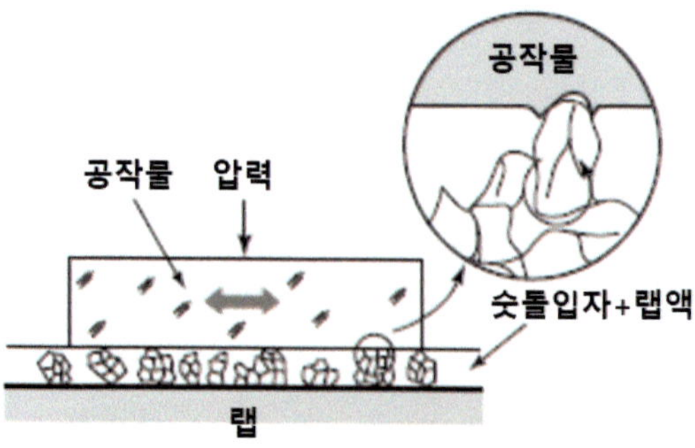

그림 6.33 래핑 방법

래핑을 하면 진직도, 진원도, 평면도 등의 정밀도가 향상되고, 다듬질면은 내식성, 내마멸성이 높아진다. 따라서 블록게이지, 한계게이지 등 게이지류, 볼, 롤러, 연료 분사펌프 등 정밀 기계 부품, 렌즈, 프리즘 등 광학 유리는 모두 래핑으로 가공된다.

래핑의 장점은 다음과 같다.

① 거울면과 같이 매끈한 가공면을 얻을 수 있다.

② 평면도, 진원도, 진직도 등 기학적 정밀도가 높은 제품을 제작할 수 있다.

③ 다량 생산이 가능하다.

④ 작업 방법이 간단하고 설비비가 많이 필요하지 않다.

⑤ 래핑 가공면은 내식성, 내마멸성이 좋다.

한편 단점으로는 다음과 같다.

① 작업이 깨끗하지 못하고 작업자의 손과 옷을 더럽힌다.

② 비산하는 래핑 입자가 다른 기계 또는 제품에 부착되면 마멸시키는 원인이 된다.

③ 아주 높은 정밀도를 가진 공작물을 만들려면 고도의 숙련이 필요하다.

래핑에는 래핑액을 사용하는 습식법과 사용하지 않는 건식법이 있다. 습식법은 다듬질면은 광택이 적으므로 거친 래핑에 적합하고, 건식법은 아름다운 다듬질면을 얻을 수 있다. 표 6.20은 습식법과 건식법의 차이에 대해 정리해 놓은 것이다.

표 6.20 습식법과 건식법의 차이

구분	습식법	건식법
다듬질 기구	주로 유리 숫돌 입자의 굴림에 의한 절삭	주로 매립된 숫돌 입자와의 습동에 의한 절삭
가공액	사용함	사용 안함
가공량	크다	작다. 습식법의 1/10 이하
가공면	무광택의 거친면	광택이 있는 윤활면
적용범위	일반 랩작업, 특수 정밀 부품의 거친 중간 가공	특수 정밀 부품의 정밀 가공

(2) 래핑 조건

래핑 속도와 압력은 건식의 경우 속도는 50~80 m/min이고 압력은 1.0~1.5 kgf/㎠ 또는 0.1~0.15 MPa(강철)이며 습식의 경우 압력은 0.5 kgf/㎠이다.

표면 거칠기는 0.025~0.0125 ㎜이며 랩제는 탄화규소(SiC), 알루미나(Al_2O3), 산화크롬, 산화철을 사용한다.

랩액은 경유, 석유, 물, 점성이 작은 식용유를 랩제와 혼합하여 사용한다.

6.2.2 폴리싱

폴리싱(polishing)은 연마포(abrasive cloth)나 연마지(sand paper)에 의한 표면을 다듬질하는 것이다.

오랫동안 손작업에 의존했지만 최근에는 기계가공인 숫돌 입자 벨트 연마 가공을 한다. 이러한 벨트 연마 가공에는 그림 6.34와 같이 3가지가 있다.

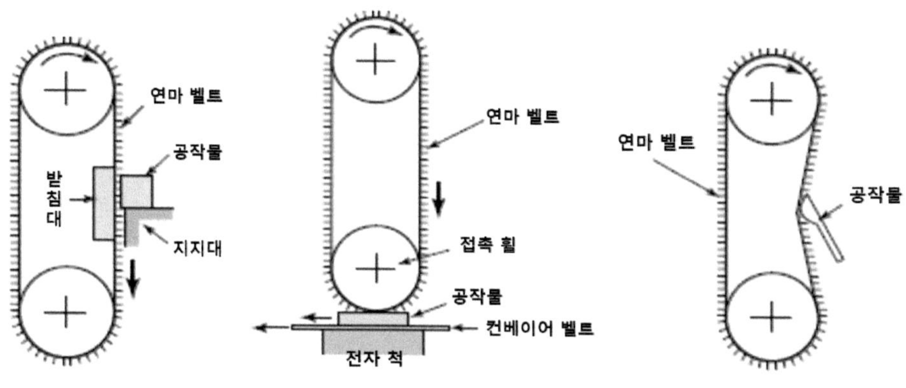

(a) 압반 방식 (b) 접촉 휠 방식 (c) 프리 방식

그림 6.34 폴리싱 벨트 가공 방식

6.2.3 버핑

버핑(buffing)은 직물, 가죽, 고무 등의 유연성이 있는 버핑 휠(buffing wheel)의 표면에 바른 미세 숫돌입자의 연삭작용으로 표면을 광택 내는 작업이다.

버핑의 구성 요소는 숫돌 입자, 유지, 버핑 휠이다. 그림 6.35는 버핑 휠의 종류를 나타낸 것이다.

컴파운드(compound)는 숫돌입자와 유지를 혼합하여 만든 고형 봉상의 형상이다.

(a) 직물을 누빈 것　(b) 털로 구성된 광택용　(c) 특수 용도용

그림 6.35 버핑 휠의 종류

CHAPTER

7

주조에 의한 변형가공

주조(casting, 鑄造)하면 제일 먼저 떠오르는 것은 녹인 금속을 틀(주형)에 부어서 굳혀서 원하는 모양을 만드는 것이다. 비유하자면, 초콜릿 틀에 녹인 초콜릿을 부어서 식히는 과정이랑 좀 비슷하다고 할 수 있다.

주조에 의한 변형가공은 주조를 이용하여 원하는 부품(제품)을 만드는 것을 의미한다.

내부가 복잡한 부품의 경우는 이러한 주조를 이용하여 부품을 만든 후에 절삭공구를 이용하여 조립 부분을 절삭 제거하거나 정밀한 조립 조건을 위해 주물 표면을 절삭가공 후에 표면에 대해 입자를 이용하여 정밀 절삭 제거하는 경우가 많다.

주조는 앞에서 언급한 형상이 복잡하거나 소성가공 또는 기계 가공이 어려운 재질의 부품제작에 주로 이용된다. 주조 금속은 주로 철, 알루미늄, 구리, 아연, 니켈 등 다양한 금속 소재가 사용된다.

따라서 본 장에서는 이와 같은 주조의 주요 사항에 대한 대략적인 내용에 대해 다루기로 한다.

7.1 주조의 개요

7.1.1 주조의 정의

주조, 주물은 용융된 금속을 주형에 유입 응고시켜 주방상태(as-cast)로 혹은 기계 가공하여 제품으로 한 것을 **주조**라 하고, 주조된 제품을 **주물**이라 한다.

주조 후에 다시 소성가공을 하지 않고 사용되는 것을 협의의 **주물**이라 한다. 이에 대하여 주조 후 압연이나 단조 등의 소성가공을 목적으로 괴상으로 만들 경우 이를 주물과 구별하여 **주괴**라 한다.

7.1.2 주형

(1) 주형의 정의

두산백과에 따르면 주형은 용해된 금속을 주입하여 주물을 만드는 데 사용하는 틀로서 주입하는 것의 온도에 따라 적정한 내열재료로 만든다. 주물을 만들 때의 수형에는 모래, 금속, 주로 철강이 사용되는데 각기 사형(砂型) ·금형(金型)이라고 불린다. 이 밖에 내화물의 모래에 열경화성 수지(thermosetting resin)를 섞어서 만드는 셸형(shell 型) 등도 있다.

(2) 주형의 구조

그림 7.1은 주형의 구조를 나타낸 것이고 각각의 용어에 대해 알아보기로 한다.

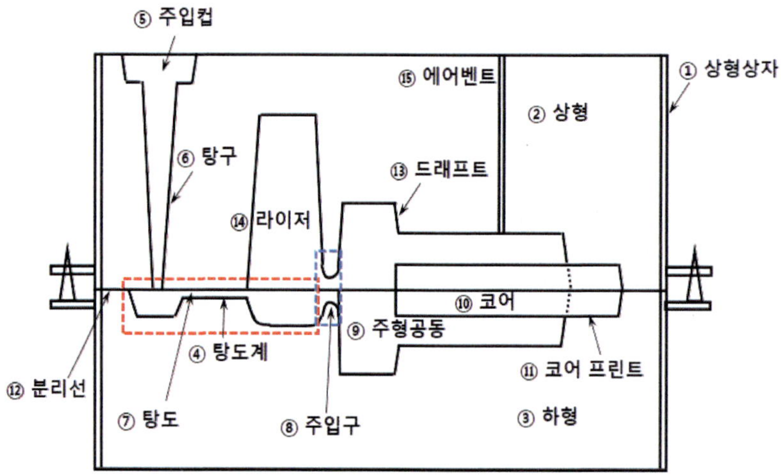

그림 7.1 주형의 구조

그림 7.1의 ① **주형상자**(flask)는 주물사가 채워지고 형태를 잡아주는 역할을 한다. 주물사의 특성상 부서지거나 이동시키는데 문제가 있으므로 주형상자를 사용하게 된다. 상측 주형상자와 하측 주형상자를 결합할 수 있는 장치를 달게 된다. 이와 같이 이동시키기 위함도 있지만 재료에 의해 상하측이 벌어지는 것을 막기 위한 역할도 있다.

주형은 모형(pattern)이나 주물(cast)의 취출을 위해 두 부분으로 나누어진다. 이때 위쪽을 그림 7.1의 ② **상형**(cope), 아래쪽을 그림 7.1의 ③ **하형**(drag)이라 한다. 재료를 부어 주입시킨다는 특성상 재료 투입구가 상형에 위치하게 된다.

재료가 플러서 공동(cavity)에 들어가기까지의 통로를 통틀어 그림 7.1의 ④ **탕도계**(gating system)라 한다. 탕도계의 구성은 탕구, 탕도, 주입구로 되어 있다.

그림 7.1의 ⑤ **주입컵**(pouring cup)은 재료를 주입할 때 탕구에 들어가기 전에 재료를 모아주는 역할을 하도록 좀 넓고 각도를 완만하게 만든 입구이다. 그림 7.1처럼 주형에 직접적으로 형상을 만들어 주든가 아니면 깔대기 같은 도구를 사용하기도 한다.

그림 7.1의 ⑥ **탕구**(sprue)는 주입된 재료를 탕도까지 도달하게 하는 통로이다. 보통 분리면에 수직방향으로 만들어지게 된다.

탕구를 통해 재료는 그림 7.1의 ⑦ **탕도**(runner)로 들어오게 된다. 탕도는 분리면에 수평이며 하형에 만들어진다.

재료는 탕도를 지나 그림 7.1의 ⑨ **공동**(cavity)로 들어가게 되는데 이때 공동에 들어가는 문턱을 그림 7.1의 ⑧ **주입구**(gate)라 한다.

공동(cavity)은 재료가 가두어져 응고되는 곳이며 원하고자 하는 형상을 얻어내는 주형의 비어진 공간이다.

모형(pattern)을 통해 원하는 형상으로 공동이 만들어지며 한 주형에 2개 이상의 공동을 만들어서 1회에 여러 개의 제품을 생산할 수도 있다.

주물의 중공을 형성하기 위해 주형의 튀어나와 있는 부분을 그림 7.1의 ⑩ **코어**(core)라고 한다. 주물사를 이용해 별도로 만들기도 하며 이때 코어를 찍어내는 틀을 **코어상자**(core box)라고 한다.

이때 코어를 설치하고 지지할 수 있게 하는 부분을 그림 7.1의 ⑪ **코어프린트**(core print)라고 하며 모형의 형상에 반영되어 있다.

주형은 앞에서도 언급했듯이 상형과 하형을 나뉘어져 있으며 이 나누어지는 기준을 그림 7.1의 ⑫ **분리선**(parting line) 또는 **분리면**(parting plane)이라고 한다.

공동 주변에 있는 분리선에 재료가 들어가게 되면 제품에 튀어나오는 **버**(정식 명칭 flash)가 생기기 때문에 유의해야 한다.

그림 7.1의 ⑬ **구배**(draft)는 모형이나 주물의 취출을 위하여 경사를 주는 것을 말한다. **빼기 구배**라고도 한다.

주조는 재료가 응고되면서 수축되며 이 문제를 보완하기 우해 주형에 재료 보충공급 장소인 그림 7.1의 ⑭ **라이저**(riser)를 설치하게 된다. 재료가 라이저에도 차있다가 주물이 응고되기 시작하면 공동쪽으로 빠져나가 수축된 부분을 보완하게 된다. 그림 7.1에는 탕도에 있지만 굳이 탕도에 있을 필요는 없으며(공동에만 연결되어 있으면 됨) 또한 그림과 달리 라이저는 상형에 관통하게 만들기도 한다.

재료가 공동으로 들어가게 되면 공동 안에 있던 공기가 제품에 영향을 미치거나 주형에 영향을 미친다. 이러한 공기를 빠져나갈 수 있게 만드는 가는 관을 그림 7.1의 ⑮ **에어벤트**(sir vent) 또는 **벤트**(vent)라고 한다. 가스빼기 구멍이라는 명칭을 쓰기도 한다.

(3) 주형의 재료

주형(mold) 재료의 종류에는 주물사, 냉각 재료(주물의 응고 냉각을 가속 시키는 재료), 보온 재료, 발열 재료, 특수 용도 재료(특수한 부분이나 특수한 주물에만 사용되는 입상이 아닌 고체 재료, 예를 들면 연와(벽돌), 석고, 금속 등), 도형제(주형의 도료)가 있다.

이러한 주형의 역할은 용해금속을 주형에 주입해서 상온까지 건전하게 응고 냉각시키는 것이며 이를 구체적으로 정리하면 다음과 같다.

① 용해된 금속을 받아 담음

② 용금을 흐르게 하는 통로가 됨

③ 용금이 소정의 형태를 갖추며 또한 이를 유지함

④ 주물 표면의 거침의 정도를 결정함

⑤ 주물의 유해한 기체를 제거하고 좋은 분위기로 만듬

⑥ 주물에서 여러 가지 속도로 응고열을 발산 시킴

⑦ 액상 주물의 형태를 상온까지 유도함

따라서 주형 재료에 요구되는 성능은 다음과 같이 정리할 수 있다.

① 기계적 강도가 상온 및 고온에서 적당할 것

② 열충격(급열)에 파괴되지 않을 것

③ 용금의 유동에 대한 마모(erosion)에 견딜 것

④ 주어진 온도에서 용탕 또는 용제가 화학적 반응을 일으키지 않을 것

⑤ 온도에 의한 변형. 팽창이 적을 것

⑥ 표면이 평활할 것

⑦ 주형면에 소공이 있을 때 용탕압력으로 삼투가 발생하지 않을 것

⑧ 가열될 때의 기체(수증기. 반응생성 기체 등)의 발생이 적량을 초과하지 않을 것

⑨ 발생 가스는 주물금속에 유해한 반응(산화, 수소흡수, 질화 등)을 일으키지 않을 것

⑩ 적당한 통기성을 가질 것

⑪ 적당한 용도에 맞는 열전도성, 비열, 밀도를 가질 것

⑫ 주물의 무리한 힘을 주지 않는 변형저항을 가질 것

⑬ 모형에 부응하는 성형성과 유동성을 가질 것

⑭ 사용 후 화학적, 물리적 성질의 변화가 적고 간단한 처리로써 재생 사용할 수 있을 것

⑮ 원료가 저렴할 것

⑯ 조제 작업 시 혼합(혼련)이 용이할 것

⑰ 제조 후 변질이 적고 사용 수명이 길 것

⑱ 조형 후의 경화가 용이하고 모형의 접착성이 적을 것

⑲ 적당한 붕괴성을 가지며 주조 열에 심한 경화가 없을 것

⑳ 주물표면에 고착(소착)이 잘 일어나지 않을 것

또한 주형 재료의 요구되는 성능을 만족시킬 재료는 다음과 같다.

① 금속 : 1~9, 11, 20의 성질은 갖고 있으나 10, 12, 15의 항(통기성, 변형저항, 저렴)에는 뒤떨어진다.

② 내화물(타일, 흑연 등)이 고형이므로 금속과 같은 장단점이 있다.

③ 내화물에 가까운 무기화합물(석고 등)은 주물사 혼련물의 장단점을 일부분씩 갖고 있다.

④ 혼합물(혼련한 주물사 등)은 내화물, 무기화합물을 유기화합물의 결합제와 혼련하므로 성질 조절이 쉽다.

7.1.3 금형의 개요

(1) 금형의 정의

금형(金型 Die & mould)은 금속재료를 사용하여 만들어진 틀[型]을 말한다.

일반적 정의로 금형은 재료의 소성(塑性 Plasticity), 전연성을 이용하여 재료를 가공성형, 제품을 생산하는 도구로 '틀' 또는 '형'(型)의 통칭이라 한다.

기술적 의미로는 금형이란 동일 규격의 제품을 대량으로 생산하기 위하여 금속재료를 사용하여 만들어진 모체가 되는 틀을 말한다.

국제금형협회(ISTMA ; International Special Tooling & Machining Association)에서는 몰드에 대하여 영국식 표기인 Mould로 통일하고 있다.

(2) 금형의 특징

금형 사용시 이점은 다음과 같다.

- 제품의 생산시간이 단축된다.
- 생산제품, 부품의 치수정밀도가 높다.
- 제품규격이 동일하여 호환성이 있다
- 제품과의 조립생산이 쉽다.

- 제품의 외관이 깨끗하고 미려하다.
- 두께가 얇은 제품의 생산이 가능하고 무게도 줄일 수 있다.
- 제품을 만들기 위한 재료가 절약된다.
- 제품의 품질을 균일화, 표준화시킬 수 있다.
- 제품에 따라 조립, 용접, 도금, 페인팅 등 2차 가공을 생략할 수 있다

(3) 금형의 분류

금형은 가공품의 종류, 재질에 따른 성형 방법, 금형의 구조, 크기, 수량, 정밀도, 등에 따라 다양하게 분류된다. 가장 많이 사용되는 분류방법으로는 표 7.1과 같이 용도 및 재료에 따른 플라스틱금형, 프레스금형, 다이캐스팅금형 등으로 분류된다. 특히 플라스틱 금형 및 프레스 금형이 국내 금형 시장의 70% 정도를 차지할 정도로 가장 많이 차지하고 있다. 금형은 제품을 만드는 데 사용되는 틀로, 원하는 형태와 크기의 제품을 대량으로 생산할 수 있게 해 준다.

표 7.1 용도에 따른 금형의 분류

<table>
<tr><th colspan="2">금형의 분류</th><th rowspan="2">성형 재료</th><th rowspan="2">금형 재료</th></tr>
<tr><th>용도상 분류</th><th>성형 방법상 분류</th></tr>
<tr><td rowspan="5">프레스 금형</td><td>전단 가공 금형</td><td rowspan="5">금속판
비금속판</td><td rowspan="5">탄소 공구강, 합금 공구강,
고속도강, 기계구조용 강,
회주철, 초경합금, 이연 합금 등</td></tr>
<tr><td>굽힘 가공 금형</td></tr>
<tr><td>드로잉 금형</td></tr>
<tr><td>성형 가공 금형</td></tr>
<tr><td>압축 가공 금형</td></tr>
<tr><td rowspan="8">플라스틱 금형</td><td>사출 성형 금형</td><td>열가소성 수지</td><td rowspan="8">합금강,
알루미늄,
합금 주철,
베릴륨 강 등</td></tr>
<tr><td>압축 성형 금형</td><td>열경화성 수지</td></tr>
<tr><td>이송 성형 금형</td><td>열경화성 수지</td></tr>
<tr><td>압출 성형 금형</td><td>열가소성 수지</td></tr>
<tr><td>블로 성형 금형</td><td>열가소성 수지</td></tr>
<tr><td>진공 성형 금형</td><td>열가소성 수지 필름</td></tr>
<tr><td>압공 성형 금형</td><td>열가소성 수지 필름</td></tr>
<tr><td>발포 성형 금형</td><td>열가소성 수지</td></tr>
<tr><td>다이케스팅 금형</td><td></td><td>아연 합금,
알루미늄 합금, 주석, 납 등</td><td>내열강</td></tr>
</table>

주조 금형		금속	합금강, 주철 등
단조 금형		금속	합금 공구강(금형 강), 고속도강 등
고무 금형		고무, 실리콘	합금강, 주철, 알루미늄 등
분말야금 금형		금속 분말	합금 공구강, 초경합금 등
유리 금형	압출 성형 금형	유	합금 공구강, 주철 등
	블로 성형 금형		
요업 금형		요업 분말	합금 공구강, 초경합금 등

7.1.4 주물의 특성

금속은 변형저항이 크므로 목적으로 하는 모양으로 만들기가 쉽지 않다. **주조**라 함은 이렇게 변형저항이 큰 고체상태의 금속을 용해해서 변형저항이 적은 액체 상태로 만들고 만들고자 하는 모양의 주형에 주입하여 응고시켜서 목적하는 바의 모양을 한 번에 만들어내는 것을 말한다. 이러한 주조 기술의 특징으로서는 다음과 같은 것들을 들 수가 있다.

① 원하는 거의 모든 형태의 것을 만들 수가 있다.

② 수 그램으로부터 수 백 톤에 이르는 것까지 모양이나 무게 관계없이 만들 수가 있다.

③ 거의 모든 합금의 주조가 가능하므로 이용할 수 있는 금속이나 합금의 폭이 크다.

④ 제작 수량도 1개로부터 다량 생산할 수 있는 융통성이 크다.

⑤ 다른 가공기술에 비해서 작업이 비교적 쉽다.

한편 주물을 만들기 위해서는 금속이 갖추어야 할 조건은 다음과 같다.

① 용융점이 낮아야 한다.

② 용해 시 유동성이 좋아야 한다.

③ 응고 시에 수축이 적을 것 등의 조건을 가져야 한다.

7.1.5 주물용 재료

재질에 따라 주물은 철강 주물과 비철금속 주물로 크게 나뉘며 철강 주물은 주철 주물과 주강 주물로 나뉘고 비철금속 주물은 동합금 주물, 경합금 주물, 기타 비철합금 주물 등으로 나눈다.

주조에 사용할 수 있는 다양한 금속 재료 가운데 가장 일반적인 것은 다음과 같다.

① **알루미늄**: 가볍고 부식에 강한 금속으로 주조 및 가공이 용이하다. 자동차 부품, 항공기 부품 및 강도와 무게가 중요한 기타 응용 분야에 자주 사용된다.

② **철**: 강하고 내구성이 강한 금속으로 주조, 특히 주철 생산에 널리 사용된다. 파이프, 엔진 블록 및 기타 중장비 부품에 자주 사용됩니다.

③ **강철**: 주조, 특히 강철 주물 생산에 자주 사용되는 강하고 단단한 금속. 건설, 운송 및 기타 산업 분야에서 널리 사용된다.

④ **구리**: 부식에 강한 연성 및 가단성 금속으로 전기 부품 및 우수한 전도성이 필요한 기타 응용 분야에 일반적으로 사용됩니다.

⑤ **청동**: 구리와 주석을 주성분으로 하는 합금으로 내마모성과 부식에 강하고 기계 가공성과 주조성이 양호하다. 베어링, 기어 및 기타 기계 부품에 일반적으로 사용된다.

⑥ **황동**: 구리와 아연의 합금으로 내식성과 가공성이 우수하다. 이것은 일반적으로 장식 및 건축 제품, 자물쇠 및 밸브에 사용된다.

⑦ **마그네슘**: 주조성이 좋은 경량 금속으로 주로 항공우주 및 자동차 부품과 의료기기에 사용된다.

⑧ **주석**: 부식에 강한 부드럽고 가단성인 금속으로 주석 캔, 보석류 및 광택 마감이 필요한 기타 응용 분야에 사용된다.

7.1.6 주물 작업의 공정

주물이 제작되는 일반 공정을 나타내면 그림 7.2와 같다. 이 공정도에서도 주물의 종류에 따라서 약간의 변화가 있으며 대략의 경우 주물의 모양이 얼마나 복잡한가 또는 주문하는 사람의 요구에 따라서 달라질 수가 있다. 뿐만 아니라 같은 주물을 제조한다 할지라도 여러 가지 방법이 있을 수가 있다.

주물의 제조는 그림 7.2의 오른쪽의 모형제작에서부터 시작된다. **모형**은 주물과는 별도로 모형을 만드는 곳(pattern shop)에서 만들어지는 것이 일반적이다. 이렇게 만들어진 모형은, 모형 주위에 주물사를 채우고 내화점토를 점결제로 하는 주물사인 경우 필요한 경도가 될 때까지 다진다. 화학적인 점결제인 경우에는 손으로 눌러주거나 기계적으로 가볍게 다진 후에 화학적으로 경화한다. 주형은 일반적으로 상하형의 2개로 분리되게 만들고 주물사를 다진 후에는 모형을 빼내어 공간을 만들고 이 상하형을 다시 조립하면 주형 내부의 모형이 차지했던 공간이 남게 된다. 주물이 완성된 후 그 내부에 구멍이나 기타의 공간이 남게 하려면 코어(core)를 사용해야 한다. 코어는 주물사와 점결제로 제작하게 되는데 주형내부에 삽입된 후 용탕이 주입되더라도 이에 견딜만한 충분한 강도와 경도 및 내화도를 가져야 한다. 따라서 모형은 주물의 외부모양을 만들어 주고 주물 내부의 모양은 코어가 만들어주게 된다. 코어는 코어상자(core box)가 있어야 제작할 수 있다.

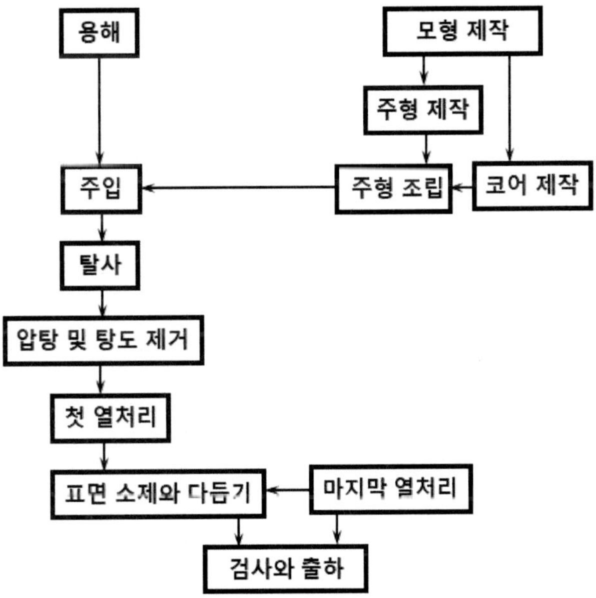

그림 7.2 주물 제작의 일반 공정

표 7.2 주물 제조 방법의 개략

작업의 종류	요령의 설명
주조방안의 결정	주물을 어떻게 하여 어디로 용탕을 어느 정도의 속도로 몇 개씩 어떤 방법으로 주입하느냐 하는 것 등을 정한다.
모형의 제작	목적하는 주물의 도면에 충실하게 또한 가공여유, 허용차, 용탕의 수축 등을 고려하여 나무, 금속, 수지 등으로 모델을 만든다.
주물사의 조제	주형을 만드는 데 가장 적합한 배합으로 모래나 주형재료의 적당한 점결제를 넣어서 혼사기로써 잘 섞으면서 혼련을 한다.
주형의 제조 - 조형과 중자	손 또는 기계를 써서 목적하는 형상의 주형을 만든다. 필요에 따라 주형에 중자를 넣는다.
용해	금속재료를 적당하게 배합하여 용해로 속에서 연료, 전력 등으로 녹여 적당한 온도의 용탕을 만든다.
주입	Ladle로서 적당한 방법과 속도로 주형의 주입구에서 용탕을 주입한다.
주물상자 해체, 절단, 청정	응고한 다음 적당한 온도에서 주물을 꺼내어 모래를 털어 내고 탕구를 제거하고 표면을 깨끗하게 청소한다.
열처리	필요에 따라 성질의 향상, 잔류응력의 제거를 목적으로 Normalizing 등의 열처리를 한다.
다듬질, 보수, 도금	주물의 불필요한 부분을 깎아 내고 기계로 절삭하여 소요 치수에 맞춘다. 결함부는 제품을 사용하는데 지장이 없으면 용접, 납땜 등으로 보수하기도 한다. 주문에 따라 도금한다.
검사, 시험	주물의 외관, 치수, 조직 및 재질 등이 주물에 충실하게 만들어 졌는가를 알아보고 여러 가지 결함을 찾아낸다.

탕구 및 탕도는 주형의 공간으로 용탕을 안내하는 길의 역할을 하는 것이다. 이렇게 해서 완성된 주물은 필요에 따라서 응력제거 또는 특별한 열처리를 하거나 또는 그대로 여러 가지 방법으로 검사를 실시하고 이상 유무를 판정한 후 출하하도록 하고 있다.

이러한 주물 제조 방법의 개략을 표 7.2에 정리하여 나타내었다.

7.1.7 주물사

주물사 종류에는 자연사, 배합사, 중자사가 있다. 주물사의 주성분은 사립자(sand grain), 점결제, 수분, 첨가제(배합사의 경우)의 4대 구성요소이다.

사립자 중에서 가장 많이 사용되는 것은 규사(silica sand, SiO_2)이다. 이외에 지르콘사(zirconite sand), 포르스텔라이트사(forstelite sand) 등이 있다.

규사는 전 주물사 가운데 50~95% 정도 점유하며 대체로 사립의 화학성분 및 내화도, 열에 대한 안정도 등에 의하여 분류된다.

사립의 화학성분은 대체로 규사분(SiO_2)이 99.8% 이상인 것이 가장 내화도가 좋으며 열에 대해서도 안전하다. 불순물인 Fe_2O_3, Al_2O_3, MgO, CaO 등은 모래의 융점을 강하시키므로 작을수록 좋다.

KD D2121에서는 점토분을 2% 미만으로 규정하고 있으며, 화학성분에 따라 6종류로 분류하고 있다(표 7.3).

사립의 형상에는 천연규사는 마모되어 환형(round) 형태이며 인조규사는 석영 등을 인공적으로 파쇄시켜 생산하므로, 사립의 형상이 예각으로 조형시의 모래의 유동성, 주형의 강도, 소착 등의 문제가 생기므로 입형이 환형에 가까울수록 좋나.

사립은 크기에 따라 3종으로 분류하고, 형상에 따라서 5종으로 분류한다. 크기에 따라 평균 직경에 따라 0.5~0.3 ㎜은 조립이며, 0.3~0.15 ㎜은 중립, 0.15~0.05 ㎜은 세립으로 분류한다. 일반적으로 단일입도 (인조규사)보다 넓은 범위의 복합입도의 사립이 섞여 있는 것이 조형성이 양호하다.

표 7.3 화학 성분에 따른 규사의 종류

종류	화학 성분	불순물의 화학 성분		
	SiO_2	Fe_2O_3	Al_2O_3	CaO+MgO
1종	98이상	0.5이하	1.0이하	1.0이하
2종	96~98	1.0이하	2.0이하	1.5이하
3종	93~96	1.5이하	7.5이하	2.0이하
4종	90~93	2.0이하	6.0이하	2.5이하
5종	85~90	7.0이하	7.0이하	7.0이하
6종	70~85	5.0이하	15.0이하	5.0이하

입형에 따라 ① 환미형(round sand grain), ② 압각형(subangular sand grain), ③ 다각형(angular sand grain), ④ 첨각형(subcrystalline sand grain), ⑤ 첨편각형(crystalline sand grain)으로 분류한다.

사립의 입형이 날카로와 질수록 동일 입도라도 주형의 통기도가 저하되고 사립의 표면적이 커짐으로써 점결제의 첨가량도 많아지는 결점이 있고 주형시의 성형에도 나쁜 영향을 미친다. 또한 주입 시 용탕에 가열된다든지 하여 조형시의 미세화가 되기 쉽다.

이상적인 주물사라 함은 ① 성형이 양호하며, ② 모형으로 부터 틀 분리가 좋고, ③ 적당한 강도를 가지며, ④ 적절한 통기성이 있는 주형을 조형할 수 있고, ⑤ 용금을 주입할 때 가스발생이 적고 타 붙음이 적으며, ⑥ 주물의 표면이 곱고, ⑦ 모래 털기가 용이하고 붕괴성도 있으며, ⑧ 가격이 저렴해야 한다.

그러나 실제로는 이러한 모든 성질을 만족하는 주물사는 없으므로 우선순위를 정하여 여러 상황에 최적인 주물사를 선택하고 잘 관리함이 중요하다.

(1) 통기성(permeability)

용탕주입 시 주형에서 발생하는 가스, 수증기, 주형 내의 공기가 주형의 사립자 사이를 통하여 배출이 잘 되어야 한다. 그렇지 않으면 주형 안에서 미 배출된 가스가 압축되어 배압을 높여 용탕의 유입을 저해하고 또한 압탕보다 커지면 용탕 중에 침입되어 기포발생의 원인이 된다.

사립이 적을수록, 수분과 점결물이 많을수록 통기성이 나빠지고 통기성의 좋고 나쁨은 통기도로 표시되며, 주물의 재질, 주조방법, 주물사나 주형의 종류, 제품품질에 맞는 조건 등을 찾아 적절한 통기도의 규제가 필요하다.

(2) 성형성(cohesionness)

주물사로서 조형할 때의 원형을 발취 후에도 그의 형태를 유지하고 용탕의 압력 충격에도 견딜 수 있는 강도가 있어야 한다. 주물사의 성형성을 향상시키기 위한 요인으로는 ① 모래 유동성의 좋고 나쁨, ② 점결제나 첨가제의 배합과 혼련 등을 들 수 있다.

(3) 내열성(refractoriness)

주물사는 고온에서 변형에 견디며 성질의 변화가 잘 이어나지 않고 용탕이나 산화물에 침식되지 않아야 한다. 내열성이 낮은 모래는 주물의 표면을 거칠게 하고 사락에도 어려움이 있다. 내열성을 저하시키는 불순물로는 산화철 이외에 CaO, MgO, K_3O, Na_2O 등으로 1% 이하로 제한한다. 또한 규산의 순도, 입자의 형상, 크기 등을 조정하여 소착현상을 줄이고 내열성을 향상시킴이 바람직하다.

(4) 강도(strength)

강도는 주형이 만들어졌을 때의 외력에 저항하여 그 형태를 유지하고 저항력을 갖는 성질이다. 강도가 약해서 주형이 파손되어 불완전한 주물이 되지 않아야 하고 주탕해서 응고할 때까지 압탕에 견디어야 한다.

천연사의 강도는 점토분과 수분에 따른다. 주형결함의 대부분은 점토나 수분 첨가량에 기인하기 때문에 최저로 하는 것이 중요한다.

(5) 습태 성질

습태 성질은 혼련시간이 길수록 강도가 증가한다. 사립의 입도, 입형 및 수분에 따라 강도가 변하며 수분이 많을수록, 입형이 환형일수록 강도가 크다. 입도에 대해서는 서로 상반된 보고가 있어 명확하지 않다.

Bentonite의 배합량이 많을수록 강도가 증가하나 최고 습대 강도를 얻게 되는 수분량에는 정점이 있으며 과잉 수분은 오히려 강도가 감소한다. 단일입도의 주물사보다 복합입도의 주물사가 강도가 크다.

(6) 건태 성질

주물사의 건태 성질은 주물사의 4대 구성요소인 사립자, 점결제, 수분, 첨가제의 큰 영향을 받는다. 특히 습태와 다른 점은 점결제의 종류와 양에 따라 크게 관계 된다. 건태 성질은 건태 온도와 시간에 큰 영향을 받으므로 각 점결제들은 그들의 최석 온도에 맞추고 필요 이상의 온도나 시간으로 건조하지 않도록 주의하여야 한다.

점토질 점결제는 300~450℃, 유기질 점결제의 경우는 150~250℃의 온도가 적절하다.

(7) 고온 성질

주물사의 고온강도에 제일 영향을 주는 것은 점토제의 종류와 양, 그리고 사립의 화학적 성분이며 주물사가 고온으로 가열되면 일단 점결제가 열분해를 일으켜 강도가 일시적으로 감소하지만 어느 시간 이상 고온가열하면 소결을 일으켜 주물사의 강도가 다시 증가한다.

주물사는 용탕으로부터 가열되어 결정수분의 증발, 분해, 점결제 및 첨가제의 열분해에 따라 심한 가스를 발생시킨다. 그 가스압은 대단히 높아지며 이것이 가스빼기 등으로 외부로 방산되지 않을 경우에는 주물 내부에 분출, 침입되어 여러 가지 결함을 발생시킨다.

7.1.8 점결제

주형이나 중자의 점결제 종류에는 무기질점결제(점토, 벤토나이트), 유기질점결제(기름, 합성수지), 특수점결제(규산소다(water glass), cement, 석고)가 있다.

(1) 무기질 점결제

1) 점토

점토나 벤토나이트는 함수 알루미나규산 광물에 속하며 점결제로 사용되는 점토의 성분광물은 카올리나이트(Al_2O3, $2SiO_2$, $2H_2O$)이고, 벤토나이트 성분광물은 mont-morillonite(Al, Mg, Na을 함유한 광물)이다.

점결제용 점토에 물을 가하면 어떤 수분량에서 점결성이 최대로 되고 이 수분량은 점토의 종류에 따라 다르며 이것을 **포수율**이라 한다. 주물사 중의 수분의 최적량은 점토분 함량에 포수율을 곱한 것과 같다.

주물사 중의 점토분의 양은 주물사의 모든 성질과 관계되므로 최적량을 정하여 사용하는 것이 매우 중요하다. 최적량은 사립자의 크기, 형상, 주물사의 사용목적, 생형이냐 건조형인지에 따라 매우 다르다. 대표적 예로 중량 100~500 kg의 강주물의 건조형용 표면사의 경우 점토를 14% 배합한다.

2) 벤토나이트(bentonite)

벤토나이트는 화산 암석이 풍화되어 생성된 점토이며 종류는 크게 두 가지로서 다량의 K, Na 이온을 가진 약알칼리성 반응을 일으키는 alkali bentonite와 H_2, Mg, Ca 이온을 가진 약산성 반응을 일으키는 알카리토류 bentonite (alkali earth bentonite)로 나눈다.

한국에서는 경주지방에서 상당량 생산되며 생형 제조용으로 주강, 주철, 가단주철 및 비철주물 전반에 걸쳐 많은 양이 사용된다.

미국에서는 western bentonite와 southern bentonite가 많이 사용된다. southern bentonite는 습태 강도가 높고 좋은 통기성을 가지며 건태강도, 고온강도가 적당하므로 비철주물, 가단주철 분야에 넓게 사용된다. western bentonite는 물로 혼련할 때 심하게 팽윤되므로 건조형의 강도를 높이며 또한 고온에서도 내구력이 있으므로 주로 강주물 분야에 사용되며 때로는 대형 주철주물공장에서 사용된다.

벤토나이트는 각각의 점결성의 특징을 이용하기 위해 다른 종류를 배합하여 첨가되는 경우가 많다. 예로서 가단주철주물공장에서 southern bentonite 6%와 western bentonite 1% 배합하여 사용한다.

(2) 유기질 점결제

1) 유류

유류로서 많이 사용되고 있는 것은 건성유로서 아마인유, 대두유 등의 식물성과 광물성, 어류 등의 해산 동물성의 것이 있다. 많이 사용되는 것은 아마인류와 대두유로 주물의 중자를 제조할 때 점결제로서 여러 가지 특징을 가지고 활용한다.

유류를 점결제로서 사용하는 유중자는 200~250℃ 정도의 건조로서 큰 건태강도를 가지며 대기 중 및 생형 중에 흡습성이 적고 주입후 붕괴성 및 표면도 좋아서 중자는 물론 복잡한 내연기관 부품의 외형주형용으로 이용된다. 그러나 조형시의 습태 강도가 아주 약하기 때문에 취급이 곤란할 경우가 많으며 습태 강도를 높일 필요가 있다.

일반적으로 유기질 점결제는 열분해 온도가 무기질 점결제보다 낮으며 유기질 점결제로는 유류, 곡분류, 당류, 합성수지, 피치 등이 있다.

2) 곡분류

곡분류는 외형 및 중자의 점결제로서 다른 점결제와 배합되며 0.5~1% 정도 첨가량으로 상용한다. 종류로는 소맥분, 라이(rye) 맥분, 옥수수 분말, 전분 분말 등이 있다.

특징은 혼련한 주물사가 사용 전 건조되어 바삭하게 되는 것을 방지하는 성질과 습태 강도를 가지게 한다. 주입 후 적당한 cushion제가 되어 붕괴성이 좋아지는 잇점이 있다. 반면에 건조 후의 중자의 흡습을 촉진시키고 500~700℃의 저온에서 연소되는 결점이 있다.

3) 당류

당류란 펄프 제조시의 폐액에서 부산물로서 제조되는 것으로 origin, sulfit, 스뎃카아 등이 있다. 최근에는 감귤 껍질에서도 거의 같은 조성의 것을 제조한다.

습태 강도가 좋아 협입이나 취급을 쉽게 하도록 하지만 건태 강도가 낮은 것이 결점이다. 중자 제조에 많이 사용되고 당류 점결제로 만든 중자는 성형 후 건조 전에 주위에 당류액을 분무상으로 뿌려 강도를 높이는 것이 좋다.

4) 합성수지

열경화성 합성수지가 가장 많이 사용되는 것은 shell 주형용으로 금속모형과 접촉한 상태로 열경화시키는 규소수지가 있다. 요소계 수지는 미국에서 비교적 많이 사용되며, 낮은 건조온도와 짧은 건조시간, 그리고 높은 강도의 잇점이 있다.

5) 피치(pitch)

피치는 tar의 증류 시에 잔류하는 탄수화물이며 수용성이 없으므로 타 점결제와 달리 흡습에 의한 강도저하가 없는 것이 특징이다. 가열에 의해 중자는 삼투해서 냉각 때에 경화하지만 주입 시에 가스 발생이 많아 그다지 많이 사용하지 않는다.

(3) 특수 점결제

1) 규산소다(water glass)

가스형법에 사용되는 점결제로서 CO_2 취입으로 탄산소다와 규산으로 변화하여 경화되며 보통 가성소다, 유기질 첨가제와 병용해서 배합한다.

2) cement

큰 주형이나 중자 제조에 사용하며 혼련 후 일정 시간 내에 사용하지 않으면 사용이 불가능하다. 조형 후 3~4일 방치하면 경화한다.

이것은 강도, 경도가 크며 약 1200℃까지는 연소하지 않으며 가열건조하지 않고 만들 수 있는 잇점이 있다. 고온에서 붕괴성이 불량하므로 주물에 균열이 발생하기 쉽고 경화시간이 길며 일단 사용한 모래의 재생처리가 좋지 않은 단점이 있다.

3) 석고

주형 점결제로서 소석고가 사용된다. 통기도가 적고, 고온 용해되는 합금에서는 주입시 열분해가 발생되어 사용에 제한이 있다. 비철의 정밀주물에 사용된다.

7.1.9 도형제

도형제의 사용 목적은 주형 내벽을 도포 혹은 분무하여 평활하고 미려한 주물 표면을 만들고 소착을 방지하기 위함이다. 이러한 도형의 목적과 효능을 구체적으로 정리하면 다음과 같다.

① 주물의 벽을 평활하게 하여 주물표면을 미려하게 함

② 사립자간의 용금의 삼투를 방지하며 삼투가 발생하여도 삼투금속을 주물로부터 분리하기 쉽게 함

③ 내화도 및 용제에 대한 내식성이 특히 강한 재료를 사용하여 주형표면, 주물표면의 소착을 방지함

④ 유익한 가스가 발생하여 주물표면의 산화를 방지함

도형제는 과도하게 수증기를 포함하여 가스가 발생하여서는 안 되며 특히 주형도료는 통기성이 좋지 않으므로 가스발생은 주물표면에 나쁜 영향을 주기 쉽다.

(1) 사형용 도형제

주철 생형용으로는 흑연분말, 목타분말 등이 사용된다. 주철 건조형용에는 흑연, 코크스분말 또는 목탄분말을 점토수와 혼합한 것을 사용하며 이를 blacking wash 혹은 foundry blacking이라 한다.

비철합금 생형용으로는 운모분말도 사용되며 강주물은 규사분말이 보통 사용되고, 건조형의 경우에는 규사분말을 물점결제로 혼련한 것을 도형한다.

고망간 강주물에 대해서는 규사분을 대신하여 크롬철광분말을 사용할 경우도 있으며 점결제를 적게 사용하는 것이 내화도는 물론 가스발생이 적어서 좋다. 규사분을 대신하여 지르콘사인 경우 내화도가 높으나 고가이므로 특별한 경우에만 사용된다.

(2) 금형용 도형제

금형의 경우도 주물과 금형의 소착을 방지하고 또한 금형면의 녹 방지나 수분에 의해서 발생하기 쉬운 주물표면의 기포를 방지하기 위하여 도장한다. 주괴의 주형은 tar pitch, 흑연, 당밀, 알루미늄 등이 사용되고 다이캐스팅 금형에는 동물성 유지가 많이 사용된다.

7.1.10 주조품의 설계

(1) 주조품의 설계 개념

주조품은 필요한 기능 및 성능을 만족해야 한다. 또한, 최소한의 원가로 생산할 수 있는 구조, 모양, 치수선택을 해야 한다. 그림 7.3은 주조품의 설계순서를 나타낸다.

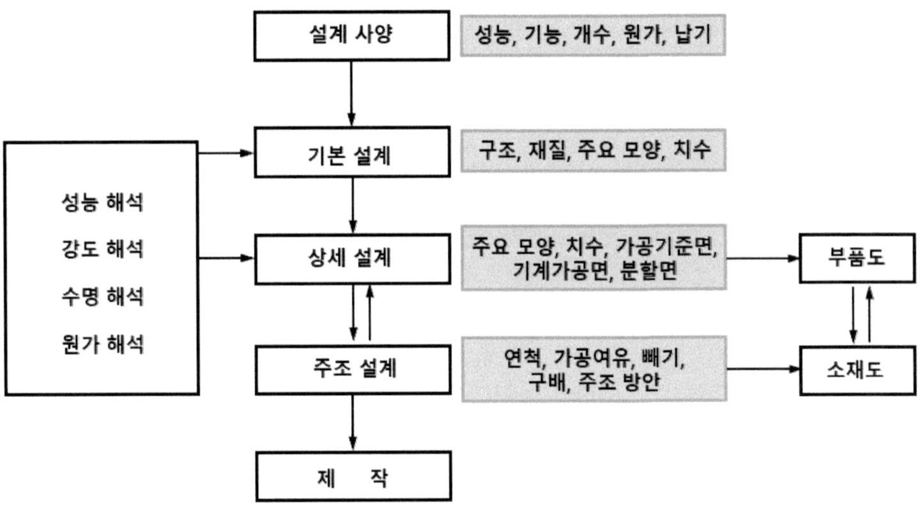

그림 7.3 주조품의 설계순서

(2) 조형에 관한 고려사항

1) 조형 작업이 용이한 모양

① 주물을 상하 2개의 주형틀만 사용해서 조형이 가능하도록 한다(그림 7.4).

② 분할면(parting line)은 가능한 평면으로 한다(그림 7.5).

③ 주형에서 패턴의 빼기가 가능하도록 패턴의 옆면에 튀어나온 부분이 없도록 해야 한다.

④ 적당한 빼기 구배를 가져야 한다(그림 7.6).

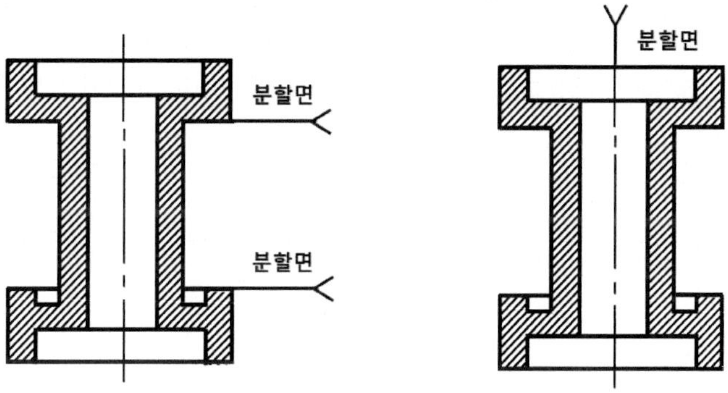

(a) 개선 전　　(b) 개선 후

그림 7.4 주형 분할면을 한 면으로 개선한 예

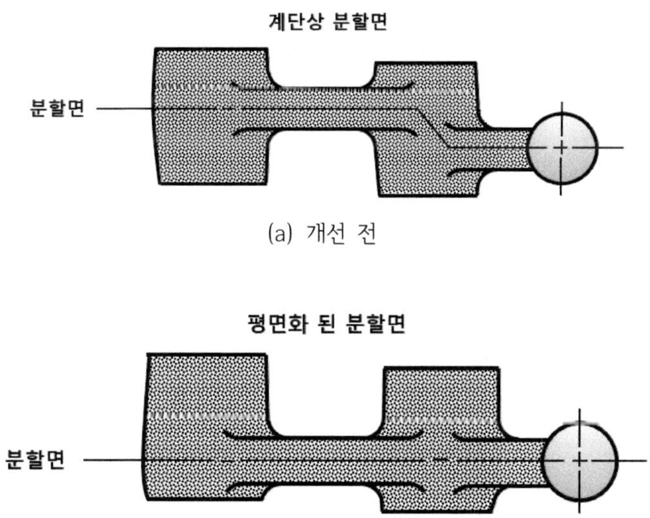

(a) 개선 전

(b) 개선 후

그림 7.5 주형 분할면을 평면화 하여 개선한 예

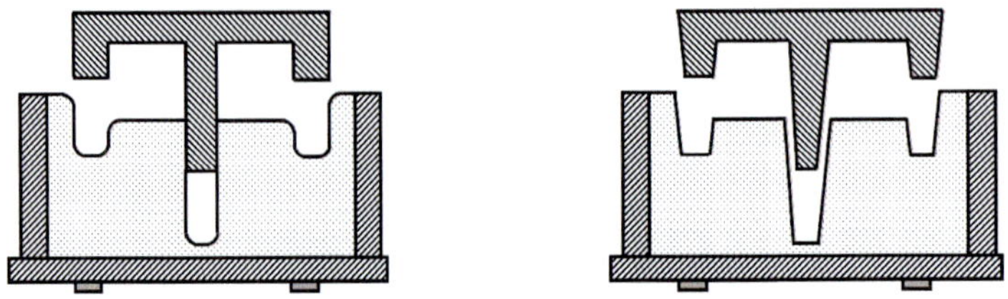

(a) 개선 전 (b) 개선 후

그림 7.6 빼기 구배를 붙인 예

2) 코어

자동차의 엔진 블록, 밸브 본체와 같이 내부 공동이나 통로를 포함한 주조품의 제작을 위해 코어(core)가 사용된다. 코어는 주형 공동 부분에 설치되며 완성품으로부터 제거된다. 주형과 마찬가지로 강도, 투과성, 붕괴성, 내열성 등의 성질을 가져야 하기에 주로 모래 골재로 제작된다.

코어는 코어 프린트에 의하여 고정되는데 기체를 배출하는 배기공 역할도 한다.

따라서 주조 시에 코어가 움직여서 모양, 치수가 뒤틀리는 일이 없도록 설계해야 한다. 그리고 코어가 지나치게 얇아서 소착이나 가스 결함이 발생하지 않도록 설계해야 한다.

그림 7.7 (a)는 코어지지를 위한 코어 받침대(chaplet)의 위치가 기울어져 있어서 코어 받침대가 미끄러져 코어가 움직일 우려가 존재한다. 따라서 (b)와 같이 면을 수평으로 변경하고 여기에 코어 받침대를 설치하면 코어 움직임이 개선된다.

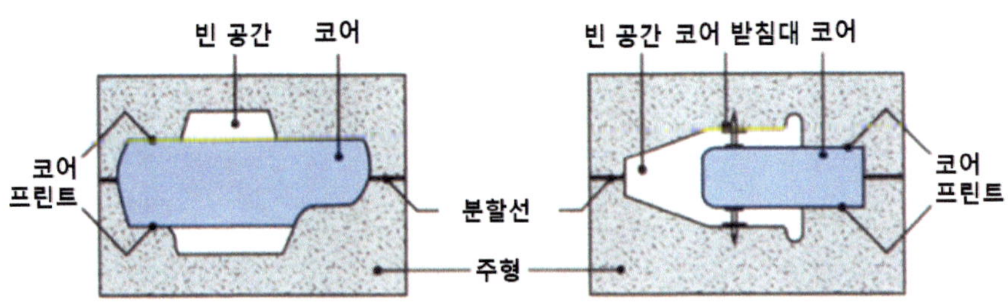

(a) (b)

그림 7.7 사형 코어의 예

3) 교차부

① L자 교차부 및 V자 교차부

그림 7.8~10과 같은 L자 교차부(교차각 90° 미만), V자 교차부(교차각 90° 미만)는 교차부의 내측과 외측을 원칙적으로 둥글게 한다. 다만 외측을 뾰족하게 해야 할 때는 교차각이 약 60° 이상인 경우 내측만을 둥글게 하고 외측은 뾰족해도 무방하다.

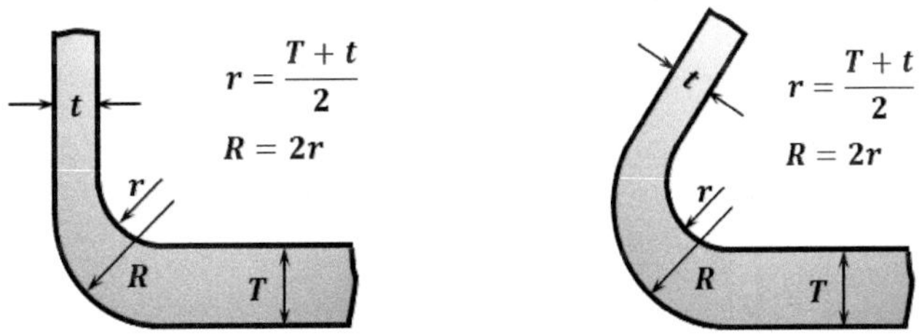

(a) L자 교차부 (b) V자 교차부

그림 7.8 L자 및 V자 교차부의 고려 사항

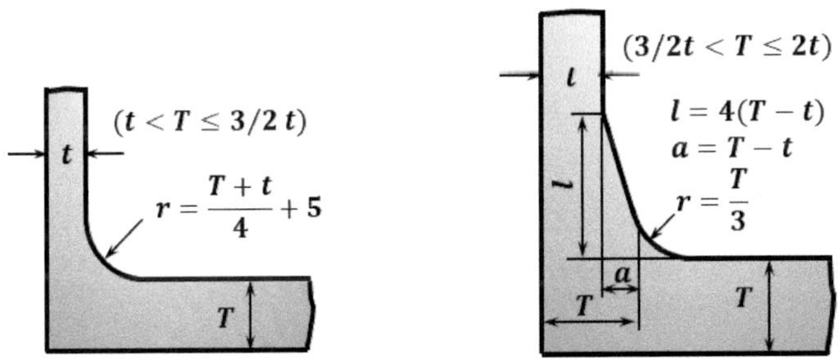

(a) (b)

그림 7.9 바깥쪽을 뾰족하게 하는 L자교차부의 고려 사항

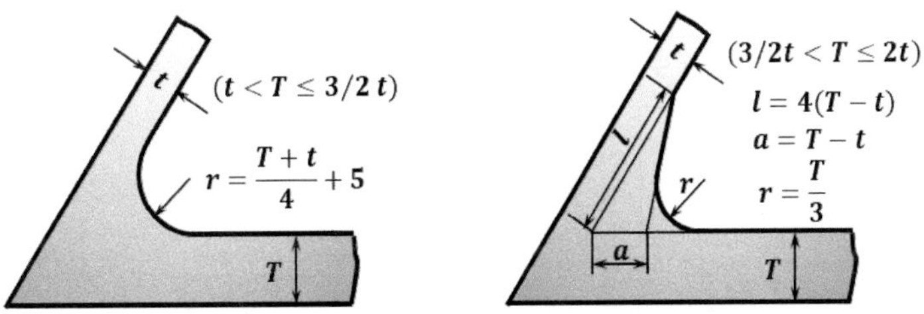

(a) (b)

그림 7.10 바깥쪽을 뾰족하게 하는 V자교차부의 고려 사항

② T자 교차부

십자 교차부는 가능한 한 피하여 그림 7.11과 같이 고려하며 그림 7.12와 같은 형상으로 변경함이 좋다.

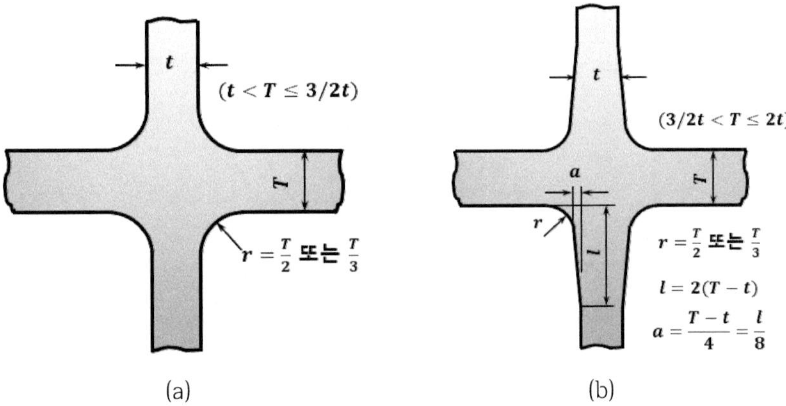

그림 7.11 십자 교차부 고려 사항

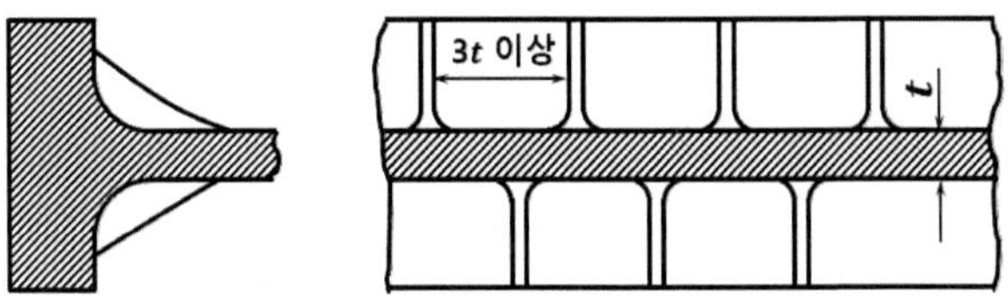

그림 7.12 십자 교차부 형상 변경

4) 시트의 형상

시트의 돌출부는 원칙적으로 그 높이를 살 두께보다 작게 하고 옆면에 30°정도의 구배를 붙인다(그림 7.13).

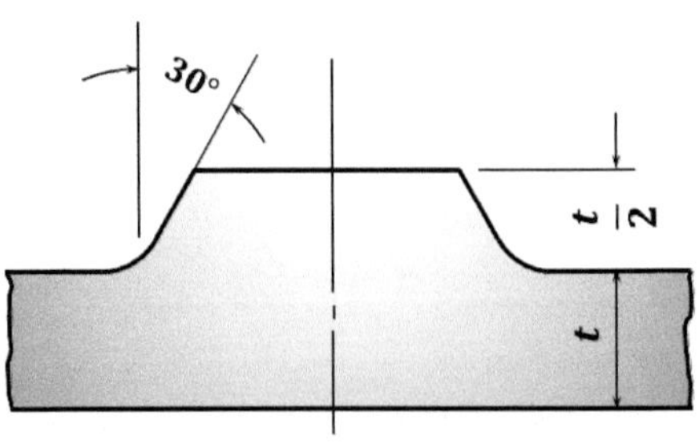

그림 7.13 시트의 형상

(4) 탕구계의 설계

1) 유체의 흐름

설계 시에는 용탕을 주형으로 조용히 그리고 균일하게 흘러 들어가게 하도록 하여야 한다. 이렇게 하기 위해서는 유체의 거동을 설명해 주는 유체현상의 법칙을 충분히 연구하여 주조방안을 개선하도록 하여야 한다. 그러기 위해서는 무엇보다도 먼저 층상류(laminar flow)와 유류(turbulent flow)에 대한 이해를 해야 하는데, 일반적으로 흐름의 난류도는 세 가지 인자, 즉 유체의 속도, 유체가 흘러가는 경로의 단면적, 유체의 점성에 따르게 된다. 이러한 관계를 레이놀드수에 의해 설명할 수 있다.

$$R_n = \frac{\text{유체의 평균 속도} \times \text{튜브의 직경} \times \text{유체의 밀도}}{\text{유체의 동점성도}} \tag{7.1}$$

레이놀드수가 어떤 임계값에 도달하면 난류라고 부를 수 있는데 그 값을 강에 있어서는 3,500으로 보고 있다. 주형 내에서 유체의 흐름은 이 이외의 다른 변수들에 의해 정해지는데 이것을 정리한 이론이 베르누이의 정리이다. 이 정리의 의미는 위치에너지, 운동에너지, 압력에 의한 에너지, 마찰에너지의 합이 언제나 일정하다는 것이다.

$$wZ + wPv + \frac{wV^2}{2g} + wF = K \tag{7.2}$$

여기서 w는 유체의 총 중량, Z는 유치의 높이, P는 유체의 정압(lb/ft²), v는 유체의 비체적(ft³/lb), g는 중력가속도(32 ft/sec²), V는 속도(ft/sec)이다.

이 식을 w로 나누면 모든 항은 길이의 차원을 갖게 되며 이때의 각 항은 다음과 같다.

Z: 위치 헤드(potential head), Pv: 압력 헤드(pressure head), $V^2/2g$: 속도 헤드(velocity head), F: 마찰 헤드(friction loss of head)이다.

2) 탕구계 설계에 있어서 중요인자

탕구계에 설계가 적절하게 되지 못할 경우에 생길 수 있는 문제점을 요약하면 다음과 같다.

① 주물사, 슬래그, 드로스, 이외의 불순물

② 주물의 거친 표면

③ 혼입되어 갇힌 가스

④ 과다하게 산화된 금속

⑤ 국부적 수축소(pipe shrinkage, macro shrinkage)

⑥ 내부에 분포하는 기공(porosity)

⑦ 두 흐름이 만나는 곳에서 용탕의 불완전접합(cold shut)

⑧ 미리 응고되어 남아 있는 금속입자(cold shut)

⑨ 주형이 덜 채워짐(misruns)

⑩ 사형, 코어에 대한 용탕의 침식작용

이런 문제점들을 참작하여 Wallace와 Evans는 탕구계를 설계함에 있어서 다음과 같은 기준을 세웠다.

① 용탕의 요동 없이 그리고 너무 주입온도를 높이지 말고 신속히 주입할 것.

② 난류도를 줄여 주형 내에서의 드로스 형성을 막거나 줄일 것.

③ 탕구계를 적절히 설계해서 슬래그나 부유물을 막고, 주형의 침식을 줄일 것.

④ 주형으로부터 용탕으로의 가스혼입을 막을 것.

⑤ 주형과 코어의 침식을 막을 것.

⑥ 적당한 온도구배로 방향성 응고를 이루게 하고, 응고 후의 주물의 휨을 막을 것.

⑦ 최대의 주물회수율을 얻도록 하며 가공비를 줄여줄 것.

⑧ 주입을 쉽게 하기 위해 레이들(ladle)이나 크레인(crane) 장치를 이용할 것.

3) 주입 시간

주입 속도라고도 하며 주형에 용탕을 주입할 때 걸리는 시간으로 초(s)로 표시한다.

용탕이 난류를 일으키지 않도록 탕구 방안을 세운다. 주강의 경우는 주입 온도가 높은데 주입 속도가 빠르면 주형을 파손시킬 염려가 있고 두꺼운 부분에 수축이 많이 생긴다. 모양이 복잡하고 얇은 주물의 경우는 압탕을 크게 하여 속도를 빠르게 한다. 반면에 모양이 간단하고 두꺼운 주물은 주입 시간을 길게 한다.

주입 시간은 주물사의 통기도, 주물의 무게 및 살 두께로 계산한다. 주입 시간에 대한 실험식은 다음과 같다.

$$T = S\sqrt{W} \tag{7.3}$$

여기서 T는 주입시간(s), W는 주물의 무게(kg), S는 주물의 살 두께에 따른 상수로서 $S = 1.63$(주물 상 두께 2.8~7.6 ㎜), $S = 1.86$(주물 상 두께 7.0~7.0 ㎜), $S = 1.63$(주물 상 두께 7.3~15.8 ㎜)이다.

위의 식은 450 ㎏까지의 소형 주물에 대하여 적당한 것이다. 무게 1 ton까지의 건조형의 주강의 경우는 살 두께와 모양이 복잡한 것은 $T \fallingdotseq 0.5\sqrt{W}$, 모양이 간단한 것은 $T \fallingdotseq 0.75\sqrt{W}$이다.

4) 주입 대야

주입 대야(pouring basin)는 탕구계에 용탕을 주입함에 있어서 가장 이상적이라고 할 수 있는 것은 탕구에 용탕이 유입되었을 때 가능한 빨리 그리고 충분히 정상류로 되어야 하며 이렇게 되기 위해서는 다음과 같은 조건을 갖추어야 한다.

① 주입대야의 내부를 유선형으로 만들어 턱(dam)을 설치하여 탕구에 유입되기 전에 흐름이 일정한 상태로 되게 한다.

② 주입대야 내에 쇠똥 제거기 코어(strainer core)를 설치한다.

③ delay screen이나 탕구전을 사용한다.

5) 초크부

초크부는 급냉 경로에서 최소의 면적이 되는 부분이 주형공간에 들어가는 유속을 조절하며 주입시간을 결정시킨다. 대개 이러한 초크(choke)부는 탕구의 하부에 위치하나, 그렇지 않은 경우도 있다. 초크부가 탕구의 밑에 있는 경우 베르누이 정리에 의해 적절한 단면적을 계산할 수 있는데 그 식은 다음과 같다.

$$A_B = \frac{W}{dtC\sqrt{2gH}} \tag{7.4}$$

여기서 A_B는 초크 단면적(in²), W는 주물 중량, d는 용탕의 밀도, H는 용탕의 유효높이, C는 유효계수 또는 노즐(nozzle)계수, g는 중력가속도(386.4in/sec²), t는 주입시간(sec)이다.

6) 탕구계 계산

앞 절에서 설명한 바와 같이 일단 주입시간이 결정되면 다음과 같은 일반계산법에 의하여 탕구계 각 부분의 계산을 할 수 있다.

① 유효 탕구 높이

상 주입 탕구의 경우, 즉 그림 7.14 (a)와 같다고 하면 이 때 유효 탕구 높이(effective sprue height; ESH)는 다음과 같다.

$$ESH = I \tag{7.5}$$

하 주입 탕구의 경우, 즉 그림 7.14 (b)와 같다고 하면 이 때 유효 탕구 높이(ESH)는 다음과 같다.

$$ESH = I - \frac{C}{2} \tag{7.6}$$

중심부 주입 탕구의 경우, 즉 그림 7.14 (c)와 같다고 하면 이 때 유효 탕구 높이(ESH)는 다음과 같다.

$$ESH = \frac{2IC - P^2}{2C} \tag{7.7}$$

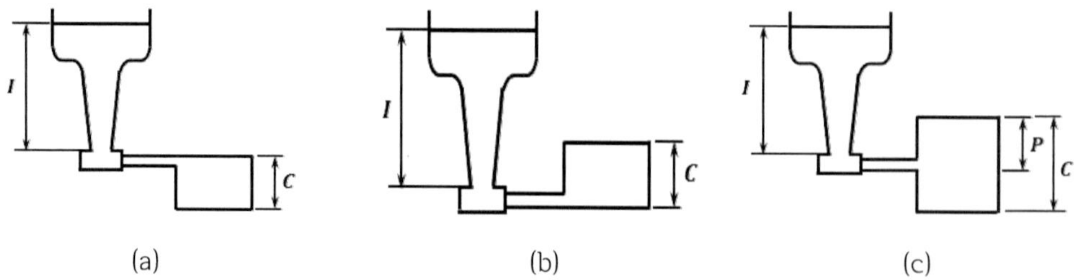

그림 7.14 탕구계의 유효 탕구 높이 Dietert 계산

② 주입구의 넓이

주입구의 넓이는 탕구 및 탕도의 크기를 정하는 기초가 된다. 유효 탕구 높이를 ESH, 주물의 무게를 W라 하면 주입구의 넓이(A)는 다음과 같다.

$$A = 2.0\sqrt{\frac{W}{ESH}} \tag{7.8}$$

③ 초크의 단면적

초크의 단면적, A_B는 앞 절에서 설명한 바와 같이 계산할 수 있다. 구배진 탕구의 상부 단면적은 다음의 식으로 구한다.

$$A_T = A_B \times \frac{\sqrt{h_1}}{b} \tag{7.9}$$

여기서 A_T는 구배진 탕구 상부의 단면적(in²), h_1은 탕구 실제높이(in), b는 주입대야의 용탕깊이(in)이다.

7) 압탕의 계산

미국 해군기술연구소의 H.F.Bishop, W.Johnson에 의한 주강의 압탕 계산법을 사용하는데 이것은 형상 인자$(l+w)/t$와 압탕과 주물의 부피비 V_R/V_C로부터 압탕의 크기를 정하는 방법이다. 그림 7.15 (b)와 같이 주물의 크기를 알고 형상 인자를 구하면 이 값으로부터 V_R/V_C의 값을 알 수 있으므로 필요한 최대 부피를 계산할 수 있다. 예를 들어 그림 7.15 (a)에서 길이 $l=18$, 나비 $w=18$, 두께 $t=2$이면 $(l+w)/t$가 $(18+18)/2$이므로 18이 되며 V_R/V_C의 값은 약 0.29가 된다. 따라서 $V_R=0.3\,V_C$라 할 수 있다. 즉, 압탕은 주물 부피의 약 30%에 해당하는 부피가 필요하다고 할 수 있다.

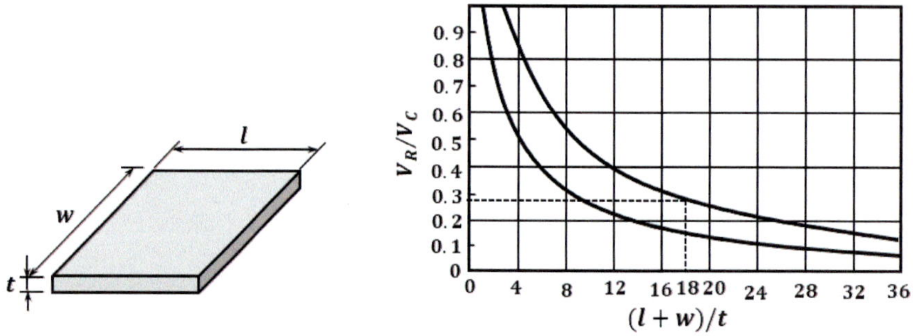

(a) (b)

그림 7.15 형상인자와 최소 압탕 비체적과의 관계

7.2 금속 주조 성형

7.2.1 용해로

용해로는 고체의 원료지금을 용해하여 목적의 재질이 될 수 있도록 성분을 조성하고 불순물을 제거하며, 주형 내에서 충분히 유동할 수 있는 온도로 올릴 수 있게 설계되어야 한다.

열원에 따라 용해로를 분류하면 다음과 같다.

① **고체연료로**: 용선로, 도가니로 등

② **액체연료로**: 도가니로, 반사로 등

③ **기체연료로**: 가스 사용로

④ **전기로**: 저항로, 유도로, 아크로 등

한편 용해 금속의 종류에 따라 용해로를 분류하면 다음과 같다.

① **철주물용**

- 주철주물용: 용선로, 전기로 등
- 주강주물용: 전기로, 평로, 반사로 등

② **비철주물용**: 도가니로, 전기로 등

③ **제철용**: 고로, FINEX공법, 코렉스 공법

표 7.4는 용해로의 특징을 나타낸 것이다.

표 7.4 용해로의 특징 비교

<table>
<tr><th>종류</th><th colspan="2">형식</th><th>열원</th><th>용해 금속</th><th>용해량</th></tr>
<tr><td rowspan="2">도가니로</td><td colspan="2">자연 통풍식</td><td>코크스</td><td>구리합금</td><td rowspan="2">300 kg</td></tr>
<tr><td colspan="2">강제 통풍식</td><td>중유, 가스</td><td>경합금, 비철합금</td></tr>
<tr><td>큐폴라</td><td colspan="2">냉풍식
열풍식</td><td>코크스</td><td>주철</td><td>1~20 ton</td></tr>
<tr><td rowspan="4">전기로</td><td rowspan="2">아크로</td><td>직접 아크로</td><td>전력 저전압
고전압</td><td>주강, 주철</td><td>1~200 ton</td></tr>
<tr><td>간접 아크로</td><td>전력 저전압
고전압</td><td>구리 합금,
특수강</td><td>1~20 ton</td></tr>
<tr><td rowspan="2">유도로</td><td>고주파 유도로</td><td>전력(주파수
100~1000 Hz)</td><td>특수강</td><td></td></tr>
<tr><td>저주파 유도로</td><td>전력(주파수
50~60 Hz)</td><td>구리 합금,
경합금, 주철</td><td></td></tr>
<tr><td>반사로</td><td colspan="2"></td><td>석탄, 중유, 가스</td><td>구리 합금,
경합금, 주철</td><td>500~50,000 kg</td></tr>
</table>

7.2.2 금속 주조 공법의 종류

주조 공법에는 크게 분류하여 **소모성 주형**와 **영구성 주형**이 있다.

소모성 주형(expendable mold)은 응고 후에 주형을 파괴하여 주물을 꺼내는 주형을 말한다. 소모성 주형은 주형 재료에 따라 분류하면 사형 주조(sand casting), 셸 주조(shell molding), 석고 주형 주조(plastic mold), 세라믹 주형 주조(ceramic mold)가 있으며 모형 재료에 따라 분류하면 소실모형 주조(lost foam)와 인베스트먼트 주조(investment or lost-wax)가 있다.

소모성 주형과 반대로 영구히 사용 가능한 주형을 **영구성 주형**(permanent mold)라 한다. 금속, 흑연을 기계 가공하여 금형을 제작해야 하며 코어는 금속이나 모래를 사용하며 주형의 냉각이 필요한 공법이다. 이것은 가압 방식에 따라 슬러쉬(slush) 주조, 가압 주조, 원심 주조, 다이캐스팅(die casting), 스퀴즈 캐스팅(squeeze casting)으로 나눈다.

표 7.5에는 특수 주조법의 종류를 나타내었으며 표 7.6에는 주조에 의한 주요 제품들을 세부 분류해 보았다.

표 7.5 특수 주조법의 종류

주조법의 명칭	설명
다이캐스팅	용탕에 압력을 가하거나 그 자중을 이용하여 영구주형 속에 주입하는 주조법
원심주조법	고속으로 회전하는 주형 속에 용금을 유입해서 용금의 원심력을 이용하는 주조법
정밀주조법	납, 왁스, 또는 응고 수은 모형 주위에 미세한 모래로 주형을 제조하여 그 모형을 열 또는 특수한 방법으로 용출시킨 후 그 공간에 용금을 주입하는 주조법은 정밀주조법 가운데 가장 많이 사용됨
가압주조법	용해로 상에 주형을 설치하여 주입할 때 전체를 뒤집음으로써 용금이 주형의 공간부로 들어가는데 그 때 용탕의 뒤쪽에서 압력을 가해주는 주조법
폭발주조법	화약의 폭발로 생기는 압력을 이용하여 용탕 뒤에서 가압하여 주형 속으로 주입시키는 주조법
저압주조법	주형 속을 감압하여 대기압을 이용해서 용탕을 주입하는 주조법
진공주조법	진공 중에서 용해하여 진공 속에서 주형으로 주입시키는 주조법

표 7.6 주요 제품 분류표

중분야	세부 제품
사형 주조 (소모성 주형)	• 실린더 블록 등 엔진 관련 부품 • 배기 매니폴드 등 배기계 관련 부품 • 선박용 엔진 부품 • 슬러리 펌프, 플랜트 설비
정밀 주조 (소모성 주형)	• 펌프, 임펠러, 노즐, 터빈 블레이드, 밸브 등 항공기용 부품 • 총포류, 낙하산, 탱크, 군함 등 방산용 부품 • 제봉기, 방직기용 등 산업기계용 부품
다이캐스팅 (금형)	• 엔진 블록, 트랜스미션 케이스, 실린더 헤드 커버, 컴프레서 하우징 등 자동차 부품 • 휴대폰 케이스, 노트북 케이스 등 모바일 부품 • LED 백플레이트, IPTV 프레임 등 전기전자용 부품
특수 주조 (소모성 주형, 금형)	• 실린더 헤드, 블록, 너클, 암, 실린더 라이너 등 자동차 부품 • Radiant tube, 허브, 플레이트, 하우징, 캐스크 등 플랜트 부품 • Heat sink 등 전기전자 부품 • 임플란트, 인공 관절 등 생체재료

(1) 소모성 주형

1) 주형 재료에 따른 분류

① 사형 주조

이것은 공작기계 받침대, 엔진 블록, 실린더 헤드, 펌프 하우징, 대형 프로펠러 등을 만들 때 사용한다(그림 7.16 (a)). 주물사로는 주로 실리카 모래(SiO_2)를 사용하며, 가스배출을 하여 통기성을 좋게 한다. 고온 균열의 예방을 위해 강도(붕괴성, collapsibility)를 잘 설계해야 한다. 그림 7.16 (b)와 같은 모형(pattern)은 나무, 플라스틱, 금속을 사용하며 코어는 셸, 노-베이크, 콜드박스 공정으로 제작한다. 강도, 통기도 및 내화도가 필요하다.

(a) 사형 주조 제품의 예

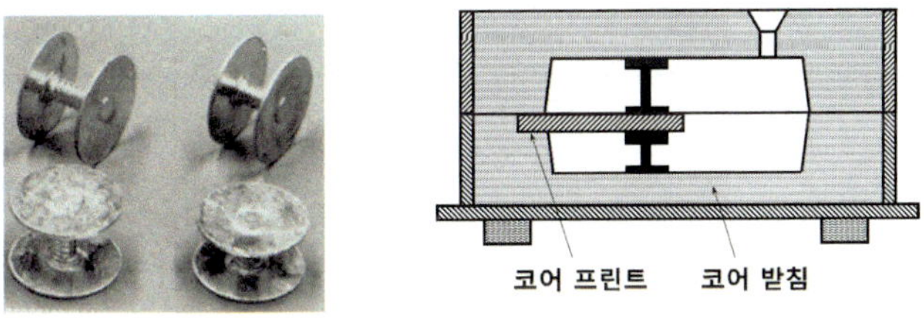

(b) 제품 모형의 예

(c) 코어 프린트의 예

그림 7.16 사형 주조

② 셸(주형) 주조

이것은 정밀한 작은 부품을 주조하는 데 사용하며 기어하우징, 실린더헤드, 커넥팅로드 등의 제작에 사용한다. 모형은 철강이나 알루미늄(Al)을 사용하며 175~370℃에서 가열하고 코팅(이형제)을 하며 모래와 열경화성 수지를 사용하여 얇은 셸로 조형을 만들며 경화하고 마지막에 주입한다. 주형은 주형 상자 내에 강구를 채워서 지지한다.

규사와 합성수지(phenolic resin)가 혼합된 주물사를 250℃~300℃로 가열된 금형에 부어 넣어 하나의 셸을 만들어 조형하는 방법이다. 이것은 독일의 J. croning이 제 2차 세계대전 중에 발명한 방법으로 C-process 또는 **크로닝법**이라고도 한다.

다량 생산 주물의 분야에서 급격한 속도로 보급되었으며 셸 모래(coated sand)는 점토분 혼입이 없고 150~200메시의 순도 높은 천연규사나 인조규사를 건조하여 점결제인 페놀수지를 200메시 이하의 분말을 5~10% 배합한다. 그림 7.25은 셸 몰드 주형 제작 과정을 나타낸 것이다.

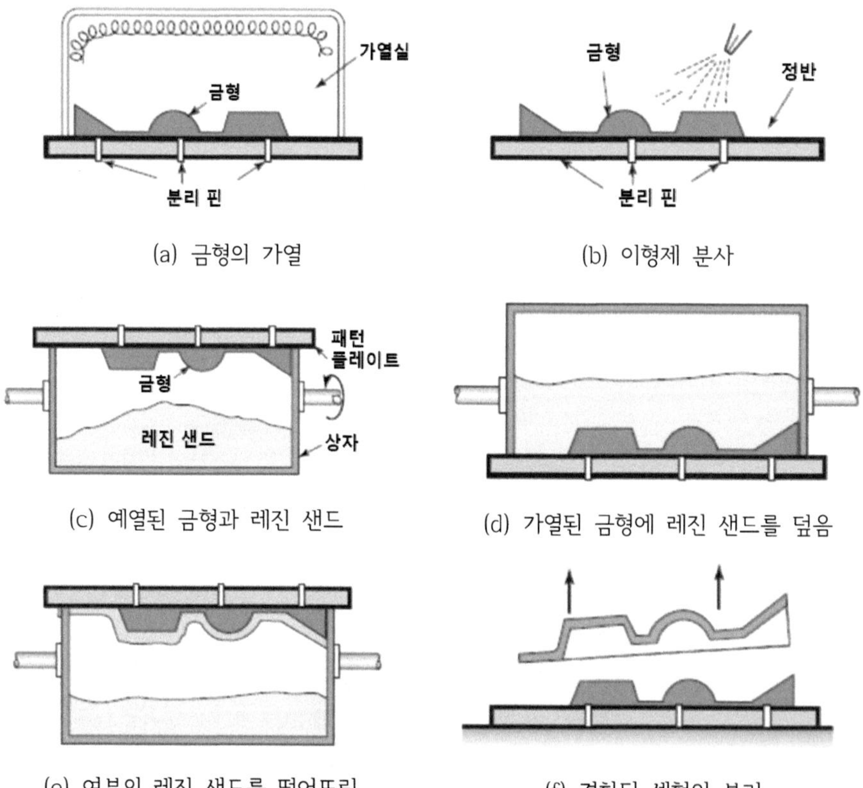

(a) 금형의 가열 (b) 이형제 분사

(c) 예열된 금형과 레진 샌드 (d) 가열된 금형에 레진 샌드를 덮음

(e) 여분의 레진 샌드를 떨어뜨림 (f) 경화된 셸형의 분리

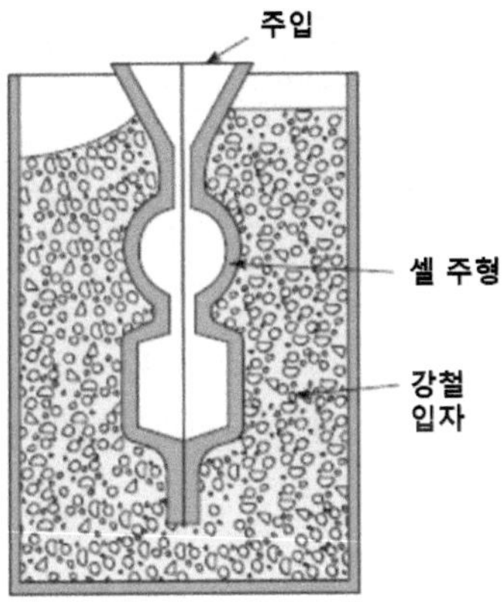

(g) 완성된 셀형

그림 7.17 셀 몰드 주형 제작 과정

그림 7.17은 셀 주조 제품의 예를 나타내며 셀 주조의 특징은 다음과 같다.

① 치수 정밀도가 높고 주물표면이 미려하다.

② 조형 제작 시간이 짧고 숙련공이 필요하지 않으며 자동화가 가능하다.

③ 주형의 강도가 크고 가벼워서 취급이 간편하고 장기간 저장이 가능하다.

④ 주형이 습기를 흡수하지 않으므로 핀홀(pin hole), 블로우홀(blow hole) 등의 결함이 없다.

⑤ 고가의 고품질 주물사를 사용해야 하므로 값이 비싸다.

⑥ 금형을 250~300℃로 가열할 필요가 있다.

⑦ 열 경화된 셀 모래는 반복사용이 불가능하다.

⑧ 대형주물에는 적용하기 어렵다.

⑨ 모형은 금형을 사용하며 정밀주조, 소량생산에는 부적합하다.

③ 석고 주형 주조

석고 주형 주조는 석고에 물을 섞어 만든 슬러리를 모형 위에 붓고 응고하고 모형 제거 후에 건조하여 진공 상태에서 주입한다. 이것에는 나무 모형은 사용하지 않는다. 진공 주입 이유는 석고가 통기성이 나쁘기 때문이다. 이것은 뒤틀림이 적고 균일한 결정립 구조가 가능하다. 사무 장비의 부품, 기어, 캠, 밸브, 골프클럽 헤드 등을 만들 때 사용한다.

경질 석고(plaster of pairs)의 수화 경화성(석고는 시멘트와 같이 물을 첨가하여 교반하면 수화 응결에 의해 경화하는 성질)을 이용한 조형법이다. 모형은 쾌삭 황동을 사용하며 석고를 모형에서 제거한 후에 가열을 하여 수분을 제거한다. 이것은 비철금속(Au, Ag, Al, Mg, Cu)의 주조에 적당하다.

이 주형법의 장점은 다음과 같다.

① 주로 비철 합금계의 주물 제작에 사용한다. 철 합금계의 경우는 석고가 고온에 견디지 못하고 분해하며 석고 내의 S가 철계 금속과 화학적으로 반응하여 주물의 표면을 나쁘게 하므로 사용하지 않는다.

② 치수 정도가 모래 주형에 비해 정밀하다.

③ 주물 표면이 미려하다.

④ 복잡하고 얇은 주물(Al합금 : 0.3 ㎜) 적합하다.

한편 단점으로는 다음과 같다.

① 조형 공정, 건조 공정 등에 장시간이 걸리고 생산성이 낮다.

② 주형의 냉각 속도가 느려 금속의 응고 속도가 느리므로 수축 결함이 발생하기 쉽다.

③ α석고에 바인더로서 내화물 분말을 주성분으로 넣기 때문에 통기성이 낮다.

④ 세라믹 주형 주조

석고형과 같으나 고온의 재료에 적합하도록 내화물질인 세라믹을 사용한다. 철, 고온 합금, 스테인리스강, 공구강 등에 사용한다. 치수 정밀도가 높고, 표면이 고우며 크기에 제한이 없으나 가격이 비싸다. 그림 7.18은 세라믹 주형의 제작 순서를 나타내고 있다.

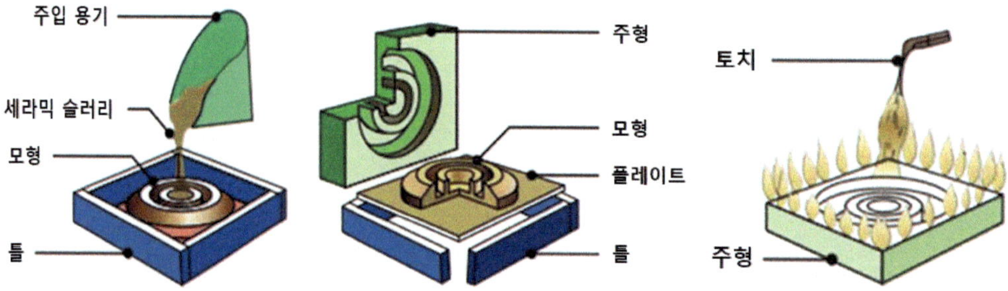

(a) 용탕 슬러리 (b) 스트리핑 주형 (c) 용융

그림 7.18 세라믹 주형의 제작 순서

2) 모형 재료에 따른 분류

① 소실모형 주조

소실모형 주조는 플라스틱, 왁스와 같은 소실 가능한 재료를 사용해 모형을 만들고 조형 후 모형을 빼내지 않고 주물사 중에 매몰한 그대로 용탕을 주입하여 그 열에 의하여 모형을 기화시키고 그 자리를 용탕으로 채워 주물을 만드는 방법이다(그림 7.19). 주조할 때마다 모형이 소실되기 때문에 주형 생산을 위해 새로운 모형이 필요하다.

소실모형 주조의 장점은 다음과 같다.

① 주물사에 점결제가 들어있지 않으므로 폐주물사의 발생이 없다.

② 어떠한 재질 형상의 주조품이라도 주조가 가능하다.

③ 대량생산, 소량생산에 모두 가능하다

④ 자동화가 용이하다.

⑤ 치수 정밀도가 기존의 사형주물에 비해 매우 우수하다.

⑥ 숙련공이 필요 없다.

⑦ 역구배 주물도 조형 분할 없이 조형이 가능하므로 기존의 2조각 이상의 분할에서 일체형으로 주조할 수 있으므로 설계의 자유도가 높다.

⑧ 코어의 제작이 필요 없다.

한편 단점으로는 다음과 같다.

① 모형의 녹은 스크랩이 사형 내에 잔류한다(사형 내 표면손상 발생).

② 유기용제에 의해 사형자체 강도가 저하하고 사형 내 표면의 모래가 다소 붕괴되기도 한다.

③ 블로우홀이 발생한다.

(1) 모형 (2) 모형 조립 (3) 코팅

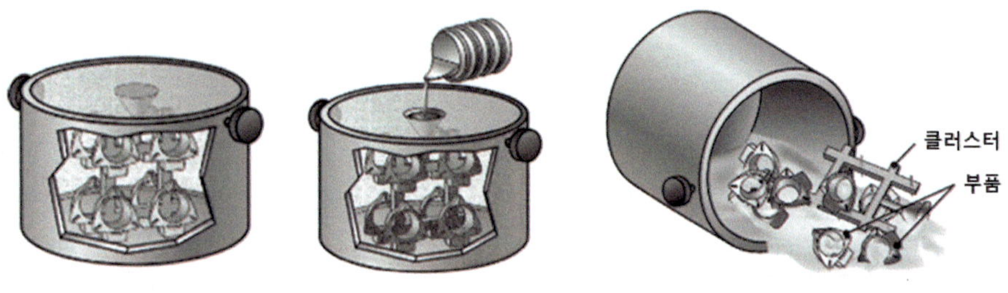

(4) 모래에 매립 (5) 주조 (6) 모래 털기

그림 7.19 소실모형 주조의 개략도

② 인베스트먼트 주조(로스트 왁스법)

그림 7.20의 인베스트먼트 주조의 기본 공정을 설명하면 다음과 같다.

① 만들고자 하는 모양의 모형 제작용 금형을 만든다.

② 금형에 왁스를 사출기에 의해 압입 응고시킨다.

③ 왁스 모형(트리)을 여러 개 단위로 탕도, 압탕 등에 붙여 조립한다.

④ 미분의 내화물과 점결제를 혼합한 슬러리에 트리를 담갔다가 꺼낸 다음 슬러리가 마르기 전에 다소 굵은 내화 모래를 그 위에 뿌려준다(stuccoing). 세라믹 셀 주형법에서는 슬러리에 담그는 과정과 stuccoing을 여러 번 반복하여 내화물 층을 두껍게 한다. 이 전체 과정을 **인베스트먼트**라 한다.

⑤ 100~120℃로 가열하여 모형을 유출시킨다.

⑥ 800~1100℃에서 주형을 소성시킨다.

⑦ 용융 금속을 주입한다.

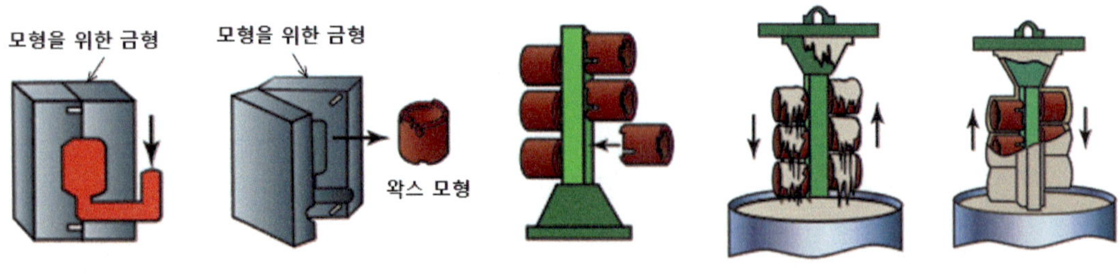

(a) 사출 모형 (b) 모형 취출 (c) 모형 조립 (d) 슬러리 코팅 (e) 스투코 코팅

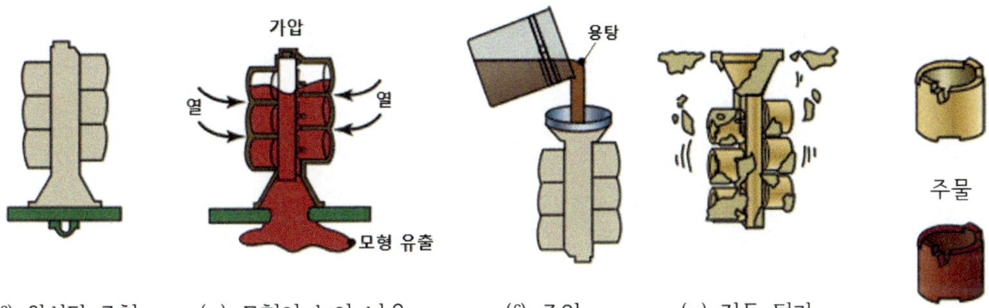

그림 7.20 인베스트먼트 주조의 대략적 설명

(2) 영구 주형 주조

1) 슬러쉬 주조

슬러쉬 주조(그림 7.21)는 미응고 된 용탕을 거꾸로 쏟아 내는 방법으로 장식품과 장난감 제작 등에 이용된다.

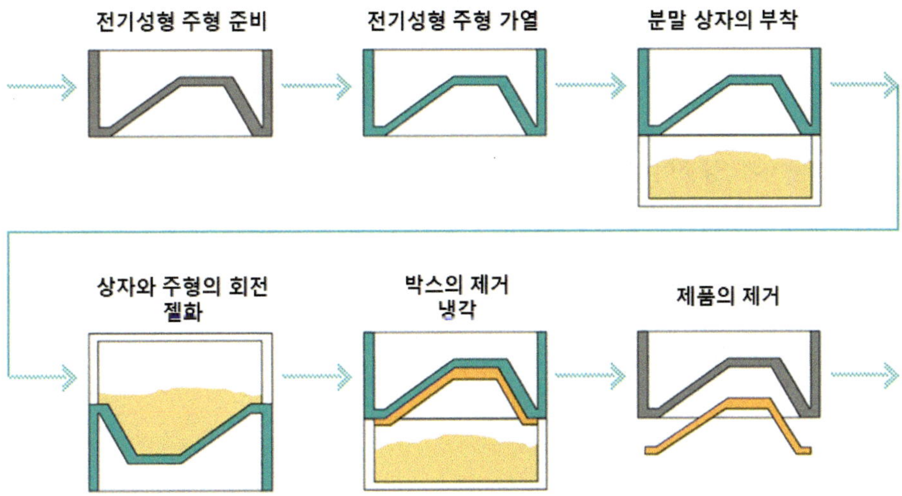

그림 7.21 슬러쉬 주조

2) 가압 주조

가압 주조(그림 7.22)는 저압 주조(low pressure casting)로 용탕이 아래에서 위로 주입되도록 가압하여 주입하는 방법이다.

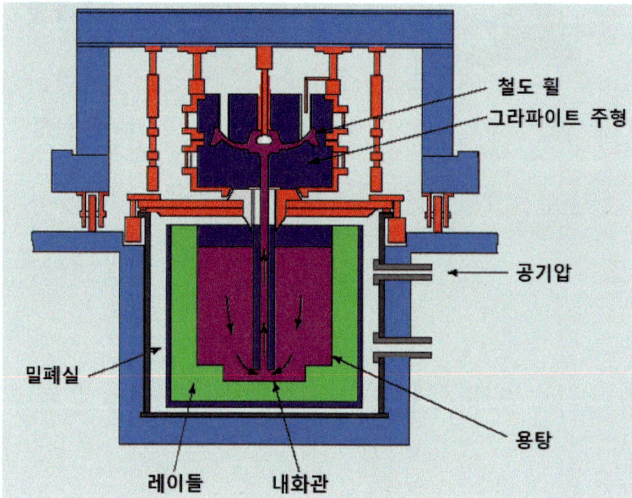

그림 7.22 가압 주조

3) 다이캐스팅

다이캐스팅은 부가 공정이 거의 필요 없는 정밀 제품 대량생산에 이용되며 용탕을 금형에 고속/고압으로 주입하고 완전히 응고할 때까지 계속 가압하는 방식이다.

우수한 표면 상태와 복잡한 형상이 가능한 특징을 갖고 있어 각종 자동차 부품(연료 펌프 바디, 트랜스미션 하우징, 엔진 블록), 가전제품의 부품, 사무용품의 부품, 일반 기계 부품 및 완구, 레저 용품에 사용된다.

다이캐스팅의 장단점은 표 7.7과 같다.

표 7.7 다이캐스팅의 장단점

장점	단점
복잡한 형상의 주물 가능	재료 선택의 제한을 받음. 다이캐스팅용 합금은 비교적 저용점 합금이 사용됨
얇은 두께의 제품 생산 가능	기밀성이 떨어짐
대량생산으로 가격이 저렴하고 생산 속도가 빠름	설비비가 높음
주물의 표면이 평활하고 아름다워 주물 표면, 도장, 도금 등을 할 경우 표면 다듬질이 용이함	금형 제작비가 고가임
나사 결합, 용점, 납접 등의 조립비가 절약됨	경제적인 생산을 위하여 어느 정도 생산량을 확보해야 함
	비교적 소부품으로 주물의 크기에 제한을 받음

4) 원심 주조법

원심 주조법(centrifugal casting)은 고속으로 회전하는 원통형의 주형에 용융 금속을 주입하고, 주형의 안쪽 면에 밀착한 상태에서 응고시켜, 치밀하고 건전한 원통형 주물을 생산하는 방법이다. 주물 내면의 냉각은 복사열로 인해 느린 편이다.

이 주조법은 원래 대량 생산을 필요로 하는 주철관과 같은 원통형 주물의 주조를 위하여 개발된 것인데 요즈음에는 소형 실린더 라이너 또는 구리 합금의 원통형 주물 및 베어링 메탈 등의 주조에도 이용한다.

원심 주조법의 주조형식에는 그림 7.23과 같이 수평형 주조형식과 수직형 주조형식이 있다. 또한 원심 주조법의 종류에는 인장 강도가 높은 주강관이나 주철관의 주조에 사용하는 **진 원심 주조**(true centrifugal casting), 철도 차륜을 주조하는 **반 원심 주조**(semi centrifugal casting) 그리고 탕구봉 둘레에 소형 주형을 다수 설치할 수 있는 **원심 가압 주조**(centrifuged casting)가 있다.

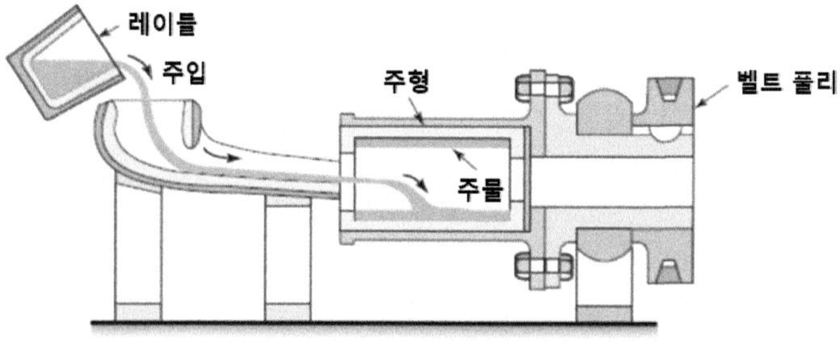

(a) 수평형

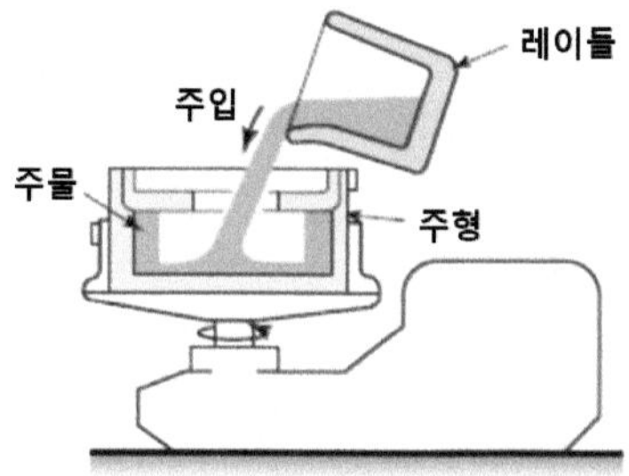

(b) 직립형

그림 7.23 원심 주조법의 주조형식

원심 주조법은 용융 금속을 응고 시킬 때 주형을 고속으로 회전하여 그 원심력을 이용하는 것으로서 다음과 같은 특징이 있다.

① 용융 금속은 주형 내에서 고속으로 유입 분포되어 유동성 불량을 방지한다.

② 용융 금속에 높은 압력이 걸리게 되므로 주물의 조직이 치밀하고 기공이 없다.

③ 수도관 등 원통형 주물의 경우에도 코어가 필요 없다.

④ 작업 시간이 짧고 다량 생산이 가능하다.

⑤ 주물의 모양에 따라 다르지만 많은 경우 탕구나 압탕이 불필요하다.

① 진 원심 주조법

이것은 액체를 원통의 용기에 넣어 수직 또는 수평 축을 중심으로 회전시키는 방법이다(그림 7.24). 수평 축을 이용하는 경우는 실린더 라이너, 슬리브, 수도관, 파이프 및 포신 등을 제조하는 데 이용되고 있다. 코어가 필요 없으며 기공 등의 결함을 배제할 수 있다. 재질이 치밀하고 코어나 압탕, 탕도가 없으므로 생산성과 회수율이 높다.

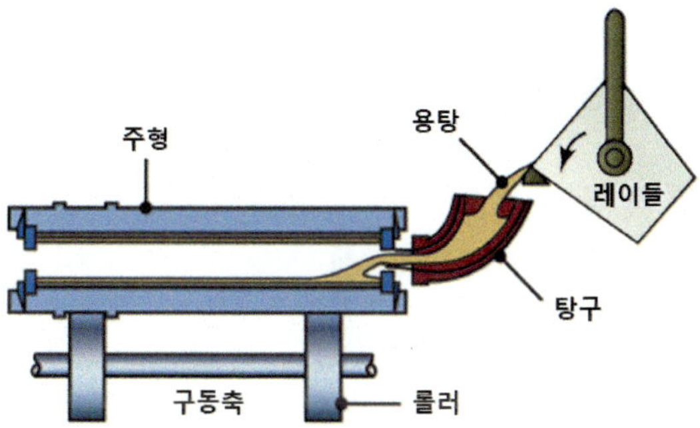

(a) 원심 주조 공정의 도식도

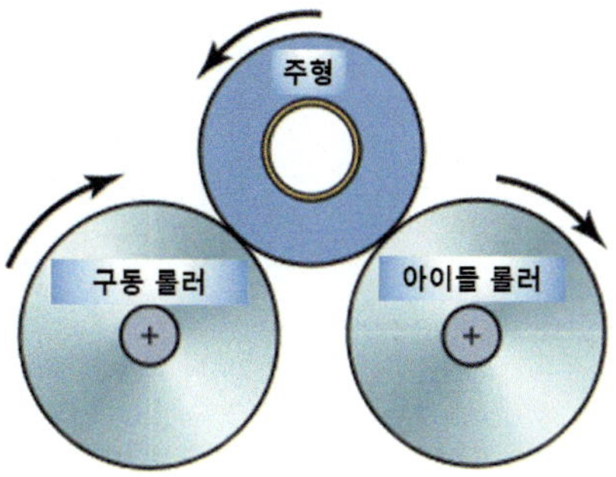

(b) 기계의 측면도

그림 7.24 진 원심 주조법

② 반 원심 주조법

이것은 차바퀴, 풀리, 스프로킷 등을 그 대칭축을 수직 회전축으로 하여 회전시키는 방법이다(그림 7.25). 원심력 때문에 주물의 중간 부위가 얇더라도 탕구로부터의 압탕 효과가 크다. 주형을 여러 개 쌓아 올려 적층 주형(stack mold)을 함으로써 회수율을 높일 수 있다.

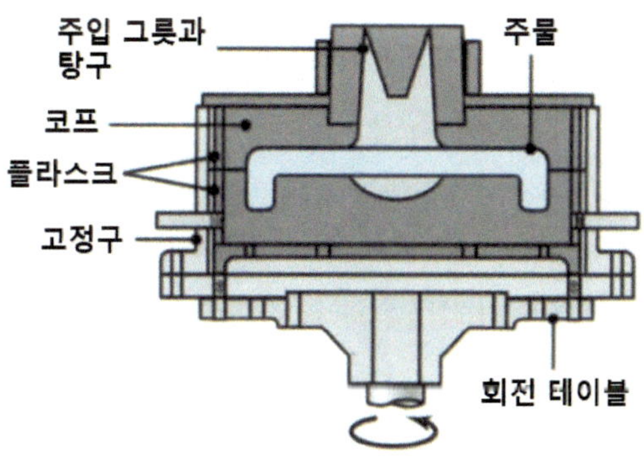

그림 7.25 반 원심 주조법

③ 원심 가압 주조법

이것은 불규칙한 모양의 주물을 중앙의 탕구로부터 방사상으로 탕도를 붙여 배치하는 방법이다(그림 7.26). 주물의 중심축을 회전축으로 하지 않는다. 작고 간단한 모양의 주물을 만드는데 이용된다.

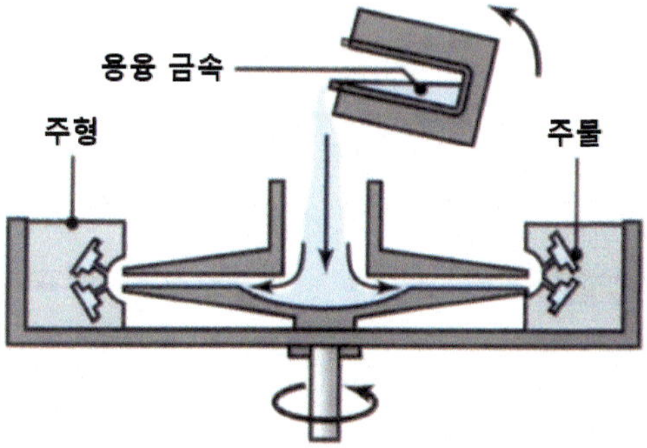

그림 7.26 원심 가압 주조법

(3) 특수 주조법

1) 고압 주조법

① 용탕 단조법

용탕 단조법은 금형 내에 용탕을 주탕하고 나서 용탕이 용융 상태 또는 반 용융 상태에 있을 때 프레스를 이용하여 기계적으로 높은 압력을 가하여 제품을 성형하고 계속해서 응고가 완료할 때까지 가압을 유지하는 주조법이다. 그림 7.27과 같이 직접 용탕 단조법과 간접 용탕 단조법이 있다.

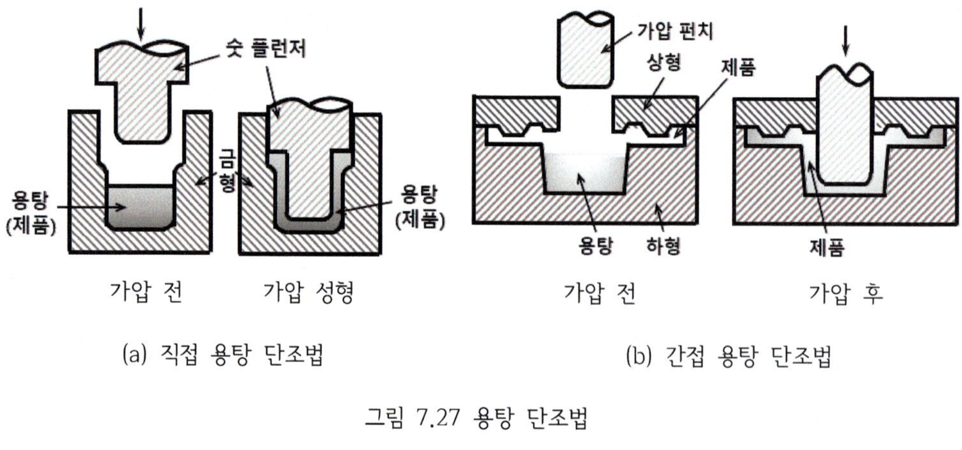

그림 7.27 용탕 단조법

고압 주조의 특징은 다음과 같다.

① 탕도나 압탕 시스템이 없으므로 주조 수율은 95%까지 얻어진다.

② 금형면에 가까운 뛰어난 표면 마무리가 얻어진다.

③ 대폭적인 수축 및 가스 기공의 제거가 가능하다.

④ 주물을 열처리할 수 있다.

⑤ 조직의 미세화, 균질화 및 고밀도화를 취할 수 있으므로 기계적 성질들이 크게 향상된다.

⑥ 단면 두께와 치수를 광범위하게 변화시킬 수 있다. 즉, 두께는 0.3 ㎜~50 ㎜, 무게는 0.125 ㎏~35 ㎏까지 가능하다.

⑦ 어떠한 합금이든지 용해 주조가 가능하고 건전한 주물을 제조할 수 있다.

⑧ 동일 형상의 중력 금형 주조에 비해 2~3배 정도 냉각 속도가 빠르다.

응용 분야는 엔진 및 디스크 브레이크, 피스톤, 자동차 휠, 트럭 허브, 황동 및 청동 베어링과 기어, 강제 미사일 부품 및 피니언 기어, 주철제 부품, 금속기지 복합재 제품 등이 있다.

2) 진공 주조법

용해는 대기 중에서 하고 주조는 진공 하에서 하는 주조법을 **진공 주조법**(vacuum casting process)라 한다. 그림 7.28은 진공 주조법의 대략도를 나타낸 것이다.

진공 주조법의 특징은 다음과 같다.

① 수소, 산소, 질소 등 유해 가스 성분을 제거할 수 있다.

② 강의 대형 단조품과 같이 수소 함유량의 감소로 결함을 방지할 수 있다.

③ 재료 중의 가스 및 비금속 게재물의 감소로 재료의 기계적, 내식성, 가공성의 향상을 가져올 수 있다.

④ 진공에 의하지 않으면 용해, 주조가 불가능한 활성 금속의 경우에 효과가 있다.

⑤ 진동 중에서 용해, 주조함으로써 기대할 수 있는 성질이나 품질의 향상은 현저하다.

⑥ 진공 탱크 등에 주물사로 만든 주형을 넣어 주입하는 것은 많은 문제가 있으며 특히 대형의 경우는 더욱 어렵다.

⑦ 비철 금속은 진공 구조를 대규모로 하지 않고 철강의 진공 주조가 주류이다.

⑧ 수소는 35~60%, 질소는 10~15% 제거된다.

⑨ 기계적 성질은 인장 강도, 연마율과 단면 수축률, 저온 충격치 등이 향상된다.

⑩ 특히 과거에는 특수강의 대형 단조품에서는 백점 방지에 많은 비용이 들었으므로 진공 주조법에 의해 강 속의 수소 함유량을 많이 감소시켜 백점 방지가 가능하므로 특수강 공장에서 이용되고 있다.

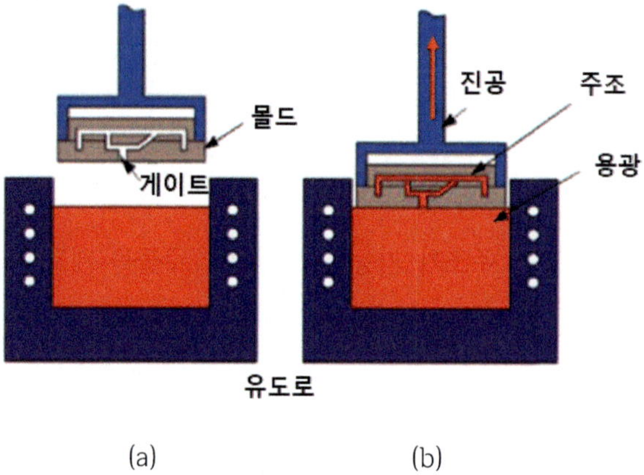

그림 7.28 진공 주조법의 대략도

3) 저압 주조법

저압 주조법(low pressure casting process)은 밀폐된 용기 내의 용탕면에 비교적 작은 압력을 기체(공기 또는 불활성 가스)에 가하여 용탕 중에 들어가 있는 급탕관(stalk)을 통해 중력과 반대 방향으로 용탕을 밀어 올려서 급탕관 위쪽에 설치된 금형에 주입하는 주조법이다. 그림 7.29는 저압 주조기를 나타낸 것이다.

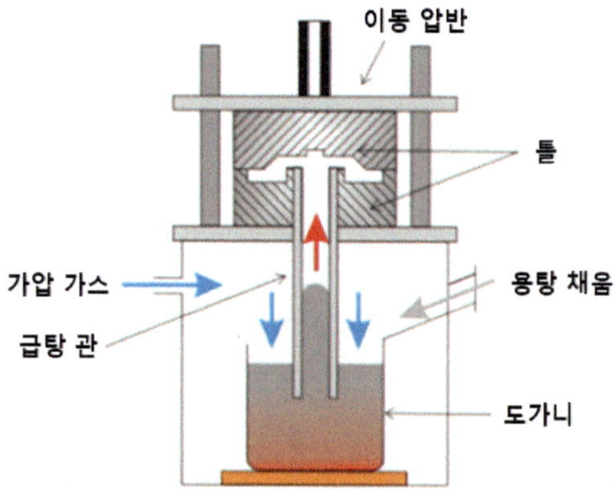

그림 7.29 저압 주조기

저압 주조법의 특징으로서 장점은 다음과 같다.

① 주조 수율이 특별히 높다. 즉, 주조 수율이 중력 금형 주조법은 50~60%이고 다이캐스팅법은 75~80%인 것에 비해 저압 주조법은 90~98%이다.

② 건전한 주물이 생산된다. 즉, 비교적 쉽게 방향성 응고가 되므로 porosity나 수축공의 발생이 적고 밀도가 높으며 기계적 강도의 신뢰성이 높다.

③ 청정한 주물이 만들어 진다. 즉, 도가니가 밀폐되고 용탕은 내부에서 급탕관 내를 조용히 상승하고 공기에 접촉하지 않기 때문에 용탕의 산화가 적고 산화물의 혼입 위험이 없다.

④ 치수 정밀도, 표면이 양호하다.

⑤ 압탕이 불필요하고 압탕 탕구 절단 등의 가공비가 절감된다.

⑥ 주탕 속도를 넓은 범위에 걸쳐서 자유로이 제어할 수 있다.

⑦ 장치 및 조작의 자동제어화가 용이하여 한 사람이 2~3대의 조작이 가능하다.

⑧ 대형 주물 또는 비교적 복잡하고 얇은 형상의 주물 주조가 가능하다.

⑨ 설비비가 싸고 초기 비용이 싸다.

반면에 단점은 다음과 같다.

① 생산성이 그다지 좋지 않다. 즉, 작은 주물의 경우 장치 1대, 1인당의 생산성이 중력 주조법과 대략 같은 정도이며 다이캐스팅의 1/3~1/6이다.

② 사용되는 합금의 종류에 제약이 있다.

③ 전반적으로 엄밀한 관리가 필요하다.

7.3 플라스틱 주조 성형

플라스틱 주조는 광범위한 제품을 만드는 데 사용되는 다재다능한 제조 공정이다. 액체 플라스틱이나 수지를 금형에 붓고 굳히는 공정을 통해 정밀하고 내구성이 뛰어나며 비용 효율적인 구성 요소가 생산된다.

플라스틱 주조는 높은 맞춤화, 복잡한 디자인 또는 소규모 생산 배치가 필요한 시나리오에 이상적이다. 다재다능하고 단순하여 의료기기부터 예술 및 디자인에 이르기까지 다양한 산업에 귀중한 프로세스이다.

7.3.1 플라스틱 주조의 개요

(1) 플라스틱 주조의 정의

플라스틱 주조는 액체 플라스틱 재료를 금형에 부어 단단하고 3차원적인 제품을 만드는 제조 공정이다. 이 기술은 특히 복잡한 디자인, 맞춤형 구성 요소 및 소량제품에 적합하다.

(2) 플라스틱 주조 공정

플라스틱 주조는 일반적으로 다음 단계로 구성된다.

① **금형 제작**: 금형은 실리콘, 금속 또는 기타 내열성 물질과 같은 재료로 준비된다. 금형은 제품의 모양과 표면 질감을 정의한다.

② **재료 선택** : 폴리우레탄, 에폭시, 아크릴 등 적합한 액상 플라스틱 소재는 제품 요구 사항에 따라 선택된다.

③ **붓는 것**: 액체 플라스틱을 금형에 붓거나 사출하여 모든 구멍을 채운다.

④ **치료**: 재료는 원하는 경도와 구조적 무결성을 달성하기 위해 실온 또는 통제된 열 하에서 경화된다.

⑤ **탈형 및 마무리**: 경화된 제품은 틀에서 제거되고 다듬기, 광택 내기 또는 코팅과 같은 추가적인 마무리 단계를 거친다.

(3) 플라스틱 주조에 사용되는 재료

플라스틱 주조에 사용되는 재료는 기계적, 열적, 미적 특성에 따라 선택된다. 일반적인 옵션은 다음과 같다.

1) 폴리우레탄

폴리우레탄(PU)은 뛰어난 유연성, 내구성 및 내마모성으로 알려진 매우 다재다능한 소재이다. 다양한 경도 수준에 맞게 조정할 수 있으며 종종 강인함과 회복성이 필요한 응용 분야에 사용된다. 폴리우레탄은 일반적으로 자동차, 소비자 제품 및 의료 기기의 씰, 개스킷 및 맞춤형 주조 부품과 같은 산업용 구성 요소에 사용된다.

2) 에폭시 수지

에폭시 수지는 강력한 접착력, 내화학성, 고광택 마감으로 유명하다. 우수한 접착 및 경화 특성을 제공하여 세부적인 금형 및 정밀 부품에 이상적이다. 에폭시 수지는 종종 항공우주 및 자동차 산업을 위한 전기 하우징, 툴링 및 프로토타입과 같은 고성능 구성품 생산에 사용된다.

3) 아크릴

아크릴은 폴리메틸 메타크릴레이트(PMMA)로도 알려져 있으며, 광학적 투명성과 자외선 저항성으로 유명한 투명한 열가소성 플라스틱이다. 뛰어난 투과율을 가지고 있으며 풍화에 대한 저항성이 매우 강하여 투명하거나 반투명한 제품에 이상적이다. 아크릴은 렌즈, 진열장, 조명 확산기 및 장식 품목과 같은 투명한 제품을 만드는 데 일반적으로 사용된다.

4) 실리콘

실리콘은 뛰어난 생체적합성과 환경 저항성을 가진 유연하고 내열성 소재이다. 광범위한 온도 범위에서 안정을 유지하며 세부적인 모양으로 성형할 수 있다. 실리콘은 의료, 식품 및 자동차 산업과 같은 응용 분야에 널리 사용된다. 이것은 금형 만들기, 의료 기기(보철물 등), 물개, 주방용품 등에 사용된다.

(4) 플라스틱 금형

플라스틱 금형(plastic metallic pattern)은 재료의 가소성· 유동성을 이용하여 복잡한 형상을 갖춘 완성도 높은 제품을 성형하기 위한 금속성의 형(型)을 말한다. 종류는 표 7.8에 나타내었으며 재료는 알루미늄합금, 구리합금, 주철 등이 있고 표 7.8에 장단점을 나타내었다,

표 7.8 플라스틱 금형 재료별 장단점

재료 종류	장점	단점
스테인리스 강	내구성 높음, 부식 방지	비용이 높음
알루미늄	가벼움, 가공이 쉬움	내구성이 낮음
구리 합금	높은 전도성, 고속 생산에 적합	비용이 상대적으로 높음
탄소강	강도와 내구성이 우수함	부식에 약하고 무거움
주철	비용이 저렴하고 대량 생산에 적합	수명이 짧고 내구성이 낮음

(5) 플라스틱 주조로 만든 일반 제품

플라스틱 주조는 다음을 포함한 광범위한 제품을 생산하는 데 사용된다.

① 보철 및 교정 용구

② 수술 도구 및 기구 하우징

③ 맞춤형 보청기 및 치과용 부품

④ 인형이나 장신구와 같은 장식품

⑤ 수지 기반 반지와 펜던트를 포함한 맞춤형 주얼리

⑥ 전자제품 보호 케이스

⑦ 대시보드 패널 및 트림 부품

⑧ 브래킷 및 하우징과 같은 경량 구성 요소

⑨ 공기역학 테스트를 위한 프로토타입

⑩ 개스킷, 씰 및 O-링

⑪ 기계 부품 및 맞춤형 인클로저

⑫ 금형 및 고정 장치와 같은 도구 보조 장치

⑬ 렌즈 및 광학 필터

⑭ LED 시스템용 광 가이드 및 디퓨저

⑮ 주조 조각품 및 부조

⑯ 정교한 디테일이 담긴 가구 구성품

⑰ 투명 또는 컬러 레진을 사용한 독특한 예술 작품

7.3.2 플라스틱 주조 공정의 종류

플라스틱 주조에는 다양한 기술이 사용되며, 각각은 다른 응용 분야와 제품 요구 사항에 적합하다. 이러한 공정을 통해 제조업체는 복잡한 디자인의 맞춤형 부품, 프로토타입 및 중소 규모 제품을 생산할 수 있다. 가장 일반적인 유형의 플라스틱 주조 공정은 다음과 같다.

(1) 진공 주조

진공 주조(vacuum molding; VM) 프로토타입에서 실리콘 몰드를 만드는 매우 정확한 프로세스이다. 3D 인쇄). 금형을 진공 상태로 두고, 액체 플라스틱을 그 안에 붓는다. 진공은 기포를 제거하여 고품질의 매끄러운 부품을 보장한다.

공통 재료로는 폴리우레탄, 실리콘, 에폭시 수지가 사용되며 응용으로는 자동차, 가전제품, 의료기기 등 세부 사항이 높은 부품의 프로토타입 제작 및 소량생산에 적합하다.

진공 주조의 장점은 다음과 같다.

① 높은 선명도와 매끄러운 표면 마감

② 얇은 벽의 부품을 생산할 수 있다.

진공 주조의 단점은 다음과 같다.

① 특정 두께 및 부품 크기로 제한됨

② 플라스틱 시트를 형성하려면 상당한 가열이 필요하다.

(2) 사출 성형

사출 성형(injection molding; IM)에서는 용융 플라스틱을 고압 하에 금형에 주입한다. 이 방법은 특히 다음에 적합하다. 대량 생산, 높은 정밀도의 부품을 빠른 속도로 생산할 수 있기 때문이다.

사용되는 재료에는 폴리에틸렌, 폴리프로필렌, 폴리스티렌과 같은 열가소성 플라스틱가 있으며 대량생산 소비재, 자동차 부품, 포장재 등에 응용된다.

사출 성형의 장점은 다음과 같다.

① 높은 생산 속도와 효율성

② 고정밀, 복잡한 부품 제작에 최적

③ 대량 생산 시 단위당 비용이 저렴함

한편 단점은 다음과 같다.

① 초기 툴링 및 설정 비용이 높음

② 주입 가능한 특정 소재에 한함

③ 소량 생산이나 맞춤 생산에는 유연성이 떨어짐

(3) 반응 사출 성형

반응 사출 성형(reaction injection molding; RIM)에서는 두 가지 이상의 액체 화학 물질을 혼합하여 금형에 주입하면 반응하여 경화된다. 사용되는 재료는 일반적으로 폴리우레탄 수지, 비닐 에스테르, 에스테르-아미드 수지, 불포화 수지, 에폭시 수지, 전통적인 복합 재료 등이 사용된다. 이것은 다양한 의료, 자동차 및 산업용에 응용된다.

반응 사출 성형의 장점은 다음과 같다.

① **디자인 유연성**: RIM을 사용하면 복잡한 세부 사항과 다양한 크기를 가진 대형 복잡한 부품을 만들 수 있다. 벽 두께에 따라서 맞춤형 구성요소에 적합하다.

② **비용 효율성**: RIM은 기존 사출 성형에 비해 금형 비용이 낮으므로 소량에서 중량 생산에 적합한 경제적인 솔루션이다.

③ **가볍고 튼튼한 부품**: RIM은 자동차, 항공우주 산업처럼 강도와 무게가 중요한 산업에 적합한 가벼우면서도 내구성 있는 부품을 생산한다.

④ **재료 효율성**: RIM은 다음을 사용하여 재료 낭비를 줄인다. 친환경 수지 지속 가능성을 위한 노력과 효율적인 재료 사용에 기여한다.

(4) 트랜스퍼 성형

트랜스퍼 성형(transfer molding; TM)은 트랜스퍼 몰딩 압축 성형과 비슷하지만, 플라스틱 재료를 가열된 금형에 주입하기 위해 이송 포트를 사용한다. 재료는 챔버에 적재되고, 그곳에서 열에 의해 부드러워진 다음 압력을 가해 금형 캐비티에 강제로 주입된다.

사용되는 재료에는 열경화성 수지와 일부 열가소성 재료가 있다. 전기 부품, 캡슐화된 전자 부품 및 복잡한 기하학적 모양의 부품에 응용된다.

트랜스퍼 성형의 장점은 다음과 같다.

① 높은 정밀도와 디테일

② 중소 규모 생산에 적합

③ 전자제품 캡슐화 또는 복잡한 모양 생성에 적합

한편 단점은 다음과 같다.

① 더 높은 툴링 및 설정 비용

② 용융 및 사출이 가능한 소재로 제한됨

③ 대량 생산에는 적합하지 않음

(5) 실리콘 몰딩

실리콘 몰딩 제품을 형성하기 위해 금형에 붓는 액상 실리콘 고무를 사용한다. 실리콘 금형은 여러 번 재사용할 수 있으므로 이 공정은 소규모에서 중규모 생산에 효율적이다.

사용되는 재료에는 일부 응용분야를 위한 액상 실리콘 고무(LSR), 고농도 고무(HCR)가 있다. 실리콘 캐스팅은 맞춤형 씰, 의료 기기, 예술 작품과 같은 세부적이고 유연한 부품을 생산하는 데 사용된다. 실리콘 몰딩의 장점은 다음과 같다.

① 실리콘의 유연성으로 인한 뛰어난 디테일 재현

② 소량생산이나 프로토타입 제작에 적합함

③ 실리콘은 복잡한 모양과 유연한 소재를 주조하는 데 이상적임

한편 단점은 다음과 같다.

① 강도와 내구성이 낮음

② 제한된 고온 저항성

③ 재료비 상승

CHAPTER

8

소성에 의한 변형가공

금속을 비롯한 고체는 일정한 힘에 의해 변형되면 원래대로 돌아가지 않는 성질이 있는 데 이를 **소성**이라 한다. 소성에 의한 변형가공은 이와 같은 소성의 성질을 이용하여 원하는 형상을 만드는 것을 의미한다.

소성가공 기술은 특히 금속과 같은 재료에 적용되어 압력을 이용해 원하는 형태로 만들어진다. 선반에 의한 절삭과 달리 절삭분이 나오지 않으며 형으로 프레스하여 동일한 형상의 부품을 대량 생산할 수 있다는 점에서 변형 가공이라 할 수 있다.

소성가공은 재료의 가소성을 활용하며, 이는 공정 중에 재료의 내부 구조가 새롭게 조정되어 강도와 형태를 개선하는 데 기여한다. 이러한 공정을 통해 자동차 부품, 건축 자재, 항공기 부품 등 다양한 산업 분야에서 필수적인 구성요소들이 제작된다.

따라서 본 장에서는 금속의 소성에 의한 변형가공의 전반적인 내용에 대해 다루기로 한다.

8.1 소성 가공의 개요

재료에 가해진 힘이 어떤 한도 이상이 되면 변형의 크기와 외력은 비례 관계에서 벗어나, 힘을 제거한 다음에도 재료에 일어났던 변형은 남게 되며 이러한 성질을 **소성**이라 하며, 이때의 변형을 **소성 변형**(plastic deformation)이라 한다.

모든 재료는 어느 한도까지는 탄성을 지니고 있지만, 그 한도를 지나면 소성을 나타내게 되며 소성을 갖고 있는 재료에 소성 변형을 일으켜, 원하는 모양의 제품을 만드는 가공 기술을 **소성 가공**(plastic working)이라 한다.

금속의 소성 가공은 범위가 매우 넓으며 단조, 압연, 드로잉, 압출 가공, 전조, 판금 가공, 프레스 가공 등이 이에 속한다(그림 8.1).

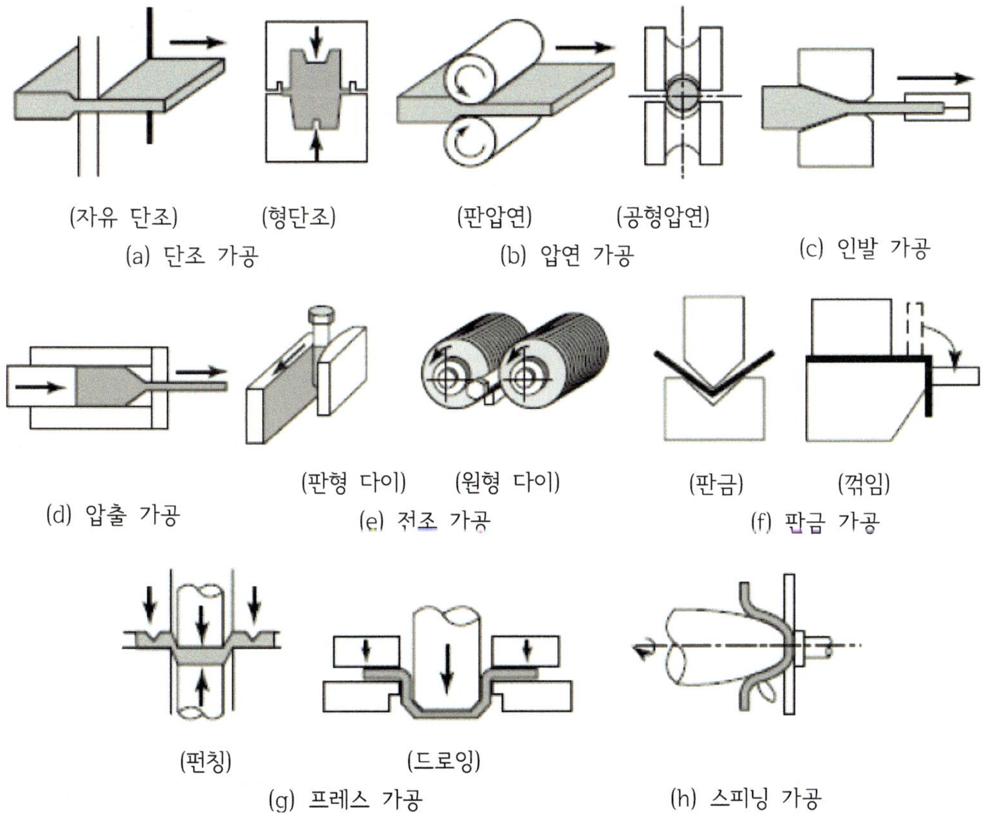

그림 8.1 주요 소성 가공법

소성가공의 특징은 다음과 같다.

① 정확한 치수의 제품을 대량 생산할 수 있다.

② 가공에 의해 조직이 개량되고 강한 성질을 가지게 할 수 있다.

③ 재료의 손실이 적고, 가공 면이 깨끗하며 균일한 품질을 얻을 수 있다.

8.1.1 소성가공의 분류

1차 가공(중간재 생산)에는 단조(정, 집게, 크랭크축 등), 압연(판, 봉, 선, 관, 형재), 인발(봉, 선, 관재), 압출(봉, 관, 형재) 등이 있으며 2차 가공(최종 소비재 생산)에는 판금프레스(전단, 굽힘: 기계, 기구, 구조물 등의 골조 및 외장 부품), 성형가공(냉간 단조: 기계구조부의 주요부품, 전조(나사, 기어, 축 등) 등이 있다.

가공 온도에 따른 소성가공 분류에는 재결정 온도가 중요한데 이 재결정 온도는 고상에서 변태를 발생하는 온도이다. 재결정 온도(표 8.1)를 중심으로 열간가공과 냉간가공으로 구분한다.

열간가공은 변형저항이 감소하여 용이한 소성가공이며 **냉간가공**은 변형저항이 커서 큰 에너지가 소요된다. 조직이 치밀해져서 기계적 물성이 향상된다.

표 8.1 재결정 온도와 융점의 관계

금속	재결정 온도[℃]	용융점[℃]	금속	재결정 온도[℃]	용융점[℃]
Fe	450	1636.5	Mg	150	650
Ni	600	1453	Zn	상온	418.5
Cu	200	1083	Sn	상온 이하	231.5
Al	150	660	Pb	상온 이하	327.4

8.1.2 소성 가공의 기초

(1) 금속의 소성변형 기구

대부분의 금속재료는 불균질 연속체인 다결정체이며, 단결정 내의 변형 기구와 다결정체의 변형 기구에 대한 이론이 있다.

주요 변형 기구로는 슬립, 쌍정, 전위, 다결정의 변화가 있다.

1) 슬립(slip)

금속결정 내부에는 미끄러지기 쉬운 면과 방향이 있다. 외부 힘이 작용하면 금속결정 내의 미끄러지기 쉬운 면과 방향을 따라 슬립이 발생하며 전체 금속이 변형한다.

그림 8.2는 판결정의 미끄럼 변형으로 (a)는 원자면에 생기는 수직응력과 전단응력을 나타냈으며 (b)는 단결정의 슬립을 나타내었다.

그림 8.3은 미끄럼에 의한 단결정 변형을 나타내었다.

(a) 원자면에 생기는 수직응력과 전단응력

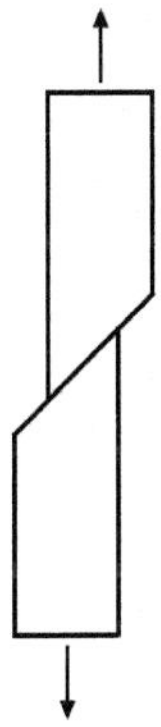

(b) 단결정의 슬립

그림 8.2 단결정의 미끄럼 변형

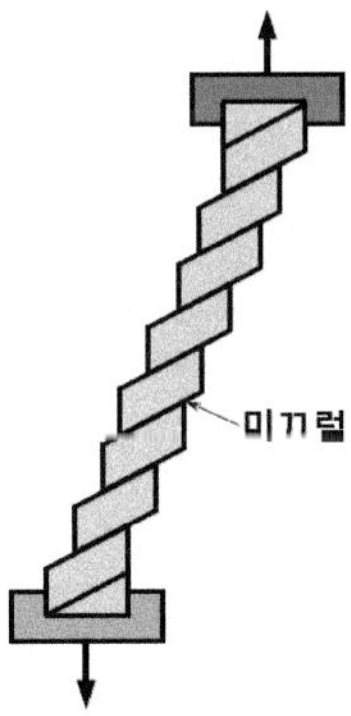

(a)

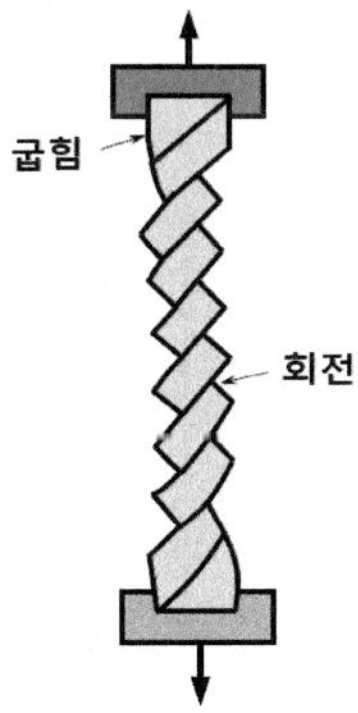

(b)

그림 8.3 미끄럼에 의한 단결정 변형

2) 쌍정(twining)

쌍정은 특정 평면을 경계로 대칭의 관계를 가지는 원자배열을 갖는 결정 부분이다. 이것은 그림 8.4 (a)와 같이 미끄럼을 동반하는 원자의 재배열에 의한 변형이다. 그림 8.4 (b)는 쌍정 변형과 슬립 변형을 비교한 것이다.

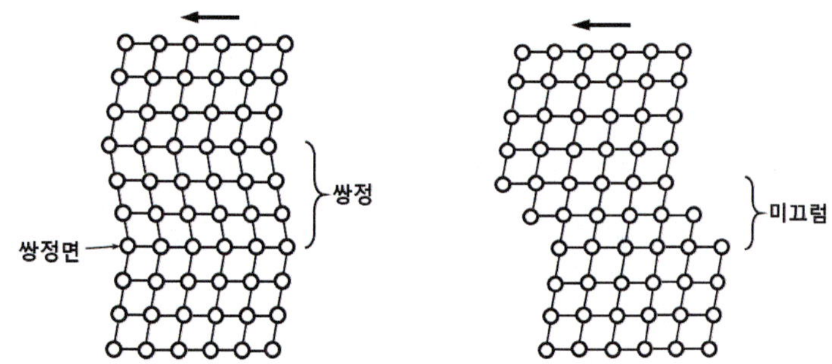

(a) 쌍정 변형　　(b) 슬립 변형

그림 8.4 쌍정과 슬립 변형의 비교

3) 전위론(dislocation theory)

이것은 결정면에서 한꺼번에 슬립이 일어나는 것이 아니고 미세한 결함에 의한 순차적인 변형이 전체 변형을 만들어낸다는 이론이다.

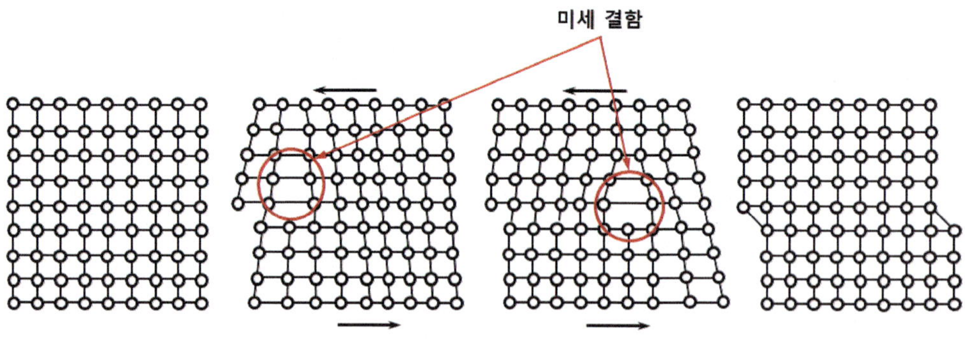

(a)　(b)　(c)　(d)

그림 8.5 전위에 의한 변형

① 전위에 의한 변형

결정 내 슬립면 전체의 원자가 변형에 가담하지 않으므로 매우 작은 힘으로도 결정 변형이 발생할 수 있다(그림 8.5). 금속의 단결정이 가진 이론적 항복응력보다 약 1/1000 정도의 낮은 응력에서도 소성변형이 발생하는 것을 잘 설명해 준다.

전위론은 실험적으로도 증명되어 광범위하게 금속의 변형을 설명하는 방법으로 사용되고 있다.

② 다결정의 변형

단결정 내의 변형과 달리 수많은 결정들이 서로 간섭 작용을 일으켜 미끄럼이 방해 받는다. 결정립이 미세하면 소성변형이 일어나기 힘들어지고 강도가 증가한다. 한쪽 방향으로 지속적인 변형을 가하면 한 방향으로 늘어선 섬유상 조직이 만들어진다.

(2) 금속재료의 가공경화와 재결정

1) 가공경화

보통 금속은 수 많은 작은 입자로 되어 있으며 외력을 받아 소성 변형할 때 입자들 간에 슬립이 생긴다. 변형이 진행되어 감에 따라 슬립에 대한 저항력이 증가하여 변형시키는 데 보다 큰 외력이 필요하다. 이와 같이 재료를 변형시키는데 변형 저항력이 증가하는 현상을 **가공경화**(work hardening) 또는 **변형경화**(strain hardening)라 한다.

가공물에 외력 P를 작용시켜 가공물의 임의 단계의 단면적 A에 대한 진응력은 이론적으로 $\sigma_t = (P/A)$와 같이 나타내지만 상온에서는 변형속도의 영향이 적고 근사적으로 다음 식을 이용한다.

$$\sigma_t = C \cdot \varepsilon_t^{\,n} \tag{8.1}$$

여기서 ε_t는 대수변형도로 $\ln(A/A_0) = \ln(1+\varepsilon_n)$, C는 소성계수, n은 가공경화지수(표 8.2)이다. $n=0$은 가공물이 가공경화되지 않은 것을 의미하며 이때 가공물은 완전 소성 상태에 있다고 말할 수 있다. 냉간 가공에서 전가공의 변형을 ε_{t1}, 그 후 가공의 변형을 ε_{t2}라 하면 일반 경화식은 다음과 같다.

$$\sigma_t = C \cdot (\varepsilon_{t1} + \varepsilon_{t2})^n \tag{8.2}$$

표 8.2 풀림 상태에서 실온, 저속에서의 소성곡선의 C와 n의 값

재료	C[kg/㎟]	n
연강	71~75	0.19~0.22
60/40황동	99	0.46
65/35황동	76~82	0.39~0.44
인청동	110	0.22
인청동	89	0.52
은(저온 풀림)	47	0.31
동	42~46	0.27~0.34
두랄루민	32~38	0.12~0.13
알루미늄	16~21	0.25~0.27

냉간가공을 계속하면 가공경화가 발생하여 더 이상의 냉간가공이 불가능하여진다. 일정 온도 이상으로 가열하여 가공경화에 의해 높아진 강도와 경도를 저하시키고 연성을 회복하는 작업이 필요하다.

비교적 낮은 온도로 가열하여 재결정과 관계없이 물리적, 기계적 성질의 변화를 일으키는 과정을 **회복**(recovery)이라 한다.

2) 재결정

가공 경화된 금속재료를 어느 온도 이상으로 가열하면 그림 8.6과 같이 고상에서 새로운 결정의 핵이 발생하고 성장하여 새로운 조직을 만든다. 이렇게 새로운 결정을 **재결정**(recrystallization)이라 한다. 이를 상온상태로 온도를 낮추면 가공경화가 모두 풀어지고 강도와 연신율 등의 성질이 가공이 일어나기 전의 상태로 만들어진다(그림 8.7).

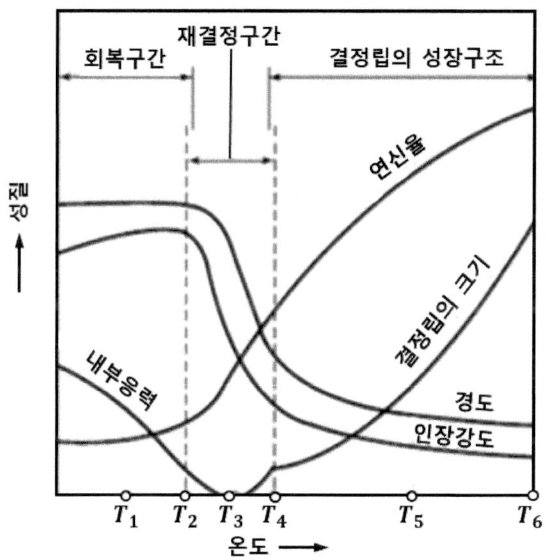

그림 8.6 재결정 온도

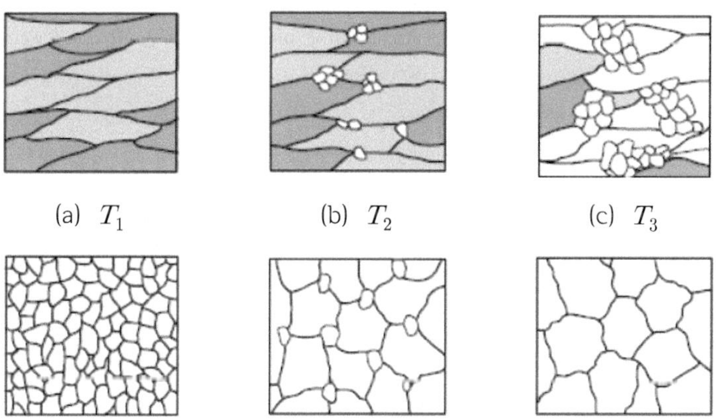

(a) T_1 (b) T_2 (c) T_3

(d) T_4 (e) T_5 (f) T_6

그림 8.7 그림 8.6의 온도에 따른 상태 변화

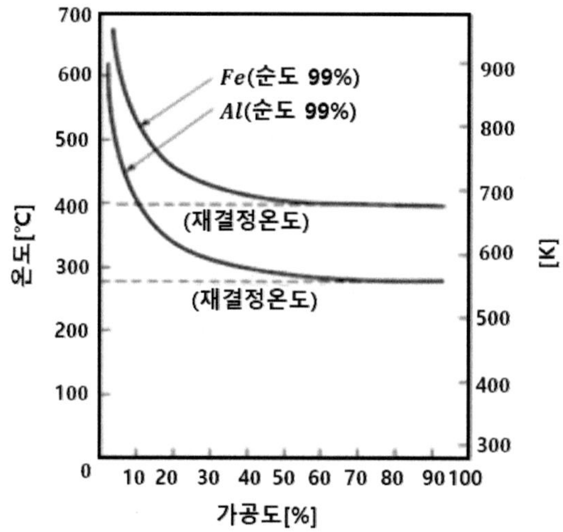

그림 8.8 재결정의 완료 온도와 가공도에 의한 변화 관계

가공도를 고려하지 않은 재결정온도는 1시간의 풀림으로 100% 재결정되는 온도이며 비교적 높은 가공도의 경우에 해당한다(그림 8.8). 실제의 재결정 현상은 가공도에 따라 다른 온도에서 나타난다.

(3) 가공력과 일

소성가공 과정의 역학적 해석은 실제 관찰 현상에 접근시킬수록 복잡해진다. 여기에서는 단축 인장을 받아 균일 변형을 하는 경우를 설명한다. 필요한 외력(P)은 재료의 항복응력(ρ_y)과 그 단면적(A)인 곱으로 표시된다. 즉, 다음과 같다.

$$P = \sigma_y \cdot A \tag{8.3}$$

비경화성 재료라 하면 $n = 0$이므로 $\sigma_y = C\varepsilon^n = C$가 되어 일정하다. 체적변화를 무시하면 $Al = A_0 l_0 = V_0$가 된다. 따라서 $P = \sigma_y A = CA = C(V_0/l)$이다.

인장의 경우에서는 항복강도에 달할 때 최대 장력이 발생하며 시편이 2배로 신연(distraction)하면 단면적은 1/2이 되어 인장력은 1/2가 된다. 또한, 압축의 경우에는 시편이 1/2로 압축되면 단면적이 2배로 되어 압축력은 2배가 된다. 변형 고정 중의 탄성변형에 대한 일량은 적으며 이를 무시하면 일량 W는 다음과 같다.

$$W = \int_{l_0}^{l} Pdl = CV_0 \int_{l_0}^{l} \frac{dl}{l} = CV_0 \ln\left(\frac{l}{l_0}\right) \tag{8.4}$$

인장의 경우는 $l = 2l_0$라 하면 다음과 같이 된다.

$$W_t = CV_0 \ln\left(\frac{2l_0}{l_0}\right) = 0.694\,CV_0 \tag{8.5}$$

압축의 경우는 $l = 1/2(l_0)$라 하면 다음과 같이 된다.

$$W_c = CV_0 \ln\left(\frac{l_0}{2l_0}\right) = -\,0.694\,CV_0 \tag{8.6}$$

이상과 같이 진변형률의 절대값이 같으면 압축과 인장의 일량은 같다.

가공경화성 재료에서 $\sigma_y = C\varepsilon_t^n$이므로 $P = C{\varepsilon_t}^n A$이고 $Al = V_0$이므로 $P = C(V_0/l){\varepsilon_t}^n$이며 이것은 체적변화를 무시한 것이다. 단위 체적의 재료를 변형시키는 데 필요한 일량은 그림 8.9에서와 같이 응력 변형도 곡선 하의 빗금친 면적과 같으므로 체적 V_0인 재료의 소성변형에 대한 일은 다음과 같다.

$$W = V_0 \int_{\varepsilon_y}^{\varepsilon_m} \sigma_y d\varepsilon = CV_0 \int_{\varepsilon_y}^{\varepsilon_m} {\varepsilon_t}^n d\varepsilon = CV_0 \frac{{\varepsilon_m}^{n+1}}{n+1} \tag{8.7}$$

여기서 ε_y는 재료의 최소대수 변형(=0)이고 ε_m은 재료의 최대대수 변형이다.

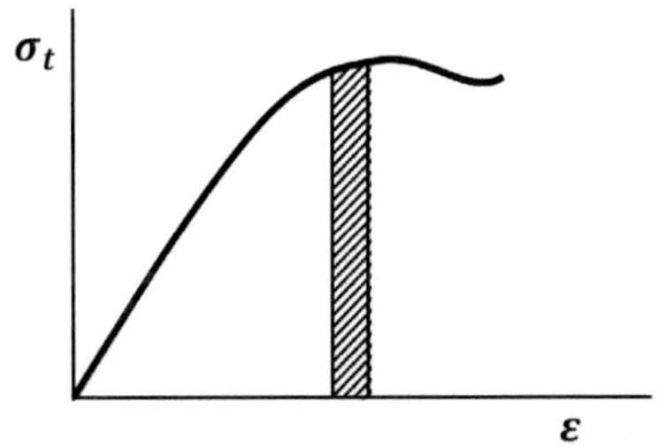

그림 8.9 응력 변형도 곡선

(4) 소성가공의 영향과 변화

소성 가공으로 인한 영향과 변화는 다음과 같다.

1) 잔류응력의 발생

- 외부에서 힘을 받아서 발생
- 가열과 냉각에 의한 열응력에 의해 발생

2) 금속의 파괴

- 국부적인 균열이 전체적인 파괴로 연결됨

3) 기계적 성질 변화

- 가공경화: 강도, 경도 증가, 연신율 감소
- 가공에 의한 공공의 증가로 부피 증가(밀도 감소)
- 공공의 증가로 자유전자 이동을 방해하여 전기저항 증가

4) 강의 산화와 탈탄

- 열간 가공이나 열처리 할 때, 강의 표면이 산화되거나 탄소의 이탈로 기계적 성질 변화로 거친 표면, 산화층의 미세한 균열이 생긴다.
- 스케일 제거는 산화피막에 의해 생긴 스케일은 쇼트 블라스트나 샌드 블라스트로 제거하며 황산 수용액이나 염산 수용액을 사용하여 세척하기도 한다.

8.2 부피 성형 가공

8.2.1 단조 가공

금속 재료를 적당한 온도로 가열한 다음 외력을 가하여 필요한 모양과 치수로 가압, 성형하여 소재 또는 제품을 만드는 소성 가공법을 **단조**(forging)라 한다.

단조는 금속 가공법 중에서 가장 오래된 공작법이며 간단한 단조 작업은 전통적으로 대장간에서 해 온 것처럼 무거운 손 해머와 앤빌(anvil)을 사용하여 작업하지만 현대화된 단조 작업에서는 다이 세트, 단조용 프레스나 기계 해머를 사용하여 균질의 제품을 대량 생산한다.

단조용 재료는 급격한 가공 하중을 받아도 소성 변형이 잘 되는 것이어야 하고 단조에 적합한 재료의 성질을 가단성이라 하며, 철, 구리, 알루미늄 등 특히 순도가 높은 것은 가단성이 커서 단조하기 쉽다.

기계 재료는 강도, 가격 또는 제품에 요구되는 각종 조건을 만족하여야 되므로, 가단성은 다소 떨어지더라도 알맞은 기계적 성질을 가진 것을 사용한다. 또한 기계 부품으로는 비철금속보다 철강 재료가 많이 사용된다.

단조 작업을 통하여 금속 재료의 조직이 개선될 수 있으므로, 단조품은 우수한 강도와 인성을 갖게 되며 일반적인 기계용 단조품에는 커넥팅 로드, 터빈의 축, 기어, 공구 및 철도와 수송 기계의 구조용 부품 등이 있다.

(1) 단조 가공의 분류

단조 가공에는 그림 8.10과 같이 열간 단조와 냉간 단조로 크게 분류한다.

열간 단조에는 해머 단조(hammer forging ; 자유단조), 프레스 단조(형단조), 업세터 단조, 회전형 단조가 있다.

냉간 단조의 종류에는 헤딩, 코이닝, 스웨이징이 있다. 헤딩은 볼트 머리, 리벳 등을 만드는 작업이며 코이닝은 눌러서 표면에 무늬를 새기는 작업이다. 한편 스웨이징은 파이프의 지름 축소 작업이다.

단조할 수 있는 재료는 항복점이 낮고 연신율이 큰 재료, 즉 탄소강, 특수강, 구리합금, 경합금을 사용한다. 반면에 단조 불가 재료는 주철이다.

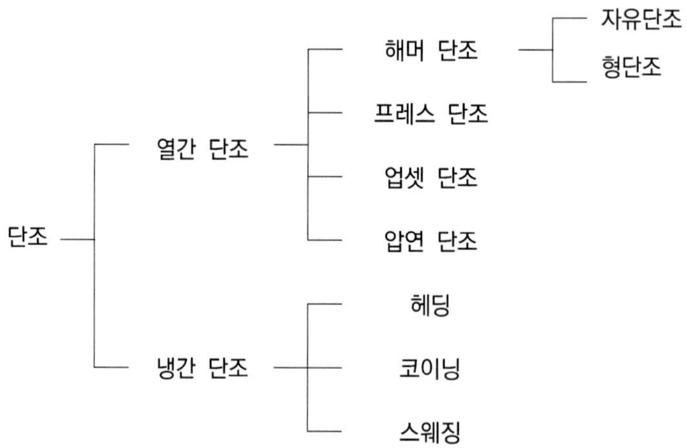

그림 8.10 단조 가공의 분류

(2) 단조 가공의 특징

단조의 기본 작업에는 그림 8.11과 같이 업세팅(upsetting), 늘이기, 단 만들기, 굽히기, 비틀기, 자르기, 구멍 뚫기, 단접 등이 있으며 이러한 작업은 실제의 변형 과정에 대한 것이고 단독으로 실시하기도 하고 이들을 조합하여 실시하기도 한다.

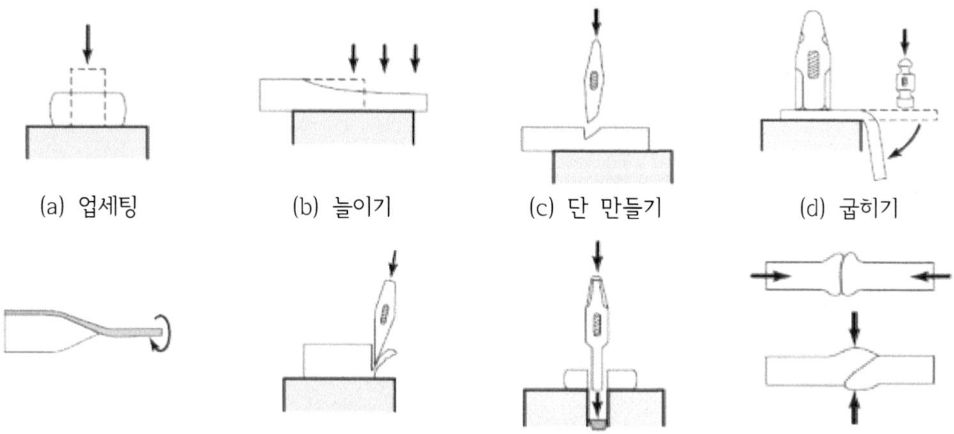

그림 8.11 단조의 기본 작업

이러한 단조 가공의 특징은 다음과 같다.

① 단조의 특징은 강철 등을 가열하여 해머와 같은 단조 기계로 때려서 원하는 모양으로 가공하는 작업으로 재료 내부에 주조에서 생긴 기포나 불순물이 제거되거나 압착되며, 거칠고 큰 결정 입자는 파괴되어 미세하고 치밀하며 강한 조직으로 된다.

② 기계 부품 중 중요한 기계요소는 단조 가공법에 의해 가공되고 있고 그림 8.12 (a)와 같이 크랭크축을 단조 가공한 것과 그림 8.12 (b)와 같이 절삭 가공한 제품의 단면을 비교한 것이며 단조 가공을 실시하면 결정 조직을 균일화하는 효과가 있다.

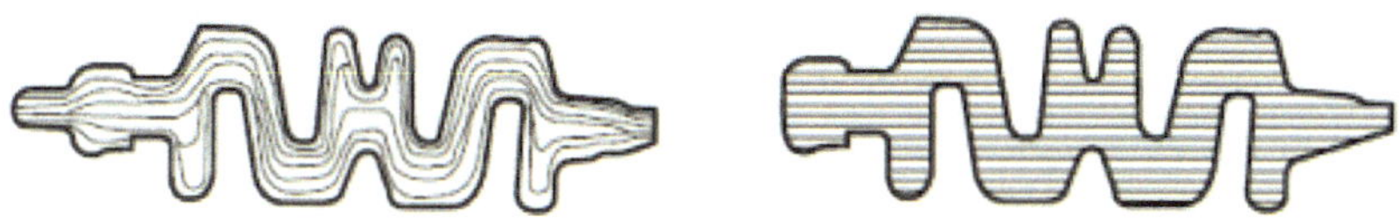

(a) 단조품 (b) 절삭 가공품

그림 8.12 단조품과 절삭 가공품과의 단면

(3) 단조 온도와 가열 온도

금속 재료는 일반적으로 온도가 높을수록 단조성이 커져서 단조 가공이 쉬워진다. 단조 온도에는 최고 가열 온도와 단조 종료 온도가 중요하며 재료를 가열할 때 최고가열 온도가 지나쳐서 과열되면 재료의 표면 부분에 부분적인 탈탄과 연소 또는 조대한 조직상이 나타난다. 이에 따라 재료는 약해지고 균열이 생기고 단조가 불가능하게 되거나 단조 결함의 원인이 된다(표 8.3).

표 8.3 재료에 따른 단조 온도

재료	최고 단조 온도[℃]	단조 완료 온도[℃]	재료	최고 단조 온도[℃]	단조 완료 온두[℃]
탄소강(0.1%C)	1352	750	크롬강(13%C)	1280	850
탄소강(0.3%C)	1290	790	스테인리스강(18-8)	1300	850
탄소강(0.5%C)	1250	820	고속도강	1200	1000
탄소강(0.7%C)	1170	850	전기동	870	760
탄소강(0.9%C)	1120	900	4:6황동	790	620
니켈강(0.1%Ni)	1250	850	알루미늄 청동	870	690
니켈크롬강(3%)	1250	800	인청동	800	650
크롬-바나듐강	1250	850	단조용 알루미늄 합금	450	360

(4) 단조 방법

1) 자유단조

자유단조(open-die forging)은 가장 간단한 단조공정으로 소재를 2개의 평금형 사이에 올려 놓고 압축하여 높이를 감소시키는 것이다. 금형의 진행방향에 대해 수직으로 소재의 유동이 이루어지는 경우의 작업은 **업세팅**(upsetting)이라고도 한다. 금형 표면에는 원추형이나 곡면부와 같은 간단한 공동부를 만들어 단순한 모양의 단조품을 만들 수 있다. 그림 8.13은 자유단조의 개략도를 나타낸 것이다.

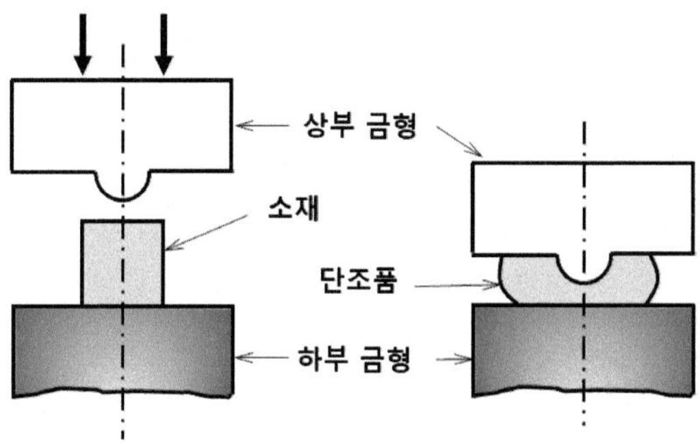

그림 8.13 자유단조의 개략도

자유단조로 인한 소성변형 중에는 체적이 일정하게 유지되므로 소재의 높이가 감소하면 지름이 늘어나게 된다. 높이가 h_0인 소재를 압축하여 h_1으로 감소시키는 경우, 자유단조의 정도를 나타내는 높이 감소율은 다음과 같다.

$$\text{높이 감소율} = \frac{h_0 - h_1}{h_0} \times 100\% \tag{8.8}$$

단조 방향, 즉 높이 방향으로의 변형률은 다음과 같다.

$$\varepsilon_1 = \ln\left(\frac{h_1}{h_0}\right) \tag{8.9}$$

상하 금형의 상대속도를 v라 하면 다음과 같은 변형률 속도가 생긴다.

$$\dot{\varepsilon}_1 = -\frac{v}{h_1} \tag{8.10}$$

소재의 높이가 아주 작아지면 진변형률 속도는 급격하게 증가한다.

2) 형단조

제품의 모양을 반대로 조각한 금형 사이에 소재를 압축하여 성형하는 단조법을 **형단조**(closed-die forging)라 하며 주로 열간 가공에 이용되고 금형에 의한 구속은 정도에 따라 그림 8.14와 같이 개방형, 반밀폐형, 밀폐형 세 형식이 있다.

개방형은 형에 의한 구속이 비교적 적어 자유 단조에 가까우나 이용에 한계가 있다. 또한, 밀폐형은 가압 시에 잉여 재료를 수용할 곳이 없어서 형 내의 압력이 지나치게 높아진다. 따라서 일반적으로 사용되고 있는 형단조에는 반밀폐형이 사용되며 단조되는 동안 재료의 일부는 밖으로 유동되어 플래시를 형성한다. 플래시는 길이대 두께비가 크므로 높은 압력을 받고 플래시 간극에서 재료 유동에 대한 마찰저항 또한 높게 된다. 마찰이 크면 금형 공동부에 있는 재료에 높은 압력을 가하여 금형공동부를 충전시킬 수 있도록 해주므로 플래시는 형단조시 재료의 유동에 있어서 매우 중요한 역할을 한다. 또한, 열간에서 가공할 때는 두께가 얇은 플래시는 몸체부보다 빨리 냉각되므로 변형에 대한 저항이 커져서 금형공동부를 잘 채울 수 있도록 해준다.

형단조에서는 하중을 계산하기가 어려우므로 표 8.4에 나타낸 것처럼 압력배수인자(pressure-multiplying factor) K_p를 사용한다.

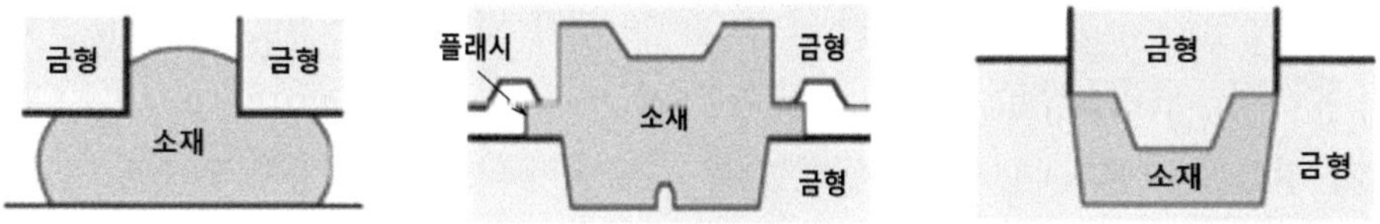

(a) 개방형 (b) 반밀폐형 (c) 밀폐형

그림 8.14 형단조의 형식

표 8.4 형단조 하중계산에 사용되는 압력배수인자 K_p

단순한 형상, 플래시가 없는 경우	3~5
단순한 형상, 플래시가 있는 경우	5~8
복잡한 형상, 플래시가 있는 경우	8~12

플래시를 포함한 단조품의 투영단면적을 A, 재료가 겪는 변형률 및 변형률속도에서의 유동응력 Y_f라 할 때 단조하중 F는 다음 식으로 계산한다.

$$F = K_p Y_f A \tag{8.11}$$

8.2.2 압연 가공

소성변형이 비교적 잘 되는 금속 재료를 상온 또는 고온에서 회전하는 롤 사이로 통과시켜, 판재, 형재, 관재 등의 소재를 만드는 가공법을 **압연**(rolling)이라 한다.

압연 가공은 변형이 연속적으로 이루어지므로, 치수와 재질이 균일한 제품을 다량으로 얻을 수 있고 생산비도 적게 들어 금속 가공법 중에서 2차 가공의 소재가 되는 판재, 형재, 봉재, 선재 및 관재 등은 대부분이 압연 가공에 의해 제조한다.

(1) 열간 압연과 냉간 압연

금속의 압연은 재결정 온도 이상에서 작업하는 열간 압연(hot rolling)과 재결정 온도 이하에서 작업하는 냉간 압연(cold rolling)으로 크게 나눌 수 있다.

열간 압연은 치수가 큰 재료를 압연할 때 많이 사용되는 것으로, 주조 조직도 개선 할 수 있고 기계적 성질도 향상시킬 수 있으며 변형이 잘 되어 가공에 소요되는 동력도 적게 드는 장점을 가지고 있다.

냉간 압연은 일반적으로 화씨 60도에서 80도 사이인 실온 또는 그 근처에서 롤을 사용하는 철강 제조에 사용되는 공정이다. 이 과정에서 강철은 압축되고 늘어나며 이는 경도, 강도 및 모양에 영향을 미친다. 냉간 압연은 열간 압연보다 더 매끄러운 표면을 생성하므로 제조업체는 정확한 모양과 크기의 강철을 생산할 수 있다. 이 공정은 0.005~0.500인치 두께 범위의 강철을 생산할 수 있으며 자동차 및 건설 산업에서 매우 널리 사용된다.

(2) 압연에 의한 결정 및 조직 변화

1) 결정립의 변화

모든 금속 재료는 고체 상태에서 일정한 원자 배열을 하고 있는 결정체이며 실제 금속 재료의 조직은 결정립이 많이 모여 다결정 조직이 된다. 이러한 조직을 가지는 금속 재료를 압연하면 결정격자의 일부가 결정면에 따라 이동해서 슬립(slip)을 일으키고 이 슬립은 원자가 가장 밀집되어 있는 격자 면에서 우선적으로 일어나는데 이 면을 **슬립면**이라 한다.

2) 조직 변화

압연할 때 재료의 조직은 가공 온도에 따라 달라지는데, 열간 가공에서는 압연 과정에서 늘어난 결정립이 바로 회복되어 재결정 입자의 성장을 일으켜 결정립이 조대화 되므로 계속해서 압연할 수 있다(그림 8.15). 가공을 끝내는 온도, 즉 마무리 온도에 따라 결정립의 크기는 달라지며 마무리 온도가 낮을수록 결정립은 미세화되고 냉간 가공에서는 재료의 조직이 변형률(가공도)에 따라 섬유상 조직이 다르게 나타난다. 이와 같이, 재료가 섬유상 조직이 되면 여러 가지 성질이 달라진다.

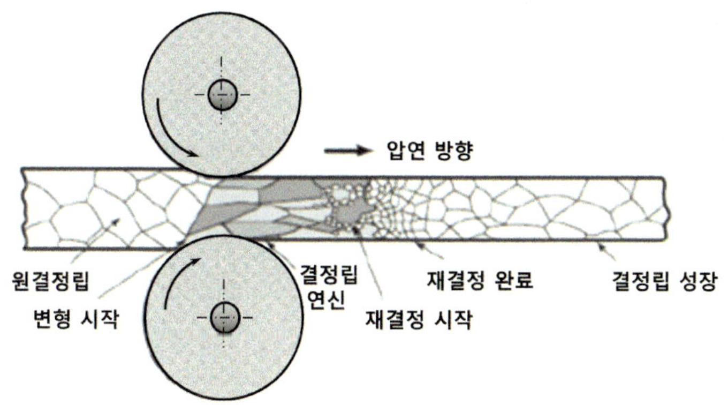

그림 8.15 조직의 변화

(3) 압연 방식

1) 판재 압연

판재 압연에는 균일한 두께의 제품을 얻기 위하여 4단식 압연기가 많이 사용한다. 넓은 박판을 연속적으로 압연할 경우에는 열연 압연기와 냉연 압연기를 병용하여 사용한다.

제품의 두께에 따라 박판과 중 후판으로 나누며 또한 제조 방법에 따라 열간 압연 강판과 냉간 압연 강판으로 구분한다.

2) 형재 압연

형재는 압연품의 길이가 단면에 비하여 현저하게 긴 재료로 몇 대의 공형 롤 압연기를 통하여 단면 형상으로 성형 압연한다.

현재 압연은 ㄱ형강, ㄷ형강, H형강, 시트 파일(sheet pile), 펜스 포스트(fence post), 레일강(rail steel) 등을 제작하는 공형 압연법 및 유니버셜 압연법이 있다.

3) 봉, 선 압연

봉, 선이란 봉강과 선재를 총합한 이름이다. 봉강(bar)은 길게 늘인 봉상의 형강으로 단면의 형상에 따라 원형강, 평강, 사각강 등이 있으며 기계부품인 축, 볼트, 너트, 스프릿 등의 소재와 철근 콘크리트의 보강재로 사용한다.

선재(rod)는 보통 5~15 ㎜의 원형 단면의 것으로 열간 압연 후는 코일 상으로 말아서 출하하며 못, 철선, 와이어로프, 피아노선, 케이블, 나사, 볼트 등의 소재로 사용한다.

8.2.3 압출 가공

(1) 개요

1) 정의

알루미늄, 동, 아연 합금 등과 같이 소성이 큰 재료의 빌렛(billet)을 압출 컨테이너에 넣고 램(ram)으로 압력을 가하여 다이의 구멍으로 밀어 내면, 단면이 일정한 각종 형상의 단면재와 관재 및 선재 등의 제품을 만들 수 있다(그림 8.16). 이 가공법을 **압출 가공**(Extrusion)이라 한다.

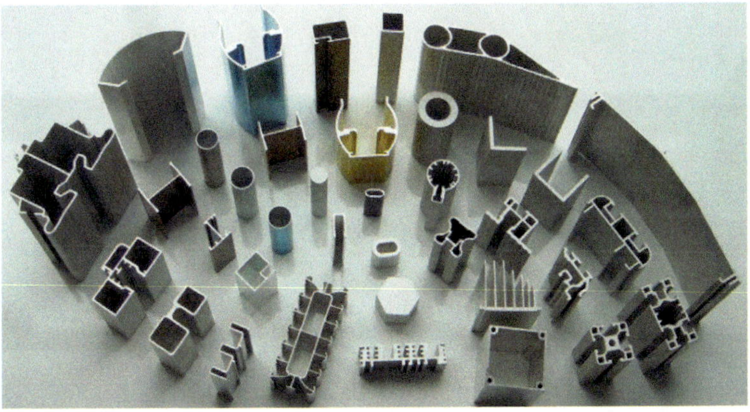

그림 8.16 압출 가공품

2) 압출 가공 원리

그림 8.17과 같이 빌렛(billet)을 강도가 충분히 큰 용기 속에 넣어 플런저로 누르면 소재는 다이 구멍으로부터 압출되어 제품 봉재가 나오게 된다. 소재와 플런저 사이에는 가압판을 두어 플런저의 손상을 방지한다. 다이 구멍은 2개 이상일 수도 있고 관재를 압출할 수도 있다.

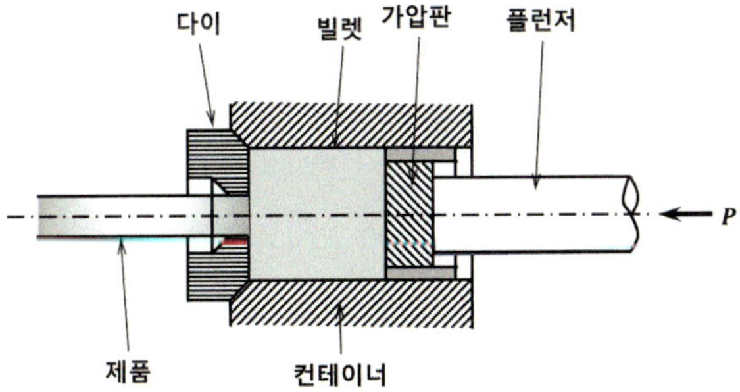

그림 8.17 압출의 원리

(2) 압출의 분류

1) 온도에 따른 구분

① 냉간 압출

냉간 압출은 상온 또는 재결정온도 이하에서 압출하는 방법이다. Pb, Sn, Zn, Al, Mg, Cu 등 변형저항이 작은 재료는 냉간압출로 바로 성형된다. 보통 Ni-Cr강을 적용하고(컨테이너, 플런저, 압판) 다이와 맨드릴은 Cr-W강을 적용한다.

냉간 압출의 특징은 다음과 같다.

① 변형 및 마찰로 인한 발생열로 재결정이 일어나지 않는 한 가공경화로 기계적 성질이 개선된다.

② 가공오차 조절이 용이하다. 이것은 후처리(절삭 또는 마무리작업)의 필요성을 줄여준다.

③ 산화막이 생기지 않는다.

④ 생산속도가 높고 비교적 가공비가 염가이다.

⑤ 압출에 필요한 에너지가 많이 발생한다.

② 열간 압출

열간 압출은 재결정온도 이상에서 압출하는 방법이다. 변형저항이 큰 철강재는 열간압출을 한다. 공구가 밀폐식이고 발열도 크기 때문에 내열공구강을 적용해야 한다. 공구는 보통 크롬텅스텐강 또는 초경합금이 적용된다.

열간 압출의 특징은 다음과 같다.

① 상대적으로 압출에 필요한 에너지가 적게 발생한다(소성이 커져 압출 압력이 감소함).

② 다이의 온도가 상승하고 윤활이 곤란하다.

2) 압출 방법에 따른 구분

① 전방 압출

전방 압출은 그림 8.18과 같이 플런저(램)의 전진방향으로 제품이 나오는 압출이다. 즉, 플런저의 진행방향과 제품의 진행방향이 동일하다.

빌렛 외벽이 컨테이너 내벽과 마찰을 일으키며 이동한다. 소비 동력은 후방 압출보다 높다(빌렛과 컨테이너 사이 마찰).

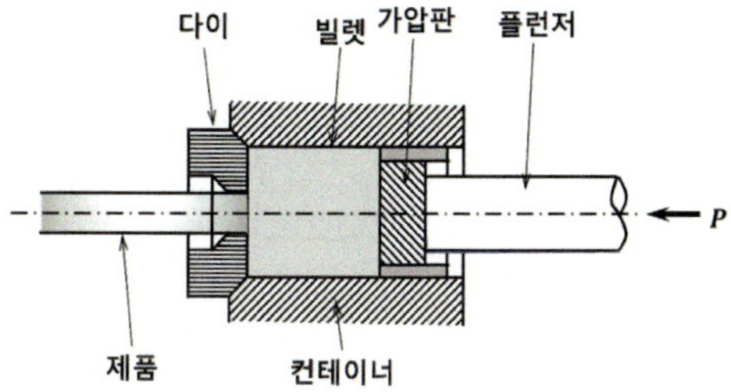

그림 8.18 전방 압출 개략도

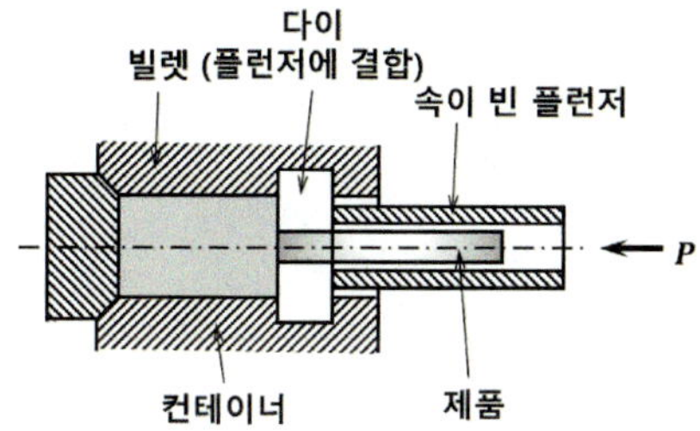

그림 8.19 후방 압출 개략도

② 후방 압출

후방 압출은 그림 8.19와 같이 플런저(램)의 전진방향과 반대방향으로 제품이 나오는 압출이다. 즉, 플런저의 진행방향과 제품의 진행방향이 반대이다.

동력 소비가 전방 압출보다 작다(빌렛과 컨테이너 사이 마찰이 압출력에 추가되지 않음). 긴 제품에 대한 압출장치의 기구가 어려워진다(플런저 사이로 통과). 그리고 빌렛 외벽의 산화피막이 제품표면에 붙을 수 있다.

③ 정수압 압출

정수압 압출은 그림 8.20과 같이 밀폐된 컨테이너 안에서 압력매체에 의해 소재와 금형 간의 마찰을 최소한으로 줄이면서 빌렛을 압출하는 공정이다. 빌렛은 액상 매체(유체)에 의해 모든 방향에서 같은 압력을 받는다. 빌렛의 크기, 액상 매체의 특성, 압출 다이의 형상과 크기에 좌우되는 임계압력에 도달할 때 압출이 시작된다.

공정 중 마찰력은 현저하게 감소되고 따라서 대부분의 에너지가 마찰열로 변환되는 것이 아니라 빌렛에 전달되기 때문에 성형 하중이 감소한다. 그리고 이것은 상온이나 열간에서 수행될 수 있다.

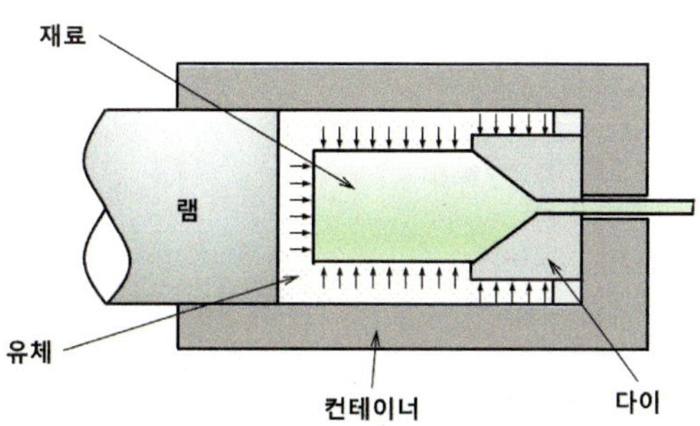

그림 8.20 정수압 압출 개략도

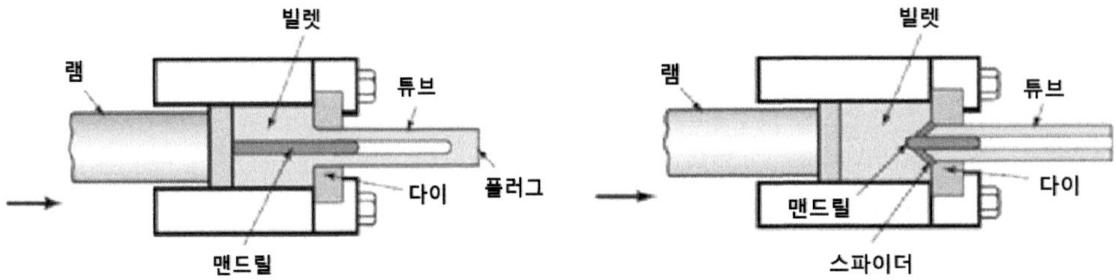

(a) 중공 소재로부터 직접 압출 (b) 맨드릴과 다이 사이로 간접 압출

그림 8.21 관재 압출의 방법

④ 관재 압출

관재 압출은 속이 비어 있는 제품인 관을 압출 제조할 때에는 처음부터 구멍이 있는 빌릿을 사용할 때에는 램의 끝에 맨드릴을 붙여서, 맨드릴과 다이 사이의 간격이 관의 두께를 결정하는 압출하는 방법이다(그림 8.21 (a)).

속이 찬 빌렛을 사용할 경우 스파이더(spider)가 있는 맨드릴(mandrel)을 사용하여 램을 소재에 밀어 넣어 소재를 맨드릴과 컨테이너 사이로 간접 압출하는 방법이다(그림 8.21 (b)).

⑤ 충격 압출

크랭크 프레스와 같이 충격적인 힘을 가할 수 있는 기계를 사용하여 속이 빈 짧은 컨테이너를 만드는 압출 방법을 **충격 압출**(impact extrusion)이라 하며(그림 8.22), 보통 냉간 가공으로 한다. 많이 사용되고 있는 얇은 원통 용기의 충격 압출은 납, 주석, 아연, 알루미늄, 구리 및 그 합금으로부터 여러 가지 튜브, 전기 기기, 카메라 부품 등을 제조하는 데 이용한다.

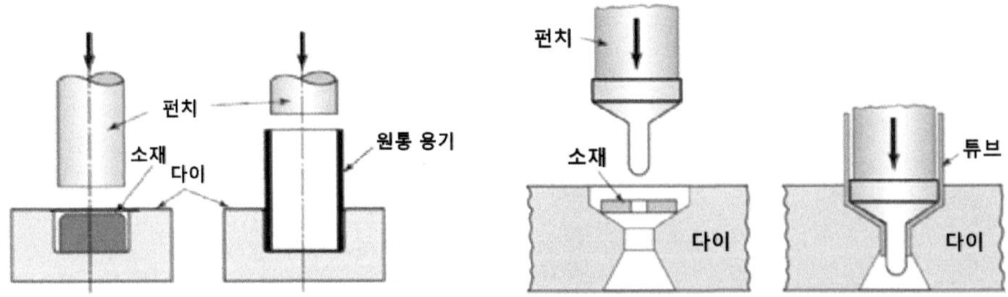

(a) 원통 용기의 충격 압출 (b) 튜브의 충격 압출

(c) 충격 압출 제품

그림 8.22 충격 압출의 예

⑥ 연속 압출

기존 압출은 유한한 길이의 빌렛을 유한한 길이의 제품으로 변환하는 불연속 공정이다. 반면에 **연속 압출**은 미는 힘이 이송 소재의 뒤보다 주위에 작용하여 연속적으로 압출을 하는 공정이다.

연속 이송 소재는 홈이 있는 숫돌에 삽입되고 대응하는 다이, 슈(shoe)와의 마찰에 의해 전진한다. 표면 마찰이 추진력으로 작용하며 튀어나온 받침대(abutment)에 충돌하면 용기 모양에 맞게 업셋되어 압력이 증가하면서 다이 구멍으로 압출된다(그림 8.23).

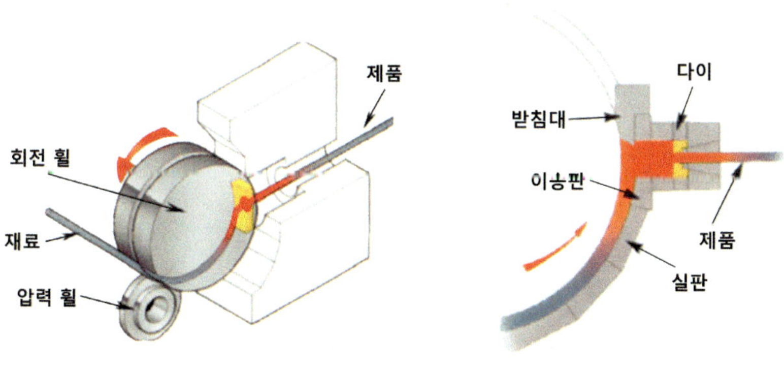

(a) (b)

그림 8.23 연속 압출 개략도

(3) 압출 가공의 결함

압출 가공의 결함 원인과 대책을 표 8.5에 나타내었다.

표 8.5 압출 가공의 결함 원인과 대책

구분	원인	대책
표면 균열	압출시 온도, 마찰, 속도 등이 너무 높을 때 발생(표면 온도가 급격히 증가, 적열취성에 의해 발생)	Al, Mg, Zn합금 등에 잘 발생, 소재온도와 가공속도를 낮춤
파이프 결함	깔대기형 다이 안에 금속 유동양상에 의해 표면의 산화물이나 불순물이 중심부로 끌어들여져 발생하는 결함	결함 부분은 잘라서 버리고 금속 유동을 균일하게 하며 온도구배를 완만하게 함
내부 균열	소재의 중심선을 따라 발생하는 인장력에 의해 발생(다이각이 클수록 증가, 소재에 불순물이 많을수록 증가, 압출비와 마찰이 작을수록 증가)	두 소성변형 영역이 만나지 않으면 발생함(소성 변형이 만나게 해야 함→단면감소율을 증대시키고 다이각을 감소시킴)

8.2.4 인발 가공

다이(die)의 구멍보다 큰 일정한 단면의 소재를 구멍의 크기와 모양으로 줄이는 가공법을 **인발**(drawing)이라 하며, 압출은 압출력에 의한 소성 변형인데, 이에 비하여 인발은 다이의 바깥쪽에서 작용하는 인장력(tensile force)으로 소재를 변형 가공하게 된다. 그림 8.24는 다이의 종류이다.

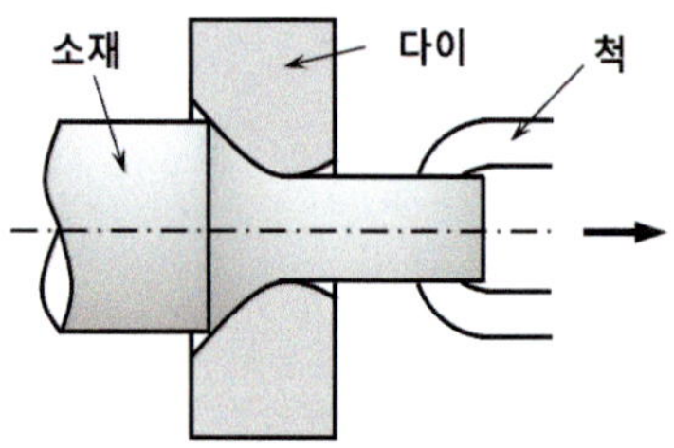

(a) 곡면 다이

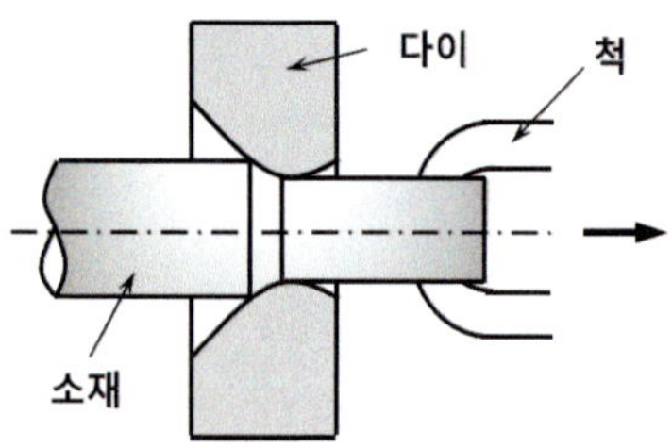

(b) 직선 다이

그림 8.24 다이의 종류

압출과 인발에 의해 가공되는 제품의 종류는 유사하지만, 가해지는 힘의 작용 방법은 다르고 인발은 강선, 송전선, 케이블선 등과 같이 가늘고 긴 선의 제조와 길지는 않으나 정밀 나사, 스플릿, 전자 기기에 사용되는 소재의 제조에 사용한다.

(1) 인발 가공 다이(Die)와 설비

1) 드로잉 다이

드로잉 다이의 구성은 그림 8.25와 같이 보통 재료의 입구에 맞닿는 도입부, 재료의 단면을 감소시키는 안내부, 가공재의 치수를 정확하게 가공하는 정형부, 가공재가 나가는 출구부 등 4개의 부분으로 구성한다.

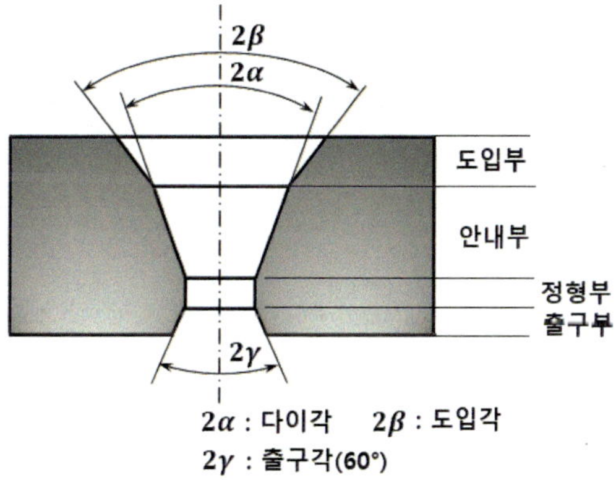

그림 8.25 드로잉 다이의 구성

2) 와이어 드로잉 머신

지름 5 ㎜ 이하의 선을 뽑는 데 사용되는 인발 기계를 와이어 드로잉 머신(wire drawing machine)이라 한다. 와이어 드로잉 머신에는 단식과 연속식이 있으며, 또한 드럼축의 방향에 따라 수평식과 직립식이 있다.

3) 드로잉 벤치

일정한 치수의 다이와 가공 맨드릴(mandrel)을 사용하여 관재 또는 봉재를 드로잉하는 설비를 **드로잉 벤치**(drawing bench)라 한다. 드로잉 재료의 끝 부분을 잡아당기기 위해 고정하는 그리퍼(gripper)가 달린 드로잉 헤드(드로잉 차)가 프레임 상면을 따라서 이동할 수 있게 되어 있으며, 드로잉 작업에는 동력이 사용된다.

8.2.5 전조 가공

소재나 공구를 양쪽으로 회전시켜 공구의 표면과 동일한 형상을 소재에 각인하는 방법을 **전조 가공**(roll forming)이라 한다. 즉, 소재와 공구를 함께 회전시켜 소재에 공구의 표면 형상을 새기는 가공이다.

전조는 냉간가공으로서 원통 롤, 볼, 링, 나사, 기어, 스플라인 축, 냉각 핀이 붙은 관 등을 제조할 때 사용된다.

전조 가공은 다양한 형태로 이루어질 수 있으며, 대표적으로 나사 전조(thread rolling; 그림 8.26), 기어 전조(gear rolling; 그림 8.27), 볼 전조(ball rolling; 그림 8.28)가 있다.

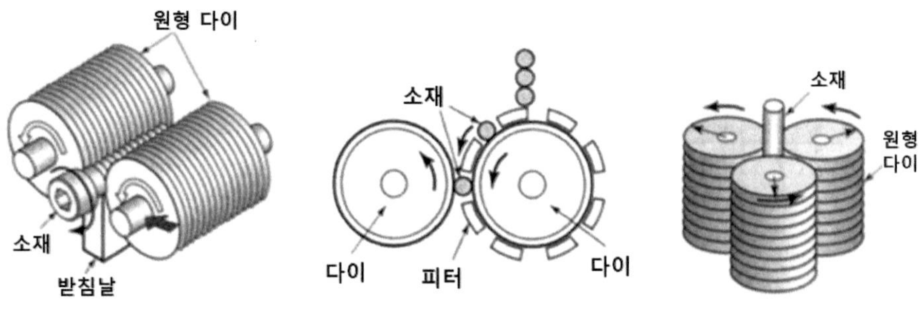

(a) 2원형 다이식　(b) 치조식　(c) 3원형 다이식

그림 8.26 원형 다이식 나사 전조가공

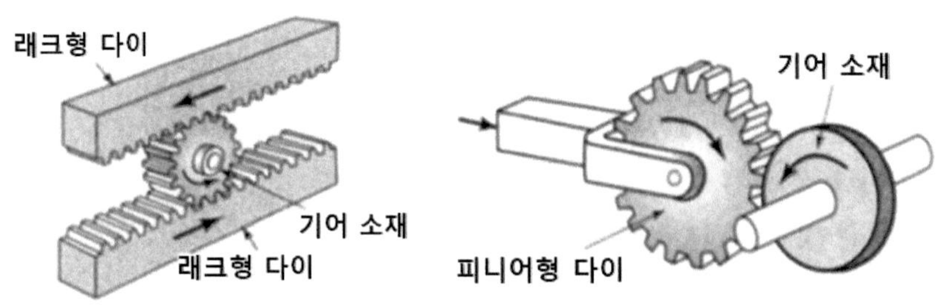

(a) 래크 다이에 의한 전조　(b) 피니언형 다이에 의한 전조

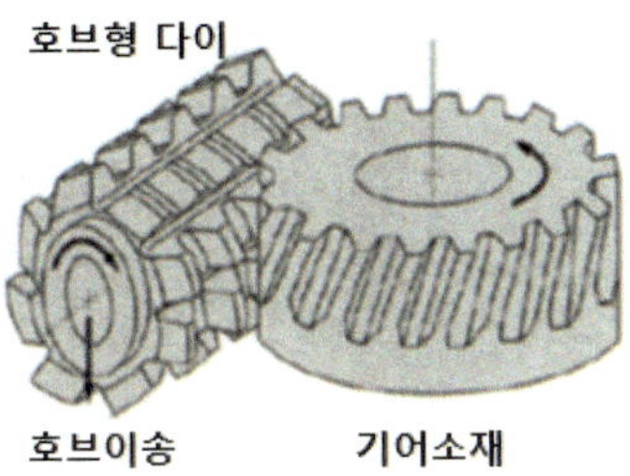

(c) 호브형 다이에 의한 전조

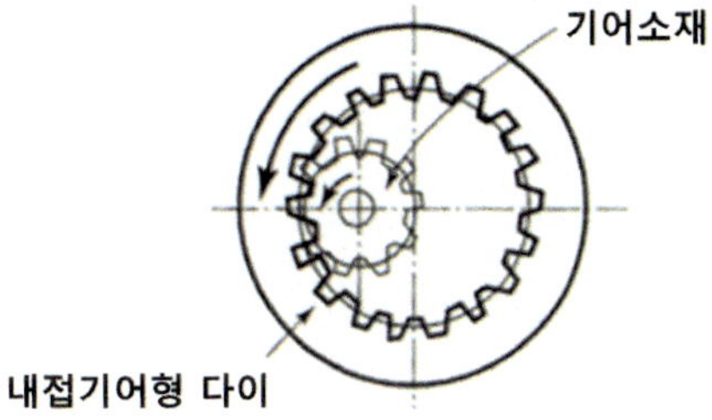

(d) 내접 기어형 다이에 의한 전조

그림 8.27 기어 전조

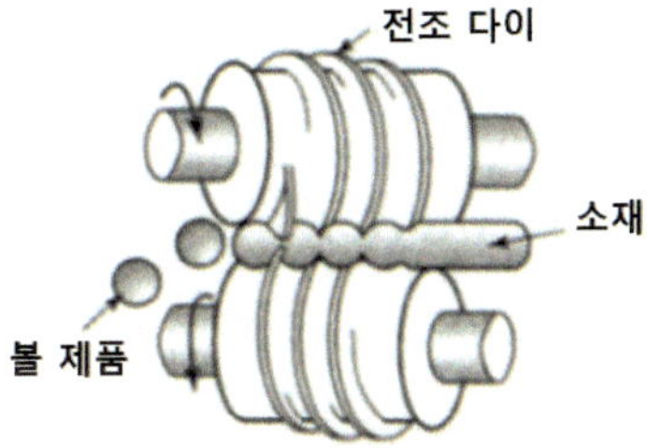

그림 8.28 볼 전조

(1) 나사 전조

나사 전조의 특징은 다음과 같다.

- 소재의 나사를 전조하여 나사 모양을 만드는 공정이다.
- 소재의 강도를 유지하면서 정밀한 나사를 형성할 수 있다.
- 전조로 제작된 나사는 절삭가공에 비해 높은 정밀도와 강도를 가진다.
- 체결력이 우수하고 공정 시간을 단축할 수 있다.

(2) 기어 전조

기어 전조의 특징으로는 다음과 같은 점을 들 수 있다.

- 소재의 기어 모양을 전조하여 기어를 형성하는 공정이다.
- 전조로 제작된 기어는 고정밀 및 고강도를 가지며, 치수 정밀도와 표면 품질이 우수하다.
- 소재의 강도를 유지하면서 기어의 정확한 모양을 형성할 수 있다.
- 전조로 제작된 기어는 고부가 가공이 필요하지 않을 정도로 표면 품질이 우수하다.

(3) 볼 전조

볼 전조의 특징은 다음과 같다.

- 소재를 전조하여 구 형태의 볼을 형성하는 공정이다.
- 볼 전조는 고강도 및 고정밀한 볼을 제작하는데 사용된다.
- 소재의 강도를 유지하면서 정밀한 볼을 형성할 수 있다.
- 볼 전조로 제작된 볼은 정확한 치수와 표면 품질을 가진다.

전조 가공의 장점으로는 작은 가공력으로 가공 가능, 제품 강도 향상, 소재 이용률 높음, 기계적 강도 향상, 가공시간 단축, 정밀도 및 체결력 우수, 경제성 우수 등이 있다. 단점으로는 표면 스케일 발생 및 산화, 제품 불량 발생 가능성 등이 있다.

8.3 프레스 가공

프레스 가공은 전단가공, 굽힘가공, 프레스로, 펀치와 다이를 이용 압축 가공하는 것이다. 프레스 가공은 조임가공, 압축가공 및 그 밖의 특수가공으로 분류된다. 더구나 각각의 가공법에 있어서 가공 전에 재료를 실온 이상으로 가열하고 나서 가공을 행하는 열간가공, 실온에서 가공하는 냉간가공으로 나눌 수 있다. 또한, 열간가공과 냉간가공의 중간적 온도로 가열하여 가열하는 경우를 온간가공으로 분류하기도 한다.

8.3.1 전단가공

(1) 전단과정과 전단면 형상

1) 전단과정

재료의 전단은 그림 8.29와 같이 소성 변형기, 전단기, 파단기의 3단계 과정으로 이루어진다.

① **1단계 소성 변형기**(Plastic deformation) - 펀치가 재료에 닿으면서 재료의 탄성한계를 넘어 그림 8.29 (a)와 같이 소성변형(굽힘)이 시작된다.

② **2단계 전단기(Penetration)** - 펀치가 재료 속으로 더 침입하면 굽힘에 의한 눌림 후에 전단이 그림 8.29 (b)와 같이 발생한다.

③ **3단계 파단기(Fracture)** - 전단변형이 진행됨에 따라 펀치, 다이 날끝의 응력집중이 파단을 초래하고, 양날 끝에서의 균열이 서로 만나 소재가 그림 8.29 (c)와 같이 분할한다.

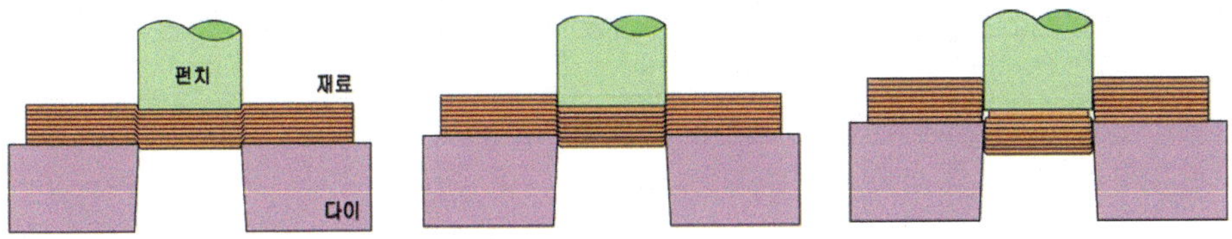

(a) 소성 변형기 (b) 전단기 (c) 파단기

그림 8.29 전단과정

2) 전단면 형상

전단과정을 거쳐 절단 분리된 블랭크의 전단면은 눌림면(a) , 전단면(b), 파단면(c), 버(d) 등 그림 8.30과 같이 4개 구간으로 분류된다.

① **눌림면(shear droop)** - 펀치가 가공재의 표면을 침입할 때 나타나며 재료 두께의 10~20%를 차지한다(틈새를 작게 하면 그 양을 줄일 수 있다).

② **전단면(shearing surface)** - 가공 제품의 전단면은 곱고 평면에 대하여 직각을 이룰수록 좋으므로 전단면은 넓은 것이 바람직하며, 보통재료 두께의 25~50%이다.

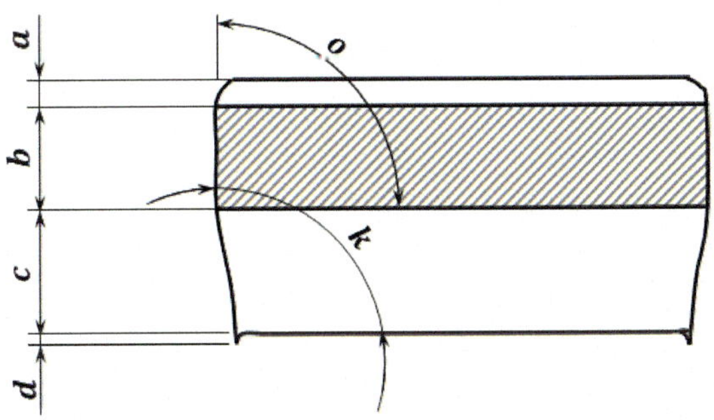

그림 8.30 전단면 형상

표 8.6 버의 한계 높이

재료 두께	버 높이(㎜)		
	정밀 부품	표준	허용 한계
~0.8	0.04	0.08	0.10
0.8~1.6	0.05	0.10	0.15
2.0~3.2	0.06	0.20	0.30

③ **파단면(surface)** - 인장 파단된 부분으로 미소한 요철이 심하며, 파단면의 크기는 클리어런스가 크면커지고 연한 재료보다 경한 재료가 더 크다.

④ **버(burr)** - 일반적으로 판 두께의 10% 이하로 규제하는 조건이 적용되며, 날끝의 무딘 정도와소재의 연성에 비례하여 표 8.6과 같이 버 높이가 커지고 이값이 금형 수정을 판단하는 척도가 된다.

(2) 틈새

1) 정의

틈새(clearance)는 그림 8.31과 같이 펀치와 다이 사이의 편측 갭을 수치로 나타내는 것으로 재료 두께의 상대적인 %로 표시한다. 예를 들면 1 ㎜ 두께 강판의 클리어런스를 10%라면 틈새는 0.1 ㎜가 된다.

원형 블랭킹의 경우는 다이 직경=펀치 직경+(2×틈새)로 나타낸다. 틈새는 전단하중, 전단작업량, 전단면의 형상에 큰 영향을 준다.

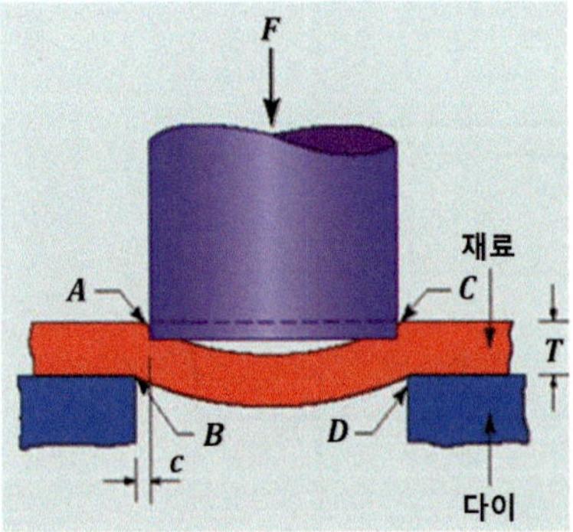

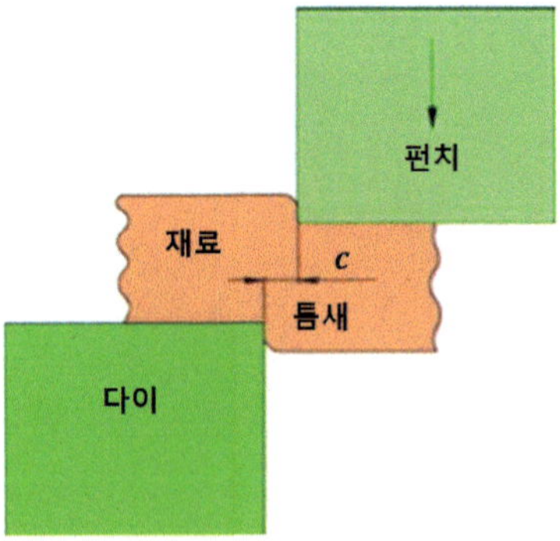

그림 8.31 틈새

2) 틈새의 결정

블랭킹 경우는 다이를 기준으로 펀치에 틈새를 적용한다(블랭킹된 제품은 다이의 치수와 외형이 동일함).

피어싱 경우는 펀치를 기준으로 다이(die)에 틈새를 적용한다(제품의 구멍 치수는 펀치 치수와 동일함).

틈새의 결정 공식은 다음과 같다.

$$C = \frac{D-d}{2t} \times 100 \tag{8.12}$$

여기서 D는 다이 지름(㎜), d는 펀치 지름(㎜), t는 가공 소재의 두께(㎜), C는 틈새(%)이다.

3) 틈새의 영향

① 틈새가 작을 경우

- 제품의 정도가 향상되며 뒤틀림(camber) 현상이 적어진다.
- 제품의 전단면이 길어지며 깨끗한 가공이 된다.
- 전단날에 큰 하중이 작용하므로 마모가 심하다.
- 제품 또는 소재가 펀치에 부착되어 상승하므로 이를 빼는 힘(stripping force)이 커진다.
- 2차 전단현상이 일어나게 되어 펀치가 두 번 전단을 하므로 전단력이 커지고 따라서 프레스에 부담을 주게 되어 프레스가 파손될 우려가 있다.

② 틈새가 큰 경우

- 전단력이 작아지므로 금형의 파손이 감소한다.
- 전단날에 작용하는 하중이 줄어 펀치와 다이의 날끝 마모가 적어지고 수명이 길어진다.
- 제품의 뒤틀림 현상이 커지며, 정도가 높은 제품이 요구될 경우는 불량품이 될 수도 있다.
- 제품의 뒤틀림 현상이 제자리로 돌아가지 못한다.
- 파단면의 각도는 클리어런스가 클수록 커진다.

(3) 전단가공의 종류

1) 전단

전단(shearing)은 전단기(shearing machine)나 금형(die)을 이용하여 재료에 파단 강도 이상의 압력을 가하여 잘라내는 가공이다. 그림 8.32와 같이 개곡선으로 이루어진 재료의 완전한 분리를 목적으로 한다.

스크랩이 없게 규칙적인 배열로 전단하는 공정을 **컷 오프**(cut-off)라고 한다.

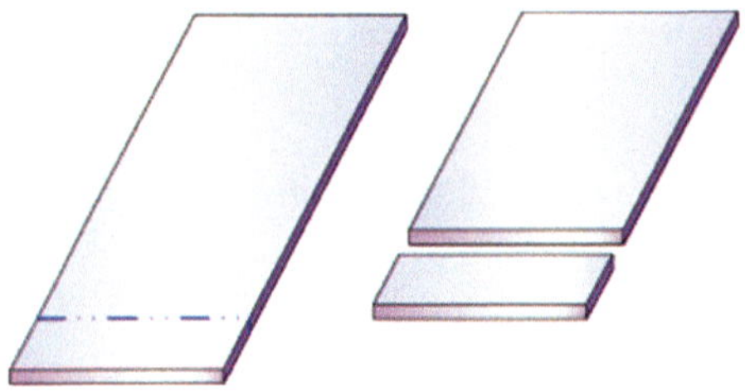

그림 8.32 전단

2) 블랭킹

블랭킹(blanking)은 **폐곡선으로 이루어진 재료의 완전한 분리를 목적으로 그림 8.33과 같이 소재로부터 정해진 형상을 절단해 제품으로 사용한다.

3) 피어싱

피어싱(piercing)은 폐곡선으로 이루어진 재료의 절단을 목적으로 한다. 그림 8.34와 같이 제품으로 사용할 소재로부터 구멍을 뚫어내는 작업으로 **펀칭**(punching)이라고도 한다.

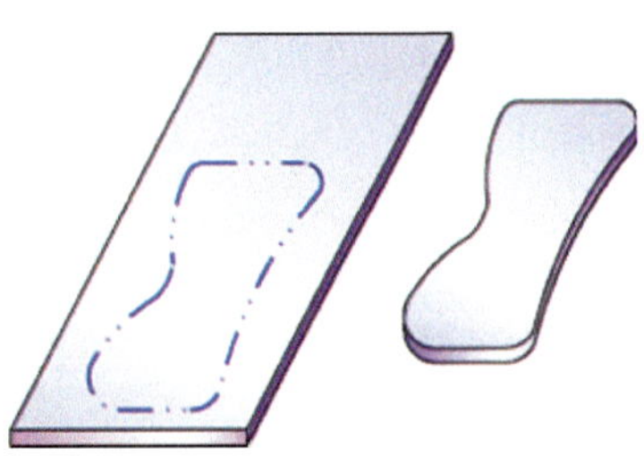

그림 8.33 블랭킹

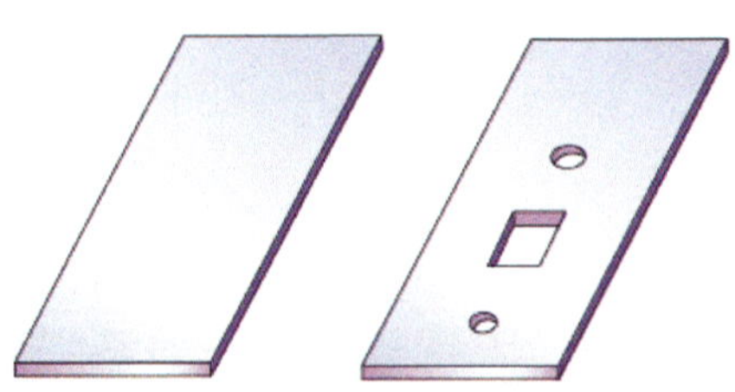

그림 8.34 피어싱

4) 트리밍

트리밍(trimming)은 성형 부품의 여분인 재료의 절단을 목적으로 그림 8.35와 같이 성형된 제품의 불규칙한 가장자리를 절단한다.

5) 노칭

노칭(notching)은 개곡선으로 이루어진 재료의 완전한 분리를 목적으로 그림 8.36과 같이 소재의 가장자리로부터 원하는 형상을 절단하는 것이다.

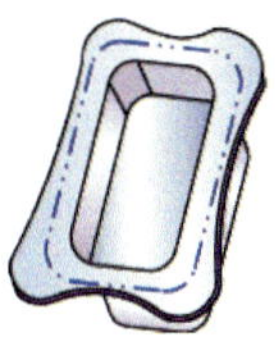

그림 8.35 트리밍

그림 8.36 노칭

6) 슬로팅

슬로팅(slotting)은 그림 8.37과 같이 판재의 중앙부에서 가늘고 긴 홈을 절단함 피어싱과 유사하다.

7) 슬리팅

슬리팅(slitting)은 판재의 일부에 가는 절입선을 가공하는 작업이다(그림 8.38).

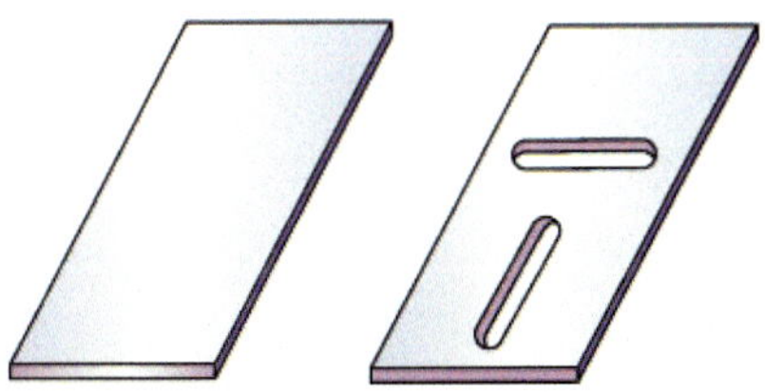

그림 8.37 슬로팅

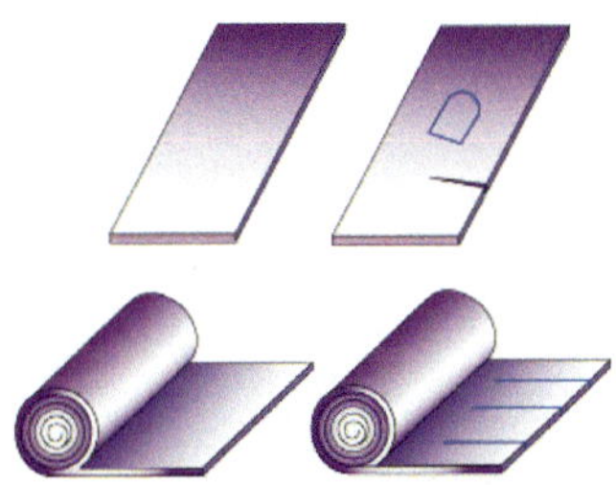

그림 8.38 슬리팅

8) 세퍼레이팅

세퍼레이팅(separating)은 그림 8.39와 같이 성형된 제품을 2개 이상으로 분리한다.

9) 퍼퍼레이팅

퍼퍼레이팅(perforating)은 그림 8.40과 같이 판재 상에 많은 구멍을 규칙적인 배열로 피어싱한다.

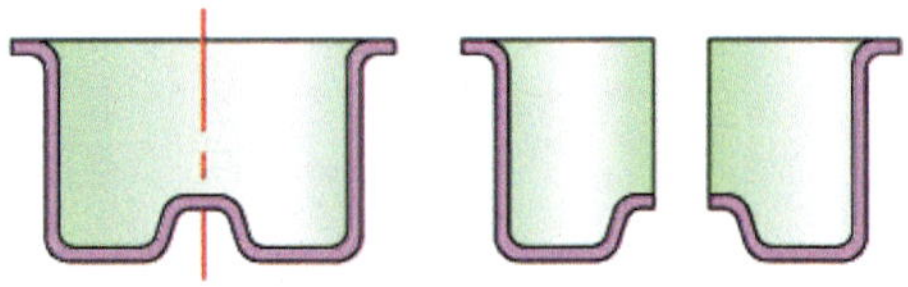

그림 8.39 세퍼레이팅

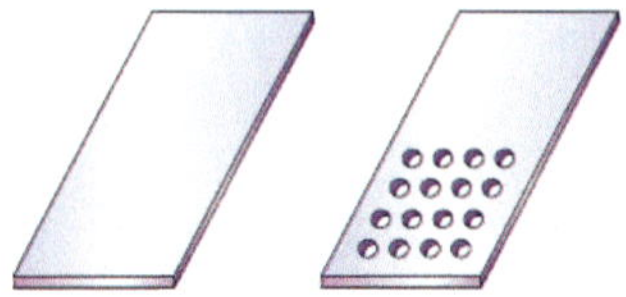

그림 8.40 퍼퍼레이팅

10) 세이빙

세이빙(shaving)은 그림 8.41과 같이 선행 공정에서 울퉁불퉁해진 변들을 편평하게 가공하기 위해 다시 한 번 전단하는 작업이다.

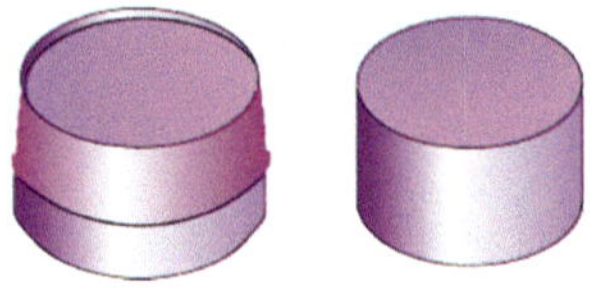

그림 8.41 세이빙

(4) 전단가공에 필요한 힘과 일량

전단가공에 필요한 타발력은 다음 식으로 나타낸다.

$$P = \frac{A \cdot \tau}{1000} = l \cdot t \cdot \tau \cdot \frac{1}{1000} \tag{8.13}$$

표 8.7 각종 재료의 전단 저항 및 인장 강도

재료	전단 저항 N/㎟(Kgf/㎟)		인장 강도 N/㎟(Kgf/㎟)	
	연	경	연	경
알루미늄	69~108(7~11)	127~157(13~16)	78~118(8~12)	167~216(17~22)
두랄루민	216(22)	372(38)	255(26)	470(48)
아 연	118(12)	196(20)	147(15)	245(25)
강	176~216(18~22)	245~294(25~30)	216~274(22~28)	294~392(30~40)
황 동	216~294(22~30)	343~392(34~40)	274~343(28~35)	392~588(40~60)
청 동	314~392(30~40)	392~588(40~60)	392~490(40~50)	490~735(50~75)
양 은	274~353(28~36)	441~549(45~56)	343~441(35~45)	539~686(55~70)
철 판	314(32)	392(40)		441(45)
강 판	441~490(45~50)	539~588(55~60)		588~686(60~70)
규소강판	441(45)	549(56)	539(55)	637(65)
스테인리스 강판	510(52)	549(56)	637~686(65~70)	
니켈	245(25)		431~490(44~50)	559~617(57~63)

여기서 P는 타발력[kN], A는 전단면적[㎟], τ는 재료의 전단저항[N/㎟], l은 전단길이[㎜], t는 재료의 두께[㎜]이다.

한편 재료의 전단저항은 **전단강도**라고도 말하며 최대 전단하중을 단면 총면적으로 나눈 값이지만 각종 재료의 전단저항을 표 8.7에 정리하여 놓았다.

또한, 전단가공에 필요한 일량은 다음 식으로 나타낸다.

$$E = 0.63 \times t \cdot P \tag{8.14}$$

여기서 E는 타발에 필요한 일량[J], t는 재료의 두께[㎜], P는 타발력[kN]이다.

한편 식 (8.14)에 0.63은 펀치의 진행을 동반하여 생기는 전단력의 변화로 펀치 · 다이와 재료의 마찰력에 의한 압력 증가를 고려한 계수(에너지 보정계수)이며 재료의 종류나 경도에 따라서 다소의 차이가 있지만 0.63은 가장 일반적인 재료에 대한 값이다. 또한, 펀치 또는 다이면에 경사를 붙인다, 즉, 전단(shear)각을 붙임으로써 전단력을 1/2로 감소시킬 수 있지만 필요한 일량은 변하지 않으므로 주의하기 바란다.

8.3.2 굽힘 가공

굽힘 가공(bending)은 가공 판재의 중립 면을 기준으로 인장과 압축이 동시에 작용하는 가공법으로 재료에 힘을 가하여 굽힘 응력을 발생시킨다. 이러한 굽힘 가공은 형의 운동양식에 따라 형이 직선운동을 행하는 가공과 형이 회전운동을 행하는 가공으로 나눠진다. 더구나 전자는 굽힘과 밀림, 후자는 롤 굽힘과 롤 성형 및 접기 굽힘으로 나뉜다. 그리고 후자의 경우는 각각, 벤딩 롤(bending roll), 포밍 롤(forming roll), 홀딩머신(holding machine)이 사용된다.

(1) 굽힘 가공의 개요

굽힘 변형을 받게 되면 그림 8.42와 같이 중립면(축)을 경계로 펀치 측엔 압축응력이, 그리고 다이 측엔 인장 응력이 발생되면서 제품이 성형된다.

판 두께 방향으로 응력의 방향이 반대가 되므로 두께 내부에는 반드시 응력이 영(zero)이 되는 가상의 면(축)이 존재하게 되고, 이면(축)을 **중립면**(중립축)이라고 한다.

1) 굽힘 가공 원리

소재에 굽힘하중을 가하여 굽힘이 일어나기 시작하면 소재 두께의 임의의 위치에 존재하는 중립면을 기준으로 안쪽(내측)에는 압축응력이 작용하여 소재가 압축되는 현상이 발생하고, 바깥쪽(외측)에는 인장응력이 작용하여 소재가 늘어나면서 크랙이 발생하게 되는 원리를 말한다.

2) 굽힘 변형의 응력 작용

굽힘 변형이 시작되면 초기에는 탄성변형이 일어나고 소재가 가진 탄성한계에도 달할 때 소성변형이 시작되어 영구변형을 시켜주는 작용을 하게 되어 중립면(축)을 경계로 소재 두께 내에서 압축응력과 인장응력이 동시에 작용하게 된다(그림 8.43).

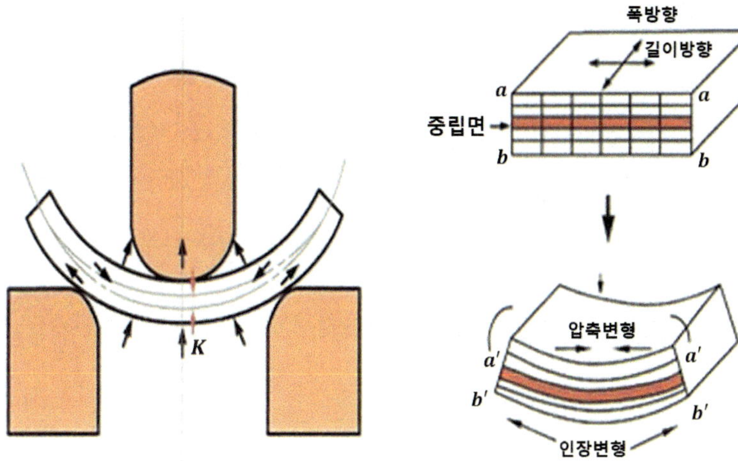

그림 8.42 굽힘 가공 원리

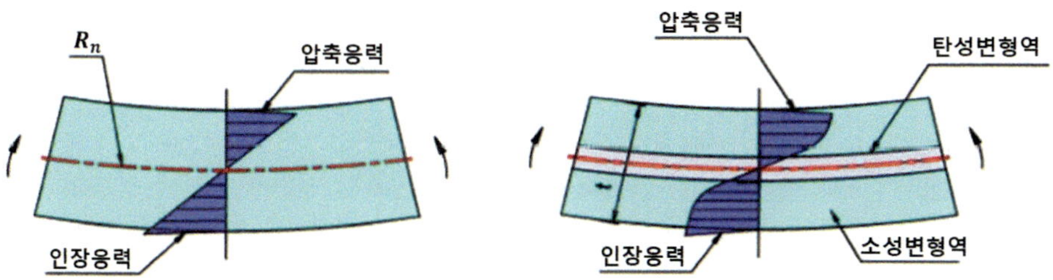

(a) 탄성 변형

(b) 소성 변형

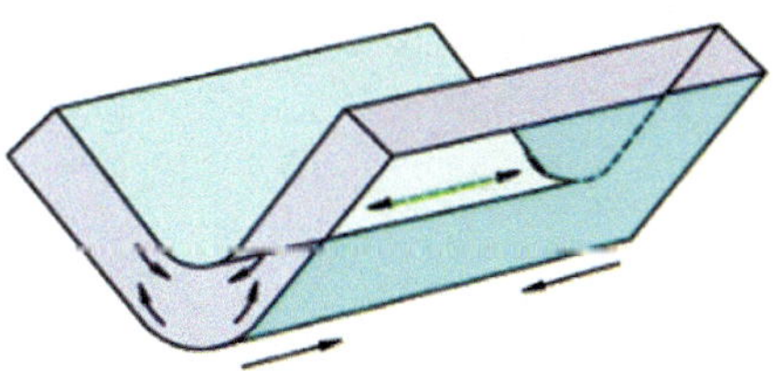

(c) 굽힘 변형에서의 응력상태

그림 8.43 굽힘 변형의 응력 작용

(2) 굽힘가공의 특성

1) 중립축의 특성

① 판 두께 방향으로 응력변환이 생기면서 응력= "0"인 선 즉, 변형이 전혀 없는 가상의 축

② 길이 변화가 없는 중립축으로 굽힘 제품의 블랭크 전개 길이 설계 시 기준면으로 활용

③ 응력이 "0" 중립축 주위엔 미소하나마 탄성영역이 존재하므로 이것이 스프링백 발생의 큰 원인이 됨

④ 굽힘 가공이 아무리 심할지라도 재료 두께 내에는 탄성과 소성 변형이 공존

2) 중립축의 위치 이동

① 두께(t)가 일정할 때 : 굽힘반경(R)이 감소함에 따라 중립축은 내측으로 이동

② R이 일정할 때 : 두께가 증가하면 중립축은 내측으로 이동

③ $t = R$이 일정할 때 : 굽힘각도가 증가하면 중립축은 내측으로 이동
⇒ 즉, 상대적인 소성변형량이 증가할수록 중립축은 내측으로 이동

3) 중립축의 계산

① 얇은 판금과 큰 반경 또는 $R < 4t$ 일 때(그림 8.44)

② 평균 판금(t=0.7~2.5 ㎜) 또는 $2t < R < 4t$ 일 때(그림 8.45)

③ 바 또는 판 또는 $R < 2t$ 일 때(그림 8.46)

④ 굽힘 반경과 중립축 위치(k_t)(그림 8.47)

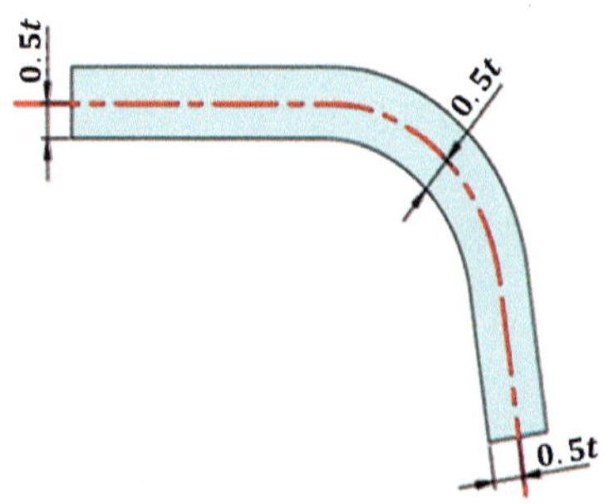

그림 8.44 중립축 계산1

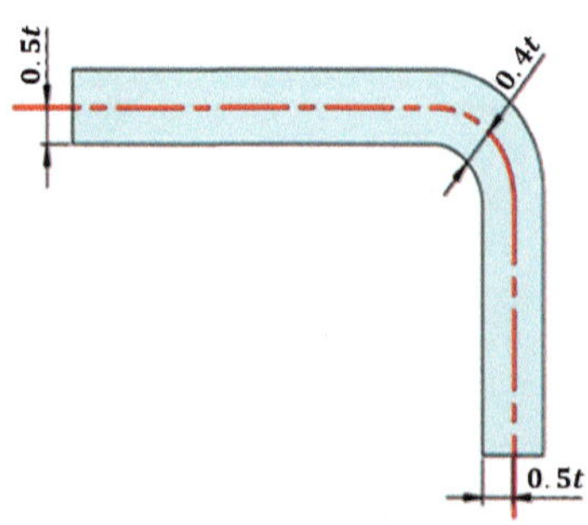

그림 8.45 중립축 계산2

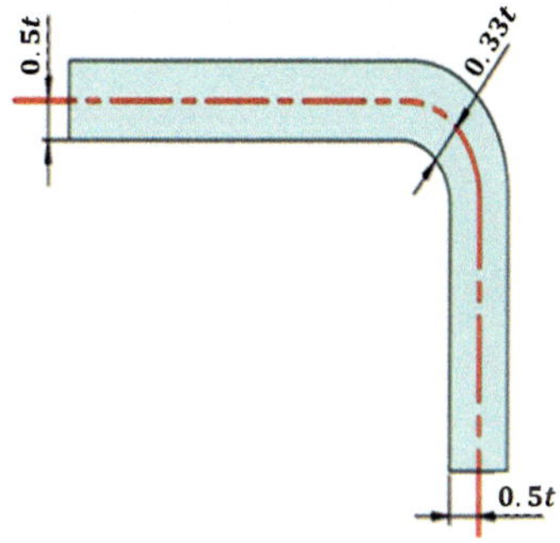

그림 8.46 중립축 계산3

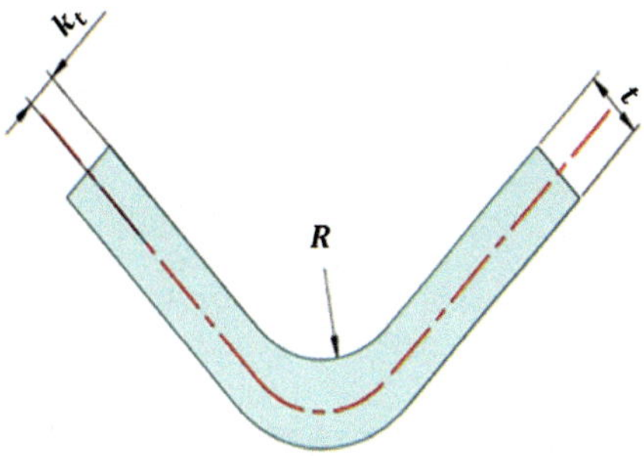

그림 8.47 중립축 위치

표 8.8 굽힘가공 종류별 중립축 위치

굽힘가공	R/t	k_t
L -굽힘	0.5 이하	0.2
	0.5 ~ 1.5	0.3
	1.5 ~ 3.0	0.33
	3 ~ 5	0.4
	5 이상	0.5
V -굽힘	0.5 이하	0.25 ~ 0.3
	0.5 ~ 1.5	0.33
	1.5 ~ 2.0	0.4
	5 이상	0.5

(3) 최소 굽힘 반경

1) 개요

굽힘 가공을 할 때 굽힘 반경이 어떤 값 이하로 되면 굽힘의 외측표면에 균열이 발생하게 된다. 이 한계 굽힘 반경을 **최소 굽힘 반경**이라 한다. 즉, 재료의 표면에 균열이 발생하지 않은 상태에서의 그림 8.48의 최소 굽힘 반경 R은 다음과 같다.

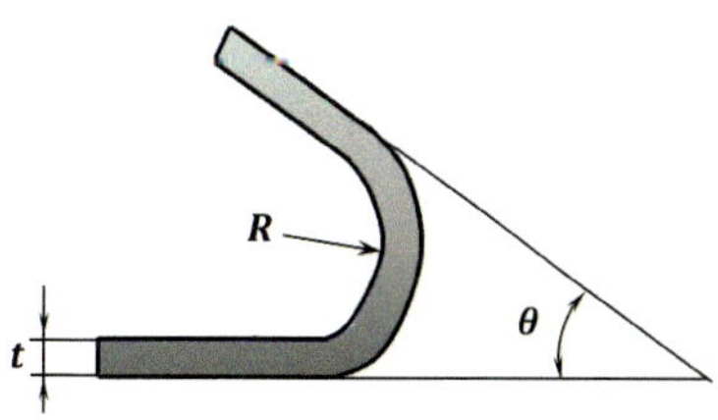

그림 8.48 최소 굽힘 반경

$$R = R_b \cdot t \quad (8.15)$$

여기서 R은 최소 굽힘 반경(㎜), R_b는 최소 굽힘 반경비(㎜), t는 소재의 판 두께(㎜)이다.

2) 최소 굽힘 반경을 작게 하기 위한 고려 사항

① **재질**: 신장이 좋은 재료일수록 작은 반경으로 할 수 있다.

② **경도**: 풀림한 재료는 굽힘반경을 작게 할 수 있다.

③ **방향성**: 굽힘 선이 압연했을 때의 섬유 방향에 직각으로 했을 때 최소로 된다.

④ **가공법**: 단굽힘보다 V굽힘이 약간 작게 된다.

⑤ **굽힘 폭**:
굽힘 폭이 길 때 – 폭의 중앙부로부터 균열 발생
굽힘 폭이 짧을 때 - 외곽의 끝부분이 균열

⑥ **절단면 형상**: 버를 외측으로 하면 균열의 발생이 쉽다. 블랭크의 굽히는 곳의 단면을 부드럽게 다듬질한다.

⑦ **두꺼운 판**: 굽힘 부분을 사전에 ⅓ ~½ 정도 홈을 내고 굽힘한다.

(4) 스프링 백

1) 개요

스프링 백(spring back) 현상은 굽힘가공에서 중립면 주위에 남아있는 탄성변형 영역으로 인해 나타나는 현상으로 피가공재에 굽힘하중을 가했다가 제거하면 그림 8.49와 같이 굽힘 전의 상태로 미세하게 되돌아가려는 현상이다. 스프링 백은 재료의 항복응력이 높거나, 재료의 탄성계수가 작거나, 탄성 변형량이 클수록 많이 생기는 현상으로 굽힘 금형을 설계할 때 이를 보정하여 설계할 필요가 있다.

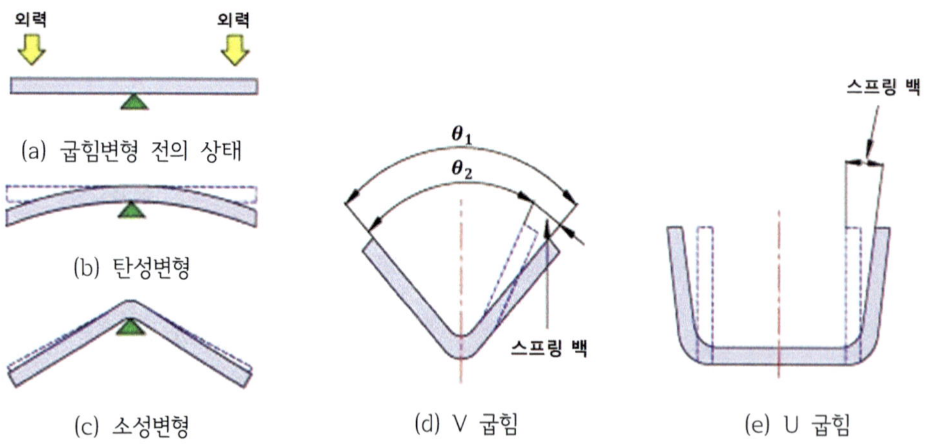

그림 8.49 스프링 백 현상

2) 스프링 백의 영향 인자

굽힘 금형으로 제품을 가공할 때 발생하는 스프링 백의 영향 인자는 표 8.9와 같이 재질, 압연 방향, 가압력, 틈새, 펀치의 코너반경, 다이의 코너반경 등 다양한 인자들이 있다.

표 8.9 스프링 백 영향 인자

구분		스프링 백 량
재질	연질	적다
	경질	크다
압연 방향	가로	크다
	세로	적다
가압력	클 때	적다
	작을 때	크다
틈새	소	적다
	대	크다
펀치 코너반경	클 때	크다
	작을 때	적다
다이 코너반경	클 때	적다
	작을 때	크다

(5) 굽힘 가공의 종류

1) 컬링

컬링(curling)은 그림 8.50과 같이 판, 용기의 가장자리에 원형 단면의 테두리를 만드는 가공이다.

2) 시밍

시밍(seaming)은 그림 8.51과 같이 두 장의 판재의 끝단을 굽히면서 겹쳐 눌러서 접합하는 가공이다.

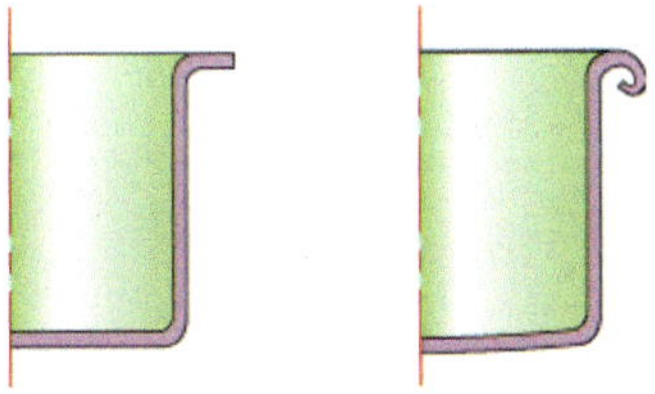

그림 8.50 컬링

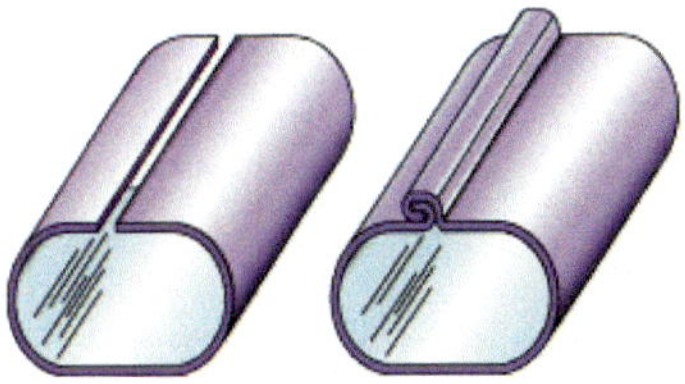

그림 8.51 시밍

3) 벤딩

벤딩(bending)은 그림 8.52와 같이 V, U, L, 채널, 컬링, 시밍 등 모든 굽힘을 총칭한다.

4) 버링

버링(burring)은 그림 8.53과 같이 평판에 구멍을 뚫고 구멍보다 큰 펀치를 밀어 넣어서 플랜지를 만드는 가공이다.

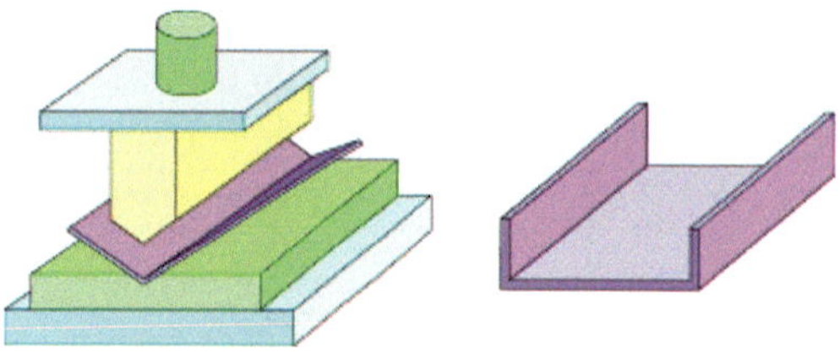

그림 8.52 벤딩

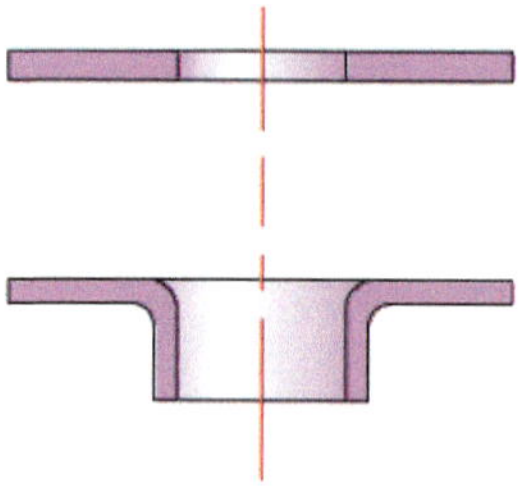

그림 8.53 버링

5) 플랜지

플랜지(flanging)는 소재의 단부를 직각으로 굽히는 작업으로 작업 형상에 따라 스트레치 플랜지, 스트레이트 플랜지, 슈링크 플랜지로 분류한다(그림 8.54).

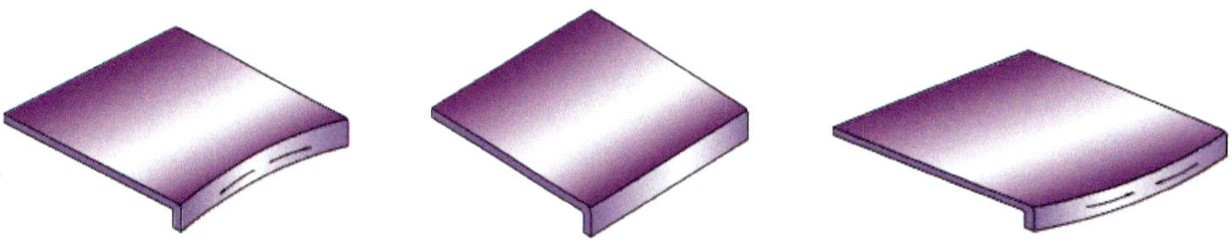

(a) 스트레치 플랜지 (b) 스트레이트 플랜지 (c)슈링크 플랜지

그림 8.54 플랜지의 종류

(6) 굽힘 가공에 필요한 힘과 일량

1) V굽힘

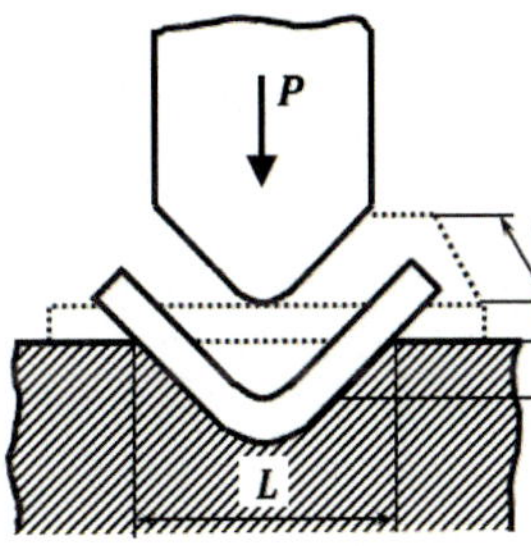

그림 8.55 V굽힘

그림 8.55와 같은 V굽힘에 필요한 힘에 대해 끝이 없는 자유 굽힘의 경우는 다음 식으로 표현된다.

$$P = \frac{C \cdot \sigma_B \cdot w \cdot t}{1000L} \tag{8.16}$$

여기서 P는 V굽힘에 필요한 힘[kN], σ_B는 재료의 인장 강도[N/㎟], w는 판의 폭[㎜], t는 판 두께[㎜], L은 다이의 너비 폭[㎜], C는 보정계수(≒1~2)이다.

또한 V굽힘에 필요한 일량은 다음 식으로 표현된다.

$$E = h \cdot P \cdot m \tag{8.17}$$

여기서 E는 V굽힘에 필요한 일량[J], h는 V굽힘의 성형 스트로그[㎜], P는 V굽힘에 필요한 힘[kN], m은 보정계수(자유 굽힘의 경우는 0.32)이다.

2) U굽힘

그림 8.56과 같은 U굽힘에 필요한 힘에 대한 자유 굽힘의 경우는 다음 식과 같이 된다.

$$P = 0.6\sigma_B \cdot w \cdot t \cdot \frac{1}{1000} \tag{8.18}$$

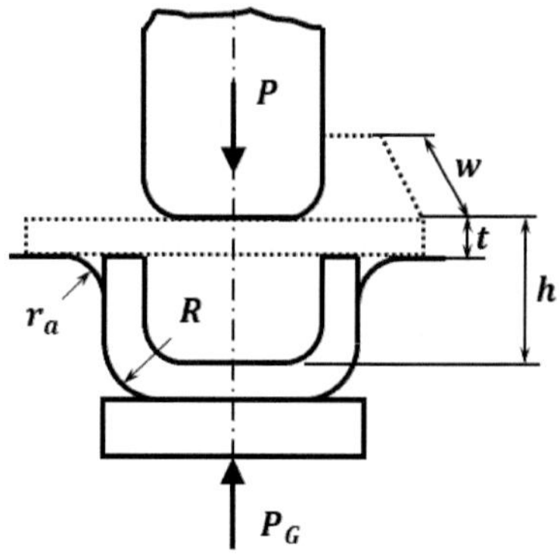

그림 8.56 U굽힘

여기서 P는 U굽힘에 필요한 힘[kN], σ_B는 재료의 인장 강도[N/㎟], w는 판의 폭[㎜], t는 판 두께[㎜]이다.

또한 퍼트(putt) 굽힘의 경우의 U굽힘에 필요한 일량은 다음 식으로 표현된다.

$$P_p = P + P_G = P + \frac{P}{3} \fallingdotseq 1.3P \tag{8.19}$$

여기서 P_p는 U굽힘에 필요한 힘(퍼트 굽힘)[kN], P_G는 퍼트의 밑면 누르기 힘[kN]이다.

한편 U굽힘에 필요한 일량은 다음 식으로 표현된다.

$$E = (r_a + R) \cdot m \cdot P + P_G \cdot h \tag{8.20}$$

여기서 E는 U굽힘에 필요한 일량[J], h는 U굽힘의 성형 스트로크[㎜], P는 U굽힘에 필요한 힘[kN], P_G는 퍼트의 밑 누르기 힘[kN], R은 제품의 각의 외측 반경[㎜], R_a는 다이의 바로 밑의 반경[㎜], m은 보정계수(자유 굽힘의 경우는 0.32)이다.

8.3.3 드로잉 가공

(1) 드로잉 가공의 개요

금속판 또는 소성이 큰 재료를 다이 속으로 끌고 들어가면서 이음매가 없는 컵, 그릇 모양의 용기를 주름이나 균열이 발생치 않게 성형하는 가공법이다(그림 8.57).

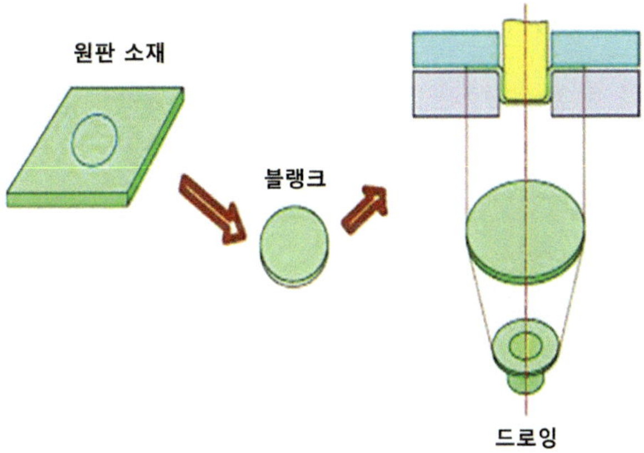

그림 8.57 드로잉 가공의 원리

1) 드로잉 가공의 5단계

① **제1단계 블랭크 준비** - 드로잉 다이 위에 원형 블랭크를 놓는다(그림 8.58 (a)).

② **제2단계 블랭크 가압** - 블랭크 홀더를 이용하여 원형 블랭크 상면을 가압한다(그림 8.58 (b)).

③ **제 3단계 초기 드로잉** - 펀치가 원형 블랭크를 다이 속으로 끌고 들어간다. 이 때 소재 중심부는 서서히 드로잉 됨과 동시에 소재 외주부는 다이면 위를 미끄러지면서 다이 속으로 유입된다(그림 8.58 (c)).

④ **제 4단계 중기 드로잉** - 블랭크 직경이 줄어들면서 다이면 상에 있는 플랜지는 원주방향으로 압축되는 동시에 반지름방향으로 인장을 받으며 유입되고, 용기의 측벽부는 상하로 인장되면서 드로잉이 계속된다(그림 8.58 (d)).

⑤ **제 5단계 마무리 드로잉** - 블랭크 재료는 인장과 압축의 힘을 받아 변형하면서 다이 속으로 깊이 들어가면서 최종용기 제품이 완성된다(그림 8.58 (e)).

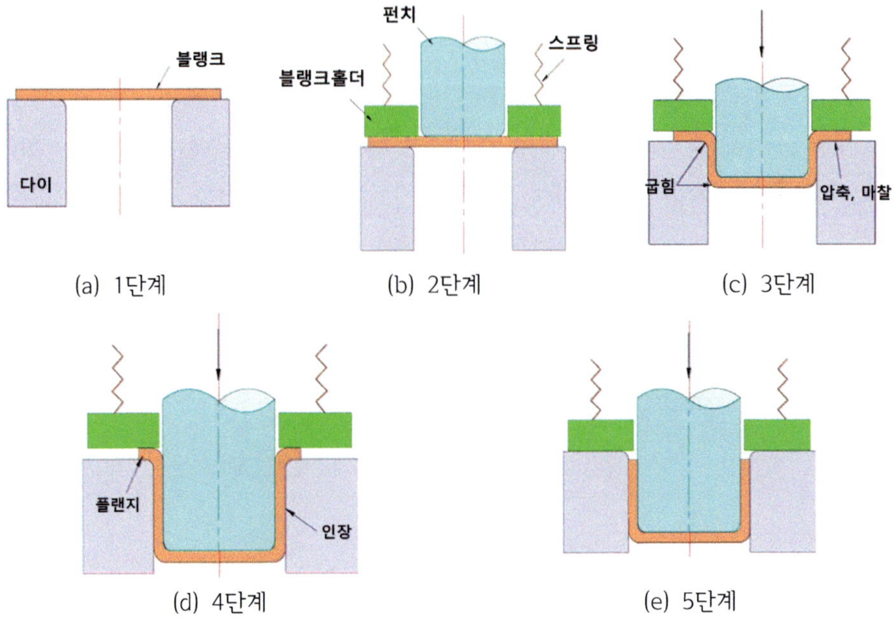

그림 8.58 드로잉 가공의 5단계

2) 드로잉 가공 최대 하중

드로잉 하중은 제품 형상에 따라 보정계수를 적용할 수 있지만 여기서는 제품 파단이 일어날 때의 최대 드로잉 하중을 계산하여 안전하게 적용할 수 있도록 한다. 원통 컵의 최대 드로잉 하중은 $\pi dt\sigma_b$이며 d는 컵의 평균 직경, σ_b는 소재의 인장강도이다.

(2) 드로잉 가공의 종류

1) 드로잉

드로잉(drawing) 가공은 평판 소재를 펀치가 다이 속으로 유입시키면서 펀치 모양의 용기를 성형하는 가공법이다. 용기의 직경에 비하여 깊이가 깊을 경우로 2회 이상의 드로잉 공정이 필요한 공정을 특히 딥드로잉(deep drawing)이라 한다.

2) 재드로잉

재드로잉(redrawing)은 그림 8.59와 같이 1차 드로잉 한 용기의 직경을 감소시키면서 다시 한 번 드로잉 하면서 제품 깊이를 증가시키는 가공이다.

3) 리스트라이킹

리스트라이킹(restriking)은 그림 8.60와 같이 전 공정에서 만들어진 형상이나 치수를 정확하게 하기 위해 변형된 부분을 밀어 교정하는 마무리 작업이다.

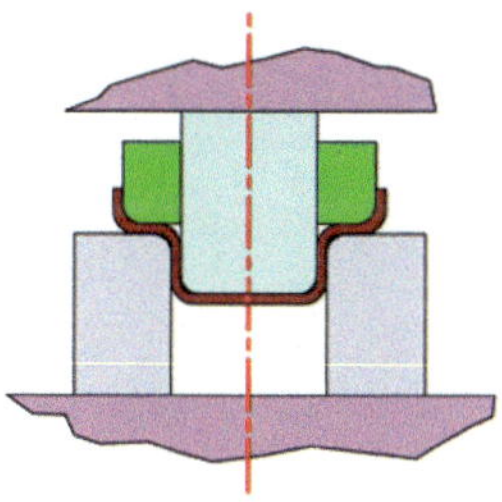

그림 8.59 리드로잉

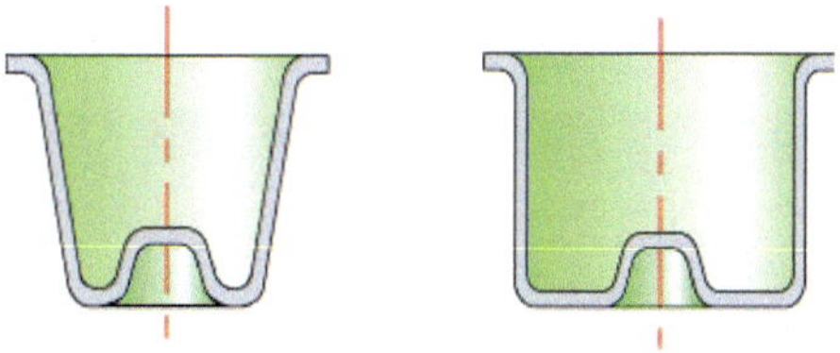

그림 8.60 리스트라이킹

4) 아이어닝

아이어닝(ironing)은 그림 8.61과 같이 측벽 두께를 얇게 하면서 제품의 높이를 높게 하는 가공이다.

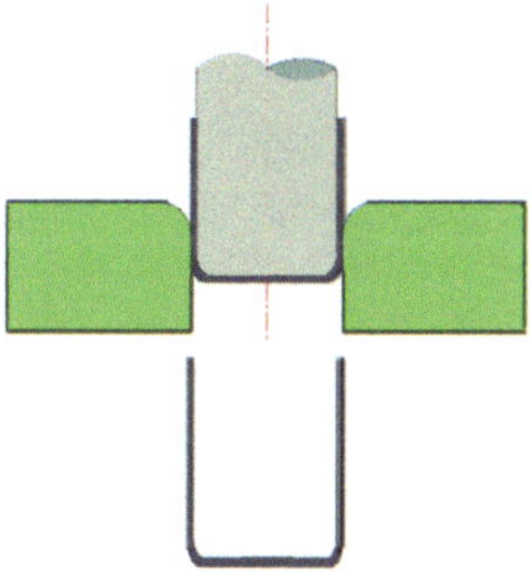

그림 8.61 아이어닝

(3) 드로잉 가공에 필요한 힘과 일량

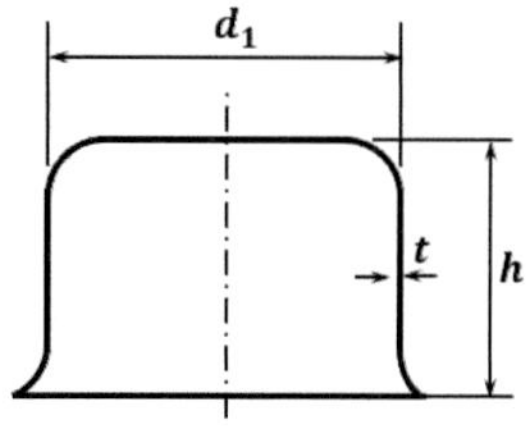

그림 8.62 드로잉 가공

그림 8.62와 같은 드로잉 가공에 필요한 드로잉 힘은 다음 식으로 구할 수 있다.

$$P = \pi \cdot d_1 \cdot t \cdot \sigma_B \cdot K_1 \cdot \frac{1}{1000} \tag{8.21}$$

여기서 P는 드로잉에 필요한 힘[kN], d_1은 제품의 평균 직경[㎜], t는 판 두께[㎜], σ_B는 재료의 인장 강도[N/㎟], K_1은 계수(표 8.10 참조)이다.

더구나 드로잉 가공에 필요한 주름 주는 힘은 다음 식으로 나타낸다.

$$P_N = p_n \cdot F_N \cdot \frac{1}{1000} \tag{8.22}$$

여기서 P_N은 주름 주는 힘[kN], p_n은 단위 면적당 주름 주는 힘[N/㎠](표 8.11 참조), F_N은 주름 주는 면적[㎠]이다.

또한, 드로잉 가공에 필요한 일량은 다음과 같다.

$$E = h(P \cdot m + P_N) \tag{8.23}$$

여기서 E는 드로잉 가공에 필요한 일량[J], h는 제품의 드로잉 높이[㎜], m은 계수(표 8.12 참조)이다.

표 8.10 계수 K_1의 값

D_0는 블랭크 직경

t/D_0 [%]	D_0/t	드로잉률 d_1/D_0									
		0.45	1.48	1.50	0.52	0.55	0.60	0.65	0.70	0.75	0.80
8.0	20	0.95	0.85	0.75	0.65	0.60	0.50	0.43	0.35	0.28	0.20
2.0	50	1.10	1.00	0.90	0.80	0.75	0.60	0.50	0.42	0.35	0.25
1.2	83		1.10	1.00	0.90	0.80	0.63	0.56	0.47	0.37	0.30
0.8	125			1.10	1.00	0.90	0.75	0.60	0.50	0.40	0.33
0.5	200				1.10	1.00	0.82	0.67	0.53	0.45	0.36
0.2	500					1.10	0.90	0.75	0.60	0.50	0.40
0.1	1000						1.10	0.90	0.75	0.60	0.50

표 8.11 단위 면적당 주름 주는 힘 p_n의 값

재질	N/㎠(kgf/㎠)
철강	147~196 (15~20)
황동	108~157 (11~16)
알루미늄	78~98 (8~10)

표 8.12 계수 m의 값

(경험치)

d/D_0	0.55	0.60	0.65	0.70	0.75	0.80
D_0/d	1.83	1.67	1.54	1.43	1.33	1.25
m	0.80	0.77	0.74	0.70	0.67	0.64

(4) 아이어닝 가공에 필요한 힘과 일량

그림 8.63과 같은 아이어닝 가공에 필요한 힘 P[kN]은 다음과 같이 나타낼 수 있다.

$$P = \pi \cdot d_2(t_1 - t_2) \cdot K \cdot \frac{1}{1000} \tag{8.24}$$

여기서 d_2는 아이어닝 가공 후의 평균 직경[mm], t_1은 아이어닝 가공 전의 판 두께[mm], t_2는 아이어닝 가공 후의 판 두께[mm], K는 아이어닝 가공 때의 비스트레스로서 연강판의 경우 $K = (1.80\ \ 2.20)\sigma_B$, 연직의 황동판의 경우에는 $K = (1.6\ \ 1.80)\sigma_B$가 된다.

또한 아이어닝 가공에 필요한 일량 E[J]는 다음 식으로 나타낼 수 있다.

$$E = 0.95 \times P \cdot h_2 \tag{8.25}$$

여기서 h_2는 아이어닝 가공 후의 제품 높이[mm]이다.

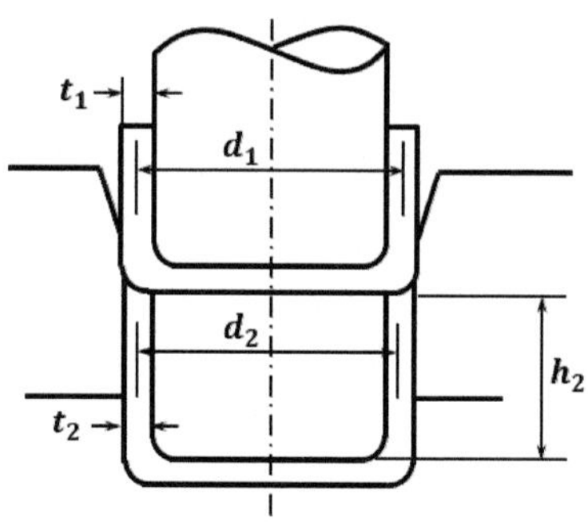

그림 8.63 아이어닝 가공

8.3.4 성형가공

성형 가공은 재료의 판 두께를 고의로 축소시키지 않으며, 금형의 상하형 사이에 넣고 압력을 가해 원하는 형상으로 만드는 가공법으로 재료변형이 작은 그룹에 한정된다.

(1) 성형가공의 종류

1) 엠보싱

엠보싱(embossing)은 재료의 판두께 변화는 일으키지 않으면서 국부적으로 돌기 형상의 소성변형을 시켜 제품의 강성을 증가시키는 작업이다(그림 8.64).

2) 비딩

비딩(beading)은 엠보싱과 마찬가지로 제품의 강성을 증가시키기 위한 것으로 대체로 형상 세장비가 큰 작업이다(그림 8.65).

3) 익스팬딩

익스팬딩(expanding)은 원통의 단부 내경을 확대시키는 가공이다(그림 8.66).

4) 벌징

벌징(bulging)은 원통형 부품의 내부에 고무 또는 유체를 이용하여 직경을 팽창시키는 가공이다(그림 8.67).

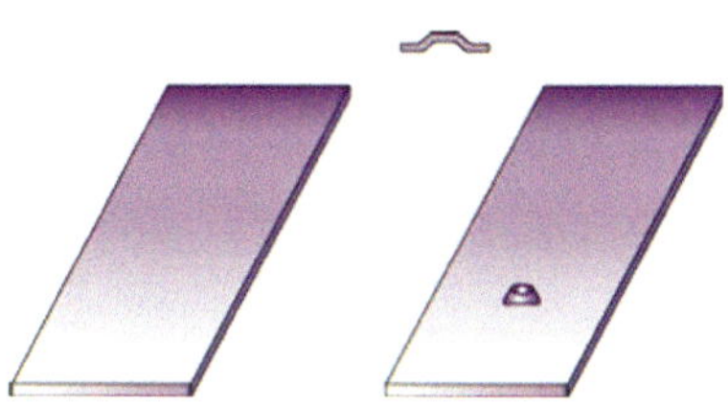

그림 8.64 엠보싱

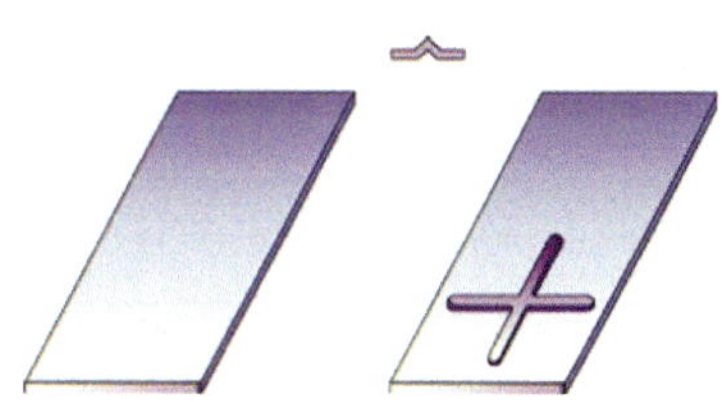

그림 8.65 비딩

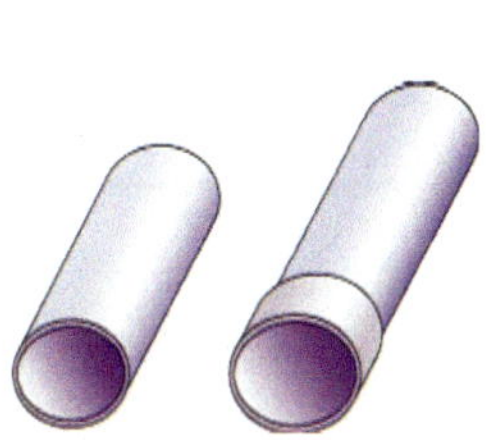

그림 8.66 익스팬딩

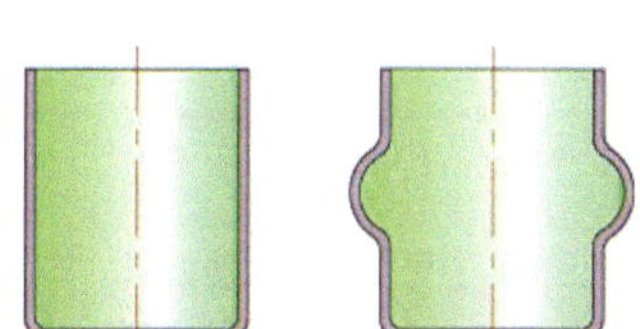

그림 8.67 벌징

5) 네킹

네킹(necking)은 원통형 부품의 직경을 감소시키는 가공이다(그림 8.68).

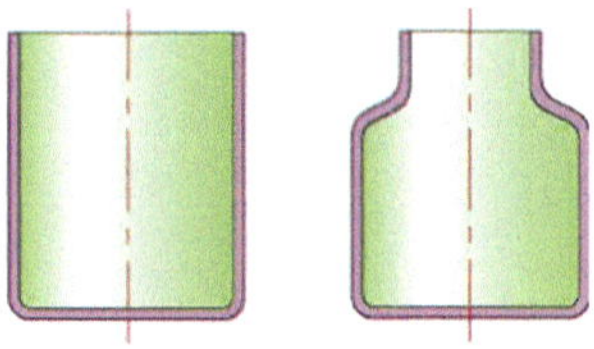

그림 8.68 네킹

그림 8.69 플래팅

6) 플래팅

플래팅(flatting)은 소재의 표면을 평평하게 하는 작업으로 스트레이트닝(straightening)이라고도 한다(그림 8.69).

7) 하이드로포밍

하이드로포밍(hydro-forming)은 그림 8.70과 같이 금형에 세팅한 파이프(pipe)의 내측에 높은 액압을 가해서 부풀려진 파이프 외면을 금형으로 모방하여 희망하는 형상으로 성형하는 가공법이다. 또한, 이때 파이프의 양쪽 끝단으로부터 축 압축력을 가하는 것으로 부풀어 오른 부분의 재료를 공급하고 판 두께의 감소가 적은 제품을 만들 수가 있다.

부품의 집약에 의한 용접부의 삭감이나 박육화가 가능하게 되어 경량화나 코스트로 연결된다.

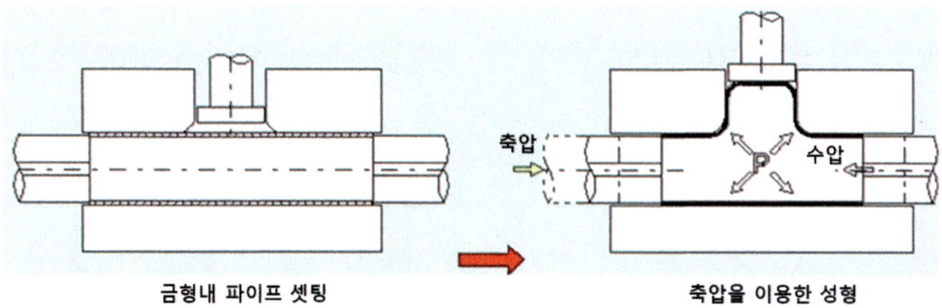

(a) 성형 사례

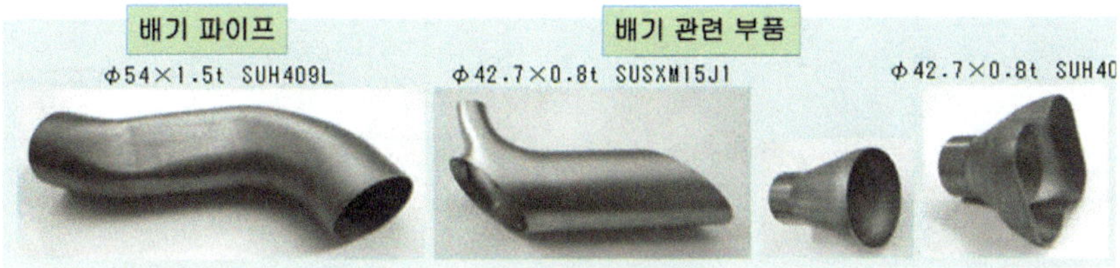

(b) 성형 제품의 예

그림 8.70 하이드로포밍 원리와 제품

8.3.5 압축 가공

압축 가공은 재료에 강한 압축력을 가하여 소재변형을 일으키면서 금형 내부의 형상대로 제품이 성형되도록 하는 공정으로 압인, 마킹, 사이징, 압입, 업세팅, 스웨이징, 헤딩, 단조, 압출, 충격 압출 등이 있다.

(1) 종류

1) 압인 가공

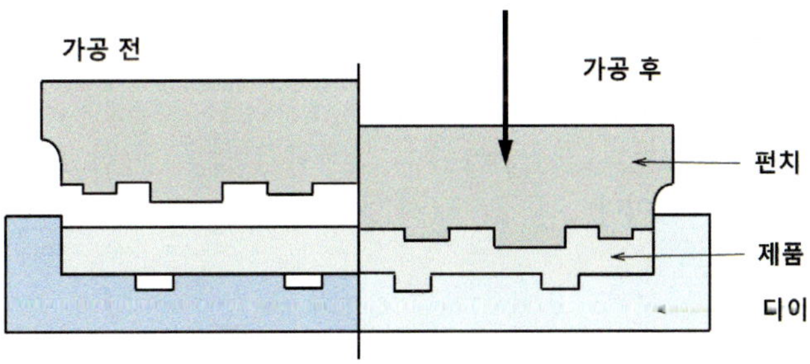

그림 8.71 압인

압인(coining)은 그림 8.71과 같이 재료를 밀폐된 금형 내에서 강하게 눌러 금형과 같은 모양을 재료의 표면에 만드는 정밀 단조 가공이다.

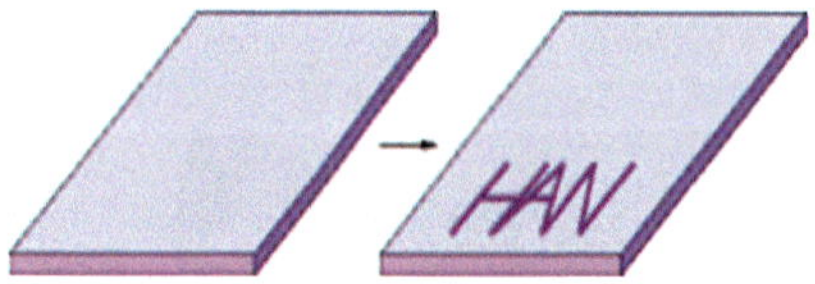

그림 8.72 마킹

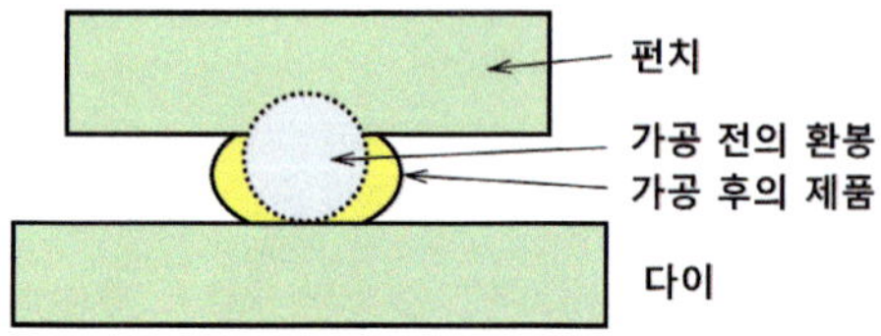

그림 8.73 업세팅

2) 마킹 가공

마킹(marking)은 재료의 일부에 마크, 문자를 각인하는 것이다(그림 8.72).

3) 업세팅 가공

업세팅(upsetting)은 그림 8.73과 같이 재료를 상하 방향으로 압축하여 높이를 줄이고 단면을 넓히는 가공이다.

4) 스웨이징

스웨이징(swaging)은 재료를 반경 방향으로 압축하여 직경이나 두께를 줄여 길이나 폭을 넓히는 가공이다(그림 8.74).

5) 헤딩

헤딩(heading)은 원기둥 재료의 일부를 상하로 압축하여 볼트, 리벳 등과 같이 부품의 머리를 만드는 일종의 업세팅 가공이다(그림 8.75).

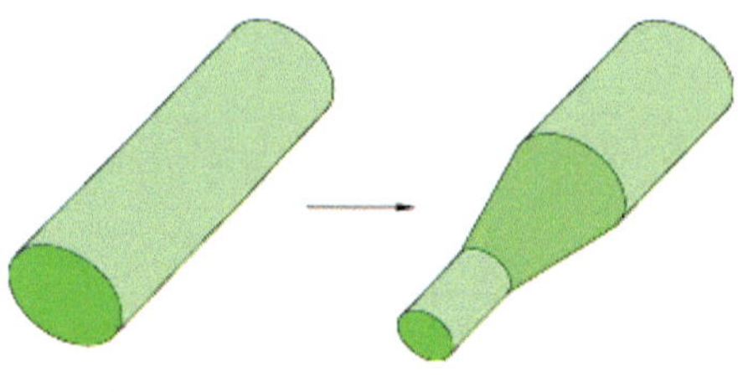

그림 8.74 스웨이징

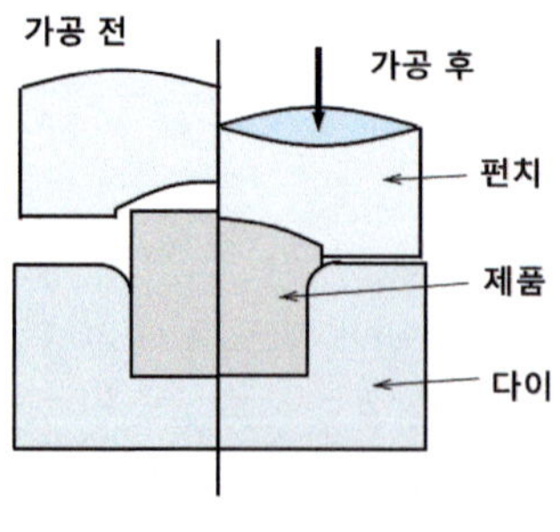

그림 8.75 헤딩

6) 압출 가공

압출(extrusion) 가공은 그림 8.76과 같이 다이 속에 재료를 넣고 펀치로 재료를 압축하면 다이의 구멍 또는 펀치와 다이의 틈새로 재료가 유동하여 원하는 형상을 만든다.

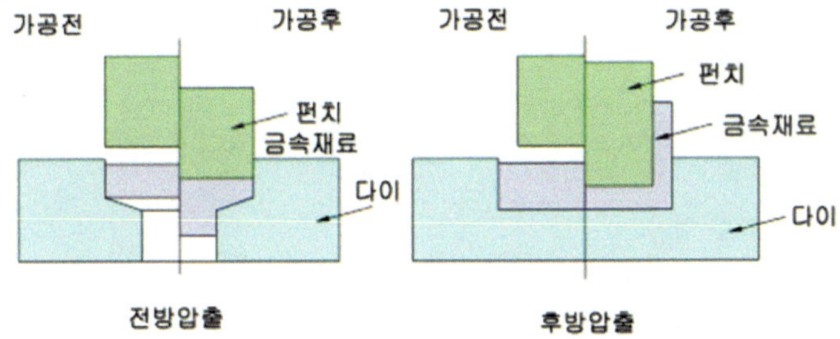

그림 8.76 압출 가공

7) 충격 압출

충격 압출(impact extrusion)은 치약 튜브와 같은 얇고 깊은 벽의 용기를 만들 때 사용되는 후방 압출 가공이다(그림 8.77).

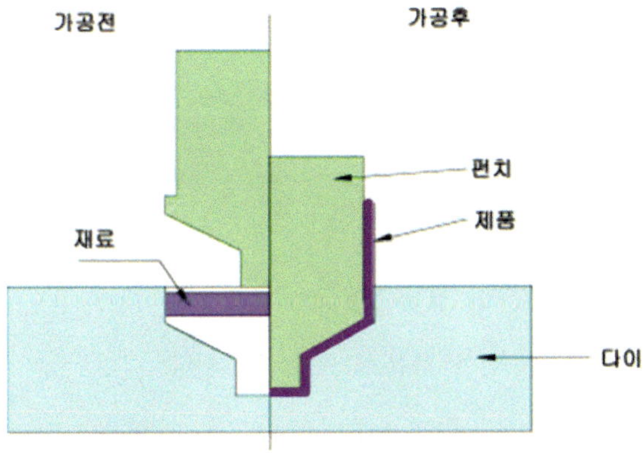

그림 8.77 충격 압출

(2) 압인 가공에 필요한 힘과 일량

압인 가공에 필요한 힘 P[kN]은 다음 식으로 나타낸다.

$$P = p \cdot F \cdot \frac{1}{1000} \tag{8.26}$$

여기서 p는 단위 면적당 소요 힘[N/㎟](표 8.13 참조), F는 펀치의 면적[㎟]이다.

표 8.13 단위 면적당 소요 힘 p (경험치)

가공방법	N/㎟(kgf/㎟)		
	알루미늄	황동	주강
압인 가공	784~1176(80~120)	1568~1960(160~20)	2450~2940(250~300)
업세팅 가공	392~686(40~70)	980~1568(100~160)	1176~1960(120~200)
압출 가공	784~1176(80~120)	1764~2450(180~250)	1960~2940(200~300)

또한 압인 가공에 필요한 일량 E[J]은 다음 식으로 나타낸다.

$$E = 0.5P \cdot h \tag{8.27}$$

여기서 h는 가공의 스트로크 길이[㎜]이다.

(3) 업세팅 가공에 필요한 힘과 일량

업세팅 가공에 필요한 힘 P[kN]은 다음 식으로 표현된다.

$$P = p \cdot \frac{\pi}{4}d^2 \cdot \frac{1}{1000} \tag{8.28}$$

여기서 p는 단위 면적당 소요 힘[N/㎟](표 8.10 참조)이고 d는 가공 후의 제품 지름[㎜]이다. 또한, 업세팅 가공에 필요한 일량 E[J]은 다음 식으로 나타낸다.

$$E = 0.75P \cdot h \tag{8.29}$$

여기서 h는 가공의 스트로크 길이[㎜]이다.

(4) 압출 가공에 필요한 힘과 일량

압출 가공에 필요한 힘 P[kN]은 다음 식으로 표현된다.

$$P = p \cdot \frac{\pi}{4}d^2 \cdot \frac{1}{1000} \tag{8.30}$$

여기서 p는 단위 면적당 소요 힘[N/㎟](표 8.10 참조)이고 d는 펀치 지름[㎜]이다. 또한, 압출 가공에 필요한 일량 E[J]은 다음 식으로 나타낸다.

$$E = 0.95P \cdot h \tag{8.31}$$

여기서 h는 가공의 스트로크 길이[㎜]이다.

CHAPTER

9 분말 성형에 의한 변형가공

분말 성형에 의한 변형가공은 분말 형태의 금속 및 세라믹을 금형의 틀에서 성형하여 성형체를 소결하여 부품을 만드는 가공법을 말한다.

성형체를 만드는 방법은 여러 가지로 2종 이상의 금속분말을 혼합하거나 비금속분말을 혼합하여 금형 틀에서 압축하여 성형하는 방법이 있으며 금속분말과 결합체(binder)를 혼합하여 금형 틀에서 가열하여 성형하는 방법이 있다.

금속이나 금속산화물 및 무기물의 분말을 성형하여 형상을 부여한 후, 가열하거나 압력 등을 가하여 제품을 만든 것을 **분말 야금**이라 하며 금속 및 세라믹 분말을 유기체의 결합체와 혼합하여 금형 내부에 사출 후에 사출체를 가열한 후 결합체를 제거하고 소결 공정을 거쳐 최종 제품을 만드는 것을 **분말 사출성형**이라 한다.

본 장에서는 이와 같은 분말 야금과 분말 사출성형 등에 의한 변형가공에 대한 대략적인 내용을 다루기로 한다.

9.1 분말 성형의 개요

분말 성형(molding; 成型)은 분말을 이용하여 일정한 형상을 구현하거나 의도하는 미세조직을 얻을 목적으로 분말 입자를 충진하여 형상을 부여하는 것이다. 이것은 원하는 정밀도, 물성, 형상을 부여하는 성형체 제조 공정이다. 소결 시 성형체의 수축률을 고려하고 형상 및 성형 밀도를 제어할 필요가 있다.

원료 분말, 분말의 충진 및 최종 형상을 부여하는 금형(mold), 금형 내 분말 간의 결합력을 주기 위한 프레스(press)가 필요하다.

성형 공정은 그림 9.1과 같이 가압과 무가압 성형으로 분류하며 가압 성형은 성형 시 압력을 가하는 공정으로 등압과 비등압 성형으로 나뉜다. 무가압 성형은 외부 압력 없이 중력을 이용하는 성형이다.

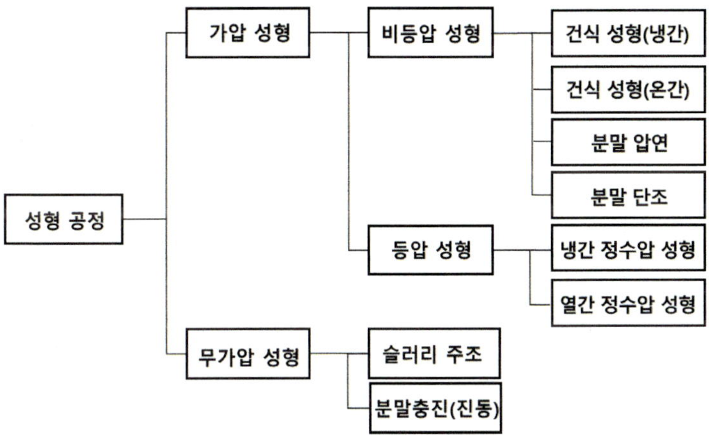

그림 9.1 성형 공정의 분류

9.1.1 분말 특성의 영향

(1) 유동성 영향

유동성은 분말이 금형 내에 채워지는 속도에 관계된 특성으로 높은 유동성의 분말은 단시간 내에 금형 내부를 채울 수 있어 성형 속도가 증가하고 균일한 충진이 가능하여 성형체 내부의 결함 발생을 감소시킨다. 유동성은 분말 형상, 크기 및 표면 상태에 의존한다.

1) 분말 형상

구형일수록 높은 유동성을 나타낸다. 불규칙한 형상은 상호 간의 마찰력으로 유동성이 낮다.

2) 입도

입도 감소는 자체의 높은 표면적과 응집체 형성으로 유동성 감소를 유발한다. 입자 간 반데르 발스 결합(<50 ㎚) 및 모세관 응축에 의한 응집으로 유동성이 감소한다. 모세관 효과로 입자 사이에 대기 중의 수분이 응축되어 응집체를 형성한다. 이것은 기계적 처리(밀링 처리), 화학적 분산제 투여로 응집체를 분리한다.

3) 표면 상태

분말 자체의 마찰 계수 및 거칠기 증가는 분말의 유동성을 감소시킨다. 표면 상태 제어를 통해 유동성을 향상시킨다(화학적 및 초음파 처리 등으로 분말 표면 개질/윤활성 물질에 의한 표면 코팅/ 과립화).

(2) 충진성의 영향

충진성은 금형 공간 내에 분말이 채워지는 조밀도의 정도로 충진성이 좋을수록 소결이 좋게 된다. 충진성은 유동성에 비례하며 구형일수록 높으며 충진성은 충진 밀도(=분말 부피/단위 부피)×100으로 표시한다.

1) 구형 분말의 충진 거동

이론적 충진 밀도는 52~74%이며 구형 분말 간 빈 공간의 존재로 충진 밀도 증가에 한계가 있다. 실험적으로 1 ㎜의 구형 분말을 불규칙하게 충진하면 약 60%의 충진 밀도, 진동을 주면서 충진하면 64%까지 증가한다.

2) 구형 분말 사이의 빈 공간 충진

작은 분말이 큰 분말 사이의 빈 공간에 위치하도록 적절히 혼합하면 충진 밀도는 최대가 되며, 따라서 높은 충진 밀도를 얻기 위해 1개 크기의 분말보다 2개 이상 크기의 분말을 혼합한다. 분말 간에 존재하는 빈 공간을 고려할 때 분말 간의 직경 비는 약 7 이상이다.

(3) 성형성의 영향

성형성은 가해진 외부 압력에 따른 분말 성형체의 밀도 변화이다. 성형성은 유동성/충진성 및 분말 자체의 소성 변형에 의존한다. 저압에서는 분말 형상에 의존하며 고압에서는 분말의 소성 변형 특성에 의존한다. 일반적으로 유동성/충진성이 낮은 분말이 좋은 성형성을 나타내는 상반된 경향이 있다.

9.1.2 가압 성형

금형 내 충진된 분말의 밀도 증가를 위해 가하는 압력이 어느 방향에서만 집중적으로 이루어지는 성형을 **비등압 성형**(non-isostatic pressing)이라 하며, 시편의 모든 방향에서 동일한 압력을 가하는 성형을 **등압 성형**(isostatic pressing)이라 한다.

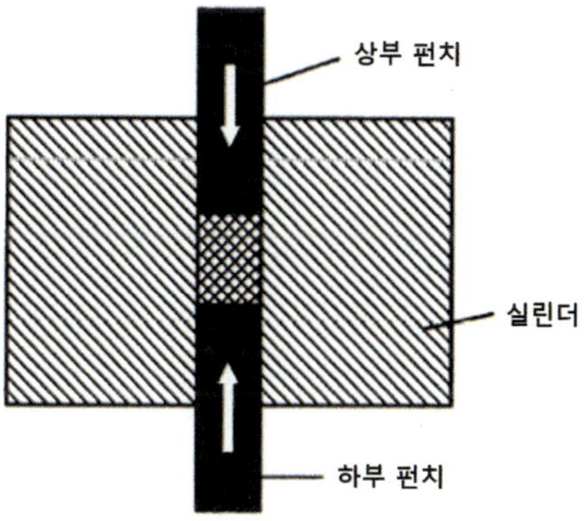

(a) 양단압축

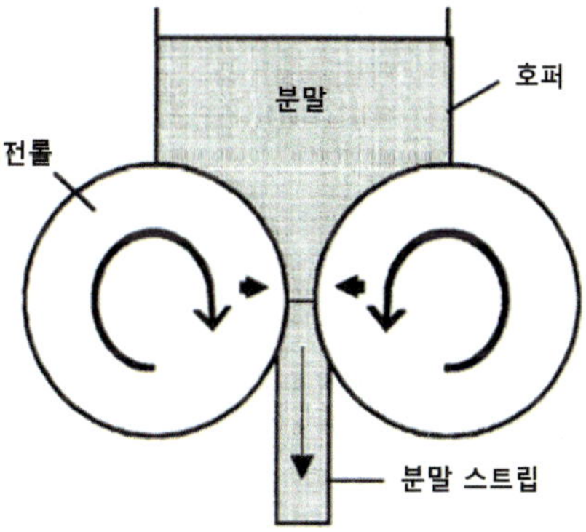

(b) 분말압연

그림 9.2 비등압 성형

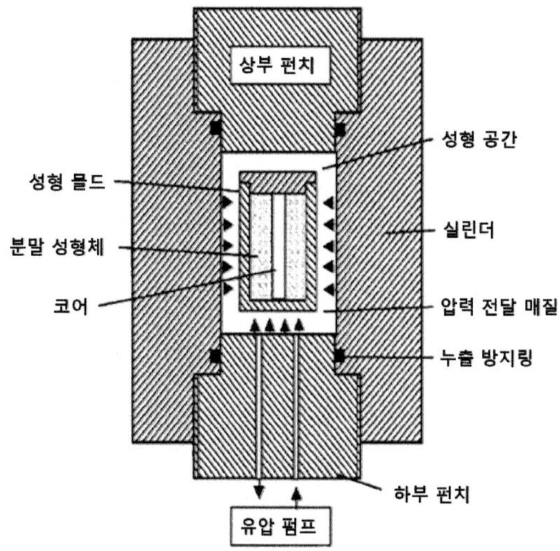

(a) 열간 등압 성형

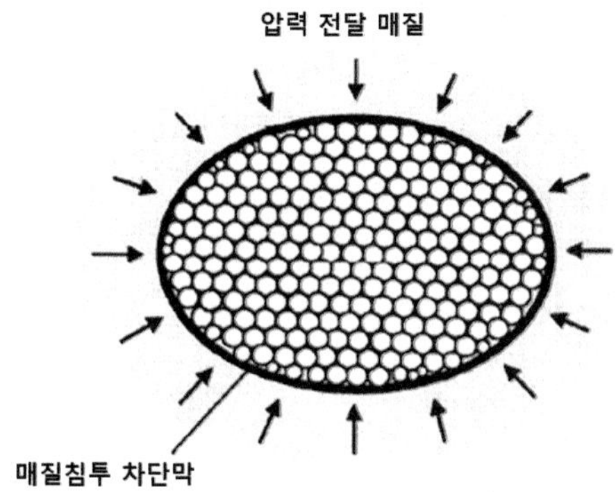

(b) 등압 성형 개념

그림 9.3 등압 성형

(1) 외부 압력에 따른 분말 거동

1) Seeling과 Wulff의 이론

① **분말 입자의 재배치**
느슨하게 채워지고 있던 분말들이 외부 압력으로 조밀하게 재배치된다.

② **탄성/소성 변형**
탄성 변형의 양은 매우 작으며 소성 변형의 정도에 따라 성형 밀도가 증가한다. 세라믹 등의 재료에서는 소성 변형의 기여는 없다. 금속에서는 소성 변형에 의한 성형 밀도가 증가하지만 가공 경화가 발생하며 전위 밀도 증가로 많은 변형을 제한한다.

③ **분말 입자 파쇄(압력에 의해)**
분말 파쇄로 더욱 미세한 입자를 형성하여 성형 밀도를 증가시킨다(비 금속 분말에서 중요).

④ 일반적으로 상기 3단계가 중첩하면서 발생된다.

⑤ 금속 분말의 경우 가압에 의한 분말 간의 마찰로 산화 피막이 제거되어 소결성이 향상된다.

2) 외부 압력과 분말 특성과 성형체 밀도의 관계

외부 압력 증가에 따라 성형체 밀도가 증가하며 연한 금속이 경한 금속보다 높은 성형체 밀도가 소성 변형 영향으로 증가한다. 일반적으로 초기 낮은 압력에서 빠르게 밀도가 증가한다.

외부 압력(P)과 성형체 밀도(D)의 관계를 Heckel이 다음과 같이 나타내었다.

$$P = \frac{1}{k}\left[\ln\frac{1}{(1-D)}\right] + B$$

3) 성형체 내 밀도 분포

금형 내 위치에 따라 성형체에 가해지는 압력, 밀도가 변화한다. 단동 압력의 경우는 가압되는 상부는 하부에 비해 높은 압력이며 복동 압력의 경우는 상대적으로 균일 밀도이나 금형 벽 부분이 밀도가 차이난다. 이러한 성형체 밀도 불균일성은 균열 발생 또는 미세조직 비균질화를 야기한다. 압력 불균질의 이유는 분말 간의 자체 마찰, 금형 벽과 분말 간의 마찰, 분말 변형이나 가공 경화 등이 복합적으로 발생한다.

불균질 압력 분포의 개선 방법으로는 금형 벽이나 분말 표면에 윤활제를 코팅하여 마찰력을 감소하거나 등압 성형법을 적용하는 것이다.

(2) 성형 장비

1) 금형

금형(mold)은 성형체의 형상을 결정한다. 일반적으로 분말 성형에 직접 관여하는 구성품과 구성품이 동작하는 기구를 포함한다. 금형 소재는 고속도 공구강, 초경 합금강 등을 사용한다.

2) 프레스

프레스 형태는 금형이 구성품 움직임에 따라 고정 및 유동식으로 구분한다.

단동식의 경우는 상부 펀치만 이동하고 실린더/하부 펀치는 고정으로 두께가 얇은(≦5 ㎜) 성형체 제조에 이용된다.

복동식의 경우는 실린더가 고정이며 상/하부 펀치가 이동하여 가압하는 형태로 성형체 밀도가 상대적으로 균일하다.

그 밖에 유동 다이 프레스가 있다.

압력 방식에 따라 프레스를 기계식과 유압식으로 분류한다. 기계식은 작은 성형체 제조에 사용하며 성형 속도가 빠르다. 유압식은 큰 하중에 사용되며 성형 속도가 느리다.

(3) 성형 공정

1) 일반적인 성형 절차

① 하부 펀치가 장입된 금형 내에 분말 공급장치(feed shoe)를 이용한 분말 투입

② 상부 펀치 하강

③ 상/하부 펀치를 이용한 가압

④ 가압 완료 후 상부 펀치는 위로 이동, 하부 펀치가 위로 올라와 성형체 방출

2) 다단 성형

다단 성형은 내부에 구멍이 있고 몇 개 층을 갖는 성형체 제조에 사용한다. 다단 성형은 중심에 구멍을 주기 위한 코어 로드(core rod) 또는 코어 펀치(core punch) 등으로 구성된다.

3) 성형 결함

성형 결함은 가압 성형 후에 성형체를 금형에서 방출할 때 형성된다. 성형 결함의 원인은 다음과 같다.

① 금형 벽의 마찰에 의한 성형체 압력 분출 불균일

② 불균일 충진 및 압축 공기에 의한 탄성에너지 불균일

③ 성형체가 방출된 부분과 미방출된 부분 사이의 탄성 복귀(spring back) 차이

결함의 종류에는 층상 결함, 끝 깨짐 결함, 링 깨짐 결함이 있다.

층상 결함은 압축 방향에 수직으로 원주상의 균열이 발생하며 스프링 백과 같이 탄성 회복이 큰 경우에 발생한다. 층상 결함의 해결 방법은 낮은 가압력, 탄성 복귀를 감소시키는 첨가제 사용, 금형 벽의 윤활 처리 등이다.

끝 깨짐 결함은 성형체 방출 시 끝부분에 쐐기 모양으로 깨지는 현상이다. 끝 깨짐 결함의 해결 방법은 금형 벽의 윤활 처리와 끝부분에 경사를 준 금형을 사용하는 것이다.

링 깨짐 결함은 모서리 부분만 깨지는 현상이다. 이것은 가압 시 펀치와 금형 벽 사이에 분말이 들어가서 발생한다. 링 깨짐 결함의 해결 방법은 금형 제작 시 펀치와 금형 벽 사이의 간격을 분말 크기보다 작게 설계하는 것이다.

4) 프레스 성형에서 고려할 점

① 분말 특성의 일정한 유지 - 분말 특성 변화는 충진량 등의 변화로 불량률이 증대한다.

② 금형 표면 조도 - 성형체와 금형 벽 사이의 마찰력 영향을 주며, 금형 표면 조도는 분말 입도보다 작아야 한다.

③ 성형체 형상 - 성형 시 응력집중과 금형에서 성형체 분리 시 스프링 백 현상을 방지할 수 있는 현상을 고려해야 한다.

④ 금형 정밀도 유지

9.2 분말 야금

9.2.1 정의 및 역사

(1) 분말 야금의 정의

분말야금은 금속 및 세라믹 분말과 분말 성형체의 제조, 소결과 가공을 포함한 일련의 모든 공정을 말하며, 소결 제품의 평가와 분석도 포함한다. 결국 분말에서부터 어떤 요구되는 형상, 특성, 조직을 가지는 최종 제품을 만드는 일련의 공정이라 할 수 있다.

분말야금 공정은 크게 분말의 제조 단계, 준비된 분말의 성형 및 소결을 포함하는 분말의 가공 단계, 그리고 완성된 제품을 분석 및 평가하는 단계의 3가지 단계로 분류할 수 있다. 첫 번째인 분말의 제조는 원료인 분말을 기계적, 화학적 방법을 비롯한 다양한 방법으로 생산하고, 가공 단계 이전의 분말의 특성 분석 등을 말한다. 이때에는 안전성과 보존성을 고려하여 분말을 취급하여야 한다. 두 번째 단계는 가공으로서 전 단계에서 제조된 분말의 조성, 크기 및 형상을 기준으로 하여 원하는 형상 및 특성을 얻기 위한 공정이다. 보편적으로 원하는 형상을 성형하기 위한 압축과 분말 성형체의 소결이 주를 이루지만, 최근에는 산업화의 가속화로 인한 다양한 형태와 특성의 제품들이 요구되면서 분말 압출 성형이나 열간 성형(hot pressing, HP) 등의 공정들이 개발되어 응용되고 있으며 기술의 진전이 빠르게 이루어지고 있다. 최종 단계로서는 생산된 제품의 미세조직, 강도, 전기 전도도 및 비저항 등과 같이 물리적, 기계적 화학적, 전기적 특성을 평가하고 분석하는 공정이라 할 수 있다.

이와 같은 세 가지 과정은 서로 분리하여 생각될 수 없다. 최종 제품의 요구되는 형상 및 특성에 따라 분말의 조성, 제조법 및 입도가 정해져야 하고, 그렇게 정해진 조건에 의하여 제조된 분말의 특성에 따라 적절한 가공법 및 가공 조건(온도, 압력, 분위기 등)들이 결정되기 때문이다. 분말의 종류와 그 제조과정이 성형이나 소결공정에 큰 영향을 미치기 때문에 최초 단계에서 제조되는 분말의 변화는 두 번째 단계인 가공 공정에서의 변화를 일으키고, 최종적으로 특성의 변화를 야기한다. 결국 분말야금의 제조, 가공, 분석의 세 단계는 일방적인 과정의 진행이 아닌 상호 의존성이 강한 공정이라 할 수 있다.

분말야금은 고품질의 복잡한 형상의 부품을 경제적으로 용이하게 제조할 수 있다는 장점을 가지고 있으므로 산업 현장에서 매우 폭 넓게 사용되고 있다. 이것은 분말야금 공정의 넓은 응용성과 경제성 등의 특징 때문이다. 특히 복잡한 형상의 부품을 용이하게 대량으로 제조할 수 있어 경제적이며 다른 공정으로는 제조하기 힘든 부품(예를 들어 고융점 소재 부품)도 제조할 수 있는 장점이 있다.

분말 야금의 분말은 1 ㎜ 이하의 미세한 금속고체 분말이며 부피에 비해 상대적으로 큰 표면적이다.

(2) 분말 야금의 역사

고대-중세에는 귀금속, 철 분말에서 병기 및 장신구 제조를 하였고 1800년대에는 소결백금 제조하였으며 20세기 초에는 W, Mo 등의 고융점 금속 및 초경합금을 제조하였다. 그리고 20세기 중반 이후에 Fe, Ni, Cu 특수합금의 분말 압연, 급냉 응고(RSP), 기계적 합금화(MA)를 개발하였고 자성재료, 소결핵 연료, 금속분말 사출성형(MIM), 나노분말 제조를 하였다. 이것을 정리한 것이 표 9.1이다.

표 9.1 분말 야금의 발전 기술

시기	발전 기술	비고
B.C. 3000	도구를 만드는 스폰지 철의 이용	이집트, 아프리카, 인도
A.D.1200	백금괴의 제조	남아프리카, 잉카
1781	Pt-As 합금	프랑스, 독일
1790	상업적으로 Pt-As 합금용기 제조	프랑스
1822	Pt 분말로 Pt 금속괴 제작	프랑스
1829	Wollaston법 개발(현대적 P/M 기술의 기초)	영국
1850	여러 가지 금속의 압축 성형체 소결	유럽
1870	금속분말로 만든 무급유 베어링의 특허	미국
1878-1900	백열광 필라멘트의 제조	미국
1915-1930	초경합금의 개발	독일
1900년대 초	복합재료, 다공성재료, 금속 필터 개발	미국
1940년대	철 분말 이용 기술	유럽
1950-1960년대	P/M 제품, 분산강화 제품, P/M 단조품	미국
1970년대	HIP, P/M 공구강, 초소성 superalloy	미국
1980년대	급냉 조직, 분말 사출	미국
2000년대	Nanotechnology	미국, 유럽, 일본, 한국

9.2.2 분말 야금의 특징

분말 야금은 2종 금속 또는 비금속 재료를 혼합하여 입자간 결합 강도를 상승시켜 필요한 성질을 부여한다. 그리고 주로 용융점이 높은 W, Mo, 초경합금 등 치수정밀도가 높은 기계부품의 대량생산에 적합하다.

분말 야금 제품 산업은 넓은 의미에서 철 및 석기 도구, 초경합금, 자성 재료 및 분말 야금 제품을 포함한다. 좁은 의미의 분말 야금 제품 산업은 분말 야금 부품(대부분), 오일 베어링 및 금속 사출 성형 제품을 포함한 분말 야금 제품만을 말한다. 그림 9.4는 이러한 분말 야금 제품류를 나타낸 것이다.

그림 9.4 분말 야금 제품류

분말 야금의 특징은 다음과 같다.

① 다른 공정과 비교할 때 분말 야금의 재료 활용률이 가장 높고 95%에 도달하고 부품의 에너지 소비가 가장 낮음
② 다공성 재료, 고밀도 재료 등과 같은 제품의 밀도는 제어 가능하며 균일한 미세 구조, 구성 요소 분리 없음 - 거의 모양 형성, 원료 이용률이 95%임
③ 절단이 적고 절단이 없으며 절단 가공의 40~50%에 불과함
④ 재료 그룹 요소를 제어할 수 있어 복합 재료 준비에 도움이 됨

이러한 분말 야금의 장점을 나열하면 다음과 같다.

① 용융점이 높은 금속에 적합함
② 2종 금속 또는 비금속 재료 간에 균일한 결합이 가능함
③ 다공질 금속 제품을 얻을 수 있음
④ 자동화로 대량생산이 가능함
⑤ 치수 정도가 높고 가공면이 평활함
⑥ 비교적 간단한 공정으로 복잡한 형상 제품 가공이 가능함
⑦ 주조에 비해 낮은 온도에서 작업이 가능함

한편 분말 야금의 단점은 다음과 같다.

① 분말 형상, 입도, 입도분포 등을 제어하는 것은 분말 야금에서 매우 중요하지만 항상 용이하지 않음
② 주조에 비해 프레스, 소결로, 혼합기 등의 장비가 많이 필요하며 미분말일수록 저장 및 취급에 주의해야 함
③ 금형 제작비, 분말 재료비가 고가임

④ 제품 크기에 제한적이며 균일 고밀도 제품 생산은 불가능함
⑤ 열적 제어가 어려움
⑥ 금속 종류에 따라서 분말 폭발 또는 화재 위험이 있음

9.2.3 분말 야금의 공정

분말 야금의 제조에서 기본 공정은 그림 9.5와 같다.

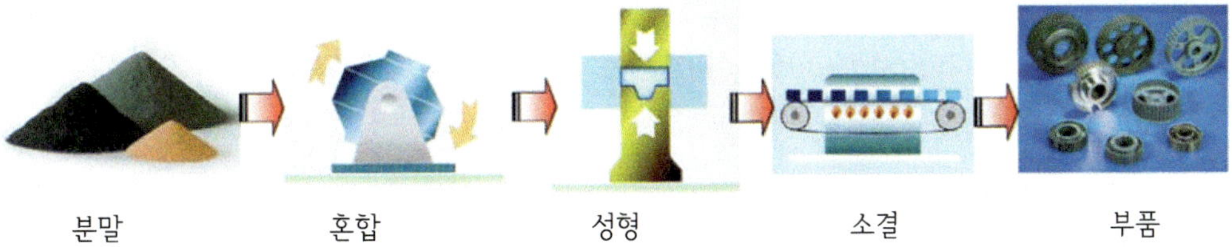

그림 9.5 분말 야금의 기본 공정

(1) 제분

제분은 원료를 분말로 만드는 과정이다. 일반적으로 사용되는 제분 방법에는 기계적 및 물리적 및 화학적 방법이 있다.

기계적 방법은 원료의 화학적 조성을 변경하지 않으며 금속을 절단/연삭하여 재료를 분할하여 새로운 계면을 생성하여 분말을 준비한다. 기계적 방법은 분말의 입자 크기를 줄이거나 늘릴 수 있으며 분쇄 후 금속 분말이 경화되지만 분말의 모양이 불규칙하고 분말 유동성이 나빠진다.

물리적 및 화학적 방법은 냉각 및 분무와 같은 물리적 방법으로 액체 금속을 분말로 만드는 것이다. 또한 환원 및 해리와 같은 화학 반응에 기초한 환원제로 금속 산화물 및 염을 환원시켜 제조할 수도 있다. 분무 분말 기술은 합금 성분의 편석을 효과적으로 줄일 수 있으므로 얻은 합금 분말 조성은 비교적 균일하다. 물 분무법은 밀도가 높은 물을 분무 매체로 사용하기 때문에 얻어지는 분말의 모양이 일반적으로 불규칙하다.

크기가 0.001 ㎜보다 크고 1 ㎜ 미만인 고체 입자를 **분말**이라고 한다. 일반적으로 분말 입자의 모양은 구형, 거의 구형, 다각형, 플레이크, 수지상, 불규칙, 다공성 스폰지 및 나비 모양을 포함한다.

(2) 혼합

혼합은 필요한 각종 분말을 일정 비율로 혼합하고 균질화하여 녹색 분말을 만드는 과정이다. 건식, 반건식 및 습식의 세 가지 유형으로 나뉜다. 더블 콘 믹서, V 형 믹서, 듀얼 모션 믹서는 다양한 요구 사항에 사용된다.

분말의 혼합이 균일하지 않고 성형 공정이 박리 및 파단되기 쉽고 소결 공정이 파열 및 변형되기 쉽고 제품 경도 및 밀도와 같은 기계적 특성이 요구 사항을 충족하지 않는다.

(3) 성형

성형은 균일하게 혼합된 혼합물을 압축 금형에 넣고 15-600 MPa의 압력에서 일정한 모양, 크기 및 밀도로 패리슨(parison)으로 압착하는 공정이다. 압력 성형과 무압 성형의 두 가지 방볍이 있다. 가장 널리 사용되는 압력 성형은 압축 성형이다.

(4) 소결

소결(sintering)은 분말 야금 공정의 핵심 공정이며 성형된 성형체를 소결하여 필요한 최종 물리적 및 기계적 특성을 얻는다.

소결은 단위 소결과 다성분 소결로 구분된다. 일반적인 소결 외에 느슨한 소결, 침지법, 열간 프레스법이 있다.

소결은 금속 용해와 다르며, 소결 중에 하나 이상의 요소가 여전히 고체 상태이다. 소결 과정에서 분말 입자는 확산, 재결정, 용융 용접, 배합 및 용해와 같은 일련의 물리적 및 화학적 과정을 거쳐 특정 다공성을 갖는 야금 제품이 된다.

소결장비는 그림 9.6과 같이 상압/가압 장비, 방전 소결 장비, 등방 가압 소결 장비가 있다.

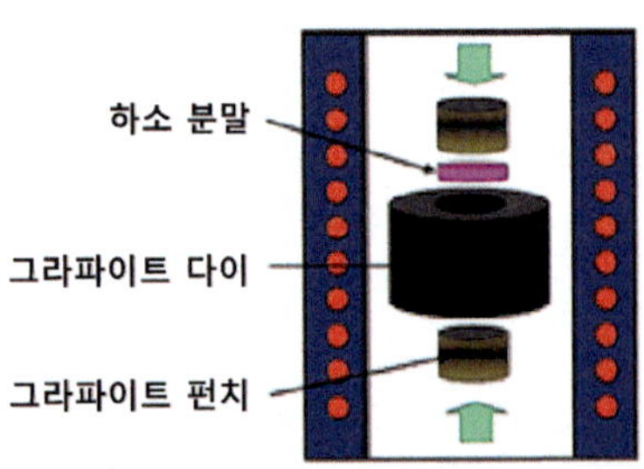

(a) 상압/가압 소결 장비

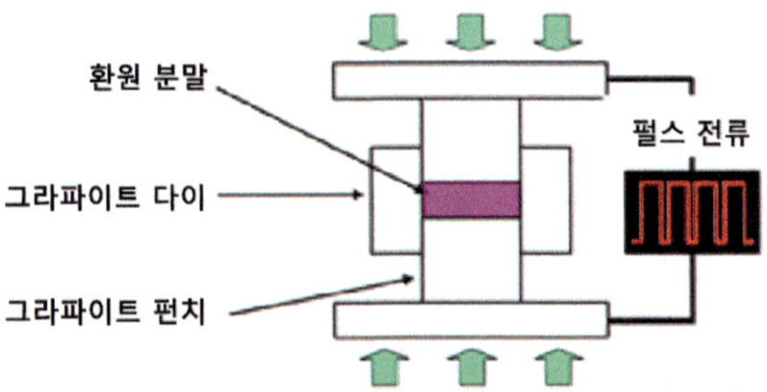

(b) 방전 소결 (SPS) 장비

(c) 등방가압 소결(HIP) 장비

그림 9.6 소결 장비

(5) 후처리

소결 후 처리는 다양한 제품 요구 사항에 따라 다양한 방법을 채택할 수 있다. 마무리, 오일 침지, 기계 가공, 열처리 및 전기 도금, 증기 처리 등이다. 또한 최근에는 입연 및 단조와 같은 일부 새로운 공정이 소결 후 분말 야금 재료의 가공에도 적용되어 이상적인 결과를 얻었다.

(6) 수태

다양한 액체에 침지되는 소결 부품의 다공성의 모세관 현상을 사용한다. 윤활 목적으로 윤활유에 담글 수 있다. 강도와 부식 방지 능력을 향상시키기 위해 구리 용액에 담글 수 있다. 표면 보호를 위해 수지 또는 광택제에 담글 수 있다.

(7) 증기 처리

분말 야금 제품에는 기공이 있기 때문에 표면 보호에 어려움이 있다. 스팀 블로잉 처리는 부식 방지 요구 사항이 있는 계량기, 군수 산업 및 분말 야금 제품에 매우 중요하며 분말 야금 부품의 녹 방지 및 기밀 간격을 개선할 수 있다.

(8) 차가운 표면 압력

부품의 치수 정확도를 개선하고 표면 거칠기를 줄이기 위해 성형을 사용할 수 있다. 부품의 밀도를 높이기 위해 다중 프레싱을 사용할 수 있다. 부품의 모양을 변경하려면 미세 압착을 사용할 수 있다.

(9) 열처리

기공이 있기 때문에 기공률이 10%를 초과하는 제품의 경우 액체 침탄 또는 염욕 가열을 사용하여 염 용액이 기공에 침지되어 내부 부식을 일으키는 것을 방지해서는 안 된다. 공극률이 10% 미만인 제품의 경우 일반 강철과 동일한 열처리 방법(예: 전체 담금질, 침탄 담금질, 침탄 질화 담금질 등)에 사용할 수 있다. 열처리는 철 기반 제품의 강도와 경도를 향상시킬 수 있다.

9.2.4 분말의 특성

입자 형상 인자는 ① 입자 크기와 분포, ② 입자형상과 입자 크기에 따른 다양성, ③ 표면적, ④ 입자간의 상호마찰, ⑤ 유동과 충진, ⑥ 내부입자 구조, ⑦ 조성, 균질성, 오염 등이다.

분말의 제조방법과 분말의 형상은 분말의 성형성(치밀화 및 소결)에 영향을 준다.

분말 입자의 크기는 그림 9.7에서 H는 투영 높이, W는 투영 폭, M은 최대 코드(cord) 길이라고 하면 등가 구형 지름은 다음과 같은 관계를 갖는다.

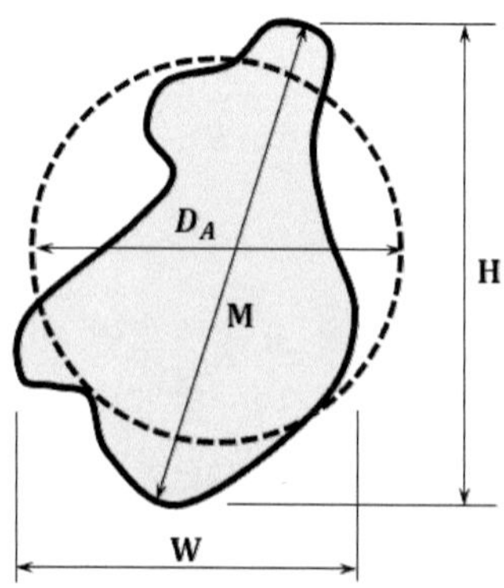

그림 9.7 분말 입자의 크기

$$D_A = \left(\frac{4A}{\pi}\right)^{1/2} \tag{9.1}$$

$$D_S = \left(\frac{S}{\pi}\right)^{1/2} \tag{9.2}$$

$$D_V = \left(\frac{6V}{\pi}\right)^{1/3} \tag{9.3}$$

여기서 A는 투영 면적, S는 표면적, V는 체적이다.

9.2.5 분말야금 공법의 종류

분말야금(PM)은 앞에서 서술했듯이 금속이나 세라믹 분말을 이용하여 압축 성형한 후 용융 온도 이하에서 소결하여 제품을 제작하는 기법으로 일반적으로 금형압축성형(die compaction & sintering, DP) 공정을 대표적인 분말야금 공정으로 부르고 있으나 그 외에 분말사출성형 (powder injection molding, PIM) , 냉간등압성형(cold isostatic pressing, CIP), 열간등압성형(hot isostatic pressing, HIP), 분말단조(powder forging, P/F), 적층가공(additive manufacturing, AM) 공정으로 분류할 수 있다. 그림 9.8은 적용 부품의 크기와 복잡도에 따른 PM 공정의 분류를 나타낸 그림이다.

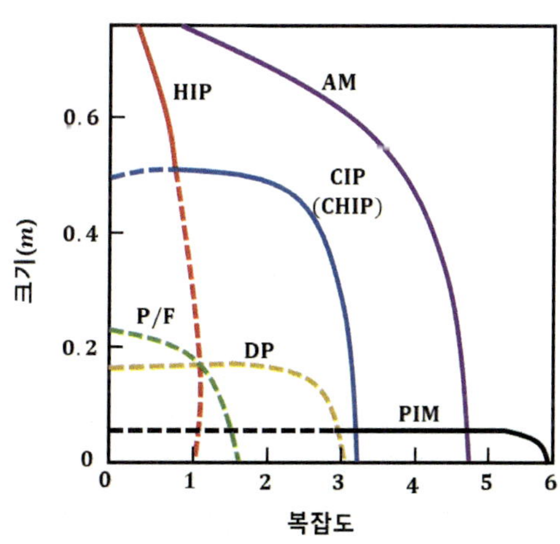

그림 9.8 적용 부품의 크기와 복잡도에 따른 PM 공정의 분류

(1) 분말사출성형

분말사출성형(PIM) 공정은 3차원의 복잡한 형상을 갖는 정밀부품을 실형상으로 대량 생산하는 방법으로서 높은 소결 밀도 및 기계적 특성, ±0.1~0.3%의 치수정밀도와 20~80%의 원가 절감 효과를 갖는 신 분말공정 기술이다. 제조방법은 우선 미세한 분말(금속, 세라믹, 초경합금, 금속간화합물 등)과 유기 결합제를 혼합한 후 기존의 플라스틱 사출성형기에서 형상을 제조하여 결합제를 제거한 후 최종 고온 소결하는 공정으로 이루어져 있다. PIM은 분말로 된 모든 소재의 제조가 가능하며 주조 불가재, 난 가공성 부품 제조에 적합한 특징이 있다. 대표적인 응용 금속계로는 스테인리스 강, 인바, 텅스텐 중합금, Ti계, 초합금 등과 세라믹 계에서는 알루미나, 지르코니아, Si_3N4, SiC 등과 초경계의 WC계, 서멧 등이 있다. PIM 제품의 대표적인 활용예로는 자동차 산업에서 에어백 센서, 디젤용 터보 과급기 날개 등의 부품, 컴퓨터 산업에서 컴퓨터칩 열분산기 및 각종 요크, 의료용 산업에서 치열교정 및 정형외과용 임플란트 소재, 전자분야에서 카메라 모터용 코아, 광통신용 커넥터, 마이크로웨이브 흡입 패키지 등이 있다. 이런 분야 이외에도 광산공구 부품 등의 내마모 분야 및 시계케이스 및 밴드, 제트엔진 잠금장치, 총기류 부품에 적용된다(그림 9.9).

(a) 프린터헤드 부품

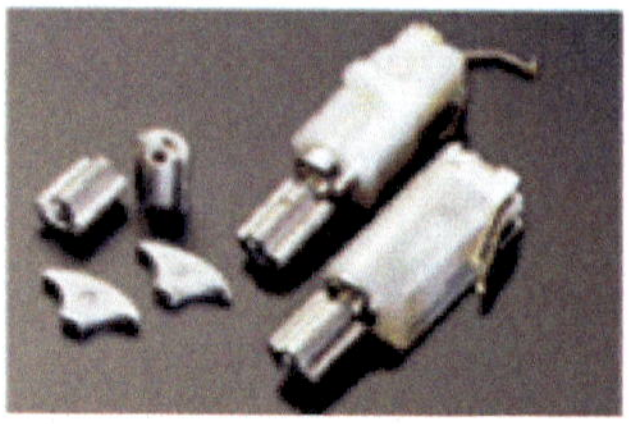
(b) 핸드폰 진동자

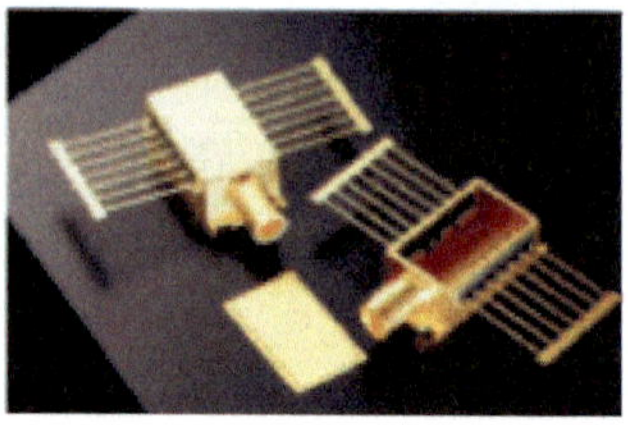
(c) 광전자 패키지

그림 9.9 대표적인 PIM응용 제품들

(2) 금형 압축성형

양산성 측면이나 제조단가 측면을 비교했을 때에 그림 9.10의 **금형압축성형**(DP) 공정은 분말사출성형 공정에 비해서 경쟁력이 높지만 금형압축성형 공정 중의 크랙 생성이나 소결 시 밀도구배에 의한 뒤틀림 변형 등의 문제와 성형 가능한 형상이 있으며 소결 후 잔류기공이 있으므로 단조재나 PIM으로 제조된 부품과 비교하여 물성이 낮다는 단점을 갖는다.

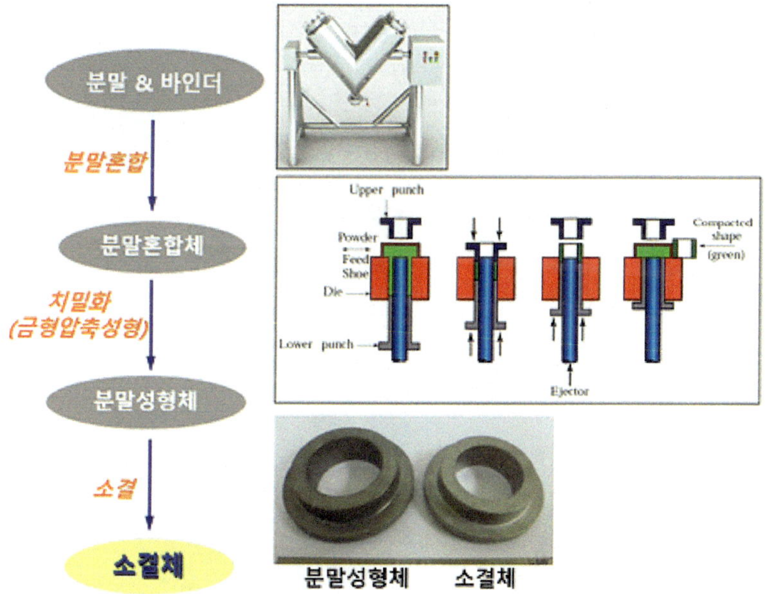

그림 9.10 금형 압축성형(DP) 공정

(3) 냉간 등압성형

그림 9.11의 **냉간 등압성형**(CIP) 공정은 탄성력을 갖는 폴리우레탄이나 고무로 된 몰드 내에 분말을 채운 뒤 압력 용기에 넣은 후 물 등의 액체를 이용하여 상온에서 등방압(isostatic pressure)으로 가압하여 분말 성형체를 만들어서 소결하는 제조기술이다. 실린더나 튜브와 같이 형상이 비교적 간단하고 크기가 큰 제품을 제조하기 위하여 사용되는 공법으로 등방압으로 분말을 성형하기 때문에 성형 밀도가 크기에 관계 없이 일정하다는 장점을 갖는다.

그림 9.11에서 보면 알 수 있듯이 보통 크기가 커서 DP공정과 같은 다른 공정으로 성형이 어려운 제품에 적용하며 복잡형상 부품의 제조를 위해서는 고무 몰드 형상의 설계가 중요하다. 사용자의 용도에 따라 CIP공정 후 잔류기공의 제거를 위하여 추가적인 열간등압성형(HIP)을 수행하기도 하는데 이를 **CHIP(CIP & HIP)공정**이라고 부르며 티타늄합금(Ti-6Al-4V) 부품 제조에 주로 사용된다.

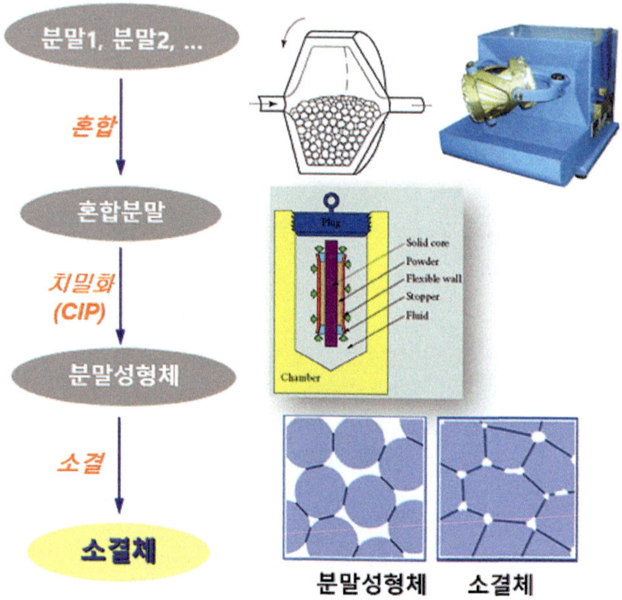

그림 9.11 냉간 등압성형(CIP) 공정

(4) 열간 등압성형

그림 9.12의 **열간 등압성형**(HIP) 공정은 연강이나 스테인리스강 등과 같이 고온에서 견딜 수 있는 소재로 만든 캔 속에 금속분말을 채워 넣은 후 캔 내부의 공기를 제거한 후 (degassing) 압력 용기에 넣은 후 고온에서 아르곤이나 질소와 같은 기체를 이용하여 등방압 (isostatic pressure)으로 가압하여 성형과 소결을 동시에 수행하는 공법이다. 제품의 품질이 타공법에 비해서 월등히 우수하기 때문에 물성이 매우 중요하고 신뢰를 요하는 제품을 제조하는 경우에 적용된다. 티타늄 합금(Ti-6Al-4V) 이나 인코넬(Inconel) 부품 제조에 주로 사용되며 CIP공정과 비교하여 소결공정이 없으며 그림 9.12에 보면 CIP공정보다 큰 부품의 제조가 가능하다는 장점을 갖고 있다.

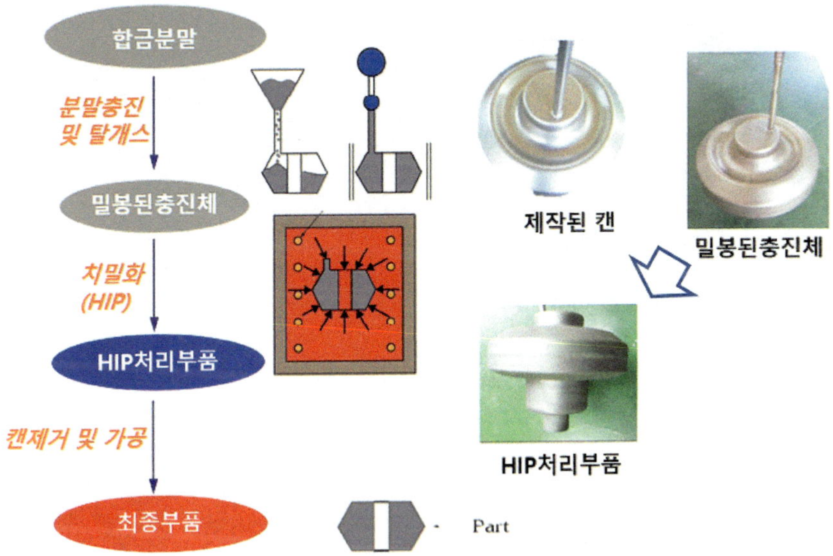

그림 9.12 열간등압성형(HIP) 공정

(5) 분말단조

그림 9.13의 **분말단조**(P/F) 공정은 열-기계적 분말 공정(thermomechanical powder metallurgy) 기술 중 하나로서 유사 실형상(near net shape)의 분말 프리폼 성형공정과 소결공정(치밀화로 성형체의 기계적 강도 향상), 및 열간단조공정(소결체 내부의 잔류기공 제거)으로 구성되며 신뢰성 있는 부품 제조가 가능하다는 장점이 있다. 그러나 지금까지는 공정의 특성상 소재 회수율이 낮고 생산설비가 고가이며 다단계의 단조공정과 고온용 금형을 적용해야 하므로 제조단가가 높아진다는 단점이 있다.

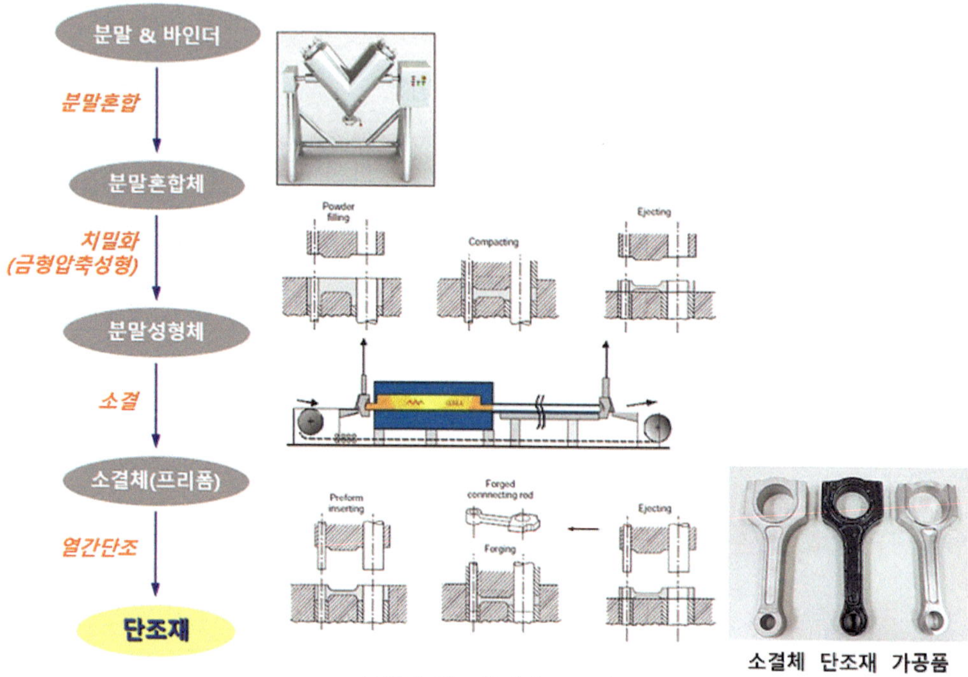

그림 9.13 분말단조 공정

9.2.6 성형 가공 시 고려 사항과 응용

분말 야금 제품의 응용 범위는 일반 기계 제조에서 정밀 기기에 이르기까지 하드웨어 도구에서 대규모 기계에 이르기까지 전자 산업에서 모터 제조에 이르기까지 토목 산업에서 군사 산업에 이르기까지 일반 기술에서 첨단 산업에 이르기까지 매우 광범위하다.

분말 야금 재료는 분말 야금 다공성 재료, 분말 야금 구조 부품, 분말 야금 마찰 방지 재료, 분말 야금 도구 및 다이 재료, 분말 야금 마찰 재료, 분말 야금 전자기 재료, 분말 야금 고온 재료 등으로 나눌 수 있다.

(1) 분말 야금 성형 시 고려 사항

1) 분말 특성 일정한 유지

분말 특성(유동성, 충진성, 성형성)의 변화 시에는 분말 충진량의 변화를 초래하여 불량률 증대한다.

2) 금형 표면조도

성형체와 금형벽 사이의 마찰력 영향을 미치며 표면조도는 분말의 평균 입도보다 작아야 한다.

3) 성형체 형상

성형체 형상은 성형시 응력집중을 방지할 수 있는 형상을 선택해야 한다. 예를 들어 성형체의 모서리부에 곡면 R 혹은 테이퍼를 주는 다이와 펀치를 사용해야 한다. 그리고 금형에서 성형체 분리 시(취출 시) 잔류응력의 제거에 의한 부피 팽창(spring back)을 고려해야 한다. 따라서 탄성 복귀 팽창을 고려한 금형 설계가 수반되어야 한다.

4) 정밀 금형의 정밀도 유지

금형 조립시에 사용온도 및 성형시의 마찰열에 의한 금형 변형이 최소화 되어야 한다. 금형 정밀도 감소는 마찰 증가, 금형 마모 증가 및 금형부품 사이 분말 존재로 이어져 금형 수명 단축과 성형체 품질 저하로 이어진다.

5) 윤활

윤활은 취출을 용이하게 하며 취출 압력을 저하시킨다. 또한 금형 마모, 파열을 억제하며 금형벽과 분말 및 분말간의 마찰감소로 균일한 성형체 밀도를 구현시킨다.

6) 성형성 금형 다이 재료

성형성 금형 다이 재료로는 WC에 Co 첨가한 초경합금, 공구강에 바나듐(V)을 첨가한 합금강을 사용하며 재료에 코팅처리(DLC코팅, TiC, TiN 코팅)를 취하면 취출압력이 저하하는 효과를 얻을 수 있다.

(2) 성형 가공 응용

1) 자동차 산업

분말 야금 밸브 시트, 밸브 가이드, VCT 및 스프로킷 등은 고강도, 높은 내마모성 및 우수한 내열성을 가질 수 있다. 그림 9.14 (a)은 흡기 및 배기 밸브 시트, 그림 9.14 (b)는 기어 등이 분말 야금으로 만든 예이다.

(a) 흡기 및 배기 밸브 시트

(b) 기어

그림 9.14 자동차 산업에서의 분말 야금 제품 예

2) 항공 우주 산업

특수 기능성 소재는 주로 항공기 및 엔진의 보조 기계, 계기 및 항공기 장비에 사용된다. 고온 및 고강도 구조 재료는 주로 항공기 엔진의 중요한 구조 부품에 사용된다. 항공우주 산업의 응용 예로 그림 9.15 (a)는 엔진용 고압 터빈 분말 디스크이며, 그림 9.15 (b)는 항공 브레이크 쌍-BY2-1587이다.

(a) 엔진용 고압 터빈 분말 디스크

(b) 항공 브레이크 쌍

그림 9.15 항공우주 산업의 응용 예

3) 전자 제품

그림 9.16과 같은 음소거 버튼, 전원 버튼, 볼륨 플러스 및 마이너스 버튼, SIM 카드 트레이, 8PIN 데이터 케이블 소켓, 내장 N41 피트, 내장 진동 모터 로터 등에 응용되고 있다.

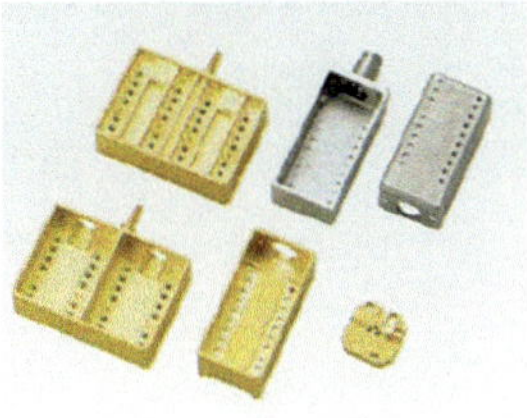

(a) 전자 부품 패키지

(b) 프린터헤드 부품

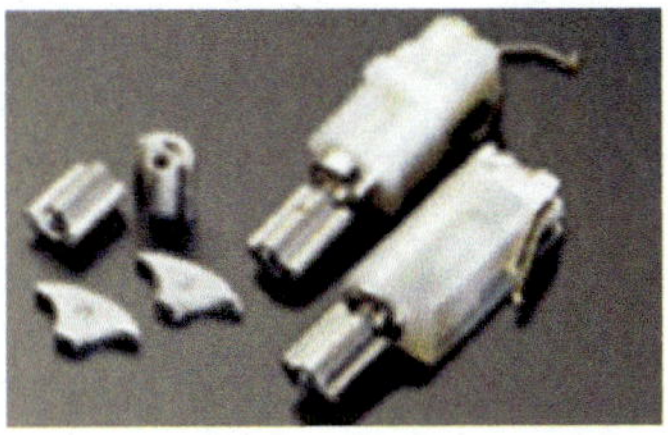

(c) 핸드폰 진동자

그림 9.16 전자 부품의 응용 예

4) 그 밖의 제품

그 밖에도 그림 9.17과 같은 스테인리스 필터, 절삭용 초경공구, 형상 충전 라이너(shape charge liner), 고관절 등에 분말야금으로 만든 제품들이 있다.

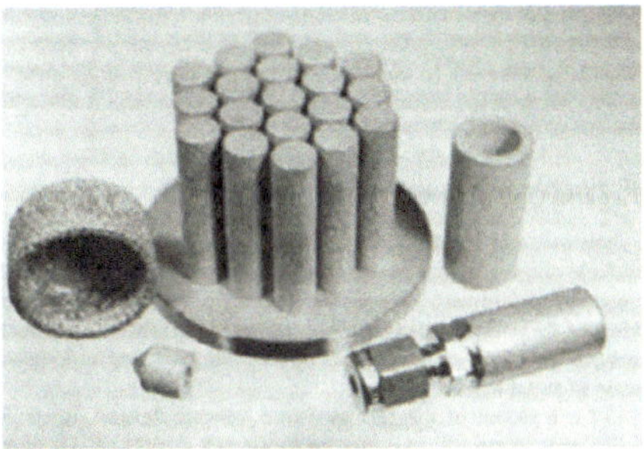

(a) 스테인리스 필터

(b) 절삭용 초경공구

(c) 형상 충전 라이너

(d) 고관절

그림 9.17 그 밖의 분말야금 제품의 예

9.3 금속 사출 성형

9.3.1 금속 사출의 정의와 특징

(1) 금속 사출의 정의

먼저 **금형 사출**은 보통 플라스틱을 사용해 제품을 양산하는 대표적인 제조 방식이다. 금형 제작엔 비용이 많이 들기 때문에 보통 시제품 제작 단계에서는 3D프린팅 같은 다른 제조 방식을 사용한다. 그러나 제품을 대량으로 생산해 시장에서 판매할 계획이라면 금형을 제작해 똑같은 모양의 제품을 대량으로 생산하는 것이 유리하다.

금형은 금속으로 만든 틀(거푸집)을 의미한다. 금형 사출은 금형에 액체 상태의 재료를 밀어 넣어 금형 모양의 제품을 만들어내는 제조 방식이다. 붕어빵 틀에 붕어빵 재료를 부어서 붕어빵 모양을 만들어내는 것과 비슷하다. 금형 사출의 종류에는 일반사출 외에도 인서트 사출, 블로우 사출 등의 방식이 있다.

금속 사출도 금형에 재료를 주입해 형태를 만든다는 점에서 금형 사출과 비슷하다. 다만, 플라스틱 대신 금속 분말을 재료로 사용한다는 점과, 사출 이후에 추가 공정이 필요하다는 점 등에서 차이가 난다.

구체적으로 설명하자면 **금속 사출**(metal injection molding; MIM)은 형상이 복잡하고 소형인 정밀 부품의 대량생산을 위해 개발된 기술이다. 미세 금속 분말을 결합제(binder)와 혼합해 원료를 만들고, 사출 성형 방식으로 제품의 형태를 만든 뒤 추가 공정을 통해 최종 제품을 얻어낸다.

(2) 금속 사출의 특징

1) MIM의 장점

MIM은 다른 제조 기술에 비해 다음과 같은 몇 가지 장점이 있다.

① 낮은 부품당 비용으로 대량 생산

② 공차가 엄격한 복잡한 형상

③ 스테인리스 스틸, 티타늄, 텅스텐, 코발트 크롬 등 다양한 소재로 제작

④ 스크랩 손실 및 자재 낭비 최소화

⑤ 그물 모양에 가까운 제작으로 기계 가공 감소

⑥ 0.005파운드~0.5파운드의 소형 부품 크기

⑦ 어셈블리 결합을 통한 부품 통합

⑧ 매끄러운 표면과 우수한 마감

2) MIM의 한계

금속 사출 성형의 몇 가지 제한 사항은 다음과 같다.

① 높은 시작 및 툴링 비용

② 부품의 제한된 크기 범위

③ 특수 장비 필요

④ 생산 속도가 느린 다단계 프로세스

⑤ 파우더 특성에 따른 치수 제한

⑥ 파우더 흐름에 따른 부품 형상의 제한 사항

⑦ MIM의 애플리케이션

(3) 금속 사출의 응용

MIM은 다음과 같은 산업 전반에서 공차가 엄격한 작고 복잡한 부품을 제조하는 데 널리 사용된다.

① 의료 - 정형외과용 임플란트, 치과용 임플란트, 수술용 기구

② 자동차 - 엔진 부품, 밸브, 기어

③ 항공우주 - 터빈 블레이드, 임펠러, 노즐

④ 전자 - 커넥터, 마이크로 기어, 차폐

⑤ 총기류 - 방아쇠, 망치, 안전장치

⑥ 시계 - 시계 케이스, 팔찌, 크라운

⑦ 산업용 - 손잡이, 패스너, 절삭 공구

MIM은 금속 부품 생산을 위한 인베스트먼트 주조, 기계 가공, 스탬핑과 같은 다른 공정과 경쟁한다.

9.3.2 금속 사출 성형 프로세스

금속 사출 성형(MIM) 공정은 미세한 금속 분말을 바인더 재료와 혼합하여 금형에 주입할 수 있는 공급 원료를 만드는 과정이다. 그런 다음 녹색 부품으로 알려진 성형 부품을 소결하여 바인더를 제거하고 금속 분말을 고체 구조로 통합한다. 기본 단계는 다음과 같다.

(1) 금속

금속 분말과 바인더를 믹서에서 완전히 혼합하여 균일한 공급 원료를 생산한다. 분말 입자 크기, 모양, 분포가 성형성 및 소결에 영향을 미친다. 원료분의 특성으로는 사출 성형 시의 유동성, 바인더 배합률의 최소화를 위해 구상 분말이 높은 소결 밀도와 수치 정밀도 확보를 위해서는 미분(수~수10 ㎛)이 바람직하다. 실제로 사용되는 원료 분말은 평균 입경 4~15 ㎛ 정도의 구상에 가까운 것이다. 소결 시의 수축률은 분말 입경이 작을수록 수축률이 크고 소결제 밀도가 높아진다.

MIM에서는 사출 성형 시에 분말 형체로 유동성을 주고 원료 분말을 단단한 형상으로 유지하기 위해 바인더를 다량으로 첨가하지만 소결 시에 바인더를 제거하는 공정이 필요하고 바인더 제거성도 바인더 선택의 중요한 포인트이다.

바인더 선택에는 일정한 이론이나 계산법이 없어 메이커 각 회사가 경험적으로 확립한 방법에 따르고 있는 것이 현실이지만 유기 바인더 선택에 고려해야 할 항목을 다음에 나타내었다.

① 금속 분말과의 반응 유무

② 가열 유동성

③ 금속 분말에 대한 누설성

④ 바인더 사이의 상용성

⑤ 성형체의 보형성(형성시 및 탈지시)

⑥ 열분해 특성(잔류 카본량)

왁스, PP, PE, PVC와 같은 열가소성 플라스틱 및 폴리머를 시그마 블레이드, Z 블레이드, 이중 유성식 믹서를 사용하여 혼합한다.

(2) 2단계 - 과립화

공급 원료 혼합물을 사출 성형을 위해 작은 펠릿(pellet)으로 과립화한다. 과립화 함으로서 자재 흐름을 개선하고 배럴 내 분리를 방지한다.

과립기는 회전하는 블레이드를 사용하여 원료를 균일한 과립으로 절단한다. 과립 모양과 크기는 포장 밀도와 성형성에 영향을 미친다.

(3) 3단계 - 사출 성형

원료 펠릿은 홈퍼에서 사출 성형기의 실린더 안으로 보내어 가소화 하면서 실린더 전방으로 수송하고 노즐로부터 금형 내로 압입하여 냉각 고화해서 추출한다. 공급 원료 과립은 필요한 부품 모양과 크기로 성형된다. 온도와 압력이 제어되는 개량형 사출 성형기를 사용한다. 성형 파라미터를 최적화하여 결함을 최소화하는 것이 중요하다. **녹색 부품**이라고 불리는 아몰드 부품은 모양은 있지만 강도가 없다.

(4) 4단계 - 탈지

바인더는 용매, 열 또는 촉매 수단을 동해 녹색 부품에서 추출된다. 솔벤트 탈지(debinding)은 모세관 작용을 사용하여 바인더를 용해시킨다. 열 탈지는 용광로에서 바인더를 분해한다. 촉매를 사용하여 바인더 제거를 가속화하는 촉매 탈지가 있으며 탈지는 다공성 금속 입자 구조의 갈색 부품을 생성한다.

(5) 5단계 - 소결

탈지된 금속분말 성형체를 고온까지 가열하고 고상 반응으로 소결이 진행하여 치밀화 된다. MIM 소결품은 소결 시에 30~40%로 큰 수축을 하므로 성형체의 밀도와 소결 온도가 균일하지 않으면 수축이 균일해지지 않고 수치 정밀도가 나빠지는 결과가 된다. 소결 중 최대 96~99%에 가까운 최대 밀도를 달성한다.

(6) 6단계 - 보조 작업

어닐링, 기계 가공, 드릴링, 도금과 같은 추가 금속 가공 단계이다. 어닐링으로 소결로 인한 내부 응력 완화하고 CNC 가공으로 스프루를 제거하고, 표면을 매끄럽게 하고, 기능을 추가한다. 강화 또는 부식 방지를 위한 도금 및 도장을 적용한다.

이와 같이 MIM 공정은 플라스틱 사출 성형과 분말 야금의 장점을 결합하여 복잡한 고정밀 금속 부품을 제작할 수 있다.

9.3.3 금속 사출이 가능한 재료와 장비

금속 사출이 가능한 금속 분말의 재료는 다양하다. 아래에 일반적으로 금속 사출에 사용되는 금속 분말의 종류와 장비를 정리하였다.

(1) 금속 사출이 가능한 재료

1) 스테인리스 스틸

스테인리스 스틸은 크롬(chromium)을 함유하고 있는 금속 합금이다. 일반적으로 내식성이 뛰어나고 산화, 부식, 열에 강하다. 스테인리스 스틸은 다양한 산업 분야에서 널리 사용되며 사용 목적 등에 따라 종류와 등급이 다양하게 나뉘어 있다.

크롬 산화막은 표면을 보호하여 금속이 산화되거나 부식되는 것을 방지하며, 고온에서도 안정성을 유지하며, 충격과 응력에 강하다.

2) 강철

강철은 철과 탄소를 주성분으로 하는 합금으로 다른 금속이나 비금속 물질과의 혼합으로도 이루어진다. 건축, 자동차, 조선, 기계 등 다양한 산업 분야에서 중요한 재료로 사용된다. 다양한 종류의 강철 역시 금속사출 분말 재료로 사용된다. 일반적으로 금속 사출에 사용되는 강철은 (합금원소 함유량이 적은) 저합금 강철로 강도와 내식성이 뛰어나다.

3) 니켈 기반 합금

니켈 기반 합금은 니켈을 주요 구성 요소로 하는 금속 합금이다. 니켈은 다른 금속과 결합해 다양한 합금을 형성하는 데 사용된다. 니켈 기반 합금은 고온 환경에서 성능이 우수해 내식성과 내열성이 요구되는 부품에 사용된다. 니켈 합금 분말 재료로 인코넬(inconel), 하스텔로이(hasteloy) 등이 있다.

4) 텅스텐 합금

텅스텐을 주성분으로 하는 텅스텐 합금은 강도가 높고 내열성이 뛰어나 금속 사출 재료로 널리 사용된다. 텅스텐 합금은 고온에서 높은 강도를 유지하고, 내식성이 뛰어나 산화나 부식에 강하다. 또한, 높은 경도와 내마모성을 가지고 있어 마모에 잘 견디는 부품을 만드는 데 사용된다. 텅스턴 합금 분말 재료로는 W-Ni-Fe, W-Ni-Cu 등이 있다.

(2) 금속 사출 성형 장비

MIM 프로세스의 각 단계에는 특수 장비가 필요하다. 주요 MIM 장비 유형은 표 9.2와 같다.

첨단 자동화, 처리 시스템 및 제어를 통해 공정을 통합하고 생산성을 극대화한다. 장비는 재료, 부품 크기, 생산량 및 품질 요구 사항과 같은 요소를 고려하여 신중하게 선택해야 한다.

표 9.2 주요 MIM 장비 유형

장비	기능
분말 공급기	미세 분말을 정확하게 계량
믹서	파우더와 바인더를 균일하게 혼합
과립기	공급 원료를 성형용 과립으로 성형
사출 성형기	원료를 필요한 모양으로 성형
디바인딩 용광로	성형 부품에서 바인더 제거
소결로	금속 구조물 조밀화 및 강화
연삭기	게이트, 러너 및 매끄러운 표면 제거하기
머시닝 센터	피처를 드릴링, 터닝, 밀링하여 소결 부품으로 가공하기

(3) MIM 부품의 설계 시 고려사항

MIM을 사용하면 기계 가공으로는 불가능한 기하학적 자유도를 구현할 수 있지만 특정 설계 시 다음과 같은 고려사항이 필요하다.

① **벽 두께** - 일반적인 범위는 0.3~4.0 ㎜이며 일부 분말은 최대 6 ㎜ 벽을 지지한다.

② **표면 마감** - 주조보다 매끄러운 마감이지만 기계 가공만큼 미세하지는 않음; 1~4 ㎛의 Ra 값이 MIM에 일반적이다.

③ **치수 공차** - 부품형상에 따라 ±0.1% ~ ±0.5%(일부 미크론 수준의 정밀도 가능)

④ **밀도** - 최적화된 소결로 최대 99%의 전체 밀도 달성 가능

⑤ **지오메트리** - 갇힌 파우더를 피하고 바인더가 빠져나갈 수 있도록 하는 것이 중요하다.

⑥ **초안 각도** - 1-3° 구배 각도의 테이퍼형 벽으로 부품 배출이 용이함

⑦ **반경 및 필렛** - 급격한 모서리보다 점진적인 전환 선호

⑧ **구멍 및 충치** - 관통 구멍의 최소 직경: 0.25 - 0.5 ㎜

⑨ **스레드** - 성형이 가능하지만 정확도를 높이기 위해 소결 후 가공하는 경우가 많다.

⑩ **표면 세부 정보** - 미세한 디테일을 제한하여 금형 마모를 줄이고, 성형 후 공정을 개선할 수 있다.

MIM 설계는 제작 용이성보다는 성능을 극대화하는 지오메트리에 초점을 맞춰야 한다. 이 프로세스를 통해 여러 부품으로 구성된 어셈블리를 하나의 부품으로 통합하여 비용과 무게를 크게 절감할 수 있다.

9.4 세라믹 성형

9.4.1 개요

(1) 세라믹의 정의

제 3의 소재라고 부르는 세라믹스는 다양한 기능성과 우수한 특성으로 인해 고부가가치 첨단산업에서 널리 이용되고 있는 신소재이다. 세라믹스는 크게 전통 세라믹스(classic ceramics)와 파인 세라믹스(fine ceramics)로 구분할 수 있는데, 파인 세라믹스라는 용어는 주로 일본에서 사용되고 있으며 미국이나 유럽에서는 "New Ceramics"나 "Advanced Ceramics"로 통용되고 있다. 국내에서는 파인 세라믹스로 통용되고 있다. 표 9.3은 전통 세라믹스와 파인 세라믹스를 비교한 것이다.

표 9.3 전통 세라믹스와 파인 세라믹스의 비교

구분	전통 세라믹스	파인 세라믹스
제품	도자기, 청자, 범용 벽돌, 타일 등	콘덴서, 반도체 패키지, 절삭공구, 센서 등
주요 용품	건축, 생활용품, 예술 등	전기-전자, 정보통신, 자동차, 기계 등의 핵심 부품 소재
시장 성격	내수용	국제용, 시장개방, 경쟁 치열, 수출 산업, 첨단 제품
원료 수급	전연 점토, 광물 등 국내 원료 충당	정제 또는 인공합성 원료 대부분 외국에서 수입
성형 소성	물레, 손 성형, 등가마, 가스로	기계프레스, 압출, 사출, 박막 성형, 전기로, 분위기로, 온도 편차 정밀 관리

전통 세라믹스는 우리의 일상생활과 밀접한 관련이 있는 도자기, 시멘트, 석고, 유리, 법랑, 타일 등과 같은 제품으로 만들어지고 있다. 원료는 주로 국내에서 충당할 수 있는 천연점토, 광물 등을 이용하여 물레, 손 성형, 등가마, 가스로 등으로 성형 소성을 한다.

파인 세라믹스는 고도로 정제된 원료를 사용하여 정밀하게 조정된 화학조성과 잘 제어된 성형이나 소결 방법에 의해 합성된 각종 전자부품, 반도체, 기계부품, 인조 다이아몬드, 바이오세라믹스 등과 같은 제품을 말한다. 원료로는 정제 또는 인공합성원료 대부분을 외국에서 수입하고 있으며 기계프레스, 압출, 사출, 전기로 등으로 성형소성을 한다. 그림 9.18은 세라믹의 성형 소성 제품 예를 나타낸 것이다.

(a) 내마모 기계부품

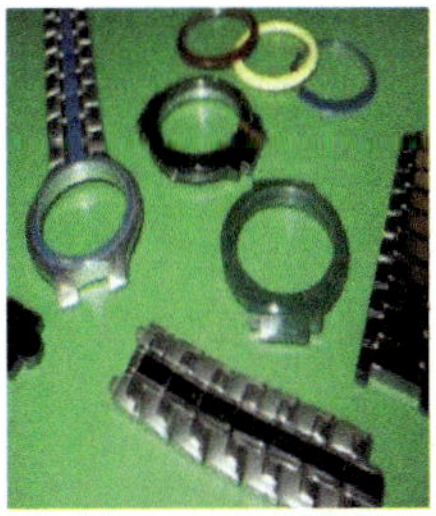

(b) 시계 부품

(c) 인공 치아

그림 9.18 세라믹의 성형 소성 제품 예

(2) 세라믹 성형 소성 제품의 일반적인 제작과정

1) 재료 준비 공정

세라믹 재료는 다른 재료보다 용융점이 높기 때문에 분말 형태로 준비한다.

- **첨가제**: 가공성을 향상시키기 위한 첨가제
- **결합제**: 첨가물에는 세라믹 분말입자들을 결합시키기 위한 것
- **윤활제**: 입자와 몰드 사이의 마찰을 줄이기 위한 것
- **습착제**: 혼합을 쉽게 하기 위한 것
- **가소제**: 혼합물의 성형성을 더욱 향상시키기 위한 것
- **유동성 증가제**: 세라믹+물의 현탁액으로 만들어 유동성 증가

2) 성형 공정

① 주조

현탁액 상태를 가지는 세라믹 재료를 주형에 넣고 건조시킴으로써 원하는 형상을 얻어낸다.

① **슬립주조**: 캐비티를 만들어 현탁액을 주입, 대형, 복잡한 형상을 만들 수 있고 생산성이 낮음

② **테이프주조**: 유리판 위에 부어 성형(세라믹 기판 제조), 박판, 단순한 형상, 생산성이 높음

② 소성 성형

① **압출**: 세라믹 재료에 압력을 가하여 원하는 형상을 가진 다이구멍을 통해 밀어냄으로써 단면이 일정한 제품을 얻어낸다. 성형품의 크기가 다양하고 일정한 단면뿐만 아니라 생산성도 높다.

② **사출 성형**: 결합제가 첨가된 세라믹 분말재료를 가열한 후 금형에 주입하여 원하는 형상을 얻어내는 전형적인 공정으로 소형, 복잡한 형상이 가능하며 생산성도 높다.

③ **지그 링과 플라스틱 프레싱**: 압출된 세라믹 슬러그를 회전하는 석고 주형 위에 올려놓고, 슬러그가 원하는 형상이 되도록 형상공구를 이용하여 눌려주는 성형법이다(쟁반, 커피잔 생산에 사용).

③ 건식 프레싱

반 건조 된 세라믹 재료를 금속 다이에 넣고 높은 압력을 가해 원하는 형상을 얻는다. 소형~중형 사이즈와 단순한 형상이 가능하며 생산성이 높다(절삭공구, 연삭숫돌, 노즐과 같이 비교적 단순한 형상 제작).

④ 건조공정과 굽는 공정

세라믹 제품에 수분이 존재하며, 수분을 제거하기 위해 적절한 환경에서 건조 굽는 공정이다. 세라믹 입자들 사이의 결합력을 높이고 기공률을 감소시킴으로써 기계적 성질을 높인다.

① 열과 산화작용에 의한 분해
소결공정에 앞서 결합제, 윤활제, 가소제등 세라믹 재료에 혼합된 첨가제를 제거하는 공정으로 약한 열을 줌으로써 쉽게 제거된다.

② 소결
첨가제가 제거된 세라믹 입자에 열을 가해 서로 결합시키는 공정이다.

9.4.2 세라믹 응용 분야

세라믹스는 전기, 전자 관련 산업뿐만 아니라 산업 전반에 걸친 각종 부품으로의 응용에 많은 기대를 모으고 있는 분야이다. 세라믹스의 주요 응용분야로는 크게 환경-리사이클 분야, 정보통신, 바이오, 에너지 분야 등이 있다.

환경-리사이클 분야에서는 배출물의 처리, 사용 후의 폐기와 리사이클이 용이한 원재료, 오염원인의 제거 및 제거물의 적절한 처리 등에 응용된다. 여과 기능으로는 DPF(disel particulate filter), 고온 집진 필터, 배수처리 등 세라믹 필터에의 응용이다. 세라믹스는 정보통신 분야에서 요구되고 있는 모든 특성을 지니고 있어 전자 재료로서의 위치를 견고히 하고 있다. 표 9.4는 정보통신 분야에서 응용되고 있는 세라믹스의 지능과 용도를 나타낸다.

표 9.4 정보통신 분야에서 이용되고 있는 세라믹스의 기능과 용도

기능	재료	용도
절연성	알루미나(Al_2O_3) 알루미나-유리세라믹, AlN	다층 기판, IC 기판 방열기판
반도체	SiC, ZnO, SnO_2, $BaTiO_3$	서미스터, 바리스터, 가스센서
이온 도전성	β알루미나, ZrO_2 $LiNbO_2$, $LiMn_2O_4$	이온전지 산소센서
압전성	$Pb(ZrTi)O_3$, $BaTiO_3$ $LiNbO_3$	압전 필터, SWA 진동자이로, 압전트랜스 압전액추에이터
유전성	$BaTiO_3$, $CaTiO_3$, $SrTiO_3$ RELAXA[$Pb(M'M'')O_3$]계	세라믹 콘덴서 유전체 필터
자성	$(Mn Zn)Fe_2O_4$ (BaSr)Femite	코일, 트랜스 마그네트, 자기헤드
광학적 성능	YAG, Ti_2O_4	레이저 발진자, 편광자

에너지 분야에서는 고경도 특성을 이용한 소결체 공구, 내마모성 특성을 이용한 베어링, 고체 윤활제, 열적 기능을 이용한 터빈용 재료, 내열성 및 외열 충격성을 이용한 연료분사 펌프용 재료, 단열성을 이용한 단열재, 에너지 변환효율을 연료전지 등 다양하게 응용되고 있다.

바이오 분야에서는 세라믹스(표 9.5 참조)가 금속 · 고분자와 비교하여 생체 내에서 안정성이 높고 생체 조직과의 친화성이 좋아 부식과 거부 반응이 거의 없기 때문에 인공뼈, 인공관절, 인공치아로서 이용되고 있다.

표 9.5 바이오 세라믹의 종류

생체활성 바이오	$Ca_5(PO_4)_3OH$ $Ca_3(PO_4)_2$	뼈 보조제, 인공치근 등
생체불활성 바이오	알루미나 지르코니아	인공다리 관절, 인공뼈, 인공 손가락 관절 등

9.4.3 세라믹 성형기술

세라믹 성형기술에는 다음과 같은 것들이 있다.

- 금형 성형법 (mold casting)
- 러버 프레스법(rubber pressing, cold isostatic pressing)
- 사출 성형법 (injection molding) : 열가소성 유기물을 매체로서 이용하는 방법
- 압출 성형법 (extrusion) : 흙의 가능 소성을 이용하는 방법
- 용사법(thermal spray)

(1) 실형상 성형기술

세라믹 소재의 경제적 생산은 가공공정을 최소화하는 것이 매우 중요하며 이를 충족시키는 수단으로 실형상 성형기술(net shape forming)에 대한 연구가 지속적으로 이루어지고 있다. 이미 상용화로 이어지고 있는 분말사출성형(PIM: powder injection molding)을 비롯하여 젤-캐스팅(gel casting) 등이 실형상 성형기술로 개발되었다.

1) 분말사출성형

분말사출성형(PIM: powder injection molding)은 성형재료가 금속인 경우에는 금속사출성형(MIM: metal injection molding), 세라믹의 경우에는 세라믹사출성형(CIM: ceramic injection molding)으로 분류되는 기술로서 각종 금속 분말재료나 세라믹 분말재료를 적절한 바인더 시스템과 혼합하여 분말 혼합체를 제조한 후에 이 분말 혼합체를 사출성형 공정을 통해 원하는 형상의 제품(green body)을 만들고, 다시 그 중에 있는 바인더 시스템을 제거하여 최종적인 소결 공정을 통해 완성된 금속이나 세라믹 성형제품을 만드는 제조공법을 말한다.

세라믹사출성형(CIM)은 절삭가공, 정밀주조, 다이캐스팅, 분말야금 등과 같은 기존 기술로는 제조가 곤란하거나 가격이 문제가 되는 고기능 복잡형상의 정밀부품을 저렴한 생산단가로 양산할 수 있는 첨단 가공기술이다(PIM과 동일 공정).

세라믹사출성형(CIM)은 일반적인 고분자재료의 사출성형 공정들에 혼합공정, 탈지공정 및 소결공정 등이 추가적으로 포함되는 기술로서 각 공정에 대한 기술이 확보되어야만 성공적인 분말사출성형 제품을 완성할 수 있는 복합적인 제조 기술이다.

혼합공정 이전에 가장 중요한 기술적인 측면은 주어진 분말재료에 대한 적절한 바인더 시스템의 선택하는 일로서 사출성형성과 탈지공정의 용이성 등이 고려되어야 한다. 혼합공정에서는 분말재료와 바인더시스템을 적절히 혼합하여 유동성 및 탈지성이 우수한 분말 혼합체를 제조한다. 분말혼합체는 사출성형 공정을 통해 원하는 형태의 성형이 되고 그 후에는 탈지공정을 통해 바인더시스템을 제거하고 형상을 갖춘 순수한 분말재료를 소결공정을 거쳐 완성품을 만들게 된다. 따라서 세라믹사출성형(CIM)은 바인더의 선택, 혼합기술, 사출성형기술, 바인더 제거기술, 소결기술 등 복합적인 기술이 요구된다.

2) 젤-캐스팅

젤-캐스팅은 세라믹 분말과 모노머(monomer) 상태의 바인더(유기첨가제)를 혼합한 낮은 점도의 슬립(slip)으로 성형하고, 반응촉매를 첨가하여 고분자 망상을 형성하여 금형의 형상에 따라 고점도의 성형체를 얻는 공법이다. 이때 솔 상태(sol state)에서 겔 상태(gel state)로 전이되는 시간은 모노머 및 교차 결합자, 반응촉매의 양과 종류, 증류수의 양 등에 의해서 조절이 가능하다. 젤-케스팅은 세라믹 분말 50 vol% 이상의 슬러리(slurry)를 사용하며 몰드 재질(금속, 유리, 플라스틱 등)의 영향을 받지 않고 성형 가능하며, 각종 공정 첨가제(≥15 wt.%)의 제거도 비교적 용이하여, 복잡형상 대형 부재의 성형에 있어 상대적으로 효율적인 공정이다. 그림 9.19는 젤-케스팅의 제품 예를 나타낸 것이다.

그림 9.19 젤-캐스팅 제품 예

(2) 나노분말 성형기술

1) 금형 성형법

금형 성형법은 세라믹스의 성형으로 널리 이용되고 있다. 비교적 단순한 형상을 가지는 소형제품을 성형할 때 주로 사용 되고 있으며 다른 성형법에 비해 효율이 높다. 형성 체내에 층상의 밀도의 불균함이 발생하고 결함이 생기는 단점을 가지고 있다. 그림 9.20은 금형 성형법의 제품 예를 나타낸 것이다.

그림 9.20 금형 성형법에 의한 제품 예

2) 러버 프레스법

금형 성형의 경우 압축 방향성 때문에 이상적 고밀도 충전체 제조의 어려움이 있다. 이러한 점을 해결하는 방법으로 개발된 것이 **러버 프레스법**이다. 러버 프레스법(그림 9.21)은 충전이 균등해서 방향성이 없으므로 소결에서의 수축은 입체적으로 균등하여 형상 정밀도가 높은 제품을 얻을 수 있다. 생산성을 높이기 위해 금속 부분과 러버와 유사의 탄성을 가진 기타 재료로 만든 부분을 조합시킨 다량 생산용의 러버 프레스 성형기가 개발되었으며 스파크 플러그(sparking plug) 등의 생산에 적용되고 있다(그림 9.22).

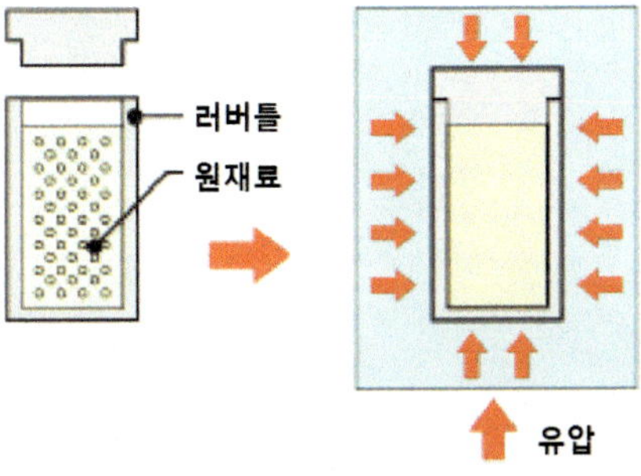

그림 9.21 러버 프레스법

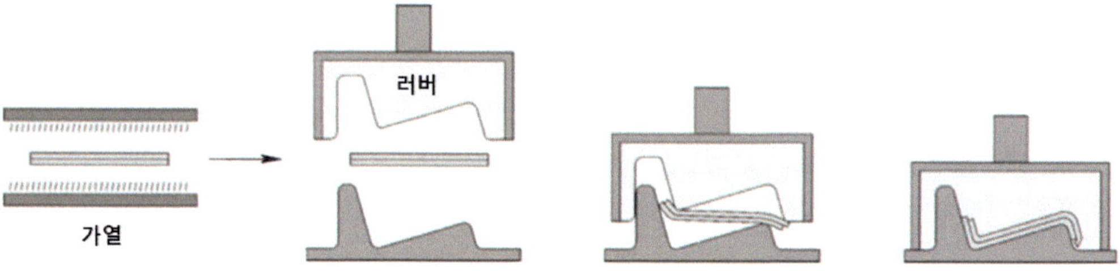

그림 9.22 러버 프레스법에 의한 스파크 플러그 제작 공정

3) 압출 성형법

압출 성형법(extrusion)은 슬러리에 압력을 가해 공간중의 섬세한 부분에 들어있는 공기를 제거 한 후 이를 압축하여 단면형상을 가진 압출 형성체를 만드는 방법으로 관상의 세라믹스, 벌집형의 촉매 담체, 판장형 성체의 예비형성, 직방체의 각종 세라믹 블록 등의 형성에 응용되고 있다. 그림 9.23은 압출 성형법을 위한 성형 기계와 성형 제품을 나타낸 것이다.

(a) 성형 기계

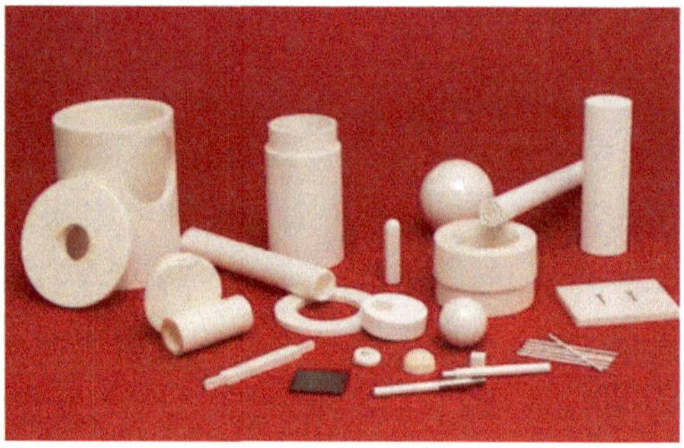

(b) 성형 제품

그림 9.23 압출 성형법

CHAPTER

10 용융 성형에 의한 변형가공

용융 성형에 의한 변형가공은 재료를 가열하여 용융 상태로 만든 후, 외부 힘을 가해 원하는 형상으로 성형하는 가공 방식이다. 이 방식은 주로 열가소성 플라스틱 플라스틱 가공에서 사용된다. 용융 상태로 부품을 만드는 것은 주조와 유사하지만, 외부 힘을 가해 원하는 형상으로 성형한다는 점이 주조와 다르다. 즉, 열가소성 플라스틱(thermoplastics) 같은 재료를 가열해 녹인 다음, 압력이나 외력으로 변형시켜 원하는 형태로 성형하는 가공 방법이다. 이 과정은 고체를 녹여서 반액체(용융 상태)로 만든 뒤, 변형을 가하는 방식이므로 용융 성형에 의한 변형가공이라고 명명한 것이다.

다만 여기서는 용융 성형의 범위를 넓혀서 완전히 용융 상태가 아닌 연화 상태(녹이지 않고 유연하게 만들 정도의 반용융 상태) 성형도 포함하는 것으로 한다. 즉, 시트 형태의 열가소성 플라스틱을 가열하여 외부 힘으로 금형에 밀착시켜 원하는 형상으로 성형하는 열성형 가공 방식도 포함하는 것으로 한다.

본 장에서는 이와 같은 플라스틱 성형에 필요한 재료의 이해 및 성형 보완재 그리고 성형 종류에 대한 대략적인 내용을 다루기로 한다.

10.1 플라스틱 성형재료의 이해

10.1.1 열경화성 수지

열경화성 수지(thermosetting resin)는 성형, 가공 공정 중 가열하게 될 때 화학 반응이 수반되고 이 화학반응의 결과로 가교결합(crosslinking)이 일어나 불용, 불융의 상태가 되어 고화되는 수지로 열을 가하여 경화 성형하면 다시 열을 가해도 형태가 변하지 않는 수지를 말한다. 표 10.1은 열경화성 플라스틱의 종류 및 특징을 나타낸 것이다.

표 10.1 열경화성 플라스틱의 종류에 따른 특징과 용도

종류	특징 및 용도
폴리에스테르 수지 (polyester resin)	• 강화플라스틱용 액상 불포화 폴리에스테르 수지라고 통칭함 • 강도가 크고, 온도 변화에 대한 저항성이 우수함 • 항공기, 선박, 헬멧, 낚싯대, 욕조 등의 재료로 쓰임
페놀 수지 (phenol resin)	• 딱딱하고 열에 잘 견디며, 유기용매에 강함 • 접착제, 전기배진판, 회로 기판, 공구함, 전화기, 자동차 브레이크 등에 사용됨
멜라닌 수지 (melamine resin)	• 열이나 산 용제에 강하고, 전기적 성질도 뛰어남 • 식기, 잡화, 전기 기기 등의 성형재료로 쓰임
실리콘 수지 (silicone resin)	• 발수성, 내열성, 내자외선성, 내약품성이 강함 • 보일러, 조리기구, 실내난방기, 산업용 페인트 및 코팅재 등에 사용됨
요소 수지 (urea resin)	• 무색 투명하며 착색이 자유롭고 값이 쌈 • 단추, 조명기구, 단열재 등에 사용됨
아미노 수지 (amino resin)	• 매우 단단하여 흠집이 잘 나지 않음 • 식기류, 전기 스위치 덮개, 출입문 손잡이, 단추, 접착제 등에 사용됨
에폭시 수지 (expoxy resin)	• 기계적 강도가 우수하며 기후 변화에 대한 저항성이 큼 • 건물의 방수 재료, 금속이나 유리의 접착제 등에 사용됨

10.1.2 열가소성 수지

열가소성 수지(thermoplastic resin)는 가열, 냉각으로 반복하여 용융, 고화시킬 수 있는 성질을 이용하여 성형하는 플라스틱이다. 열을 가하면 녹아서 재성형할 수 있는 수지이다. 열가소성 수지의 분자구조는 사슬형 구조를 하고 있어 열을 가하면 분자 결합의 일부가 끊어져 액체 상태가 되어 성형이 가능하고 식으면서 분자들이 다시 결합해 고체 상태로 돌아가게 되는 수지이다.

열을 가하여 성형한 뒤에도 다시 열을 가하면 형태를 변형시킬 수 있는 수지이다.

(1) 열가소성 수지의 특징

열가소성 플라스틱은 일정한 온도와 압력 하에서 가열, 연화, 냉각, 경화를 반복적으로 할 수 있는 플라스틱의 일종이다. 이러한 종류의 플라스틱은 가공성이 뛰어나고 적용 범위가 넓으므로 사출 성형의 주요 소재가 되었다.

1) 폴리스티렌

폴리스티렌(polystyrene, PS)의 특징은 다음과 같다.

- 플라스틱 중에서 표준이 되는 수지로 경질이며 광택이 좋고 무색투명하다.
- 비결정성 수지이고 성형품은 잘 부서지나 성형성은 좋다.
- 열 안전성이 좋은 수지로 300℃ 이상으로 실린더 온도를 상승시켜도 열분해의 염려는 없다.
- 범용 폴리스티렌과 내충격성 폴리스티렌을 임의의 비율로 혼합 사용해서, 필요한 물성을 맞출 수 있다.
- 전기 절연성이 좋고 착색이 쉬우며 아름다운 색조를 낼 수 있다.
- 벤젠, 가솔린, 솔벤트에 약하다.
- 태양광선, 자외선을 받으면 열화하기 쉽다.
- 무색, 무취, 무독이다.
- 인쇄성, 접착성이 좋다.
- 성형 수축률은 일반적으로 0.6%이다.

용도는 다음과 같다.

- 일용품: 포장 용기, 완구, 사무용품, 카세트테이프용 케이스 등
- 전기용품: 고주파 절연 홀 등

2) 폴리에틸렌

폴리에틸렌(polyethylene, PE)은 일상생활에서 가장 많이 볼 수 있는 고분자이다. 열가소성 플라스틱의 한 종류로 가볍고 유연하며, 왁스와 같은 느낌이 난다. 공업재료부터 일용잡화까지 생활 구석구석에서 사용되고 있는 범용플라스틱으로, 병, 비닐봉지, 장난감, 방탄조끼 등으로 사용된다.

폴리에틸렌은 주 사슬에 연결되어 있는 가지(branch)의 양에 따라 가지의 양이 많은 저밀도 폴리에틸렌(low-density polyethylene, LDPE)과 가지의 양이 적고 비교적 선형을 나타내는 고밀도폴리에틸렌(high density polyethylene, HDPE)으로 나눌 수 있다. HDPE가 LDPE보다 강도가 강하나, LDPE가 더 저렴하고 성형하기가 용이하다.

3) 폴리프로필렌

폴리프로필렌(polypropylene, PP)은 폴리에틸렌과 같이 석유에서 얻어진 프로필렌을 치글러-나타 촉매로 중합시킨 것으로, 저압법 폴리에틸렌과 같은 방법으로 만들어진다.

탄소와 수소로만 이루어진 안정된 PP는 환경 단체그린피스가 환경호르몬으로부터 자유롭고 재활용이 가능해 '미래의 자원'으로도 분류한 바 있다.

폴리프로필렌은 폴리에틸렌분자 사슬의 탄소에 하나씩 걸러 메틸기(CH3)가 붙은 것이며, 규칙적으로 짧은 가지가 달린 형태를 하고 있다.

폴리프로필렌 필름은 폴리에틸렌필름보다 투명도가 높고 약간 경실이나. 또한, 성형용으로도 많이 사용되며 병용기 등이 만들어진다.

비중은 0.92로서 현재 있는 플라스틱 중에 가장 가벼우며, 용해 온도도 135~160℃로 높고, 그 응용범위도 넓다. 그러나 착색하기 힘든 것과 열이나 빛에 조금 약하다는 것이 결점이다.

폴리프로틸렌의 특징은 다음과 같다.

- 전체적인 물성은 폴리에틸렌과 유사하다.
- 비중이 적어(0.9 ~ 0.91) 물에 뜬다. -> 가장 가벼운 플라스틱 기본 색상은 반투명이다.
- 폴리에틸렌(PE)보다 다소 가벼우며 내열성도 좋다. 낮은 온도에서는 잘 부서진다.
- 힌지성(hinge: 경첩처럼 접었다 폘쳤다하는데 견디는 성질)이 우수하다.
- 전기적 특성이 우수하며 무해하다. 색하기 쉽다.
- 산, 알칼리, 염수, 알코올, 가솔린, 오일에 강하다.
- 스트레스 크래킹 특성은 폴리에틸렌보다 우수하다.
- 가연성으로 매우 잘 탄다. 밝은 불꽃을 내며 중심부는 푸른 빛을 낸다. 연소시 파라핀 냄새가 난다.

4) ABS

ABS(acrylonitrile butadiene styrene) 수지는 폴리스티렌과 내충격성 폴리스티렌(high impact polystyrene, HIPS)의 단점을 보완하기 위해 만들어졌다.

- 인장강도, 충격강도가 높다.
- 유백색으로 반투명이고 착색이 쉬우며, 색상이 아름답다.
- 광택이 좋고 치수 안전성이 우수하므로 외장제품에 많이 사용된다.
- 전기 절연성은 좋으나 고주파 절연성은 약하다.
- 기계 가공성이 좋다.
- 산, 알칼리, 탄화수소물, 오일과 지방에 강하다.
- 인쇄, 접착성이 좋다.
- 성형 수축률은 0.3~0.8% 정도이다(일반적으로 소형은 0.4%, 대형은 0.5~0.6%).
- 잔류응력의 측정은 빙초산에 1~2분 담그고 나서 말리고, 백화의 유무를 보고 판단한다.

5) PC

PC(poly carbonate)의 특징은 다음과 같다.

- 자연색에서는 투명으로 약간 갈색을 띄고 있다.

- 인장강도, 벤딩 강도, 충격 강도 등 기계적 강도가 강하다.
- 내열성이 높고(열 변형온도 135~140℃) 또한 내한성(-100℃까지 견딤)이 우수하다.
- 내전압, 고주파 특성이 뛰어나다(26~32 ㎸/㎜).
- 자기 소화성이 있다.
- 오일, 약산, 알코올에 강하다
- 강산, 알칼리, 벤젠에 강하다.
- 내후성이 뛰어나다.
- 치수 안정성이 좋다.
- 접착, 인쇄가 가능하다.

6) 폴리염화비닐

폴리염화비닐(polyvinyl chloride, PVC)은 대표적인 범용 열가소성 플라스틱이다.

가공과정에서 배합되는 첨가제 종류에 따라 견고함이나 내구성 등의 성질을 목적에 맞게 변화시킬 수 있는 특징이 있다.

연질(SPVC)과 경질(HPVC)로 나뉜다. 연질은 시트, 핸드백, 인형, 비닐하우스, 장판 등 부드러운 곳에 쓰이며 경질은 파이프, 바닥재 등 단단한 곳에 쓰인다

폴리염화비닐의 장점은 다음과 같다.

- 내구성이 강하다.
- 투명하다.
- 색을 내기 쉽다
- 가공하기 쉽다.
- 일반적으로 사용할 경우 무독성이다.
- 값이 싸다.
- 내후성, 내부식성과 내화학성이 매우 뛰어나다.
- 주로 화학약품 등 액체를 다루는 용기로 자주 사용된다.

폴리염화비닐의 단점은 다음과 같다.

- 열에 약해 열변형이 쉽게 일어난다.
- 태우면 유독물질이 발생한다
- 밀도가 높아 플라스틱 중 무거운 편에 속한다.
- 경질(HPVC)의 경우 경도에비해 강도가 낮아 충격에 약해 잘 깨진다.

7) 아크릴

아크릴(acryl)수지는 일반적으로 폴리 메틸메타 아크릴레이트(PMMA, poly methyl methacrylate)와 폴리 아크릴로나이트릴(PAN, polyacrylonitrile), 폴리 아크릴산(PAA, polyacrylic acid) 등으로 구분된다

- 무색 투명성이 높다. 아크릴수지의 무색품은 현존하는 플라스틱 가운데서도 가장 무색성, 투명성이 높다.
- 색조의 종류가 풍부하다.
- 표면 상태가 대단히 좋다.
- 가볍고 강인하다.
- 성형성이 좋다.
- 가공성이 좋다.
- 내후성이 대단히 높다.

8) SAN 수지

SAN(styrene-acrylonitrile, AS)수지 또는 AS수지로 알려진 styrene과 acrylonitrile의 중합체는 투명성, 내열성이 우수하여 소비량의 급격히 신장되고 있는 주로 가전제품, 자동차, 포장, 건축, 의료기계 등에 사용되고 있으며, ABS 수지 제조 시 블렌드용으로 사용된다. 뛰어난 유동성을 가지고 있으며 성형 시 성형 Cycle을 단축시켜 높은 생산성 및 경제성을 보유하고 있다.

SAN은 polystyrene에 비해 acrylonitrile에 의해 0.3~0.6%의 수분을 함유 하고 있어 흡수성이 높으므로 습도가 낮은 장소에 보관하여야 하며 건조는 열풍 순환식 건조기, 호퍼 건조기 80℃~85℃에서 2~4시간 건조하여 사용하는 것이 바람직하며 장시간 건조 시 황색으로 변해지는 것에 주의하여야 한다.

9) 엔지니어링플라스틱

엔지니어링플라스틱(engineering plastic)은 개념상의 정의로는 범용수지의 약점을 보완한, 특히 플라스틱의 최대 약점인 열적 성질과 기계적 강도를 향상시켜서 구조재료로 사용할 수 있는 플라스틱 소재를 말한다. 광의의 정의로는 광범위한 온도와 기계적 응력 및 까다로운 화학적, 물리적 조건에서 장시간 구조물로 사용할 수 있는 물성을 가진 플라스틱을 말한다.

5대 엔지니어링플라스틱에는 폴리아미드(PA), 폴리아세탈(POM), 폴리카보네이트(PC), 폴리에틸렌테레프탈레이트(PBT), 변성폴리페닐렌옥사이드(변성PPO=노릴)가 있다.

(2) 열가소성 수지의 일반적인 용도

1) 자동차 산업의 열가소성 수지

열가소성 플라스틱은 내구성, 경량 및 고강도가 중요한 자동차 산업에서 많은 용도로 사용된다. 최신 자동차와 트럭은 외부 부품, 차체 패널 및 엔진룸 적용을 포함한 많은 부품에 열가소성 수지를 사용한다. 예를 들어, 폴리카보네이트(PC)는 광학적 선명도와 충격에 견디는 능력 때문에 전조등, 후미등, 거울에 자주 사용된다. 폴리아미드(PA)는 높은 강도와 내열성으로 인해 흡기 매니폴드, 오일 필터 하우징 및 타이밍 벨트 커버에 일반적으로 사용된다.

2) 전기 절연의 열가소성 수지

열가소성 플라스틱은 전기 및 전자 장비의 절연체로 선호되며 감전의 위험을 줄이고 습기, 먼지 및 화학 물질과 같은 환경 요인으로부터 보호한다. 전기 절연에 사용되는 일반적인 열가소성 플라스틱에는 폴리에틸렌(PE), 폴리프로필렌(PP) 및 폴리염화비닐(PVC)이 있다. PE와 PP는 전원 케이블 절연에 사용되며, PVC는 비전도성 및 내화 특성으로 인해 전선, 플러그 및 소켓에 사용된다.

3) 포장재의 열가소성 수지

포장은 열가소성 수지의 가장 중요한 응용 분야 중 하나이다. 포장재에서 열가소성 재료의 사용은 유연성, 비용 효율성, 재활용성 및 내구성과 같은 유리한 특성으로 인해 상당히 증가했다. 폴리에틸렌 테레프탈레이트(PET)는 음료수 병을 만드는 데 자주 사용되는 반면, 고밀도 폴리에틸렌(HDPE)은 우수한 내화학성으로 인해 우유 주전자 및 세제 병에 일반적으로 사용된다. 폴리프로필렌(PP)은 내열성과 장벽 특성으로 인해 전자레인지용 트레이를 비롯한 식품 포장재 생산에 사용된다.

4) 건축용 열가소성 수지

열가소성 수지는 건설에도 사용되며 벽돌, 강철 및 콘크리트와 같은 기존 재료에 비해 많은 이점을 제공하므로 건축 자재에 이상적인 솔루션을 제공한다. 건축용 열가소성 수지의 한 가지 예는 내습성, 내구성 및 유연성 덕분에 사이딩, 바닥, 지붕 및 파이프에 폴리염화비닐(PVC)을 사용하는 것이다. 또한 열가소성 수지 기반 소재는 교량 및 건물과 같은 구조물의 기능과 강도를 향상시킨다.

5) 소비자 제품의 열가소성 수지

열가소성 플라스틱은 가구, 가정용품, 장난감 및 스포츠 장비와 같은 다양한 분야의 소비자 제품에 혁명을 일으켰다. 폴리에틸렌 및 폴리프로필렌과 같은 폴리올레핀은 소비재에서 가장 널리 사용되는 열가소성 수지이다. 매우 다재다능하여 모든 제품에 뛰어난 설계 유연성을 제공하고 효율적인 생산과 비용 절감을 보장한다. 폴리올레핀은 내마모성 및 UV 복사에 대한 저항성이 있어 정원용 가구, 호스 및 화분과 같은 옥외용 제품에 이상적인 선택이다.

10.2 플라스틱 보조재료

플라스틱은 주재료인 기초 중합체에 제품의 물성을 향상시키거나 안정성의 개선, 기능성의 부여, 혹은 원가의 절감을 목적으로 적절한 첨가물인 기계적 강성을 보완하는 강화제, 가공성 개선 및 증량제로 원감을 절약시켜주는 충진제, 그리고 기능 보강제 및 고분자 첨가제 등을 합하여 압출하거나 농축물을 적당량 분산시킨 제품이 실용적으로 사용되고 있다.

10.2.1 강화제

강화제란 플라스틱 재료에 기계적 강성을 보완하는 것을 말한다. 강화제의 기본 요건은 다음과 같다.

① 인장강도가 높음

② 탄성율이 높음

③ 기본 폴리머와 접착성이 우수

④ 내열, 내마모, 내식성이 우수

⑤ 취급이 용이

⑥ 낮은 가격

유리 섬유, 탄소 섬유, 아라미드 섬유, 붕소 섬유 등
- 유리 섬유(glass fiber): 가장 많이 사용, 높은 강도, 탄성율과 비교적 저렴한 가격
- 탄소 섬유(carbon fiber): 유리섬유보다 월등한 고강도, 고 탄성율을 가짐
- 아라미드 섬유(aramid fiber): 방향족 폴리아미드 섬유

10.2.2 충진제

충진제의 목적은 플라스틱 재료에 가공성 개선 및 증량 제로로 원가를 절감하는데 있다.

충진물 효과로는 다음을 들 수 있다.

① 인장 강도 향상, 신율 저하, 보강제에 대비하여 충격강도 저하

② 표면의 평활도, 광택이 양호하다.

③ 열변형 온도의 향상: 마이카, 알루미나, 탈크 등의 편평상 소재의 경우에 열변형 속도를 작게 하여 결과적으로 열변형 온도를 올리는 효과가 있다.

④ 차폐효과: 충진제 첨가 시 수지 부분을 통과하는 거리가 길어짐으로 가스 투과성과 전기 절열성이 증가한다.

⑤ 도전 효과: 철, 구리, 알루미늄 등의 금속 분말을 혼합하거나 카본 블랙을 첨가함에 의하여 플라스틱의 대전을 방지하는 효과를 가진다.

⑥ 윤활효과: MoS_2(대부분의 윤활유에 들어가 있다.)

⑦ 흡착효과: clay-PVC에 전해질 성분을 흡착하여 전기 절연성을 증가시킨다.

⑧ 흐름 방지 효과: 실리카겔, 카본블랙, 클레이 등을 첨가 하여 점도의 저하 방지

⑨ 내후성: 광을 차단하여 자외선에 의한 열화를 방지

⑩ 선팽창계수의 조절: 고체 열팽창에 따른 길이의 변화의 비율로 온도가 1℃ 변화할 때 재료의 단위 길이당 길이의 변화이다. 선팽창계수가 크다는 것은 온도가 변할 경우 재료의 크기가 심하게 변한다는 의미이므로 재료선택, 특히 전자제품 등 소재를 선택할 때 중요한 항목이다.

⑪ 인쇄 흡착성 개량

⑫ 증량제: 수지와 친화성 있는 저가의 충진물을 혼입하여 가격을 저하시킨다.

10.2.3 기능 보강제

(1) 내충격제

플라스틱의 저온 충격강도를 보강한다. 예를 들어 내충격제는 EPDM, SEBS, MBS, Ionomer, PET elastomer 등이다.

(2) 가소제

폴리머의 유리 전이 온도를 낮춤으로써 유연성과 연성을 주는데 사용되고 비등점이 높고(휘발성이 없음) 분자량이 작은 용제이다. 가소제는 긴 사슬 분자간의 2차 결합력을 약화시켜 폴리머를 유연하고 연하게 만든다. 가소제 예를 들어 DOP, DBP, DOA가 있다.

가소제를 고를 때 고려해야 할 점은 상용성, 안정성, 가공성, 지속성, 가격이다.

(3) 난연제

플라스틱의 분해온도 이하에서 반응하여 불연성 물질로 되어 플라스틱과 산소와의 접촉을 방지하거나 또는 불연성 가스를 방출하여 연소를 방해하는 기능을 가진 물질(가연성을 감소시키기 위한 재료)이다.

난연제의 특성은 다음과 같다.

① 유리기(free radical)에 의한 연쇄반응을 지연시키는 연쇄 이동제

② 불에 타지않는 가스(H_2O, CO_2, NH_3 등)를 발생시키고, 분해된 가스의 인화점을 높게 유지하는 화합물

③ 연소물질 위에서 유리상의 도막을 형성하여 산소의 접근을 방해하는 화합물

④ 탄화상태의 생성을 촉진하는 촉매적 기능이 있는 화합물

⑤ 기질과 흡열반응으로 분해하여 연소열을 저하하던가 불꽃의 진행을 경감시키는 기능이 있는 재료

10.2.4 고분자 첨가제

(1) 물리적 특성과 가공성을 향상

① **대전 방지제**: 플라스틱의 전하의 방전을 도와 정전기에 의한 스파크 화재나 작업자 쇼크 및 제품의 정전기에 의한 문제 발생을 제어한다. 각종의 계면 활성제, 카본 블랙, 메탈 충진제 등의 혼련으로 대전 방지 효과를 얻음

② **불소수지 섬유 및 분말**: 내마모성 및 내열성을 증가시킴

③ **이형제**: 제품의 성형 시 금형에 달라붙는 현상을 방지하기 위하여 계면 활성제를 소량 첨가한다. 원재료 제조 시 혼합하는 내무 이형제와 외부에서 금형에 직접 분사하는 외부 이형제로 분류

(2) 물성의 보호

① **UV 안정제**: 자외선에 의한 수지의 열화를 방지하고, 실외에서 사용되는 제품에는 필히 처방 되어야 하며, 수지의 종류에 따라 자외선 하에서 견디는 정도가 많은 차이가 있음

② **산화 방지제**: 고분자물질·석유제품·유지류·비누 등에 생기기 쉬운 신소의 작용에 의한 자동산화를 방지하기 위해 첨가하는 물질이다. 즉, 대기 중의 산소와의 결합에 의한 산화 분해를 방지

③ **열안정제**: 성형 가공 시 열에 의한 제품의 열화를 방지

④ **내가수 안정제**: 축중합 된 플라스틱이 흡습에 의하여, 가공 시에 고열과 고압 조건에서 분자 고리가 분해되어 중합도가 떨어지는 현상

(3) 가공성을 향상

① **핵제**: 결정의 입도를 고르게 하고 결정화 속도를 높이기 위하여 첨가하는 물질로 무기물 미립자 혹은 아이오노머(ionomer) 등이 사용된다.

② **발포제**: 용융강도를 증가시켜 패리슨의 형성을 용이하게 하고 중공 성형에 적합한 가공성을 개량한다.

③ **착색제(색상제)** : 플라스틱에 다양한 색상을 낼 수 있는 재료로 유기 물질(염료)일 수도 있고, 무기 물질(도료)일 수도 있다. 색상제의 선택은 사용 온도와 광선에 노출되는 정도에 따라 정하고 도료는 분산 매질로서 일반적으로 염료보다 온도나 광선에 대한 저항이 강함

10.3 플라스틱 성형 종류

10.3.1 사출 성형

금형을 이용해 제품을 만드는 사출 성형(injection molding)은 주형에 쇳물을 부어 제품을 만드는 주조에서 비롯되었다. 주조는 소재를 거푸집에 넣어서 만드는 방식인 데 비해 사출은 플라스틱 소재를 녹여서 만든다. 금속을 녹여서 만들면 다이캐스팅이라 한다. 그림 10.1과 같이 먼저 입상의 재료를 호퍼에 넣은 뒤에 일정량을 가열 통에 보낸다. 그리고 가열 후에 제품을 금형 내부에서 냉각시켜 성형하는 가공 방법이다. 사출 성형의 필수요건 3요소는 사용원료, 금형, 사출성형기이다.

사출 성형은 연속 성형주기가 10~30초로 짧아서 제품을 대량 생산할 수 있다. 또한, 다양하고 복잡한 모양을 정교하게 생산할 수 있다. 일반적으로 열가소성 수지를 사용하며, 모든 공정을 자동화해서 대량 생산에 가능하다는 장점이 있다. 다만 생산에 필요한 사출기 및 형의 제작 가격이 다른 가공법에 비해 높은 편이며 제작 기간이 오래 소요된다는 것이 단점이다.

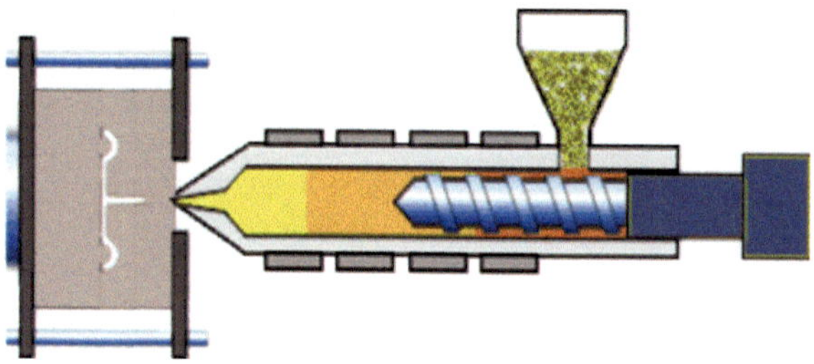

그림 10.1 사출성형 가공 방법

(1) 사출 성형의 형식

1) 플랜저형

위와 같이 플런저형의 성형기가 있다. 먼저 성형기의 호퍼에 일정량의 성형재료를 넣는다. 가열 실에 왕복 플런저로 밀어 넣어 가열하여 이것을 가압 플런저로 금형에 사출하면 성형과 동시에 냉각된다. 보통의 경우에 성형 작업은 압축성형 때보다 높은 온도인 250℃에서 500~1500 atm의 압력으로 조작한다.

2) 스크류형

위와 같은 스크류형의 성형기 호퍼에 플라스틱 원료와 첨가제를 공급하면 스크류가 회전하면서 원료는 실린더 내에서 가열, 용융되어 혼합된다. 용융한 수지는 1회 사출량이 되었을 때 사출실린더에 의해 수지는 금형 속으로 사출되어 성형이 이뤄진다.

(2) 성형성 및 성형품의 상태

표 10.2는 각 요인이 성형성 및 성형품의 상태에 미치는 영향을 표로 정리한 것이다. 각 요인의 수식은 증가했을 때의 효과이며 감소할 때는 역으로 된다.

표 10.2 요인별 성형성 및 성형품의 상태에 미치는 영향

요 인	(+) 효과	(-) 효과
계량	• SHORT SHOT의 해소	• 프래시 생성과 잔류응력이 크게 된다.
용융수지온도	• 성형성의 향상 • 잔류응력 감소 • 배양이 작게 된다.	• 수지, 안료의 분산과 플래시의 생성 • 유동현상이 일어난다. • 수축률이 크게 된다.
사출압력	• 성형성의 향상 • 싱크마크가 작게 된다.	• 잔류응력이 크게 된다.
사출속도	• 배향이 크게 된다.	
가압시간	• 싱크마크가 작게 된다.	• 잔류응력이 크게 된다.
금형온도	• 잔류응력이 작게 된다.	• 수축이 크고 선형 사이클이 길게 되어 생산성이 저하된다.
냉각시간	• 변형이 작게 된다.	• 생산성이 저하된다.

(3) 사출 성형시 주의사항

① **플라스틱 재료 선택**: 사출 성형용 플라스틱 재료를 선택할 때는 제품 성능 요구 사항, 사용 환경, 가공 비용 등의 요소를 종합적으로 고려해야 한다. 동시에 소재 가공성, 유동성, 수축률 등의 요소가 사출 성형 공정에 미치는 영향도 고려해야 한다.

② **금형 설계**: 금형은 사출 성형의 핵심 장비 중 하나이며, 그 설계 합리성은 제품의 성형 품질과 생산 효율성에 직접적인 영향을 미친다. 금형 설계에서는 제품의 형상, 치수 정밀도, 표면 품질 등의 요소를 충분히 고려하고, 타설 시스템, 배기 시스템, 냉각 시스템을 합리적으로 설정하는 것이 필요하다.

③ **사출 성형 공정 매개변수**: 사출 성형 공정 매개변수에는 사출 압력, 사출 속도, 유지 시간, 금형 온도 등이 포함된다. 이러한 매개변수의 설정은 플라스틱 재료의 특성과 금형 구조에 따라 합리적으로 조정되어야 한다. 제품은 금형 캐비티를 완전히 채우고 내부 결함 발생을 방지할 수 있다.

10.3.2 압출 성형

압출 성형(extrusion molding)은 원료를 압출기에 공급하고 다이(압출금형)에서 밀어내어 일정한 모양의 단면을 가진 연속체로 변환하는 성형방법이다. 압출성형은 주로 열가소성 플라스틱을 가공할 때 이용한다. 그림 10.2 (a)처럼 호퍼에 분말 혹은 펠릿상의 열가소성 플라스틱을 넣은 뒤, 이것을 가열 실린더에서 연화한 후 다이로부터 압출하여 냉각수를 통과시켜 제품을 냉각 완성한다.

생산단가가 낮고 일일 생산량이 많다는 장점이 있다. 그러나 성형품이 단면이 일정한 형상만 생산할 수 있다는 것이 단점이다. 사출성형과 더불어 활용범위가 큰 생산방식 중 하나이다.

압출 성형은 새시(sash, 창문틀, 샷시의 표준어), PVC관, 빨대, 플라스틱 원재료 펠렛(pellet, 펠릿) 등을 생산할 때 주로 활용되는 성형법이다.

단면이 동일한 제품을 대량생산할 때 유리한 성형방식이며, 입체적 구조의 제품을 생산하는 것은 불가능하여 후공정이 필요한 경우가 있다. 압출 성형은 다른 방식과 달리 견적을 산출할 때 원재료의 중량을 기준으로 한다. 예를 들면 1톤 압출에 3백만 원, 4백만 원과 같은 방식이다. 다른 생산방식은 사이클 타임(cycle time)이 있어 1사이클 타임에 필요한 시간을 산출하여 견적에 반영하는 방식이다.

압출 성형은 사이클 타임의 개념이 없이 지속적으로 생산되고, 제품을 절단하는 방식이기 때문에 제품을 개수보다는 중량(길이:중량으로 길이 산출 가능)을 기준으로 견적을 산출하는 것이 합리적이 방식이다.

스크류형 압출기에는 단축 압출기와 다축 압출기가 있다.

단축 압출기는 스크류가 하나뿐인 압출기를 말한다. 단축 압출기의 압출 능력은 스크류의 외경에 의해서 정해진다.

다축 압출기는 스크류가 2개 이상인 압출기를 말한다. 다축 압출기는 2개의 스크류가 서로 맞물려 있으므로 매우 강한 압출력이 있고 압출량도 다이의 영향을 크게 받지 않는다. 그리고 스크류의 회전이 느리므로 내부 마찰에 의한 발열이 적으며 재료 온도 조절이 용이하다는 장점을 갖고 있다. 경질 PVC의 압출 등에 많이 사용된다. 그림 10.2 (b)는 가공 제품의 예이다.

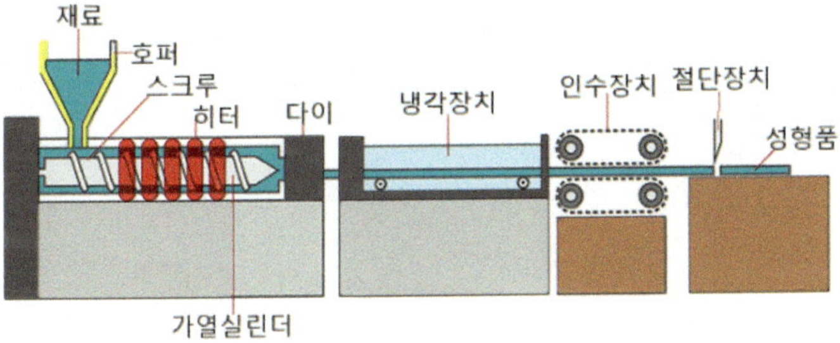

(a) 가공 방법

(b) 제품 예

그림 10.2 압출 성형 가공 방법과 제품 예

10.3.3 중공 성형

중공 성형(blow molding)은 압출과 사출 성형을 변형한 것이다. 다른 말로는 취입 성형이라고 한다. 페드병, 세제용기 등 주둥이가 좁은 제품을 생산할 때 활용되는 성형 방법이다. 압출기에서 패리손(parisn)이라고 하는 튜브를 압출하고 압축공기를 불어넣어 금형 표면으로 밀어내어 성형하는 방식이다(그림 10.3).

중공 성형은 생산하는 주요 품목은 PET병, 화장품 용기, 세제 용기 등 용기류에 주로 사용하며, 사출성형에서는 비용이 많이 들거나 난해한 구조를 해결할 수 있다는 장점이 있다. 그러나 형상을 구현하기 어렵다는 것이 단점이다.

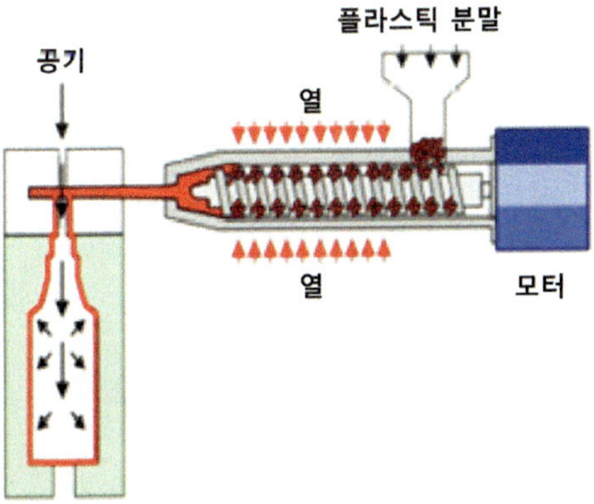

(a) 가공 방법

(b) 제품 예

그림 10.3 중공 성형 가공 방법과 제품 예

(1) 압출 중공 성형

압출 중공 성형은 일반적으로 한 쪽만 뚫린 용기를 제작하는데 사용된다. 압축 블로 성형의 방식은 원료 수지를 예비 성형 다이로 시트 또는 관상의 패리슨을 성형 압출하고 이것을 다이 안에 도입하여 성형하는 방법이다(그림 10.4). 압출 중공 성형은 예비 성형된 플라스틱의 모양에 따라 열간 시트법과 열간 관상법으로 나눌 수 있다.

열간 시트법은 압출기 앞쪽에 시트 다이를 붙여 두 장의 시트를 압출하고, 이것을 금형에 끼운 후 시트 사이에 공기를 불어 넣어 성형하는 방법이다.

열간 관상법은 먼저 압출기로부터 관상으로 된 패리슨을 압출하여 내민 다음 금형을 닫으면 밑 부분이 접착된다. 그 다음 가운데로 압축공기를 불어 넣어 성형한다.

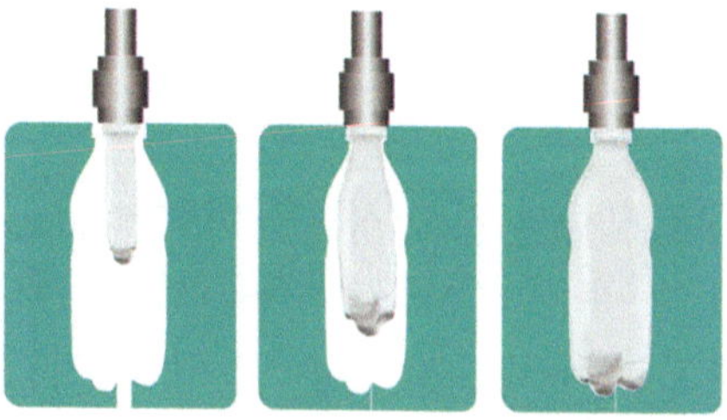

그림 10.4 압출 중공 성형(원씨엠글로벌의 사진 인용)

(2) 사출 중공 성형

사출 중공 성형이란 사출성형으로 관을 만들고, 이것을 금형 속에 옮겨 중공 성형을 하는 방법을 말한다. 기계적 성질이 높은 수지를 사용하여 용기를 제작할 때 사용하고 비교적 작은 병을 성형할 때 이용된다. 그러나 이 방법은 압출 중공 성형법보다 생산성이 낮고 치수 등이 정밀도가 떨어진다.

그림 10.5 (a)와 같이 먼저 사출성형기로 다이에 사출하여 패리슨을 만든 다음 냉각되기 전에 그림 10.5 (b)와 같이 겉에 있는 다이를 떼고 그림 10.5 (c)와 같이 중공 다이를 씌운 다음 그림 10.5 (d)와 같이 코어다이의 중심에서 압축공기를 불어 넣어 성형한다.

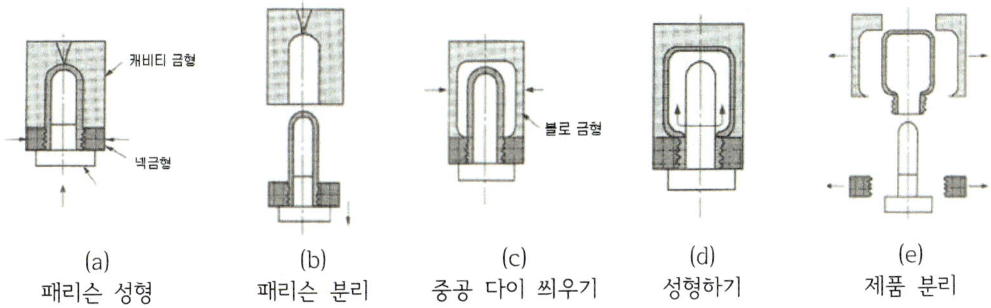

그림 10.5 사출 중공 성형 과정

(3) 직접 취입 성형

직접 취입 성형은 여러 가지 용기 제조에 이용된다. 압축기로부터 튜브 모양의 패리슨을 삽입한 다음 금형을 닫으면 밑 부분이 접착되며 이어 가운데로 압축 공기를 불어 넣으면 제품이 성형된다.

10.3.4 압축 성형

압축 성형(compression molding)은 제품의 크기 및 두께에 상관없이 성형이 가능하고 성형 방법 가운데 가장 오래된 방법이다. 또한 열경화성 수지와 열가소성 수지의 가장 일반적인 성형 방법이다. 그림 10.6과 같이 고체 또는 분말상의 수지를 금형에 넣고 적당한 온도로 가열하고 압축하여 가공하는 방법이다. 압축 성형은 가공하고자 하는 재료가 열경화성, 열가소성인지에 따라서 가공방법이 달라진다.

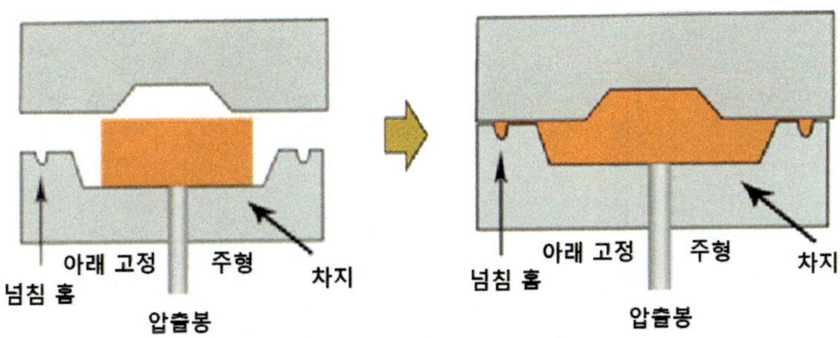

그림 10.6 압축 성형 가공 방법

성형장비나 금형이 간단하고 가격이 낮은 편이나 성형시간이 길고 수작업 비중이 높아 생산성이 낮은 단점이 있다.

플라스틱 이외에도 실리콘, 도자기 등 다양한 재료를 성형할 수 있다. 플라스틱 중에서는 멜라민(열경화성)수지를 사용하여 그릇을 만들 때 많이 활용되는 방식이다.

(1) 열경화성 수지

열을 가하여 경화 성형하면 다시 열을 가해도 형태가 변하지 않는 수지로 열경화성 재료를 가공할 때는 금형을 식히지 않아도 경화되므로 경화 반응이 끝나면 수압 플런저를 내려 성형품을 꺼내면 된다.

(2) 열가소성 수지

열을 가하여 성형한 뒤에도 다시 열을 가하면 형태를 변형시킬 수 있는 수지로 재료를 가공할 때 성형이 되었다면 금형을 식힌 다음, 압력을 제거해야 한다.

10.3.5 전사(이송) 성형

전사(이송) 성형(transfer molding)은 트랜스퍼(transfer) 성형법이라고도 한다. 예열 가소화된 재료를 그림 10.7과 같이 원료를 가열실내에서 일단 가열 연화 시키고 닫혀져 있는 캐비티에 밀어 넣어 이것을 플런저로 가압하여 폐쇄된 금형에 주입시켜 성형하는 방법이다.

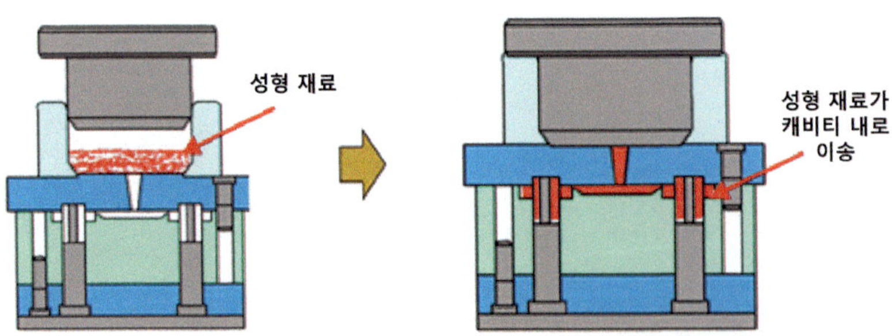

그림 10.7 이송 성형 가공 방법

이송 성형은 압축성형과 함께 열경화성 수지의 성형법의 하나의 방법으로 가압 경화하는 것이다. 열경화성 플라스틱의 사출 성형의 한 변형으로서 압축 성형에 비해 낮은 압력으로 섬세하고 복잡한 모양을 성형할 수 있으며 제품의 각부가 균질하게 되는 특징을 갖고 있다.

만약 전사(이송)성형을 할 때 가열과 압력이 너무 낮아지면 유동성이 저하되고, 반대로 가열과 압력이 지나치면 수지가 금형의 구석구석에 들어가기 전에 굳어져 완전한 제품을 얻을 수 없다.

10.3.6 적층 성형

적층성형(laminate molding)은 적층한 재료를 가열, 가압, 경화 등으로서 소요의 형상으로 일체화하는 것이다. 주로 열경화성 수지를 사용하지만 열가소성 수지에도 적용할 수 있다. 열경화성 수지는 경화 반응이 따른다. 열경화성 수지의 종류에 따라서 소요 가압력에 차이가 있고 100~300 kg/㎠ 이상의 고압 가공을 하는 것은 고압 적층, 50~100 kg/㎠의 압력은 보통 적층, 0~50 kg/㎠의 비교적 낮은 압력은 저압 적층이라 한다.

적층판은 일정한 크기로 제단 한 여러 종류의 소재를 쌓아 겹치게 하고 그림 10.8과 같이 다단 프레스에 쌓아 놓은 상태에서 가열, 가압 성형한다.

페놀수지, 멜라민수지 등과 같은 축합형의 수지를 사용한 경우에 적용된다.

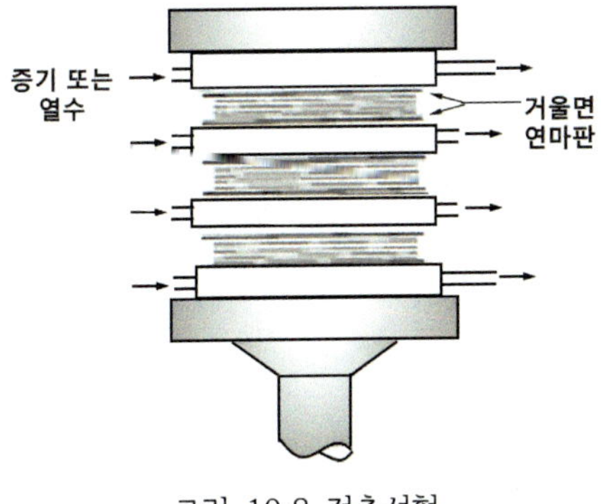

그림 10.8 적층성형

10.3.7 열 성형

열 성형(thermoform)은 시트 또는 판재에 열을 가해서 연화시킨 상태에서 외력을 가하여 성형하는 방법을 말한다(그림 10.9). 가공 형상에 따라서 다양한 방법이 있으며 굽힘 가공, 자유취입성형, 진공 성형, 압공 성형, 프레스 성형 등이 있다.

열 성형의 장점은 다음과 같다.

① 설비비가 저렴하다.

② 박육 제품(thin products)의 생산성이 좋다.

③ 소형부터 대형까지 생산이 비교적 용이하며, 소량 생산에도 좋다.

④ 성형재 선택이 자유로우며, 제작이나 개조가 비교적 용이하며, 값이 저렴하다.

⑤ 박육 제품의 성형이 가능하다.

⑥ 성형품은 일반적으로 연신효과에 의해 동일한 두께의 사출성형품보다 기계적 강도가 크다.

⑦ 다층 시트나 이축연신 시트를 사용함으로써 성형품의 물성을 개선할 수 있다.

⑧ 예비인쇄가 가능하다.

열성형의 단점으로는 다음과 같은 점이 있다.

① 시트 제조가 필요하며, 소량생산의 경우 최적 치수의 재료를 구하기가 어렵다.

② 사출성형보다 재질에 대한 제약이 많다.

③ 성형품의 두께 조절이 어렵다.

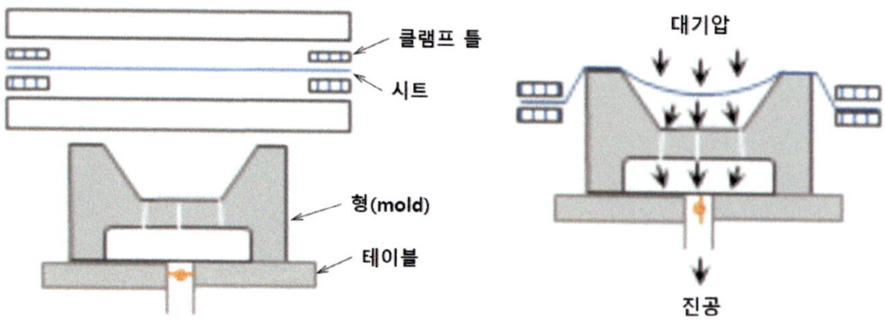

(a) 시트 가열 (b) 성형

그림 10.9 열 성형의 기본 원리

10.3.8 진공 성형

진공 성형(vacuum forming)에 의한 제품생산은 열 성형에 사용되는 인기 있는 성형법의 하나이다.

진공성형은 플라스틱 시트를 활용하는 점이 다른 성형방법과 다른 점이라고 할 수 있다. 시트를 가열하여 연질로 만든 후 진공펌프로 빨아들여 금형으로 붙여 형성을 만들어내는 성형방식이다. 시트를 소재를 활용하기 때문에 두께를 조절이 어렵다는 단점이 있지만, 공정이 간단하여 낮은 비용에 제품을 생산할 수 있다.

수컷 형 또는 암틀 중 하나의 형태를 이용하여 가열연화 시킨 플라스틱 시트를 누르고, 플라스틱 시트와 형식 사이에 있는 공기를 진공으로 흡입하여 형식에 밀착하여 시트를 성형하는 방법이다.

진공 성형 방식으로 주로 생산하는 제품은 1회용 도시락 용기, 아이스 커피 컵과 뚜껑, 요거트 용기 등이다(그림 10.10). 대량생산을 해야 한다는 전제가 있기는 하지만 개당 생산비용이 낮아 1회용 용기에 주로 사용된다.

그림 10.11은 진공 성형에 의한 제품 생산 공정을 나타낸 것이다.

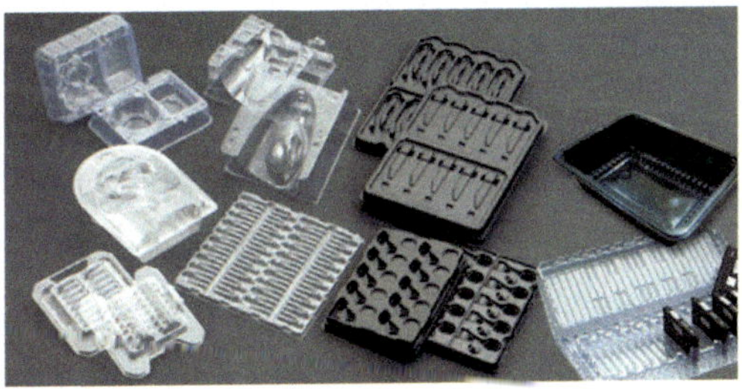

그림 10.10 진공성형 방식의 제품들

그림 10.11 진공 성형에 의한 제품 생산 공정

진공성형의 특징으로는 다음과 같은 것이 있다.

① 다품종 소량 생산에 적합하다.

② 작업 기간이 짧고 금형에 대한 투자가 적게 든다.

③ 요구의 특성과 생산 로트에 따라 다양한 재료를 사용할 수 있다.

④ 디자인 변경, 설계 변경이 발생했을 때 비교적 수정이 용이하고 비용을 줄일 수 있다.

⑤ 대형 성형일수록 비용이 적게 든다.

⑥ 재료의 종류가 사출성형에 비해 풍부하다.

⑦ 박육 성형이 가능하다.

아이스크림 용기 같은 작은 용기에서부터 간판과 같은 대형 성형품도 만들 수 있다. 대표적인 제품으로는 자동차 내장 외장 제품 커버, 가전제품의 내장 부품, 의료 기기 커버, 전기 전자 부품 제품의 하우징 등이 있다.

10.3.9 압공 성형

압공 성형(pressure forming)은 형의 위에서 시트를 압축공기로 압착시켜서 가공하는 방법이다. 진공성형으로는 코너 부분까지 제대로 성형할 수 없지만 압공성형은 압축공기가 사용되므로 진공성형에 비하여 성형 압력이 높아지게 되므로 코너 부분은 물론 형에 따라서 세밀한 성형품을 얻을 수 있다. 그래서 각종 용기와 소형 성형품의 제조에 이용된다.

(1) 압공 성형기의 구조

압공 성형기의 구조는 가열판은 히터를 내장하는 열판의 표면에 조그마한 구멍이 많이 있으며 다이의 테두리에는 형 날이 시트를 기밀하게 클램프하고 성형품을 시트에서 분리하는 역할을 한다.

(2) 압공 성형의 공정

압공 성형의 공정은 그림 10.12와 같이 가열판과 다이와의 사이에 시트를 놓고 가열판을 내려서 시트를 클램프 한다. 이때에 날은 시트에 약간 먹혀들게 하고 화살표와 같이 압축공기를 보내어 시트와 가열판을 밀착상태로 유지하여 시트를 재빨리 가열한다. 시트가 가열되어 성형온도가 되면 반대쪽의 가열판으로부터 압축공기를 보내어 시트를 다이면에 압착 성형한다. 성형품이 냉각된 다음에 성형 공기압을 풀어주고 가열판을 다시 들어 올려 성형된 제품을 꺼낸다.

압공 성형의 특징은 다음과 같다.

① 다품종 소량 생산에 적합하다.

② 진공 성형에 비해 성형품의 두께가 더 균일하게 유지되며 정밀도가 높고, 사출 성형과 동등한 샤프한 디자인이 가능하다.

③ 진공 성형과 비교하면, 박형의 구현이 가능하다.

④ 금형에 대한 투자가 사출성형에 비해 상대적으로 낮다.

⑤ 사출성형에 비해 제품 디자인에서 판매까지 기간이 짧게 걸린다.

⑥ 사출 성형에 비해 비교적 수정이 용이하고 비용을 줄일 수 있다.

대표적인 제품으로는 자동차 내장 외장 제품 커버, 기계 커버 등이 있다.

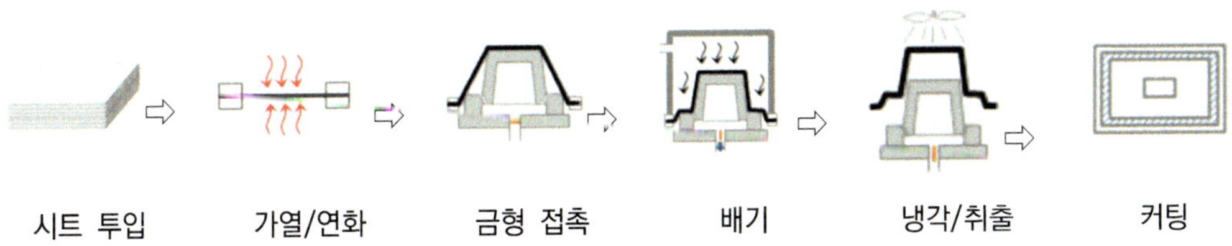

그림 10.12 압공 성형에 의한 제품 생산 공정

CHAPTER

11

적층 제조에 의한 결합가공

3D 프린팅은 3D 도면을 바탕으로 재료를 층층이 쌓아 올려 물체를 제작하는 것으로, 재료를 제거하지도 변형시키지도 않고 붙여서 만듦으로 결합가공이라 할 수 있다.

이러한 3D 프린팅은 적층 제조기술에 기반한 것이다. 적층 제조기술은 플라스틱을 비롯한 경화성 소재 등의 재료 또는 금속 및 세라믹 분말을 적층하여 제품을 만드는 것을 말한다.

"3D 프린팅"과 "적층 제조"라는 용어는 종종 같은 의미로 사용되지만 한 가지 중요한 차이점에 유의해야 한다. 적층 제조는 일반적으로 산업적 의미를 내포하며, 종종 제조 작업에 3D 프린팅을 대규모로 사용하는 것을 의미한다.

본 장에서는 이와 같은 적층 제조(3D 프린팅)에 의한 결합가공에 대한 대략적인 내용을 다루기로 한다.

11.1 적층 제조의 개요

적층 제조기술은 3D도면과 재료, 레이저 등을 소스로 하여 적층 장비만 있으면 바로 제품이 가능하다.

전통적인 절삭가공 등의 제조방식과 대조되는 적층제조(Additive Manufacturing)가 ASTM(American Society for Testing and Materials; 미국재료시험학회)의 공식 용어이다.

11.1.1 정의 및 역사

(1) 정의

신속한 프로토타이핑으로도 알려진 적층 제조는 "감산 제조 및 조형 제조 방법론과 달리 일반적으로 레이어 위에 3D 모델 데이터에서 부품을 만들기 위해 재료를 결합하는 프로세스"로 정의된다(ISO /ASTM 52900:2021).

가공, 밀링 또는 성형에 의해 재료가 제거되거나 모양이 형성되는 '절감' 기술과 달리 부품을 만들기 위해 레이어가 연속적으로 추가되는 공정은 본질적으로 '가산적'이다. 중요한 점은 적층 가공에서 부품 형상이 항상 디지털 방식으로 정의되고 CAD 프로그램의 디지털 3D 모델 데이터를 기반으로 한다는 것이다.

적층 가공은 전통적인 제조기술에 비해 많은 이점을 제공한다. 필요한 곳에만 재료를 선택적으로 증착할 수 있다는 것은 부품의 설계가 훨씬 더 복잡해지고 무게가 가벼워져 성능이 크게 향상될 수 있음을 의미한다. 이 프로세스는 툴링에 상당한 초기 투자가 필요한 주조 및 사출 성형과 같은 프로세스와 달리 도구가 필요하지 않으며 일회성 또는 맞춤형 제품뿐만 아니라 향상된 설계 자유도를 제공한다.

(2) 3D 프린팅 기술의 역사

적층 제조/3D프린팅 기술은 1983년 시작되었고 3D프린팅 시장에서 선도적 위치에 있는 3D프린팅 기술 전문 업체 3D시스템스(3D Systems)의 공동 창업자 찰스 헐(Charles W. Hull)이 기술의 주인공이다. 찰스 헐은 시제품 생산 단계에서 3D프린팅 기술을 고안했다. 제품을 완성하기 전에 시제품을 제작하는 시간을 단축하기 위함이었다.

헐이 처음으로 고안한 방식은 **스테레오리소그래피**(SLA, Streo Lithography Apparatus)라고 불린다. 지금도 3D프린팅 산업 현장에서 자주 쓰이는 기술이다. SLA 방식은 캐드(CAD) 등 3D모델링 소프트웨어로 설계한 입체 모형을 여러 개의 얇은 층으로 나누는 기술을 말한다. 마치 지도의 등고선을 얇은 층으로 분리한 것 같은 평면을 쌓아 올려 입체감 있는 물체를 완성하는 것이 3D프린팅 기술의 기본 원리다.

헐의 바람대로 3D프린팅 기술은 산업, 특히 제조업 현장에서 매우 유용하다. 3D프린팅 기술은 실제 제품을 완성하기 전 디자인을 미리 보기 위한 실물모형(mock-up) 제작 단계를 혁신한다. 3D프린팅 기술을 활용하지 않는다면 실물모형 제작에 걸리는 시간은 일반적으로 수주에서 한 달이 넘는다. 3D모델링 소프트웨어로 설계한 제품 디자인을 실물모형 제작 전문가에게 전달한 후에도 최종 결과물을 받아 보기까지는 디자인이나 세밀한 부분을 수정하는 데 많은 시간이 필요한 탓이다.

이 길고 지루한 과정을 3D프린팅 기술은 단 몇 시간 안에 끝낼 수 있게 해준다. 시제품 제작에 드는 비용을 절감할 뿐만 아니라 제품의 완성된 디자인이 외부로 유출되는 사고도 방지할 수 있다. 3D프린팅 기술로 얻을 수 있는 부가가치인 셈이다.

헐의 발명으로 시작된 3D프린팅 기술은 오늘날 시장을 조직하는 여러 기술 개발로 이어졌다. SLS(Selective Laser Sintering, 선택적 레이저 소결) 방식과 FDM(Fused Deposition Modeling, 용융 적층 모델링) 방식의 3D프린팅 기술이 대표적이다. SLS는 분말을 도포해 굳히는 방식으로 물체를 만드는 것이고, FDM은 플라스틱 소재의 필라멘트를 열로 녹여 압출한 후 상온에서 굳혀 물체를 쌓아올리는 것이다.

선택적 레이저 소결이라고도 하는 SLS 기술은 미세한 분말을 도포한 후 모형으로 만들 부분에만 레이저를 쏘여 굳힌다는 의미다. 플라스틱에서 금속에 이르기까지 레이저로 소결할 수 있는 소재라면 무엇이든 SLS 방식의 3D프린터에 활용할 수 있다는 점에서 완성되는 모형의 종류를 다양화할 수 있다. 다른 방식의 3D프린터보다 물체를 완성하는 데 걸리는 시간이 빠르다는 점도 SLS 방식의 장점으로 평가된다. 또 다른 기술에 비해 상대적으로 정밀한 모형을 제작할 수 있다.

그러나 SLS 방식의 3D프린터는 장비 가격이 매우 비싸다. 보통은 수천만 원에서 비싼 것은 억대에 이르기도 한다. 이 때문에 정밀한 모형을 제작해야 하는 실제 산업계나 제조업체에서 주로 쓰인다.

따라서 현재 3D프린팅 기술의 대중화를 얘기할 때는 주로 FDM 방식의 3D프린터를 가리키는 경우가 많다. 장비 가격이 수십만 원에서 수백만 원 정도로 쉽게 접할 수 있는 기술인 덕분이다. FDM 방식은 플라스틱 소재의 열가소성 필라멘트를 노즐의 열로 녹인 후 베드에 도포해 층층이 쌓아올리는 형태의 3D프린터를 말한다. 장비의 가격도 저렴하고, 원료가 되는 필라멘트의 가격도 그리 비싸지 않다.

완성된 모형의 품질이 상대적으로 떨어진다는 점은 FDM 방식 3D프린터의 단점으로 꼽힌다. 모형을 층층이 나눠 쌓아 올리기 때문에 아무리 얇게 쌓아 올린다고 해도 완성된 모형에서는 층이 두드러져 보이기 때문이다. 정밀한 모형을 제작하는 데는 한계가 있다. 또한 노즐이 플라스틱을 녹인 후 베드에 도포하는 방식이라는 출력 속도도 느린 편이다. 현재 3D프린팅 업계에서 개인용 3D프린터로 분류할 수 있는 장비는 대부분 FDM 기술을 활용한다.

11.1.2 적층 가공의 적용 예

(1) 디자인의 확장성

전통적인 제조공정에서 설계단계에서는 항상 주조, 단조, 압출, 프레스, 사출 등의 공정을 염두에 두기 때문에 디자인에 자기 제한을 두게 되는 경우가 많았으나 적층 제조 기법으로 디자인의 제한이 없어졌다. 예를 들어 그림 11.1과 같은 금형 내 3차원인 냉각 채널을 제조하는 것은 전통 기계가공 방식에서는 불가능했지만 최근 적층 제조기술을 이용하여 금형 코어의 표면을 따라 내부 냉각채널의 제조가 가능해짐에 따라 사출 금형 또는 다이캐스팅 금형의 경우 제품의 휨 변형, 수축 변형을 최소화하여 불량률을 줄일 수 있게 되었다.

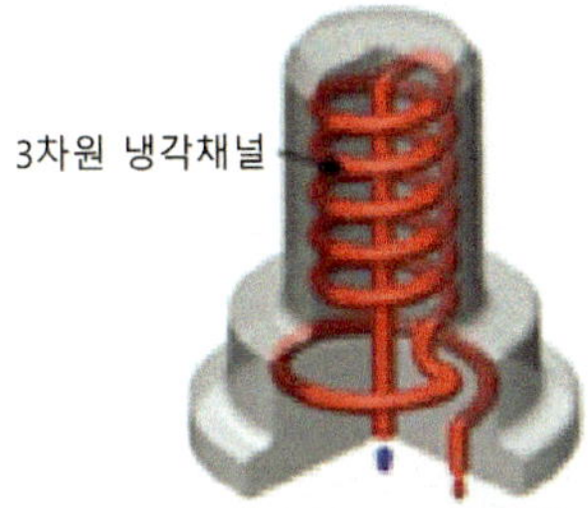

그림 11.1 3D 냉각채널 코어

(2) 최적의 설계

강성이 요구되지 않는 부품, 무게를 가볍게 해도 되는 부품 등을 제조하여 최적설계가 가능하게 되었다. 예를 들어 그림 11.2와 같은 항공기에 사용되는 부품을 구조강성을 해치지 않는 범위 내에서 내부 중공화하여 소재 절감 및 경량화에 기여하였다.

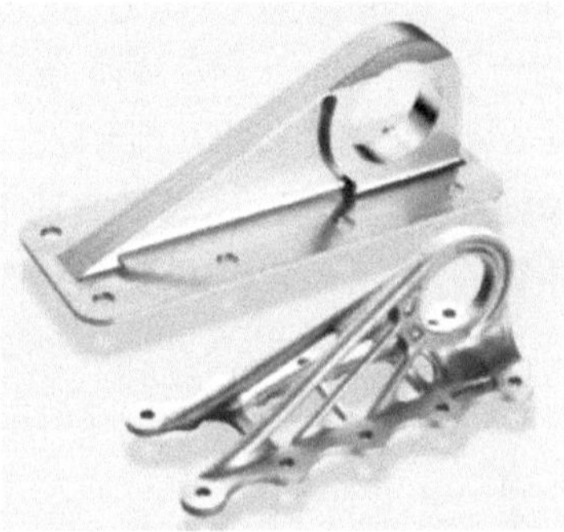

그림 11.2 구조강성 유지한 항공기 부품
(위; 기종, 아래; 3D프린팅)

(3) 제품 개발의 비용 절감

제품 개발에 있어서 전통적인 방식으로는 프로토타입(prototype)을 만들기 위해 금형제작 시간도 길고 비용이 매우 높았다. 그러나 적층제조기술을 이용하여 빠른 소비자 트렌드에 대응할 수 있는 환경이 조성되었으며 맞춤형 다품종 소량 생산도 가능하여 제품개발 시간과 비용을 절감할 수 있게 되었다.

(4) 부품 통합화

이 개념은 한 개의 부품을 만들기 위해 여러 단계의 공정을 재폭 축소할 수 있다. 대표적인 사례가 GE사가 양산하고 있는 그림 11.3과 같은 연료 분사 노즐(fuel-35-nozzle)이다. 연소 분사 장치는 터빈 블레이드를 작동시키기 위한 연료 공급을 담당하는 장치로 1300℃의 매우 높은 온도에서 사용된다. 기존에는 브레이징 및 용접 등 30여개의 공정을 거쳐 완성되는 부품인데 적층제조 방식으로 제조하면 공정이 대폭 축소되고 25%의 경량화 및 내구성이 4배 증가하는 것으로 예상하고 있다.

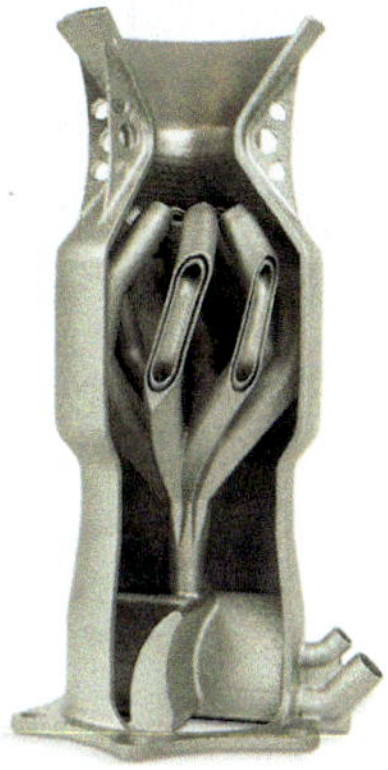

그림 11.3 연료 분사 노즐

(5) 소재 절감

Norsk Titanium사가 Rapid Plasma Deposition 기술을 사용하여 제작한 항공기용 브라켓의 사례가 있다. 기계 가공으로 제조하는 경우 가공칩이 부품 중량보다 20배 이상 발생하지만 티타늄 와이어를 사용하여 적층 후 기계 가공한 제품은 원소재를 대폭으로 절감할 수 있다. 물론 기계적 강도나 내부 기공의 문제가 될 수 있다.

11.1.3 적층 제조의 특징

(1) 적층 제조의 장점

1) 적층 제조

① 다품종 소량 생산이 가능함

② 디자인이 다른 제품을 제작하더라도 추가 발생되는 비용이 적음

③ 개인 맞춤형 제작이 용이함

④ 기존 전통 가공방식으로는 형상가공의 한계가 있던 복잡한 형상도 구현이 가능함

2) 간결 제작

① 별도의 금형 또는 밀링, 절삭 등의 필요성이 없어져 초기 제품 제작의 투자 비용 감소 및 제작시간 단축이 가능하게 됨

② 제품 수명 주기가 짧아지고 빠른 시간 내에서 시제품을 만들어야 하는 상황에서 간단하게 디자인 수정이 가능함

③ 보안에 민감한 제품의 경우에 설계도면 및 기밀 유출 가능성을 사전에 차단할 수 있음

④ 기존 절삭가공 방식의 경우에 칩 같은 가공 잔재물이 발생되지만 3D 프린팅은 재료의 손실이 거의 없어 재료절감 효과가 탁월함

3) 디지털 공정

① 이동성 및 휴대성 - 동일한 작업장의 크기를 기준으로 할 때 기존 공작기계를 사용하는 경우보다 훨씬 더 많은 제조 능력을 갖출 수 있음

② 기존 공장에 설치되어 있는 각종 공작기계에 비해 3D프린터의 크기는 작으며 상대적으로 큰 제품의 제작이 가능함

③ 개인이 손쉽게 이동 및 설치가 가능함

④ 기존 공작기계는 전문적인 기술이나 숙련도가 요구되지만 3D프린터는 비숙련자도 사용 가능함

(2) 적층 제조의 단점

1) 제한적인 사용 가능 소재

다양한 물성 소재를 사용할 수 있는 고가의 산업용 3D 프린터를 제외한 보급형 3D 프린터에는 사용 가능한 소재가 현재는 제한적이다.

2) 출력의 크기 제한

현재의 아주 고가 장비나 주문 제작형 3D 프린터를 제외하고 대부분 출력 가능한 크기는 500 ㎜ 이하로 제한적이다. 따라서 크기를 확장하기 위해서는 여러 조각을 출력하여 조립하는 후공정이 필요하다.

3) 느린 제작 속도

기존 금형을 통한 대량 생산방식에 비해서는 제작 속도가 매우 느린 편이며 정밀도가 높아질수록 시간은 더 많이 소요된다.

4) 치수 정밀도 및 표면 거칠기의 제한

후가공이 없이 완성 가공이 가능한 기존 금형이나 절삭가공방식의 제품에 비해서는 치수 정밀도와 표면 거칠기가 상대적으로 낮다. 따라서 후가공이 수반되어야 하고 그만큼 시간과 비용이 발생할 수 있다.

5) 출력물의 기능성 제한

모양이 같다고 제품으로서의 기능도 갖췄다고 볼 수 없는 경우가 많다. 예를 들어 손톱깎이, 골프클럽 헤드 등이 이에 속한다.

6) 환경문제

3D 프린팅 시 발생하는 찌꺼기, 오염물, 유독 가스 등의 환경문제가 대두된다.

7) 저작권 침해 우려

현재 온라인 상의 다양한 플랫폼을 통해 타인의 저작물인 디자인 파일을 불법으로 다운로드하여 사용할 수 있어서 추후 저작권 침해 문제가 발생할 우려가 있다.

11.1.4 적층 가공 제어 프로세스 3단계

3D 프린팅 방법인 3D 프린터를 구동하기 위해서는 3D 프린터의 제어시스템에 대한 내부 프로세서와 처리과정에 대한 하드웨어적인 지식이 요구된다.

적층제조시스템의 제어를 위한 3단계는 전처리 단계, 제어프로그래밍 단계, 제어프로그램 수행단계로 구분할 수 있다. 이에 대한 내용을 정리한 것이 표 11.1이다.

표 11.1 적층제조시스템의 제어 프로세스 3단계

단계	처리영역	내용
전처리 단계	PC	프린팅하고자 하는 CAD데이터(3D모델링)를 실제 사물공간 좌표에서 물리적인 데이터로 변환하는 단계로 슬라이싱(slicing) 파일과 툴패스(tool path)를 생성한다.
제어프로그래밍 단계		전처리 단계에서 결정된 공간으로 프린터 노즐이 이동할 수 있도록 프린터 제어프로그램 코드(G-code)를 생성하고 프린터로 전송하는 단계이다.
제어프로그램 수행단계	3D 프린터 제어보드	PC에서 전송되어 온 프로그램 코드를 실행하여 제어 동작을 수행하고 모니터링하는 단계이다

(1) 1단계 : 전처리 단계

1) 3D 모델링

3차원 모델링으로 된 CAD 파일을 변환하기 위해 읽어들이는 과정이며 이때 지지부가 없는 부위나 높이에 따른 지지력이 필요한 경우에는 서포터를 더하여 지지력을 보강하게 된다. 통상 가장 많이 통용되는 파일 형식은 STL 파일형식이다.

2) 슬라이싱 파일 생성

하나의 이미지 모델로 되어 있던 3D CAD 파일을 실제 구현할 두께로 한층씩 나누는 과정이다. 이때 두께 결정은 프린터 노즐사이즈, 프린팅 속도 등 여러 가지 복합요인으로 결정된다.

3) 툴패스 생성

슬라이싱된 각 층의 형상을 노즐에서 나오는 재료로 점과 선으로 채우는 과정이다.

(2) 2단계 : 제어프로그래밍 단계

1) 제어 코드 생성

툴패스를 따라 노즐이 이동할 수 있도록 3D 프린터의 각 축 모터부가 추종할 명령어를 생성하는 과정이다. 통상 G-code를 표준으로 사용한다.

2) 제어 코드 전송

G-code로 된 프로그램 제어 명령어를 프린터로 전송하는 과정이다.

(3) 3단계 : 제어프로그램 수행단계

1) 제어코드 저장 및 시스템 초기화

전송받은 제어 명령어 코드를 전달받으면 프린터는 프린팅 동작을 수행하기 위해 독립적 모드로 전환되고 시스템 환경 점검 및 셋업 등 초기화 동작을 수행한다.

2) 제어 코드 명령어 수행

제어 명령어 프로그램 코드에 따라 프린터 헤드를 이송하며 본격적으로 프린팅이 이루어진다.

3) 시스템 상태 모니터링

제어 코드 명령어 수행상태, 시스템 제어 상태에 대한 데이터를 주기적으로 PC에 전송하여 시스템 상태를 모니터링 한다.

11.1.5 적층 제조기술의 종류

ASTM과 ISO에서는 적층 제조기술을 7가지 방식으로 정의하고 있으며 표 11.2에 정리하여 나타내었다.

표 11.2 적층 제조기술의 7가지 방식

방식	원리	대표 기술	속도 (mm/h)	소재	용도
powder Bed Fusion	재료분말 표면을 레이저, 전자빔으로 소결 후 재료를 적층하여 성형	SLS EBM	10~20	분말 (금속, 수지, 세라믹)	금속 구조체
Directed Energy Deposition	재료 분사 노즐에 레이저, 전자빔을 연결하여 재료 분사와 동시에 소결 및 증착	DMLS DMD	4~5	분말(금속)	부품수리, 부품제작
Vat Photo Polymerization	액상 포토폴리머를 이용하여 자외선을 조사하여 경화시키면서 성형	SLA DLP	5~12	액상(포토폴리머)	덴틸, 쥬얼리
Material Extrusion	열가소성 수지를 노즐을 이용하여 원하는 우위에 적층	FDM	3~5	필라멘트(수지)	시제품 제작
Binder Jetting	원하는 부위에 접착제(binder)를 분사 후 재료를 결합하여 적층	3DP	20	분말(수지, 세라믹)	금형용 거푸집 제작
Material Jetting	액상 재료를 직접 분사하여 자외선 등으로 경화	Poly-Jet	4~15	액상(포토폴리머)	시제품 제작
Sheet Laminating	재료를 박막으로 가공하고 원하는 부위만 접착	LOM	3~5	박막필름(수지)	

(1) SLS

SLS(Selective Laser Sintering; 선택적 레이저 소결 기법)은 가장 널리 사용되는 적층 제조 공정 중 하나로 선택한 플라스틱 분말 소재를 가열하고 초점 레이저 빔의 도움으로 입자가 층층이 원자적으로 결합되어 고체 구성 요소를 형성한다.

간단히 말해서, 소결 공정은 분말 재료를 녹이는 것을 포함하지 않는 대신 열과 압력을 사용하여 입자를 결합하여 고체 제품을 형성한다. SLS의 시스템 구성은 그림 11.4과 같다.

이것의 장점은 다음과 같다.

① 소결되지 않은 원재료 분말이 지지대 역할을 함

② 다양한 소재(금속, 수지, 세라믹) 가능함

③ 어느 정도의 강도를 가진 제품 성형이 가능함

④ 제작 속도가 비교적 빠름

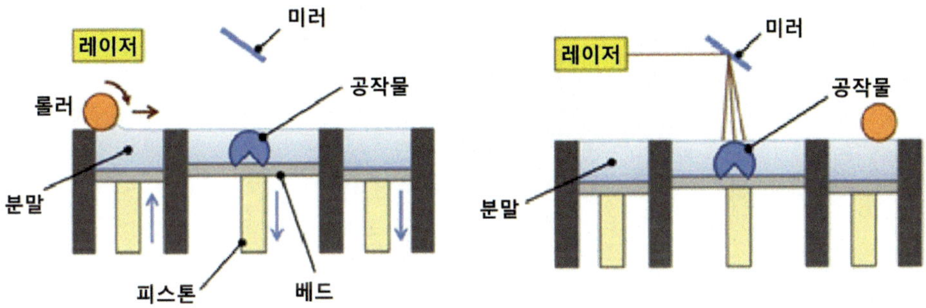

그림 11.4 SLS의 시스템 구성

한편 이것의 단점은 다음과 같다.

① 레이저 장비가 매우 고가임

② 금속 재료 활용 시 후표면 처리 공정이 필요함

③ 예열작업 및 냉각작업 반드시 거쳐야 함

④ 다양한 원료 사용에 따라 가열 온도와 레이저 변수를 조절해야 하므로 세팅 작업이 어려움

(2) EBM

EBM(Electron Beam Melting; 전자빔 소결 방식)의 시스템 구성은 그림 11.5와 같으며 이것은 고진공 상태에서 전자빔을 활용하여 금속 분말(주로 티타늄과 크롬 합금)을 용해하는 방식으로 적층하는 방식이다.

이것의 장점은 다음과 같다.

① 고진공 상태에서 적층하므로 조형물의 공극률이 낮고 밀도가 높아 강도가 매우 우수(특히 산소와 반응성 높은 티타늄 금속의 경우가 적합)

② 추가 열처리 공정 불필요

③ 순수 금속 재질의 제품 제작이 가능

④ 제작 속도 빠른 편임

한편 이것의 단점은 다음과 같다.

① 장비 가격이 매우 고가임

② 진공 유지를 위한 부가장치가 필요함

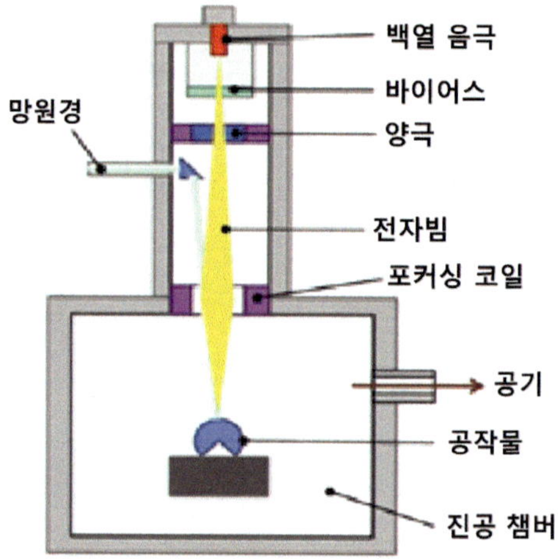

그림 11.5 EBM의 시스템 구성

EBM의 주요 적용 분야는 다음과 같다.

① 항공우주 - 터빈 블레이드, 임펠러, 구조용 브래킷

② 의료 - 정형외과 임플란트, 보철물

③ 자동차 - 모터 스포츠 부품, 툴링

④ 산업용 - 유체 취급 부품, 열교환기

⑤ 툴링 - 사출 금형, 다이 캐스팅, 압출 금형

(3) DMLS

공정 측면에서 **DMLS**(Direct Metal Laser Sintering; 직접 금속 레이저 소결 기법)는 직접 레이저 금속 성형(DLMF) 또는 레이저 금속 융합(LMF)이라고도 하며 SLS와 동일한 기술을 기반으로 작동하지만 고출력 이터븀(Ytterbium-Fibre) 레이저로 선택된 금속 분말을 녹인 다음 융합하여 단단한 부품을 형성한다.

DMLS 프린팅의 경우 원하는 금속 분말 소재를 프린팅할 수 있는 특수 3D 프린터가 필요하다. DMLS의 시스템 구성은 그림 11.6과 같다.

이것의 장점은 다음과 같다.

① 열처리에 있어서 후공정 필요 없음

② 재료 강도가 매우 우수함

③ 복잡 형상의 금속제품 생산에 용이함

한편 이것의 단점은 다음과 같다.

① 표면 조도가 다소 낮아 별도의 폴리싱 작업이 필요함

② 장비 가격이 매우 고가임

DMLS와 SLS와의 차이점을 정리하면 표 11.3과 같다.

표 11.3 SLS와 DMLS의 차이점

	SLS	DMLS
비용 효율성 및 접근 가능성	더욱 비용이 효율적이고 쉽게 접근 가능	더 비싸고
생산량	550 ㎜ X 550 ㎜ X 550 ㎜	400 ㎜ X 400 ㎜ X 400 ㎜
우수성	덜 우수함	매우 우수함
인쇄 파우더 소재	일반적으로 사용되는 플라스틱 분말	금속 분말만 사용함
에너지 요구 사항	열에너지 요구 사항이 낮음 - 소결 온도 범위는 160℃ - 200℃	높은 에너지 요구 사항 - 용융 온도 범위가 1000~2000인 고전압 레이저를 사용하며 1,510℃ - 1,600℃
냉각 속도 및 후처리	최소한의 후처리로 냉각 시간 단축	냉각시간과 후처리 측면에서 까다로움
인쇄 지원 구조	불필요 - 결합되지 않은 분말은 인쇄된 부분을 지지함	필수
내구성, 유연성, 가벼움	예	부품은 내구성이 있지만 SLS처럼 유연하거나 가볍지 않음
인쇄 중 다중 부품 색칠	가능	불가능 - 모든 인쇄된 부분은 금속 마감 처리되어 있음
인쇄 품질(해상도)	더 높은 해상도(100 ㎛) 따라서 더 많은 인쇄 세부 정보	낮은 인쇄 해상도(154 ㎛)
소결되지 않은 분말의 재활용	80% 이하만 재활용 가능	100% 재활용 가능.

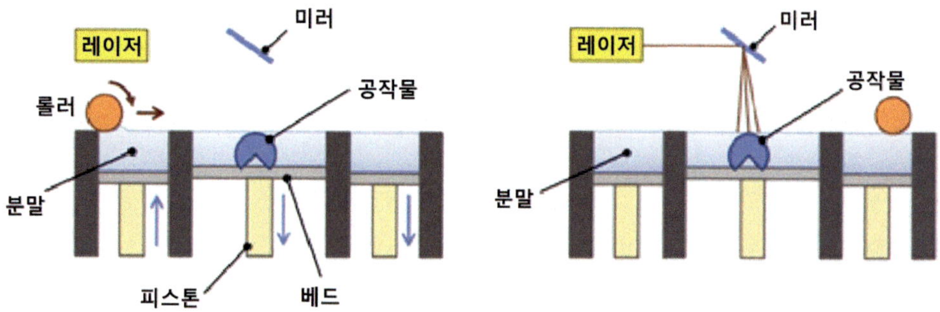

그림 11.6 DMLS의 시스템 구성

(4) DMD

DMD(Direct Metal Deposition; 직접 금속 용착 방식) 시스템 구성은 그림 11.7과 같으며 이것은 고출력 레이저 빔을 이용하여 금속 분말을 녹여 붙이는 방식으로 적층하는 것이다. 즉, 지지대 역할 금속 표면에 고출력 레이저 빔을 조사하여 일시적으로 용융 풀(pool)을 생성하고 여기에 금속 분말을 공급하여 클래딩 층(cladding layer)을 형성한다. 한편 이것을 **DMT** (Direct Metal Tooling)이라고도 한다.

이것의 장점은 다음과 같다.

① 일반 산업용 금속분말 사용이 가능함

② 레이저 빔을 이용한 금속의 완전 용융과 급속 응고로 인해 뛰어난 제품 강성을 얻음

한편 이것의 단점은 다음과 같다.

① 표면 조도가 낮은 편임

② 장비 가격이 매우 고가임

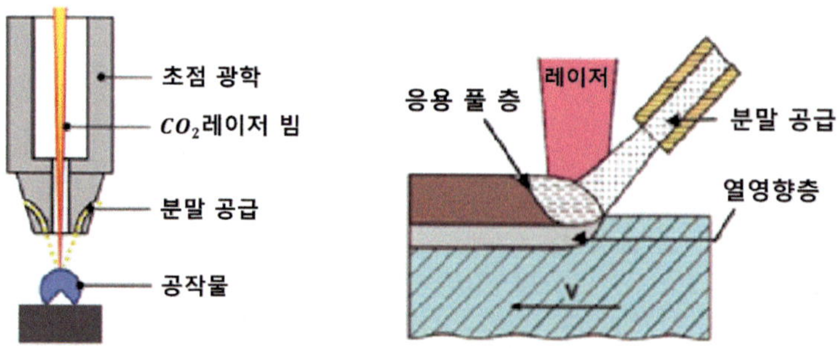

그림 11.7 DMD 시스템 구성

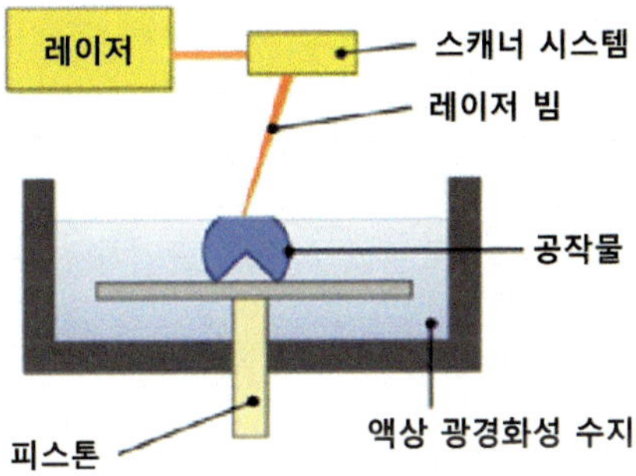

그림 11.8 SLA 시스템 구성

(5) SLA

SLA(Stereo Lithography Apparatus; 광경화성 수지 조형 방식) 시스템 구성은 그림 11.8과 같으며 이것은 액체 광경화성 수지가 담긴 수조 안에 저전력, 고밀도의 UV레이저를 투사하여 경화시키는 방식으로 적층하는 것이다.

이것의 장점은 다음과 같다.

① 레이저를 사용하여 정밀도가 높으며 표면조도가 우수함

② 조형 속도는 중간 정도임

한편, 이것의 단점은 다음과 같다.

① 강도가 약하고 60℃ 이상의 온도에서는 변형 발생함

② 출력 후에는 지지대 제거 작업이 필요함

③ 유독 가스 발생이 있음(환기 시설 필요)

④ 장비가격이 고가임

(6) DLP

DLP(Digital Light Processing; 디지털 광원 처리)의 시스템 구성은 그림 11.9와 같으며 이것은 고체 필라멘트가 아닌 액체 상태의 광경화성 수지에 조형하고자 하는 모양의 빛을 DLP(igital Light Projector)에 투사하여 적층하는 방식이다.

이것의 장점은 다음과 같다.

① 지지대와 같은 별도의 부재료 없이도 출력이 가능함

② 표면조도가 우수하고 소음이 낮음

③ 사진과 같은 면 단위 조형 방식으로 작업속도가 균일하고 비교적 빠름

한편 이것의 단점은 조형물의 크기가 작고 DLP 전용 수지재료를 필요로 한다는 것이다.

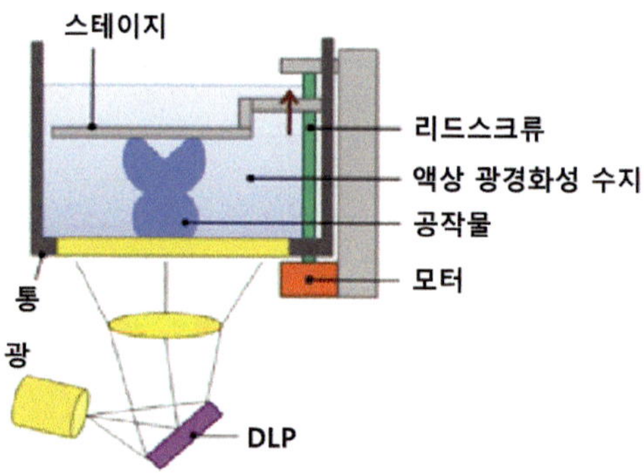

그림 11.9 DLP 시스템 구성

(7) FDM

FDM(Fused Deposition Modeling; 용융 적층 모델링) 시스템 구성은 그림 11.10과 같으며 이것은 가는 필라멘트 선으로 된 열가소성 물질을 노즐 안에서 녹여 얇게 필름 형태로 출력하는 방식으로 적층하는 것이다.

노즐은 플라스틱을 녹일 수 있을 정도의 고열을 발산하며 열가소성 물질(ABS, Polyamide)은 노즐 안에서 녹은 다음 적층된 후 상온에서 경화된다.

이것의 장점은 다음과 같다.

① 장비 가격과 유지보수 비용이 낮음

② 2012년 특허 만료로 3D프린팅의 대중화에 기여함

③ 다양한 소재 적용이 가능함

④ 부대 장비가 불필요하며 단순 구조로 인해 대형화가 용이함

⑤ 강도 면에서 일반 사출물과 비슷함

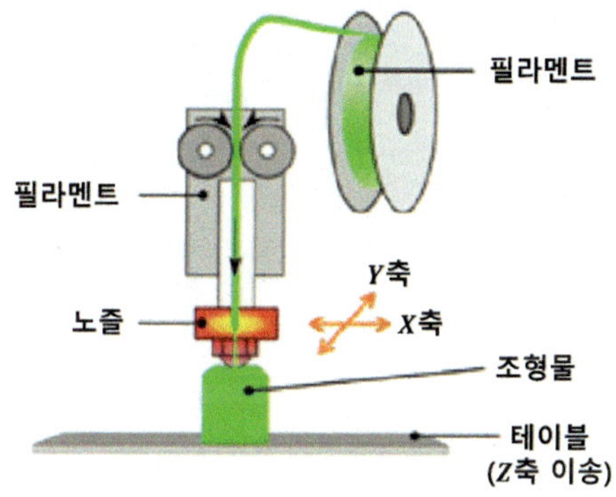

그림 11.10 FDM 시스템 구성

한편 이것의 단점은 다음과 같다.

① 표면조도가 비교적 떨어짐

② 경화 시에 소재 처짐을 방지하기 위해 지지대가 필요함

③ 제작 속도가 매우 느림

④ 개인용, 가정용, 시제품 제작용으로 활용에 제한됨

(8) 3DP

3DP(3 Dimensional Printing) 시스템 구성은 그림 11.11과 같으며 이것은 노즐에서 액체 상태의 컬러 잉크와 경화 물질(바인더)을 분말 원료에 분사하는 방식으로 적층하는 것이다.

이것의 장점은 다음과 같다.

① 컬러 잉크 사용이 가능하며 다양한 색상의 섬세한 작업이 가능함

② 제조시간이 비교적 짧음

한편 이것의 단점은 출력 후에 별도의 분말 제거와 표면 처리가 필요하다는 것이다.

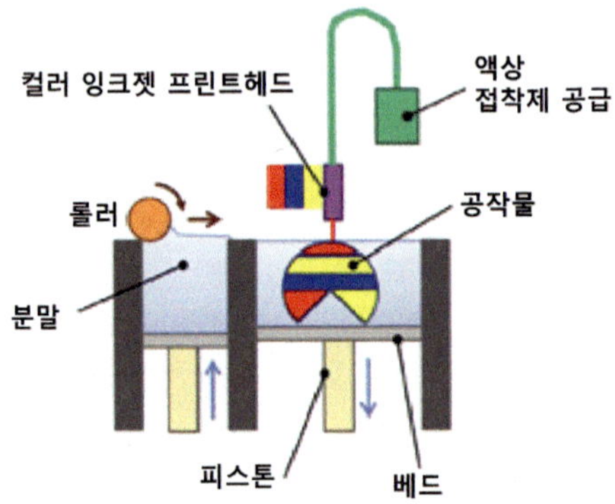

그림 11.11 3DP 시스템 구성

(9) Polyjet

Polyjet 시스템 구성은 그림 11.12와 같으며 이것은 광경화와 잉크젯 방식을 혼용한 방식이다. 프린트 헤드의 수백 개의 미세 노즐에서 재료를 분사한과 동시에 자외선(UV lamp)으로 경화시키는 방식이다.

이것의 장점은 다음과 같다.

① 조형물의 품질이 매우 높음

② 지지대를 워터젯 방식으로 녹여서 제거함

③ 재료 신축성 조절이 가능하며 다양한 조형물 산출이 가능함

한편 이것의 단점은 비용이 높다는 것이다.

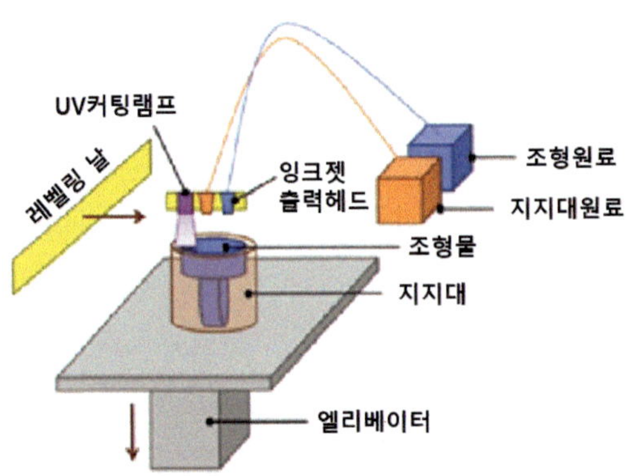

그림 11.12 Polyjet 시스템 구성

(10) LOM

LOM(Laminated Object Manufacturing; 필름 적층형) 시스템 구성은 그림 11.13과 같으며 이것은 모델의 단면 형상대로 절단된 점착성 종이, 플라스틱, 금속 라미네이트 층 등을 접착제로 접합하여 조형하는 것이다.

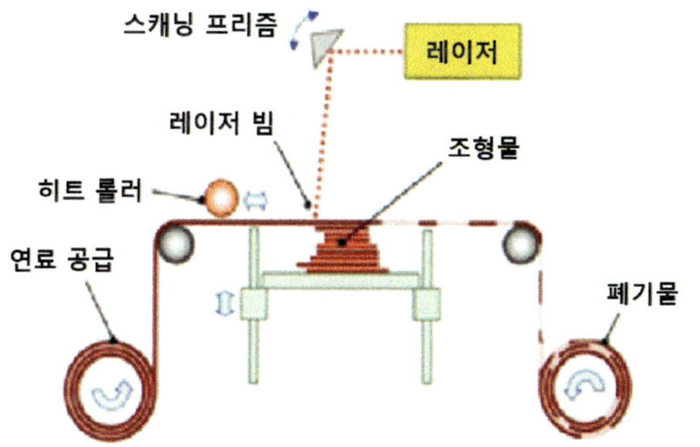

그림 11.13 LOM 시스템 구성

이것의 장점은 다음과 같다.

① 제조 비용이 낮음

② 목재 재질의 조형물 구현도 가능하며 대형 제품 제작이 가능함

③ 밀링 등 후처리가 필요 없음

한편 이것의 단점은 다음과 같다.

① 내구성이 약함

② 정밀도 및 표면조도가 낮음

③ 색상재료, 투명재료, 유연성 재료 선택 불가함

11.1.6 적층 제조의 재료

(1) 플라스틱 재료

FDM 방식에는 주로 두 종류의 플라스틱 필라멘트, 즉, PLA(Polylactic Acid), ABS (Acrylonitrile Polybutadiene Styrene)를 재료로 사용한다.

PLA, ABS, 소재 외에도 나무 느낌이 나는 필라멘트, 말랑말랑한 느낌의 소재 그리고 나일론 소재도 출시되어 사용되고 있다. 이중 나일론 소재는 염색이 가능한 것이 특징이다. 은 점토(Silver Clay)를 활용하여 금속 3D 프린팅도 가능하다. 은 점토는 출력 후에 오븐에 구우면 금속 결과물을 확인할 수 있다. 기본적으로 ABS 필라멘트와 PLA 필라멘트는 구분하기가 다소 어렵지만 출력과정에서 냄새로 구분이 가능하다. 외관으로는 컬러에 따라 구분하기도 한다. 결과물의 질에서도 차이가 난다. ABS는 좀 더 매끈한 느낌이지만 PLA는 약간 투박하다. 그렇다면 ABS는 언제 사용하고, PLA는 언제 사용하는 걸까? ABS는 소형부품이나 작은 캐릭터에 적합하고, PLA는 대형동상이나 대형조형물에 적합하다. 이유는 수축율 때문인데 ABS 필라멘트로 큰 것을 뽑으면 형태가 일그러진다. ABS는 PLA에 비해 표면이 매끈한 결과물을 얻을 수 있다. 그러나 녹는점이 240℃이기 때문에 열을 계속 유지해주어야 해서 다루기 어렵다. 또한, 열에 매우 민감해서 휨이나 수축이 일어날 수 있다. 그래서 대형제품을 출력하는 데에는 매우 불리하다. 반면 PLA는 녹는점은 215℃ 정도로 큰 것을 출력할 때는 PLA가 유리하다. ABS만큼 수축이 심하지 않기 때문이다. 대개 출력물의 크기가 10 ㎝ 이하일 경우 작은 것으로, 이상일 경우 큰 결과물로 여긴다.

1) PLA

PLA는 옥수수 전분을 이용해 만든 무독성 친환경적 재료다. ABS 재질에 비해 경도가 강하며 일반적으로 쉽게 부서지지 않는다. 큰 형상을 프린트할 때 ABS재질에 비해 균열이나 휘는 현상이 적다. 프린트 할 때 ABS와는 달리 식물성의 달콤한 냄새가 난다. 또한, 표면이 반짝인다는 특징이 있다.

2) ABS

ABS는 유독가스를 제거한 석유 추출물 재료로 광택이 나는 것이 특징이다. 레고와 같은 재질이며 단단하지만 빨리 식기 때문에 수축성이 있다. 큰 조형물을 출력할 때 균열이 나거나 휨 현상이 발생할 수 있다. 그러므로 FDM 방식에서는 출력물이 올라가는 출력판을 110도로 가열한다. 가열을 지속하는 이유는 열이 없으면 바로 수축을 일으키기 때문이다. 출력판에 열

강화 테이프를 사용하면 좋은 결과물을 얻을 수 있다. ABS로 프린트할 때 특유의 냄새가 나기 때문에 밀폐된 공간이 아닌 환기가 되는 곳에서 사용할 것을 추천하고 있다.

3) PETG

PETG(polyethylene terephthalete glycol)는 ABS와 PLA의 장점을 결합한 재료로 높은 강도와 투명성을 자랑한다. 음식 용기나 병 등에 사용되는 소재로 안전성이 높다.

(2) 금속 재료

1) 스테인리스 스틸

스테인리스 스틸은 강도와 내구성이 우수하며 산업용 부품 제작에 많이 사용된다. 높은 정밀도를 요구하는 작업에 적합하다.

2) 티타늄

티타늄은 가벼우면서도 매우 강한 금속으로 항공우주 및 의료 산업에서 많이 사용된다. 인체에 무해하여 임플란트 제작에도 사용된다.

3) 알루미늄

알루미늄은 가벼우면서도 강도가 높은 재료로 자동차 및 전자 부품 제작에 많이 사용된다. 가공이 용이하여 다양한 형태로 제작이 가능하다.

(3) 복합 재료

1) 카본 파이버

카본 파이버는 매우 가볍고 강도가 높은 재료로 스포츠 장비나 항공우주 산업에서 많이 사용된다. 인쇄 과정이 복잡하지만 우수한 성능을 자랑한다.

2) 유리 섬유

유리 섬유는 강도와 내구성이 뛰어나며 가벼운 재료로 건축이나 자동차 산업에서 많이 사용된다. 열과 전연성이 우수하다.

(4) 기타 재료

1) 나일론

나일론은 높은 강도와 내구성을 지닌 재료로 기계적 부품이나 의류 제작에 사용된다. 인쇄 후 후처리 과정이 필요하지만 다양한 용도로 활용할 수 있다.

2) 레진

레진은 높은 정밀도와 매끄러운 표면 처리가 가능한 재료로 주로 주얼리나 정밀 부품 제작에 사용된다. 광경화성 재료로 UV 빛에 반응하여 굳어진다.

(5) SLS방식의 분말 재료

SLS 3D 프린팅 공정에 고려할 수 있는 가장 인기 있는 소재는 다음과 같다.

① 나일론 또는 폴리아미드 11

② 나일론/폴리아미드 12-CF/GF

③ 폴리에테르케톤케톤(PKK)

④ 폴리에테르에테르케톤(PEEK)

⑤ 폴리프로필렌/폴리프로필렌(PP)

⑥ 피올리아마이드 & 알루미늄 입자 - 알루마이드

⑦ TPU(티에스테르)열가소성 폴리우레탄)

일반적으로 사용되는 SLS 소재는 내구성과 바람직한 기계적 및 열적 특성으로 유명하며 광범위한 화학 물질에 대한 내성이 있다.

(6) DMLS방식의 분말 재료

DMLS 3D 인쇄 프로젝트에 적합한 가장 일반적인 분말 재료는 다음과 같다.

① 스테인리스 스틸

② 티탄

③ 알류미늄

④ 니켈 합금

⑤ 인코넬

DMLS 3D 프린팅 공정에 가장 일반적으로 사용되는 금속 소재는 인쇄된 부품의 적용에 적합한 특성(인장 강도, 경도, 연성, 단단함, 열 변형 온도 등)을 가지고 있다.

(7) EBM방식의 분말 재료

EBM에서 가장 일반적으로 사용되는 자료는 다음과 같다.

① Ti-6Al-4V와 같은 티타늄 합금

② 인코넬 718, 인코넬 625와 같은 니켈 기반 초합금

③ 코발트-크롬 합금

④ H13과 같은 공구강, 마징강

⑤ 알루미늄 합금

⑥ 구리 합금

⑦ 17-4PH, 316L과 같은 스테인리스강

11.2 플라스틱 3D 프린팅

11.2.1 플라스틱 소재의 유형

플라스틱에는 두 가지 주요 유형, 즉 열가소성 플라스틱와 열경화성 플라스틱이 있다.

열가소성 플라스틱은 가장 흔하게 사용되는 유형이다. 이 유형이 플라스틱과 열경화성 플라스틱을 가르는 주요 특성은 용융과 응고 주기를 수도 없이 거쳐도 되는 능력이다. 열가소성 플라스틱을 가열하면 원하는 형태로 성형할 수 있다. 화학 결합이 일어나지 않아 가역적인 과정이며 재활용하거나 녹여서 재사용할 수 있다. 용융, 재응고, 재용융이 가능한 열가소성 플라스틱은 일반적으로 버터에 비유한다. 각 용융 주기에 따라 특성이 약간 변한다.

열경화성 플라스틱(열경화성 수지로도 지칭)은 경화 후 영구적으로 고체 상태가 된다. 열경화성 소재 중 폴리머는 열이나 빛, 적절한 방사선으로 경화하는 과정에서 가교 결합을 일으킨다. 열경화성 플라스틱을 가열하면 녹는 대신 분해되어 냉각하더라도 다시 응고하지 않는다. 열경화성 플라스틱은 재활용하거나 소재를 기본 구성 성분으로 되돌릴 수 없다. 열경화성 소재는 케잌 반죽 같아서 한 번 케잌으로 굽고 나면 다시 녹여서 반죽으로 만들 수 없다.

11.2.2 플라스틱 3D 프린팅 공정

다음은 오늘날 가장 인정받는 플라스틱 3D 프린팅 공정이다.

(1) 용융 적층 모델링 방식(FDM)

용융 적층 모델링 방식(FDM) 3D 프린터는 열가소성 플라스틱 필라멘트를 용융한 후 압출하며 프린터 노즐이 빌드 공간에 압출된 플라스틱을 레이어 형식으로 한 겹 한 겹 적층한다.

(2) 광경화성 수지 조형 방식(SLA)

광경화성 수지 조형 방식(SLA) 3D 프린터는 레이저를 사용하여 액체 레진을 경화 플라스틱으로 경화하며 이 프로세스를 광중합(photopolymerization)이라고 한다.

(3) 선택적 레이저 소결 방식(SLS)

선택적 레이저 소결 방식(SLS) 3D 프린터는 열가소성 플라스틱 분말 소자를 용융하는 데 고출력 레이저를 사용한다.

11.2.3 플라스틱 3D 프린팅의 특징

(1) FDM 3D 프린팅

용융 적층 모델링(FDM) 방식은 융합 필라멘트 제조(FFF) 방식으로도 알려져 있으며 일반 소비자 시장에서 가장 보편적으로 사용되는 3D 프린팅 방식이다. 취미용 3D 프린터의 출현에 힘입어 인기를 얻는 방식이다.

해당 기술은 기본 개념 증명 모델 뿐만 아니라 흔한 기계 가공 파트처럼 간단한 파트를 신속하고 저렴하게 프로토타이핑하기에 아주 좋다.

소비재 수준의 FDM은 다른 플라스틱 3D 프린팅 프로세스와 비교할 때 해상도와 정확도가 가장 낮으며 복잡한 디자인이나 복잡한 형상이 있는 파트를 프린팅하기에 최적의 옵션은 아니다. 화학 연마와 기계 연마 공정을 거치면 품질이 우수하게 마감 처리할 수 있다. 산업용 FDM 3D 프린터는 이러한 문제를 완화하기 위해 수용성 서포트를 사용하고 폭 넓은 엔지니어링 열가소성 플라스틱을 사용할 수 있지만 가격이 만만치 않다.

용융 필라멘트가 각 레이어를 형성할 때 레이어들이 완전히 접착되지 않아 그 사이에 빈 공간이 남는다. 그 결과 이방성 파트가 제작되며 이는 하중을 견디거나 내인장성이 있는 파트를 설계할 때 중요하게 고려해야 하는 점이다.

(2) SLA 3D 프린팅

광경화성 수지 조형 방식은 1980년대에 발명된 세계 최초의 3D 프린팅 방식이었고 여전히 전문가들로부터 사랑받는 기술에 속한다.

모든 플라스틱 3D 프린팅 기술 중에서 SLA 방식으로 프린팅했을 때 정확도와 해상도가 가장 높고 디테일이 선명하며 표면 마감이 가장 매끄러운 파트를 얻을 수 있다. SLA 3D 프린팅은 고도로 미세한 피처를 표현한 프로토타입을 제작하기에 안성맞춤인 옵션이다. 엄격한 공차와 매끄러운 표현 마감 뿐만 아니라 금형, 패턴, 최종 사용 파트와 같이 실제품과 동일하게 작동하는 파트도 얻을 수 있다. SLA 3D 프린팅으로 제작된 파트 또한 후처리를 거칠 수 있다. 프린팅 후 광택 작업, 도색, 코팅 등을 거치면 고품질 마감 처리를 거친 듯 바로 납품할 수 있는 파트를 얻을 수 있다.

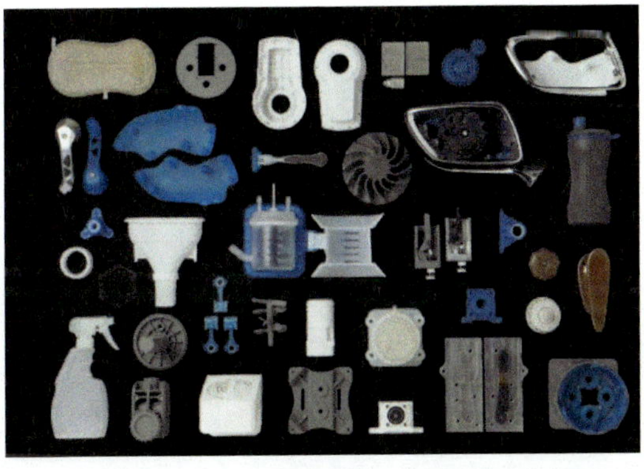

그림 SLA 방식의 플라스틱 3D 프린팅 제품

SLA 방식으로 3D 프린팅한 파트에는 등방성이 있어 방향과 무관하게 강도가 일정하다. 이는 각 레이어 사이에 화학 결합이 일어난 데서 기인한다. 그 결과 지그 및 고정구와 최종 사용 파트, 기능성 프로토타입과 같은 응용 분야에서 중요한 요소인 예측 가능한 기계적 성능을 가진 파트를 얻을 수 있다.

SLA 방식을 사용하면 3D 프린팅용 플라스틱 소재를 가장 폭 넓은 범위에서 선택할 수 있다.

(3) SLS 3D 프린팅

선택적 레이저 소결 방식(SLS) 3D 프린팅은 튼튼하고 기능적인 파트를 생산할 수 있다는 점에서 다양한 산업 분야의 엔지니어와 제조 업체가 신뢰하는 기술이다. 파트당 저렴한 생산 비용, 높은 생산성과 구하기 쉬운 소재 덕분에 이 기술은 신속한 프로토타이핑에서 제조 보조 도구, 그리고 소량 생산, 브릿지 생산 또는 맞춤형 제조에 이르기까지 다양한 응용 분야에 이상적으로 사용할 수 있다.

프린팅을 진행하는 동안 용융되지 않은 분말이 파트를 지지하므로 전용 서포트 구조가 필요하지 않다. 따라서, SLS는 내부에 특징적 구조가 있는 형태, 언더컷 형태, 박벽, 안쪽으로 함몰된 형태를 비롯하여 복잡한 형태를 프린트하는 데 이상적으로 사용할 수 있다.

SLA 방식과 SLS 방식 3D 프린트물도 대개 등방성을 띤다. SLS 파트는 분말 입자로 인해 표면 마감이 약간 거칠지만 눈에 띄는 레이어 라인은 거의 없으며 SLS 3D 프린팅으로 제작된 파트는 쉽게 후처리하여 기계적 성능과 외관을 더욱 개선할 수 있다.

SLS 3D 프린팅 소재는 기능이 필요한 응용 분야, 즉 소비재 엔지니어링에서 의료 분야에 이르기까지 폭 넓게 사용할 수 있다.

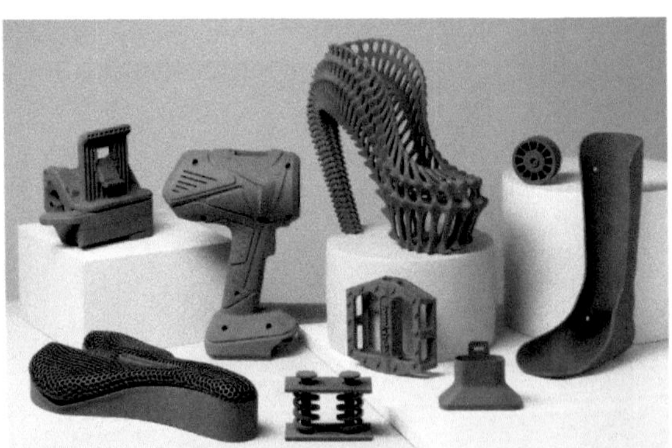

그림 SLS 3D 프린팅 제품

(4) 플라스틱 3D 프린팅 소재와 과정 비교

서로 다른 3D 프린팅 소재와 과정에는 고유한 강점과 약점이 있어 다양한 응용 분야에 적합한지를 확인할 수 있다. 표 11.4에 일부 핵심 특성과 고려사항을 요약하였다.

표 11.4 플라스틱 3D 프린팅 소재와 과정 비교

	FDM	SLA	SLS
장점	• 경제적인 소비자용 장비와 소재 사용 가능	• 훌륭한 가치 • 고도의 정확성 • 매끄러운 표면 마감 • 폭 넓은 기능성 소재	• 튼튼하고 기능을 갖춘 파트 • 자유로운 디자인 • 서포트 구조가 불필요함
단점	• 정확도 부족 • 세밀한 표현 부족 • 제한적인 설계 호환성 • 정확도와 고성능 재료를 요하는 경우 고가의 산업용 장비 사용	• 자외선에 장시간 노출 시 민감함	• 비교적 값비싼 하드웨어 • 소재 선택이 제한적
응용 분야	• 경제적 비용의 신속 프로토타입 제작 • 기본 컨셉 증명 모델 • 고품질 산업용 기계와 소재로 제작된 최종 사용 파트 선택	• 기능적 프로토타입 제작 • 패턴, 금형, 툴링 • 치과 응용 분야 • 주얼리 프로토타입 제작 및 주조 • 금형 및 소품	• 기능적 프로토타입 • 단기 실행, 브릿지, 또는 맞춤형 제조
소재	• ABS, PLA 같은 표준 열가소성 플라스틱과 수비자 수준에서 사용 가능한 기계에서 이들을 다양하게 혼합한 소재. • 고가의 산업용 기계에서 고성능 복합재 사용	• 다양한 레진(열경화성 플라스틱). 표준, 엔지니어링용(ABS 유사, PP 유사, 유연한, 내열성), 캐스터블, 치과용 및 의료용(생체적합성) 소재. 순수 실리콘과 세라믹.	• 엔지니어링 열가소성 플라스틱. Nylon 11, nylon 12, 유리 및 탄소 충전 나일론 복합재, 폴리프로필렌, TPU (엘라스토머).

11.3 금속 3D 프린팅

금속 3D 프린팅 기술은 레이저 방사 효과를 이용하여 소재인 금속 분말을 용융 적층하는 방법으로 단일 부품이나 다수 부품을 생산하는데 사용되는 기술이다.

이것을 **레이저 큐징**(laser cusing) 기술이라 하며 이것은 최초 특허 보유한 Concep Laser 사의 "C"와 금속을 용융시킨 후 응고시키는 기술인 "Fusing"을 합성한 합성어이다.

11.3.1 종류

금속 3D 프린팅 기술에는 PBF(Powder Bed Fusion) 방식과 DED(Directed Energy Deposition)방식이 있다.

PBF 방식은 베드 위에 금속 분말을 얇게 도포한 후에 레이저로 부분적 조사하여 층과 층 사이를 용융 및 소결하는 방식으로 SLS 저층 기술을 사용한다.

DED 방식은 금속 표면에 레이저를 조사하여 용융 풀(melt pool)을 만들고 그 부위에 금속 분말을 공급하는 방식으로 DMD(Direct Metal Deposition) 적층기술을 사용한다.

PBF 방식과 DED 방식을 비교한 것이 표 11.5이다.

절삭가공과 비교하여 금속 3D 프린팅 기술의 특징은 다음과 같다.

① 재활용도가 높음 - 금속분말의 99%가 제품에 활용

② 제품 무게가 상대적으로 가벼움

③ ①과 ②에 대해 에너지 절감 효과가 큼

④ 부위별 다른 성질의 재료를 적층하여 접합제품을 생산할 수 있음(기존 용접과 후가공 등의 처리가 필요했던 방식보다 생산처리 속도가 높고 제품 단가가 낮음)

⑤ 배드 위에 다수개, 복잡한 다양한 형태 제품을 동시에 가공은 물론이며 쉽고 빠르게 가공이 가능함

⑥ 어느 정도 강도를 가진 제품 성형이 가능(심지어 기존 금속대비 95% 강도를 갖는 연구결과도 있음)

⑦ 금속 외에 왁스, 플라스틱 등의 재료 선택이 다양함

⑧ 장비가격이 고가이며 유지비용이 크다는 단점이 있음

⑨ 표면 거칠기가 다소 크다는 단점 또한 있음

표 11.5 PBF 방식과 DED 방식의 비교

방식	개요	특징
PBF	베드 위에 금속 분말을 얇게 도포한 후에 레이저로 부분적 조사하여 층과 층 사이를 용융 및 소결하는 방식 적층 기술명 : SLS	• 장점 - 비교적 단순한 기계구조 - 정교한 금속 제품 성형 - 복잡한 오버행 구조를 가진 조형물의 제작이 용이 - 상대적으로 가공정밀도 높음 • 단점 - 금속 분말 입도 : 10~45 ㎛(상대적 고가의 구형 분말 사용) - 용융 윤일도가 양호하지 못해 일부 재소결 필요 - 기계적 강도가 낮음 - 생산성은 떨어짐
DED	금속 표면에 레이저를 조사하여 용융 풀(melt pool)을 만들고 그 부위에 금속 분말을 공급하는 방식 적층 기술명 : DMD	• 장점 - 3D 적층 이외에 금형 수정 보수 등에 활용 가능 - 금속 분말 입도 : 45~150 ㎛(상대적 저가) - 출력물의 기계적 강도, 충격치 높음 - 생산성이 상대적으로 우수 • 단점 - 복잡한 중공 형태나 오버행 구조 적층에는 문제점이 있음 - 금속층의 높이를 정밀 데어하기 위해 공정 변수의 실시간 제어가 필요 - 상대적으로 가공정밀도가 낮음

11.3.2 금속 3D 프린팅용 재료

3D 프린팅용 금속 분말재료는 적절한 유동성, 낮은 열전도성, 결합력 등의 일정한 물성치를 충족시켜야 한다. 제조 방법은 대부분 그림 11.14와 같은 가스 아토마이징(Gas Atomizing) 공법으로 제조되며 구형 분말(그림 11.15)일수록 조형제의 밀도나 기계적 성질이 우수하다.

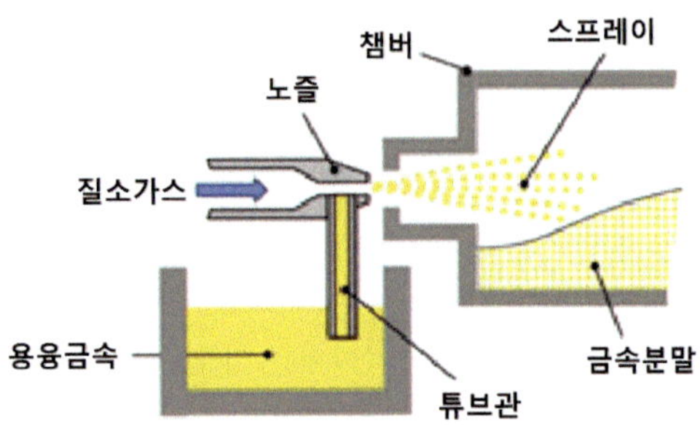

그림 11.14 수평식 가스 아토마이징 공정

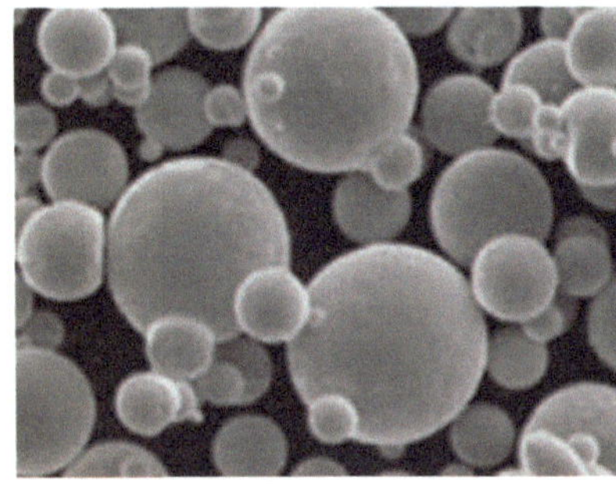

그림 11.15 구형 금속분말

(1) 티타늄 합금

이것은 높은 강도와 낮은 중량 및 우수한 생체 적합성을 가지고 있다. 따라서 의료용 인플란트, 의료용 도구 및 장비에 사용하며 항공우주나 스포츠에도 응용하고 있다.

(2) 스테인리스 스틸 합금

이것은 높은 강도, 높은 연성 및 내마모성과 내부식성을 가지고 있다. 그리고 기존 제조공정(용접, CNC 가공, 연마 등)과 통합하여 사용하기 용이하다. 따라서 기계부품, 식품안전 분야, 의료기기 등의 제조에 응용된다.

(3) 마레이징 스틸 합금

이것은 강도 및 경도가 매우 높으며 용접성과 가공의 우수성을 가지고 있다. 그리고 기존 제조공정(용접, CNC 가공, 연마 등)과 통합하여 사용하기 용이하다. 따라서 사출 금형, 주조, 압출 성형분야, 냉각 채널 및 항공분야에 응용되고 있다.

(4) 코발트 크롬 합금

이것은 내열성이 우수하며 매부식성 및 내마모성도 우수하다. 엔진 구성품, 기계 부품류, 금형 다이 및 치과 보철 등에 응용되고 있다.

(5) 알루미늄 합금

이것은 저중량 및 높은 열전도성을 가지고 있다. 따라서 열교환기, 박판 부품, 자동차 항공 우주 등에 응용되고 있다.

11.4 하이브리드 3D 프린팅

11.4.1 정의와 특징

하이브리드 3D 프린팅은 전통적인 CNC 머시닝 장비와 3D프린팅의 적층 기술을 결합하여 그 동안 가공하기 어려웠던 3차원 복잡형상의 제품을 생산할 수 있는 기술이다. 그림 11.16은 하이브리드 공정 개념도를 나타낸 것이다.

하이브리드 3D 프린팅의 특징으로서는 가공 자유도 증가, 재료 손실 감소, 적층기술의 단점인 표면 조도를 CNC 절삭가공으로 개선, 이종 금속간 접합 가능(3D 냉각 채널) 등을 들 수 있다.

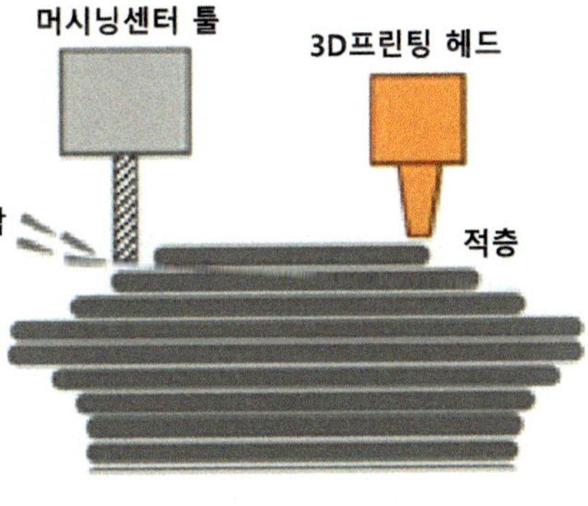

그림 11.16 하이브리드 공정 개념도

11.4.2 3D 프린팅 헤드 결합 방법

첫 번째는 그림 11.17과 같이 5축 CNC 가공기에 탈부착이 가능한 3D 프린팅 헤드를 결합하는 방법이다. 이것은 적층 바닥면 접근이 용이하여 타방식에 비해 복잡한 구조의 부품 생산에 적합하다.

두 번째는 그림 11.18과 같이 기존 Turn-mil 시스템에 탈부착이 가능한 3D 프린팅 헤드를 결합하는 방법이다. 이것은 적층으로 제작한 생산품의 곡면 가공에 적합하다.

세 번째는 기존 3축 또는 5축 CNC 가공기에 영구적으로 3D 프린팅 헤드를 부착하는 방법이다. 이것은 기존 NC 조작방법으로 3D 프린팅 적층 공정과 기계절삭 공정을 할 수 있다는 점이 장점이라 할 수 있다.

그림 11.17 하이브리드 시스템 1

그림 11.18 하이브리드 시스템 2

네 번째는 로봇 팔에 적층 헤드를 부착하여 3축 또는 5축 가공기와 동시에 적층 공정이 가능하게 하는 방법이다. 이것은 하드웨어, 제어기 등 현재까지 연구가 필요하며 아직 상용화는 안 된 것이다.

11.5 세라믹 3D 프린팅

비금속 무기재료를 통칭하는 세라믹 소재는 경질성, 내마모성, 내식성, 내열성이 뛰어난 장점을 가지고 있으나 고유의 단점인 취성과 결부되어 긴 공정시간 및 높은 가공비용을 필요로 한다. 세라믹 제품 공정에서 가공비용은 심한 경우 세라믹 제품 제조에 필요한 전체 비용의 80% 이상을 차지하기도 하여 복잡형상 세라믹 제품의 산업적 제조를 현실적으로 불가능하게 하고 세라믹 소재의 적용분야를 한정시키는 결정적 요인으로 작용해 왔다.

산업화 수준의 기술개발 및 보급이 가속화 되고 있는 3D 프린팅 기술은 고분자와 금속재료용으로는 많은 발전이 되어 왔으나 세라믹 3D 프린팅은 상대적으로 발전이 더디다. 높은 녹는점, 탈지 및 소결 과정의 필요성 등이 세라믹 3D 프린팅 기술 발전을 더디게 해 왔던 주된 요인이지만 최근에는 이를 극복하려는 시도가 시작되었다.

3D 프린팅 기술 자체는 통상 1~5,000개의 개수를 갖는 제품 제작에 의미 있는 기술로 알려져 있으나 세라믹 3D 프린팅기술은 이러한 규모적인 제약과는 별도의 경제적, 기능적 의미를 갖는다. 우주항공, 자동차, 철도, 선박해양, 바이오 구조물 등은 세라믹 부품 및 제품 사용 시 획기적인 성능 향상 혹은 기능성 부여가 기대되지만 세라믹 제품 생산성 제약으로 금속, 고분자, 복합물 등의 재료를 사용하는 경우가 많은 고부가가치 산업이다. 예를 들어 자동차 엔진을 세라믹으로 제작할 경우 작동온도 및 압축비를 높이고 냉각기를 축소 혹은 제거할 수 있어 현행 알루미늄 합금 엔진 대비 50% 이상의 효율 향상 및 환경오염물질(미세먼지, 질소산화물, 이산화탄소) 배출을 1/5까지 낮출 수 있다고 알려져 있다. 그러나 기존의 세라믹 제품 생산 기술로는 높은 공정비용과 낮은 생산성으로 인해 세라믹 재료 적용 제약이 심하다. 세라믹 3D 프린팅 기술을 통해 복잡한 형상의 세라믹 제품 제조를 가능하게 하고 공정비용 절감을 이룬다면 앞서 서술한 분야에서 금속재료들을 세라믹 재료로 대체할 수 있으며 획기적인 성능 향상, 새로운 기능부여 및 추가적인 부가가치 창출이 가능하다.

11.5.1 세라믹 소재의 관점에서 기술 분류

3D 프린팅(AM; additive manufacturing)에 대한 개념 정립은 2009년 ASTM이 기존의 쾌속 시작기술(rapid prototyping) 개념을 보완 확장하여 적층 가공으로 정립하였으며 가공을 통해 원 소재에서 제거하는 방식(Subtractive Manufacturing)과는 대조적으로 3차원 모델 데이터로부터 제품을 한 층씩 쌓아가는 방식으로 제조하는 공정 기술로 정의된다. 3차원 모델에서 각 층의 요소로 나누는 미분 과정은 3D 프린팅 방식에 따라 차이가 있으나, 모든 3D 프린팅 기술은 기본적으로 3차원 디지털 모델을 기반으로 한다. 3차원 디지털 모델은 CAD를 통해 생성되기도 하며, 디지털 스캐너를 통해 획득되기도 한다.

3D 프린팅 공정의 출력 방식(장비) 기술 분류를 할 때는, 다음 세 가지 방식에 의해 분류한다. 즉, ① 재료의 공급방식, ② 재료의 결합 방식, ③ 공급하는 에너지의 종류 및 세기의 세 가지 기준을 바탕으로 ASTM F2792-12a에서는 7가지 방식을 정의하였으며 이는 ISO TC261에서 동일하게 채택하였다. 7가지 방식은 각각 광중합 방식(Photo polymerization, PP), 재료 압출 방식(Material Extrusion, ME), 접착제 분사 방식(Binder Jetting, BJ), 재료 분사 방식(Material Jetting, MJ), 고에너지 직접 조사 방식(Direct Energy Deposition, DED), 분말 적층 용융 방식(Powder Bed Fusion, PBF), 시트 적층 방식(Sheet Lamination, SL) 이며, 각각의 방식에 대해서 앞에서도 언급했지만 세라믹 소재의 관점에서 다시 서술하기로 한다.

(1) 광중합 방식

광중합 방식(Photo polymerization, PP)은 광경화 소재 혹은 광경화 소재가 포함된 복합물에 UV 혹은 가시광선 영역의 빛을 선택적으로 조사하여 3차원 형상을 제조하는 방식이다. 1986년 Hull에 의해 최초로 개발되었고 세라믹을 사용한 결과는 1996년 Griffith에 의해 보고되었다. 조사되는 형태는 코히런시가 확보된 레이저 조사 형태를 취하는 경우와 일반 광원에 디지털 포토마스크가 적용된 형태의 DLP 형태로 구성될 수도 있다. 정확한 공식 용어는 아니지만 레이저를 사용하는 경우를 SLA(Stereo Lithography) 방식으로 DLP를 사용하는 경우를 DLP 방식으로 세분화하여 부르기도 한다. 그림 11.19는 SLA 방식과 DLP 방식의 장비 구성에 대해 설명하고 있다. SLA 방식은 공작기계 제어 때부터 사용되고 있는 G-code 기반의 제어방식이 사용되며 전형적인 0차원 점에서 시작하여 3차원이 완성되는 형태를 가지게 된다. DLP방식은 3차원 모델을 각층 단위로 미분한 데이터를 면 단위로 조사하여 경화시킨다. 세라믹 재료에 적용되는 경우 광경화 수지와 세라믹의 혼합물에 광중합을 유도하는 방식으로 진행된다. 세라믹 입자의 함유량은 입도, 분산도, 분산제 등에 따라 조절된다.

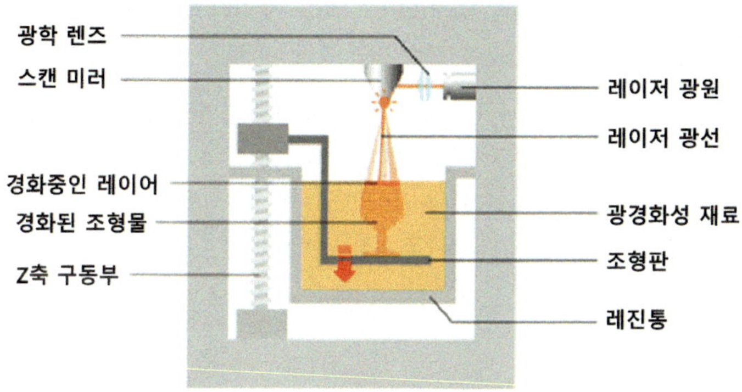

(a) SLA 방식 3D 프린터

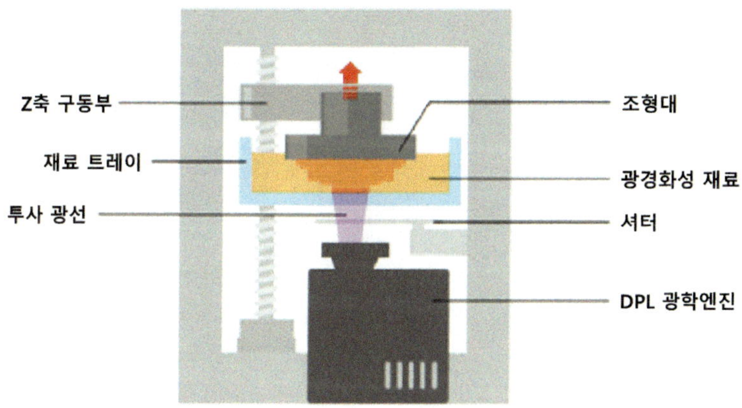

(b) DLP 방식 3D 프린터

그림 11.19 광중합 방식(PP) 3D 프린터

(2) 재료압출 방식

재료압출 방식(Material Extrusion, ME)은 고온 혹은 에너지를 가하는 등의 방식을 통해 또는 에너지를 가하지 않더라도 흐름성이 확보된 재료를 높은 압력을 이용하여 연속적으로 밀어내면서 원하는 위치에 도포하고 3차원 구조물을 형성하는 방식이다. 이것은 보급형으로 FDM(Fused direct deposition) 방식이 재료압출 방식에 속하며 이 경우 필라멘트에 고온을 가하여 용융상태로 만들어 노즐을 통해 공급한다. 그림 11.20은 FDM 방식의 3D 프린터를 설명하고 있다. 세라믹 재료에 적용하기 위해서는 열가소성 수지에 세라믹 분말을 혼합한 필라멘트를 이용하여야 하며 세라믹 충진률을 높이는 데에 한계가 존재한다. 필라멘트를 이용하지 않고 세라믹 페이스트나 프리세라믹(preceramic) 페이스트를 이용하는 경우 세라믹 충진률을 높일 수 있다. 그림 11.20을 기준으로 필라멘트 재료와 압출기 부분이 페이스트 공급을 위한 유닛(unit)으로 대체 된다. 노즐을 통해 공급되는 페이스트 재료의 점도, 유동성이 최종 출력물에 많은 영향을 미치게 된다. 이는 반대로 재료의 특성 조절을 통해 3D 프린팅 조형물의 물성 제어할 수 있는 범위가 넓음을 의미하기도 한다. 재료압출 방식의 경우 노즐에 의해 형성되는 각각의 1차원 선 사이에 공극이 존재할 수밖에 없으며 이에 따라 생활 세라믹, 다공성 세라믹 구조체 마이크로 배터리 등에 적용이 예상된다.

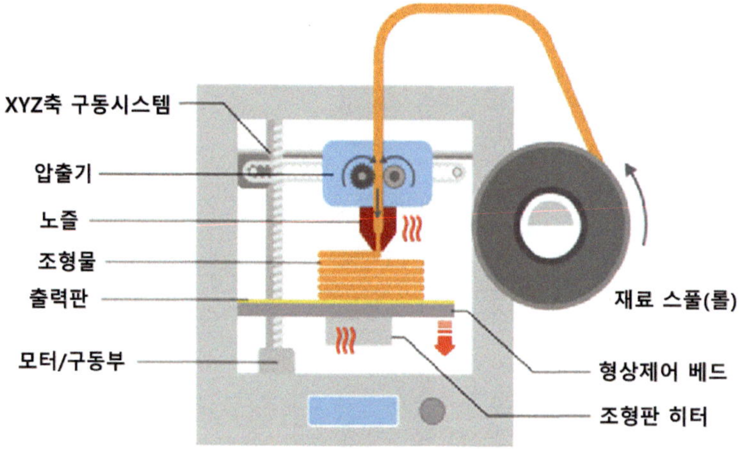

그림 11.20 재료압출방식(ME) 가운데 FDM 3D 프린터

(3) 접착제 분사방식

접착제 분사 방식(Binder Jetting, BJ)은 분말 형태의 소재 위에 액체형태의 접착제를 토출시켜 분말사이의 결합을 유도하고 3차원 구조물을 형성시키는 방식이다. MIT의 E. Sachs가 알루미나 분말에 콜로이달 실리카 바인더를 혼합한 접착제를 분사하여 3차원 형상을 구현하였으며 상대적으로 낮은 비용에 큰 구조물을 제작 할 수 있는 장점을 갖는다. 또한 현존하는 3D 프린터 방식 중 가장 저렴한 비용에 색 구현이 가능한데 이는 분사하는 접착제의 색으로 조절 가능하다. 치밀체 제작보다는 사형금형 몰드, 도자기, 의료기기 등의 다공체 제작에 상대적으로 용이하다. 그림 11.21은 접착제 분사 방식 3D 프린터의 구성에 대해 설명하고 있다.

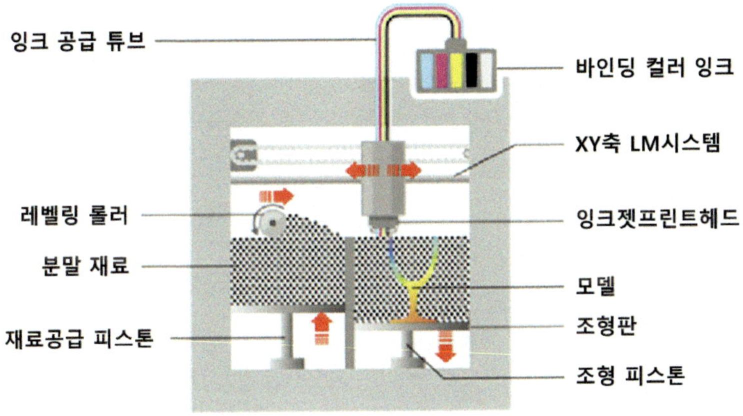

그림 11.21 접착제 분사방식(BJ) 3D 프린터

(4) 재료분사 방식

재료분사 방식(Material Jetting, MJ)은 용액 형태의 소재 자체를 분사 토출시키고 자외선 등을 이용하여 고형화 시키는 방식으로 POLYJET이라는 상품명으로 더 잘 알려져 있다. 아직 세라믹 재료를 접목시킨 사례는 보고되고 있지 않았다. 세라믹을 포함할 경우 점도가 높은 편에 속하는 광경화 수지와 세라믹 입자가 혼합된 페이스트를 노즐에 jetting 시키는 형태로 공정이 진행되어야 하므로 입자의 입도 선택 및 공정제어가 상당히 어려울 것으로 예상된다. 그림 11.22는 재료분사 방식의 3D 프린터 구성을 설명하고 있다.

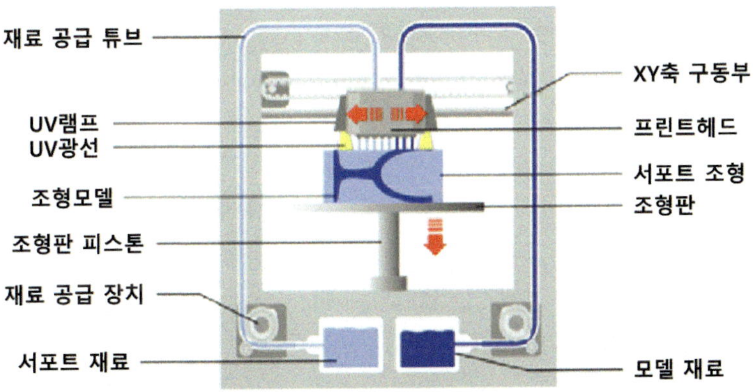

그림 11.22 재료분사 방식(MJ) 3D 프린터

(5) 고에너지 직접 조사 방식

고에너지 직접 조사 방식(Direct Energy Deposition, DED)은 분말형태로 공급되는 재료를 레이저, 전자빔 등 고 에너지원으로 원 소재를 녹여 부착시키는 방식이다. 금속 소재에 적용되는 경우가 많으며 세라믹에는 전자빔을 적용한 사례도 보고되고 있다. 그림 11.23은 고에너지 직접 조사 방식 3D 프린터의 구성에 대해 설명하고 있다.

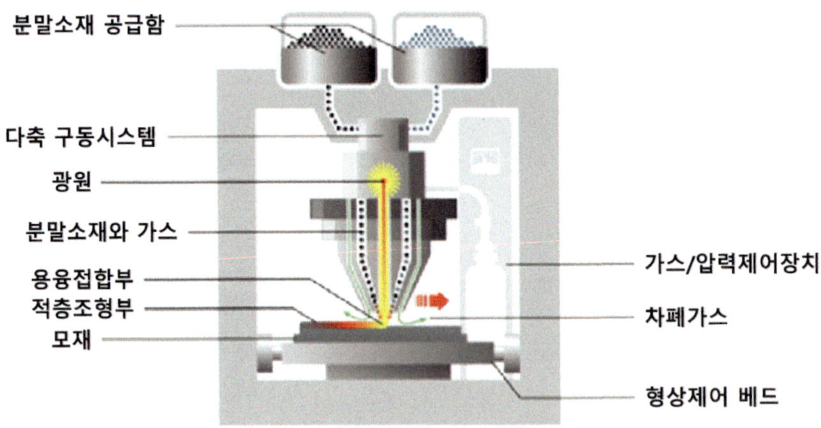

그림 11.23 고에너지 직접 조사방식(DED) 3D 프린터

(6) 분말적층 용융 방식

그림 11.24의 **분말 적층 용융 방식**(Powder Bed Fusion, PBF)은 분말을 담은 분말 베드에 레이저, 전자빔 등 고 에너지원을 선택적으로 조사하여 분말재료의 선택적 용융-고화 현상의 반복으로 3차원 형상을 제작한다. Al_2O_3, SiC, SiO_2에 적용한 사례들이 보고되고 있다. 출력속도의 문제 때문에 충분한 용융을 발생시키기 힘든 원천적 단점이 있어 분말 간 결합력 강화가 기술적 숙제로 남아 있으며 초고온 소결 등 후처리를 통해 출력물의 강도를 향상시키는 연구들도 많이 진행되고 있다. 그림 11.23은 분말 적층 용융 방식 3D 프린터에 대해 설명하고 있으며 전자 빔을 이용하는 경우에는 레이저 광원, 광학렌즈, 스캔미 러가 전자빔에 적합한 장비로 대체되며 진공분위기가 필요하다.

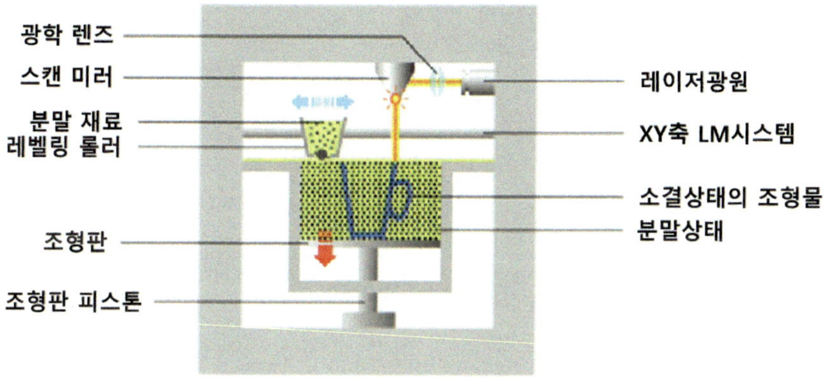

그림 11.24 분말적층 용융 방식(PBF) 3D 프린터

(7) 시트 적층 방식

시트 적층방식(Sheet Lamination, SL)은 시트나 필름형태의 재료를 한 장씩 적층하고 레이저 커터로 각 층을 재단하여 3차원 형상을 완성한다. 세라믹에 적용하는 경우 테이프 캐스팅으로 제조된 세라믹 혹은 프리세리믹(prcceramic) 필름을 적층 및 조형한다. 각 시트 혹은 필름 층 사이의 접착력에 의해 조형물이 전단 변형력에 약한 문제가 기술적으로 해결되어야 한다. Al_2O_3, ZrO_2, SiC, Si_3N_4, HA, TiC 등 다양한 세라믹 재료의 적용 사례가 보고되고 있다. 그림 11.25는 시트 적층 방식 3D 프린터의 구성을 설명하고 있다.

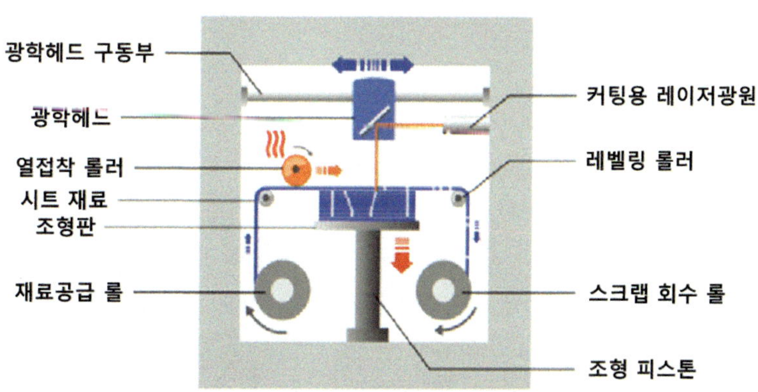

그림 11.25 시트 적층 방식(SL) 3D 프린터

11.5.2 세라믹 3D 프린팅 기술의 응용

세라믹 소재를 이용한 3D 프린팅과 고분자 혹은 금속을 이용한 3차원 성형체 제조의 가장 큰 차이점은 대부분의 경우 3차원 조형 후 탈지, 소결, 치밀화를 포함한 후 공정을 반드시 필요로 한다는 점이다. 3D 프린팅 기술의 장점을 최대한 살리기 위해서는 원료분말 선택에서부터 소결 조건까지 전 공정에서 열처리에 의한 3차원 구조체의 부피 수축 및 변형을 제어할 수 있어야 한다.

세라믹 소재의 난 성형성을 극복할 수 있는 해법으로 3D 프린팅 기술이 부각되기 시작하면서 구조 세라믹, 전자 세라믹, 에너지 세라믹, 환경 세라믹, 바이오 세라믹 등 세라믹 전 분야에 대해 적용이 연구되고 있다.

영국의 Argilasys와, 벨기에의 Unfold 사는 각각 BJ 방식과 ME 방식을 이용한 생활 도자기 주문 판매 및 프린터 판매 사업을 하고 있다. 초기 3D프린팅 기술을 일반인 대상으로 설명할 때 가장 많이 언급되었던 DIY의 가능성을, 세라믹 분야에서 구현한 비즈니스 사례로 볼 수 있다. 또한 전통적인 방식으로는 구현해 낼 수 없었던 3차원의 복잡한 형상을 만들어 표현의 한계를 확장시켜주는 기술로 각광받고 있다.

개인맞춤형 생산이 필수적인 의료/덴탈/바이오 분야는 세라믹 3D프린팅 연구 개발이 가장 활발히 진행되는 분야이다. 인산칼슘계 생체 세라믹을 CT데이터 및 보정된 모델 데이터로 출력하여 환자에게 이식할 경우 시술자 독립성이 증가하고 회복속도 및 회복률이 상승하는 효과를 기대할 수 있다. 일본의 NEXT 21은 BJ법, 프랑스의 Prodways는 PP 방식을 이용하여 3D 프린팅으로 제조된 개인맞춤형 골이식재 및 인공뼈를 생산중이다. 알루미나 지르코니아 등의 다양한 구조 세라믹 재료 및 인산칼슘, 인산마그네슘 등을 이용한 의료/덴탈/바이오 분야 세라믹 3D 프린팅은 가장 활발히 연구개발이 진행되고 있는 분야 중 하나이다.

내열성, 내마모성이 중요시 되는 기계 부품용 세라믹 3D 프린팅 기술도 활발히 연구개발이 진행되고 있다. 오스트리아의 Lithoz사는 PP방식으로 굴곡강도 600 MPa급 지르코니아 세라믹 구조체(그림 11.26 (a))를 생산할 수 있는 3D 프린터와 세라믹 소재를 판매하고 있다. 미국 ExOne사는 최종 제품이 세라믹인 제품(그림 11.26 (b))뿐만 아니라 금속용 세라믹 사형금형제작이 가능한 3D 프린터 및 원료를 판매하고 있다. 사형금형 제작용 3D 프린터는 일본 CMET 및 우리나라 센트롤 사에서도 상업용 판매를 진행하고 있다.

(a) 오스트리아 Lithozd사의 부품　　(b) 미국 ExOne사의 부품

그림 11.26 세라믹 3D 프린팅 기계 부품의 예

11.6 적층 제조의 응용 분야

(1) 자동차 분야에의 응용

자동차 분야는 대량생산이기에 수년전에는 적층제조기술이 적합하지 않다는 경해가 대부분이었다. 따라서 주로 단종 부품, 모터스포츠 분야와 대량생산을 앞둔 시작차 개념에서 출발했으나 최근에는 비교적 연각 생산대수가 적은 고성능 차량에 적용되고 있고 기능상 고효율이 요구되는 부품에 적용하기 시작했다. 특히, 전기 자동차의 배터리나 모터의 냉각을 위해 부피는 작고 부품을 통합화하는 냉각부품에 관한 개발이 진행되고 있다.

그 외에 현가장치의 로우암(low arm)이나 어퍼암(upper arm) 등의 경량화, 개폐장치의 힌지 등이 양산 적용되고 있다. 일반적인 구조 부품이나 열교환기에는 알루미늄 합금이 대부분 사용되고 있으나 슈퍼 스포츠카 등은 티타늄으로 주행 바퀴, 캘리퍼, 터보 챠저 등에 적용된 바 있다.

(2) 우주, 항공분야에의 응용

우주 항공 분야의 경우 항공기를 직접 제작하는 국가에서 활발히 진행하고 있다. 주요 응용 사례는 추진체의 펌프 하우징, 임펠러, 터빈 블레이드, 스테이터, 산화밸브, 연소 챔버, 가스발생 인젝터, 밸브 블록, 연료 노즐 등이며 통신용으로 안테나 지지대, 초소형 안테나 등이 있다.

(3) 의료분야에의 응용

의료분야는 금속 프린팅 제품의 큰 수요처이다. 의료분야 제품들의 개인 맞춤형으로 제작하기 때문에 기존 방식보다 제작 기간이 단축되고 가격이 저렴한 장점이 있다. 금속 3D 프린팅은 정형외과와 치과의 적용 사례로 고관절 비구컵 등 인공뼈, 두개골 손상 후 머리 임플란트, 각종 수술용 도구 등에 사용되고 있으며(그림 11.27) 재료는 CoCr 합금 및 티타늄 합금이 주로 사용되고 있다.

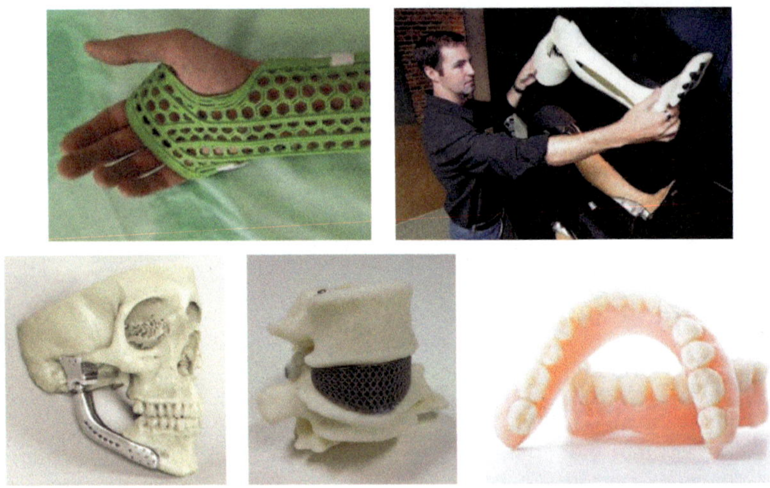

그림 11.27 의료에의 응용 예

(4) 목업 제작에의 응용

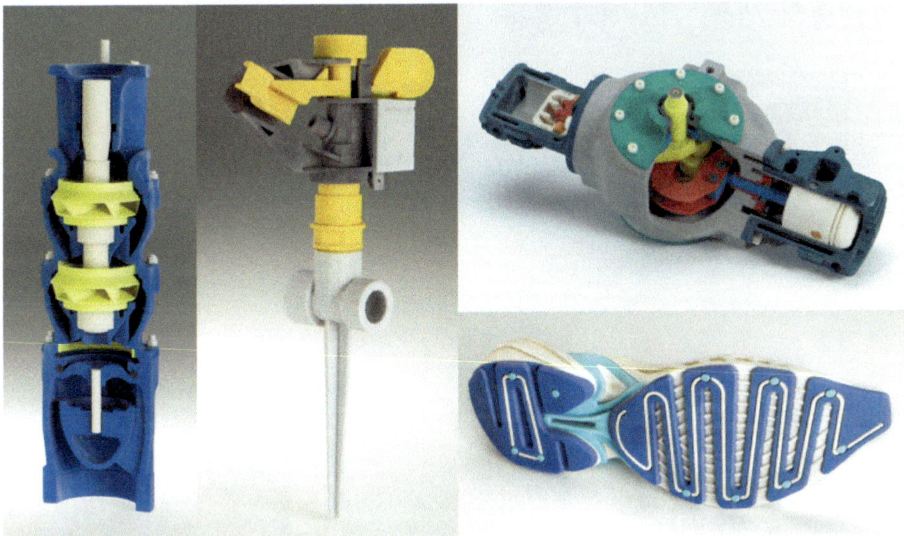

그림 11.28 목업 제작의 응용 예

(5) 기계장비 부품에의 응용

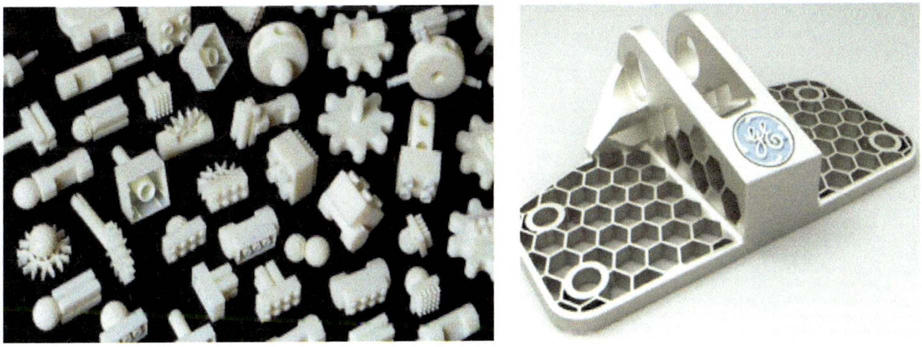

그림 11.29 기계장비 부품의 응용 예

(6) 개인 맞춤형 제품, 가구에의 응용

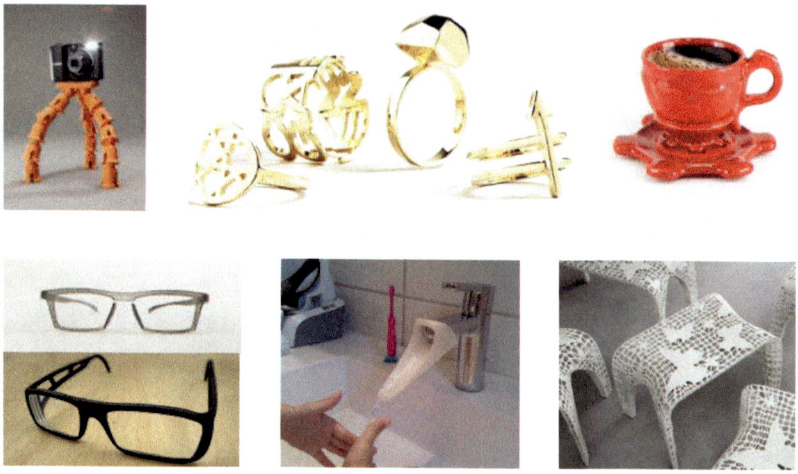

그림 11.30 개인 맞춤형 제품, 가구의 응용 예

(7) 금형에의 응용

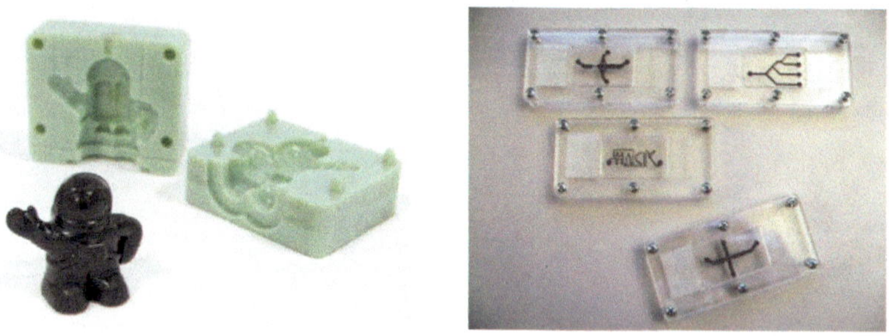

그림 11.31 금형에의 응용 예

(8) 건축에의 응용

그림 11.32 건축에의 응용 예

(9) 식품에의 응용

그림 11.33 식품에의 응용 예

CHAPTER

12

접합에 의한 결합가공

12.1 접합가공의 개요

12.2 기계적 접합

12.3 야금학적 접합

12.4 화학적 접합

복잡한 부품 또는 기계를 제작할 경우에 접합 가공기술을 사용하는 데 예를 들어 강판 금속을 결합할 때 리벳을 사용한다든지 두 개의 부품을 영구적으로 결합하고자 할 때 용접을 사용한다든지 한다.

이와 같이 두 가지 이상의 부품을 서로 일체화시켜 소기의 목적을 달성하고자 할 때 사용하는 기술이 **접합에 의한 결합가공**이다.

본 장에서는 접합에 의한 결합가공의 종류에 따른 전반적인 내용에 대해 알아보도록 한다.

12.1 접합가공의 개요

12.1.1 접합의 정의 및 분류

(1) 접합의 정의

접합(junction)이란 물건과 물건을 서로 연결하고 합체하여 어떤 형상을 만드는 것을 의미한다. 즉, 접합 가공은 복잡한 부품 또는 기계를 제작하거나 교량 등 구조물을 완성할 경우에 사용되는 기술이다.

(2) 접합의 분류

접합은 크게 물리적 접합(기계적 접합, 야금학적 접합)과 화학적 접합(접착제 접합, 유기용제 등으로 성형품 표면을 녹여 접합)으로 나눌 수 있다. 접합은 분리 가능 여부에 따라 접합 후에 분리 불가능한 접합과 나사 고정과 같이 분리 가능한 접합이 있다.

화학적 접합은 우리가 일상생활에서 많이 사용하는 간편한 방법으로 접착제를 사용한 것이고, 물리적 접합은 기계적 접합(리벳, 코킹, 볼트 접합)과 야금학적 접합(용접)을 의미한다. 이러한 접합을 에너지에 따라 분류하여 정리한 것이 표 12.1이다.

표 12.1 접합의 분류

접합 종류		전기 에너지	화학적 에너지	역학적 에너지	빛 에너지
기계적 접합				리벳, 코킹, 나사 접합	
화학적 접합			접착		
야금학적 접합(용접)	용접	아크 용접 전자빔 용접	가스 용접		레이저 용접
	압접	저항 용접 : 저항 스폿 용접 프로젝션 용접 심 용접 오프셋 용접 플래시 용접	폭발 용접	상온 압접 마찰 압접 마찰 교반 용접 초음파 압접 확산 접합	
	경 납땜과 연 납땜	유도가열 브레이징 (부드러운 납땜)	토치 브레이징 (불꽃 납땜)		광선 브레이징 레이저 브레이징

12.1.2 접합가공의 특징

접합가공의 특징은 주로 사용되는 방법에 따라 다르며, 각 접합 방식은 특정한 장점과 단점을 가지고 있다. 접합가공의 주요 특징을 아래와 같다.

(1) 용접(welding)

① **강력한 결합력**: 용접은 두 부품을 물리적으로 융합하여 결합하기 때문에 매우 강력한 결합을 제공한다.

② **고온 처리**: 금속을 녹여서 결합하기 때문에 고온에서 작업이 이루어지며, 이는 고열에 의한 변형이나 잔류 응력이 발생할 수 있다.

③ **금속 재료에 주로 사용**: 금속 재료에 적용되며, 특히 구조물이나 기계 부품에 많이 사용된다.

④ **영구적인 결합**: 대부분 용접은 분해가 불가능한 영구적인 결합 방법이다.

⑤ **비용**: 용접 장비와 기술이 필요한 경우 비용이 상대적으로 높을 수 있다.

⑥ **기술적 요구**: 용접은 숙련된 기술을 필요로 하며, 정확한 작업이 중요하다.

(2) 납땜(soldering)

① **저온 결합**: 용접보다 낮은 온도에서 작업이 이루어져 재료에 미치는 열 영향이 적다.

② **정밀 작업 가능**: 전자 기기나 정밀 부품을 결합하는 데 적합하며, 전자 회로의 연결에 많이 사용된다.

③ **약한 결합력**: 용접보다 결합 강도가 약해 고온이나 고강도 환경에서는 적합하지 않다.

④ **쉽고 빠른 조립**: 비교적 간단한 방식으로 빠르게 결합할 수 있어 대량 생산에 유리하다.

⑤ **분해 가능성**: 납땜은 비교적 쉽게 분해할 수 있어 수리가 용이하다.

(3) 접착(adhesive bonding)

① **다양한 재료와 호환 가능**: 금속, 플라스틱, 세라믹 등 다양한 재료에 사용될 수 있어 다목적으로 활용 가능하다.

② **균일한 응력 분포**: 접착제는 결합 표면 전체에 고르게 응력을 분포시키기 때문에 균일한 강도를 제공한다.

③ **저온 및 고온 환경에서 사용 가능**: 다양한 온도 범위에서 사용될 수 있으며, 고온 및 저온에서 안정적인 성능을 발휘하는 접착제가 있다.

④ **비용 효율적**: 상대적으로 비용이 적게 들며, 복잡한 기계적 장치나 고온 장비 없이 결합할 수 있다.

⑤ **결합력 한계**: 특정 조건에서는 결합 강도가 부족할 수 있으며, 특히 고강도나 고하중을 받는 환경에서는 제한이 있을 수 있다.

(4) 기계적 접합(mechanical fastening)

① **분해 가능**: 나사, 볼트, 리벳 등을 이용한 기계적 결합은 쉽게 분해하거나 재조립할 수 있어 유지보수가 용이하다.

② **조립 용이**: 비교적 간단하게 부품을 결합할 수 있으며, 현장에서 빠르게 조립할 수 있는 장점이 있다.

③ **강도 제한**: 나사나 볼트 등의 결합은 용접보다 결합 강도가 약할 수 있다. 특히 고강도 환경에서는 강도 부족이 문제가 될 수 있다.

④ **다양한 크기와 형태**: 다양한 크기와 종류의 나사, 볼트, 리벳 등을 사용하여 다양한 조합을 만들 수 있다.

(5) 리벳 접합(rivet bonding)

① **강력한 결합**: 리벳은 두 금속 부품을 강력하게 결합할 수 있으며, 특히 항공기나 차량의 차체에 많이 사용된다.

② **비용 효율적**: 비교적 간단하고 비용이 적게 들며, 대량 생산에 유리하다.

③ **비가역성**: 리벳 결합은 일단 결합하면 분해가 어렵고, 리벳을 제거하기 위해서는 추가적인 작업이 필요하다.

④ **진동에 강함**: 진동이나 충격을 받는 환경에서도 강한 결합력을 유지할 수 있다.

(6) 프레스 접합(press fitting)

① **고정력 강함**: 압력에 의한 기계적 결합으로, 두 부품을 강력하게 고정할 수 있다.

② **분해 불가능**: 일단 결합되면 분해가 불가능한 경우가 많으며, 두 부품이 완전히 맞물려야 결합이 이루어진다.

③ **조립 용이**: 별다른 장비나 화학적 방법 없이 단순한 기계적 힘으로 결합할 수 있어 빠르고 효율적이다.

④ **기계적 응력**: 결합하는 부품에 기계적인 응력이 가해지기 때문에 변형이 발생할 수 있다.

12.2 기계적 접합

12.2.1 리벳 접합

리벳(rivet)은 강판 금속 등 금속 재료를 결합할 때 사용하는 막대 모양의 결합용 기계요소로서 머리 모양 대못을 의미한다.

리벳 접합은 판상의 두 모재를 겹쳐서 동일한 위치에 구멍을 뚫어 그 구멍에 머리 대못 같은 형상을 한 연성 금속 리벳을 관통 시켜 그 선단부를 납작하게 짓눌러서 두 부재를 고정하는 접합 방법을 말한다. 이러한 리벳 접합에는 그림 12.1과 같이 여러 가지가 있다.

리벳 접합에 사용되는 리벳은 2개의 부재를 서로 접합하여 단단히 고정하기 위한 충분한 강도가 필요하며 서로 잘 붙잡아 주어야 하고 가공하기 쉬운 소재가 사용되어야 한다. 이러한 이유로 강철, 스테인리스 강, 알루미늄, 구리 등의 소재가 리벳으로 사용되고 있다.

원래 리벳 접합은 항공기 및 교량의 제조, 건설에 널리 사용되어 왔지만 현재는 볼트와 너트를 비롯한 부품의 고성능화 및 용접 기술의 발전에 의해 점점 사용 빈도가 낮아지고 있다.

그림 12.1 다양한 리벳의 종류

12.2.2 나사 접합

볼트(나사) 접합의 3가지 방법은 관통볼트(through bolt) 접합, 탭 볼트(tap bolt) 접합, 스터드 볼트(stud bolt) 접합이 있다.

그림 12.2 (a)와 같은 관통볼트 접합 방법은 가장 보편적인 형태의 접합 방법으로 볼트로 조립물을 관통하여 너트로 접합하는 경우이다. 이것은 너트에 의한 조임 토크 규제가 비교적 정확하며 접합 시에 볼트의 머리가 회전하는 것을 방지하기 위한 공간이 필요하다. 또한 돌출된 나사부는 부식이나 노출로 인한 위험이 발생할 수 있으므로 이를 보호할 필요가 있다.

그림 12.2 (b)와 같은 탭 볼트 접합 방법은 볼트를 접합하고자 하는 물체에 탭(암나사)이 있어 너트를 필요로 하지 않으므로 물체에 탭(암나사)을 만드는 별도의 작업을 해야 한다. 이 접합 방법은 나사부가 돌출되지 않으며 조임 토크 규제가 곤란한 경우가 있다. 반복해서 조립과 해체를 행할 경우 나사산이 손상될 수 있다.

그림 12.2 (c)와 같은 스터드 볼트 접합 방법은 너트 조임을 하고자 하지만 관통볼트용 구멍을 뚫을 수 없는 경우에 많이 사용한다. 스터드 볼트의 삽입부를 모재에 박아 돌출부에 부품을 부착하고 너트로 조임을 하는 방식이다.

축과 컬러를 접합할 경우에는 그림 12.3 (a)과 같이 세트나사를 사용한다. 세트나사는 그림 12.3 (b)과 같이 여러 종류가 있다.

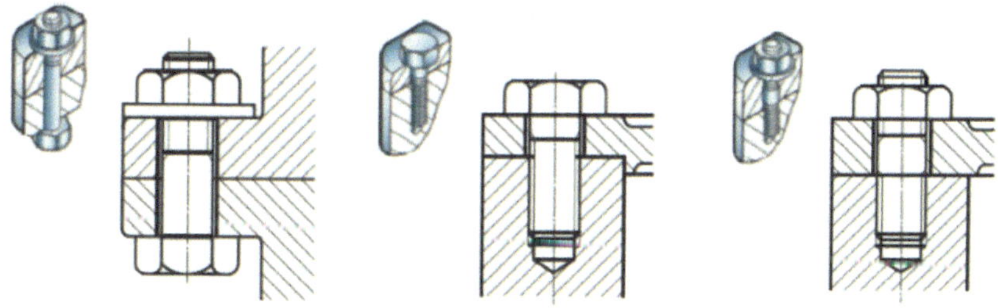

(a) 관통볼트 (b) 탭 볼트 (c) 스터드 볼트

그림 12.2 볼트 접합의 3가지 방법

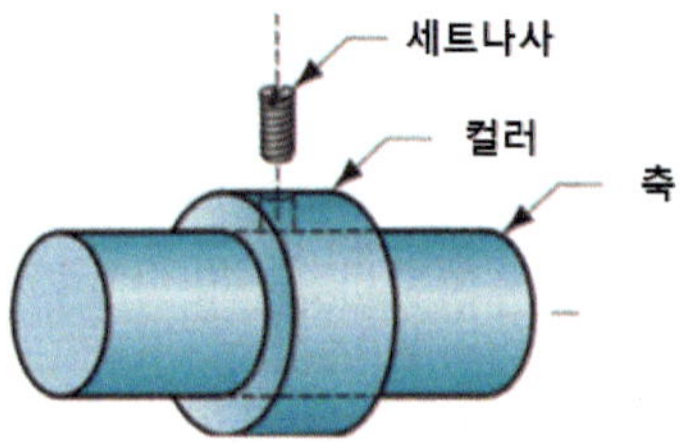

(a) 접합의 예

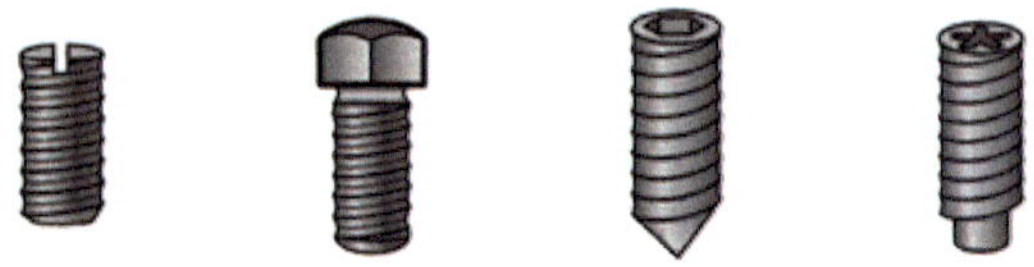

(b) 종류

그림 12.3 세트 나사 접합

12.2.3 코킹과 실링

코킹(cauking)이란 강판의 가장자리를 75~85°로 경사시켜 정으로 때려 기밀 유지하는 작업을 말한다. 즉, ① 간극이나 틈을 메꾸는 것, ② 충진물을 채우는 것 등의 의미로 우리가 주변에서 많이 쓰는 물이 새거나 할 때 방수 용어로 쓰는 밀폐한다는 의미의 실링(sealing)과 의미가 동일하다.

코킹은 다양한 구조 및 배관의 누출에 대하여 밀봉 혹은 밀봉 접합에 이용되는 물질로 접합에서 기밀성을 요구할 때 가장자리를 밀착시키는 작업을 의미하기도 한다. 일반적으로 코킹의 의미는 공기(기밀성), 물(수밀성) 및 곤충이 건물에 들어가지 못하도록 구멍과 균열을 채우는데 사용된다.

코킹과 실링의 역할은 다음과 같다.

① 재료를 고정하는 것으로부터 부재를 서로 연결하는 접착제와 같은 역할을 한다.

② 모재를 보호한다.

③ 방수 및 기밀성을 유지한다.

12.3 야금학적 접합

12.3.1 용접

용접(welding)은 두 개 이상의 모재를 접합하는 모재 사이에 연속성이 있는 것처럼 열 또는 압력을 가해 양자를 접합하는 것이므로 모재 간에 연속성을 가지도록 일체화 하는 작업 또는 접합 방법을 말한다.

용접은 두 개의 부재를 용융 일체화 시키는 작업으로 접착과 다른 점은 모재(접합하고자 하는 재료)를 물리적으로 녹여 원자간 결합을 시키는 것으로 필요한 경우에는 적절한 필러 금속을 추가하여 용접할 수도 있다.

용접의 일종인 융접을 실시할 경우에는 보통 모재를 녹여야 하지만 마찰 접합 또는 압접에서는 모재가 용융에 달할 정도로 가열되지 않는다. 용접의 모재는 일반적으로 금속이지만 플라스틱, 유리, 세라믹 등도 해당한다. 즉, 일반적으로 용접이라는 것은 여러 금속 부품을 일체화 하는 것을 가리키지만 플라스틱을 녹여 접합하는 것을 플라스틱 용접이라 말하고 최첨단 기술은 세라믹을 용접하는 것을 가능하게 하였다.

용접 작업에 필요한 구성요소는 용접의 종류에 다소 차이는 있으나 ① 용접대상이 되는 재료(모재), ② 열원(가열 열원으로 가스 열이나 전기에너지가 주로 사용되고 화학반응열, 기계에너지, 전자파에너지 사용) ③ 용가재(융합에 필요한 용접봉이나 납 등) ④ 용접기와 용접기구(용접용 케이블, 홀더, 토치, 기타 공구 등) 등이 필요하다.

용접을 분류하는 방법은 여러 가지가 있는 데 용접 시의 금속이 고체상인지, 액상인지 또는 가압 여부에 따라서 융접(fusion welding), 압접(pressure welding) 및 납접(soldering, brazing)으로 분류하는 방법이 있다.

융접은 접합하려는 두 금속재료, 즉 모재(base metal)의 접합부를 가열하여 용융 또는 반용융 상태로 하여 모재만으로 또는 모재와 용가재(filler metal)를 융합하여 접합하는 방법이다.

압접은 이음부를 가열하여 큰 소성변성을 주어 접합하는 방법으로 접합부분을 적당한 온도로 가열하거나 또는 냉간 상태에서 압력을 주어 접합시키는 방법이다.

납접은 모재를 용융하지 않고 모재보다도 용융점이 낮은 금속(납의 일종)을 용융시켜 접합하는 방법으로 접합면 사이에 표면장력의 흡인력이 작용되어 접합되며, 땜납의 용융점이 450℃ 이하 일 때를 연납(soft solder)이라 하고 450℃이상 일 때를 경납(hard solder) 이라 한다.

(1) 아크용접

아크 용접(arc welding; AW)이란 전극과 모재의 표면 사이에 발생하는 전기적 아크와 열에 의해 두 금속이 접합(coalescence)하는 과정이다. 아크 용접을 이해하기 위해 아크의 개념에 대해 알아보자.

아크란 용접봉과 모재 사이에 전압을 걸고 용접봉 끝부분을 모재에 살짝 접촉시켰다가 떼는 순간에 불꽃 방전에 의해 원호(arc) 모양의 청백색의 강한 빛을 내는 부분을 말한다. 아크의 중심부에 있는 지름이 작고 백색에 가까운 아주 밝은 부분을 아크중심이라 하며 이 부분의 길이를 아크길이(arc length)라 하며, 이 중심부위를 둘러싼 담홍색 부분을 아크기둥(arc column)이라 하고 그 외부를 둘러싼 불꽃을 아크불꽃이라 한다.

이 아크를 통하여 강한 전류(약 10~500 A)가 흐르며 이 강한 전류가 금속증기나 그 주위의 각종 기체분자를 해리하여 양이온과 전자로 해리시켜 양이온은 음극으로 전자는 양극으로 끌려가게 된다. 이 아크의 전류는 강한 열(5000℃)을 발생시키고 이 열에 의해 용접봉은 녹아서 금속증기 또는 **용적**(globule)이 되며, 동시에 모재도 녹아서 용융지(molten weld pool)를 형성한다. 용접봉의 금속증기 또는 용적이 용융지에 흡착되어 모재의 일부와 융합하여 용접금속(welding metal)을 형성한다.

따라서 아크용접에서는 모재와 용접봉이 각기 전극의 역할을 하게 되는데 모재와 용접봉 중 어느 것이 각각 양극 또는 음극이 되는가와 모재와 용접봉의 성질에 따라 용접의 성능이 변화하게 된다. 아크용접에 있어서 직류전원을 사용한 경우를 **직류용접**(DC arc welding) 이라 하고 교류전원을 사용한 경우를 교류용접(AC arc welding)이라 한다.

아크를 발생시키는 전원은 직류와 교류를 다 사용할 수 있다. 직류인 경우 양극(+)극에 발생하는 열량이 음극(-)에 발생하는 열량보다 훨씬 많다. 그 이유는 전자가 음극에서 양극으로 흐르기 때문에 전자의 충격을 받는 양극에서 발열량이 많다. 따라서 용접봉을 연결할 때 전원을 고려하여야 한다. 그러나 교류인 경우 양극과 음극이 주파수에 의해 바뀌므로 발생하는 열량은 각 극에서 거의 비슷하다.

직류(DC)전원을 사용하는 경우 용접봉을 음극에, 모재를 양극에 연결한 경우를 **직류 정극성**(direct current straight polarity; DCSP)이라 하는데 이 경우는 용접봉의 용융이 늦고 모재의 용입(penetration)이 깊어진다. 반대로 용접봉을 양극에, 모재를 음극에 연결한 경우를 직류 역극성(direct current reverse polarity; DCRP)이라 하는데 이때는 용접봉이 전자의 충격이 더 세므로 용접봉의 용융속도가 빠르고 모재의 용입이 얕아지게 된다. 따라서 극성이 유해물질 발생에 영향을 미치는 한 인자가 된다.

아크용접에는 교류와 직류가 모두 사용되며, 아크를 발생하는데 소비된 전력의 60%는 금속 용해, 25%는 금속의 증발, 15%는 방산되는 열로 소비된다. 공기저항을 이기고 아크를 발생시키는데 필요한 전압을 **개로 전압**이라 하는데 이 개로 전압은 직류에서는 50~80 V, 교류에서는 70~135 V이며, 아크가 발생된 후에는 전압이 감소되어 아크를 지속하는데 필요한 아크전압은 20~30 V가 된다.

이 아크용접은 전극, 용재, 피복가스, 기타 장비에 의해 여러 가지 종류로 구분된다. 전극은 비피복선(bare wire)을 사용하거나 용재(flux) 물질로 약하게 또는 강하게 피복되어진 것을 사용한다. 비피복 전극(bare wire electrodes)은 가격이 싸지만 용접이 잘되지 않고 유지하기가 힘들므로 잘 사용하지 않는다. 때로는 사용 전 산화를 방지하기 위해 용재 대신 용가재(filler material)에 구리를 코팅시키기도 한다.

아크용접을 위해서는 그림 12.4와 같은 장치가 필요하며 기타 다음과 같은 것이 필요하다.

① 용접기 - 아크 용접의 열원으로 직류와 교류용접기가 있다.

② 용접용전선(welding cable) - 전원에서 용접기까지 연결하는 1차 전선(교류인 경우)과 용접기에서 홀더나 모재까지 연결하는 2차 전선이 있다.

③ 용접봉 홀더(electrode holder) - 용접전류를 케이블에서 용접봉으로 전하는 기구로 용접봉 끝부분을 물게 되어 있다(그림 12.5). 홀더는 무게가 가볍고, 절연이 완전하며, 견고하여야 하며, 접촉저항에 의한 발열이 적고 지름이 다른 여러 가지 용접봉을 쉽게 탈부착할 수 있어야 한다.

④ 접지 클램프(ground clamp)와 커넥터(connector) - 접지 클램프는 용접기와 모재를 접속하는 것으로 저항 열을 발생시키지 않도록 해야 한다. 커넥터는 길이가 긴 용접용 전선을 이어서 사용할 때 연결하는 장치이다.

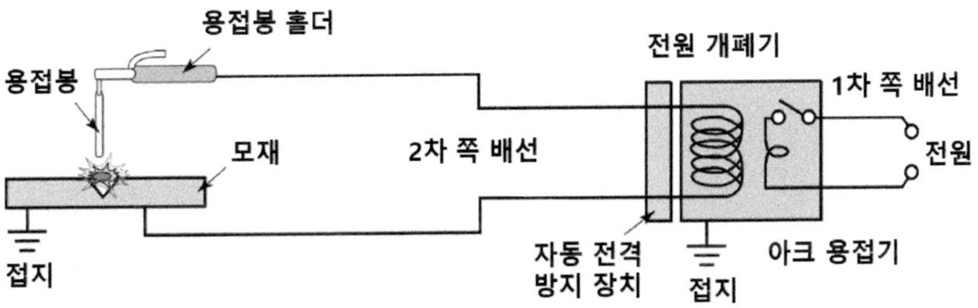

그림 12.4 피복 아크용접기의 구성과 접속

그림 12.5 용접봉 홀더의 구조

⑤ 핸드 실드와 헬멧 - 용접 작업 중 발생하는 자외선과 적외선 및 스패터(spatter)로 부터 눈, 얼굴, 머리를 보호하는 장비로 손잡이가 달려있는 것을 **핸드 실드**(hand shield)라 하고 머리에 착용하는 것을 헬멧이라 한다. 이 핸드 실드와 헬멧에는 차광렌즈가 끼워져 있다.

⑥ 차광 렌즈(filter lenz) : 용접 중 자외선과 적외선으로부터 작업자의 눈을 보호가기 위한 것으로 렌즈의 번호가 높을수록 차광량이 많다. 대개 2번은 연납 땜 작업에, 3~4번은 경납 땜 작업에, 4~6번은 가스용접 및 절단에, 보통 전기용접에는 10~12번이 사용된다. 차광렌즈 바깥쪽에는 차광유리가 스패터에 의해 손상되지 않도록 유리가 끼워져 있다.

⑦ 용접보조 장비로는 슬래그를 제거하기 위한 슬래그 해머, 와이어 브러시, 치수를 재는 용접 지그(welding jig) 등 여러 장비가 있다.

⑧ 작업자를 보호하기 위한 용접 장갑, 발 덮개, 앞치마 등이 있는데 이들 중에는 석면제품이 많으므로 유의하여야 한다. 인근 작업자를 보호하기 위한 차광막도 필요하다. 또한 국소환기장치가 필요하다.

아크 용접은 매우 다양한 종류가 있는데 피복 아크 용접, 가스 텅스텐 아크 용접, 가스 금속 아크 용접, 서브머지드 아크 용접, 플라즈마 아크 용접 등이 대표적이다.

1) 피복아크용접

피복아크용접(shielded metal arc welding; SMAW)은 전극과 용가재를 겸하는 피복금속 용접봉과 모재 사이에서 발생하는 아크의 열에 의한 용접을 말한다.

피복아크용접은 압력을 가하지 않는 용접의 가장 흔한 형태로, 피복금속아크용접, 막대용접(stick welding or stick rod welding), 전기용접, 전극용접(electrode welding, or coated electrode welding), 또는 수동금속아크용접(manual metal arc welding)이라 불리기도 한다. 이는 피복제를 바른 용접봉과 모재 사이에 전기아크에 의해 발생되는 열을 이용하여 용접하는 방식으로 그 원리를 그림 12.6 (b)에 나타내었다.

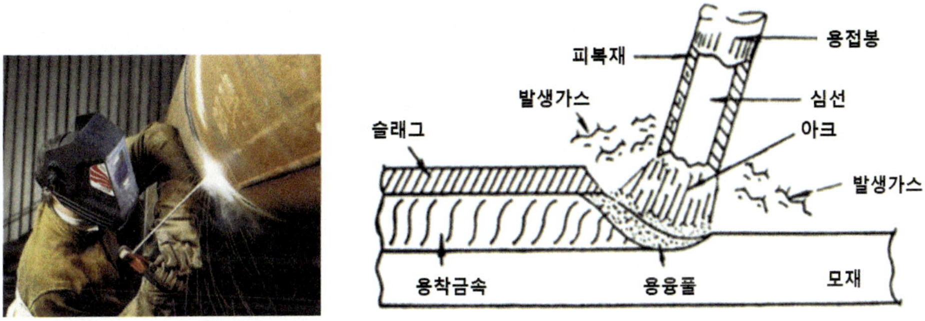

(a) SMAW 작업 모습

(b) SMAW의 원리

그림 12.6 피복 아크 용접

직류 아크 용접에서는 모재를 (+)로 하는 정극성과 모재를 (-)로 하는 역극성이 있다. 표 12.2와 같이 정극성(straight polarity, DC. SP)은 아크 용접에서 모재를 (+)극에, 용접봉을 (-)극에 연결하는 방식이며, (+)극에서 발생 열이 많은 관계로 용접봉이 녹는 속도가 늦고 모재 쪽이 녹는 속도가 빠르기 때문에 두꺼운 판 용접에 널리 사용된다.

역극성(reverse polarity, DC. RP)은 모재를 (-)극에, 용접봉에 (+)극을 연결하는 방식으로 용접봉의 녹는 속도가 빠르고, 모재의 용입이 얕기 때문에 얇은 금속판, 비철금속, 주철 등의 용접에 사용된다.

표 12.2 용접 중의 아크상태 및 특징

극성	상태		특징
정극성 (DCSP)	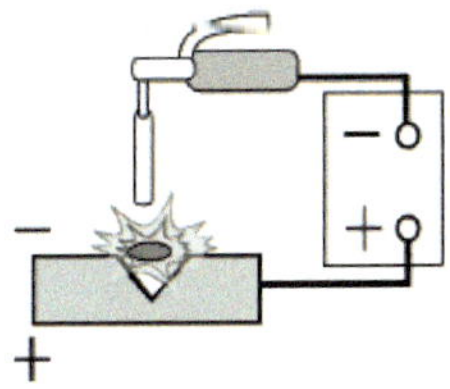	열 분배 -30% +70%	• 용입이 깊다. • 일반적인 용접에 쓰인다.
역극성 (DCTP)	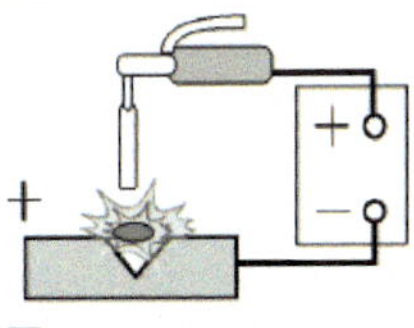	열 분배 +70% -30%	• 용입이 얕다. • 박판, 주철, 고탄소강, 합금강, 비철 금속의 용접에 쓰인다.

교류 용접기는 일종의 변압기로서 용접 전류로 사용되는 2차 전류를 얻을 때 2차 전압이 떨어지도록 설계한다.

피복 아크 용접의 외부에서 용접부에 주는 입열로서 길이 1㎝ 당 발생하는 전기적 에너지 H는 E를 전압, I를 전류, V를 용접 속도(㎝/min)라 하면 다음과 같이 나타낸다.

$$H = \frac{60E \cdot I}{V} \text{[J/㎝]} \tag{12.1}$$

실제로는 전기적 에너지 외에 피복제의 분해에 의한 화학적 에너지가 가산되어야 한다.

1차 코일의 전압, 권수, 전류를 각각 E_1, N_1, I_1이라 하고 2차 코일의 것을 각각 E_2, N_2, I_2이라 하면 다음과 같은 관계가 있다.

$$\frac{E_1}{E_2} = \frac{N_1}{N_2} = \frac{I_2}{I_1} \tag{12.2}$$

식 (12.2)를 보면 알 수 있듯이 N_2를 조정함으로써 출력 E_2를 얻을 수 있다.

구조에 의하여 교류용접기를 분류하면 **가동 철심형**, **가동 코일형**, **가포화 리액터형** 등이 있다.

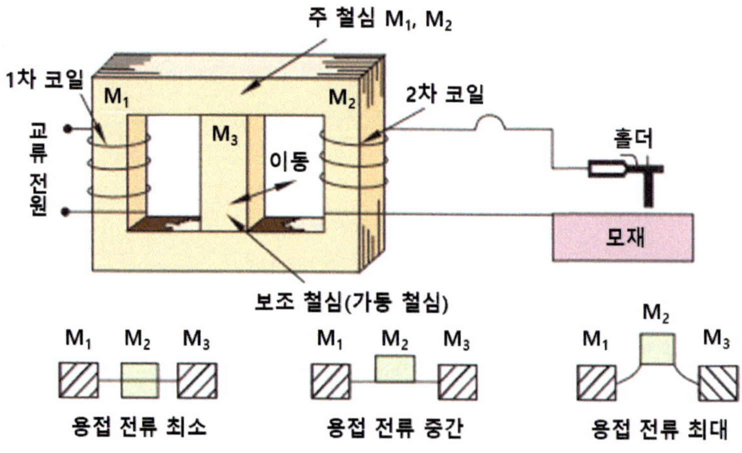

그림 12.7 가동 철심형

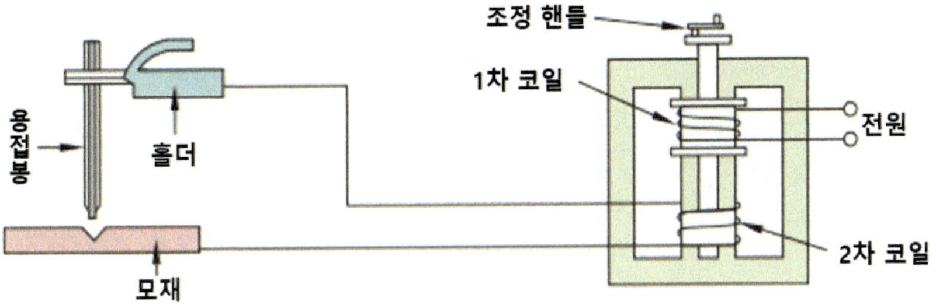

그림 12.8 가동 코일형

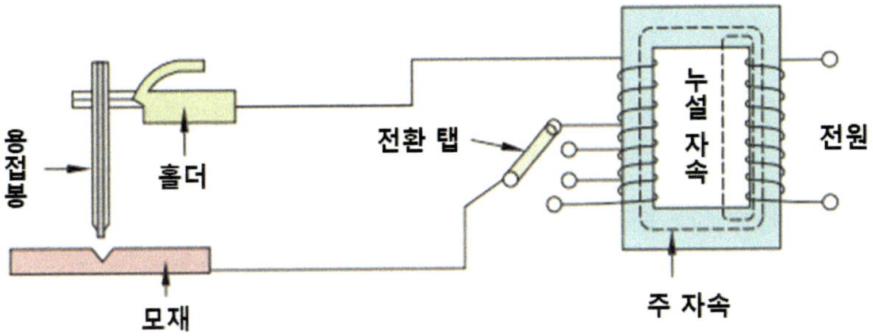

그림 12.9 탭 전환형

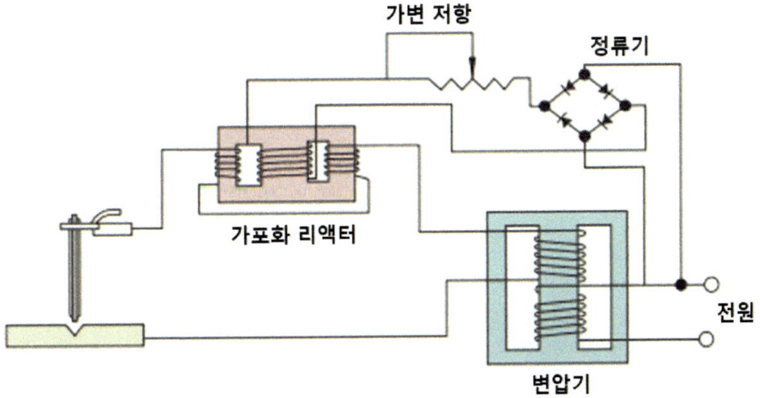

그림 12.10 가포화 리액터형

가동 철심형 교류아크 용접기의 회로는 그림 12.7과 같으며 용접에 적합한 낮은 전압, 큰 전류를 공급하도록 설계되었으며, 1차 코일은 교류전원에 연결하고 2차 코일은 70~100 V의 낮은 전압으로 한다. 그림처럼 코일 전환 탭이 움직여 큰 범위의 전류를 조정할 수 있고, 가동 철심으로 미세조정을 한다.

가동 코일형 교류아크 용접기의 회로는 그림 12.8과 같이 1차 코일을 교류전원에 연결하고, 조정 핸들로서 1차 코일을 이동시켜 2차 코일과의 거리를 조정하면 리액턴스가 변하여 필요한 2차 코일 측의 전류를 얻는 용접기이다.

탭(tap) 전환형 교류 아크 용접기의 회로는 그림 12.9와 같으며 전환 탭을 옮겨 전류를 조정하여야 하므로 다소 불편하다.

가포화 교류 아크 용접기의 회로는 그림 12.10과 같이 정전압의 변압기와 가포화 리액터를 조합한 것으로서 직류 여자 코일을 가포화 리액터에 감아 놓았다. 전류조정을 직류 여자 전류의 증감에 의하므로 가동부가 필요 없으며 원격 조정을 할 수 있어 편리하다.

용접봉은 용접모재 사이의 틈을 채우기 위하여 필요하며 용가재(filler metal)이라고도 하며 또한 모재와 용접봉 사이의 아크를 발생시키는 전극의 역할을 하므로 **전극봉**(electrode)라고 한다. 피복 아크 용접봉은 초기에는 금속 봉을 그대로 사용하였는데 아크가 안정되지 못하거나 녹이 발생하여 변질되는 결점이 있어 최근에는 용접봉 주위에 피복제를 씌운 피복 용접봉을 사용한다. 피복제는 아크열에 의해 아크를 안정시키고 피복제의 연소에 의한 가스 또는 슬래그는 대기 중의 산소 및 질소와의 접촉을 차단하여 녹은 금속의 산화 및 질화를 방지한다.

그림 12.11과 같은 용접봉의 심선은 불순물 함유량이 적은 것이 요구되며, 지름은 1.0 ㎜, 1.4 ㎜, 2.0 ㎜, 2.6 ㎜, 3.2 ㎜, 4.0 ㎜, 5.0 ㎜, 12.0 ㎜, 7.0 ㎜, 8.0 ㎜ 등 10가지가 있으나 3.2~12.0 ㎜ 범위의 것을 주로 사용한다. 심선의 재질은 주철 특수강 비철합금에는 모재 성분과 동일한 것이 널리 사용된다.

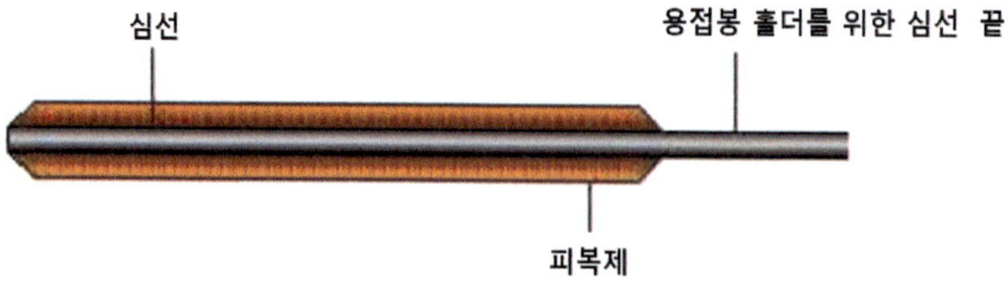

그림 12.11 피복 아크 용접봉의 심선

표 12.3 연강용 아크 용접봉 심선 성분[KS]

종류		기호	화학 성분(%)					
			C	Si	Mn	P	S	Cu
1종	A	SWRW 1A	0.10미만	0.030이하	0.35~0.65	0.020이하	0.020이하	0.020이하
	B	SWRW 1B	0.10미만	0.030이하	0.35~0.65	0.030이하	0.030이하	0.030이하
2종	A	SWRA 2A	0.10~0.15	0.030이하	0.35~0.65	0.020이하	0.020이하	0.020이하
	B	SWRW 1B	0.10~0.15	0.030이하	0.35~0.65	0.030이하	0.030이하	0.030이하

용접봉을 분류하는 방식은 여러 가지이다. 모재의 재질에 따라 연강용(탄소강), 저합금강용(고장력강), 스테인리스 강용, 구리합금용, 주철용, 특수용도(내마모성용, 내균열성용, 표면경화용)으로 구분할 수 있는데 대개 모재와 같거나 비슷한 금속합금으로 되어 있는데 주요 3종류는 ① 셀룰로즈계(cellulosic; TiO_2, sand, magnesium silicate), ② 금홍석계(rutile; TiO_2, $CaCO_3$, cellulose), ③베이직계(basic; $CaCO_3$와 fluride가 고함량)가 있다.

표 12.3은 연강용 아크 용접봉 심선의 성분을 나타낸 것이다.

피복제에는 가스 발생 방식, 슬래그 생성 방식, 반 가스 발생 방시 등이 있으며, 피복제를 용도에 맞게 잘 혼합하여 물을 가하고 심선에 도포한다.

피복제의 성분으로 산화물계, 규산염계, 탄산염계 등과 불화물 유기물 붕산염 등이 사용되며 철합금계 등도 사용된다. 이 중에서 몇 개를 잘 혼합하고 물을 첨가하여 혼합한 후 그대로 도포제로 사용하거나 또는 수분을 줄이고 기계적으로 압착하여 피복제로 사용한다. 고착제로서 수성 유리, 아교, 젤라틴, 아라비아고무, 해초 등이 사용되고 그 밖의 섬유 물질로서 석면을 혼합하는 일도 있다.

이와 같이 피복 용접봉은 금속심선의 주위에 여러 가지 기능을 가진 유기물, 무기물 또는 그 혼합물을 피복한 것으로 피복제는 적당한 고착제를 사용하여 심선에 도포한다. 피복제는 앞에서도 업급했지만 아크열에 의해 분해되어 아크를 안정하게 하고, 가스(CO_2, CO) 또는 슬래그를 발생시켜 용융 금속이 대기 중의 산소나 질소와 접촉하는 것을 막아 산화 및 질화를 방지하며(중성 또는 환원성 분위기를 만듦), 적당한 화학반응에 의하여 용접 금속은 정련된다. 또한, 필요한 합금 원소를 심선이나 피복제에 첨가함으로써 좋은 용착 금속을 얻을 수 있다. 비피복 용접봉을 사용하면 가스 실드가 형성되지 않으므로 공기가 침투하여 건전한 용착금속을 얻을 수 없고 아크도 안정화되지 않는다. 이와 같은 피복제의 기능을 요약한 것이 표 12.4이다.

표 12.4 피복제의 기능과 성분

피복제의 기능	기능 설명	성분 예
아크 안정제	아크열에 의해 이온화하여 아크 전압을 안정시키는 기능	TiO_2, Na_2SiO_3, $CaCO_3$, K_2SiO_3
가스 발생제	가스를 발생시켜 중성 또는 환성성 분위기를 만들어 용융금속의 산화나 질화를 방지하는 역할, 유기물이나 $CaCO_3$ 습기 등이 아크열에 의해 분해되어 CO, CO_2, 수증기 발생	녹말, 톱밥(세룰로스), 석회석, $BaCO_3$
슬래그 생성제	용융점이 낮은 가벼운 슬래그를 만들어 용융 금속표면을 덮어 산화나 질화를 방지하고 용융금속의 냉각속도를 늦춰 기포나 불순물의 섞임을 방지	산화철, 알루미나이트(TiO_2, FeO), TiO_2, MnO_2, $CaCO_3$, SiO_2, 장석(K_2O, Al_2O_3, 6SiO), 형석(CaF_2)
탈산제	용융금속 중의 산화물을 탈산 정련하는 작용	Fe-Si, Fe-Mn, Fe-Ti합금, 알루미늄
합금 첨가제	용접금속의 성질을 개량하기 위해 피복제에 첨가하는 금속	Mn, Si, Ni, No, Cr, Cu, V
고착제	심선에 피복제를 고착시키는 역할	물유리(Na_2SiO_3), 규산칼륨(K_2SiO_3)

용접부의 차폐 분위기(shielding atmosphere; 통상 '실드'라 함)는 용제라고 불리는 피복제의 분해로 인해 생성된다. 용가재는 금속심선 또는 피복제에 포함된 금속 입자에 의해 공급되어진다.

따라서 아크의 차폐는 ① 아크 속에서의 용융금속과 용융지의 공기접촉을 막고 ② 용접금속의 성질 구조를 정련하기 위한 제거제 또는 항산화제 역할을 하며 ③ 용융지와 고형화된 용접부에 슬래그 블랭킷을 형성한다. ①, ③ 기능에 의해 공기로부터 산소와 질소의 유입을 막아 산화물과 질화물의 형성을 막는다. 후에 슬래그는 손이나 공기 해머에 의해 제거한다.

피복아크 용접에서 유해인자를 파악하기 위해서는 반드시 용접봉과 피복제의 성분을 확인하여야 한다. 용접봉의 분류는 용접봉에 씌어 있는 번호로 한다. 다음은 미국용접학회에서 사용하는 분류 방식이다. 우리나라에서 피복아크 용접봉의 분류는 KS D 7004에 규정되어 있는데 이는 피복제의 종류, 사용전류, 용접자세에 따라 분류되고 있다.

Exxx 또는 xxxx로 표시 예)E8410

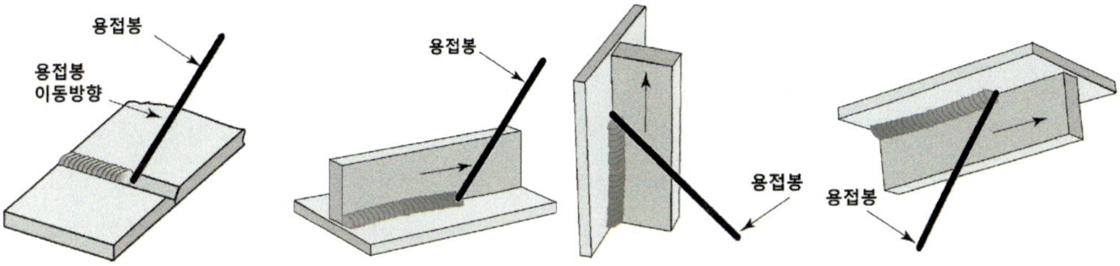

(a) 아래 보기 (b) 수평 필렛 (c) 수직 필렛 (d) 위 보기

그림 12.12 용접 자세의 종류

여기서 E는 전기아크 용접전극 또는 용접봉을 표시하며 G의 경우는 가스 용접봉을 나타낸다. E 다음의 두 자리(84)는 용착금속의 최소 인장강도(kgf/㎟)로서 위 용접봉은 인장강도가 84 kgf/㎟을 나타낸다. 그 다음의 두 번째 자리의 숫자는 용접봉이 사용되는 용접 자세를 나타낸다(그림 12.12). 즉, 0과 1은 모든 자세, 2는 아래 보기자세 또는 수평 필렛자세, 3은 아래 보기자세, 4는 모든 자세 또는 특정 자세 용접이다. 4번째 자리의 숫자는 극성, 피복형과 비드 모양 등 작업특성을 나타낸다. 여기서 0은 직류(DC) 역 극성을 의미한다. 표 12.5는 4번째 숫자의 의미인데 개략적인 성분과 전원의 특성을 알 수 있다.

표 12.5 용접봉 표시 형식 중 4번째 자리 숫자의 의미

4번째 숫자	피복제 형태	전원 특성
0		DC 역극성
1	셀룰로즈 칼륨(cellulose potassium)	AC 또는 DC 역극성 또는 정극성
2	티타니아 나트륨(titania sodium)	AC 또는 DC 정극성
3	티타니아 칼륨(titania potassium)	AC 또는 DC 역극성 또는 정극성
4	철분 티타니아(iron powder titania)	AC 또는 DC 역극성 또는 정극성
5	저수소 나트륨(low hydrogen sodium)	DC 역극성
6	저수소칼륨(low hydrogen potassium)	AC 또는 DC 역극성
7	철분 산화철(iron powder iron oxide)	AC 또는 DC
8	철분 저수소(iron powder low hydrogen)	DC 역극성 또는 정극성 또는 AC

2) 가스 텅스텐아크용접

피복아크용접이 많은 철금속의 용접에 효과적이기는 하지만 알루미늄, 마그네슘이나 다른 반응성이 큰 금속의 용접에는 부적당하다. 이를 위해 1930년대에 아크 환경을 산소나 수소의 침입으로부터 보호하기 위하여(이를 blanket이라는 용어를 사용하고 있는데 담요로 덮는 것과 같은 역할을 한다고 해서 그런 용어를 사용함) 고온에서 금속과 반응하지 않는 불활성가스(Ar, He 등)를 공급하여 용접하는 방법이 도입되었다. 이 방법을 불활성 아크 용접(inert gas arc welding)이라 하는데 여기에는 ① 비소모성 전극인 텅스텐 봉을 사용하는 가스텅스텐아크용접(gas tungsten arc welding; GTAW, 또는 불활성 가스텅스텐아크용접(inert gas tungsten arc welding; TIG)이라고도 함)과 ② 소모성 전극인 비피복 금속 용접봉을 사용하는 가스금속아크용접(gas metal arc welding; GMAW). 일반적으로 GTAW는 0.6~3 ㎜의 얇은 판에, GMAW는 3 ㎜ 이상의 두꺼운 판에 사용되며 후자가 전자에 비하여 효율이 높다.

가스텅스텐아크용접에서는 비소모성인 텅스텐 전극과 모재 사이에 아크가 형성되며 텅스텐 전극 주위로 불활성 가스인 아르곤이나 헬륨이 주입된다. 그림 12.13과 같이 용가재는 용접봉의 형태로 불활성 가스 실드 보호막 속으로 별도로 공급된다. 위에 설명한 피복아크 용접에서는 용접봉이 전극의 역할을 하는 데 비해 가스텅스텐아크용접에서는 텅스텐이 전극의 역할을 하며 용접봉은 단지 용가재의 역할만 하므로 전류가 흐르지 않는다. 이 용접장비에는 전기, 냉각수와 가스가 공급되고 적절히 제어하는 장치가 있어야 한다. 이는 연기 또는 용접 매연이 없어 시야를 가리지 않고 용융지가 깨끗하다.

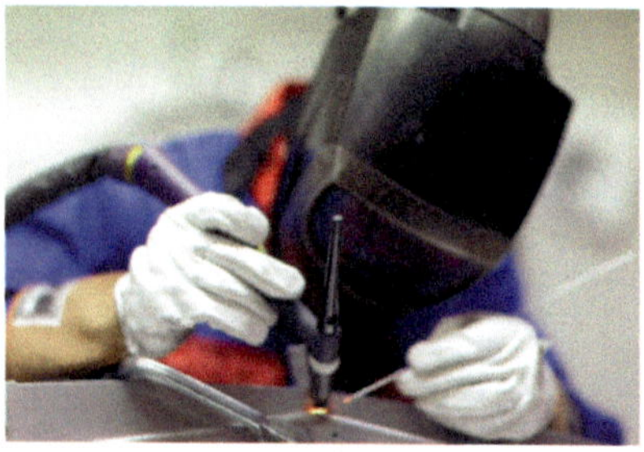

(a) GTAW 작업 모습

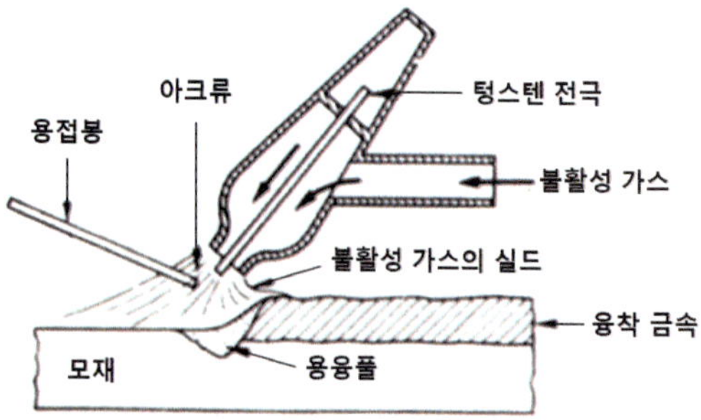

(b) GTAW의 도식도

그림 12.13 가스 텅스텐 아크 용접

텅스텐봉은 순 텅스텐봉과 방사능을 발생할 수 있는 토륨(thorium, ThO_2)이 1~2% 함유된 토륨텅스텐봉이 사용되는데 토륨텅스텐봉은 전극온도가 낮아도 전류용량을 크게 할 수 있다. 산업 보건학적으로 이 전극이 사용될 때 방사선 물질인 토륨이 발생될 수 있는 가능성이 있지만 연구 결과 공기 중 농도는 매우 낮은 것으로 조사되었다.

가스텅스텐아크용접도 직류와 교류 전원 모두를 사용할 수 있으며 직류인 경우 피복아크 용접처럼 정극성과 역극성이 있다. 정극성에서는 전자가 전극에서 모재로 흐르므로 모재에 강하게 충돌하여 깊은 용입을 일으킨다. 전극은 속도가 느린 가스이온과 충돌하므로 그다지 발열하지 않으며 지름이 작은 전극에서도 큰 전류를 사용할 수 있다. 역극성에서는 전자가 전극으로 흐르고 가스이온이 모재 표면에 넓게 충돌하여 모재의 용입은 넓고 얇게 된다. 이때는 전극이 과열되므로 지름이 큰 전극을 사용한다.

가스텅스텐아크용접은 비소모성 전극을 사용하며 불활성 가스만을 사용하므로 비소모성 불활성 가스아크용접(nonconsumable inert gas arc welding), TIG(tungsten inert gas welding) 또는 헬륨아크용접(helium arc welding), 아르곤아크용접(argon arc welding)이란 용어가 사용된다.

3) 가스 금속아크용접

1940년대에 비소모성인 텅스텐 전극 대신에 소모성 전극을 사용하는 **가스 금속아크용접**이 개발되었다. 이는 텅스텐 전극 대신 나심선의 지름 1.0~2.4 ㎜의 전극와이어를 일정한 속도로 토치에 송급하여 와이어와 모재 사이에 아크를 발생시켜 용접을 하는 방법이다. 초기에 는 주로 두꺼운 전도성 판에 용접할 목적으로 개발되었지만 현재는 알루미늄, 구리, 마그네슘, 니켈 합금, 티타늄, 강철합금 등 여러 분야에 응용된다.

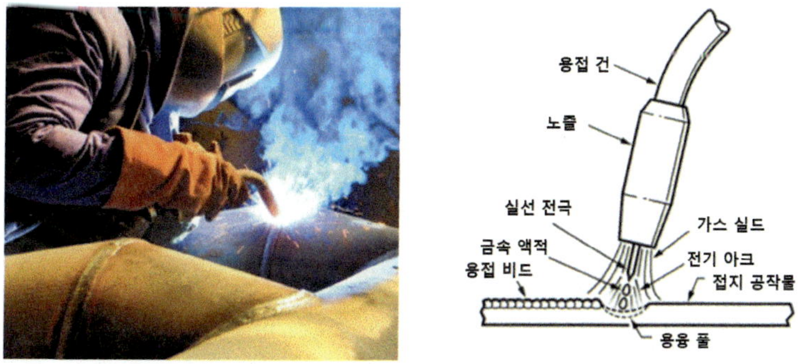

(a) GMAW 작업 모습 (b) GMAW의 도식화

그림 12.14 가스 금속아크용접

가스 금속아크용접은 ① 불활성가스인 알곤이나 헬륨을 사용하는 경우에 불활성 가스 금속아크용접(inert gas metal arc welding 또는 metal inert gas, MIG)이라 하고 ② 활성가스인 이산화탄소를 사용하는 경우에는 활성 가스 금속아크(active gas metal arc welding 또는 metal active gas, MAG) 또는 탄산가스(또는 CO_2)용접이라 한다.

가스금속아크용접은 전극이 소모성이므로 연속적으로 전극 와이어를 공급해 주어야 한다. 따라서 이들은 그림 12.14와 같이 가스 및 냉각수 송급 장치, 금속와이어를 일정한 속도로 송급하는 장치, 전원장치 및 전극와이어, 전류, 가스 및 냉각수의 송급 속도를 조절하는 제어장치로 되어 있다. 이 장치의 용접토치 중앙으로 전극와이어가 송급되어 아크를 형성하면서 용융지로 녹아들어 간다. 이 전극 주위로 헬륨, 알곤, 이산화탄소, 질소 등의 가스가 흐르게 된다. 전극와이어의 성분은 대개 모재와 같게 만들어져 있으며 전기적 접촉과 녹을 방지하기 위해 구리가 코팅되어 있다. 용가제인 전극와이어는 산화방지제(deoxidizer)가 들어 있는 데 강철 용가제에는 망간, 실리콘, 알루미늄이 산화 방지제로 포함되어 있으며 니켈 합금 용가제에는 티타늄, 실리콘이, 구리합금 용가제에는 티타늄, 실리콘, 인이 산화 방지제로 포함되어 있다.

탄산가스 아크 용접은 분위기가 산화성이므로 알루미늄, 마그네슘, 티타늄 등에는 사용하지 않는데 그 이유는 용융표면에 산화막이 형성되어 용착을 방해하기 때문이다.

탄산가스 아크용접방법을 실드 가스와 용극 방식에 의해 구분하면 표 12.6과 같다.

이중 복합와이어(flux-cored wire)를 사용하는 방법은 속이 빈 와이어에 Mn, Si, Ti, Al 등의 탈산제 및 아크 안정제를 넣은 것으로 아크가 안정되므로 직류뿐 아니라 값싼 교류를 모두 사용할 수 있다.

표 12.6 실드 가스와 용극 방식에 의한 구분

구분	방법	세부 방법
용극식	순 탄산가스법	
	혼합 가스법	CO_2-O 방법, CO_2-CO 방법, CO_2-Ar 방법, CO_2-Ar-O_2 방법
	탄산가스 플럭스법	flux-core(Arcos arc) 방법, fusarc-CO_2(비꼬인선식) 방법, 유니온 아크(자성 플럭스) 방법
비 용극식	탄소 마크법	
	텅스텐 마크법(2중 노즐식)	

자성을 가진 용제를 탄산가스 기류에 송급하는 방법을 **유니온 아크(union arc) 용접법**이라고 하는데 아크가 발생하여 와이어에 전류가 흐르면 와이어 주위에 자장이 형성되고 이로 인해 용제가 자성화 되어 와이어에 흡착되어 마치 피복용접봉 같은 역할을 하게 된다. 따라서 이 방법을 자성 플럭스방법이라고도 한다. 플럭스를 사용하면 슬래그가 발생하게 된다.

순탄산가스 아크용접 중의 와이어에서의 합금원소가 이행할 때 각 성분이 남는 비율은 연강일 경우 C는 일반적으로 산화 감소하여 50~80%, Si는 30~60%, Mn은 40~60%이나 Cr, Ni, Mo는 거의 줄어들지 않는다. 단, Ti는 산화 감소하여 남는 비율이 약 30%에 불과하다.

4) 서브머지드아크용접

서브머지드아크용접(submerged arc welding; SAW)은 그림 12.15와 같으며 대기로부터 아크를 보호하기 위해 용착부에 입상이나 용융상의 용제(granular or fusible flux)가 호퍼에서 공급관을 통하여 공급하고, 용제 속에 전극와이어를 송급하여 용접봉과 모재 사이에 아크를 발생시켜 용접하는 방법이다.

서브머지드란 아크가 어떤 물질(용제) 밑에 잠겨 있다는 뜻으로 아크가 용제에 감추어져 있어 보이지 않는다. 실싱은 전극과 모재 사이에 발생하는 아크뿐만이 아니라 스파크, 스패터, 스모크도 용제 속에 잠겨 있는 형태를 띤다. 흄(fume; 승화, 증류, 화학반응에 의해 발생하는 연기)도 발생하나 다른 용접보다는 적게 발생한다. 용가재는 주로 비피복 와이어전극(bare wire electrode)으로 공급되나 용가재를 와이어 형태로 따로 공급하기도 한다.

서브머지드아크용접은 용융지가 용제에 의해서 보호(실드)되므로 대기에서 격리되어 산소, 질소, 수분의 침입이 없고 아크열의 열손실이 적어 용입이 큰 높은 능률로 용접을 할 수 있다. 이 서브머지드아크용접은 주로 두께가 두꺼운 것의 용접에 사용되며 탄소강, 합금강 및 스테인리스강 등에 사용되며 비철금속에는 잘 사용하지 않는다.

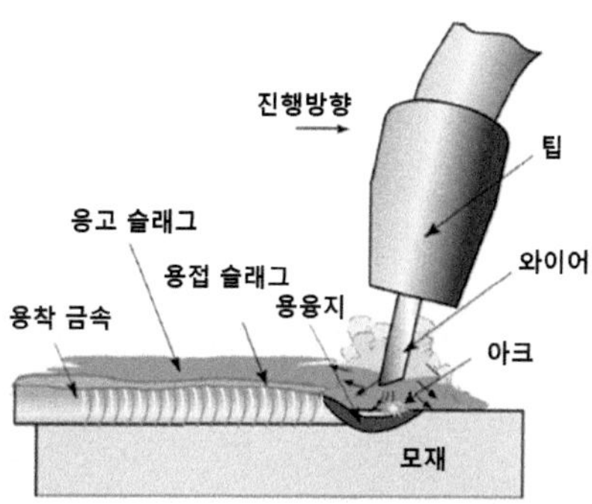

그림 12.15 서브머지드아크용접의 원리

입자상 용제는 아크 경로의 앞부분에서 공급되어져 소결되어져 용접금속의 표면에 용융 슬래그를 형성한다. 용제는 제조 방법에 따라 **용융형 용제**(fused flux ; 광물성 원료를 일정한 비율로 혼합하여 아크로에 넣어 1,300℃ 이상으로 가열해서 응고시킨 후 분쇄하여 알맞은 입도로 만든 것으로 유리모양의 광택이 남), 소결형 용제(sintered flux ; 광물성 원료 및 합금 분말을 규산나트륨과 같은 점결제와 더불어 원료가 용해되지 않을 정도의 비교적 저온상태(400-1000℃)에서 일정한 입도로 소결하여 제조한 것)로 분류된다.

용제는 조성상 ① 저산화 망간용제 - MnO를 거의 함유하지 않은 것, ② 중산화망간 용제 - 14~22%의 MnO를 함유한 것, ③ 고산화망간 용제 - 30% 이상의 MnO를 함유한 것으로 분류한다. 이 용제의 역할은 ① 아크를 보호하는 역할, ② 합금을 제공하는 역할, ③ 아크를 안정화 시키는 역할, ④ 아크를 용접 비드 모양을 결정하는 역할을 한다.

전극와이어로 쓰이는 심선은 비피복선을 코일 모양으로 감은 것을 사용하는데 보통 동도금을 하여 사용하며 Mo, Ni, Cr 등이 첨가되어 있다. 망간 함유량과 몰리브덴 함유량에 따라 고망간계, 중망간계, 저망간계 및 Mn-Mo계 와이어로 분류한다.

서브머지드아크용접은 **자동금속 아크 용접법**(automatic metal arc welding), 잠호 용접이라고도 하며 미국 유니온 카바이드사가 발명하여 유니온 멜트 용접법 또는 링컨 용접법이라고도 한다.

5) 플라스마아크용접

플라스마아크용접(plasma arc welding; PAW)은 그림 12.16과 같으며 이것을 설명하기 전에 먼저 플라스마를 설명하기로 한다. **플라스마**란 기체를 수 천도 이상으로 가열하였을 때 그 속의 가스원자가 원자핵과 전자로 유리하여 양이온, 음이온 상태로 된 것을 의미한다.

플라스마아크용접에서는 용접 헤드가 아르곤과 같은 가스를 고전압 기울기로 오리피스를 통과할 수 있도록 설계되어져 있어 매우 이온화된 가스 흐름을 만들어 낸다. 즉, 아크열로 가스를 가열하여 플라스마 상태로 만든 것을 토치의 노즐에서 분출되는 고속의 플라스마제트(plasma jet)를 이용한 용접법이다.

이 용접법은 스테인리스강, 탄소강, 티타늄, 니켈합금, 동, 황동 등에 적용된다. 용입이 깊고 비드 폭이 좁으며 용접속도가 빠르다.

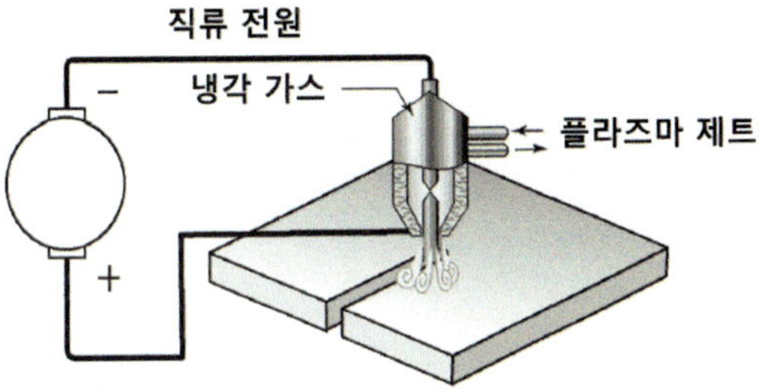

(a) 원리

(b) 용접 사진

그림 12.16 플라즈마 제트 용접

6) 플럭스코어드아크용접

플럭스코어드아크 용접(flux cored arc welding; FCAW)은 그림 12.17과 같으며 이것은 탄산가스 용접에서 설명한 플러스 코어 와이어를 사용하는 방식으로 탄산가스용접에 포함시키기도 한다. 이 용접에서의 실드는 플럭스와 실드 가스에 의해 형성된다.

플럭스코어드아크 용접은 GMAW와 유사한 용접법이다. GMAW와의 차이점은 솔리드 와이어 대신에 플러스코어드 와이어를 사용하는 것이다. 차폐가스를 사용하는 경우와 사용하지 않는 경우로 나눠진다. 다른 용접법에 비해 배우기 쉽고 기술이 덜 요구된다. 다른 용접법에 비해 가스 발생량이 많아 용접부의 확인이 힘들 수 있다. 차폐가스를 사용하지 않는 경우 바람이 부는 조건에 영향을 받지 않는 장점이 있다.

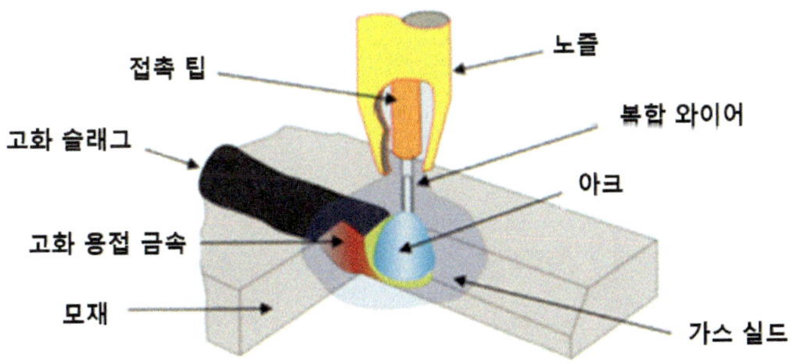

그림 12.17 플럭스 코어드 아크 용접

7) 피복 아크용접의 이상 현상

① 오버랩

오버랩(over lap)이란 그림 12.18 (a)와 같이 용융된 금속이 모재와 잘 융합되지 않고 표면에 덮여 있는 상태이며 모재에 대해 용접봉이 굵거나, 용접전류가 낮고, 용접속도가 늦을 때 발생한다.

② 스패터

스패터(spatter)란 그림 12.18 (b)와 같이 용접 중에 비산되는 슬래그 및 금속입자가 모재에 부착된 것이며, 높은 전압, 용융속도가 빠를 때, 아크의 길이가 길 때 일어난다.

③ 용입 불량

용입 불량이란 그림 12.18 (c)와 같이 모재의 용융속도가 용접봉의 용융속도보다 느릴 때 일어나며 낮은 전압, 낮은 속도일 때 발생한다.

④ 언더컷

언더컷(under cut)이란 그림 12.18 (d)와 같이 용접 경계부분에서 생기는 홈이며, 용접전류가 크고, 용접속도가 빠를 때 일어난다.

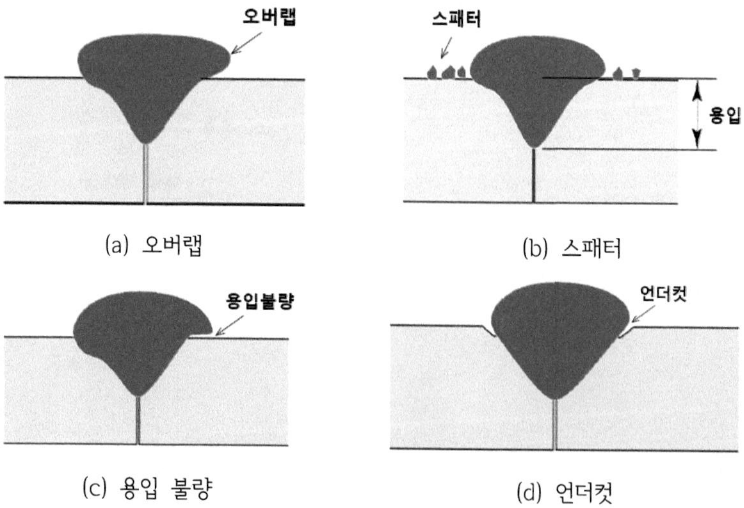

(a) 오버랩 (b) 스패터

(c) 용입 불량 (d) 언더컷

그림 12.18 아크용접의 이상 현상

8) 아크 용접기의 사용률, 역률 및 효율

① 아크 용접기의 사용률

아크 용접기의 사용률은 용접기의 전체 사용시간(보통 10분을 기준으로 한)에서 아크가 발생하는 시간에 대한 비율이며 다음과 같이 나타낸다.

$$\text{사용률} = \frac{\text{아크 발생 시간}}{\text{아크 발생 시간} + \text{정지 시간}} \times 100[\%]$$

$$\text{허용 사용률} = \frac{(\text{정격 2차 전류})^2}{(\text{실제의 용접 전류})^2} \times \text{정격 사용률}$$

② 역률

역률은 전원 입력에 대한 아크 입력과 2차 측의 내부 손실과의 합의 비율이며 다음과 같이 나타낸다.

$$\text{역률} = \frac{\text{소비 전력}}{\text{전원 입력}} \times 100 = \frac{\text{아크 전압} \times \text{아크 전류} + \text{내부 손실}}{\text{무부하 전압} \times \text{아크 전류}} \times 100[\%]$$

③ 효율

효율은 다음과 같이 나타낸다.

$$\text{효율} = \frac{\text{아크 출력}}{\text{소비 전력}} \times 100 = \frac{\text{아크 전압} \times \text{아크 전류}}{\text{아크 전압} \times \text{아크 전류} + \text{내부 손실}} \times 100$$

(2) 가스용접

1) 원리

가스용접(oxygen fuel welding)은 가연성 가스의 연소열(약 3,000℃)을 이용하여, 금속을 가열하여 용접하는 방법이다. 지연성 가스로 산소를 사용하고 가연성 가스로 아세틸렌, 수소, 프로판, 메탄 등이 사용되며 이들 중 산소-아세틸렌 용접이 대부분을 차지하므로 가스 용접을 산소-아세틸렌가스 용접이라고도 부른다. 산소-아세틸렌가스 용접은 다른 용접방법에 비하여 가열의 제어가 쉽고, 조작방법이 간단하며 설비비용이 싸고, 운반이 편리하며, 얇은 판, 파이프, 비철금속 등 용접의 응용범위가 넓다. 가스용접장치는 그림 12.19와 같다.

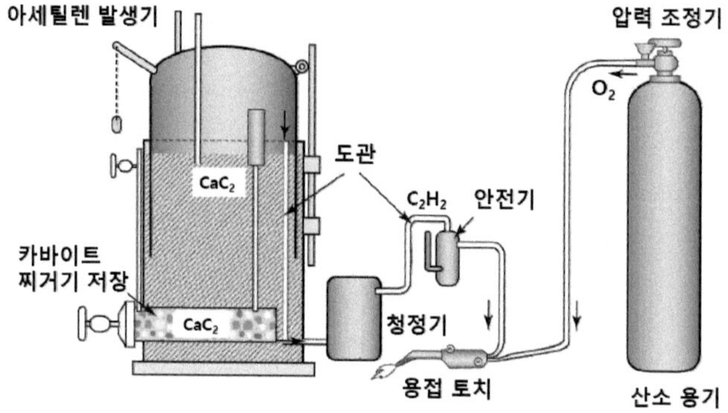

그림 12.19 가스용접장치

이러한 가스용접은 아크용접과 같이 융접의 일종이다. 산소-아세틸렌가스 용접은 두꺼운 철판 용접은 가능하지만 너무 두꺼우면 용접속도가 느리고 높은 예열을 필요로 하므로 가장 알맞은 판 두께는 3~6 ㎜ 정도이다. 산소-아세틸렌 불꽃의 성질은 토치 내에서의 아세틸렌과 산소의 혼합비에 의하여 환원성 불꽃, 산화성 불꽃, 중성불꽃으로 된다.

가스용접의 장점은 다음과 같다.

① 각종 금속에 대한 응용범위가 넓고 가열조절이 비교적 자유스러우며 작업이 쉽고 운반이 편리하며 설비비용이 싸다.

② 균열발생의 염려가 있는 금속, 엷은 판, 판재, 비철 합금, 특히 용융점 증발점이 낮은 금속의 용접에도 사용된다.

③ 용접 및 절단이 가능하다.

④ 자외선 적외선 등의 유해 광선이 발산되지 않는다.

한편 가스용접의 단점은 다음과 같다.

① 직접용접에 사용되는 열원의 열효율이 낮다.

② 폭발의 위험 및 소모비 등이 많다.

③ 재질의 탄화 및 산화의 우려가 있다.

④ 가열범위와 가열시간이 많기 때문에 금속에 따라서는 기계적 강도가 떨어진다.

용접부에 압력을 가하지 않은 경우와 압력을 가하는 경우가 있는데 전자를 **가스용접**, 후자를 **가스압접**이라 한다. 가스용접에서는 가열부 및 용금이 가스에 노출되기 때문에 오염되기 쉽고 가열이 집중적으로 되지 않기 때문에 열영향부가 많아 용접변형이 잘 생긴다.

2) 아세틸렌 가스용접

저탄소강, 합금강, 주강 등을 용제 없이 용접할 수 있고, 스테인리스강, 주철 등은 용제를 사용하여 표준 화염 및 산소 과잉 화염으로 용접한다. Al과 같은 경합금은 아세틸렌 과잉 화염, 동합금은 표준 화염 및 산소 과잉 화염으로 용접한다.

① 화염열

그림 12.20은 화염 열에 대한 분포를 나타낸 것이다. 그림에서 제 1단계는 O_2와 C_2H_2를 1:1로 혼합하면 그림의 A부분(토치의 팁 부근)에서 반응열이 발생하고, 제 2단계는 CO와 H_2가 공기 중의 O_2와 그림의 B부분에서 반응열이 발생한다.

그림 12.21과 같이 아세틸렌의 양이 너무 많아지면 **탄화성 화염**(carburising flame)이 되고 산소가 지나치게 많으면 산화성 화염(oxidising flame)이 되며 산소와 아세틸렌의 비가 적당하면 중성 화염(neutral flame) 또는 표준 화염이 된다.

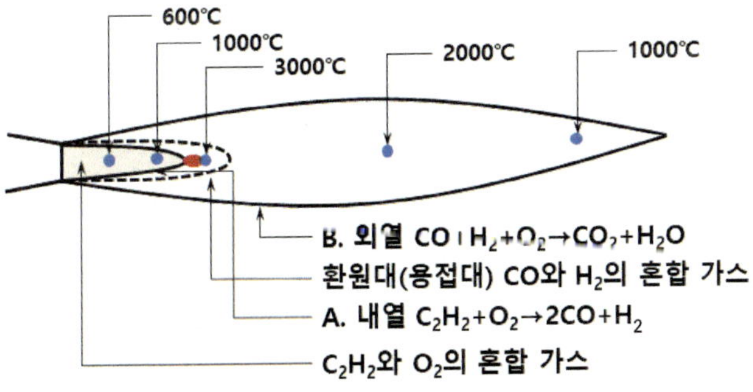

그림 12.20 화염열

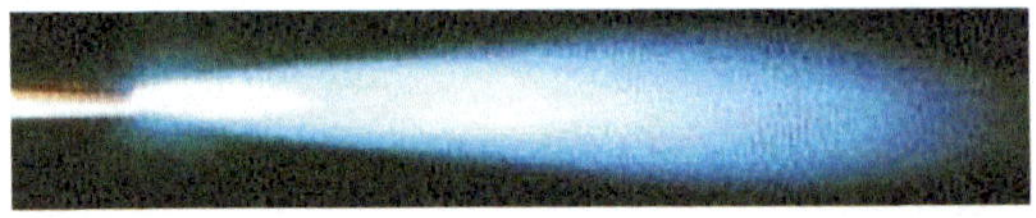

(a) 탄화성 화염

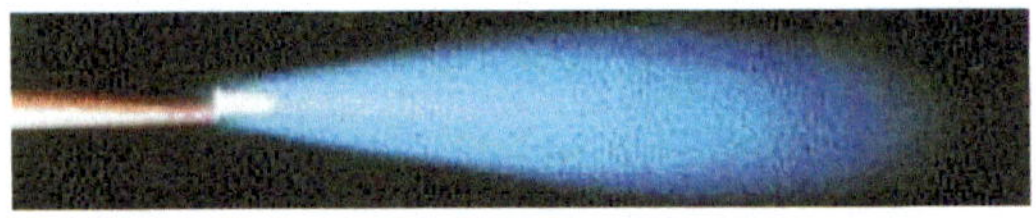

(b) 중성 화염

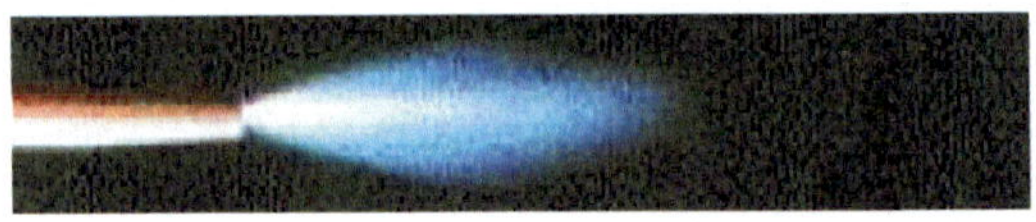

(c) 산화성 화염

그림 12.21 화염의 종류

② 용접봉

용접봉(그림 12.22)은 용접부에 공급되어 모재 간극을 메우는 용접재로 사용된다. 일반적으로 모재와 거의 같은 성분을 갖고 있으나 모재 종류와 성분에 따라 선택한다.

산소-아세틸렌 가스용접은 산화염이 되기 쉬운데다가 공기 속에 있는 산소를 흡수하여 용융금속이 산화되는 경우가 많다. 이 때문에 용착금속은 산화물을 포함하게 되는데 이를 방지하기 위하여 중성불꽃 혹은 환원불꽃을 사용하며 **플럭스**를 사용하게 된다. 플럭스는 용접 중에 생기는 금속의 산화물, 또는 비금속 게재물을 용해하며, 용제와 결합시켜 용융온도가 낮은 슬래그를 만들어 용융금속의 표면에 떠오르게 하여 용착금속의 성질을 좋게 하는 것이다. 플럭스는 건조된 가루, 페이스트 또는 용접봉표면에 피복한 것 등이 있으며 보통 고체 가루를 물 또는 알콜에 개어서 용접 전에 브러시로 용접 흠이나 용접봉에 칠하여 사용한다.

그림 12.22 용접봉

표 12.7 가스 용접봉의 성분

피용접 재료	용접봉의 성분(%)					
	C	Si	Mn	P	S	Ni
연강, 주강	0.05~0.25	〈0.06	0.3~0.6	〈0.03	〈0.03	
고탄소강 (06~1.0%)	0.15~0.30	0.1~0.2	0.5~0.8	〈0.04	〈0.04	3.35~3.75
주철	3.0~3.5	0.35	0.5~0.7	〈0.8	〈0.06	
황동	피용접 재료와 같은 재료					
알루미늄	Al에 P를 첨가					

가스용접의 용접봉은 원칙적으로 모재와 같은 용착금속을 얻기 위해서 모재와 조성이 동일하거나 비슷한 것이 사용되지만 용접부는 용접 중에 야금적 현상 때문에 성분과 성질이 변하므로 용접봉의 성질과 성분을 보충할 성분을 포함하고 있는 재료를 사용한다(표 12.7).

③ 용제

금속이 가열되어 공기 중의 산소와 접촉하면 산화물이 생겨 비중이 작은 것은 위에 슬래그로 부유하지만 비중이 큰 것은 용착 금속 내에 들어가 불량 용접의 원인이 된다.

이에 대한 대책으로서 산화물 등의 용융 온도를 낮게 하여 슬래그로 부유시키거나 용접 중 접합면을 공기와 차단하여 산화 작용을 못하게 하는 용제(flux)를 사용한다.

(3) 테르밋용접

테르밋용접법(thermit welding)은 용접 열원을 외부로부터 가하는 것이 아니라, 테르밋 반응으로 생성되는 열을 이용하여 금속을 용접하는 방법이다. 테르밋 반응(thermit reaction)이란 금속 산화물과 알루미늄 간의 탈산반응을 총칭하는 것으로서, 현재 실용되고 있는 철강용 테르밋제는 다음과 같은 반응을 일으킨다.

$$2Al + 3Fe_3O_4 = 3Fe + Al_2O_3 + 187.1\ Kcal$$
$$2Al + Fe_3O_4 = 2Fe + Al_2O_3 + 181.5\ Kcal$$
$$8Al + 3Fe_3O_4 = 9Fe + 4Al_2O_3 + 7112.3\ Kcal$$

미세한 알루미늄 분말과 산화철 분말, 즉 FeO, Fe2O3, Fe3O4를 약 3~4:1의 중량비로 혼합한 **테르밋제**(thermit mixture)에 과산화바륨과 알루미늄(또는 마그네슘) 등의 혼합 분말로 된 점화제를 놓고, 이것을 점화하면 점화제의 화학반응에 의하여 테르밋 반응을 시작하는데 필요한 약 1,200℃ 이상의 고온이 얻어진다. 이 고온에 의해 강렬한 발열을 일으키는 테르밋 반응으로 되어 약 3,000℃에 달한다. 그 결과 산화철은 환원되어 용융상태의 순철로 된다.

그러나 실제로는 용접금속의 품질과 성질을 조정하기 위하여 테르밋제에 다른 합금 원소나 탈산제 등을 배합하여 사용한다. 또한, 이 용접법에는 용융 테르밋용접법과 가압 테르밋용접법이 있는데 주로 용융 테르밋용접법이 사용되고 있다.

1) 용융 테르밋용접법

용접 테르밋용접법은 접합 부재 간에 적당한 틈새를 만들고 그 후 주위를 주형으로 둘러싸고 주형 밑 부분에 있는 예열 구멍으로부터 모재를 적당한 온도까지 예열(동의 경우 800~900℃)한 후, 도가니 속에서 테르밋 반응으로 생성된 용융금속, 슬래그 순으로 도가니 밑 부분에서 주입한다. 주입 후 용접금속이 응고될 때까지 그대로 방치하고, 적당한 온도까지 냉각 후 주형을 해체하고, 탕구, 압탕 등을 제거한다. 필요에 따라서는 용접부의 열처리도 한다.

2) 가압 테르밋용접법

가압 테르밋용접법은 일종의 압접으로 모재의 양단 면을 맞대어 놓고 그 주위에 테르밋 반응으로 생긴 슬래그 및 용융금속을 주입하여 가열시킨 후 센 압력을 가해서 접합한다. 이 방법에서는 우선 모재의 양단 면을 깨끗하게 청소하고 주철제 주형으로 포위하여 냉각속도를 용융금속과 슬래그의 비중의 차를 이용해서 모재와 주평의 내면이 슬래그만으로 채워서 용융금속은 접하지 않도록 급가열하고 모재 양 단면에 센 압력을 가해서 압접 하는 것이다. 그러므로 이 용접에서는 용융금속은 전혀 사용하지 않는다.

테르밋용접은 단순한 장비와 경제적 비용으로 현장 작업에 매우 적합한 용접법으로 용접 변형이 적고 전력이 필요없어 이동성 높은 작업이 가능하다. 이와 같은 특징 덕분에 테르밋용접은 철강 계통으로는 주로 레일의 접합, 차축, 선박의 선미 프레임 등 비교적 큰 단면을 가진 주조나 단조품의 맞대기 용접과 보수 용접에 사용되며, 동 계통으로는 주로 전기용품 재료의 이음 분야에 이용되고 있다.

(4) 일렉트로 가스(아크)용접

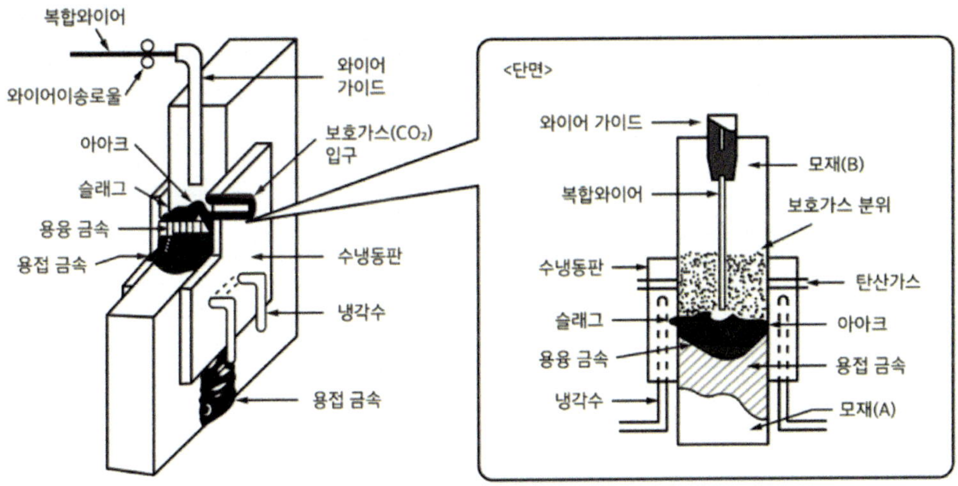

그림 12.23 일렉트로 슬래그용접법의 원리

일렉트릭 가스 아크 용접은 수직선용 용접이라는 점에서는 일렉트로 슬래그용접과 같지만, 사용되는 열원이 아크라는 점에서 크게 다르다. 용접의 원리는 그림 12.23과 같으며 수냉 동판으로 용접 부위를 둘러싸고 그 안으로 CO_2를 집어넣어 보호가스 분위기를 만든 이후에 와이어 가이드 노즐을 통하여 복합(용접)와이어를 송급하여, 복합와이어 끝과 모재 간에 발생하는 아크로 복합와이어와 모재를 용융하여 용접을 진행한다. 보호 가스는 모재의 재질에 따라서 사용되며 강에 대해서는 주로 CO_2가 사용되지만, CO_2-Ar, Ar-O_2 등의 혼합가스를 사용할 때도 있다. 조선, 고압탱크, 원유탱크 등에 널리 사용된다. 특징으로서는 다음과 같다.

① 중후판물(40~50 ㎜)의 모재에 적용되는 것이 능률적이고 효과적이다.

② 용접속도가 빠르다.

③ 용접변형도 거의 없고 작업성도 양호하다.

④ 전극은 용제 코어드와이어를 사용한다.

(5) 전자빔용접

그림 12.24의 **전자빔용접**(Electron beam welding)은 고진공(10^{-4} ~ 10^{-6} mmHg) 중에서 고속의 전자빔을 모아서 그 에너지를 접합부에 조사하여 그 충격 열을 이용하는 용접법이다. 즉, 진공 중에 필라멘트를 가열하여 방출된 전자를 양극 전압으로 가속과 전자 코일로 집속하여 용접물에 충돌시켜 전자운동에너지를 변환시켜 용접하는 방법이다. 진공 중에서 용접이 되므로 높은 순도의 용접이 되지만 X선 피해에 대한 특수 보호 장치가 필요하다. 압연강재, 구조용 합금강, 알루미늄 및 그 합금, 동 및 그 합금의 용접에 적용된다.

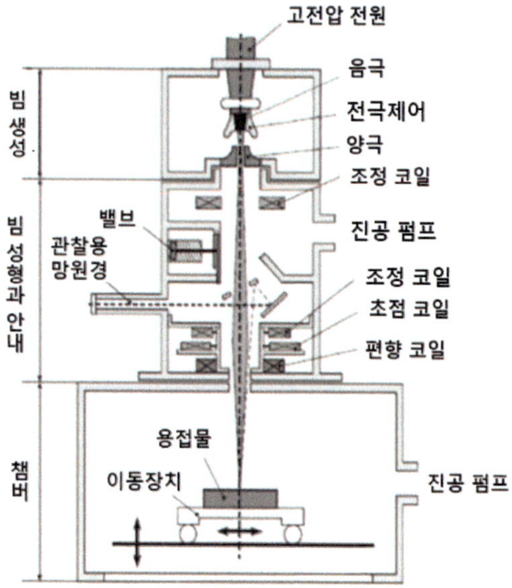

(b) 용접 사진

그림 12.24 전자빔용접

(6) 레이저빔 용접

레이저(light amplification by stimulated emission of radiation; LASER)는 유도방사를 이용한 빛의 증폭기 혹은 발진기를 말한다. 여기에서 만들어진 빛은 강한 에너지를 가지고 있으며, 집속성(coherence)이 강한 단색 광선이다. 이때의 출력을 이용하여 용접을 하는 것이며 **레이저용접**의 원리는 그림 12.25 (a)와 같으며 그림 12.25 (b)는 용접 사진이다.

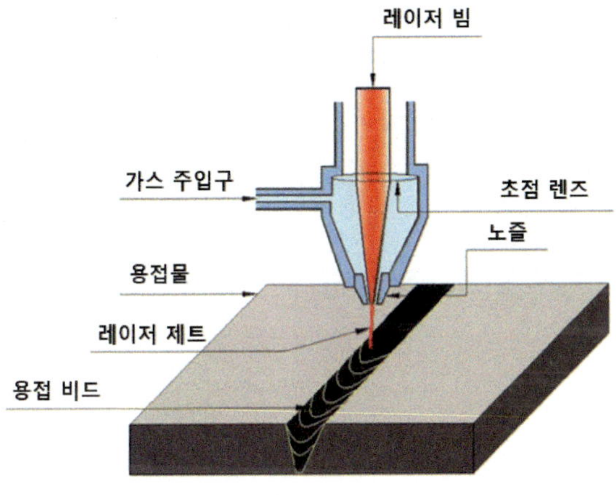

(a) 원리

(b) 용접 사진

그림 12.25 레이저용접

(7) 초음파용접법

1) 원리

초음파용접법(ultrasonic welding)은 두 소재를 가압 후 초음파 진동에너지를 접촉면에 국부적으로 작용시켜 모재를 접합하는 고상 용접법이다(그림 12.26).

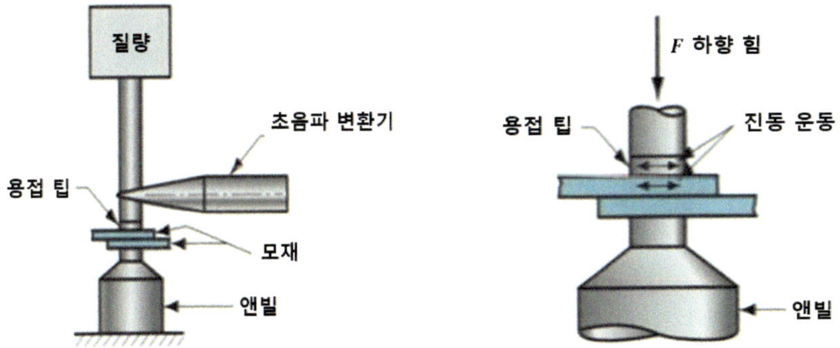

그림 12.26 초음파용접

용접팁과 받침대(anvil) 사이에 가압된 모재에 팁으로부터 1~7초 정도의 단시간 진동에너지가 작용되면 접촉면의 불순물은 축출되고 접촉면에 국부적인 소성변형이 일어난 금속원자 사이에 결합이 이루어진다.

이 접합부는 냉간 가공된 상태로 미세입자 조직이 되고 진동에너지의 일부가 열로 변화되어 접합부의 온도를 약간 상승시킨다.

이러한 온도 상승은 모재의 특성과 조직을 일부 변화시키나 전체 조직과 특성에는 영향을 미치지 못한다.

2) 장점과 단점

장점으로서는 다음과 같은 것이 있다.

① 진공 중의 용접으로 가스오염이 적다 → 양호한 용접부를 얻음

② 용접 입열이 적어 용접변형이 적다 → 용접부 폭이 좁으므로 정밀 용접이 가능함

③ W, Mo 등의 고융점 재료 또는 열전도율이 다른 이종금속 용접이 가능하다.

④ 에너지 밀도가 높아 용융부나 열영향부가 좁고 용입이 깊으며 용접속도가 빠르다.

한편 단점으로서는 다음과 같은 것이 있다.

① 진공용접에서 증발이 아연, 카드뮴 재료 등에 부적합하다.

② 산소, 질소, 수소, 탄소 등의 불순물을 다량 함유한 재료이다.
→ 증발 현상 및 용융부의 빠른 냉각속도와 더불어 기공의 발생, 합금성분의 감소 등이 발생한다.

③ 용융부가 좁으므로 냉각속도가 빨라 경화현상을 일으키기 쉽다(용접균열 발생원인).

④ 대기압형의 용접기를 사용할 때 X선 방호가 필요하다.

12.3.2 압접

(1) 전기저항용접

전기저항용접(electric resistance welding) 방법은 금속에 전류가 흐를 때 일어나는 줄열을 이용하여 압력을 주면서 용접하는 방법이다. 용접하고자 하는 2개의 금속 면을 서로 맞대

어 놓고 적당한 기계적 압력을 주면서 전류를 흐르게 하면 접촉면에 존재하는 접촉저항 및 금속 자체의 저항 때문에 접촉면과 부근에 열이 발생하여 온도가 오르게 된다. 그 부분에 가해진 압력 때문에 양면이 완전히 밀착하게 되며, 이때 전류를 끊어서 용접을 완료하게 된다.

1) 점용접

겹침 저항용접법 중에서 **점용접**(spot welding) 방법은 그림 12.27과 같다. 이것은 접합하고자 하는 판을 2개의 전극 사이에 끼워놓고 전류를 통하면 접촉면의 전기저항이 크므로 발열하게 된다. 접촉면의 저항은 곧 소멸하게 되지만 이 발열로 재료 온도가 상승하여 모재 자체의 저항이 커져서 온도는 더욱 상승한다. 전극의 재질은 전기와 열전도도가 좋고 연속 사용하더라도 내구성이 있으며 고온에서도 기계적인 성질이 유지되어야 한다.

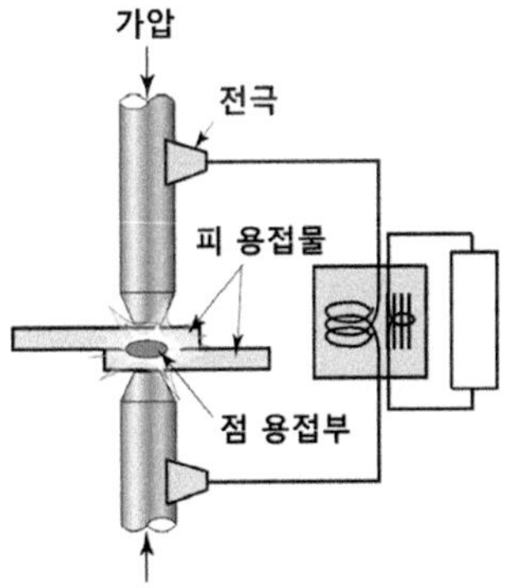

그림 12.27 점용접

철강을 비롯한 경합금, 구리합금에는 순 구리를 구리 용접에는 Cr, Ti, Ni 등을 첨가한 구리합금이 많이 쓰이고 있다. 점용접은 저탄소강, 고탄소강, 저합금강, 알루미늄과 알루미늄 합금, 스테인리스강(18Cr-8Ni), 주석도금판 등 각종 금속에 사용되고 있다.

2) 프로젝션용접

프로젝션용접(projection welding)은 점용접과 비슷한 것으로 제품의 한쪽 또는 양쪽에 작은 돌기를 만들어 이 부분에 용접전류와 압력을 가해서 모재의 접촉저항과 고유저항에 의한 저항 열을 이용하여 용접부를 용융시켜서 압접하는 방법이다(그림 12.28).

프로젝션용접의 특징은 다음과 같다.

① 두꺼운 판과 얇은 판 또는 열전도가 서로 다른 금속의 용접이 양호하다.

② 전극의 수명이 길고, 작업 능률이 높다.

③ 용접속도가 빠르다.

④ 외관이 아름답다.

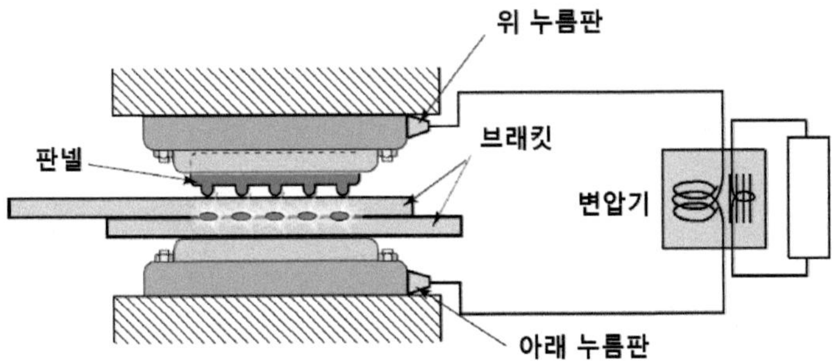

그림 12.28 프로젝션 용접

3) 심용접

심용접(seam welding)은 원형의 전극 롤러를 회전시켜 점용접을 연속적으로 행하는 용접법이다(그림 12.29).

심용접의 특징은 다음과 같다.

① 산화작용이 적다.

② 얇은 판과 두꺼운 판의 용접이 가능하다.

③ 가열 범위가 좁아 변형이 적다.

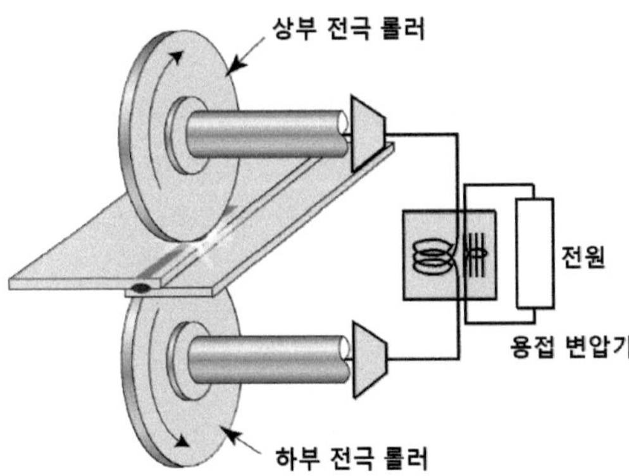

그림 12.29 심용접

4) 업셋용접

업셋용접법은 맞대기 저항용접(upset-butt welding)이라고도 하며, 용접재를 세게 맞대고 여기에 대전류를 통해 이음부 부근에서 발생하는 저항 발열로 가열시켜, 적당한 온도에 도달하였을 때 축 방향으로 큰 압력을 주어 용접하는 방법이다(그림 12.30).

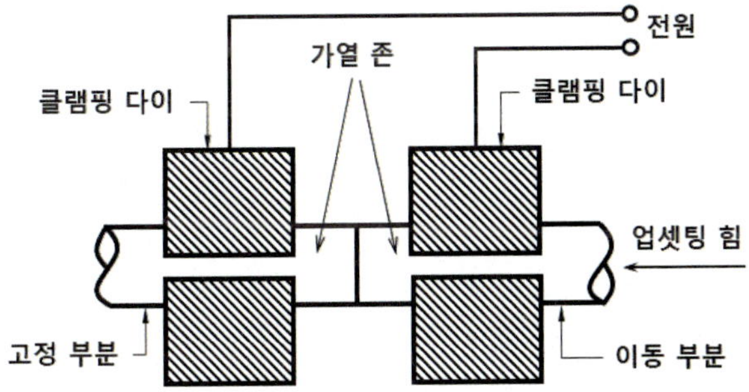

(a) 원리

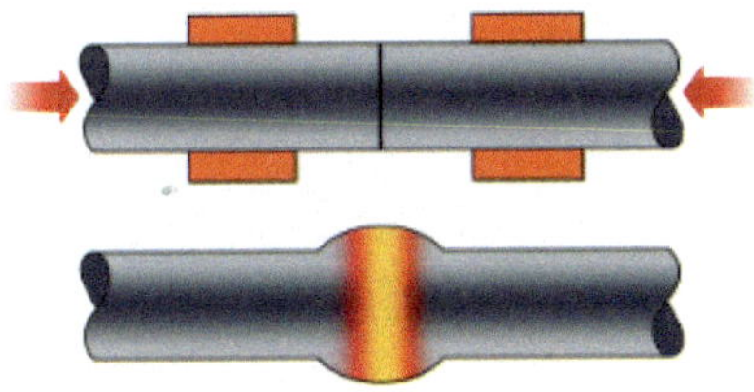

(b) 완성 업셋 용접

그림 12.30 업셋용접

이 용접법은 고상압접에 속하며 이음 면에서의 슬립변형과 확산에 의해 접합이 완료된다. 압접온도는 용접재의 용점 이하지만 가압력과 관련하여 정해지며, 가압력이 클수록 압접온도는 낮아진다. 용접의 접합부에서는 금속이 녹아 비산하지 않는다. 업셋용접법의 특징은 다음과 같다.

① 접합면 사이에 산화물이 잔류하기 쉽다.

② 용접속도가 플래시 맞대기 용접보다 느리다.

③ 모재의 길이가 다소 짧게 된다.

④ 업셋 부분이 균등하고 매끈하다.

⑤ 용접기가 간단하고 저렴하다.

⑥ 접합부가 새어 나오지 않는다.

강철선, 동선, 알루미늄선 등의 인발작업에서 선재의 접합에 사용되고 또한 연강의 각종 단면, 둥근 봉재, 각재, 판재, 파이프 등의 접합에 이용가능하다.

5) 플래시용접

플래시용접(flash welding)은 업셋 용접과 거의 비슷한 용접으로 불꽃용접이라고도 부르며 용접하고자 하는 모재를 약간 띄워서 고정해 이동대의 전극에 각각 고정하고 전원을 연결한 다음 서서히 이동시켜 전진시키고 모재에 가까이 한다(그림 12.31). 여기에 대전류를 통하여 접촉점을 가열한다. 접촉점은 과열, 용융되어 불꽃으로 흩어지나 그 접촉이 끊어지면 다시 용접재를 내보내어 항상 접촉과 불꽃 비산을 반복시키면서 용접면을 균일하게 가열하여 적당한 온도에 도달하였을 때에 강한 압력을 주어 압접하는 방법이다.

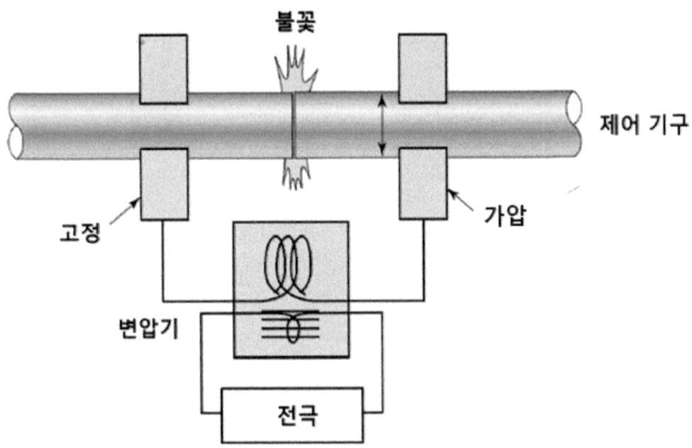

그림 12.31 플래시용접

12.3.3 마찰용접

(1) 개요

마찰용접(friction pressure welding)은 용접할 재료를 맞대어 놓고서 그 접촉면에 압력을 주면서 서로 간에 상대운동을 시키면 마찰열이 발생하게 되며, 이러한 마찰열을 이용하여 접합부의 산화물을 녹여 내리면서 접합시키는 방법이다(그림 12.32). 압력을 사용하는 관계로 맞댄 부분에 돌출부가 생긴다.

마찰용접은 고상용접의 한 분류이며 고상용접 원리는 대단히 간단한 것으로 2개의 깨끗하고 매끈한 금속면을 원자와 원자의 인력이 작용할 수 있는 거리에 접근시키고 기계적으로 밀착하여 회전, 진동, 충격, 대전류 등을 통전하여 용접이 된다.

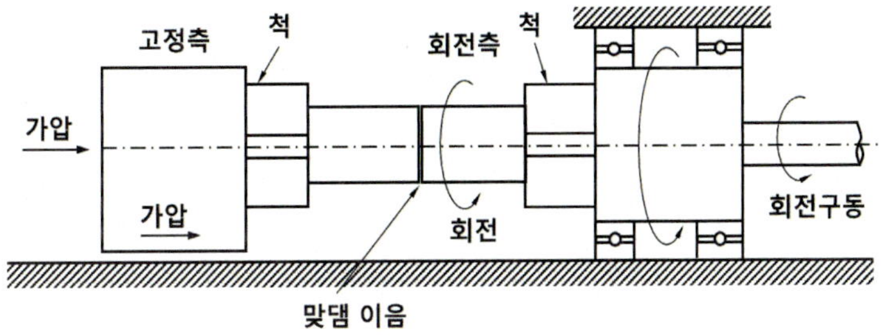

그림 12.32 마찰용접의 원리

현재 실용되고 있는 고상용접으로 다음과 같은 종류가 있다.

① **롤러용접** : 압연기 롤러의 압력에 의한 용접

② **냉간압접** : 외부에서 기계적인 힘을 가하여 가압하여 접합

③ **열간압접** : 접합부를 가열하고 압력 또는 충격을 가하여 접합

④ **마찰용접** : 접촉면의 기계적 마찰로 가열된 것을 압력을 가하여 접합

⑤ **폭발용접** : 폭발의 충격파에 의한 용접

⑥ **초음파용접** : 접합면을 가압하고 고주파 진동에너지를 그 부분에 가하여 용접

⑦ **확산용접** : 접합면에 압력을 가하여 밀착시키고 온도를 올려 확산으로 하는 용접

고상용접 중에서 롤러접합, 열간압점, 마찰용접, 폭발용접, 초음파용접 등은 공기 중에서 하나 냉간 압접 및 확산 용접은 표면이 더러워지는 것을 방지하기 위하여 적당한 내산화막을 만들든지 또는 진공 중에서 작업한다.

고상용접은 정적 또는 동적인 압력을 가하여 접합부을 용융시키지 않고 고상면끼리 접합시키는 용접을 말한다.

(2) 원리와 용접방식

1) 원리

그림 12.33은 마찰 용접 공정의 개략도를 나타낸 것이다.

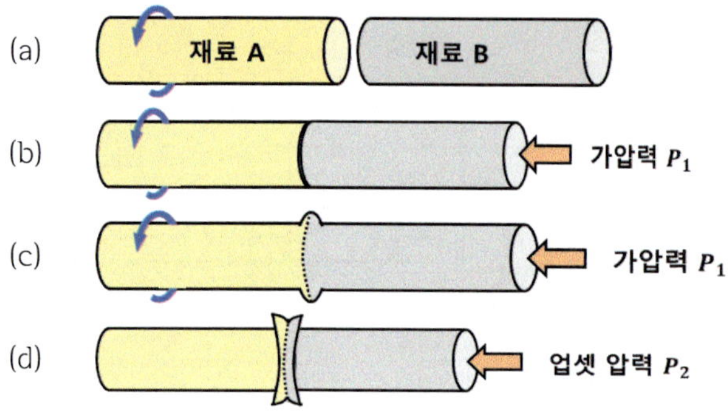

그림 12.33 마찰 용접 공정의 개략도

브레이크식(brake type) 마찰용접법은 회전수, 가압력, 업셋량 또는 가열시간이 주요 변수이다.

그리고 플라이휠식(fly wheel type) 마찰용접법은 가압력, 플라이휠모멘트(원판) I, 회전수가 n가 주요 변수이다. 즉, 관성 에너지 E가 다음과 같기 때문이다.

$$\text{관성 에너지 } E = \frac{I\omega^2}{2} = \frac{I(2\pi n)^2}{2} = 2\pi^2 I n^2$$

여기서, 관성모멘트 $I = mR^2/2$, ω는 각속도(rad/sec)이다.

2) 용접조건

① 가압력은 P_1=2~8 kgf/㎟이고, 업셋 압력은 $P_2 = P_1$ 또는 (2~4)P_1이다. 주로 $P_2 > P_1$의 조건이다.

② 접합부에 금속간화합물이 생기는 경우나 열처리재의 접합에서는 접합부의 강도가 낮거나 균열이 잘 생기므로 P_1을 작게, 가열시간을 길게 하여 버(burr)를 크게 생성시켜서 접합부의 금속간화합물을 제거하고 급냉을 피하며 경화부를 배제하여 우수한 품질을 확보한다.

③ 회전수에 대해서는 최대 원주속도는 1~5 ㎧로 한다. 낮으면 마찰토크가 불균일하며, 높으면 과열이 생긴다.

3) 종류

마찰용접에는 그림 12.34와 같은 종류가 있다.

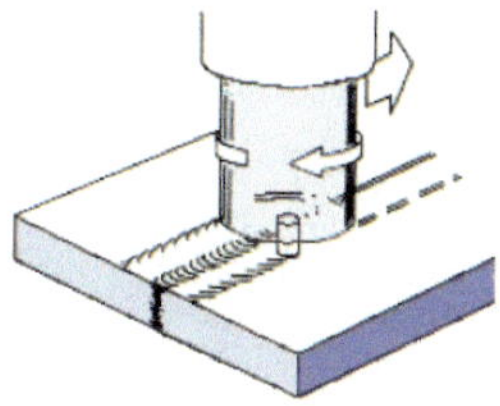

(a) 표면 마찰용접

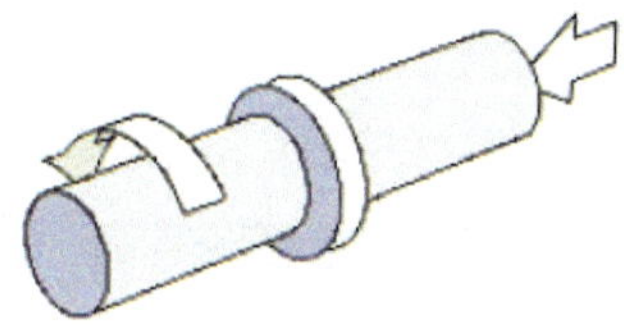

(b) 회전표면 마찰용접

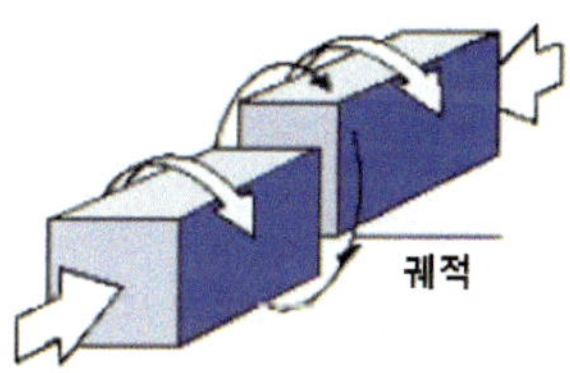

(c) 궤도 마찰용접

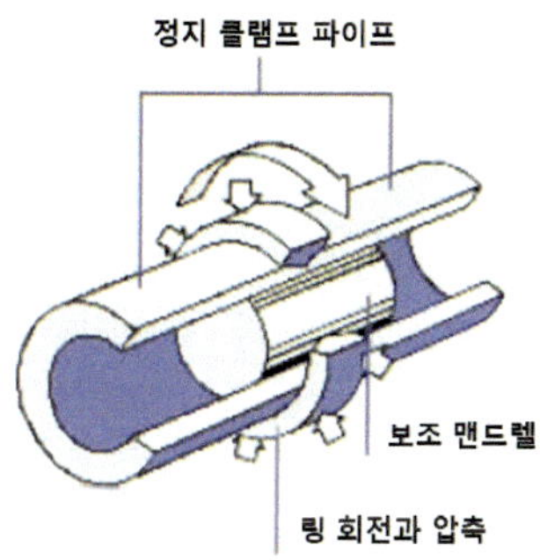

(b) 회전 마찰용접

그림 12.34 마찰용접의 종류

(3) 특징

① 접합에 필요한 입력이 다른 용접법에 비해 매우 작다. 예를 들면 저항용접의 약 1/5~1/10 정도이다.

② 장치의 자동화가 쉽고, 대량생산에 적합하다.

③ 용접부의 성능에 영향을 미치는 요인수가 적다. 또한, 이 요인들의 제어가 용이하기 때문에 이음매의 품질 관리면에서 유리하다.

④ 치수 정밀도가 높은 제품이 제작될 수 있다.

⑤ 이종재료의 용접에서는 압접법 등에서 발생되기 쉬운 취약한 합금 또는 금속간화합물의 형성이 억제될 수 있다.

⑥ 용접 시에 아크 등이 발생하지 않기 때문에 양호한 작업환경이 유지된다.

그러나 너무 긴 것이나 용접부에 회전마찰을 일으킬 수 없는 것, 또는 중량이 큰 것끼리를 용접하는 것은 곤란하다.

12.3.4 열가소성 용접

플라스틱은 용접용 플라스틱과 비용접용 플라스틱으로 크게 나눌 수 있다. 전자를 **열가소성 수지**(thermo-plastics)라 하며, 후자를 **열경화성 수지**(thermosetting plastics)라 한다.

열가소성 플라스틱이란 열을 가하면 연화하며 더욱 가열하면 유동하는 것으로 열을 제거하면 온도가 내려가 처음 상태의 고체로 변하는 것을 말한다.

열경화성 플라스틱이란 열을 가해도 연화하는 일이 없고 더욱 열을 가하여 온도를 상승시키면 유동하지 않고 분해를 하며 열을 제거하면 처음 상태의 고체로 변하지 않는 플라스틱을 말한다.

따라서 열가소성 플라스틱은 용접이 가능하며 보통 용접용 플라스틱이라 부른다. 열경화성 플라스틱은 현재로는 용접이 불가능하며 접합 방법으로는 접착제에 의한 접착이나 리벳, 볼트, 너트에 의한 기계적 접합이 사용되고 있다.

용접용 열가소성 플라스틱은 우리들의 생활과 대단히 밀접한 것으로서 폴리염화비닐, 폴리에틸렌, 폴리아미드, 폴리프로피렌, 메타크릴, 불소 수지 등이 있으며 용접이 되지 않는 열경화성 플라스틱에는 페놀(phenol-formaldehade), 요소, 멜라민, 폴리에스테르, 규소 등의 수지가 있다.

용접의 방법으로는 열기구 용접, 마찰용접, 열풍용접, 고주파용접 등이 있다. 최근에는 플라스틱 성질이 잘 알려져 있으며 용접 장치와 기술이 발달되어 용접의 자동화로 인한 제품의 대량생산이 가능하게 되고 있다.

12.3.5 스터드용접

스터드용접(stud welding)법은 동봉 또는 황동봉 등을 볼트 대신에 모재에 심는 방법이며 아크용접의 일종이다.

용접의 원리는 우선 스터드 선단에 페룰(ferrule)이라고 불리는 보조 링을 끼우고, 스터드를 모재에서 약간 떼어놓아 아크를 발생시켜 적당히 용융하였을 때 스터드를 용융지에 압입하여 용착시킨다. 일반적으로 아크 발생 시간은 0.1~2초 정도로 선정된다. 용접 작업은 모두 전기적으로 자동화되었으며 스터드용접총(stud welding gun)으로 스터드를 심을 때가 많다. 용접 전원은 직류나 교류 모두 사용되지만, 일반적으로 세렌 정류 방식의 직류 용접기가 많이 사용된다.

스터드용접은 아크열에 의한 순간적인 국부 가열이므로 용접 응력이 대단히 작아서 실용상 문제가 되지 않는다. 그러나 용접 후의 냉각 속도가 비교적 빠르므로 경화성이 큰 모재를 사용할 경우에 균열이 생기기 쉬우므로 중요한 구조물에서는 적당한 예열을 한다.

스터드용접은 철강 재료 외에 동, 황동, 알루미늄, 스테인리스강에도 적용되며, 조선, 교량, 건축, 보일러관 등에 널리 응용되고 있다.

12.4 화학적 접합

12.4.1 납땜

납땜은 접합하려고 하는 금속을 용융시키지 않고 이들 금속 사이에 모재보다 용융점이 낮은 땜납(solder)을 용융 첨가하여 접합하는 방법이다.

땜납의 대부분은 합금으로 되어 있으나 단재금속도 사용된다. 땜납은 모재보다 용융점이 낮아야 하고, 표면 장력이 적어 모재 표면에 잘 퍼지며, 유동성이 좋아서 틈을 잘 메울 수 있는 것이어야 한다. 그 외에도 사용 목적에 따라 강인성, 내식성, 내마멸성, 전기전도도, 색채조화, 화학적 성질 등이 요구된다.

피접합 물질은 저융점의 금속부터 3,000℃ 이상의 융점을 가진 금속, 비금속, 또는 반도체 등 여러 가지가 있으며, 땜납은 융점이 50~1,400℃ 정도의 것이 사용되고 있다. 납땜은 땜납의 융점이 450℃ 이하일 때 이를 연납땜(soldering)이라 하고, 450℃ 이상일 때 경납땜(brazing)이라고 한다. 미국에서는 융점이 427℃(800℉)를 한계로 한다. 일반적으로 용접용 땜납으로는 경납을 사용한다.

납땜은 분자 간의 흡인력에 의한 결합이므로 본드(bond) 결합이라고도 하며, 이 결합을 만족하게 하기 위하여 피접착 금속의 접착 표면을 깨끗이 하고 산화를 방지하며 불순물을 제거하기 위해 여러 가지 용제를 사용한다.

(1) 땜납재

1) 연납

융점이 450℃ 이하인 땜납재를 **연납**(soft solder)이라 한다. 연납은 일반적으로 주석(Sn), 주석-납(Sn-Pb) 합금, 납(Pb) 또는 필요에 따라 안티몬(Sb), 은(Ag), 비소(As) 및 비스무트(Bi) 등을 함유한다. 연납 중에서 가장 많이 사용되는 것은 주석-납 합금이다. 알루미늄, 특수강, 주철 등의 일부 금속을 제외하고는 철강, 동, 니켈, 납, 주석 및 이들 합금의 접합에 널리 쓰인다.

연납은 경납에 비해 기계적 강도가 낮으므로 강도를 필요로 하는 부분에는 부적당하다. 그러나 용융점이 낮고 납땜이 용이하므로 전기부품의 접합이나 기밀, 수밀을 필요로 하는 곳에 널리 사용된다. 보통 연납은 62% Sn - 38% Pb에 가까운 조성의 것을 사용하지만 납관 접합용에는 융해 온도 구역이 넓은 성분이 쓰인다. 자기용 땜납에는 주석-납-아연(Sn-Pb-Zn) 합금이 쓰이며, 납-카드뮴(Pb-Cd)계, 아연-카드뮴(Zn-Cd)계도 있다. 또한, 저 융점 납땜으로는 비스무트-카드뮴-납-주석(Bi-Cd-Pb-Sn) 합금은 융점이 60-100℃의 것도 있다. 그러나 다른 땜납에 비해 강도가 작고 취약하므로 주로 전기부품의 납땜에 쓰인다.

대규모일 때에는 토치램프(torch lamp)나 가스 토치 등을 사용하고 땜납의 형상으로는 봉 모양, 선 모양, 실 모양 등이 있으며, 특별한 것은 중공으로 된 선재 내부에 용제를 꽉 채운 것과 입자상의 땜 납재에 용제를 혼합한 페이스트(phaste) 모양의 것이 있다.

2) 경납

융점이 450℃ 이상인 땜납재를 **경납**(hard solder)이라 한다. 경납은 연납에 비해 용융점이 높고 기계적 강도도 좋으므로 강도를 필요로 하는 장소든지 내열성, 내식성, 내마멸성을 필요로 하는 장소 또는 색채 등을 가능한 한 충족시키는 곳에 사용된다.

경납은 모재의 종류, 납땜 방법 또는 용도에 따라 여러 가지가 있다. 경납의 종류로는 은납, 황동납, 인동납, 알루미늄납, 니켈납 등이 있으며, 기타 특수 용도의 납이 몇 종 있다. 경납의 형상에는 선 모양, 세편 모양, 분말 모양, 페이스트 모양이 있고, 알루미늄-규소계의 납은 피복 모양으로 된 것을 사용하고 있다.

① 은납

은납(silver solder)은 은-구리-아연(Ag-Cu-Zn) 합금 또는 카드뮴(Cd), 니켈(Ni) 및 주석(Sn)을 합금한 은합금으로 경납 중 비교적 용융점이 낮아 작업이 쉽다. 또한, 유동성이 좋고 강도 및 연신율이 우수하다. 알루미늄 및 마그네슘을 제외한 비철 합금과 철강과 동, 동합금 등의 납땜에 널리 사용된다.

② 황동납

황동납(brass solder)은 구리(Cu)와 아연(Zn) 60% 이하를 합금한 동합금이며, 동, 동합금과 일부 철강 등의 납땜에 널리 사용된다. 융점은 850~1050℃ 정도이다. 황동납의 결점은 전기 전도도가 낮고, 진동에 대한 저항이 적으며, 전해 작용을 받기 쉽다. 또한, 아연의 증기압이 높으므로 납땜 작업 중 과열하면 아연이 증발하여 이음부에 공동이 생겨서 이음부의 강도가 낮아진다. 따라서 1,000℃ 이상으로 가열하면 안 된다.

③ 인동납

인동납(phosphorus copper solder)은 구리(Cu)에 인(P) 또는 구리(Cu)에 인(P)과 은(Ag)을 합금한 동합금이며, 동이나 동합금의 납땜에 널리 사용된다.

이음부의 전기 전도도 및 기계적 성질이 좋고 황산 등에 대한 내식성도 우수하나, 철강 또는 니켈을 10% 이상 함유한 합금의 땜납에 사용하면 취약하므로 주의해야 한다. 동과 동을 납땜할 때에는 용제가 필요 없으나 동합금에는 용제를 사용하며, 융점은 705~925℃ 정도이다.

④ 양은납

양은납(german silver solder)은 구리-아연-니켈(Cu-Zn-Ni) 합금이며, 니켈(Ni) 함유량이 많을수록 융점이 높고 색깔이 희게 된다. 보통 성분은 47%Cu-11%Zn-42%Ni이며, 융점이 높고 강인하므로 동, 황동, 니켈 합금 철강 등의 납땜에 널리 사용된다.

⑤ 알루미늄납

알루미늄납(aluminum solder)은 알루미늄을 주성분으로 하고 규소(Si), 구리(Cu) 등을 합금한 알루미늄 합금이며, 융점은 600℃ 정도이며 모재와의 융점의 차이가 적으므로 납땜 작업의 온도관리를 주의해야 한다. 고력 알루미늄 합금은 융점이 낮으므로 납땜을 할 수 없다. 따라서 이들 합금은 보통 아연계 합금 등의 알루미늄 땜납이 사용된다.

⑥ 내열합금용납

내열합금용납에는 니켈-크롬(Ni-Cr)계, 은-망간(Ag-Mn)계, 구리-금(Cu-Au)계 등이 있지만 Ni-Cr계 납이 가장 좋으므로 많이 사용된다. 니켈 및 코발트계는 내열, 내식 재료인 제트 엔진, 가스 터빈, 스테인리스강 등의 납땜에 사용된다.

3) 용제

용제는 용가제 및 모재 표면의 산화를 방지하고, 가열 중에 생성되는 금속 산화물을 녹여서 액상화하며, 땜납을 이음 면에 침투시키는 역할을 한다. 따라서 융점이 땜납보다 낮고, 용제가 산화물로 되었을 때 땜납보다 가벼우며, 슬래그의 유동성이 좋고 또한 모재 및 땜납을 부식시키지 않는 것이 좋다. 용제는 이음 면을 깨끗이 하고 이음 면과 그 근처에 골고루 뿌리든지 또는 페이스트로 만들어 칠한다. 또한, 납땜 후 잔류 용제나 슬랙은 깨끗이 닦아내지 않으면 이음 면의 부식을 촉진시킨다. 미국용접협회(AWS)에서는 표 12.7과 같이 기본 용제와 모재와의 관계를 정했다. 적용 방식은 다음과 같다.

① 분말을 이음부에 뿌린다.

② 땜납 봉 끝을 가열하여 용제 속에 넣는다.

③ 물, 알코올 등과 혼합해서 사용한다.

④ 침투 납땜 법을 사용한다.

표 12.7 모재에 따른 용제

AWS No.	모재의 종류	납	용제의 유효 온도 범위(℃)	용제의 주성분	사용 형상	적용 방식
1	알루미늄 및 그 합금	BAlSi	371~642	불화물 염화물	분말상	1,2,3,4
2	마그네슘과 그 합금	BMg	482~648	불화물 염화물	분말상	3,4
3	구리와 그 합금 니켈과 그 합금 스테인리스강 탄소강 및 합금강 주철 기타 철계 합금 귀금속	BCu, BCuP, BAg, BAgMn, BAu, BCuZn, BNi	371~1093	붕사 붕산 불화물 불화봉산염	분말상 페이스트상 액상	1,2,3
4	알루미늄 청동 알루미늄 황동	BAg, BCuZn, BCuP	565~981	붕산염 불화물 염화물	분말상 페이스트상	1,2,3
5	AWS No.3와 같은 것, 또는 금은 제외	BCu, BCuP, BAg, BAgMn, BAu, BCuZn, BNi	538~1204	붕사 붕산 붕산염	분말상 페이스트상 액상	1,2,3
6	티탄 및 지르코늄이 함유된 합금	BAg, BAgMn	371~871	불화물 염화물	분말상 페이스트상	1,2,3

① 용접용 용제

가. 염화아연($ZnCl_2$)

가장 많이 사용되는 염화 아연액을 만들려면 염산은 사기그릇에 넣고 그 속에 아연을 넣어서 포화 용액으로 한다.

나. 염산(HCl)

진한 염산을 물로 희석시킨 것이며 아연 도금 강판의 납땜에 사용된다.

다. 염화암모늄(NH_4Cl)

산화물을 염화물로 만드는 작용이 있으며 염화아연에 혼합하여 사용된다. 이 외에 송진, 인산, 페이스트 등도 사용된다.

② 경납용 용제

가. 붕사 ($NaB_4O_7 \cdot 10H_2O$)

융점이 낮은 경납용 용제로 사용되며, 그 융점은 760℃ 정도이다. 붕사는 높은 온도로 가열하면 유리 모양으로 되는데, 이것은 금속 산화물을 용해, 흡수하는 성질을 지닌다. 융해 후의 점성이 비교적 높은 결점이 있으므로 이 밖에 식염, 붕산, 탄산나트륨 등과 혼합하여 사용된다. 알루미늄, 마그네슘, 크롬, 베릴륨 외에는 흔히 사용되고 있다.

나. 붕산(H_3BO_4)

붕산은 백색 결정체로서 융점은 875℃ 정도이며, 산화물의 제거 능력이 약하기 때문에 일반적으로 붕산 70%에 붕사 30% 정도를 혼합하여 철강에 주로 사용한다.

다. $3NaF \cdot AlF_3$

알루미늄, 나트륨의 불화물이며, 불순물의 용해력이 강하다.

라. Cu_2O

붕사와 혼합하여 주철 납땜에 쓰인다. 이것은 탈탄제로 작용하며, 주철면의 흑연을 산화시켜서 납땜을 쉽게 한다.

마. 식염 NaCl

융점이 낮고 단독으로는 못 쓴다. 또한, 부식성이 강하므로 혼합제로 소량 사용된다.

4) 경금속용 용제

알루미늄, 마그네슘과 그 합금의 납땜에서는 모재 표면의 산화물이 대단히 견고하므로 용제는 산화물을 용해하여 슬랙으로 제거하기 위해서는 강력한 산화물의 제거 작용이 필요하다. 대표적인 용제의 성분에는 염화리튬, 염화나트륨, 염화칼륨, 불화리튬, 염화아연 등이 있으며, 이것을 적절히 배합하여 사용한다.

(2) 납땜 방법

납땜 작업은 이음 면의 청정, 조립, 가열 및 후처리로 이루어진다. 이음 면은 미리 탈지, 솔질, 약품 청정 등으로 전처리를 하여 깨끗이 하고 적당한 용제를 도포한 후에 미리 선정된 가열 방법을 이용하여 소정 온도로 일정 시간 유지하여 납땜을 한다. 또한, 부식성 용제를 사용하였을 때는 납땜 후에 잔류 슬랙을 제거하여야 한다. 그리고 납땜용 가열 장치를 선택할 때는 납땜하는 이음의 형상, 치수, 수량, 신뢰성 등에 대해서 종합적 견지에서 검토할 필요가 있다. 납땜 작업은 그 가열 방법에 따라서 표 12.9와 같이 분류된다.

표 12.9 납땜 방법에 따른 가열 방법

납땜 방법	가열 방법
인두 납땜	땜인두, 가스인두, 전기인두
불꽃 납땜	용접토치, 납땜토치, 특수토치
침지 납땜	금속 욕조, 화학약품 욕조
전기 납땜	아크 가열, 저항 가열, 고주파 유도 가열
노중 납땜	가스로, 경유로, 중유로, 전기로

1) 인두 납땜

인두 납땜(soldering iron brazing)은 일반적으로 저온의 연납땜에 널리 사용되는 가장 간단한 장치며, 가열된 인두에서의 열전도에 의해 모재를 가열하고 땜납을 용융하여 납땜하는 방법이다. 납땜 온도가 높은 경납땜이나 열용량이 너무 큰 피용접물 등에는 부적당하다.

땜인두는 대부분 순동을 사용하며, 특수한 것은 소량의 티타늄(Ti), 규소(Si)를 함유한 동합금 또는 니켈(Ni)이나 철(Fe) 등으로 도금하여 내식성 내구성을 좋게 한 것도 사용된다.

2) 가스 납땜

가스 납땜(gas brazing)은 토치램프, 산소-아세틸렌 불꽃, 산소-프로판 불꽃 등으로 가열하여 납땜하는 방법이다. 일반적으로 가스 불꽃은 약간 환원성의 것이 좋으며, 용제는 이음 면과 땜납의 양쪽에 도포하여 사용된다. 이음에는 불꽃의 외측을 대고 속불꽃은 닿지 않게 한다.

또한, 부품의 치수, 형상 및 열용량에 따라서 예열도 한다. 너무 과열하면 납땜의 확산 및 산화를 초래하기 쉬우며, 용제의 녹는 정도를 보고 이음의 온도를 추정할 수 있다.

3) 저항 납땜

저항 납땜(resistance brazing)은 납땜할 이음부에 용제를 바르고 납땜재를 삽입하여 저항 열로 가열하는 방법이다. 구조상 두 종류가 있으며 하나는 전극에 탄소 또는 흑연을 사용하여 전극에 발생한 저항 열로 납땜 부를 가열하는 **간접가열법**과 전극에 텅스텐, 동합금 등을 사용하여 납땜부의 저항 열을 이용하여 납땜하는 직접가열법이 있다. 이 방법에서는 점용접이 곤란한 금속의 납땜에 적당하다.

4) 노내 납땜

노내 납땜(furnace brazing)은 전열이나 가스 불꽃 등으로 가열된 노 안에서 납땜하는 방법이다. 이 방법은 온도 조절이 균일하므로 정밀이음이 가능하며, 납땜재는 미리 이음 면에 삽입하여 노 안에 넣는다. 비교적 작은 부품의 대량생산에 적합하며, 또한 분위기는 수소와 해리 암모니아 가스를 사용할 때가 많다.

5) 침지 납땜

침지 납땜(dip brazing)은 이음 면에 땜납을 삽입하여 미리 가열된 염욕(salt bath)에 침지하여 가열하는 방법과 납땜 부를 용제가 들어 있는 용융 땜 조에 침지하여 납땜하는 두 방법이 있다.

6) 고주파 납땜

고주파 납땜은 땜납과 용제를 삽입한 틈을 고주파 전류를 이용하여 가열하는 납땜법이다. 자성이 있는 금속에서는 유도전류에 의한 가열이 주가 되며, 비자성의 금속에서는 과전류에 의한 가열이 주가 된다. 가열 코일은 부품에 따라서 적당한 형상과 용량이 사용된다. 이 방법은 가열시간이 짧고 작업이 용이하지만 국부가열에 의한 변형이 다르기 쉽다.

CHAPTER

13 에너지 형태에 의한 특수가공

새로운 산업의 출현으로 경도, 강도, 연신율, 내열성, 내마멸성 등을 요구하는 새로운 재료의 특성(원전, 우주, 해양산업 등)으로 기존 가공법(traditional machining), 즉 절삭공구, 고정입자 또는 유리입자를 이용한 절삭가공으로는 불가하며 열, 화학 또는 운동 에너지 등 실체가 없는 공구를 이용한 가공이 요구되었는데 이를 **특수가공**이라 한다.

이런 특수가공은 일반 절삭가공으로는 능률적인 가공이 어려운 피삭재나 난해한 형상의 부품 가공을 위해 개발된 경우가 대부분이며 일반적으로 취성이 있는 고경도 재료에도 적용 가능하며, 미세가공이 가능한 특징을 가지고 있다.

여기서는 이러한 특수가공에 대한 원리를 비롯한 대략적인 내용을 소개하기로 한다.

13.1 기계적 에너지에 의한 가공

13.1.1 초음파 가공

(1) 가공 원리 및 특징

초음파 가공기(ultrasonic machines)는 초음파 진동하는 공구를 사용하고 연마 입자를 개입하여 피가공물을 충격 파괴하는 기계이다(그림 13.1).

가공하고자 하는 형상과 암수 관계에 있는 공구가 폰의 선단에 부착되어 폰, 콘 및 자왜 진동자로 이루어진 진동계에 의해 통상 20~30 ㎑의 주파수로 가공물을 충격한다.

공구와 가공물의 사이에는 연마 입자를 물에 혼합한 가공액을 공급한다. 연마 입자는 공구의 진동에 의해 가공물에 두드려 넣고 가공물은 취성 때문에 파괴되어 간다. 자왜 진동자는 초음파 발진기로부터의 고주파 전력을 기계진동으로 변환한 것으로 콘과 폰은 자왜 진동자의 진폭을 확대하여 효율 좋게 가공하기 위한 것이다.

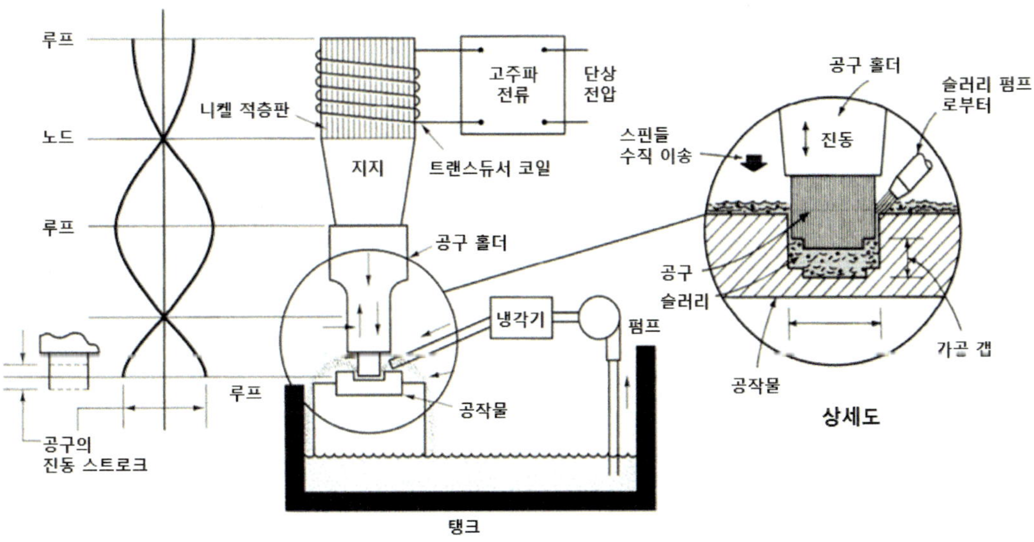

그림 13.1 초음파 가공기의 원리

초음파 가공의 특징은 다음과 같다.

① 게르마늄, 실리콘, 카본, 페라이트, 스테아타이트, 메노우, 수정, 합성 루비, 합성 사파이어, 알루미나, 다이어몬드 등 경질 취성 재료의 정밀 가공이 가능하다.

② 공구는 피아노선, 퀜칭강 등의 통상 재료로 좋다.

③ 가공부는 열적 영향을 받지 않고 또한 가공 왜곡이 없다.

④ 공구를 회전할 필요가 없으므로 원 이외의 이형 블랭킹(blanking)이 가능하다.

⑤ 구멍 뚫기, 절단, 표면 다듬질, 조각 등의 가공에 적합하며 μ단위도 가능하다.

(2) 응용

딱딱하고 부서지기 쉬운 재료라면 금속, 비금속을 불문하고 가공 대상이 된다. 따라서 상술한 것과 같은 경질 취성 재료의 구멍 뚫기, 절단, 다이싱, 평면 가공, 표면 다듬질, 나사절삭, 조각 등의 가공 예를 볼 수 있다. 특히 시계용 베어링의 루비나 다이어몬드 다이스 등의 구멍 뚫기, 공구강의 트리밍 다이스의 랩핑이 대표적인 가공 예라 할 수 있다.

13.1.2 워터젯 가공

(1) 가공 원리

워터젯 머신(Water-Jet machines)은 물의 압력을 4,000 BAR(60,000 PSI)까지 만들어 내는 초고압 펌프를 이용해 두께 0.01 ㎜ 이상~200 ㎜ 이하의 소재를 미세한 노즐(직경: 0.1 ㎜; 0.004")을 통해 분사시켜 초당 900 ㎜의 빠른 속도 에너지를 이용한 물리적 힘과 마찰력을 이용하여 소재를 절단하는 기술이다(그림 13.2 (a)). 그림 13.2 (b)는 워터 젯 가공의 작업 모습을 나타낸 것이다.

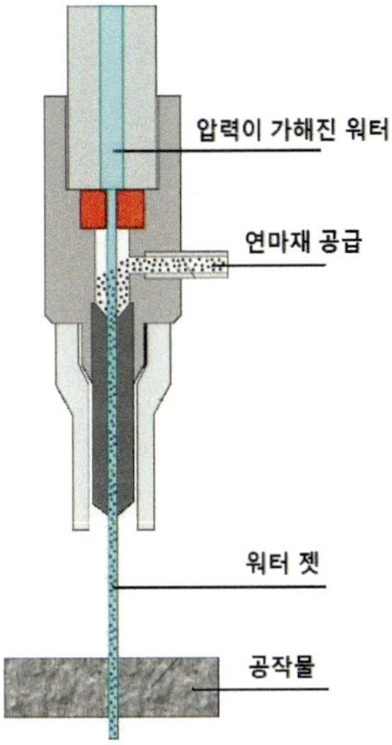

(a) 원리

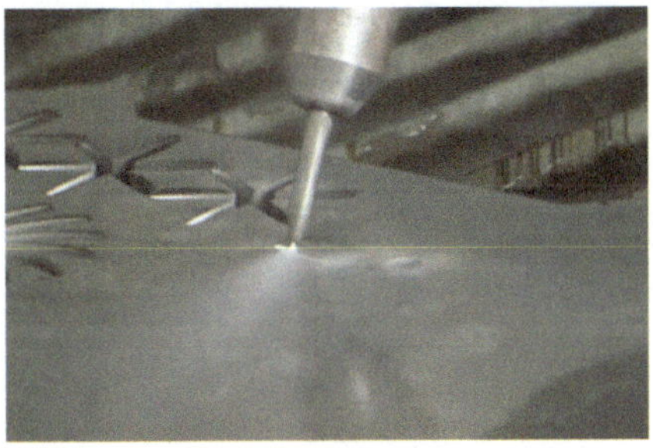

(b) 작업 모습

그림 13.2 워터 젯 가공

(2) 가공 종류

1) 순수 워터젯 절단

순수 워터젯 절단에는 물로 작업 소재를 절단하며 이 방식은 제지, 씰링 소재, 플라스틱, 발포 플라스틱, 섬유 또는 생활용품 등 특히 부드러운 소재 절단에 사용된다. 0.1 ㎜보다 미세한 워터젯 분출이 가능하며 복잡한 형상이나 각도 및 반경에 관계없이 정밀한 작업이 실현된다.

2) 연마재 혼합 절단

연마재 혼합 절단 워터젯 가공기를 통해 금속, 암석, 유리 또는 세라믹과 같이 딱딱한 소재도 절단할 수 있는데 이 가공을 위해서는 원터젯에 석류석 연마재와 같은 연마재를 혼합해야 한다. 이 경우 연마재 분출을 통해 절단하며 원터젯은 연마재 미립자 분출을 가속시키는 역할을 한다. 연마재 혼합 워터젯 가공은 마이크로 절삭가공에 비할 수 있다.

(3) 특징

워터젯 가공의 특징은 다음과 같다.

① 가는 물 분사지만 단위 면적당의 가공 에너지가 극히 크다.

② 분사 직경이 작으므로 소요 동력이 작으며 물을 사용하기 때문에 유지비도 싸다.

③ 피삭 단면에 거의 압력을 가하지 않기 때문에 변형하기 쉬운 재질의 가공물도 가공 가능하다.

④ 가공할 때에 열의 발생이 없기 때문에 열 영향을 받는 재료나 인화의 위험성이 있는 것도 가공 가능하다.

⑤ 절삭 먼지, 소음 등이 발생하지 않기 때문에 작업 환경을 해치지 않는다.

13.2 열에너지에 의한 가공

13.2.1 방전 가공

(1) 개요

1) 방전 가공의 원리

방전 가공기(Electro Discharge Machining; EDM)와 전해 가공기(Electro Chemical Machining; ECM)는 전기 가공법을 대표하는 기계로 난삭제 가공 혹은 금형 가공을 주 대상으로 하고 있다.

방전 가공은 공구 전극과 피삭재를 가름이나 물속에서 수~수 10 ㎛의 간격으로 놓고 0.1 ㎲~10 ㎳의 짧은 단속적인 아크 방전을 시켜 방전 전류의 열적 작용에 의해 피삭재의 일부를 제거하는 가공법이다(그림 13.3). 한편 전해 가공은 뒤에서 자세히 설명하겠지만 전기 화학적인 용해 작용에 의해 피삭재의 표면 일부를 제거하여 소요의 형상, 치수를 얻는 가공법이다. 어느 것도 전극을 사용하여 액체 속에서 가공을 행한다는 점이 공통이다.

2) 방전 가공의 특징

EDM은 여러 장점을 가지고 있으며 다음과 같다.

① 공작물이 전도성을 가지고 있으며 가공 상에 제약을 받지 않는다.

② 이형상을 비교적 좋은 정도로 가공할 수 있다.

③ 전극과 가공물에 기계적인 힘이 가해지지 않은 상태에서 가공이 가능하다.

④ 가공면이 균일하다(면 거칠기 : Ø0.1-1.000 ㎜ 정도 이내).

⑤ 가공확대 여유가 일정하고 고정밀도가 보장된다.

⑥ 불가능한 제품이 거의 없다.

⑦ 가공표면의 열변질층, 두께가 균일하며 마무리 가공이 쉽게 된다.

⑧ 미세한 구멍이나 홈 가공이 가능하다(Ø0.1 ㎜이상).

⑨ 가공성이 높고 계획성이 크다.

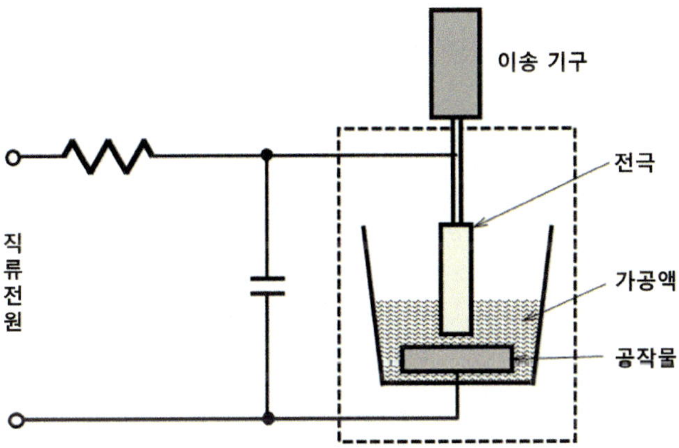

(a) 방전 가공 원리

(b) 가공 모습

그림 13.3 방전 가공

한편 단점도 여러 가지 있는데 예를 들어 다음과 같다.

① 가공에 필요한 전극이 준비되어야 한다.

② 전극 소재에 제한이 있다(Cu, Gr, Ag-W, Cu-W).

③ 가공 도중에 소프트를 필요로 한다.

④ 일시적인 가공 속도는 느리다.

⑤ 가공액은 일반적으로 등유를 사용하므로 화재에 특히 주의해야 한다(방전가공유를 사용할 수도 있음).

⑥ 가공 부위보다 가공액 표면이 최소 50 ㎜ 이상 높아야 하므로 가공액을 채우는 시간 동안은 가공을 해서는 안 된다(화재가 발생할 우려가 있음).

3) 방전 가공 진행 과정

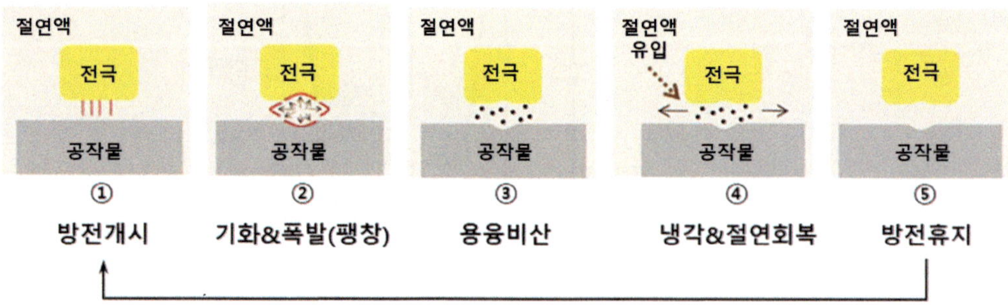

그림 13.4 방전 가공 진행 과정

① 방전개시

그림 13.4의 ①과 같이 전극과 피가공물 사이에 고전압이 걸리면서 수 미크론 간격으로 접근하면 방전 불꽃이 일어나며 높은 전류밀도의 전자가 피가공물에 한 점을 때리며 높은 열과 함께 피가공물을 용융시킨다.

② 기화 & 용융 비산

고열에 의해 주변 절연액은 기화 팽창하게 되고 이 폭발적인 기화 팽창이 용해된 피가공물과 전극 간에 큰 압력을 가한다. 이 압력에 의해 용융된 피가공물 일부와 전극 일부가 비산하게 된다.

③ 냉각 절연 회복

용융 비산된 부분은 절연액에 의해 냉각되면서 절연액 유입에 의해 분리된다. 또한 유입된 절연액에 의해 절연이 회복된다.

④ 방전 휴지

방전 휴지가 끝나면서 다시 고전압이 걸리고 방전이 반복된다.

4) 방전 가공액

방전 회로에 의해 절연성이 높은 가공액과 절연하고 절연 피막을 형성하기 쉬운 전해액의 가공액으로 나뉜다.

절연을 필요로 하는 가공액으로는 주로 석유, 백등유, 기계유, 물 등을 이용한다. 전해액을 필요로 하는 경우에는 일반적으로 규산소다 수용액을 이용한다. 규산소다, 탄산소다를 첨가하면 가공속도가 상승한다.

가공액은 같은 방전에너지에도 가공액 점도가 높을수록 가공속도가 빨라지고 표면거칠기 틈새 여유(클리어런스)는 점점 커진다. 따라서 황삭가공은 점도가 높은 방전액이 적당하지만 통상 가공액 교환이 어려우므로 1종만 사용하는 것이 일반적이다.

가공액은 극간 절연 회복, 전극소모 방지, 가공시 생기는 용융 금속을 비산시키며 방전시 발생되는 열 냉각, 가공칩 배출의 역할을 한다.

이러한 가공액은 다음과 같은 구비조건을 갖추고 있어야 한다.

① 절연성이 높아야 한다.

② 기화점과 인화점이 높아야 한다.

③ 점도는 낮고 냉각 능력이 높아야 한다.

④ 산화 안전성이 좋고 냄새가 없어야 한다.

⑤ 값이 저렴해야 한다.

5) 방전 가공의 칩 배출

방전 가공시 칩 배출이 원활하지 못하면 가공속도가 떨어지고 가공 면이 거칠어진다. 또한 가공 칩에 의한 이상 방전 발생으로 전극 소모도 많아진다. 특히 아크 현상에 의해 전극과 소재에 손상을 입힌다.

따라서 피가공물과 전극 형상에 따라 적절한 배출법을 선정해야 한다.

가공칩 배출법에는 분출법, 흡입법, 분사법, 전극 상하 운동법 등이 있다. 이들 가공칩 배출법에 대해 알아보기로 한다.

① 분출법

그림 13.5와 같이 전극측 분출법과 하측 분출법이 있으며 가장 일반적으로 활용하고 있다. 전극측 분출법은 전극측에 분출 구멍이 있는 가는 동파이프 전극을 이용하여 파이프 내로 방전액을 분출하는 방법이다.

하측 분출법은 관통 구멍이 있는 일감에 하측으로부터 방전액을 분출시키는 방법이다.

전극측 분출법의 대표적인 가공법은 슈퍼드릴 가공(방전 드릴링)이다. 슈퍼드릴 가공은 황동 소재의 중공을 갖는 전극을 사용하여 수 십 ㎛~수 ㎜ 직경을 가지는 구멍을 빠르고 정밀하게 가공할 수 있다.

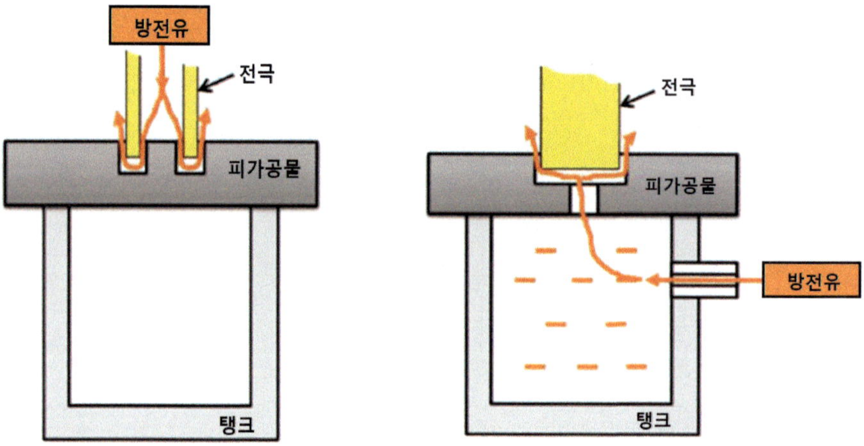

(a) 전극측 분출법 (b) 하측 분출법

그림 13.5 분출법의 종류

② 흡입법

전극측 또는 용기측에 액처리 구멍을 설치하고 가공액을 흡입시켜 처리하는 방법이다(그림 13.6).

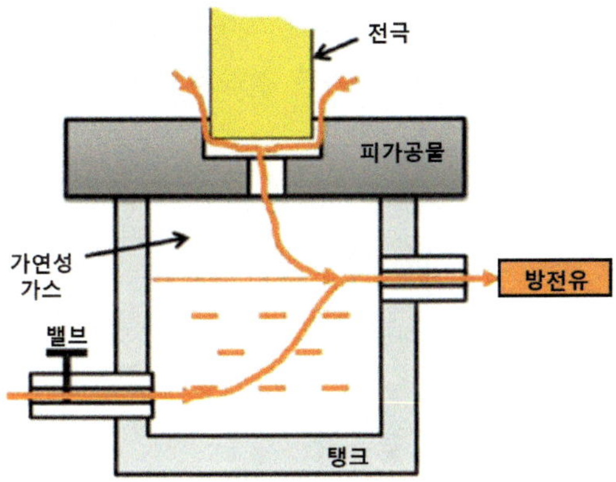

(a) 용기측 흡입법

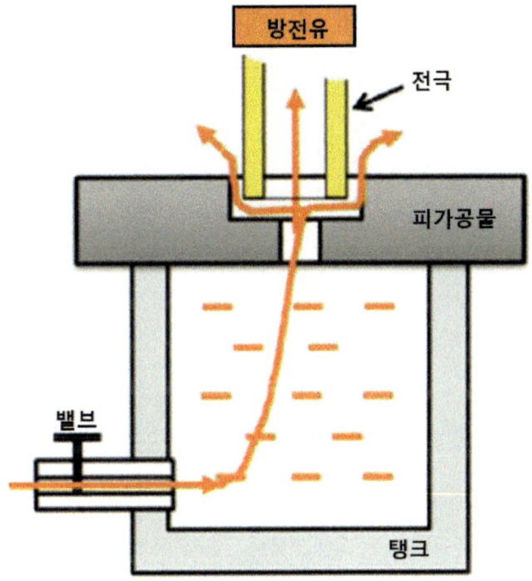

(b) 전극측 흡입법

그림 13.6 흡입법의 종류

③ 분사법

분출법, 흡입법이 곤란한 경우에 전극 측면에 직접 방전액을 분사하는 방법이다(그림 13.7). 가공액 노즐은 그림 13.8과 같으며 ∅3~5 ㎜ 정도로 하고 전극 가까이에 설치하여 측면에 평행하게 분사시킨다.

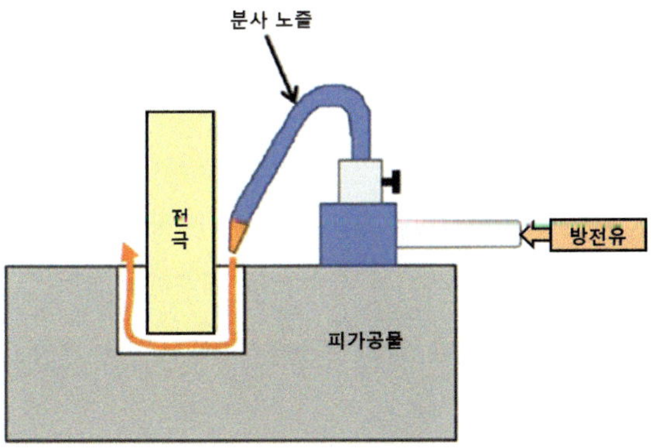

그림 13.7 분사법

그림 13.8 분사 노즐

④ 전극 상하 운동법

그림 13.9와 같이 전극을 규칙적으로 상하 운동시켜 이때의 펌프 작용을 이용하여 가공액을 배출시키는 방법이다. 사용 방법이 용이하고 변형이 적은 가공 결과를 얻지만 깊은 곳을 방전 가공할 경우 칩 배출이 어렵다는 단점이 있다.

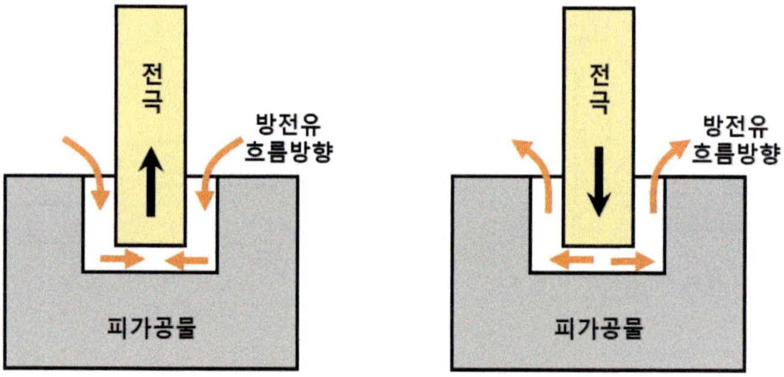

그림 13.9 전극 상하 운동법

6) EDM으로 생기는 방전 생성물

3000℃ 이상의 높은 열에 의하여 전극과 공작물이 서로 가열 및 용융, 폭발하면서 용융된 부분에서는 전기적으로 용출된 입자(가공 칩),와 가공액이 열분해된 가스, 불완전 연소가스 등이 발생한다.

방전 생성물은 전극과 공작물에서 전기화학적으로 용출된 입자(가공칩)와 방전액(절연액)의 파괴로 생기는 열분해 가스, 불완전 가스로 구성되어 있다.

이와 같은 방전 생성물이 미치는 영향은 다음과 같다.

① 방전액 속에 슬러그의 양이 많으면 방전을 촉진시키면서 이상 방전이 발생하기 쉽다.

② 혼탁한 방전액에 의해 공작물 표면에 슬러그 층이 생기면 공작물을 대신해 용해된다.

③ 가스가 많으면 방전 통로를 방해하며 방전에 필요한 열의 집중을 방해하므로 가공 능률을 떨어뜨리고 전극 소모를 크게 한다.

④ 방전시 발생한 가스는 인화성이 있고 농도가 높고 유해하며 폭발할 위험성이 있다.

그렇다면 이러한 방전 생성물로 인한 악영향을 감소시키기 위해서는 다음과 같은 대책이 필요하다.

① 방전으로 생성되는 슬러그나 칩 등을 제거하기 위해 전극과 공작물 사이에 방전액을 분사하거나 흡입하는 방법을 활용한다.

② 전극을 규칙적인 상하운동으로 펌프작용에 의한 배출을 유도한다.

③ 작업자에게 유해한 가스를 배출하기 위해 덕트 시설을 설치한다.

④ 화재 발생에 대비한 소화 시설을 갖춘다.

(2) 방전가공용 전극

1) 서론

방전 가공(EDM)은 방전에 의해 스파크가 발생하여 공작물을 원하는 형상으로 만드는 제조 공정이다. 유전체 액체는 두 전극을 분리하고 전압을 가하여 물질을 제거하기 위해 주기적으로 빠른 전류 방전을 생성한다. 전극 중 하나는 도구 전극 또는 간단히 도구 또는 전극이라고 하고 다른 하나는 공작물 전극 또는 공작물이라고 한다. 공구 전극과 공작물 전극 사이에는 실제 접촉이 없다.

두 전극 사이의 전압이 증가하면 두 전극 사이의 전기장도 증가한다. 액체의 유전체 파괴를 일으키고 전기 아크를 생성한다. 결과적으로 전극에서 물질이 제거된다. 전류가 멈추면 새로운 유전체가 전극 사이의 전기장으로 흐를 것이다. 고체 입자(파편)를 제거할 수 있다. 그리고 유전 절연 특성이 복원된다. 전류가 흐른 후 전극 사이의 전압은 파괴 전의 상태로 복원되어 새로운 액체 절연 파괴가 발생하여 사이클을 반복할 수 있다.

EDM 공정은 금형 제조, 도구, 다이 금형 산업에서 널리 사용되는 반면 특히 프로토타입 및 소규모 생산의 일반적인 방법이 되고 있다. 항공 우주, 상대적으로 생산량이 적은 자동차 및 전자 산업에 사용된다.

EDM은 기존의 절단 방법으로 가공하기 어려운 초경질 재료 및 복잡한 형상의 공작물을 가공하는 데 사용할 수 있다. 일반적으로 전도성 물질을 처리하는 데 사용된다. 티타늄 합금, 공구강, 탄소강 및 초경합금과 같은 가공하기 어려운 재료의 복잡한 공동 또는 윤곽 구조로 가공할 수 있다.

이 가공 방법을 적용하는 공작 기계는 주로 다음과 같은 것이 있다.

① **방전 성형 공작 기계**: 공구 전극은 일반적으로 흑연 또는 구리이다. 공구와 공작물을 등유계 작동 유체에 담그고 방전에 의해 공구 전극의 형상을 공작물에 복사한다.

② **방전 와이어 절단기**: 도구 전극 와이어로 황동 또는 아연 도금된 황동 와이어를 사용하며 절연 매체로 탈이온수를 사용한다.

표 13.1은 전극 재료와 피가공물 재료의 각종 조합을 나타낸 것이다.

표 13.1 전극 재료와 피가공물 재료의 각종 조합

전극재	피가공물재	전극극성	전극저소모	전극재	피가공물재	전극극성	전극저소모
동	강	⊕	가	은텅스텐	동	⊖	불가
동	동	⊖	불가	은텅스텐	동텅스텐	⊖	불가
동	알루미늄	⊕	가	은텅스텐	은텅스텐	⊖	불가
동	황동	⊕	가	은텅스텐	알루미늄	⊕	가
동	벨리륨동	⊕	가	은텅스텐	황동	⊕	가
동	초경합금	⊕,⊖	불가	은텅스텐	초경합금	⊖	불가
동텅스텐	강	⊕	가	은텅스텐	텅스텐	⊖	불가
동텅스텐	동	⊖	불가	그라파이트	강	⊕,⊖	가
동텅스텐	은텅스텐	⊖	불가	그라파이트	동	⊖	불가
동텅스텐	동텅스텐	⊖	불가	그라파이트	알루미늄	⊕	가
동텅스텐	알루미늄	⊕	가	그라파이트	황동	⊕	불가
동텅스텐	황동	⊕	가	그라파이트	초경합금	⊖	불가
동텅스텐	초경합금	⊖	불가	황동	강	⊖	불가
동텅스텐	강	⊕	가	강	강	⊕	불가

2) 전극재료의 구비조건

전극재료는 다음과 같은 구비조건을 갖추어야 한다.

① 방전 소모가 적어야 한다.

② 필요한 현상 가공이 용이해야 한다.

③ 전기 저항이 작고 기계적 강도가 커야 한다.

④ 가격이 저렴해야 한다.

⑤ 밀도가 높고 비열이 크며 융점이 높아야 한다.

3) 전극 재료별 특성

① 동전극

그림 13.10은 실린더형 동전극의 외형이며 이러한 동전극의 특성은 다음과 같다.

① 방전 가공속도가 빠르다.

② 가장 일반적으로 많이 사용한다.

③ 방전 가공 표면 거칠기가 양호하다.

④ 전극 소모가 적다.

⑤ 가격이 저렴하다.

그림 13.10 실린더형 동전극

② 흑연 전극

그림 13.11는 흑연 전극과 가공 결과물을 나타내며 이러한 흑연 전극의 특성은 다음과 같다.

① 절삭성이 좋고 가공이 쉽다.

② 가벼워서 대형 전극에 유리하다.

③ 내열성이 높고 열팽창이 작다.

④ 전기전도율이 높아 가공속도가 빠르다.

⑤ 황삭 가공에 유리하며 깨지기 쉬우므로 취급에 주의해야 한다.

⑥ 경도가 낮아 표면 다듬질이 쉽다.

그림 13.11 흑연 전극과 가공물

③ 동텅스텐(Cu-W), 은텅스텐(Ag-W)

이 전극의 특징은 다음과 같다.

① 미세가공에 유리하다.

② 기계적 강도가 우수하다.

③ 정밀 사상가공에 적합하다.

④ 초경합금 가공에 사용한다.

⑤ 전극 소모가 적다.

⑥ 가격이 고가이다(동에 비해 40~100배).

④ 연동(텔륨, 크롬 합금)

이 전극은 구리에 텔륨(Te), 크롬(Cr)의 합금으로 피가공성을 개선한 것이며 방전 가공성은 구리보다 약간 커지지만 소모는 15~25% 증가한다.

(3) 방전 가공시 대표적인 문제점 사례와 대책

1) 가공 테이퍼 발생 최소화

그림 13.12와 같은 가공 테이퍼 발생의 원인으로는 ① 가공칩에 의한 2차 방전, ② 전극 소모 형상의 전사, ③ 전극 고정 불량을 들 수 있다.

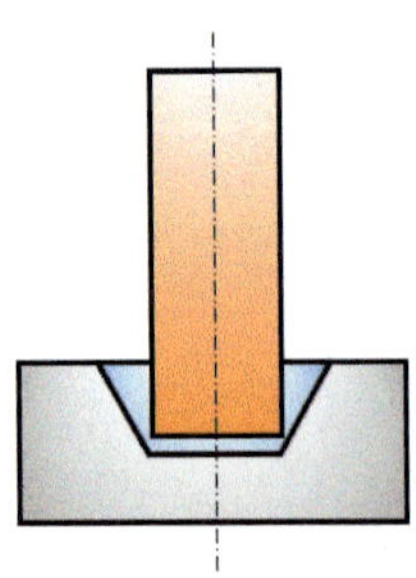

그림 13.12 가공 테이퍼 발생

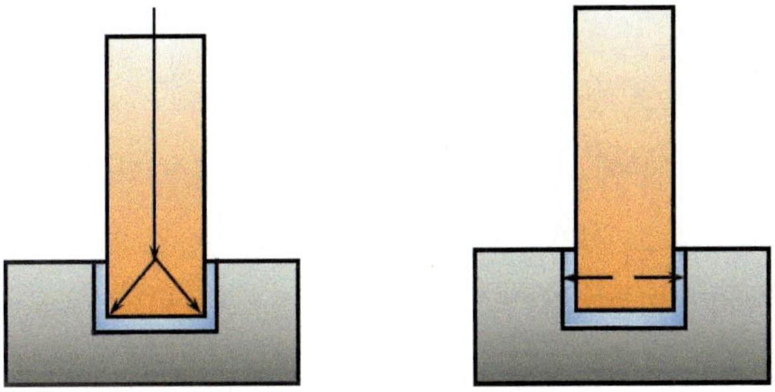

그림 13.13 가공 테이퍼 발생의 대책

가공 테이퍼 발생할 때 다음과 같이 대책을 세운다.

① 가공칩 제거를 위해 적절한 칩 배출 방법을 선택한다.

② 동시 3축 가공을 한다(그림 13.13 (a)).

③ Z-록(Z-lock type) 방식으로 가공한다(그림 13.13 (b)).

2) 흑연 전극으로 소면적 깊은 곳 가공할 때 전극 소모 과대 발생

이것의 원인으로서는 다음과 같은 것을 들 수 있다.

① 흑연 전극은 넓은 대면적을 큰 전류로 가공하는데 적합한데 소면적을 가공할 경우 가공 속도를 높이기 위해 전기적 조건 설정시 과대 전류밀도를 설정하여 불안정한 아크 방전이 되기 쉽고 결국 전극 소모가 과대해진다.

② 가공깊이가 너무 깊어 가공칩 배출이 원활하지 못하고 전극 소모가 많아진다.

이와 같은 원인에 대해 다음과 같은 대책이 있다.

① 적절한 전류밀도가 되도록 조건을 재설정한다.

② 가공칩 배출이 원활해지도록 방전 가공액을 효율적으로 분사한다.

③ 전극의 상하 점프량을 크게 하고 점프 속도도 빠르게 하여 전극 소모를 줄인다.

3) 사출금형 게이트 구멍에서의 아크 방전

이것의 원인으로서는 다음과 같은 것을 들 수 있다.

① 전극의 면적이 작기 때문에 가공 전류 밀도가 높아지기 쉽다.

② 게이트 가공용 전극은 그 직경이 대개 작기 때문에 가공칩 제거가 쉽지 않다.

③ 전극이 작아 전극 소모를 억제하기 위해 보통 긴 펄스폭(방전 시간)을 설정하는 경향이 있다.

이러한 원인에 대한 대책으로는 다음과 같은 것들이 있다.

① 가공 투영 면적에 따라 낮은 전류 밀도를 갖도록 설정함

② 카운터 싱킹 가공을 미리 해두거나 방전액이 통과될 수 있도록 분류 구멍을 사전에 만들고 방전 가공을 함

(4) 방전 가공기와 특징

1) 세이핑 방전 가공기

세이핑 방전 가공기의 호칭을 약하여 EDM이라 부르고 있다. 기계 본체는 전원, 가공액 공급 장치, 전극에 의해 구성된다. 액속에 넣고 공작물과 전극(총형 전극) 사이에 1/1000초에서 1/100만초의 펄스 방전을 발생시켜 공작물(금속)을 용융, 비산시키고 있다. 이것을 연속하여 목적의 형상을 가공하는 비접촉 가공법이다.

이 방법은 공작물의 경도에 제약받지 않으므로 퀜칭강, 초경합금, 난절삭 재료의 가공에 효과가 크며 특히 밑에 붙은 구멍 형상 가공 등에 널리 사용되고 있다.

① 세이핑 방전 가공기의 고속, 고정도화

일반적으로 방전 가공기의 가공 능률은 가공 전류의 증대에 의해 상승한다. 따라서 고속화의 한 방향으로서 전류 용량의 대형화가 있다. 오늘날에는 그라파이트(graphite)를 전극에 이용하여 500 A 이상의 가공 전류로 최대 가공 속도 50 g/min 이상의 성능을 갖는 것도 개발되어 단조형의 제작 등에 활용되고 있다.

고속화의 또 하나의 방법은 전극을 분할하여 각각에 소용량의 전원을 접합하여 가공하는 분할 전극형의 방전 가공기이다.

한편 고정도화에 대해서는 가공용 전원의 진보와 NC 기능의 조합에 의해 가공면이 0.2~0.3 ㎛라는 경면 가공이 행해졌다.

② 세이핑 방전 가공기의 다축화

당초 개발되었던 NC 방전 가공기는 3축 제어(X, Y, Z)의 동시 2축 제어형태이며 X, Y 축은 각각 위치를 조정하는 기능이고 Z축은 전극 이송 제어용으로서 사용되고 있다. 이어서 동시 3축 제어의 NC 방전 가공기가 개발되어 지금까지 세이핑 방전 가공기의 상식으로 되어 있던 총형 전극을 이용하여 가공하는 개념을 무너뜨리고 단순 전극을 이용하여 창성 가공이 행해지도록 되어 방전 가공기의 새로운 응용을 넓혔다.

더구나 NC 기능을 유효하게 활용하여 하나의 전극으로 가공 측면을 다듬질하는 조합 동시가공을 가능하게 한다든지 가공칩의 배출을 개선하여 가공 능률을 향상시켰다. 현재에는 C축 더구나 α, β 등의 부가 축이 붙은 머신도 개발되어 있다.

한편 가공 효율을 높이기 위해 멀티 헤드의 세이핑 방전 가공기가 실용화되었다. 이것에는 하나의 공작물의 가공 형상을 분리한 전극을 이용하여 멀티 전원을 접속하여 가공하는 방식과 동일 형상의 다수 전극을 이용하여 하나의 공작물을 동시에 가공하는 방식이 있다. 전자는 대형 공작물의 금형 가공이나 대형의 부품 가공에 이용되는 방법이고 후자는 필터 등의 구멍 가공, 터빈 블레이드의 구멍 가공 등의 부품 가공에 이용되고 있다.

2) NC형 세이핑 방전 가공기

방전 가공기의 NC화는 총형 전극을 사용하는 것으로부터 와이어 컷의 NC화에 비해 늦어졌지만 세이핑 방전 가공기의 NC화도 이루어졌다.

NC화에 의해 실용, 일반화하고 있는 기능에 다음과 같은 것이 있다.

① 가공 조건 자동 설정 기능

최적 전극 재료나 최적 가공 전기 조건 등을 기록, 등록해 놓고 가공 시에 작동자가 불러내는 방법이다. 더구나 전극 소모율, 가공면 조도 등이 요구되는 가공 데이터를 키보드로부터 입력하는 것만으로 자동적으로 최적한 펄스폭이나 전류값을 선택하는 것, 또한 가공 면적의 변화에 즉각 대응하여 최적 가공 전류밀도를 자동 조정하는 것 등이 있다.

② 전극의 요동기구

전극에 다방향의 요동 운동을 주어 행하는 조합 동시가공의 이용 범위 확대에 따라 동시 가공 기능이 NC화되어 있다.

③ 전극의 자동 교환 기능(ATC)

NC 장치로부터의 지령으로 전극을 자동적으로 교환하는 장치이다. ATC를 이용하므로써 복잡한 형상의 가공도 단순 형상 전극으로 분할하여 가공 가능하다. 이것에 의해 전극의 제작을 용이하게 함과 동시에 가공 자신도 간단하게 되며 고정도로 실패없이 가공이 가능하게 되었다.

④ 전극 소모량 보정 기능

자동으로 전극의 소모량을 계측하여 미리 계측해 놓은 전극 소모의 허용량과 비교하여 소모가 허용량을 초과한 지점에서 전극을 자동적으로 교환하는 것이다. 따라서 전극 소모를 예측하여 프로그램을 작성할 필요는 없으며 전극을 최대한 유효하게 사용 가능하다.

⑤ 자동 위치결정 기능

공작물이 젖은 상태에서도, 침적상태 그대로도 정도 좋게 위치결정이 가능하며 준비 작업이 대폭으로 경감될 수 있다. 또한 공작물 교환을 행하는 자동화 위치에 있어서 고정도로 공작물의 위치보정을 행하기 위한 가장 중요한 기능이다.

⑥ 플레이백 기능

이 기능은 NC 장치의 발달에 의한 것은 말할 것도 없지만 그밖에 방전가공에 관계하는 안전면의 기능도 부가되고 있는 기종도 있다. 가공 액면의 레벨 검출 액온 검출, 아크 방전 검출, 가공액 분출 방지 등의 기능이 부가되어 있다.

세이핑 방전 가공기의 NC화로 세이핑 방전 가공기의 큰 특징인 총형 바이트에 의한 전사가공을 단순 봉형 전극으로 대치했다는 것은 또 하나의 획기적인 일이라 할 수 있다. 단순 봉형 전극을 NC로 제어하여 3차원 형상 가공을 행한다는 창성 가공의 실현이다. 이것에는 NC 장치와 함께 3차원 가공의 프로그래밍을 용이하고 단락적인 기술 개발에 따른 점도 크다.

가공액에 물을 사용하도록 한 것도 주목할 기술이다. 방전 가공은 절연 효과와 냉각효과의 견지로부터 가공액은 유성이었지만 전원 및 가공 간격의 분자량 제어, 가공액 제어의 개량에 의해 물가공의 길을 개척한 것이다.

13.2.2 와이어 컷 방전 가공

(1) 개요

1) 가공 원리

와이어 컷 형태의 EDM으로 **WEDM**(wire-cut EDM)으로 되어 있다. 와이어 방전 가공기(그림 13.14)는 ϕ0.02~0.3 ㎜의 금속선을 전극으로 하여 관통 가공하는 것으로부터 이 명칭이 붙었다. 트리밍 가공 등에 위력을 발휘한다.

기계가공에서 불가능한 경도가 높고 복잡한 형상 가공도 가능하다. 플라스틱 금형 제작, 프레스 금형 제작 등에 다양하게 활용된다.

가공 적용 분야는 2차원 형상, 3차원 형상 금형 제작, 방전 가공용 전극 제작, 각종 윤곽형상 가공 및 미세 가공에 활용하고 있다. 그림 13.15는 방전와이어 컷팅 가공 예를 나타낸 것이다.

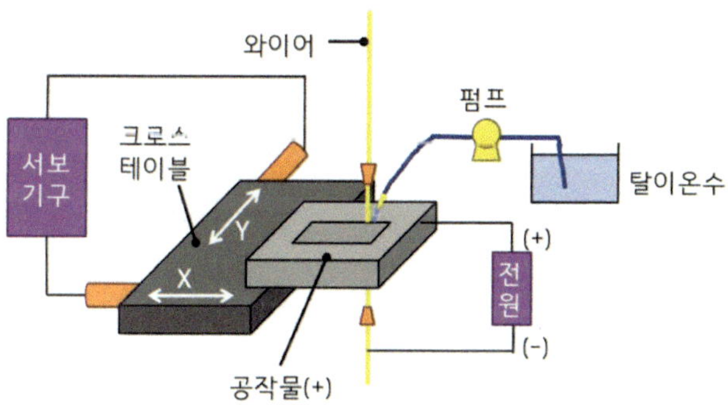

그림 13.14 가공 원리

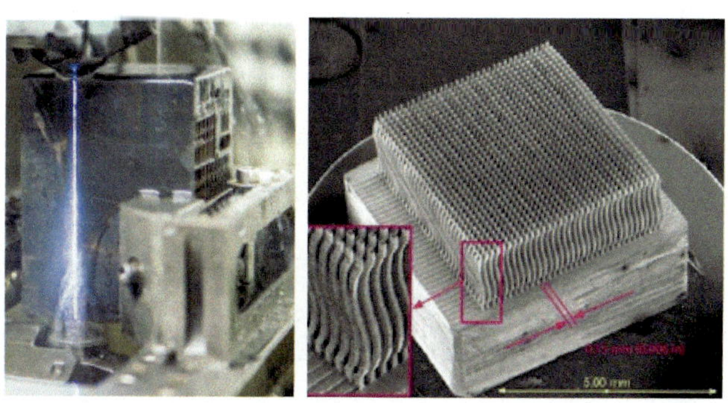

그림 13.15 방전와이어 컷팅 가공 예

2) 가공조건

① 가공 속도 상승방법

① 방전 에너지를 높인다(즉, 전압, 전류, 콘덴서 용량을 높인다).

② 가공액의 비저항을 낮춘다. 왜냐하면 비저항이 작을수록 방전이 일어나기 쉽고 큰북 현상이 감소되며 방전 안정화가 되기 때문이다.

③ 가공액 압력을 높인다. 왜냐 하면 유속이 빨라지면 칩 배출이 잘 되고 방전 효율이 상승하기 때문이다.

④ 와이어 장력을 높인다. 왜냐 하면 와이어 진동폭이 작아져 큰북 현상(뒤에서 설명함)이 감소되며 진행방향 방전 효율이 상승하기 때문이다.

⑤ 전극 이송속도를 높인다. 왜냐 하면 와이어 방전 가공속도(그림 13.16) V_e는 전극 이송속도(V_f)와 일감 높이(H)의 곱으로 나타내는데 일감 두께가 일정할 경우 전극 이송속도에 비례하기 때문이다.

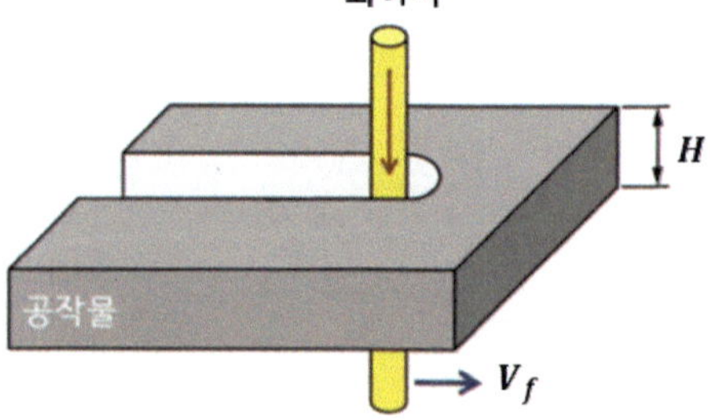

그림 13.16 와이어 방전 가공속도

② 가공 정도 상승방법

첫 번째로 치수정밀도를 향상하는 대책은 다음과 같다.

① 일감을 진공 열처리하거나 고온 탬퍼링 한다(가공 변질층 억제 방법).

② 진동이 없도록 일감 클램핑을 알맞게 하고 정밀도가 좋은 고정용 지그를 사용한다.

③ 와이어 가공 시작점과 가공 통로를 잘 선택한다.

④ 방전 에너지를 낮추고 세컨드 컷을 수회 실시한다.

두 번째로 진직도(수직 정밀도)를 향상하는 대책은 다음과 같다.

① 와이어 진동을 억제한다(와이어 장력을 높인다).

② 가공액 비저항을 낮춘다.

③ 가공 속도를 높인다.

④ 세컨드 컷(뒤에서 설명함) 가공에서는 대개 황삭 가공 대비 10배 이상의 가공 속도로 가공한다.

⑤ 가이드 노즐과 가공물 사이 간격인 틈새를 줄인다.

세 번째로 코너부 처짐을 억제하는 대책은 다음과 같다.

① 와이어 장력을 높인다.

② 상하 가이드 간격을 바르게 한다.

③ 전기적 조건과 가공 속도를 자공으로 제어한다.

네 번째로 위치 정밀도를 향상하는 대책은 다음과 같다.

① 와이어 수직 조절을 잘 해야 한다.

② 기준 단면과 기초 구멍은 거스러미가 없도록 해야 한다.

③ 가공 표면 거칠기를 곱게 하는 방법

① 가공액 비저항을 높이면 가공 속도가 낮아지지만 표면 거칠기는 좋아진다.

② 콘덴서 용량이 낮게 되면 가공 속도가 낮아지지만 표면 거칠기는 좋아진다.

3) 방전 가공용 와이어

순동선은 인장강도가 낮아서 방전 가공할 때 장력을 크게 할 수 없고 방전 가공할 때 발생하는 진동을 억제하기 힘들어 가공 정밀도가 낮고 단선이 쉽게 되는 경향이 많다. 일반적으로 사용되는 와이어는 황동으로 직경은 0.1~0.25 ㎜가 가장 많이 사용되며 기타 텅스텐, 몰리브덴 와이어도 사용된다.

방전 가공용 와이어의 종류는 다음과 같다.

① 동 와이어(∅0.15~0.25), 황동 와이어(∅0.1~0.25) : 주로 많이 사용하며 구하기 쉽고 경제적이며 가공 속도가 빠르다.

② 텅스텐 와이어(∅0.05~0.1) : 항장력이 높아 직경이 작아도 가공이 가능하다.

③ 아연 도금 와이어 : 가공 속도 20~30% 향상되지만 가격이 고가이다.

한편 방전 가공용 와이어의 요구 조건은 다음과 같다.

① 한번 사용한 와이어 적극은 폐기해야 한다.

② 코너 R값이 작으면 가는 와이어를 사용해야 한다.

③ 직진성이 우수해야 한다.

④ 고온에서 경도가 높아야 한다.

4) 방전 가공용 가공액

탈이온수인 순수한 물(비저항=10^4~10^6 Ω m)을 일반적으로 사용하며 이외에 파라핀계 탄화수소를 주성분으로 한 광물유도 사용된다.

가공 액압이 높을수록 냉각속도가 빠르게 되고 가공 칩의 배출이 용이해지므로 가공 속도의 향상이 가능하다.

탈이온수의 장점으로는 다음과 같다.

① 다루기가 쉽다.

② 화재 우려가 없다.

③ 와이어에 대한 냉각성이 좋다.

④ 가공 부스러기 배출이 용이하다.

⑤ 타르(tar) 등의 발생이 적다.

5) WEDM 용어

① 큰 북 현상

이것은 가공면의 수직정밀도가 나오지 않아 가공면의 중간부위가 마치 북처럼 불룩 또는 오목하게 되는 현상이다(그림 13.17).

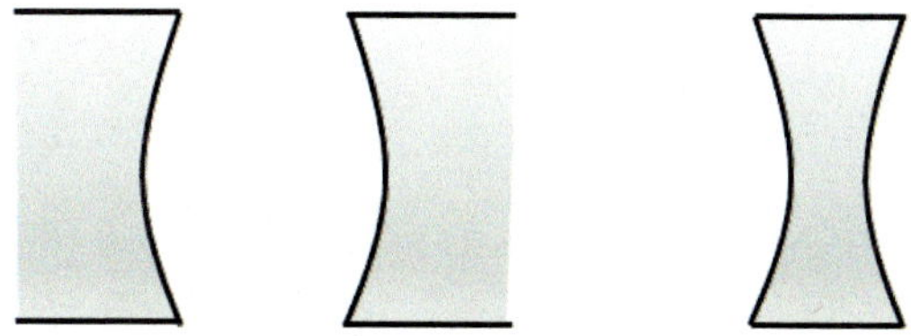

그림 13.17 큰북 현상

원인으로는 다음과 같은 것을 들 수 있다.

① 공작물 상하와 중간 부분의 가공액 비저항값의 차이(중간부 비저항<상하 비저항)

② 가공에 의한 2차 방전

③ 와이어 진동, 와이어 낮은 장력

④ 가공조건(가공속도, 무부하 전압) 부적합

⑤ 가이드 노즐과 가공물 사이의 큰 틈새

해결 방법으로는 ①가공액 비저항을 낮춤, ② 가공액 분사 압력을 높임, ③ 와이어 장력을 높임, ④ 진극 이송속도를 높임, ⑤ 가이드 노즐과 가공물 사이의 틈새를 작게 함 등이 있다.

② 세컨드 컷

와이어 방전 가공은 대개 1차 가공으로 작업을 끝내는 경우도 있으나 정밀한 치수를 요구하는 제품의 경우는 다듬질 여유를 남기고 고속으로 동일 프로그램에 오프셋량을 줄여가며 가공 부위를 수회 반복 가공하는 경우가 있는데 이를 **세컨드 컷**이라 한다(그림 13.18).

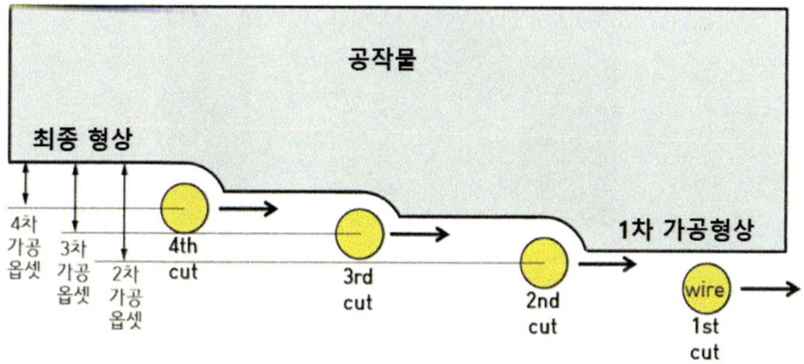

그림 13.18 세컨드 컷

세컨드 컷 목적과 효과는 다음과 같다.

① 다이 형상에서 돌기 부분의 제거

② 면조도 향상

③ 치수 정도 향상

④ 가공면 이상 연화층 제거

⑤ 잔류응력 개방에 의한 변형량 형상 수정

⑥ 비틀어지기 쉬운 재료의 비틀림 제거에 의한 고정도 가공

⑦ 코너부 형상 에러, 진직도, 진직 정도 수정

(2) 와이어 방전 가공기

1) 개요

공작물을 탑재한 테이블의 X, Y방향을 동시에 2축 제어하면서 연속적으로 보내오는 와이어로 실톱식으로 방전가공을 행한다(그림 13.19). 따라서 WEDM은 당초부터 NC에 의한 제어방식이 취해졌다.

이것에 의해 자동 위치결정, 와이어 오프셋, 미러 이미지 등이 표준 기능으로 되어 있다. 가공 정도는 가공 조건, 공작물의 재질, 와이어의 재질 등에 의해 달라지지만 치수정도 2 ㎛ 이하, 면조도 0.5 ㎛R_{max}의 초정밀형도 있다. 또한 가공속도는 200~300 ㎟/min도 있다.

그림 13.19 와이어 방전 가공기

2) WEDM의 자동화 및 무인화

WEDM의 자동화 및 무인화를 목적으로 부가된 기능(장치)로서 다음과 같은 것이 있다.

① **와이어 자동 결선 기구**: WEDM에 있어서의 최대 문제점은 가공 중의 와이어가 끊어지는 것이라 할 수 있다. 이것을 피하기 위해 균일 방전, 방전 에너지 제어, 와이어 장력 제어가 중요하다는 것은 말할 것도 없지만 예를 들어 장력을 약하게 하면 가공액에 의한 떨림이 크게 되어 가공 정도에 영향을 주는 등의 문제가 있으며 어느 정도의 장력을 유지하지 않으면 안 된다. 이 과정에서 선이 끊어지는 트러블이 발생하는 것이지만 자동 결선 기구는 가공이 끝나면 와이어를 자동적으로 절단 다음의 스타트 위치에 테이블을 이동하여 와이어를 자동적으로 결선한다는 리사이클 기능을 갖춘다. 가공 종결의 와이어는 마름질 장치로 가늘게 절단하고 부피가 커지는 것을 방지하여 장시간 무인 운전을 용이하게 하고 있다.

② **스타트 구멍 가공 장치**: 퀜칭 연마 후의 형 소재에 직접 스타트 구멍을 가공할 수 있다. 위치 결정은 1 ㎛/pulse의 NC 프로그램으로 행한다.

③ **워셔 페이스트(Washer faced) 구멍 가공 장치**: 특수 와이어 주행 기구를 장비한 선회 헤드에 의해 장래의 와이어컷 머신에서는 불가능했던 워셔 페이스트 펀치(punch) 등 릴리프부가 있는 형상의 가공을 가능하게 했다(가공 예=알루미늄 샤시용 압출 금형의 플로우다이).

④ **피치오차 자동 보정 기능**: 이들의 기능으로 고도의 가공을 무인으로 더구나 단시간으로 행하도록 되어 있지만 한편으로 중소량 생산의 부품 가공의 능률 향상을 겨냥한 다연 와이어컷 방전가공기도 있다.

① 와이어 방전 가공기의 고속, 고정도화

와이어 방전 가공의 고속화에의 전개는 가공액 분출 노즐의 개량에 의한 것이며 노즐 블록 내에 통전핀, 가이드를 봉입하고 동시에 가공액을 노즐 블록으로부터 와이어 전극을 포함하도록 하여 가공 간격에 분출하는 것이며 통전핀으로부터 전극 통전부의 냉각이 행해지게 되었다. 가공 전원도 5 A로부터 10 A의 용량으로 상승하고 가공속도도 70~90 ㎟/min으로 향상해 왔다. 또한 전원 재료도 동에서 놋쇠로 바뀌고 있다.

더구나 개선이 진행되어 노즐 블록의 밀봉도 향상, 펌프 압력도 5~7 ㎏/㎡, 전원 용량도 최대 가공 전류가 15 A정도까지 향상하여 최대 가공 속도가 120 ㎟/min 이상의 값에 달했다. 와이어 전극 지름도 ϕ0.2 ㎜에서 ϕ0.25 ㎜가 이용되게 되었다.

가공 전원도 스위칭 소자의 특성이 향상하여 가공 간격에 파고치가 높은 가공펄스를 효율적으로 반복 공급 가능한 풀 솔리드 스테이트 회로의 전원이 개발되었다.

가공 속도도 펌프 공급 압력의 상승과 전원 용량의 상승, 사용 전극지름의 향상 등의 복합 작용에 의해 200 ㎟/min 이상을 가능하게 했다.

② 와이어 방전 가공기의 다축화

와이어 방전 가공기에서는 당초 X, Y 2축 만의 제어에 의해 스트레이트로 잘라내는 가공만이 행해져 트리밍 다이의 가공 등이 1회의 공작물 세팅으로 행하도록 되었다. 그러나 이 방식에서는 코너부에 R이 붙는 문제가 남아 있다.

그러므로 X, Y, U, V의 4축 제어기가 개발되어 모든 형상에 대해 테이퍼 가공이 행해지는 실마리가 되었다. 지금은 Z축도 NC 제어되어 5축 제어로 되며 자동 결선 등 각종 자동화 기능의 향상에 사용되고 있다. 부품 가공 등 다량에 같은 형상을 가공하기 위해 와이어 전극 헤드를 복수개 갖는 와이어 방전 가공기도 실용화되어 사용되기 시작했다.

3) 그라파이트 전극 가공기

그라파이트 전극 가공기는 총형 세이핑 방전 가공기에 사용하는 전극을 가공하는 전용기이다. 현재 그라파이트(Gr) 전극이 금형 가공에 적극적으로 이용되는 최대의 이유는 무엇보다도 그의 내열성, 열팽창률, 기계가공성, 조작성 등의 특성에 있다.

① 내열성

일반적인 금속은 1500℃에서 1600℃ 이하에서 용융되지만 Gr은 약 3600℃까지 원형을 유지할 수 있기 때문에 방전 가공에 적합하다.

② 열팽창률

Gr의 열팽창률은 동의 1/3~1/6으로 작다. 따라서 동과 같이 방전 가공의 열에 의한 비틀림은 작으므로 큰 전극의 거친 가공이나 얇은 슬릿, 오토바이 엔진의 핀(홈 가공) 등의 가공 시에 고정도의 높은 가공이 가능하다.

③ 기계 가공성

그라파이트는 금속에 비해 절삭 저항이 1/5~1/10으로 작다. 또한 연마도 용이하기 때문에 전극 만드는 시간이 1/10 정도로 단축 가능하다. 또한 얇은 리브 상의 전극도 고품질의

Gr을 이용하면 0.1 ㎜ 정도의 것까지 제작 가능하다. 다만 흠이 가기 쉬우므로 NC 가공의 경우 프로그램 시에 절삭속도나 가공 방향 등에도 주의가 필요하다.

④ 조작성

비중이 동에 비해 1/5로 가볍기 때문에 전극 제작시나 방전 가공기에 셋팅할 때에 조작성이 좋다. 특히 대형 전극의 경우에 효과적이다.

그라파이트 전극에 의한 방전 가공법은 대전류에 의한 고속 방전이 주목을 받으며 증가 경향에 있다.

13.2.3 레이저 가공

(1) 가공 원리

레이저(LASER)란 Light Amplication by Stimulated Emission of Radiation의 머리글자를 취해 붙인 명칭으로 "유도 방사에 의한 광의 증폭"이라는 말이다. 이러한 광에너지를 이용하여 행하는 **레이저 가공**은 난삭 재료의 미세 구멍이나 미세 용접 등의 미세가공을 비롯하여 대용량의 연속적인 절단, 절삭 등을 목적으로 하는 가공법이다. 그림 13.20은 레이저 가공의 원리를 나타낸 것이다.

파장이 1 ㎛~1 ㎜를 적외선, 0.1 ㎛~1 ㎛를 가시광선, 이것보다 짧은 것을 자외선이라 칭하지만 레이저는 이 가운데 적외선의 범위를 사용하고 있다. 그의 역사는 비교적 새로우며 1958년에 미국의 타운즈가 마이크로파 밴드 폭에서의 전자 방사를 응용한 레이저를 개발하고 이어서 1960년 메인만이 레이저를 개발한 것이다.

가공에 이용되는 레이저에는 고체 레이저와 가스 레이저가 있으며 고체의 경우에는 연속한 광을 내는 것이 어렵지만 기체에 있어서는 안정한 일정 파장의 연속광을 얻을 수 있다. 레이저광의 출력은 고체 레이저의 일종인 루비레이저로 1 J 정도로 알려져 있으며 이것을 렌즈로 집광하면 10^6~10^9 W/㎠이나 되어 태양광선의 수백만 배의 강력한 광선으로 할 수가 있다.

공작물에 대한 레이저광의 입사 강도를 I_0, 거리 s를 통과할 때의 강도를 I, α를 흡수 계수라 하면 다음과 같은 관계를 갖는다.

$$I = I_0 e^{-\alpha s} \tag{13.1}$$

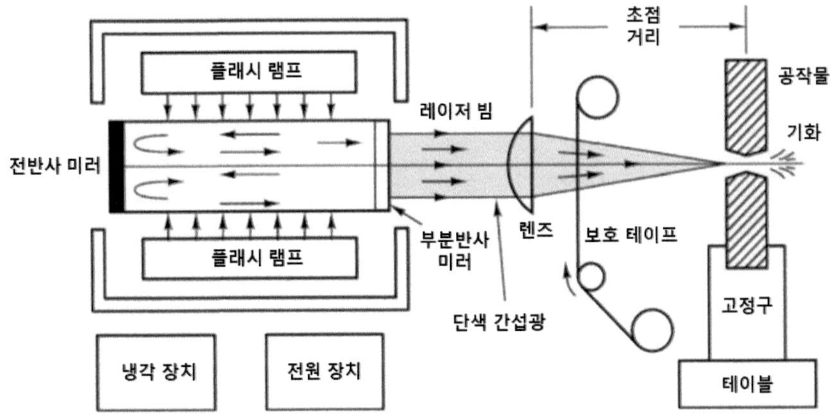

그림 13.20 레이저 가공의 원리

철, 니켈 등에서는 $\alpha \fallingdotseq 7 \times 10^5$이므로 $s \fallingdotseq 100 \sim 200\,\text{Å}$이 되며 광은 거의 표면층에서 흡수되어 열로 변한다. 레이저광의 공작물 표면에서의 에너지를 10^7 W/㎠로 하면 단위 체적당 10^{12} W/㎤이라는 고열 에너지원이 된다. α가 작고 $s \fallingdotseq 1$ m 근처까지 광이 통과하는 유리, 수정 등에서는 W/㎤의 값이 작아 광에너지를 열에너지로 바꿔서의 열가공을 할 수 없다.

(2) 레이저 가공의 특징

1) 레이저 가공의 장점

① 미세 가공

레이저 가공기계는 복잡한 형상이나 미세한 가공이 가능하다는 점이 가장 큰 특징이다. 레이저 빛의 스폿 사이즈나 파장, 출력 등의 특성을 조정함으로써 마이크론 가공이 가능하다.

② 정밀 가공

레이저 가공은 재료에 비접촉으로 물리적인 힘을 가하지 않기 때문에 가공에 의한 변형이 적은 편이다. 또한 스폿에만 열을 집중시키기 때문에 열변형이 적다는 특징도 있다.

③ 고에너지 밀도

레이저광을 렌즈에 의해 집약해 높은 에너지 밀도로 만들면 금속이나 세라믹스 등 다양한 재질을 녹일 수 있으며 다른 재질의 용접도 가능하다.

2) 레이저 가공의 단점

① 안전성

레이저는 직접 눈에 비춰지면 실명할 위험이 있기 때문에 매우 위험하다. 일부 금속의 경우 레이저 빛을 반사시켜 예상치 못한 방향으로 튀는 경우도 있기 때문에 보호 안경이 꼭 필수이다.

② 가공 속도

비접촉 가공의 레이저 가공은 레이저 빛을 핀 포인트에 쏘기 때문에 가공 속도가 약간 느리다는 단점이 있다. 무리하게 속도를 높일 경우 버(burr)가 발생하기 때문에 주의해야 한다.

③ 많은 스크랩

레이저 가공 시 제작하고자 하는 부품과 부품 사이에 충분한 이격거리를 필요로 한다. 따라서 불필요한 공간으로 인해 스크랩이 많이 발생하게 된다(그림 13.21).

그림 13.21 레이저 가공 예

(3) 레이저 가공기

1) 레이저 가공기의 3가지 기능

① 절단

레이저는 금속 등 다양한 재질의 절단 가공이 가능하다. 미리 짜여진 프로그램에 의해 복잡한 형상의 절단 가공도 가능하다. 단, 두꺼운 소재의 경우 가공이 어려울 수 있다.

② 용접

레이저 용접은 빛을 집약하여 재료에 조사해 재료를 녹이는데 레이저광 출력 등의 특성을 조정함으로써 미세한 용접도 가능하다. 단, 용접 개소의 밀착 정밀도가 나쁘고 틈이 크면 블로우 홀(기포가 갇히게 되어 생기는 공 모양의 용접 결함)이나 크랙(갈라짐) 등이 생기는 경우가 많다.

③ 각인, 마킹

레이저 가공기에서 빛 출력을 조정하면 철판이나 목재 등의 재료를 절단하거나 뚫지 않고 그 위에 각인 또는 마킹이 가능하다. 각인에는 래스터 가공과 벡터 가공이 있으며 레스터 형식은 점(도트)으로 이미지를 그려 표현하는데 데이터이기 때문에 핏셀로 구성되어 있다.

(2) 레이저 가공기의 종류

① CO_2 레이저 가공기

이산화탄소를 사용하여 레이저 광선을 만들어 내는 기종이다. 금속의 절단이나 구멍 뚫기, 종이나 목재의 절단이나 각인 등 매우 폭넓게 사용되고 있으며 현재 가장 많이 사용되고 있는 가공기이다.

② YAG 레이저 가공기

이트륨과 알루미늄 복합 산화물 결정을 통해 레이저를 만들어 내는 가공기이다. 금속이나 수지 각인 외에 금속 용접에도 사용된다. CO_2 레이저 가공기에 비해 고가이다.

③ 섬유 레이저 가공기

광섬유를 이용하여 레이저를 만들어 내는 가공기이다. 다른 레이저에 비해 가늘게 핀포인트로 짠 가공이 가능한 것이 특징이다. 일반적으로 레이저 가공이 어려운 알루미늄이나 구리 절단이나 용접, 마킹에 사용된다.

13.2.4 플라즈마 가공

(1) 개요

1) 플라즈마의 정의

일반적으로 물질의 상태는 온도를 올리면 고체에서 액체로, 액체에서 기체로 변화한다. 기체에서 온도를 더 올리면 전리하여 플라즈마가 된다. 전리도의 크기에 따라 약전리 플라즈마와 강전리 플라즈마로 나뉜다.

2) 플라즈마 가공의 정의

플라즈마 가공은 대기압 근처의 극히 고온의 플라스마를 이용한 가공법으로 플라즈마 제트 가공과 플라즈마 아크 가공이 있다.

대표로 플라즈마 제트가공은 아크 방전 플라즈마를 대기 중에 제트 모양으로 분출시켜 지속하고, 이때에 발생하는 고온, 고속의 에너지를 사용하여 재료의 절삭이나 절단 등을 하는 가공법이다.

3) 플라즈마 발생 원리

① 텅스텐으로 만든 막대형 전극을 음극(-)으로, 중심에 작은 구멍이 있는 구리 노즐을 양극(+)으로 하여 전압을 가하여 아크방전을 발생시킨다(그림 13.22).

② 이 때, 아크의 주위를 통해 노즐전극의 작은 구멍으로 유출하는 가스를 흘리면 아크 주위가 가스의 냉각효과로 전기저항이 증가되어 방전 전류는 아크 중심부 부근의 고온 부분에 집중되어 흐른다. 즉, 아크 단면적이 아주 작아지는 열핀치 효과가 일어나 전류밀도가 커지고 아크기둥의 온도가 높아진다.

③ 아크 단면적이 작아짐에 따라 압력도 높아지며 가스의 분출작용과 함께 플라즈마는 고속으로 노즐 전극의 작은 구멍을 통해 고속 제트가 되어 외부로 분출된다. 열핀치 효과를 크게 하기 위해 텅스텐 막대 전극의 주위에 가스를 선회시키면서 흘리는 방법도 있다.

4) 플라즈마 가공 원리

플라즈마 가공기(plasma machines)는 플라즈마의 에너지에 의해 강판의 절단 등을 행한다. 강판의 절단, 특히 중간 두께 판의 절단은 지금까지 가스 절단으로 행한 것이 일반적이었다. 그러나 최근에는 플라즈마 절단이 절단면 정도의 향상 등에 의해 중간 두께 판가공 분야에서 새로운 시장을 계속해서 구축하고 있다. 종래의 플라즈마 절단에서는 얻지 못한 가공정도(±0.3 ㎜)나 품질 보증이 가능하게 되어 평가도 높아지고 있다.

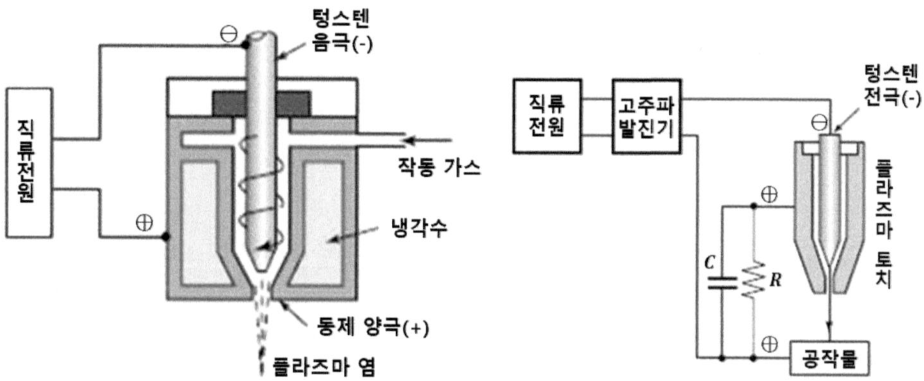

(a) 플라즈마의 발생 원리 (b) 플라즈마 아크 발생 회로

그림 13.22 플라즈마 발생의 원리 및 회로

5) 플라즈마 가공의 특징

플라즈마 가공의 특징은 모든 금속에 적용할 수 있고 절단속도가 빠르며 절단 후 재료의 변형이 작고 형상절단이 용이하다. 가스절단으로는 곤란한 알루미늄이나 스테인리스강도 절단할 수 있으며 절단면이 수직이 아니고 절단가능두께가 가스절단에 비해 매우 작다. 또한 가스 절단보다 절단 폭이 크고 초기 시설비가 크다.

플라즈마 가공의 장점은 다음과 같다.

① 언더컷이 적어서 표면 거칠기 및 치수정도가 높다.

② 미세한 고정밀도의 가공이 된다.

③ 공정을 간략화, 자동화하기 쉽다.

④ 공정이 공기 중에서 이루어져 다루기 좋다.

(2) 플라즈마 가공의 응용

1) 플라즈마 제트 절단

① 공기 중 절단

플라즈마 제트를 이용한 것으로 가장 널리 사용되는 가공법이며, 산소-아세틸렌 가스 절단에 비해 다음과 같은 특징이 있다.

① 다양한 재료(스테인리스강, 알루미늄, 콘크리트, 내화 벽돌 등)와 재질에 관계없이 고속절단이 가능하다.

② 절단 폭이 좁고 절단면도 매끄럽다.

③ 열 영향을 받는 영역이 작다.

② 수중 절단

① 공기 중에서 사용하는 것과는 다른 여러 가지 형상 및 치수의 플라즈마 총이 사용되며, 조작은 원격 제어된다.

② 원자로의 보수, 수중에 있는 용기, 연료탱크, 파이프 등의 절단에 사용되며, 물의 냉각작용으로 열의 영향을 받는 영역의 두께가 줄어든다.

2) 플라즈마 제트 절삭

플라즈마 총을 선반의 바이트와 같이 설치하여 절삭가공을 하는데 이것은 고온 플라즈마 제트의 대류 등에 의해 가공부가 용융점에 달해 고속의 가스 흐름(Stream)으로 제거되는 것이다.

절삭 깊이는 가공물에 대한 총의 경사각의 변화로 조정되며 경도나 내열성 재료에 관계없이 거의 같은 능률로 가공된다.

플라즈마 제트 절삭은 절삭성이 좋은 재료에 대해서는 별로 효과가 없지만 인코넬 등과 같은 절삭성이 나쁜 고니켈 내열합금 재료에 대해서는 매우 효과적이다.

플라즈마 제트에 의하여 거친 가공을 하는 동시에 가열된 표면을 바이트에 의해 고온절삭 다듬질 가공하는 방법도 고경도의 난삭제 절삭에 응용된다.

3) 플라즈마 제트 용접

① 용접장치

플라즈마 제트 용접(plasma jet welding)은 일반적으로 사용하는 TIG 용접장치에서 용접토치만 바꾸면 플라즈마 용접이 되며, 소전류에서도 아크의 안정성이 높아 박판의 용접에 널리 이용된다.

② TIG 용접에 대한 특징

① 용입이 깊고 용접속도가 빠르다.

② 도전성, 비도전성 재료에 관계없이 용접이 가능하다.

③ 아크 안정성이 높다.

④ 용접 폭과 열 영향의 범위가 좁다.

4) 플라즈마 용사

플라즈마 용사(plasma spraying)의 용사 방법은 다음과 같다.

① 다른 종류의 금속이나, 합금, 세라믹, 플라스틱 등을 용융하여 분무상태로 만들고 소재의 표면에 뿜어 피막을 형성하여 산화, 마멸, 부식 등을 방지하는 용사 코팅이다.

② 플라즈마 제트의 발생은 절단, 용접의 경우와 같으나, 용사에서는 노즐전극의 작은 구멍에 용사 분말 재료를 공급하기 위한 주입구가 있으며, 주입구에서 플라즈마 제트 속으로 들어가 가열되면서 분무된다.

③ 가공 소재의 표면은 그릿 블라스팅(grit blasting) 등의 전처리를 하여 표면에 미세한 요철을 만들어 밀착정도를 높인다.

화학 불꽃용사에 대한 특징은 다음과 같다.

① 온도가 높아 금속, 비금속의 고융점 물질 용사가 가능하다.

② 실드 용사법이나, 불활성 가스 분위기(Ar)에서 하므로, 용사재료가 잘 산화되지 않는다.

③ 용사 미립자의 충돌 속도가 크므로 큰 부착력을 얻는다.

④ 기공률이 작고 매우 치밀한 피막을 얻을 수 있다.

표 13.2 용사 코팅 물질

용도	용사 코팅 물질
내마모성 개선	WC계 초경합금, 몰리브덴, 세라믹
내식성	아연, 알루미늄, 카드뮴
내열성 및 단열	텅스켄, 세라믹, 알루미나

플라즈마 용사는 로켓의 탄두나 기관의 배기통에 내열을 위한 세라믹 코팅과 금형이나 프레스 공구에 수명연장을 위한 초경합금 코팅 등 내식성과 내열성 및 단열을 요하는 부품에 널리 이용된다. 표 13.2는 용사 코팅 물질을 나타낸 것이다.

5) 플라즈마 에칭

플라즈마 에칭 방법은 가스(CF_4)를 글로우 방전에 의해 플라즈마 상태로 만들고, 그로인해 화학 반응성이 큰 물질이 생겨 고체인 가공물과 반응하여 휘발성의 화합물을 발생한다. 가스의 압력이나 가스의 조성, 플라즈마 발생에 사용하는 고주파 전력 등을 바꾸어 에칭 속도를 조정한다.

플라즈마 에칭의 특징은 다음과 같다.

① 공정이 공기 중에서 이루어져 다루기 좋다.

② 언더컷이 적어서 표면 거칠기 및 치수정도가 높다.

③ 미세한 고정밀도의 가공이 된다.

④ 공정을 간략화, 자동화하기 쉽다.

13.3 전기-화학적 에너지에 의한 가공

13.3.1 전해가공

(1) 전해가공의 원리와 종류

1) 가공 원리

전기 화학 작용, 즉 양극 측 금속의 전해 침식 작용을 이용한 것이다(그림 13.23). 약칭 ECM이다. 전해액을 개입하여 대향하는 금속 사이에 전류를 흘리면 정극 측의 금속은 +이온으로 되어 전해액 중에 용출하며 또한 음극 측에서는 수소 가스가 발생한다.

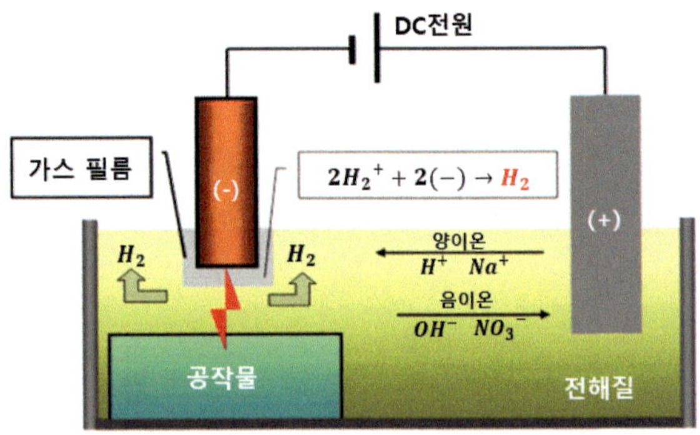

그림 13.23 전해 가공의 원리

2) 전해 가공의 종류

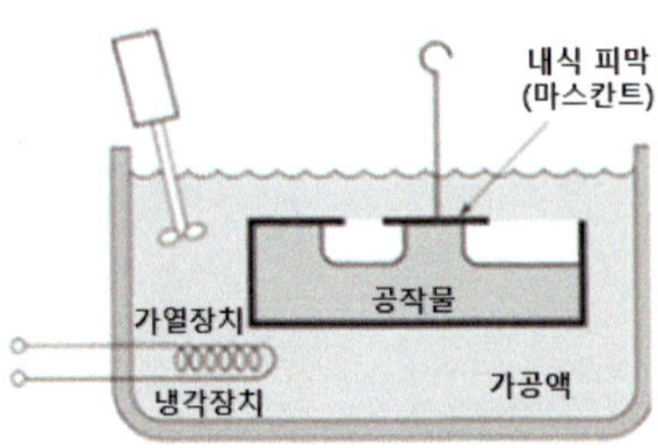

(a) 전기 화학 가공

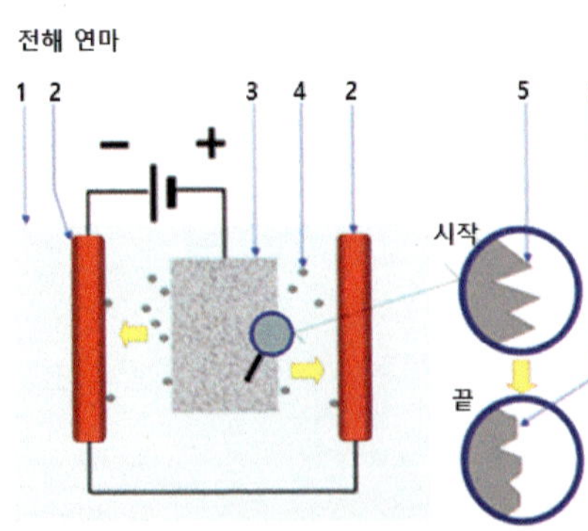

(b) 전해 연마

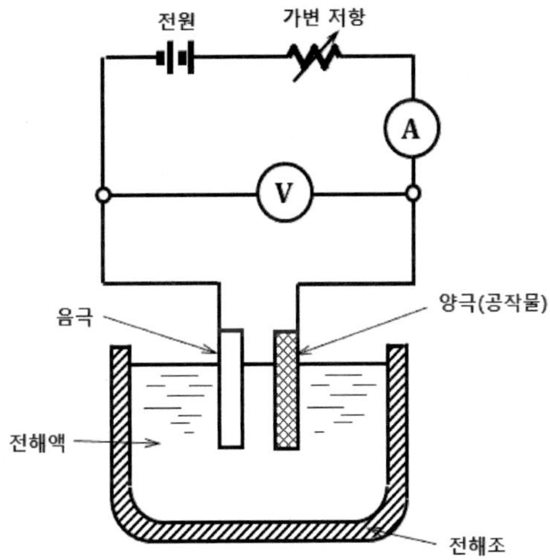

(c) 전해 연삭

그림 13.24 전해 가공의 종류

① 전기 화학 가공

그림 13.24 (a)의 전기 화학 가공(Electro-chemical machining)은 도금과 반대로 공구를 음극에 공작물을 양극 놓고 전해질 용액을 분출시켜 공작물을 용해 가공하는 방법이다. 전기화학 가공은 스파크를 발생하지 않으므로 공구가 용해, 소모, 변형을 하지 않는 장점을 가지고 있다.

② 전해 연마

그림 13.24 (b)의 전해 연마(EP, Electrolytic Polishing)는 전해액 속에 공작물은 양극, 전기저항이 적은 Cu나 Zn과 같은 대상물은 음극으로 하여 금속표면의 미소 돌기 부분을 용해하는 전기화학적 방법이다.

전해 연마의 특징은 다음과 같다.

① 알루미늄, 구리 계열은 비교적 쉽게 가공할 수 있다.

② 가공 표면의 변질층이 없고 가공면 방향성이 없다.

③ 복잡한 형상도 가공이 가능하다.

④ 내식성, 내마멸성이 좋다.

⑤ 광택이 매우 우수하다.

⑥ 잔류 응력이 거의 없다.

⑦ 철과 강은 다른 금속에 비해 전해연마가 어렵고 주철은 가공이 불가능하다.

⑧ 연마량이 적이 깊은 홈은 제거할 수 없다.

전해 연마는 주사침 구멍과 같은 의료기기, 드릴의 홈, 시계의 기어 등을 연마할 때 사용한다.

③ 전해 연삭

그림 13.24 (c)의 전해 연삭(ECG, Electrochemical Grinding)은 전해 작용과 기계의 연삭 작업을 결합한 가공방법으로 연삭숫돌의 연삭 입자는 공작물과 접촉하여 절연재 역할과 전해된 부산물을 기계적으로 제거하는 역할 두 가지를 한다. 이때 공작물은 양극, 숫돌은 음극이며 기계 연삭 작용에 의한 제거율은 전체 제거율의 5% 미만이다.

전해 연삭의 전해액은 질산나트륨이며 전해 연삭의 특징은 다음과 같다.

① 연삭 작용에 의한 재료 제거가 작으므로 숫돌의 마모량이 작고 열 발생도 작다.

② 따라서 초경합금과 같은 경질 재료, 열에 민감한 재료 가공에 적합하며 연질 재료의 경우 떨림이 발생하지 않는다.

③ 가공 능률과 표면 거칠기는 전류 밀도에 따라 변화한다.

3) 전해 가공의 특징

전해 가공의 일반적인 특징은 다음과 같이 된다.

① 공작물의 경도에 관계없이 가공 가능하다.

② 공구 전극의 소모가 없다.

③ 가공면이 양호(약 2~7 ㎜)하다.

④ 열 변형을 발생하지 않는다.

⑤ 복잡 공정을 1공정으로 가공 가능하다

⑥ 큰 가공속도를 용이하게 얻을 수 있다

전해 가공기는 방전 가공에 비해 가공 속도가 빠르지만 가공정도에서 떨어진다. 용도는 각종 기계 부품, 알루미늄 섀시 압출 다이스, 단조형, 노즐 구멍 등의 가공이다.

4) 가공 특성

① 가공 정밀도

① 동일 속도로 제거되지 않으므로 가공 형상을 고려하여 전극 형상을 수정해야 한다.

② 가공 간극을 일정하게 하여 정밀도를 향상시키려면 전도도를 측정하여 전압, 전극 이송 속도를 자동으로 제어해야 한다.

② 다듬질면 거칠기

① 요철은 각 부분의 가공량 차이에 의해 발생 한다.

② 전류 밀도는 클수록 거칠기는 작다.

③ 재료 결정립이 작을수록 거칠기는 작다.

④ 경면에 가깝지만 주름이나 굴곡이 생길 수 있다.

⑤ 전극 형상이 복잡한 경우에는 전해액 흐름과 전해 생성물 분포를 고려하여 특수하게 전극을 제작해야 한다.

5) 전해액

전해액은 다음의 기능을 한다.

① 공구와 가공물 사이에 전해 전류를 흘린다.

② 가공 간극에서 전해 생성물을 제거한다.

③ 열을 제거한다.

한편 전해액의 구비 조건으로서는 다음과 같은 것들이 있다.

① 가공물의 표면에 불용해 생성물을 만들면 안 된다.

② 양이온의 공구면에 전착하면 안 된다.

③ 전도도가 높고 점도가 낮아야 한다.

④ 부식성이 작고 유독성이 없어야 한다.

⑤ 값이 저렴해야 한다.

전해액의 종류에는 다음과 같은 것들이 있다.

① 중성염 용액; NaCl

② 산 용액; HCl

③ 알카리 용액; NaOH

표 13.3은 방전 가공과 전해 가공의 차이를 나타낸 것이다.

표 13.3 방전 가공과 전해 가공의 차이

구분	방전 가공(EDM)	전해 가공(ECM)
가공 속도	ECM 대비 느림	EDM 대비 빠름
거칠기	배껍질면	경면
가공 변질층	급열, 급랭으로 경화층 형성 → 헤어 크랙 형성	가공 경화층/크랙 생기지 않음
가공액	방청에 힘들지 않고 가공액 처리용이	부식성 → 방청이 어렵고 다량의 슬러지가 생김
전극 소모	전극 소모가 존재	전극 소모가 없음
가공 정밀도	정밀도가 높고 가공 형상에 영향을 받지 않음	가공 형상에 따라 정밀도가 변화

(2) 전해 가공기

전해 가공은 목적에 따라 아래와 같은 응용 기종이 있다.

1) 전해 연삭기

일반적으로 공작물의 표면에 생기는 양극 피막을 연삭숫돌로 삭제하고 가공하는 방법이다. 프레스형, 플라스틱형, 절삭공구, 전조 다이스, 성형 커터, 초경합금, 내열재료, 내마모 재료, 그밖에 난절삭 재료에 효과가 크다.

가공물을 인산이나 황산 등의 전해액 속에 넣어서 전극을 연결하고 직류 전류를 짧은 시간 동안 세게 흐르게 하여 전기적으로 그 표면을 녹여 매끈하게 하여 광택을 내는 방법이다. 원리적으로는 전기 도금의 반대적인 방법이다. 기계적으로 연마하는 방법에 비해서 훨씬 아름답고 매끈한 표면 처리를 단시간에 얻을 수 있다.

전해 연마의 특징은 다음과 같다.

① 가공 변질층이 나타나지 않으므로 평활한 면을 얻을 수 있다.

② 복잡한 형상의 공작물, 선박 등의 연마도 가능하다.

③ 가공면에 방향성이 없다.

④ 내마멸성 및 내부식성이 좋아진다.

⑤ 면이 깨끗하고 도금이 잘 된다.

⑥ 연마량이 적어 깊은 홈은 제거되지 않고, 모서리가 라운드 된다.

2) 전해 디버링기

전해 디버링이란 전해에 의해 양극 금속이 용출하는 원리를 이용한 디버링 방법이다.

공작물을 양극, 전극 공구를 음극으로 하여 양극 간에 15~50 V의 전압으로 고전류밀도(20~80 A/㎤)의 전해액을 통과(유속 0.5~3 m/s 정도)시킨다. 이 때 공작물 모서리부에 전류가 집중하여 용출 또는 석출속도가 현저히 높아지며 돌기부가 제거되어 디버링을 행한다.

좁은 장소에서도 용이하게 가공할 수 있는 외에 전해 가공의 일반 특성을 갖춘다. 용도는 노즐 구멍의 교차점 버, 콜릿 척의 다수 홈 절삭가공 버, 치형 가공 버, 내측 원통버, 그 밖의 각종 양산 부품의 디버링, 챔퍼 등이다.

3) 전해 보링 머신

전해 보링 머신은 ϕ0.4~ϕ2.0 ㎜ 정도의 구멍 가공의 고능률화를 지향하여 개발되었다. ±0.1~0.03 ㎜의 가공 정도로 다듬질한다. 스핀들이 회전하면서 가공 이송하기 때문에 진원도도 양호하다. 긴 드릴로도 불가능한 가공 지름/가공 깊이비(1대 20, 1대 200)가 큰 스트레이트 가공이나 경사 구멍의 가공이 가능하다.

또한 작업 중에 절손한 탭, 드릴, 리머 등의 제거에도 사용 가능하다.

찾아보기

2

3

A

B

C

U

V

W

Y

ㄱ

ㄴ

ㄷ

ㄹ

ㅇ

ㅈ

ㅊ

ㅋ

ㅌ

ㅍ

가공법에 기초한
기계공작법

2025년 11월 30일 인쇄 발행

저　　자 홍준희
발 행 인 송기수
발 행 처 도서출판 GS인터비전
편 집 처 도서출판 GS인터비전
편 집 인 공예서
표지디자인 도서출판 GS인터비전
인 쇄 처 트윈벨미디어
등록번호 제 25100-2016-000050호
I S B N 979-11-5576-520-3(93550)

주　　소 서울 은평구 증산로 15길 69, 2층
전　　화 02-976-7898, 02-3272-7898.
팩　　스 02-6468-7898
홈페이지 gsintervision.kr
E-Mail gsinter7@gmail.com

정 가 45,000원